国家出版基金项目
NATIONAL PUBLICATION FOUNDATION

现代农业高新技术成果丛书

现代精细农业理论与实践

Study and Practice on Modern Precision Agriculture

汪懋华　李民赞　主编

中国农业大学出版社
·北京·

内容简介

本书共分为两篇，第一篇为“农田信息获取及先进传感技术”，第二篇为“变量作业机械及智能农机装备”。在第一篇中，土壤信息获取技术包含了近红外光谱法、电特性方法、选择性电极法等最新的研究进展，作物生长检测涵盖了从近地遥感到卫星遥感、从多光谱成像技术到高光谱成像技术、从细胞检测到冠层检测、从营养监测到病虫害监测预警等多个研究领域，从不同侧面展示了作物生长检测的最新成果。第一篇中还包含了目前广受关注的无线传感器网络技术和物联网技术以及食品追溯和安全技术。第二篇以农用车辆自动导航技术、农业机器人、精细喷药技术与装备、激光控制平地技术与装备为主，代表了我国在本领域的最前沿研究成果。本书的内容不仅对目前从事精细农业关键技术与系统集成相关研究的教学和科研工作者具有重要的参考价值，对于了解本领域研究的动向和发展趋势也大有裨益。

图书在版编目(CIP)数据

现代精细农业理论与实践 / 汪懋华，李民赞主编. —北京：中国农业大学出版社，2012.10
ISBN 978-7-5655-0572-0

Ⅰ.①现… Ⅱ.①汪… ②李… Ⅲ.①现代农业-精细农业 Ⅳ.①F303.3

中国版本图书馆 CIP 数据核字(2012)第 166844 号

书　名 现代精细农业理论与实践
作　者 汪懋华　李民赞　主编

责任编辑 张苏明　　**责任校对** 陈　莹　王晓凤
封面设计 郑　川
出版发行 中国农业大学出版社
社　址 北京市海淀区圆明园西路 2 号　　**邮政编码** 100193
电　话 发行部 010-62818525，8625　　读者服务部 010-62732336
编辑部 010-62732617，2618　　出 版 部 010-62733440
网　址 http://www.cau.edu.cn/caup　　**e-mail** cbsszs@cau.edu.cn
经　销 新华书店
印　刷 涿州市星河印刷有限公司
版　次 2012 年 10 月第 1 版　2012 年 10 月第 1 次印刷
规　格 787×1 092　16 开本　37 印张　910 千字
定　价 198.00 元

编 写 人 员

主　　编　汪懋华　李民赞

副主编　刘　刚　张　漫　孙　红

编写人员

前　言　汪懋华　李民赞

第 1 章　郑立华　张　淼　李民赞　汪懋华

第 2 章　孙　红　李民赞　郑立华　杨　玮

第 3 章　李民赞　王忠义　黄　岚　杨　玮

第 4 章　王鹏新　韩　萍

第 5 章　孙　红　李民赞　刘　刚

第 6 章　李民赞　王忠义　张小栓　张　漫　汪懋华

第 7 章　张　漫　刘　刚　高红菊　郑立华　李民赞　汪懋华

第 8 章　张　漫　刘　刚　籍　颖　汪懋华

第 9 章　刘　刚　李　莉　张铁中　徐丽明　司永胜　杨　丽

第 10 章　何雄奎

第 11 章　刘　刚　司永胜　汪懋华

出版说明

瞄准世界农业科技前沿，围绕我国农业发展需求，努力突破关键核心技术，提升我国农业科研实力，加快现代农业发展，是胡锦涛总书记在2009年五四青年节视察中国农业大学时向广大农业科技工作者提出的要求。党和国家一贯高度重视农业领域科技创新和基础理论研究，特别是863计划和973计划实施以来，农业科技投入大幅增长。国家科技支撑计划、863计划和973计划等主体科技计划向农业领域倾斜，极大地促进了农业科技创新发展和现代农业科技进步。

中国农业大学出版社以973计划、863计划和科技支撑计划中农业领域重大研究项目成果为主体，以服务我国农业产业提升的重大需求为目标，在“国家重大出版工程”项目基础上，筛选确定了农业生物技术、良种培育、丰产栽培、疫病防治、防灾减灾、农业资源利用和农业信息化等领域50个重大科技创新成果，作为“现代农业高新技术成果丛书”项目申报了2009年度国家出版基金项目，经国家出版基金管理委员会审批立项。

国家出版基金是我国继自然科学基金、哲学社会科学基金之后设立的第三大基金项目。国家出版基金由国家设立、国家主导，资助体现国家意志、传承中华文明、促进文化繁荣、提高文化软实力的国家级重大项目；受助项目应能够发挥示范引导作用，为国家、为当代、为子孙后代创造先进文化；受助项目应能够成为站在时代前沿、弘扬民族文化、体现国家水准、传之久远的国家级精品力作。

为确保“现代农业高新技术成果丛书”编写出版质量，在教育部、农业部和中国农业大学的指导和支持下，成立了以石元春院士为主任的编审指导委员会；出版社成立了以社长为组长的项目协调组并专门设立了项目运行管理办公室。

“现代农业高新技术成果丛书”始于“十一五”，跨入“十二五”，是中国农业大学出版社“十二五”开局的献礼之作，她的立项和出版标志着我社学术出版进入了一个新的高度，各项工作迈上了新的台阶。出版社将以此为新的起点，为我国现代农业的发展，为出版文化事业的繁荣做出新的更大贡献。

中国农业大学出版社

2010年12月

前　言

精细农业(Precision Agriculture 或 Precision Farming)技术体系的早期研究与实践始于20世纪80年代,当时发达国家从事作物栽培、土壤肥力、作物病虫草害防治的农学家在进行作物生长模拟模型、栽培管理、测土配方施肥和植保专家系统的应用研究与实践中,发现农田内小区作物产量和生长环境条件存在明显的时空差异性。无视这种时空差异,采用传统的农业资源(肥料、灌溉、田间管理)均一化投入模式,既造成资源的巨大浪费,又对环境造成严重的破坏,使得农业综合效益大幅度降低。从而提出了对作物栽培管理实施定位、按需变量投入或称"处方农作"(site-specific crop management)的新一代农业生产与经营管理理念。随着现代科学技术的进步,以3S技术(即GPS——全球卫星定位技术、GIS——地理信息系统和RS——遥感技术)为支撑,到20世纪90年代,"处方农作"逐渐发展成为基于信息和知识的现代农业生产与经营管理技术体系,即精细农业。精细农业已成为合理利用农业资源、提高农业作物产量和品质、降低生产成本、改善生态环境的一种重要的现代农业生产形式。

精细农业技术体系是农学、农业工程、电子与信息科技等多种学科知识的集成,其应用研究与发展涉及直接面向农业生产者应用服务的电子信息高新技术,农田信息快速采集与可视化表达技术,农田耕作、土肥管理、农药利用、污染控制等适用技术和农业工程装备及其产业化技术。精细农业按照田间每一操作单元的具体条件,精细准确地调整各项土壤和作物管理措施,最大限度地优化使用各项农业投入,以获取最高的产量和效益,同时保护农业生态环境,保护土地等农业自然资源。

我国农业工程领域的一批领航科学家,通过国际交流与合作,敏锐地捕捉到这一现代农业前沿技术。从20世纪90年代后期开始将精细农业技术体系介绍、引进到我国,同时开始了我国的精细农业研究与实践。1998年中国农业大学在国内率先成立了精细农业的专门研究机构"中国农业大学精细农业研究中心",随后在全国一大批高等院校和研究机构也相继成立了精细农业(精准农业)研究团队。1999年,国家发展计划委员会批准在北京市实施我国第一个政府支持的"北京精准农业示范工程"项目,依托该项目的科研成果"精准农业关键技术研究与示范"分别获得了2006年度北京市科学技术奖一等奖和2007年度国家科学技术进步奖二等奖。2002年教育部批准建设"现代精细农业系统集成研究"教育部重点实验室,成为第一个专门从事精细农业关键技术和系统集成研究的部级科研基地。

我国科技主管部门适应现代农业和信息技术的发展趋势，及时在国家科技规划中给予农业信息化以及数字农业、精细农业等相关研究以重要位置。“农业精准作业与信息化”在《国家中长期科学和技术发展规划纲要(2006—2020 年)》中，被确定为农业科技发展的优先主题，从国家科技政策方面确保了我国精细农业的未来发展。“十五”规划以来，国家 863 计划、973 计划、科技支撑计划、自然科学基金等一系列国家科技计划以及部门、地方科技计划对精细农业的相关研究给予了大力支持，特别是“十一五”期间实施的国家 863 计划“精准农业技术与装备”重大专项和“数字农业技术”专题，国家科技支撑计划“现代农村信息化关键技术研究与示范”、“TD-SCDMA 农村信息化应用方案开发及示范验证”、“高效施肥关键技术研究与示范”等重大项目以及“村镇数字化关键技术研究与应用”等重点项目，催生了一大批拥有自主知识产权的精细农业相关研究成果，有的已获得或正在申请国家科技奖励。“十二五”期间国家继续在国家科技计划中给予精细农业相关研究高度重视，国家自然科学基金委员会启动了与精细农业研究相关的信息获取系列重点项目，2011 年度和 2012 年度已经连续支持两届，还将继续支持。“十二五”863 计划重大项目“农业物联网和食品质量安全控制体系研究”、“农业精准作业技术与装备”、“智能化农机技术与装备”以及科技支撑计划项目“田间作业智能控制关键技术与装备研发”、“农田作业机器人关键技术与装备研发”等已经立项启动，还有一些精细农业项目正在立项或启动准备阶段。“十二五”期间的精细农业相关研究计划项目以物联网技术和智能农业装备技术为特点，其研究成果将会把精细农业技术以及农业信息化提高到一个新的水平。

“现代精细农业系统集成研究”教育部重点实验室暨中国农业大学精细农业研究中心于“十一五”期间，在国家 863 计划、973 计划、科技支撑计划、自然科学基金等一系列国家科技计划以及部门、地方科技计划支持下，围绕精细农业关键技术及其系统集成，多角度、多领域开展了深入研究，获得了丰硕的研究成果，研究方向包括农业生物-环境信息获取与无线传感器网络技术研究、农田土壤信息快速采集关键技术与产品研发、基于近红外光谱的土壤参数分析机理与方法研究、冬小麦和水稻作物氮素营养和水分胁迫信息的自动获取与先进传感技术研究、多平台作物信息快速获取关键技术与产品研发、基于光谱学原理的温室番茄长势监测诊断机理与方法研究、作物水分胁迫信息的遥感定量反演与同化技术研究、植株营养诊断与养分调控技术研究、农田作业机械智能导航控制技术与产品开发、农业机械智能导航系统多传感器信息融合模式与方法研究、水果采摘机器人关键技术研究、激光控制平地关键技术研究、小麦收获机械智能测产系统的研究开发、移动式农业信息智能服务系统开发、基于快速无损检测的畜产品品质先进传感器研究、农产品质量安全可追溯建模方法研究等等。实施了 4 项政府间国际合作项目：中-美国际合作项目“基于生物传感器的动物病毒快速检测技术研究”、中-德 DAAD/CSC 国际合作项目“精细农业中的先进传感技术研究”、中-德两国自然科学基金委员会资助项目“精细农业中的先进传感器科学与技术研究”和中-希国际合作项目“信息与通信技术在可持续温室生产中的应用”。另外还实施了 3 项示范项目：天津设施农业精细生产管理技术试验示范项目、内蒙古准格尔旗智慧农业示范建设项目和山东桓台县精准农业示范项目。总结“十一五”期间取得的研究成果，将对提高我国精细农业关键技术及系统集成研究水平，扩大精细农业技术普及与示范的范围和成果，以及为进一步强化“十二五”期间的精细农业相关研究开发，为在我国普及农业信息化技术和建设现代农业发挥重要的作用，这就是我们撰写本书的目的和初衷。

本书共分为两篇，第一篇为“农田信息获取及先进传感技术”，第二篇为“变量作业机械及智能农机装备”。第一篇包括7章内容：土壤信息获取及先进传感技术，基于光谱学原理的作物营养状态检测与诊断技术，基于图像分析和植物电信号的作物营养状态检测与诊断技术，农业干旱的遥感监测与预测技术，作物病害监测与预警技术，精细农业中的其他检测与传感技术，农业现场信息获取无线传感器网络技术；第二篇包括4章内容：农用车辆自动导航技术，农业机器人，精细喷药技术与装备，激光控制平地技术与装备。

精细农业技术体系大体上可分为3个主要环节，即农业信息获取、精细管理决策支持和处方图生成、变量作业及农田精细管理。本书内容主要集中在农业信息获取和变量作业及农田精细管理2个技术性很强的环节，研究内容几乎涵盖了这2个环节的各个热点，不仅对目前从事相关研究的教学和科研工作者具有重要的参考价值，对于了解精细农业关键技术及系统集成研究的动向和发展趋势也大有裨益。例如，土壤信息获取技术包含了近红外光谱法、电特性方法、选择性电极法等最新的研究进展，作物生长检测更是涵盖了从近地遥感到卫星遥感、从多光谱成像技术到高光谱成像技术、从细胞检测到冠层检测、从营养监测到病虫害监测预警等多个研究领域，从不同侧面展示了作物生长检测的最新成果和研究热点。在“农田信息获取及先进传感技术”一篇中，还包含了目前广受关注的无线传感器网络技术和物联网技术以及食品追溯和安全技术，是当今精细农业以及农业信息化相关研究的前沿。普及推广精细农业技术，信息获取是根本，第一篇的研究成果将为我国的精细农业事业打下坚实的基础。第二篇的4章是变量作业机械及智能农机装备的标志性成果，这些成果都是国内相关国家级研究机构和国内知名大学合作研究的结晶，代表了我国在本领域的最高水平。农用车辆自动导航技术、农业机器人、精细喷药技术与装备、激光控制平地技术与装备都已开始了从书斋向农田的转化过程，将为我国建设现代农业发挥重要的作用。从这个意义上讲，报告这些研究成果，不仅具有很高的理论意义，更具有很好的应用前景。

本书主要由“现代精细农业系统集成研究”教育部重点实验室暨中国农业大学精细农业研究中心教师撰写而成，中国农业大学理学院和工学院部分教授撰写了“精细喷药技术与装备”一章和“蔬菜嫁接机器人”一节。“十五”、“十一五”期间就读于“现代精细农业系统集成研究”教育部重点实验室暨中国农业大学精细农业研究中心的研究生是创造这些研究成果的主力，有的更直接参与了本书相关章节的准备及撰写，在这里一并向他们表示感谢。其中直接参与书稿撰写的部分研究生如下：博士生——李斌、李偲钰、李修华、赵瑞娇、赵勇、丁永军、李树强、刘兆祥、王俊、颜小飞、安晓飞、邓小蕾、张丽楠、王圣伟、冯娟、王志强、孟庆宽、张天蛟、孙威、苏涛、田苗、邢雅娟、许文宁；硕士生——张锋、张梦龙、王雯、王诗丛、唐文冰、盛明娅、张瑶、武佳、李颖慧、刘玉萌、吴琼、刘春红、王伟珍、李茗萱、张帆、何蓓、刘寅、杨飞、任雯、于亮亮、谢宇博、王泷、王辉、梁栋、颜凯、黄建、杨鹤松、陈俊蕙、孙月青、刘东升、侯姗姗、马泉、张丹、黄弘、唐妍。

如前所述，本书的主要内容是在“十一五”期间国家863计划、973计划、科技支撑计划、自然科学基金等一系列国家科技计划以及部门、地方科技计划支持下取得的研究成果之大成，因此，首先向为研究提供支持的国家及地方、部门基金表示衷心的感谢。这些成果也是在国内外众多专家的帮助和指导下，与国内知名大学、国家重点研究机构合作取得的，在此向他们表示深深的谢意。这些机构和专家有：中国工程院院士、华南农业大学罗锡文教授，国家农业信息化工程技术研究中心主任赵春江教授、副主任王纪华教授，国家信息农业工程技术中心主任、南京农业大学曹卫星教授以及常务副主任朱艳教授，中国农业机械化科学研究院首席专家张小超教授，国家测土配方施肥中心实验室主任、中国农业科学院白由路研究员，中国科学院南京土壤研究所张佳宝研究员，中国水利水电科学研究院水利研究所所长许迪教授、副所长兼书记李益农教授，浙江大学应义斌教授、何勇教授，国家农业智能装备工程技术研究中心主任陈立平教授，天津市农业机械推广总站，内蒙古准格尔旗奇・达楞太副旗长以及准格尔旗农牧业局，山东桓台县农业局，中国农业大学资源与环境学院张福锁教授、吴文良教授、苗宇新副教授。积极接受中国农业大学精细农业研究中心的访问学者、合作培养研究生并给予支持和帮助的国外专家有：中国农业大学兼职教授、堪萨斯州立大学教授 Naiqian Zhang 博士，中国农业大学兼职教授、华盛顿州立大学教授 Qin Zhang 博士，中国农业大学兼职教授、阿肯色大学教授 Yanbin Li 博士，中国农业大学兼职教授、北海道大学教授 Noboru Noguchi 博士，中国农业大学兼职教授、东京农工大学教授 Sakae Shibusawa 博士，雅典农业大学教授 Nick Sigrimis 博士，阿肯色大学教授 Simon S. Ang 博士，俄克拉荷马州立大学副教授 Ning Wang 博士，佛罗里达大学副教授 Wonsuk Lee 博士，等等。与作者来自同一个教育部重点实验室的中国工程院院士康绍忠教授、中国农业大学副校长傅泽田教授、中国农业大学工学院院长韩鲁佳教授、农业信息化专家李道亮教授、朱德海教授虽没有直接参与本书的撰写，但作为共同承担国家科研项目的成员，为本书的撰写做出了巨大贡献，在此一并表示感谢。

本书总结了“现代精细农业系统集成研究”教育部重点实验室暨中国农业大学精细农业研究中心在“十一五”期间与精细农业有关的主要成果，其中主要是成功的探索和经验，也不乏挫折和弯路。研究成果的发表既是为了承前，更着眼于启后。把这些成功的或尚不成熟的研究进展发表出来，既是对“十一五”期间研究工作的总结，也是为了在“十二五”期间厘清研究思路、明确研究方向。从目前的内容可以看出，精细农业技术体系 3 个主要环节中的变量作业及农田精细管理环节还有待继续加强，决策支持和处方图生成环节还有待起步、提升。我们将以这部专著作为起点，继续保持在农业信息获取研究领域的先进地位，进一步加强变量作业及农田精细管理相关研究，积极开展精细农业决策支持和处方图生成相关研究，为我国精细农业技术的研究与实践做出更大的贡献，在“十二五”期间创造更大辉煌。

作　者

2012 年 9 月

目　录

第一篇　农田信息获取及先进传感技术

第1章

土壤信息获取及先进传感技术

1.1 基于光谱学原理的土壤检测技术研究

1.1.1 基于光谱学原理的土壤参数快速分析方法研究[1]

1.1.1.1 研究背景

精细农业作为一种崭新的现代化农业管理理念和方式，摈弃了现行农业管理方式的缺陷，它要求按照农田的时空差异进行精确、科学的施肥以及养分管理[2]，因而实施精细农业需要清晰地了解土壤的空间变异特性及其实时营养状况。土壤养分的实时测定研究既可以为精细农业的实施提供精确、科学的数据，也可作为开发低成本智能化实时测试仪器的技术理论基础。

光谱分析技术是综合光谱学、化学计量学和计算机应用等多学科知识的现代分析技术。与传统分析技术相比，光谱分析技术在几秒至几分钟之内，就可同时测定样品中多种成分的浓度或性质参数；可见光及近红外光对物质具有一定的穿透能力，无需对样品做任何预处理，可实现无损测量；无需化学试剂，对样品和环境不会造成污染；能量较低（近红外能量比可见光能量还低），不会对人体造成危害。因此光谱分析技术作为一种快速、非破坏性、无污染的分析测试技术，具有能够定量反演地物特性的潜力，可以用来分析物质的物理和化学特性，并且已经在很多领域取得越来越多的骄人成绩，在农业领域也越来越多地表现出非凡的发展潜力。利用光谱分析技术来预测土壤营养参数，再结合其他技术判定土壤养分的空间变异性，对于实现精细农业意义极其重大。但目前的相关研究还处在实验室阶段，研究对象大都是经过干燥、过筛等预处理的土壤样品，亟待向实用阶段的突破。本研究探讨应用高光谱技术实时分析土壤营养状况的机理和方法，并进而开发利用光谱技术实时预测土壤养分的技术和装置。

根据物质的电磁波理论，任何物质，其光谱的产生均遵循着严格的物理机制。当分子振动能量级差较小时，产生相应近红外区的光谱；当分子振动能量级差较大时，产生的光谱位于近红外至可见光范围内。可见光波长在 380～760 nm 范围内，近红外光波长在 760～3 000 nm

范围内。近红外光谱(near infrared reflectance spectroscopy,NIRS)的信息主要是有机分子含氢基团如C—H、O—H、N—H、S—H等伸缩振动的各级倍频与合频吸收的信息,不同基团产生的光谱在吸收峰位置和强度上有所不同。根据朗伯-比尔吸收定律(Lambert-Beer Law),随着样品组成或者结构的变化,其光谱特征也将发生变化,这是近红外光谱分析技术的理论基础。由于近红外光谱含有丰富的物质分子结构信息,所以可用来分析绝大多数种类的化合物及其混合物的成分浓度或者品质参数。

土壤养分实时监测是精细农业的战略需要,是开发低成本智能化实时测试仪器的前提,是深入研究土壤营养状况机理的手段。而如果能够应用光谱分析技术精确地实现土壤养分的实时监测,则对于精细农业来说起着极大的促进作用。中国农业大学精细农业研究中心在国家自然科学基金资助下,以3个最重要的土壤参数——水分、有机质(soil organic matter, SOM)和全氮(total nitrogen, TN)为研究对象,通过多种方法探索了基于光谱的土壤参数实时定量分析方法。

1.1.1.2 材料与方法

本研究中研究对象为北方潮土和东北黑土。北方潮土样本采自位于北京市海淀区上庄的中国农业大学试验麦田,共计150个土样。采集的土样直接用于可见光光谱、近红外光谱和水分的测量,之后在实验室测得土壤有机质含量、全氮含量等参数。可见光光谱采用美国ASD公司生产的手持式分光光度计(ASD FieldSpec HH)测量,其光谱测量范围是325～1 075 nm,分辨率为1 nm,扫描次数设定为30次。近红外光谱采用美国Thermo Nicolet公司生产的Antaris型傅里叶变换近红外光谱仪测量,它配有光导纤维探头,可以直接将探头插入土中进行测量。光谱仪的光谱测量范围为12 000～4 000 cm^{-1}(833～2 500 nm),分辨率为2 cm^{-1},波数精度为0.1 cm^{-1},扫描次数为32。

东北黑土的土样采自黑龙江省哈尔滨市郊区一块农用地,共计200个样本。土样的近红外光谱采用德国布鲁克公司生产的MATRIX-I型傅里叶变换近红外光谱仪测量,它带有旋转样品池,可以直接将少许土样放入样品池中进行测量。光谱仪的光谱测量范围设定为12 798～3 599 cm^{-1}(781～2 779 nm),分辨率为4 cm^{-1},波数精度为0.1 cm^{-1},扫描次数为32。东北黑土测得的土壤参数包括水分、有机质含量和全氮含量。测得的东北黑土和北方潮土的光谱用于研究建立普适性土壤预测模型。

1.1.1.3 基于BP神经网络的定量分析方法研究

BP神经网络(BP NN,back-propagation neural network)是利用非线性可微函数进行权值训练的反向传播网络。根据BP神经网络的定义,对于闭区间内的任何一个连续函数都可以用单隐层的BP神经网络逼近,因而一个三层BP神经网络可以完成任意的n维到m维的映射。这种网络具有很强的非线性映射能力,非常适合用于非线性函数逼近[3]。

在已经报道的土壤参数预测研究中经常使用的方法包括多元线性回归(MLR)、主成分回归(PCR)、偏最小二乘回归(PLSR)以及局部权重的偏最小二乘回归(LWPLSR)等,通过特定的数据预处理后使用这些方法虽然可以得到较高精度的预测模型,但是样本集合中的少数几个异常值对模型的精度具有毁灭性的影响,而神经网络则可以很好地规避这个风险。

研究资料表明,对光谱数据的数学预处理能够提高光谱定量分析组成成分的能力,并可提高模型的预测能力。本研究首先对近红外反射光谱数据进行了预处理。

由于近红外反射光谱仪本身的误差、光导纤维探头所遇到的具体观察面的局部特殊性等外界因素的影响，得到的光谱数据存在噪声，尤其在扫描刚刚开始以及扫描即将结束时，噪声更加明显。从光谱图（图 1.1 滤波前曲线）上可以看到，950 nm 以下以及 2 400 nm 以上的曲线有明显的噪声。而从理论上来讲，土壤的光谱曲线本质上应该是平滑的，因而经平滑处理后数据在一定程度上减弱了白噪声干扰，应该是原始数据的更好估计，更加有利于提高模型的准确度。

经过比较，采用局部加权散点图平滑法来滤波，然后按照各数据点的权值进行局部加权处理，使用一阶多项式进行线性最小二乘拟合，这种方法既可滤波，又避免了异常值的影响。滤波效果如图 1.1 所示。

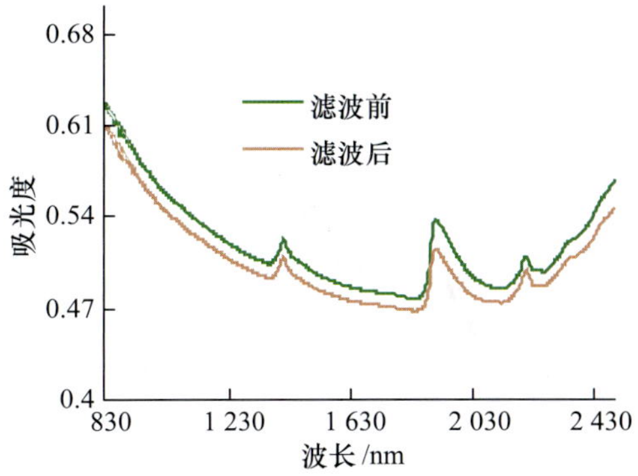

图 1.1 样本滤波前后的近红外光谱曲线对比

后续建模中所使用的数据都是平滑滤波后的光谱数据。滤波处理使得光谱曲线更加接近于理想值，用该数据作为神经网络的输入数据会降低网络模型的系统误差，从而提高模型的精度。

土壤样本的水分、有机质含量、全氮含量数据的分布特征如图 1.2 所示。其中第一列为水分数据分布图，第二列为有机质数据分布图，第三列为全氮数据分布图。

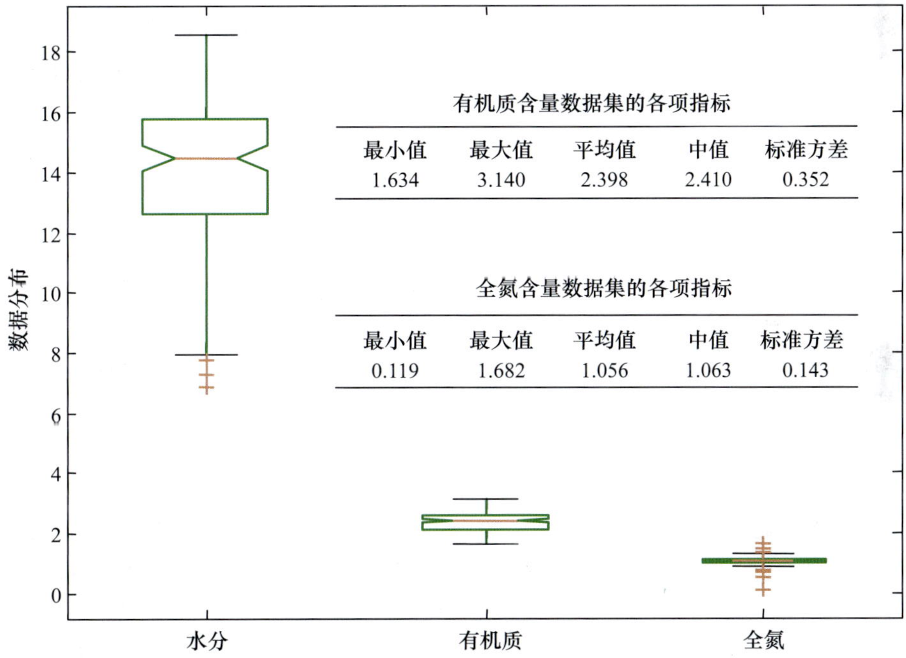

图 1.2 土壤样本水分、全氮含量、有机质含量的数据分布特征对比

分析对比水分和其他土壤参数的数据分布特征发现，有机质、全氮含量的标准方差都很小，当直接对目标进行 BP 神经网络建模时，由于有 82％以上的数据都集中在平均值±0.5 范围内，模型出现了过拟合的现象，即模型的拟合精度非常高，而模型的预测精度却很低。究其主要原因应该在于：

①样本集的标准方差过小导致网络模型存在非常明显的过度拟合的现象。

②样本的测量存在误差，比如光斑照射的部位与样本整体的有机质含量有差异、测量本身存在误差等，从而导致异常值的出现。这些都会直接影响到模型的预测精度。

由此可见，有必要再对数据进行有效的处理，来规避样本数据的误差给网络带来的影响，同时增大样本之间的标准方差。因而研究中对 150 个样本进行了系统聚类分析，将数据分为 50 组，再将每组的目标参数数值及其所对应的近红外反射光谱数据进行平均，这样得到了 50 个新的样本。对新样本的光谱数据进行自然对数转换，并将转换后的数据与新样本的目标参数值统一进行规范化处理后，再从变量中提取主成分。

1. 土壤水分 BP 神经网络预测建模及验证

文献[4-6]表明近红外光谱对土壤水分具有很强的预测能力。为了对比利用非线性模型来模拟线性模型的程度，本研究首先利用主成分分析提取的 4 个变量建立水分神经网络预测模型。

将土壤样本分为标定样本和测试样本两个集合，用 3/4 的样本来学习训练建模，另外 1/4 则用于测试模型。

研究设计使用三层 BP 神经网络来建模。将 4 个主成分作为神经网络的输入变量，根据以下 4 个经验公式计算隐含层神经元个数：

$$\sum_{i=0}^{n} C_{n_1}^{i} > k \tag{1.1}$$

$$n_1 = \sqrt{n+m} + a \tag{1.2}$$

$$n_1 = \log_2 n \tag{1.3}$$

$$n_1 = 2n+1 \tag{1.4}$$

式中：k 为样本数；n_1 为隐含层神经元个数；n 为输入层神经元个数；m 为输出层神经元个数；a 为[1,10]之间的常数。式(1.1)中，如果 $i>n$，则 $C_{n_1}^{i}=0$。

根据以上经验公式以及土壤的非线性复杂特性，暂定隐含层的神经元个数为 10～29 个。网络输出层只有一个单元，即土壤水分(含水率)。研究设计了一个隐含层神经元个数可变的 BP 线性神经网络，试验了当训练目标分别设定为 0.1、0.05、0.02、0.01 时，随着隐含层神经元个数的不同，网络训练误差和网络拟合精度的变化情况，网络训练误差如图 1.3 所示，图 1.4 显示了网络对实测值的拟合程度，图 1.5 则显示了网络的预测能力。

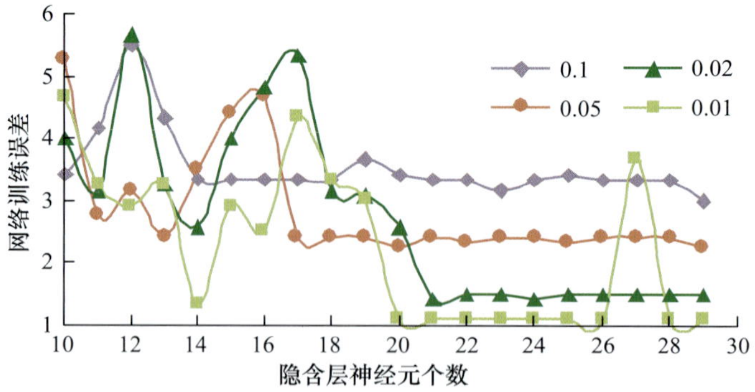

图 1.3　不同训练目标下网络训练误差与隐含层神经元个数的关系

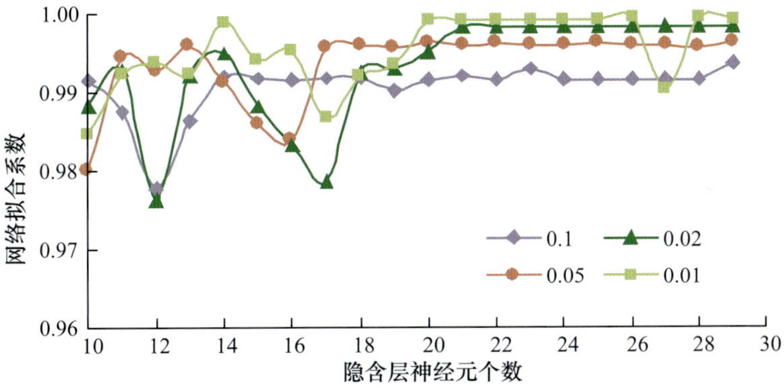

图 1.4 不同训练目标下网络模型精度与隐含层神经元个数的关系

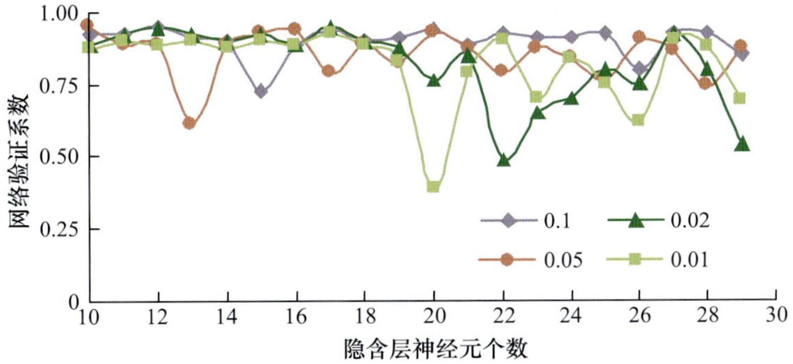

图 1.5 不同训练目标下网络验证精度与隐含层神经元个数的关系

可以看到，网络误差大的时候，网络的拟合能力与预测能力都比较低。虽然随着网络训练目标的提高，网络误差显著减小，系统的函数逼近能力也显著提高，但是网络的预测能力却下降了，这说明此时神经网络已经出现了过度拟合的现象。而对于同一训练目标而言，随着隐含层神经元个数的增加，网络的拟合精度不断发生变化，当隐含层神经元个数达到 20 以后，其拟合精度越来越高并趋于稳定，而网络的预测精度却处于不稳定状态。当网络训练目标提高以后，可达到的预测精度峰值呈现出随之减小的趋势。

根据模型可达到的拟合精度以及预测精度，比较了两个理想网络：一个是网络训练目标为 0.05、隐含层神经元个数为 20 的网络，其网络误差为 2.350 5，网络拟合系数为 0.996，验证系数为 0.936 8；另一个训练目标为 0.02，隐含层神经元个数为 27，此时网络误差为 1.438 3，网络拟合系数为 0.995，网络验证系数为 0.925 6。程序运行结果显示，第一个网络经过 45 步学习训练即可达到目标值，第二个网络经过 52 步训练也可达到目标。为了使网络更加简单，同时考虑其预测精度，水分的 BP 神经网络预测模型取为第一个网络。其网络误差虽然比第二个神经网络大，但该值对于水分在 6.90%～18.55%之间的数据来说还是较为理想的。该神经网络的训练情况如图 1.6 所示，网络的拟合情况由图 1.7 给出，图 1.8 显示了该网络的预测验证情况。

通过 Matlab 记录下网络的输入层权值矩阵、中间层权值矩阵以及阈值向量，将其作为网络技术数据保存，以便后续研究利用这些值编程实现利用该网络模型进行预测的功能。其他网络参数如表 1.1 所示。

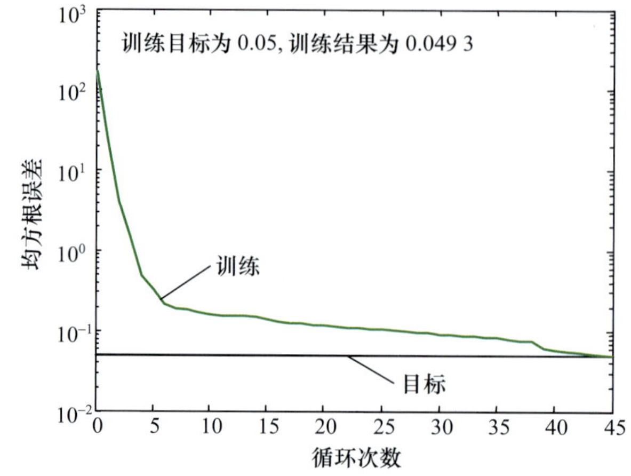

图 1.6　土壤水分的 BP 神经网络训练曲线

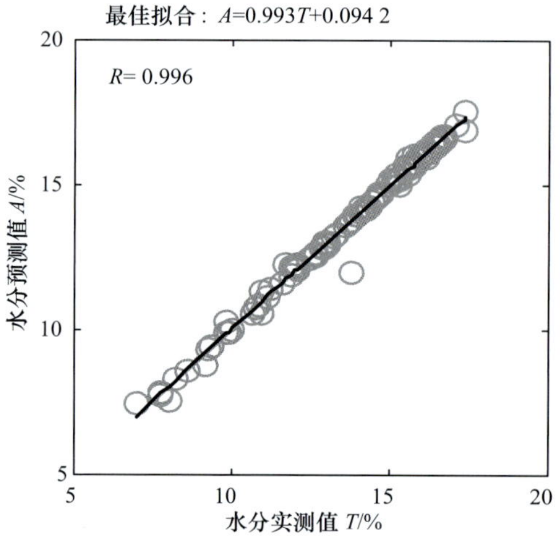

图 1.7　土壤水分的网络拟合结果

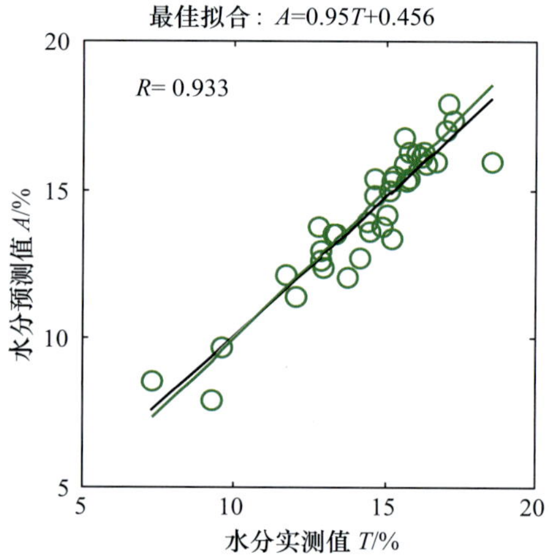

图 1.8　土壤水分的网络验证结果

表 1.1　水分 BP 神经网络预测模型参数

网络结构	隐含层神经元个数	训练函数	网络误差	输入层传递函数	输出层传递函数	输入层神经元个数	输出层神经元个数
单隐层 BP 网络	20	Trainlm	2.350 5	Tansig	Purelin	4	1

2. 土壤有机质含量 BP 神经网络预测建模及验证

由于土壤有机质含量和全氮含量本身与近红外光谱之间呈现出微弱的相关性，非线性关系较强，所以研究中对经平滑滤波处理的光谱数据进行了自然对数变换，根据统计分析样本测得的有机质和全氮含量的分布情况，又对因变量及自变量进行了统一的归一化处理，然后对变量进行主成分提取，利用提取的主成分变量进行了网络模型的创建。

采用贡献率为99.98%以上的前12个变量作为网络的输入神经元，网络的输出为新的规范化处理后的土壤有机质含量。经反复实践最终确定网络模型，网络训练曲线如图1.9所示，网络的拟合情况如图1.10所示，网络的预测能力如图1.11所示。BP神经网络的拟合系数达到了0.999，验证系数达到了0.854。网络的其他参数如表1.2所示。

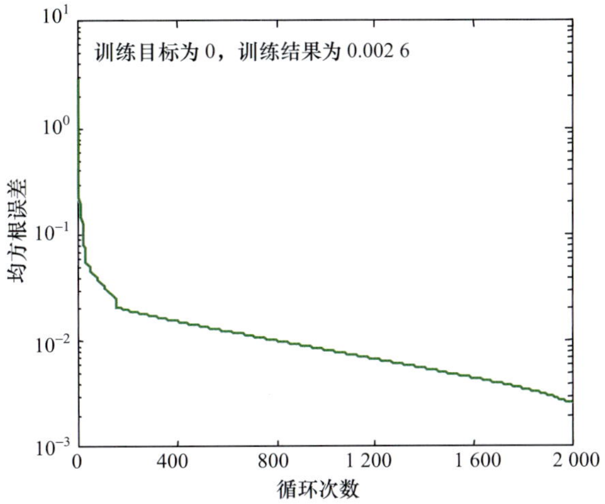

图1.9 聚类后有机质含量的BP神经网络训练曲线

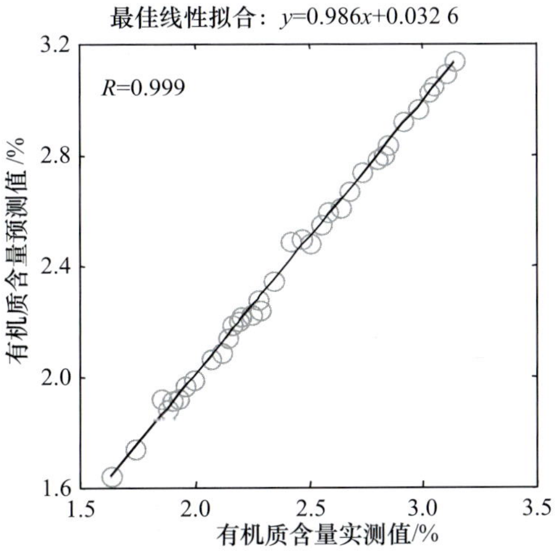

图1.10 聚类后有机质含量的网络拟合结果

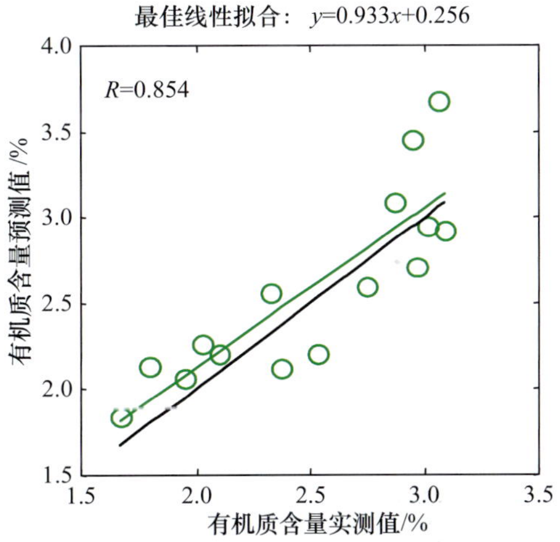

图1.11 聚类后有机质含量的网络验证结果

表1.2 土壤有机质含量BP神经网络预测模型参数

网络参数	参数值	网络参数	参数值
网络结构	单隐层BP网络	输入层传递函数	Tansig
隐含层神经元个数	25	输出层传递函数	Purelin
训练函数	Trainlm	输入层神经元个数	12
网络误差	0.133 08	输出层神经元个数	1

可以看到，经上述处理后的数据基本上消除了数据误差对网络预测能力的不利影响，这说明通过平均目标数据和光谱数据，大大降低了系统的误差，提高了网络的适应与实用能力。

3. 土壤全氮含量BP神经网络预测建模及验证

与土壤有机质的建模过程一样，在对土壤全氮含量数据进行了聚类分析、规范化处理和主

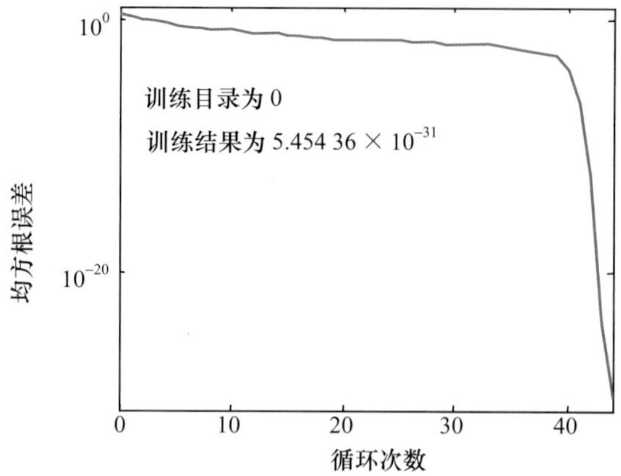

图 1.12　聚类后全氮含量的 BP 神经网络训练曲线

成分分析之后，将贡献率为 99.98% 以上的前 6 个变量作为网络输入神经元，输出为聚类平均处理后的全氮含量。经程序运行实践建立的网络训练曲线如图 1.12 所示，网络的拟合情况如图 1.13 所示，图 1.14 显示了网络的预测情况。网络的拟合系数近似为 1，网络的验证系数为 0.808。网络的其他参数如表 1.3 所示。

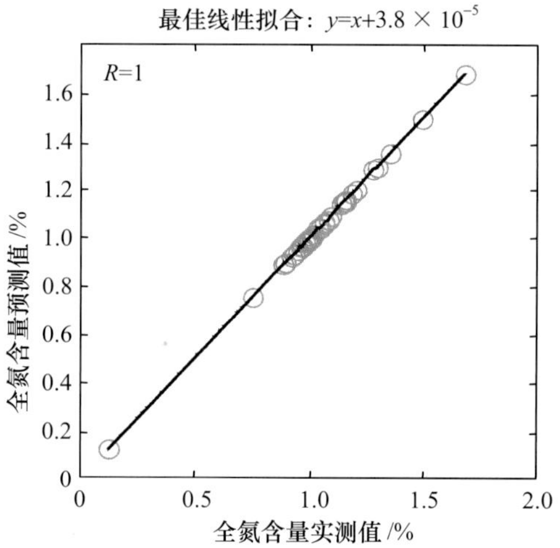

图 1.13　聚类后全氮含量的网络拟合结果

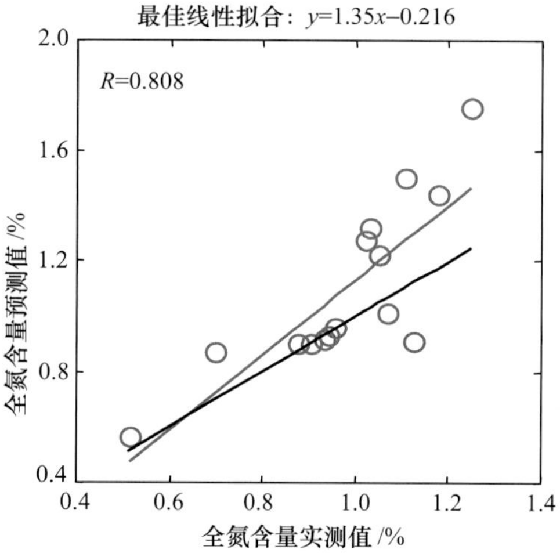

图 1.14　聚类后全氮含量的网络验证结果

表 1.3　土壤全氮含量 BP 神经网络预测模型参数

网络参数	参数值	网络参数	参数值
网络结构	单隐层 BP 网络	输入层传递函数	Tansig
隐含层神经元个数	30	输出层传递函数	Purelin
训练函数	Trainlm	输入层神经元个数	6
网络误差	0.000 214 72	输出层神经元个数	1

综上，可以得到以下结论：

①局部加权散点图平滑法滤波处理使得光谱曲线更加接近于理想值，从而降低了网络模型的系统误差，提高了模型的预测精度。

②使用 BP 神经网络模型预测土壤养分是可行的、实用的。土壤有机质含量神经网络模型拟合精度可达到 0.999，验证精度可达到 0.854；土壤全氮含量神经网络模型拟合精度可达

到 1，验证精度可达到 0.808。

③与其他建模方法相比，使用 BP 神经网络建立模型，当样本足够多时，即使不剔除极少数几个异常值，也不会影响网络模型的精度，模型的鲁棒性较好。

④对水分建立神经网络模型的经验说明，本身线性关系较强的因变量肯定能够得到精度高的预测模型。

1.1.1.4 基于 SVM 的土壤参数预测研究

近年来，支持向量机（support vector machine，SVM）由于其结构简单、性能优良、泛化能力强等优势，应用范围越来越广。实践证明，SVM 性能胜过了其他大多数的学习系统。

由于各个土壤参数均量化地隐藏在光谱数据中，而光谱数据是海量数据，对于本研究的 NIR 光谱来说，每个样本都测得了 8 238 个波长点的吸光度。对于如此高维的数据来说，使用常规方法是不现实的，需要面对维数灾难，就连神经网络也需要和主成分分析相结合才能够顺利完成预测建模任务。而且，神经网络应用于土壤参数预测时产生的不可避免的过度拟合问题，通过建模方法本身是难以解决的。而支持向量机则非常适合用以处理高维数据，因为对于支持向量机来说，计算复杂性与输入模式的维数没有直接关系，从而避免了维数灾难。另外，它具有优化问题存在唯一的极小点、学习速度快、更换核函数可以得到各种不同的广义超平面等优点。

1. 基于 SVM 的土壤全氮含量预测模型

由于到目前为止支持向量机各项参数的选择尚无统一的模式，因而在利用 SVM 进行土壤参数的建模预测时需要经过大量的参数尝试。ε-SVR（即 ε 不敏感损失函数算法的支持向量回归）的解以函数的最小化为特征，同时，它可以确保对偶变量的稀疏性。因而对于 ε-SVR 来说，使用训练点的一个小的子集来表示解有很大的计算优势，同时它可以确保全局最小解的存在和泛化解的优化。因而本研究选择了 ε-SVR 作为土壤参数的 SVM 类型。

研究首先针对原始近红外光谱进行，选取 120 个样本作为训练建模样本，其余样本作为验证集。首先确定核函数类型，通过建模预测得到了各个类型的核函数所对应的模型测定系数，其中较高的列于表 1.4。

表 1.4 不同核函数 SVM 回归结果比较

模型参数	线性核函数	多项式核函数	RBF 核函数	Sigmoid 核函数
惩罚参数 C	100	100 000	100 000	1
核参数 γ	—	0.074	0.001 8	0.000 000 001
损失参数 ε	—	—	0.000 1	—
coef0 参数	—	0	—	−3
多项式的阶数 d	—	2	—	—
支持向量数	48	48	120	30
测定 R^2	0.765 076	0.763 171	0.999 993	0.052 315 4
标定均方差	0.006 007 4	0.005 944 67	1.69×10^{-7}	1.451 26
验证 R^2	0.195 339	0.237 464	0.194 089	0.341 066
验证均方差	0.008 968 7	0.008 262 63	0.011 587 8	1.523 65

比较不同核函数的支持向量回归结果可以看到，RBF 核函数在进行土壤参数 SVM 回归建模时表现出较大优势，虽然预测系数不高，但模型精度非常高，远高于 Sigmoid 核函数的模型精度，而且与线性核函数和多项式核函数相比，RBF 核函数能够解决非线性问题。RBF 核函数参数少且数值计算范围较小，因而本研究选择 RBF 核函数作为预测模型的核函数。

确定使用 RBF 支持向量回归后，接下来需要确定影响模型回归结果的 3 个参数：惩罚参数 C、核参数 γ 和损失参数 ε。C 表示对误差的宽容度，值越高，表示越不能容忍出现误差；γ 是 RBF 核函数自带的一个参数，隐含地决定了数据映射到新的特征空间后的分布；ε 是损失函数的参数。首先对支持向量机回归模型的各影响参数进行大范围的搜索，待找到使得测定系数和验证系数都达到较高的点时，再作小范围内的搜索试验，最终确定模型的各个参数。基于原始光谱的 SVM 模型的各个参数探求过程如表 1.5、表 1.6 和表 1.7 所示。

表 1.5　惩罚参数 C 的选择（$\gamma=0.001\ 8$，$\varepsilon=0.000\ 1$）

C	支持向量数	测定 R^2	标定均方差	验证均方差	验证 R^2
100 000	120	0.999 993	1.69×10^{-7}	0.011 587 8	0.194 089
10 000	**120**	**0.999 993**	$\mathbf{1.69\times10^{-7}}$	**0.011 587 8**	**0.194 089**
1 000	45	0.556 113	0.011 494 1	0.008 670 17	0.188 259
100	20	0.154 333	0.019 425 5	0.008 440 17	0.180 421

表 1.6　核参数 γ 的选择（$C=10\ 000$，$\varepsilon=0.000\ 1$）

γ	支持向量数	测定 R^2	标定均方差	验证均方差	验证 R^2
0.001	120	0.963 014	0.001 013 39	0.010 710 4	0.189 921
0.002	120	0.999 993	1.74×10^{-7}	0.011 612 6	0.200 776
0.005	120	0.999 997	8.53×10^{-8}	0.012 676 3	0.258 436
0.005 5	120	0.999 996	9.85×10^{-8}	0.013 057 9	0.260 632
0.005 8	120	0.999 996	9.95×10^{-8}	0.013 31	0.261 158
0.005 89	120	0.999 996	9.10×10^{-8}	0.013 412 2	0.260 801
0.005 9	**120**	**0.999 996**	$\mathbf{1.07\times10^{-7}}$	**0.013 391 3**	**0.261 627**
0.005 91	120	0.999 997	8.99×10^{-8}	0.013 400 8	0.261 385
0.006	120	0.999 996	9.36×10^{-8}	0.013 507 4	0.260 665
0.007	120	0.999 996	1.08×10^{-7}	0.014 449 9	0.258 622
0.01	120	0.999 997	7.06×10^{-8}	0.017 109 7	0.233 147

表 1.7　损失参数 ε 的选择（$C=10\ 000$，$\gamma=0.005\ 9$）

ε	支持向量数	测定 R^2	标定均方差	验证均方差	验证 R^2
0.000 005	120	0.999 997	6.54×10^{-8}	0.013 386 9	0.261 288
0.000 05	120	0.999 997	8.09×10^{-8}	0.013 394 2	0.261 191
0.000 1	120	0.999 996	1.07×10^{-7}	0.013 391 3	0.261 627
0.001	120	0.999 956	1.27×10^{-6}	0.013 386 3	0.261 795
0.01	109	0.996 486	9.60×10^{-5}	0.013 319 4	0.266 807
0.07	69	0.856 629	0.308 032	0.013 454 4	0.312 504
0.071	69	0.852 77	0.003 571 79	0.013 496 4	0.312 366

续表 1.7

ε	支持向量数	测定 R^2	标定均方差	验证均方差	验证 R^2
0.072	**67**	**0.849 017**	**0.003 658 9**	**0.013 516 7**	**0.313 023**
0.073	67	0.845 128	0.003 749 18	0.013 556 8	0.312 825
0.08	61	0.820 757	0.004 317 24	0.014 574 3	0.306 034
0.1	55	0.745 617	0.006 122 66	0.017 767 7	0.288 006

比较分析发现，3 个参数对回归模型的影响都很大，固定其中的 2 个参数，另一个参数对模型的测定系数和验证系数的影响关系如图 1.15 至图 1.18 所示。可以看到，惩罚参数 C 对模型精度的影响很大，但当其小于或大于某个极限值后，它对模型精度的影响将趋于饱和，再改变将不会对模型精度等其他参数产生任何影响。在它的影响范围之内，随着 C 值的增大，模型的测定系数显著提高，模型的验证系数缓慢增加，说明 C 值对验证精度的影响不大。当 C 和 ε 设定在模型精度较高的水平时，核参数 γ 对模型的影响不剧烈，在 γ 较小段，测定系数和验证系数有一个小的起伏，随着 γ 的增大，系数有缓慢下降的趋势。而当 C 和 γ 都设定在模型精度较高水平时，测定系数和验证系数开始会随着 ε 的小幅增大而缓慢增长，当 ε 增大到某值后，测定系数会改变变化趋势，将随着 ε 的增大而降低，验证系数则会出现一个小幅度的增长峰；而后随着 ε 的增大，两个系数都会随之下降。

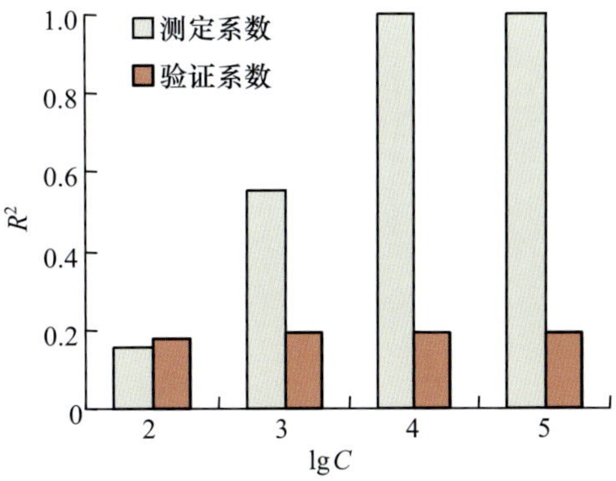

图 1.15　惩罚参数 C 对模型精度的影响

（γ=0.001 8，ε=0.000 1）

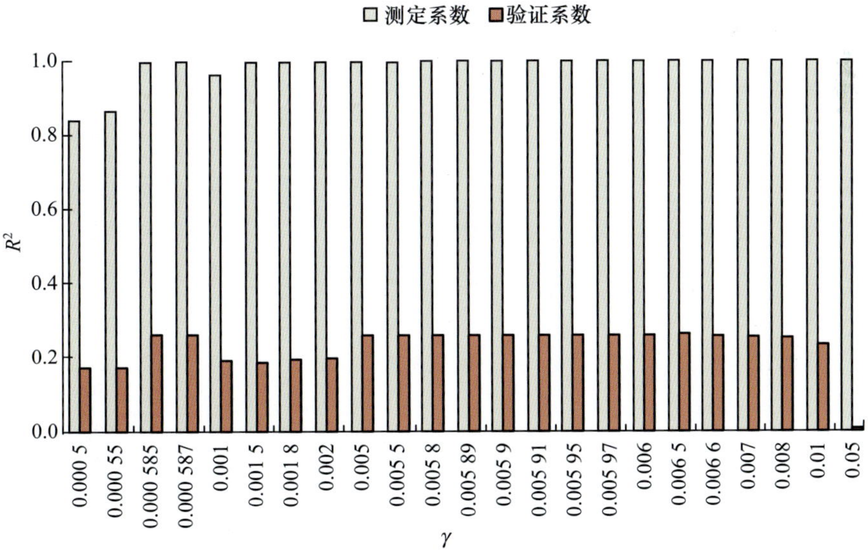

图 1.16　核参数 γ 对模型精度的影响

（C=10 000，ε=0.000 1）

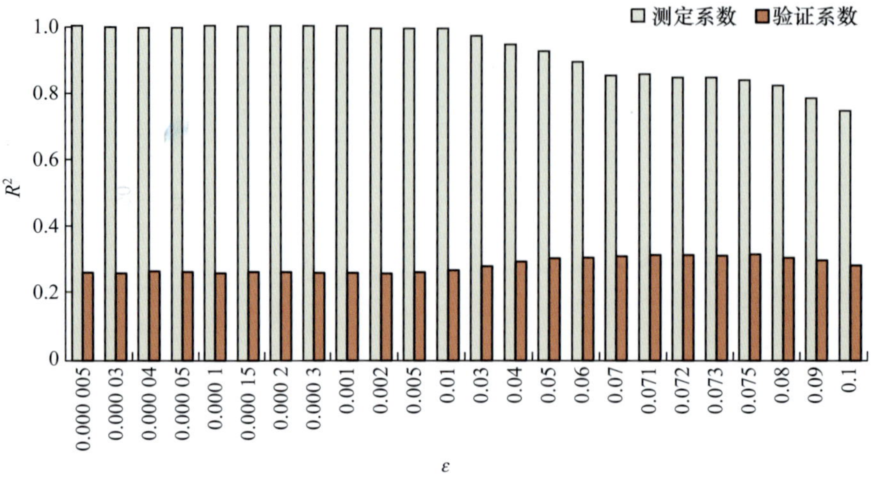

图 1.17　损失参数 ε 对模型精度的影响

(γ=0.005 9,C=10 000)

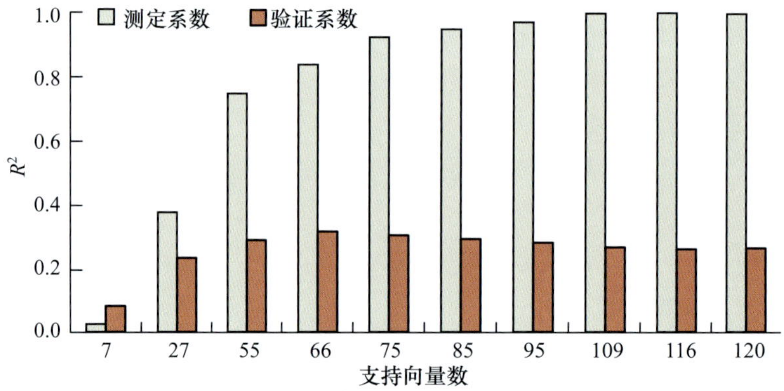

图 1.18　支持向量数对模型精度的影响

为了进一步研究模型随参数变化的规律，又研究了支持向量数与模型系数的关系，发现模型精度随支持向量数的变化反应明显，遵循确定的规律。当支持向量数从很小变化到 74 左右时，两系数都从接近 0 开始有一个飞跃的变化，迅速达到较高水平，验证系数还达到了它的峰值点。而后随着支持向量数的增加，测定系数缓慢地增长，验证系数则是下降的趋势。当支持向量数达到实验极值 120 后，测定系数和验证系数将以极慢的速度分别增加和降低。

为确定各个参数的控制方法，研究了 3 个参数对支持向量数的影响。

图 1.19 给出了支持向量数随着惩罚参数 C 的变化规律。当 γ 和 ε 维持在模型较高精度水平时，C 的改变对支持向量的影响范围不大。由图可见，当 γ=0.006 5,ε=0.054 5 时，C 从 1 变化到 100 000，支持向量数的变化范围仅为 58～74，当 C 达到 2 000 之后，再增大也不会影响支持向量数。这说明，在可观的模型精度范围内，支持向量数随着 C 的增大而增加到一个该参数水平下的最大值，换言之，支持向量数对应着一个最小的 C 值。

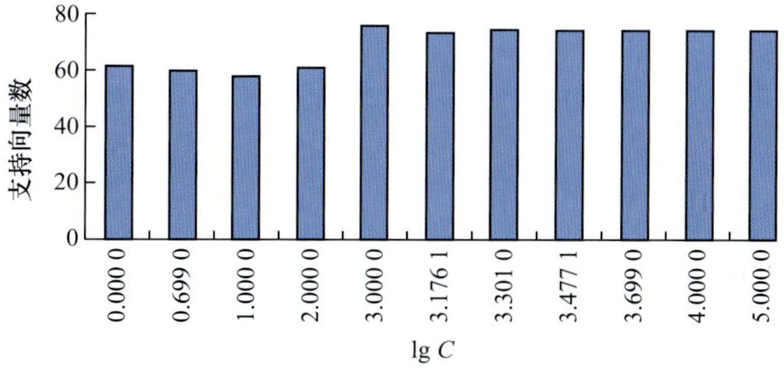

图 1.19　惩罚参数 C 与支持向量数的关系

图 1.20 给出的是支持向量数随核参数 γ 的变化规律。当 C 和 ε 保持不变时，核参数 γ 的变化不会对支持向量数造成大范围的影响。图示为 $C=2\ 000$，$\varepsilon=0.054\ 5$ 时支持向量数随 γ 的变化情况。当 γ 从 0.000 05 变化到 5 时，支持向量数仅在 61～78 之间变化，而且变化趋势有明显的拐点，开始随着 γ 的增大而增多，当 γ 变至 0.01 时达到该参数水平下的最大值 78，维持一段后即随着 γ 的增大而减少。这说明核参数 γ 对支持向量数的影响范围不大，在其变化范围内对应着一个最大支持向量数。

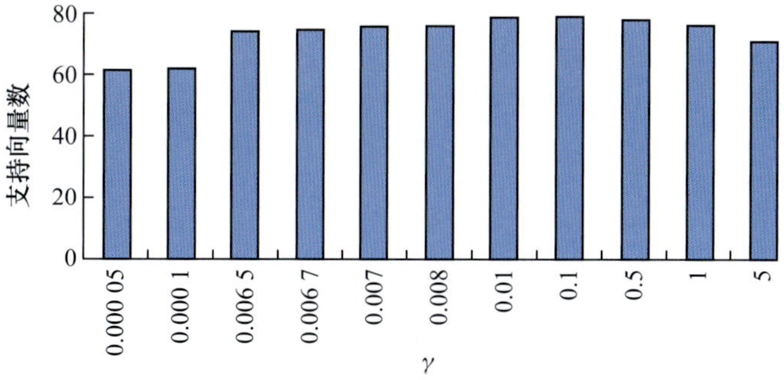

图 1.20　核参数 γ 与支持向量数的关系

图 1.21 给出的是支持向量数与损失参数 ε 之间的关系。可以看到，损失参数 ε 对支持向量数的影响范围最大。在 $C=2\ 000$，$\gamma=0.006\ 5$ 的条件下，当 ε 从 0.001 变化到 0.5 时，支持向量数迅速从 120 下降到 7，变化范围从支持向量数可能的最小值一直到最大值。因而，调节适当的 ε 值对模型精度影响很大。

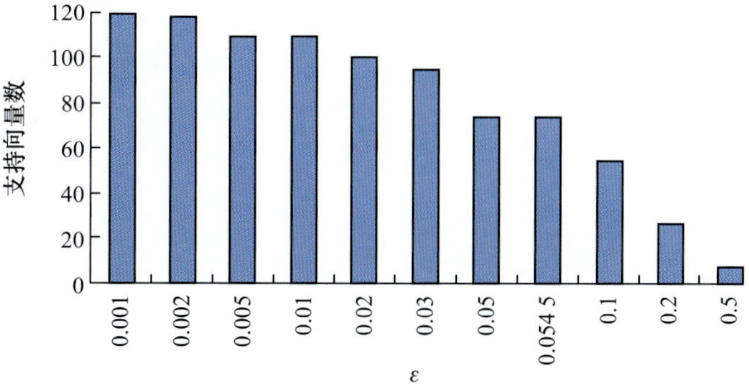

图 1.21　损失参数 ε 与支持向量数的关系

根据上述分析，首先初选确定3个参数的大概范围，然后权衡全氮含量SVM回归模型的测定系数和验证系数，对模型参数进行微调试验，最终确定 C、γ 和 ε 的值，得到了基于原始NIR光谱的全氮含量SVM回归模型、基于小波包降噪NIR光谱的全氮含量SVM回归模型、基于原始可见光谱的全氮含量SVM回归模型以及基于小波包降噪可见光谱的全氮含量SVM回归模型，筛选后的各模型参数见表1.8。

表1.8　4个全氮含量SVM回归模型的参数值

模型所利用的光谱	支持向量数	C	γ	ε	测定 R^2	模型均方差	验证 R^2	验证均方差
原始NIR光谱	73	2 000	0.006 14	0.054 6	0.911 7	0.002 3	0.309 7	0.013 2
小波包降噪NIR光谱	87	10^4	0.003 6	0.048	0.922 4	0.001 9	0.366 7	0.015 0
原始可见光光谱	81	10^5	2	0.05	0.923 2	0.002 0	0.160 5	0.012 8
小波包降噪可见光光谱	105	10^5	0.058	0.039 5	0.925 6	0.001 7	0.105 3	0.133 0

对比各模型发现，基于小波包降噪NIR光谱的全氮含量SVM回归模型的测定 R^2 为0.922 4，验证 R^2 也达到了0.366 7，是比较理想的回归模型。其他模型虽然测定系数均可达到0.9以上，但验证系数均处于较低水平，很难达到实用精度。作为对比，针对聚类后的50个样本进行了SVM预测建模，模型精度无明显改善。

2. 基于SVM的土壤有机质含量预测模型

利用和全氮含量SVM回归预测相同的思路和方法，进行了基于原始NIR光谱、小波包降噪NIR光谱、原始可见光光谱以及小波包降噪可见光光谱的土壤有机质含量SVM回归建模。以基于原始NIR光谱的有机质含量SVM回归模型为例，其简略的参数选择过程见表1.9。

表1.9　基于原始NIR光谱的有机质含量SVM回归模型参数选择过程

C	γ	ε	支持向量数	测定 R^2	标定均方差	验证 R^2	验证均方差
100	0.003	0.06	103	0.191 325	0.107 119	0.230 583	0.068 070 8
1 000	0.003	0.06	103	0.717 522	0.046 982 1	0.284 353	0.063 729 3
10 000	0.003	0.06	105	0.988 469	0.003 283 46	0.281 898	0.065 631
10 000	0.002	0.06	103	0.988 797	0.003 296 21	0.319 514	0.061 546 2
10 000	0.001	0.06	104	0.949 414	0.009 007 41	0.332 757	0.060 079 1
10 000	0.000 1	0.06	107	0.404 168	0.087 482 2	0.236 997	0.068 228 5
10 000	0.000 4	0.06	106	0.760 539	0.038 713 4	0.347 967	0.058 871 5
10 000	0.000 5	0.06	103	0.823 161	0.029 904 5	0.337 704	0.059 656 8
100 000	0.000 5	0.05	103	0.992 121	0.002 299 46	0.356 34	0.057 589 3
100 000	0.000 5	0.10	93	0.968 896	0.008 443 29	0.388 306	0.055 814 4
100 000	0.000 5	0.15	83	0.929 378	0.017 524 1	0.408 001	0.055 163 6
100 000	**0.000 5**	**0.16**	**83**	**0.918 293**	**0.019 708 2**	**0.410 8**	**0.055 131 2**
100 000	0.000 5	0.17	81	0.905 752	0.022 032 2	0.413 138	0.055 119 8
100 000	0.000 5	0.20	79	0.861 886	0.029 564 8	0.419 188	0.054 993 5

有机质含量 SVM 回归模型的各参数与测定系数和验证系数以及支持向量数之间的关系如图 1.22 至图 1.24 所示(为了把支持向量数随模型参数的变化关系表现在同一图中,纵坐标值为支持向量数除以 100)。研究得到与全氮含量 SVM 回归模型类似的结论:惩罚参数 C 对模型标定精度的影响范围很大,对模型验证精度以及支持向量数的影响范围较小,但都会趋于饱和;核参数 γ 对模型预测和验证精度影响范围较大,对支持向量数的影响范围较小,对三者的影响都有极值出现;损失参数 ε 对支持向量数、模型预测精度及验证精度都有较大范围的影响,是调整模型精度的关键指标。由于目标变量不同,因而模型的参数变化很大,相同的是,各模型的标定系数都达到趋近于 1 的高精度,验证系数则不高,得到的有机质含量 SVM 回归模型的验证精度要略高于全氮含量 SVM 回归模型,说明利用支持向量机回归进行有机质含量的预测效果要好于全氮含量。

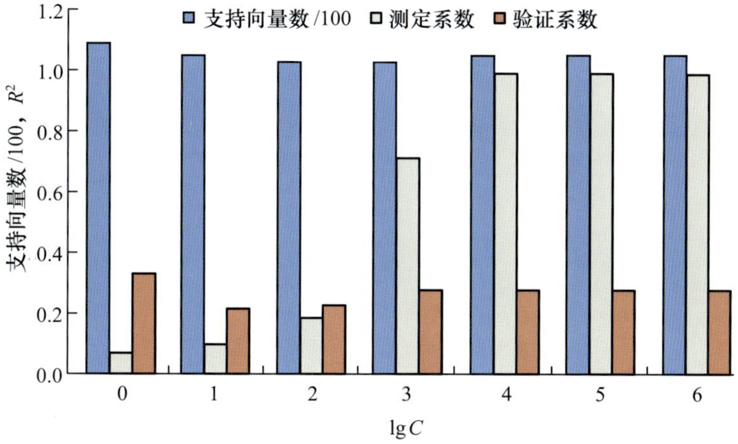

图 1.22 惩罚参数 C 与 R^2 及支持向量数的关系

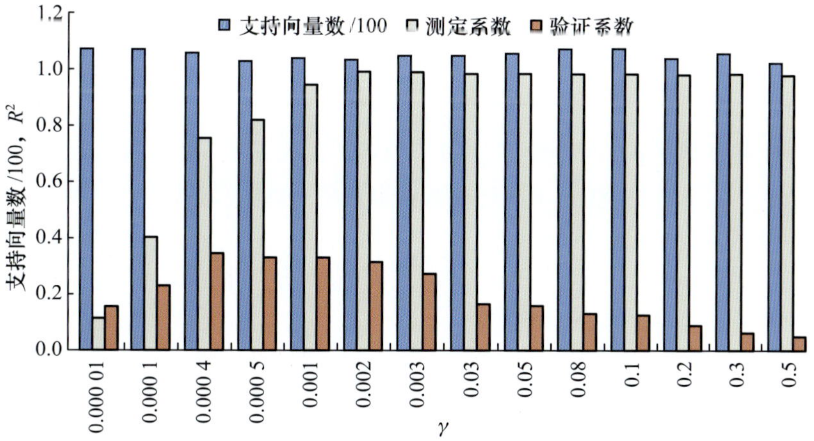

图 1.23 核参数 γ 与 R^2 及支持向量数的关系

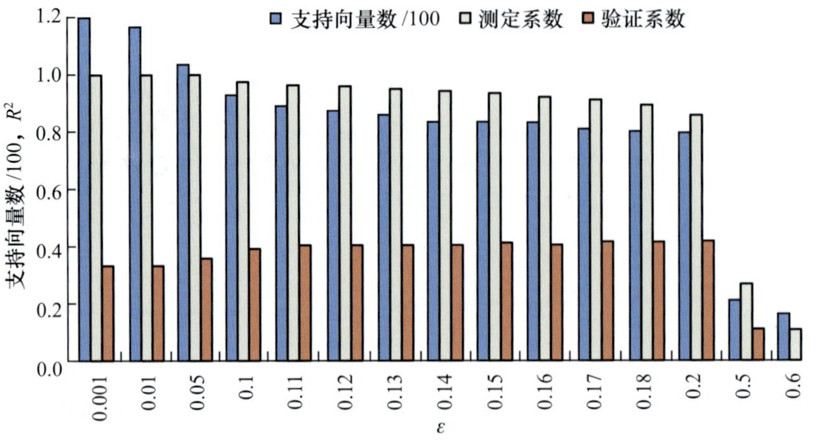

图 1.24　损失参数 ε 与 R^2 及支持向量数的关系

初步选定模型参数后，经过权衡模型测定和验证系数，对模型参数进行了微调。在此基础上，又研究建立了基于小波包降噪处理的 NIR 光谱、原始可见光光谱以及小波包降噪可见光光谱的有机质含量 SVM 回归模型。各模型的参数及其回归结果见表 1.10。对比发现，对于有机质含量 SVM 预测来说，采用基于原始 NIR 光谱的回归模型，其支持向量数最少，而得到的模型误差最低，测定 R^2 达到 0.917 9，验证 R^2 达到 0.415 2。其他 SVM 模型，虽然精度均可达到 0.9 以上，但验证精度均不理想。

表 1.10　4 个有机质含量 SVM 回归模型的参数值

模型所利用的光谱	支持向量数	C	γ	ε	测定 R^2	标定均方差	验证 R^2	验证均方差
原始 NIR 光谱	83	10^5	0.000 4	0.16	0.917 9	0.019 7	0.415 2	0.054 8
小波包降噪 NIR 光谱	89	10^4	0.032 6	0.136	0.906 8	0.015 7	0.201 3	0.136 1
原始可见光光谱	115	10^4	0.87	0.027	0.996 2	0.000 7	0.300 9	0.065 4
小波包降噪可见光光谱	110	10^4	7.4	0.026	0.996 9	0.000 6	0.224 6	0.073 9

作为对比，针对聚类后的 50 个样本进行了 SVM 预测建模，模型验证精度明显改善，基于原始 NIR 光谱的有机质含量 SVM 回归模型的测定 R^2 达到 1，验证 R^2 达到了 0.521。

综上，研究得到以下结论：

①选择适当的参数，基于不同光谱的全氮或有机质含量 SVM 回归模型均可达到 0.9 以上的高精度，但模型的验证精度不太理想。

②平衡模型测定精度和验证精度的关系，可以得到较为理想的 SVM 预测模型。比较基于不同光谱的 SVM 回归模型发现：对于土壤全氮含量，基于小波包降噪 NIR 光谱的 SVM 回归模型效果较好，测定 R^2 达到 0.922 4，验证 R^2 达到 0.366 7，模型的回归均方差和验证均方差均较低；对于土壤有机质含量，基于原始 NIR 光谱的 SVM 回归模型效果最好，测定 R^2 达到 0.917 9，验证 R^2 达到 0.415 2，模型的回归均方差和验证均方差均较理想。

③比较分析基于不同光谱的土壤参数 SVM 模型发现，NIR 光谱较适合于全谱支持向量回归，其机理是由于 NIR 光谱数据信息含量丰富，使用 SVM 回归训练时可以很容易地提取到这些信息。可见光光谱虽也适于使用 SVM 进行回归建模，但相比较而言，由于其数据维数不太高，SVM 的优势未充分发挥，因而使用神经网络进行预测建模更合适。

④SVM 回归回避了高维数据处理时需面对的众多问题，较好地解决了非线性、高维数和局部极小点等现实问题，适合基于全谱信息进行建模处理。

1.1.1.5 小波包分析在土壤参数预测中的应用研究

对于土壤样本的近红外光谱来说，由于样本本身复杂的物理性质以及光谱仪的工作误差等人为或非人为因素的影响，噪声是难以避免的。土样的光谱曲线可以看作是一条含噪的一维信号，在该信号中，噪声信号是一个高斯白噪声，通常表现为高频信号，而有用的光谱信号通常为低频信号或比较平稳的信号。要得到土壤理想或近似理想的接近实际的光谱曲线，必须进行降噪处理。通过线性和非线性建模实践发现，自变量的选择以及自变量中有效信息的多寡对模型精度起着至关重要的作用，而合理地抑制白噪声就相当于间接增强了有效信息。本研究中使用小波包降噪的方法对土壤样本光谱进行了滤波处理，并对比了小波包滤波和传统的平滑滤波方法滤波后的效果以及对建模预测的影响。

通过大量的建模探索和研究发现，利用实时土壤光谱进行土壤全氮和有机质含量的预测是可行的，神经网络模型和支持向量机模型更是达到了非常高的精度。但是，线性模型的精度还偏低，如果能够提高线性模型的精度，则可大幅简化预测模型，这对于基于光谱分析技术的土壤全氮和有机质含量实时测量仪的开发是非常必要的。而在实际的土壤参数建模分析过程中发现，对于实时土壤来说，由于水分含量较高，且水分对于吸收光谱的影响非常明显，与各波段上反映其他土壤参数的吸收峰严重重叠，极大地影响了其他土壤参数的建模预测精度，因而从光谱曲线中消除或大大降低土壤水分对光谱的影响、降低土壤粒度等因素对光谱的影响是非常有必要的，这无疑会对模型适用性和实用性起到有益的推动作用。

1. 小波包降噪处理及其参数选择

对于每一个样本，光谱测量过程中可能引入不同程度的噪声，例如由于光谱仪的机械振动、工作稳定性不同、旋转测量杯旋转磨损等原因引入的测量误差；由于土样的粒度、颗粒之间的松紧程度不同等引入的样本物理性误差。所以，即使对不同的样本使用相同层数的小波包分解，所得到的小波包最优基也不相同。基于此，研究中使用 Matlab 7.0 提供的强大的小波包处理函数和图 1.25 所示算法编写程序来实现每个样本光谱曲线的最佳小波包降噪，进而得到所有样本的最接近真实的光谱曲线。

选择小波母函数的试验顺序依次为 Daubechies(dbN)小波、Symlet(symN)小波、Biorthogonal(biorNr. Nd)小波等正交小波，且将根据利用它们进行小波包降噪的偏最小二乘回归建模试验的结果最终确定适合于土壤光谱处理的母小波。首先对比了 sure 熵、shannon 熵和 log energy 熵标准下的降噪效果，结果如图 1.26 所示。

比较发现，shannon 熵标准下滤波效果最好，因而选择 shannon 熵作为土壤样本实时光谱曲线滤波的熵标准，降噪处理将按此标准计算最优树，进行降噪处理。降噪处理中使用的阈值由式(1.5)所示的经验公式计算出的软阈值进行处理得到，保存低频。

$$thr=\sqrt{2\lg(n\lg n/\lg 2)} \tag{1.5}$$

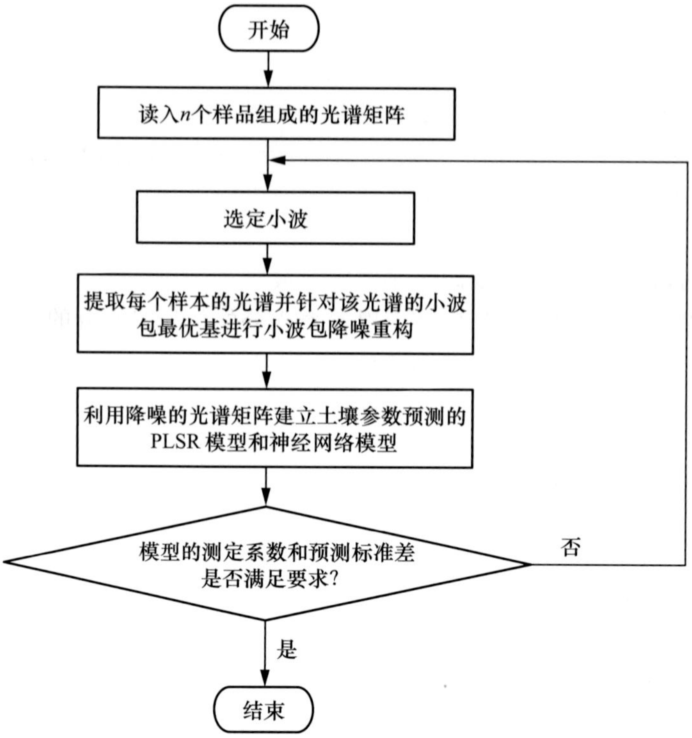

图 1.25　小波包降噪算法流程图

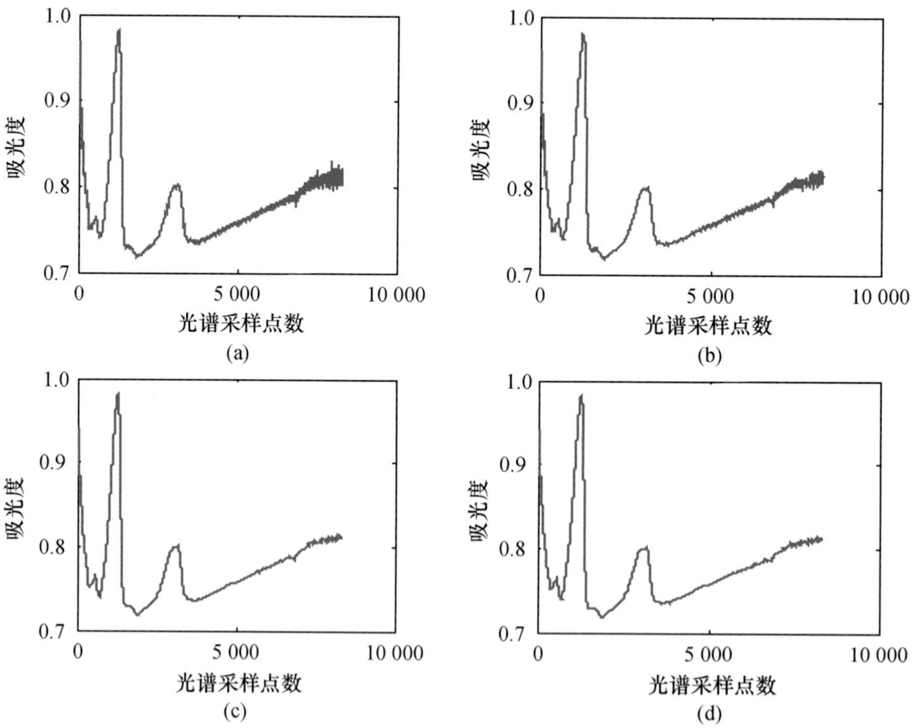

图 1.26　不同熵标准下的降噪效果对比

(a) 土样原始光谱；(b) sure 熵标准降噪；(c) shannon 熵标准降噪；(d) log energy 熵标准降噪

2. 小波包分析处理及其参数选择

对比分析干燥前后、干烧前后的 NIR 光谱曲线可知，水分对实时土壤光谱曲线的影响是巨大的。风干或者干燥后，光谱曲线会整体下移，而移动的距离对于不同波段也是不同的，表现为弱线性关系，要作水分变化对每一波段影响的定量研究要花费大量的时间，做大量的实验。简便起见，利用小波包理论尝试研究解决水分对光谱影响。

分析土壤粒度对光谱曲线的影响，发现对于混合粒度的样本，土壤粒度对光谱曲线的影响是随机且不均匀的，在光谱曲线上反映为小的震荡波动。利用小波包分解理论，将光谱曲线的高频和低频部分提取出来，曲线的低频部分对应着水分的信号或水分的影响趋势，高频部分则对应着其他养分的有效信号以及粒度的影响。

根据使用降噪光谱建模的精度结果，最终选择 Biorthogonal 小波作为小波包分析的母小波。这是一个双正交小波，称为对偶的两个小波，分别用于信号的分解和重构。双正交小波解决了线性相位和正交性要求的矛盾。Bior4.4 小波包函数如图 1.27 所示。

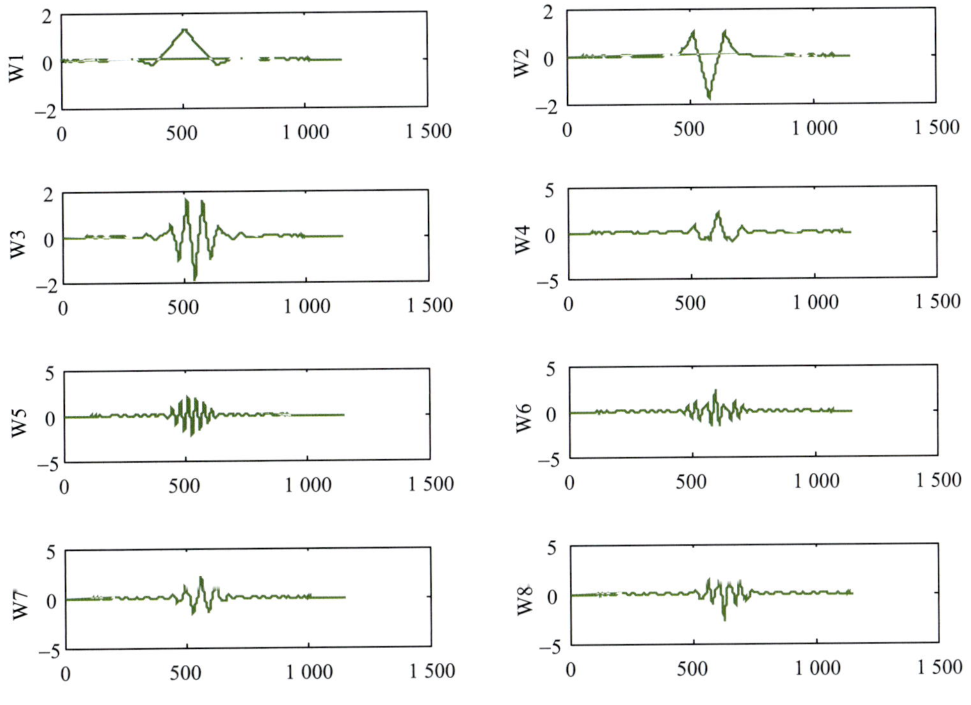

图 1.27　Bior4.4 小波包函数

对小波包分解的层数做了简单的曲线观察试验，初步确定对信号作 8 层小波包分解，小波包树如图 1.28 所示。

经过各小波包降噪的实时土壤 NIR 光谱如图 1.29 所示，经过各小波包降噪的实时土壤可见光光谱如图 1.30 所示。

因而对于 NIR 光谱来说，只针对噪声大的前段和末段进行降噪是比较好的选择。后续建模即是基于此思想，通过分析水分、全氮含量和有机质含量相关曲线，选择了 833～1 370 nm 波段和 2 160～2 500 nm 波段区域进行小波包降噪处理，将处理好的数据与原数据拼接起来，得到新的 NIR 光谱。

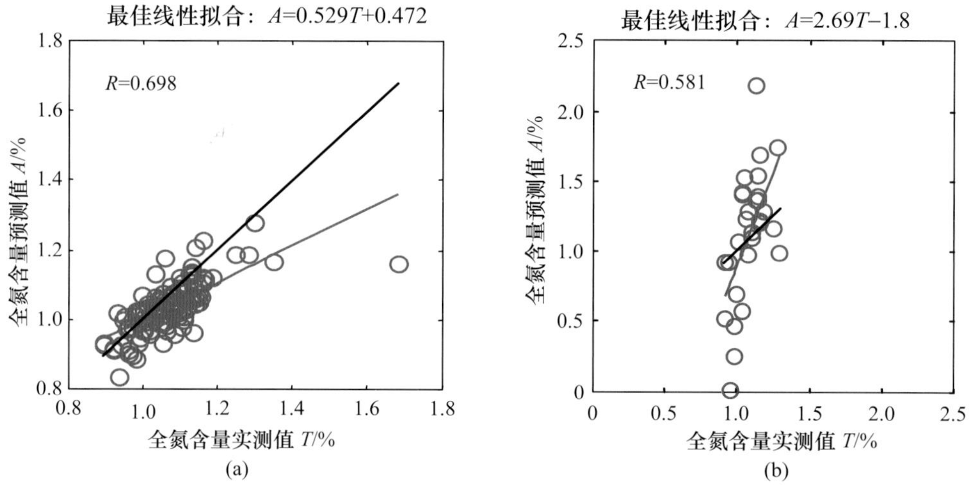

图 1.36 基于小波包降噪可见光光谱的全氮含量 BP 神经网络模型的拟合与验证

(a) 模型的拟合；(b) 模型的验证

1.1.2 近红外便携式土壤有机质(SOM)测定仪的开发[7]

土壤有机质(SOM)是土壤养分的重要组成部分，因此探测土壤的有机质含量是了解土壤肥力的重要途径。标准的实验室化学分析方法虽然准确，但是分析、测试过程过于复杂，分析设备也过于昂贵，要求操作者必须具备较高的知识和技能，所有这些都限制了它在农业生产第一线的普及和推广。另一方面，很多研究证明，利用近红外光谱技术分析土壤参数是一个快速有效的手段。Bowers[8]、Al-Abbsa[9]、Krishnan[10]等的早期研究分别指出土壤有机质在近红外区具有与有机化合物几种官能团相关的特征纹迹(如羟基、羧基和胺)。Dalal[11]、Morra[12]、Ben-Dor[13]、Sudduth[14]、Reeves[15,16]、Hummel[17]等也研究了 NIRS 法预测较均匀土壤有机质和总氮的能力，所建立的预测模型都达到了很高的预测精度。我国科学家在利用光谱技术检测 SOM 含量方面也作了很深入的研究，探索了基于多元线性回归、偏最小二乘回归方法、人工神经网络、小波变换、支持向量机等多种算法的预测模型，取得了令人满意的分析效果。

目前，利用近红外技术实现土壤参数的快速分析又成为更多学者的研究方向和课题。为此，本研究利用光、机、电一体化先进技术研制开发性能稳定、价格合理、适合国情的土壤有机质快速检测技术工具，并通过试验验证仪器的性能。

1.1.2.1 土壤有机质测定仪设计开发

作为一款实用化的便携式光学仪器设计，确定仪器的工作方式如下：首先将光源发出的特定波长的光导入地下作物根区(深度不超过 30 cm)，入射光到达土壤表面之后，一部分被土壤吸收，一部分产生漫反射。如果光源光的波长是土壤有机质的敏感波长，土壤吸收的光将与土壤有机质含量成正比。换言之，来自于土壤的漫反射光的强度将与土壤有机质的含量成反比。因而，通过测量土壤的漫反射，就可以间接测量土壤有机质含量。

根据以上工作方式，确定开发的土壤有机质测定仪包括光学单元和电路单元。光学单元包括光源、入射和反射光信号传导光纤、光电转换器件等，电路单元包括光源驱动电路、放大电路、A/D 转换电路、液晶显示和 U 盘存储电路等。土壤有机质测定仪的总体结构如图 1.37 所示。工作时探头部分插入土壤形成密闭空间，探头中空，安装有入射和反射两束光纤，光纤开口在探头的顶端；光源发出的光通过入射光纤传送到探头的顶端，并照射顶端周围的土壤；来自土壤的漫反射光沿反射光纤被传送到光电转换器件，产生的电流再被送至电路单元进行放大、滤波、A/D 转换、显示和存储。

根据仪器的总体结构确定的光路系统结构如图 1.37(a)所示。为了尽可能地减少入射光和反射光的损失，采用 Y 形玻璃光纤进行光的输入和输出，包括一个光入射端、一个反射光测量端和一个同时兼有照射和收集功能的土壤探测端口。入射光纤束及反射光纤束直径均为 5 mm，入射端连接光源接收入射光，反射光测量端通过反射光纤与光电传感器相连。入射光纤束和反射光纤束在土壤探测端聚成一束(光纤束直径为 7 mm)，起到同时传送入射光和反射光的目的。采用玻璃光纤，不但在传输过程中损耗小，而且其本身的柔软特性能够适应分束制作成 Y 形结构的要求。

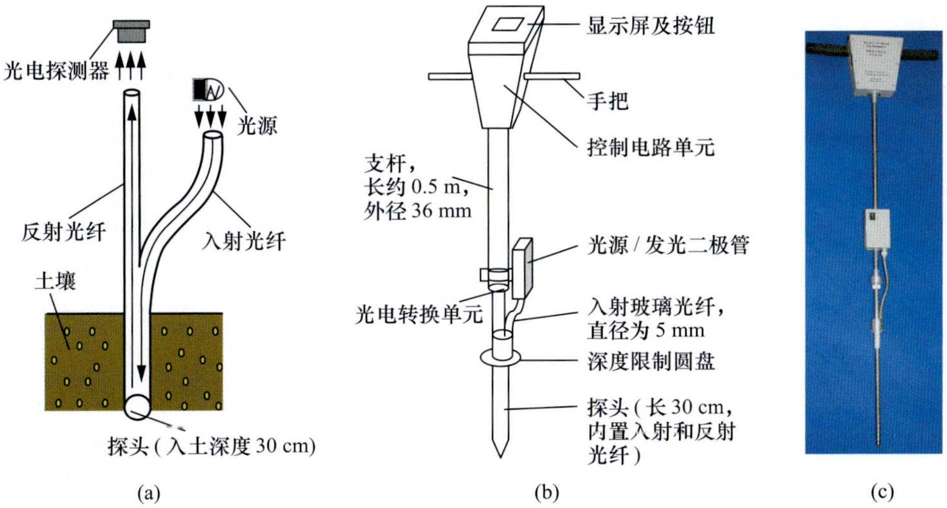

图 1.37 土壤有机质测定仪

(a) 光路结构图；(b) 测定仪示意图；(c) 测定仪样机

光源：要能够提供土壤有机质特征波长的光，能够在较长时间内维持稳定的光通量，从便携式和实时测量需求出发，能耗要低。可提供近红外光线的光源有激光器光源、卤素钨灯、发光二极管等。比较这几种光源，激光器光源和卤素钨灯或者价钱较高、工作条件苛刻，或者要求大功率电源提供能量，都不能满足便携式仪器实时测量的要求。发光二极管(LED)寿命长，可靠性高，能耗小，调制电路简单，成本低，较符合便携式仪器设计的要求。最终选定 LED 作为便携式土壤有机质测定仪的光源。根据文献[18]的研究结果，在单波长测量条件下，850 nm 被认为是测量土壤有机质含量的最佳波长，本研究确定选用中心频率为 850 nm 的 LED 光源。选用的光源的性能参数如下：直径 5 mm，半值带宽 20 nm，最大功率 100 mW，最大正向电流 50 mA，反向耐压 5 V，正向压降 1.5 V，反向电流≤10 μA。

探头：由于仪器的设计要求以作物根区土壤为被测对象，所以探头必须能方便地插入土壤，在插入过程中要保证光纤端面的清洁，使得入射光能够到达土壤表面，来自于土壤表面的反射光能够进入光纤并被传导至光纤传感器；同时还要保护光纤端面，避免被土壤中的小石子等损伤。因此，探头被设计成三段式，由锥头、光纤端头和光纤导向接头三部分组成。锥头是探头的顶端，以螺纹和光纤端头连接。锥头采用不锈钢材质，一方面能够更方便地插入土壤进行测量，另一方面可以保护光纤。

光电探测器：要求有较短的响应时间和较高的灵敏度，暗电流也要求尽量小，而对噪声等效功率、信噪比等要求不是很高，因而选定光电二极管作为光电探测器。

电路单元原理框图如图 1.38 所示。由于仪器所采集的信号是由发光二极管发出，由光纤传输，信号比较微弱，再经光电探测器转换后得到的电信号更是微弱，另外还会有各种噪声的影响，因此，放大电路部分的设计对整个系统的稳定性和可靠性都起着十分重要的作用。本设计选用了高输入阻抗的集成运算放大器 CA 3140，它具有高速、宽带和低噪声等优点。并进一步通过在 2 个调零管脚并联电阻，消除了偏置电压，获得了线性度非常高的输出。A/D 转换芯片选用的是 MAX 187，它是一款 12 位单通道串行输入的模数转换器，采用＋5 V 电源供电，采样速率是 75 kHz，内部参考电压是 4.096 V。另外，还完成了液晶显示电路和 U 盘存储电路的设计。

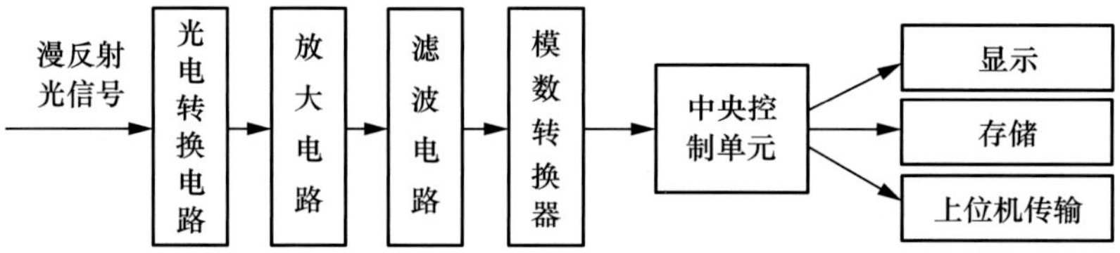

图 1.38　土壤有机质测定仪电路单元原理框图

1.1.2.2　土壤有机质测定仪性能试验

利用人工配制的土样，对仪器进行了性能试验。土样用采集的东北黑土和北京郊区采集的非耕作层黄土混合调配而成，具体配制方法如下：将田间采集的黄土和黑土粉碎后分别过筛孔直径为 1 mm 的筛子，使得混合后的样品颗粒比较均匀。每个样品选用黄土 75 g，然后依次分别加入 5、10、15、20、25、30、35、45、55、65、75、85 和 95 g 黑土，搅拌均匀，得到土壤有机质含量不同的 13 种制备土样。制备土样的干基质量含水率为 20%左右。每种土样被等分为 6 份子样，5 份子样用于仪器性能试验测量，另一份用于测量土壤有机质含量。土壤有机质含量的测量采用箱式电阻炉灼烧法，先将土样在 400℃预热 2 h，之后调至 800℃连续灼烧 4 h，称量样本灼烧前和灼烧后的质量，计算出 SOM 含量。13 种土样的 SOM 含量见表 1.11。

表 1.11　13 种土样 SOM 含量的测量结果

序　号	1	2	3	4	5	6	7	8	9	10	11	12	13
SOM 含量/%	0.39	0.78	1.14	1.59	1.95	2.26	2.68	3.30	4.43	3.96	5.01	5.23	5.81

仪器性能试验时，先将探头端部按压在标准白板上，测量仪器的输出电压 V_s，然后将探头插入每份土样，分别测出仪器的输出电压 V_{ij}（$i=1,2,\cdots,13$；$j=1,2,\cdots,5$），这里 i 是土样种类的序号，j 是每种土样的子样的序号。则每份样品对应的近红外漫反射率(850 nm)由式(1.6)计算：

$$R_{ij}=\frac{V_{ij}}{V_s}\times 100\% \tag{1.6}$$

用式(1.7)计算每种土样的5份子样品反射率的平均值：

$$\overline{R}_i=\sum_{j=1}^{5}R_{ij} \tag{1.7}$$

性能试验共分2个阶段，首先对自然土样的制备土样进行测量，按上述方法共有13×5=65个子样，根据式(1.6)计算得到65个反射率数据，并对每一种土样，依据式(1.7)计算了5个子样的反射率平均值。自然土样中含有约20%的水分。为了考察水分对SOM含量预测模型精度的影响，将13种65个子样品进行烘干(105℃、24 h)，然后对烘干土样进行了同样的测量，也获得了65个反射率数据和13个反射率平均值。

将所有的试验和计算结果绘制在散点图上，如图1.39所示。

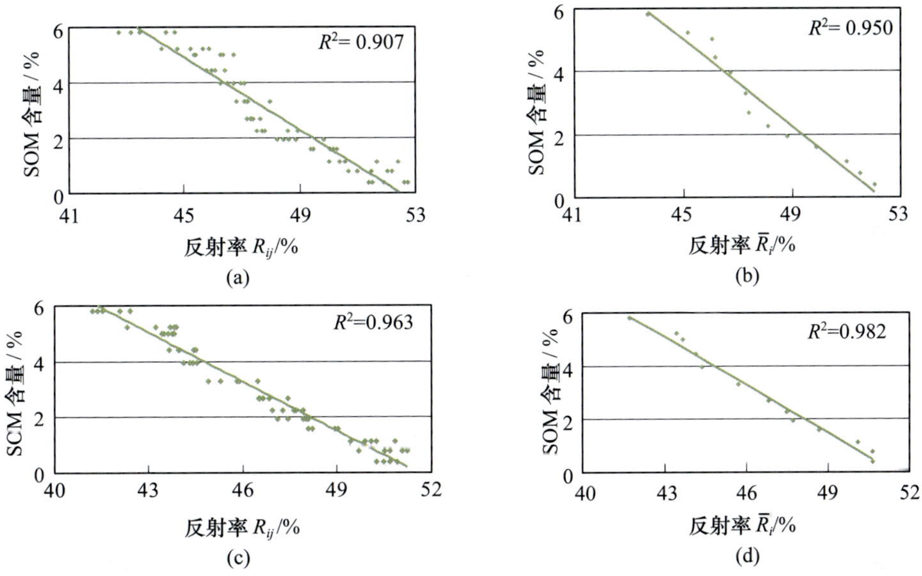

图1.39 土样的反射率和SOM含量之间的相关性(850 nm)

(a) 自然土样全部子样的测量结果；(b) 自然土样子样测量结果的平均值；
(c) 烘干土样全部子样的测量结果；(d) 烘干土样子样测量结果的平均值

图1.39(a)和图1.39(b)是自然土样的测量结果。图1.39(a)显示，即使是土壤水分在20%左右的自然土样，仪器测得的近红外光反射率(850 nm)也和土壤有机质含量之间有着很高的线性相关，两者之间的R^2=0.907。图1.39(b)是对同一种土样5个子样的反射率求平均后绘制的散点图，精度得到明显的提高，R^2=0.950。平均值计算前后的精度均满足农业土地肥力调查以及精细农业和测土配方施肥的要求。

图1.39(c)和图1.39(d)是烘干土样的测量结果，用于考察土壤水分对仪器测量结果的影响，可以看到土样烘干之后测量精度进一步得到大幅度提高。各子样测量结果显示，近红外光反射率(850 nm)和土壤有机质含量之间的线性相关度(R^2)已经达到0.963。同一种土样5个子样的反射率平均之后，R^2更高达0.982。在土壤有机质实际含量大于2%时，平均相对误差

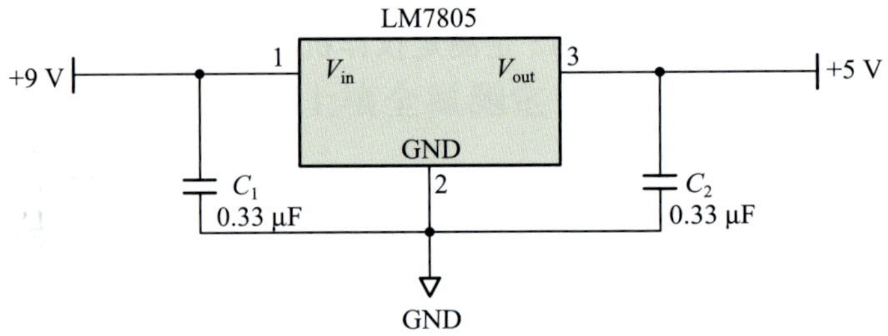

图 1.44 电源转换电路

由于本系统所采用的信号是由近红外发光二极管发出，由光纤传输，信号比较微弱，再经过 InGaAs 光电探测器转换后得到的电信号更加微弱，此外，在这个过程中还夹杂了各种噪声的干扰，因此选用了高输入阻抗的集成运算放大器 CA3140。图 1.45 是由 CA3140 实现的 I/U转换电路，实现 I/U 转换的同时，实现了微弱信号的一次放大功能。

微弱信号的二次放大功能是由 LM358 实现的，图 1.46 是滤波放大电路，通过调节电位器 R_9 的阻值将信号放大了 380 倍，通过 R、C 组成的一阶低通滤波器将信号送入 MAX187 进行 A/D 转换。

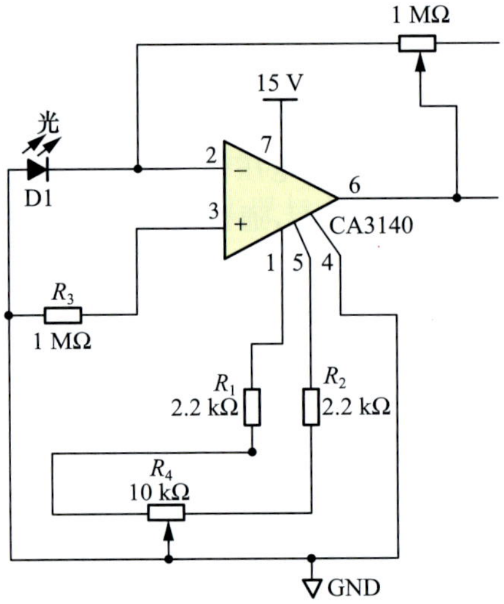

图 1.45 I/U 转换电路

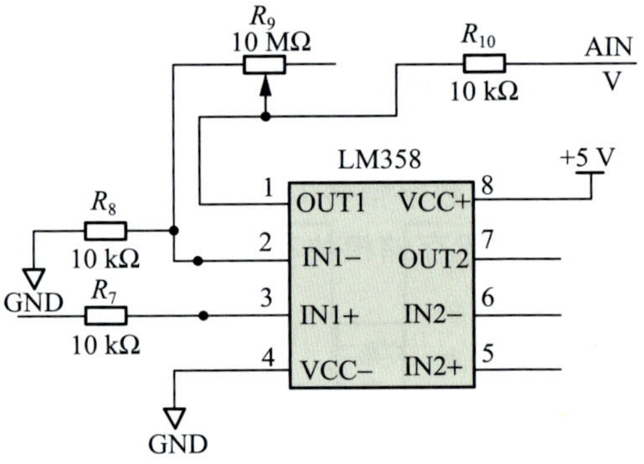

图 1.46 滤波放大电路

两次放大的模拟信号通过图 1.47 的 A/D 转换电路变为数字信号，送入 89S52 的单片机系统进行处理，A/D 转换电路主要由一款 12 位单通道串行输入的模数转换器 MAX187 芯片实现。

液晶显示电路采用 LCM128645ZK 液晶显示模块，显示内容 128×64 点阵，点大小 0.48 mm×0.48 mm，点间距 0.04 mm，串行/并行两用接口。电路设计采用的是串行接口，通过与单片机连接有效控制液晶屏的正确显示。图 1.48 为液晶显示电路图。

选用 U 盘模块作为存储设备，通过 MAX232 芯片实现单片机和存储模块之间的通信。图 1.49 为同步 U 盘存储电路。

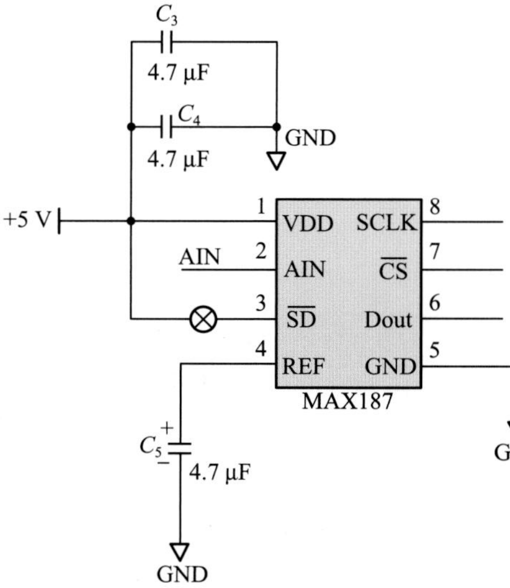

图 1.47 A/D 转换电路

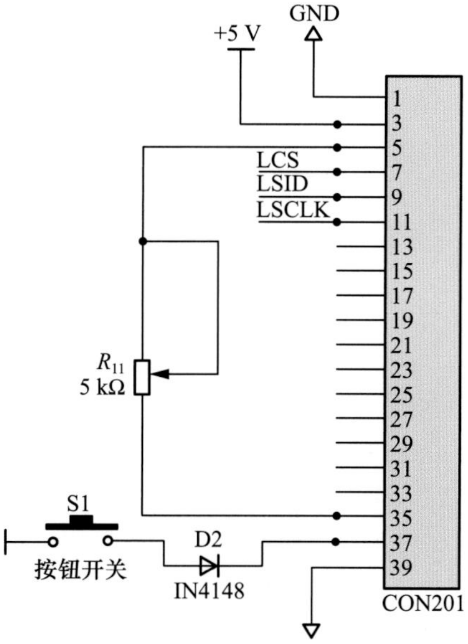

图 1.48 液晶显示电路图

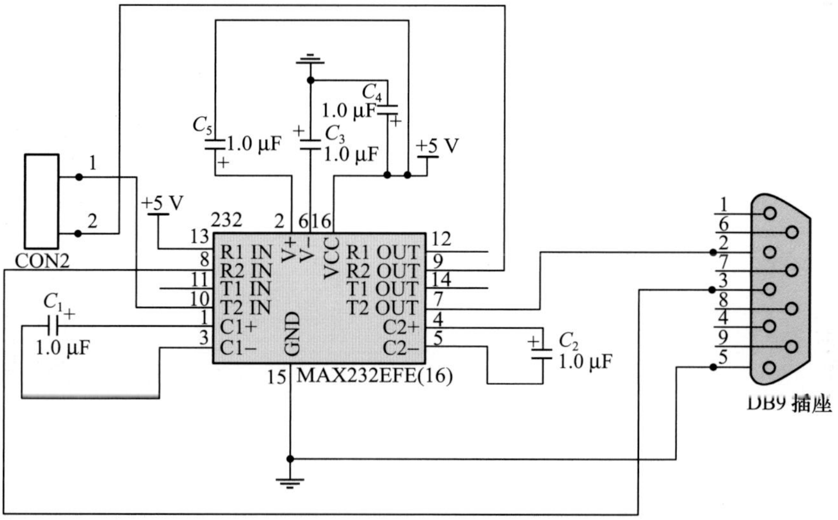

图 1.49 同步 U 盘存储电路

土壤全氮测定仪软件控制程序主要包括主程序、A/D 转换子程序、数据处理子程序、液晶显示子程序和 U 盘存储子程序等。图 1.50 为主程序流程图，图 1.51 是软件实现框图。

1.1.3.2 多波段便携式土壤全氮测定仪性能测试

为了验证测定仪的准确性，采集中国农业大学实验站的土样进行了测试。在实验室条件下，通过烘干、粉碎得到土壤样品。测试时，先将测定仪对准标准白板，记录测定仪输出值 V_1，然后将测定仪插入土壤样品中，记录测定仪输出值 V_2，通过式(1.8)、式(1.9)分别计算土壤反射率 γ 和吸光度 A：

$$r = V_2/V_1 \times 100\% \tag{1.8}$$

$$A = \lg(1/r) \tag{1.9}$$

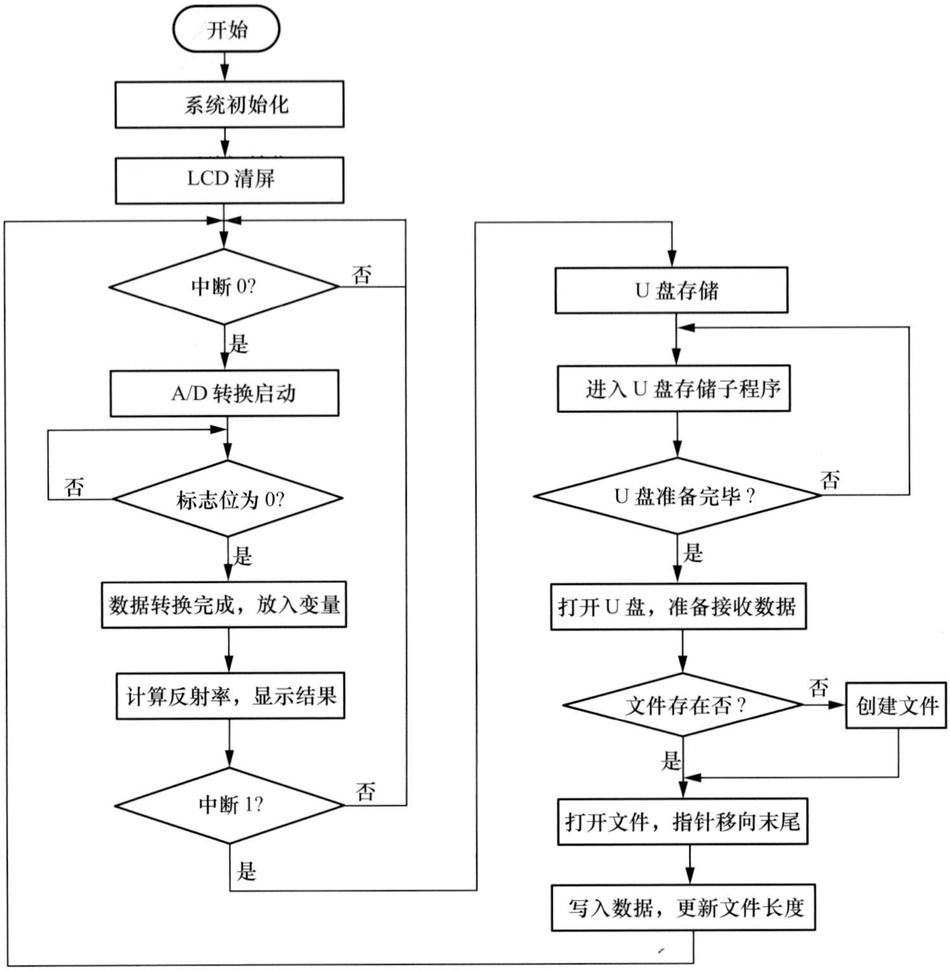

图 1.50　土壤全氮测定仪主程序流程图

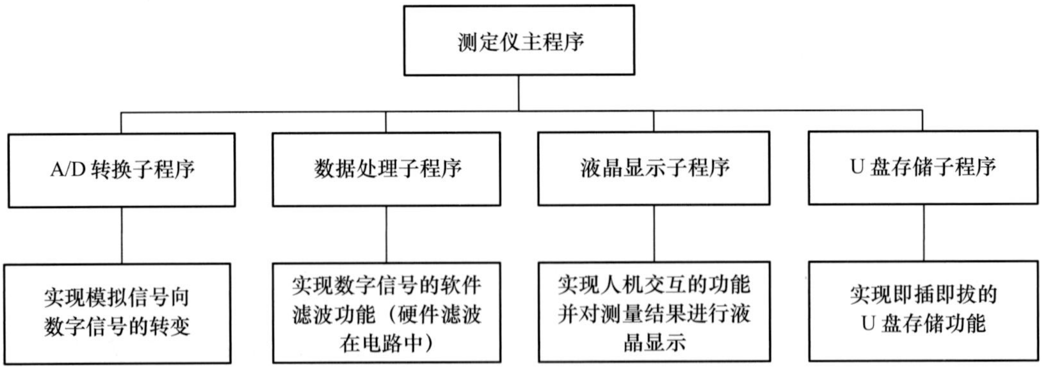

图 1.51　土壤全氮测定仪软件实现框图

在 940、1 050、1 100、1 200、1 300、1 450 和 1 550 nm 处，分别测试 20 个土样的反射率和吸光度（测定仪吸光度），同时，使用 MATRIX-I 傅里叶光谱分析仪测试 20 个土样的吸光度（MATRIX-I 吸光度）。图 1.52 为测定仪吸光度和 MATRIX-I 吸光度在 7 个波段的对比图。通过图 1.52 发现，在 940、1 050、1 100、1 200、1 300、1 450 和 1 550 nm 处，两者的系数 R^2 分别达到 0.91、0.89、0.90、0.88、0.87、0.90、0.83。使用测定仪可以较好地反映土壤在这 7 个波段处的土壤吸光度信息。

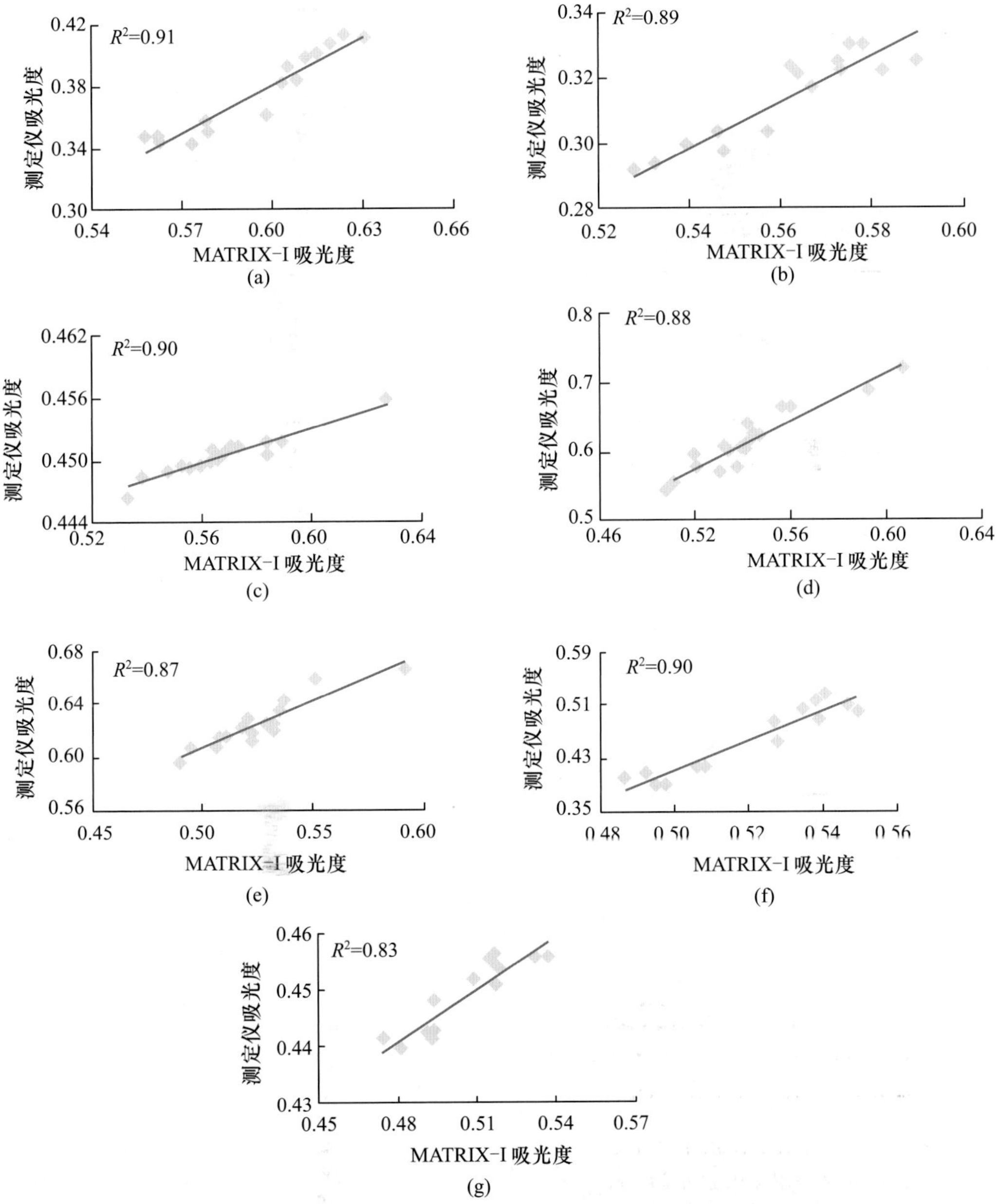

图 1.52 测定仪吸光度和 MATRIX-I 吸光度对比图

(a) 940 nm；(b) 1 050 nm；(c) 1 100 nm；(d) 1 200 nm；(e) 1 300 nm；(f) 1 450 nm；(g) 1 550 nm

在全谱范围内,光谱的吸光度和土壤全氮含量的相关系数都低于 0.3,所以使用线性方法很难取得理想的效果。为了验证测定仪预测土壤全氮含量的效果,在中国农业大学实验站采集土壤样品 48 份,按照之前的处理方法进行样品的准备。根据式(1.8)、式(1.9)获得 48 个土样在 7 个波段处的吸光度,同时使用 FOSS2300 对 48 个土样的全氮含量进行测量。

将 48 个土壤样品分为两部分,30 个样品作为训练集,18 个样品作为验证集,使用 BP 神经网络进行建模[20]。表 1.12 为 BP 神经网络参数。当训练次数为 3 000 次时,模型的测定系数 R_C^2 达到 0.85,验证系数 R_V^2 达到 0.72。图 1.53、图 1.54 分别为 BP 神经网络训练曲线、预测值和实测值对比图。

表 1.12 BP 神经网络参数

BP 神经网络参数	参数值	BP 神经网络参数	参数值
输入层神经元个数	6	输入层传递函数	Tansig
输出层神经元个数	1	输出层传递函数	Purelin
隐含层神经元个数	27	训练函数	Trainlm
网络结构	单隐层	误差	0.006 035

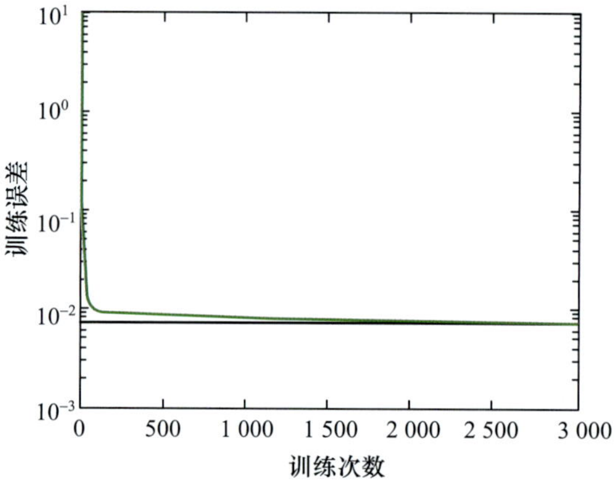

图 1.53 BP 神经网络训练曲线

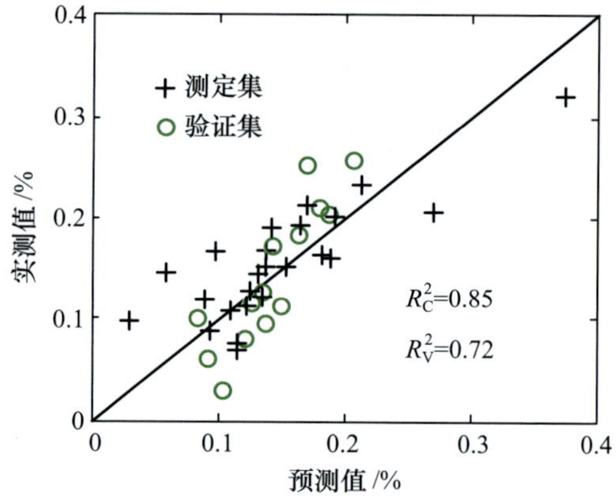

图 1.54 全氮含量预测值和实测值对比图

1.1.3.3 土壤参数分布图生成软件

在实施任何田间定位管理措施之前,生成高精度的土壤参数分布图是实现作物生产过程中科学调控投入和制定管理决策措施的依据。为了提高肥料利用率,必须实现精确施肥决策,及时掌握作物在各个生长期的土壤养分分布状况,尤其是土壤中全氮的含量。因此在完成了土壤全氮的检测之后,以 VC++为开发平台,以 MapX 控件作为图形平台,开发研制了具有空间数据与属性数据显示、编辑、成图等基本功能的小型 GIS 应用软件,并实现了数据统计、面积计算、散点图绘制以及等值线和等值面生成等功能。图 1.55 为土壤参数分布图总体层次结构图。图 1.56 为由本软件生成的北京郊区香堂苹果园土壤全氮含量的等值线和等值面图。

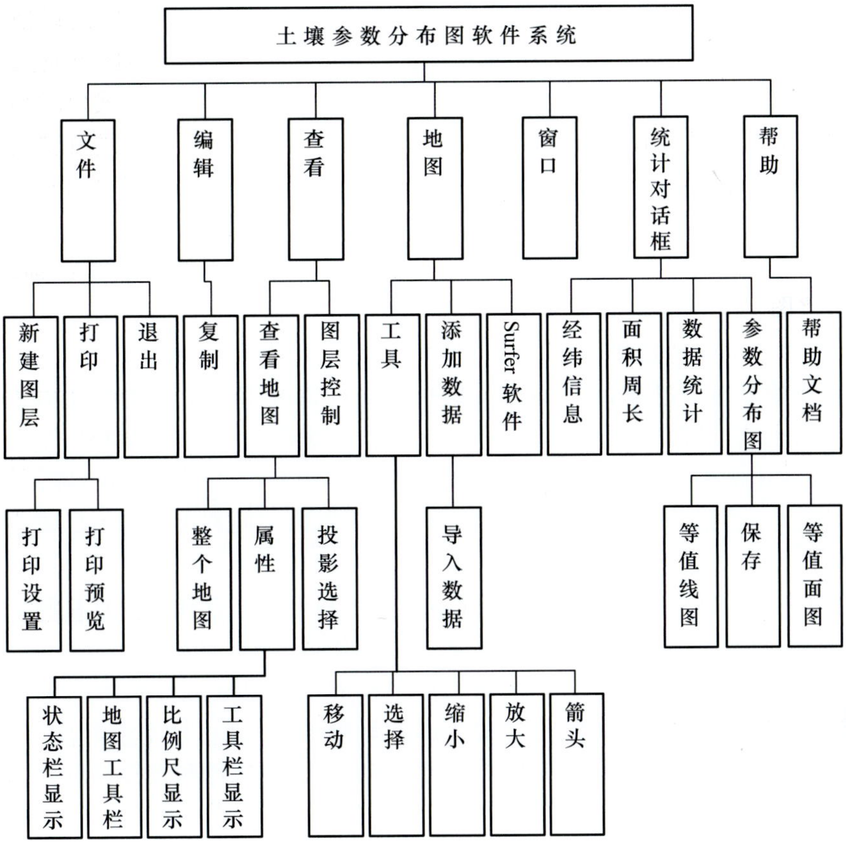

图 1.55 土壤参数分布图软件系统总体层次结构图

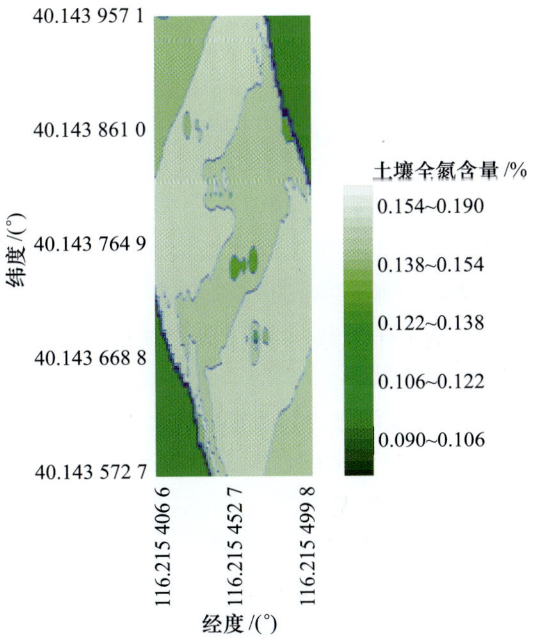

图 1.56 土壤参数分布图软件系统生成的土壤全氮含量分布图

1.2 基于选择性电极的土壤肥力指标检测技术研究[21]

1.2.1 引言

在土壤各营养元素中，作物对氮、磷、钾三种元素需要量较多，当季施肥时应依据其速效态养分测试结果定量补给。土壤氮素中硝态氮带负电荷，不受土壤胶体吸附影响，作物生长期含量变化显著，大多数旱作植物根系吸收硝态氮的偏好明显（蔬菜尤为显著）[22]。不合理施氮首先将导致农田土壤硝态氮过量累积，在水分管理不当的情况下表层土壤中的硝态氮将因淋溶作用迁移到深层土壤，进而引起地下水硝酸盐污染。土壤磷素、钾素含量相对稳定。调查表明我国磷、钾肥投入比例失调问题严重，以北京地区为例：钾肥投入严重不足，钾、氮肥施用比例仅为(0.1～0.4)∶1[科学施用比例为(1～1.6)∶1，因作物不同有所区别]，已成为影响肥效发挥的重要因素[23]。

自20世纪70年代就有文献报道在实验室条件下利用离子选择电极直接测定土壤浸提溶液中硝态氮、速效钾含量的方法。与其他检测方法相比，离子选择电极法是将离子选择电极、参比电极和待测溶液组成二电极体系，通过测量电极的响应电动势计算溶液中待测离子的浓度，具有不易受到溶液颜色、悬浊度、悬浮物等因素影响的优点，且样本前处理方法简单、易仪器化、响应速度快。由于土壤环境复杂，同时国内外仍缺少稳定性和选择性较好的离子选择性膜研究成果，使得该技术的推广应用受到制约。新型敏感材料的快速发展及数据处理方法的快速发展为解决上述瓶颈问题提供了新的方法思路，如何充分利用已有的离子选择电极研究成果，通过系统的电极制备、电化学性能及田间验证性试验，实现快速、低成本、可靠的土壤养分检测，具有重大的科研及应用价值。

由于土壤养分检测方法涉及土壤、化学、电子、微加工、流体控制、材料、植物营养等多学科知识，本研究通过实施跨学科协同攻关机制，与美国的阿肯色大学电气工程系以及国内的浙江大学生物系统工程与食品科学学院、东南大学生物电子工程国家重点实验室、中国科学院南京土壤研究所等合作，在若干关键技术创新方面取得了初步进展，为基于电化学原理的土壤肥力指标测定研究奠定了基础。主要研究内容包括：

(1) 研究基于电化学原理、离子选择膜技术和微电子机械系统的微小型离子选择电极及电极阵列，用于检测土壤浸提溶液中硝态氮、速效磷、速效钾的浓度；

(2) 研究基于微流控技术、流动注射技术和自动控制技术的土壤样本前处理和土壤浸提溶液检测操作过程半自动化、自动化技术；

(3) 研究实施土壤测试过程半自动化、自动化的系统集成解决方案。

基于离子选择电极的土壤肥力指标检测研究总体框图如图1.57所示。

1.2.2 离子选择电极基本原理

根据国际纯化学与应用化学联合会（IUPAC）推荐定义，离子选择电极（ion-selective electrode，ISE）是一种响应电势与溶液中特定离子活度的对数呈线性关系的电化学传感器。

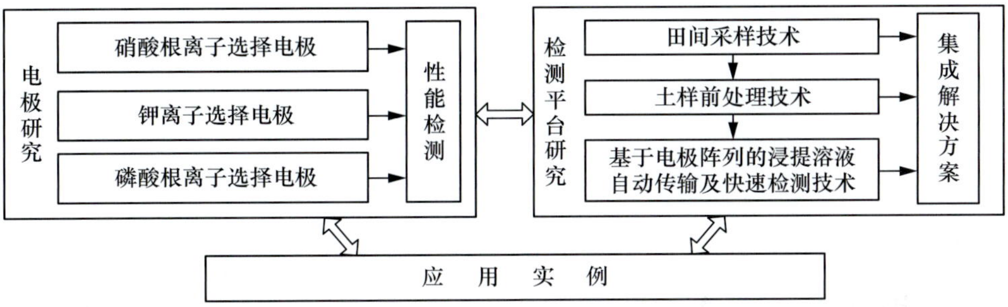

图 1.57 基于离子选择电极的土壤肥力指标检测研究总体框图

单个离子选择电极的电势无法直接测量，需与电势保持恒定的参比电极共同放入待测溶液中，组成一个二电极体系（电化学电池），如图 1.58 所示。在零电流条件下，可用电势测量装置测出该体系的响应电动势[24]。

离子选择膜是离子选择电极的关键部分，由于存在离子活度（浓度）差异，离子选择膜的两侧表面会发生离子交换，形成浓差膜电势。膜电势是指不同两相接触、带电粒子的转移达到平衡时两相间产生的电势差，其形成原理如图 1.59 所示。

膜电势由两部分组成：

(1) 膜内扩散电势：由于离子选择膜的对称性，$\varphi_d^{\mathrm{II}}-\varphi_d^{\mathrm{I}}\approx 0$，因此，一般情况下膜内扩散电势 φ_d 很小，可近似为零；

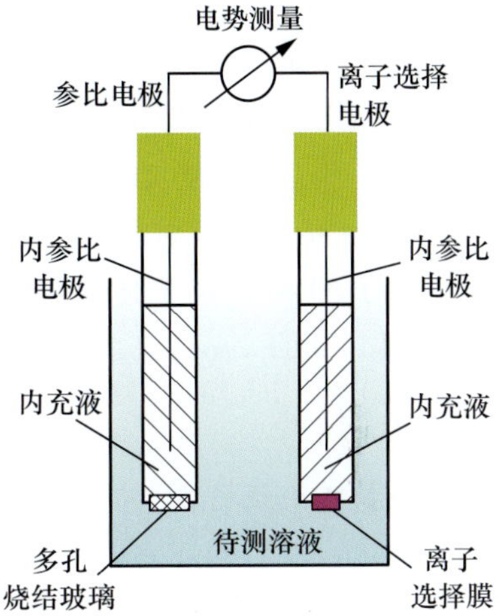

图 1.58 离子选择电极检测原理示意图

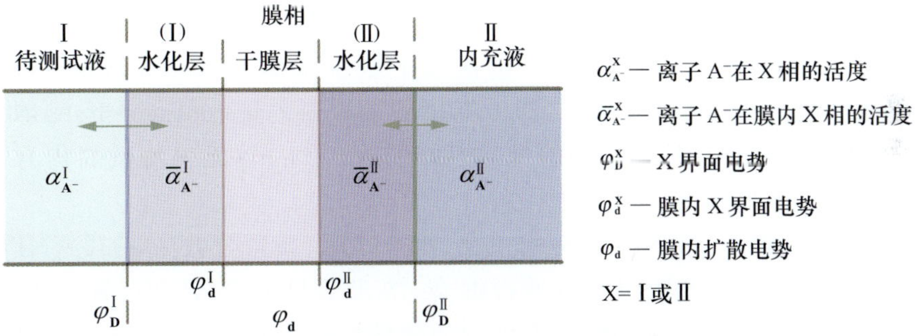

图 1.59 膜电势产生原理

(2) 膜与电解质溶液形成的界面电势：界面电势是内外界面电势的代数差，它产生的机理是当膜与溶液接触时，膜相水化层中可活动离子与待测溶液中的特定离子发生有选择的相互交换，引起两相界面电荷的不均匀分布，产生双电层，从而形成界面电势差。

因此，膜电势（E）值近似等于两相界面电势之差：

$$E=\varphi_D^{\mathrm{II}}-\varphi_D^{\mathrm{I}} \tag{1.10}$$

能斯特方程可描述浓差膜电势与待测溶液中的特定离子活度间的关系，简化方程如式(1.11)所示：

$$E = E_0 \pm \frac{2.303RT}{zF}\lg\alpha \tag{1.11}$$

式中：E 为膜电势，mV；E_0 为标准电势，mV；R 为气体常数，其值为 8.314 J/(K·mol)；T 为绝对温度，K；F 为法拉第常数，其值为 96 487 C/mol；z 为离子电荷数，如 $z_{NO_3^-}=1$；α 为待测离子活度，mol/kg。阳离子取＋号，阴离子取－号。

在 25℃时，电极的理论斜率$\frac{2.303RT}{zF}$对于一价离子为 59.16 mV/decade，二价离子为 29.58 mV/decade。离子活度与浓度之间可通过离子活度系数来进行转化：

$$\alpha = \gamma c \tag{1.12}$$

式中：γ 为离子活度系数，L/kg；c 为离子浓度，mol/L。

离子活度系数不是常数，受溶液离子强度的影响，可通过向待测溶液中添加总离子强度调节剂[TISAB，主要由离子强度调节剂(ISA)、pH 缓冲剂和掩蔽剂组成]，使待测溶液的活度系数保持不变。因此，式(1.11)可简化为

$$E = K + S\lg c \tag{1.13}$$

式中：K 为截距电势，mV；S 为电势响应斜率，mV/decade。

1.2.3 硝酸根离子选择电极的研究

1.2.3.1 聚氯乙烯离子选择电极

1. 材料及电极制备方法

制备聚氯乙烯离子选择电极的试剂包括四十二烷基硝酸盐(tetradodecylammonium，TDDA)、硝基苯辛醚(nitrophenyl octylether，NPOE)、聚氯乙烯(polyvinyl chloride，PVC)和四氢呋喃(tetrahydrofuran，THF)。硝酸钾、硫酸钠(Na_2SO_4)等无机盐试剂均为分析纯。所有溶液均采用去离子水制备。

以 TDDA 为活性物质，以 NPOE 为增塑剂，将 TDDA(质量分数为 15%)、NPOE(质量分数为 40%)和 PVC(质量分数为 45%)进行混合，溶于适量的 THF 中，置于干燥器内干燥 24 h，待 THF 挥发后，即可得到一透明、有弹性的硝酸根离子选择膜[25]。

将硝酸根离子选择膜切成圆片，用 THF 粘到 PVC 电极杆的一端，注入 AgCl 饱和的 0.1 mol/L KNO_3 溶液作为内参溶液，插入 Ag/AgCl 内参电极，即制成硝酸根离子选择电极。使用前，在 1×10^{-3} mol/L 的 KNO_3 溶液中活化 30 min 以上。

采用电势测定法研究硝酸根离子选择电极的电化学响应性能，并利用一元线性回归建立电极的数学模型，进行硝酸根离子选择电极试验研究。

相关检测仪器包括 PHS-3C 酸度计/毫伏计(上海宇隆仪器有限公司)、CMCV 电化学分析系统(自主研制)、Ag/AgCl 电极(KT100，南京科土电极有限公司)和电子天平(湘仪天平仪器设备有限公司，精度 0.001 g)。

室温下，以硝酸根离子选择电极为工作电极，以 Ag/AgCl 电极为参比电极，与不同浓度的标准硝酸钾溶液组成二电极体系，分别利用 CMCV 电化学分析系统(图 1.60)和 PHS-3C 毫伏计(图 1.61)测量不同硝酸根离子浓度下的硝酸根离子选择电极的响应电势，进行 CMCV 电化学分析系统性能检验和硝酸根离子选择电极标定。

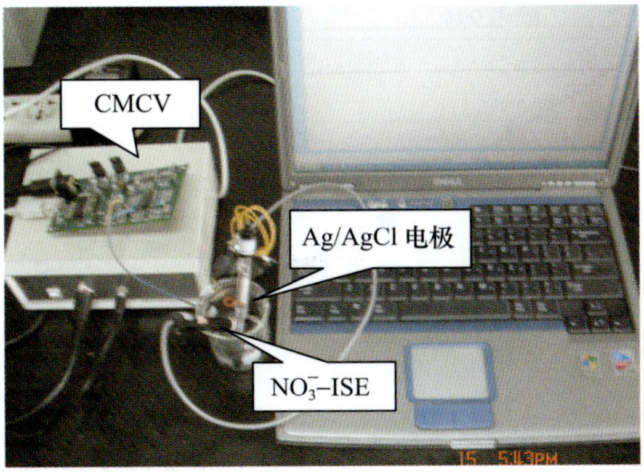

图 1.60 CMCV 电化学分析系统

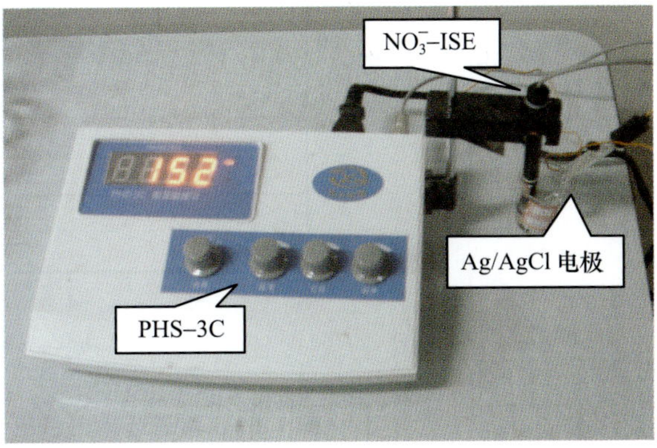

图 1.61 PHS-3C 毫伏计

2. 试验结果与讨论

1) 线性响应范围及检测下限

室温下硝酸根离子选择电极的电势与硝酸根离子浓度的关系如表 1.13 和图 1.62 所示，在 $1\times10^{-5}\sim1$ mol/L 浓度之间，CMCV 与 PHS-3C 在相同离子浓度下测量的电极电势相近，而且电极电势与离子浓度之间满足能斯特关系；在 $1\times10^{-6}\sim5\times10^{-5}$ mol/L 浓度之间，电极电势与离子浓度之间明显偏离了能斯特关系。因此，该硝酸根离子选择电极的检测下限为 1×10^{-5} mol/L。

表 1.13 硝酸根离子选择电极电势与硝酸根离子浓度的关系(室温)

硝酸钾溶液浓度/(mol/L)	电极空白电势/mV	PHS-3C 测量电势/mV	CMCV 测量电势/mV
1×10^{-6}	229	208	216
5×10^{-6}	232	214	221
1×10^{-5}	230	204	222
5×10^{-5}	232	198	202
1×10^{-4}	232	183	196
5×10^{-4}	233	159	157
1×10^{-3}	241	147	147
5×10^{-3}	240	108	108
1×10^{-2}	235	94	97
5×10^{-2}	236	58	57
1×10^{-1}	233	43	40
5×10^{-1}	228	12	9
1	227	1	−2

表 1.16　硝酸根离子选择电极的选择系数

干扰离子	Cl^-	SO_4^{2-}	$H_2PO_4^-$	HPO_4^{2-}	CH_3COO^-	Br^-	I^-	HCO_3^-
选择系数	5×10^{-2}	4×10^{-5}	1×10^{-4}	1.5×10^{-4}	3×10^{-4}	干扰	干扰	干扰

根据全国第二次土壤普查数据，土壤硝态氮含量约在 5～20 mg/kg 之间，通常采用 10 mL 浸提剂提取约 2 g 土壤样本中的硝态氮，则土壤浸提溶液中硝酸根离子浓度约在 1×10^{-4}～3×10^{-4} mol/L 之间，该检测系统的硝酸根离子检测范围为 1×10^{-5}～1 mol/L，可以满足测量要求。[26]

4）温度影响

由于环境因素（温度、压强等）对离子选择电极的工作性能会产生影响，特别是温度变化会造成电极电势漂移，引起测量误差。为了减小温度对离子选择电极电势测量的影响，在不同温度条件下进行硝酸根离子选择电极标定，进而研究其温度校正模型。

温度影响试验中，将配制完成的标准 KNO_3 溶液依次放入烧杯，并依照浓度由小到大的顺序放置在 DKB-1915 型低温恒温槽内，以 10℃为起点，以 5℃为间隔增加恒温槽的设定温度直至 35℃，利用自主设计的多通道土壤养分快速采集信号分析处理器和硝酸根离子选择电极构成的检测系统，对硝酸根离子选择电极在设定温度下不同浓度溶液中的响应电势进行测量。测定结果如表 1.17 所示。

表 1.17　不同温度下电极响应电势 E 与硝酸根离子浓度 $c_{NO_3^-}$ 的关系　　mV

t/℃	$c_{NO_3^-}$/(mol/L)					
	1.0×10^{-4}	5.0×10^{-4}	1.0×10^{-3}	5.0×10^{-3}	1.0×10^{-2}	5.0×10^{-2}
10	278.0	240.3	220.4	188.0	167.1	120.2
15	274.2	235.7	218.6	184.1	163.2	118.9
20	269.5	233.1	214.1	182.2	160.3	116.5
25	264.8	230.0	212.0	176.3	156.2	112.1
30	260.7	225.4	209.3	171.5	153.1	108.4
35	255.1	220.4	207.4	168.1	150.2	107.3

根据表 1.17 中数据可得硝酸根离子选择电极的二元回归温度补偿模型和室温情况下（25℃）的电极测量模型：

$$E_{补偿}=(56.72-0.53t)-(57.83-0.07t)\lg c_{NO_3^-} \tag{1.14a}$$

$$E_{25}=42.62-56.32\lg c_{NO_3^-} \tag{1.14b}$$

式中：t 为温度，℃。

为检验该温度补偿模型是否有助于提高系统硝酸根检测性能，测定了 22℃和 28℃时硝酸根离子选择电极在上述 6 种浓度标准 KNO_3 溶液中的响应电势，并将温度补偿后的电势值与两种温度下的测量值之间进行了比较，并分别将温度补偿模型和室温模型的预测结果与实际溶液浓度进行了比较，结果如表 1.18 所示。

表 1.18 22℃及 28℃时温度补偿模型和室温模型硝酸根离子浓度预测结果比较

温度/℃	标准溶液浓度/(mol/L)	实测响应电势/mV	温度补偿模型		室温模型	
			预测值/(mol/L)	相对误差/%	预测值/(mol/L)	相对误差/%
22	1.0×10^{-4}	267.3	1.13×10^{-4}	−12.7	1.02×10^{-4}	−2.5
	5.0×10^{-4}	232.1	4.76×10^{-4}	4.9	4.32×10^{-4}	13.6
	1.0×10^{-3}	213.5	1.02×10^{-3}	−1.8	9.25×10^{-4}	7.5
	5.0×10^{-3}	179.8	4.04×10^{-3}	19.2	3.67×10^{-3}	26.7
	1.0×10^{-2}	158.7	9.58×10^{-3}	4.2	8.69×10^{-3}	13.1
	5.0×10^{-2}	114.4	5.86×10^{-2}	−17.3	5.31×10^{-2}	−6.3
28	1.0×10^{-4}	262.4	1.13×10^{-4}	−13.0	1.25×10^{-4}	−25.2
	5.0×10^{-4}	227.8	4.70×10^{-4}	6.0	5.15×10^{-4}	−3.0
	1.0×10^{-3}	210.5	9.59×10^{-4}	4.1	1.05×10^{-3}	−4.5
	5.0×10^{-3}	173.1	4.48×10^{-3}	10.4	4.82×10^{-3}	3.6
	1.0×10^{-2}	154.9	9.49×10^{-3}	5.1	1.01×10^{-2}	−1.5
	5.0×10^{-2}	110.4	5.94×10^{-2}	−18.7	6.26×10^{-2}	−25.0

由表 1.18 可知，22℃时，温度补偿模型预测值和标准溶液浓度（实际浓度）的相对误差在−17.3%～19.2%之间，室温模型预测值和实际浓度的相对误差在−6.3%～26.7%之间，1.0×10^{-4}和5.0×10^{-2} mol/L 浓度处温度补偿模型预测值与实际浓度相对误差的绝对值高于室温模型预测值和实际浓度相对误差的绝对值，其余 4 个浓度处温度补偿模型预测值与实际浓度相对误差的绝对值低于室温模型预测值与实际浓度相对误差的绝对值；28℃时，温度补偿模型预测值和实际浓度的相对误差在−18.7%～10.4%之间，室温模型预测值和实际浓度的相对误差在−25.2%～3.6%之间，5.0×10^{-4}、5.0×10^{-3}和1.0×10^{-2} mol/L 浓度处温度补偿模型预测值与实际浓度相对误差的绝对值高于室温模型预测值与实际浓度相对误差的绝对值。综上，在系统进行硝酸根离子浓度检测时，温度补偿模型的预测效果略优于室温模型的预测效果。[27]

1.2.3.2 全固态聚吡咯离子选择电极

20 世纪 90 年代，一些研究人员发现了一种基于掺杂硝酸根的聚吡咯[PPy(NO_3^-)]聚合物的全固态离子选择性膜制备方案，通过电化学介导分子印迹技术，PPy(NO_3^-)膜内部存在与硝酸根空间匹配的多重识别“空腔结构”，可实现对硝酸根离子的选择性识别；基质单体吡咯材料易得，成本较低，可通过电聚合方式紧密键合在固态电极表面，改善了常规敏感膜的“离子跃迁”势垒影响，并可通过活化处理“再生”，提高电极寿命；全固态 PPy(NO_3^-)离子选择电极无需内充溶液，更易于微小型化和集成。[28]

1. 材料及电极制备方法

聚吡咯离子选择电极制备、优化及应用研究中所需使用的化学试剂包括：吡咯单体(pyrrole monomer，Py)，用于制备全固态微小型离子选择电极；无水乙醇，用于清洗电极表面；亚铁氰化钾和氯化钾，用于配制循环伏安检测电解质溶液；氢氧化钠和磷酸，用于调节溶液 pH 值；浓盐酸和氯化银粉末，用于制备微小型 Ag/AgCl 参比电极；硝酸钾、硫酸钠等无机盐试剂，用于检测聚吡咯离子选择电极的电化学性能。试验中，所用化学试剂皆为分析纯等级，检测溶液皆用去离子水配制。

所需使用的分析仪器包括:低温恒温槽,用于验证溶液温度对电极的影响;超声波清洗机,用于清洁电极表面;磁力搅拌器和电子天平,用于配制溶液;恒电流源,用于验证电聚合方式对电极的影响;数据采集器,用于采集电极检测数据。

电极以及其他实验材料包括:KT100 型 Ag/AgCl 参比电极,用于与全固态微小型离子选择电极进行对比试验;环氧树脂、玻璃管和碳棒,用于制备全固态微小型电极;打磨砂纸,用于打磨基底电极表面。

聚吡咯离子选择电极(工作电极)的基底材料选用普通碳棒,聚合溶液由一定浓度的吡咯单体(预提纯)和硝酸钾混合溶液组成。电聚合过程采用恒电流(电位)仪,在水溶液中进行聚吡咯制备。在二电极体系中,工作电极采用自制碳棒电极,辅助电极选用铂片电极,在工作电极与辅助电极间通入恒定电流(或电压)。二电极体系如图 1.64 所示。

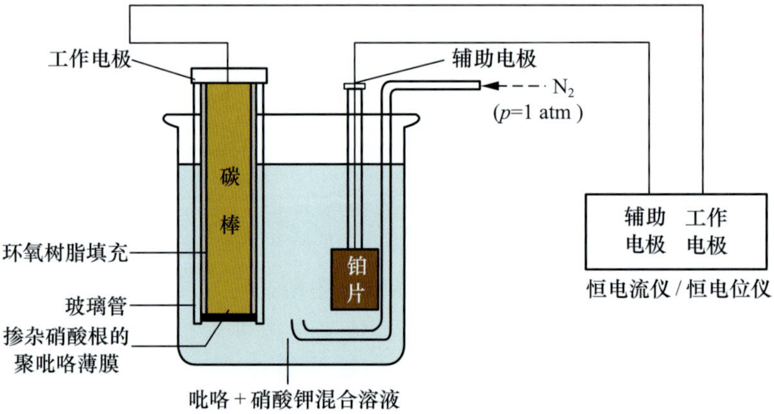

图 1.64 电聚合吡咯二电极体系

通电一段时间后,可以看见一层棕黑色的掺杂硝酸根的聚吡咯导电聚合物薄膜沉积在工作电极表面。电聚合后,需用去离子水缓慢冲洗工作电极表面,然后将电极放置于硝酸盐溶液中活化(活化浓度及时间需优化)。活化操作后,离子选择电极才能进行离子浓度测定。

2. 试验结果与讨论

通过控制聚合物的表面形态和溶液中掺杂离子的尺寸,可生成一种具有"尺寸排阻"特性的选择性聚吡咯薄膜。吡咯的电聚合参数是影响聚吡咯膜表面形态的主要因素,研究中通过对电聚合参数的优化和分析,实现对聚吡咯膜的筛选。在测试中,首先检测电聚合参数对电极标定曲线的电势响应性能的影响(包括线性范围、响应斜率和检测下限),进而分析灵敏度较好的电极的选择性情况。近年来电聚合方法的研究以循环伏安聚合方法为主,本研究选用恒电流方法制备聚吡咯膜。

1) 聚合时间的影响

恒电流聚合方法是指在吡咯聚合过程中二电极体系的电流始终保持在某一恒定值。当聚合电流恒定时,可通过控制聚合时间实现对聚合电量的控制。根据吡咯的电聚合原理可知,此时聚合物在电极表面的沉积速率可控,因而电极表面沉积的聚吡咯膜的厚度可控。聚合时间对电极电势响应的影响试验使用北京亿良科技 YL4001A-101 型直流恒流源,在二电极体系的工作电极与辅助电极之间通入 40 μA 直流电流(碳棒直径为 2 mm,计算可知,此时电流密度约为 1.24 mA/cm²),聚合时间分别选择 10、20、30、40、60 min。聚合溶液和活化溶液组成与恒电位法[28]试验相同。聚合时间对 PPy(NO_3^-)离子选择电极的影响如图 1.65 所示。

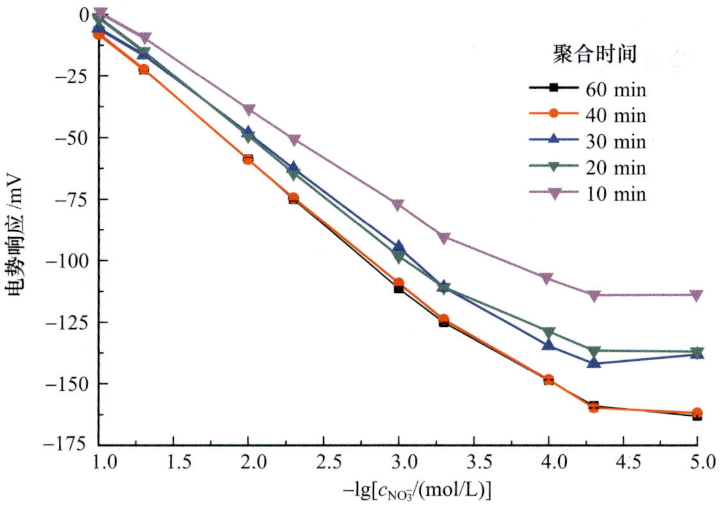

图 1.65 恒电流法聚合电极的电势响应曲线

从图 1.65 中可以看出:在 40 μA 聚合电流下,聚合时间越长,电极的基准电位越低,但其影响却没有恒电位法显著。当聚合时间为 10 min 时,PPy(NO_3^-)离子选择电极在 10^{-1} mol/L KNO_3 溶液中的检测电势为−1.0 mV,在相同浓度下,聚合时间为 60 min 的 PPy(NO_3^-)离子选择电极的响应电势为−8.0 mV;同时,所有检测电极的线性范围都可保持在 1×10^{-4} ~ 10^{-1} mol/L KNO_3 区间内。与聚氯乙烯离子选择电极相比,线性响应范围提高 10 倍左右。

根据计算,聚合时间延长对 PPy(NO_3^-)离子选择电极的检测下限影响不大,所有电极的检测下限值都近似相同。当聚合时间从 10 min 增加至 60 min 时,电极的检测下限值仅从 6.5×10^{-5} mol/L 降低至 3.6×10^{-5} mol/L;由于恒电流聚合方法可控制聚合物在电极上的沉积速率,使聚吡咯薄膜在电极表面均匀生长,所以,所有检测电极响应斜率的标准方差基本不变,相对波动(标准偏差与斜率绝对值的百分比)都可控制在 3.5%以内。

2) 聚合电流的影响

用恒电流法制备聚吡咯薄膜的过程中,工作电极的电位由聚合溶液电荷体系的聚合动力学参数来决定,为防止聚合电位过高而导致聚吡咯过氧化,聚合电流密度必须经过仔细选择。聚合电流对电极检测电势的影响试验中,聚合电流的变化范围为 10~80 μA,经计算,对应聚合电流密度的变化范围为 0.32~2.55 mA/cm²,聚合时间为 10 min 或 40 min。改变聚合电流对 PPy(NO_3^-)离子选择电极电势响应斜率的影响如图 1.66 所示,每种聚合参数下重复试验 3 次。

由图 1.66 可知,当聚合时间为 40 min 时,在 10~80 μA 聚合电流范围内,掺杂硝酸根的聚吡咯膜的厚度随聚合电流变化持续增大,因此离子选择电极的电势响应斜率和稳定性都随着聚合电流的增大而不断优化:10 μA 聚合电流所对应的电极电势响应斜率为(−31.6±1.6)

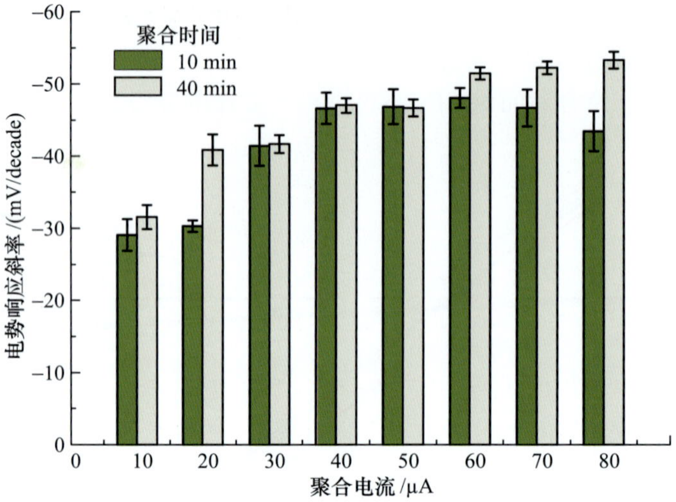

图 1.66 聚合电流对电势响应斜率的影响

mV/decade；聚合电流为 20 和 30 μA 时，电极电势响应斜率约为(−42.0±1.0) mV/decade；聚合电流为 40 和 50 μA 时，电极的灵敏度又很近似，响应斜率约为(−47.0±1.0) mV/decade；聚合电流大于 60 μA 时，电极电势响应斜率接近理想能斯特斜率值。80 μA 对应于本组试验中的最优聚合电流，当聚合时间为 40 min 时，电极电势响应斜率为(−53.3±0.8) mV/decade，较聚氯乙烯离子选择电极和恒电位法聚合的 PPy(NO_3^-)离子选择电极有明显提高。

3) 聚合电解质的优化

聚合溶液中吡咯单体和硝酸盐的浓度对制备性能好的离子选择性膜也是至关重要的，根据 Whitcombe 等人的相关研究报道[29]，分子印迹聚合物制备过程中的化学热力学平衡反应可表达为

$$c_{\mathrm{MTM}} = K^2 c_{\mathrm{T}} c_{\mathrm{M}}^2 \tag{1.15}$$

式中：c_{MTM}为分子印迹聚合物浓度，mol/L；K 为结合常数；c_{T} 为印迹分子浓度，mol/L；c_{M} 为基质单体浓度，mol/L。

式(1.15)反映了伴随硝酸根离子掺杂的吡咯单体电聚合过程中，硝酸根离子与聚吡咯聚合物“空穴”识别位点的结合达到平衡时，聚合溶液电解质体系中硝酸盐、吡咯单体以及掺杂硝酸根的聚吡咯聚合物三者之间的浓度关系：PPy(NO_3^-)聚合物浓度与溶液中的硝酸根离子浓度和吡咯单体浓度的平方呈正相关关系。与硝酸盐溶液浓度相比，聚合溶液电解质中吡咯单体浓度的差异对聚合物浓度影响更大。由于基底电极表面聚吡咯薄膜的表面形态、厚度及生长速度主要由聚集在电极附近电解质溶液的 PPy(NO_3^-)聚合物浓度确定，因此，聚合溶液电解质参数中吡咯单体浓度参数对聚吡咯离子选择性膜的电化学性能影响较大。

在验证聚合溶液吡咯浓度影响的试验中，采用恒电流聚合方法合成掺杂硝酸根的聚吡咯薄膜，在二电极体系的工作电极与辅助电极之间通入 20 或 80 μA 的直流电流 40 min。吡咯单体的浓度分别为 0.1、0.5 和 1.0 mol/L，与 1 mol/L KNO_3 溶液共同组成聚合电解质。聚合溶液中吡咯单体的浓度对电极响应电势的影响结果如表 1.19 所示，每种情况下重复检测 3 次。

表 1.19 吡咯单体浓度对电极检测下限及斜率的影响

吡咯单体浓度/(mol/L)	20 μA		80 μA	
	检测下限/(mol/L)	斜率*/(mV/decade)	检测下限*/(mol/L)	斜率*/(mV/decade)
0.1	4.8×10^{-4}	-29.1 ± 2.2	6.5×10^{-5}	-37.2 ± 1.0
0.5	3.4×10^{-4}	-42.3 ± 0.8	5.5×10^{-5}	-53.3 ± 1.1
1.0	6.4×10^{-5}	-48.3 ± 3.6	3.8×10^{-5}	-52.0 ± 1.9

* 斜率值根据一元线性拟合方法计算得出，置信区间为 95%，线性范围皆为 $5.0\times10^{-4}\sim10^{-1}$ mol/L。

当聚合电流、聚合时间和硝酸钾溶液浓度保持不变时，吡咯单体的浓度既要高到一定程度，可以在电极表面产生足够的自由基阳离子进行聚合，同时又必须控制在一定浓度以下，防止因聚合速度过快引起膜的不均匀性，导致离子选择性膜的电化学性能退化。由表 1.19 可知，当吡咯单体浓度小于 0.5 mol/L 时，电极的灵敏度和稳定性随着聚合溶液中浓度的增大而提高；当吡咯单体浓度大于 0.5 mol/L 时，电极的电势响应斜率基本保持不变，但由于 PPy(NO_3^-)离子选择性膜的结构变化，电极的稳定性呈现出逐渐变差的趋势。

4) 活化溶液浓度及时间参数的优化

受硝酸根在离子选择性膜的结合方式的影响，与聚氯乙烯离子选择电极相比，PPy(NO_3^-)离子选择电极需要更长的活化时间。在验证电极活化溶液浓度及时间的影响时，PPy(NO_3^-)离子选择电极的制备分别使用恒电流和恒电位电聚合法，恒电流法中聚合电流选择 80 μA，恒电位法中聚合电位为 1.0 V，聚合时间为 40 min。电聚合完成后，将制备完成的电极分别在一定浓度的硝酸钾溶液中活化 2 h 和 24 h 后，测定掺杂硝酸根的聚吡咯离子选择电极在硝酸钾标准溶液中的电势响应曲线，分析活化溶液的浓度及活化时间对电极性能的影响，检测结果如图 1.67 所示。

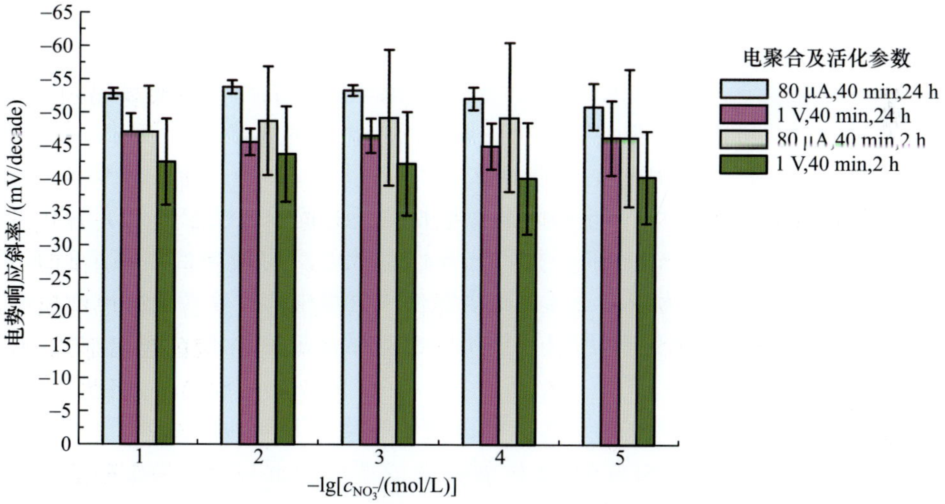

图 1.67 活化溶液浓度及时间对 PPy(NO_3^-)离子选择电极电势响应斜率的影响

由图 1.67 可知，相同的电聚合参数下，PPy(NO_3^-)离子选择电极经过 24 h 活化后，电极的电势响应斜率更接近于理想能斯特值，电极的稳定性较好。以恒电流法聚合电流为 80 μA、聚合时间为 40 min 的情况为例：检测电极在 10^{-3} mol/L 硝酸钾溶液中活化 2 h 后，电势响应斜率为(−49.2±10.2) mV/decade；相同活化溶液浓度，经过 24 h 活化，电势响应斜率提高到(−53.3±0.8) mV/decade。土壤硝态氮速测的平行误差要求为 10%[30]，显然活化时间为 2 h 情况下电极的稳定性无法满足实际应用的要求。

只有当活化溶液中的硝酸根浓度较高、活化时间达到一定长度时，PPy(NO_3^-)离子选择电极才能获得良好的电势响应灵敏性和稳定性。在后续试验中，硝酸钾活化溶液的浓度选择为 10^{-3} mol/L，活化时间应保持在 24 h 以上。

5) 选择性

与传统离子选择电极和聚氯乙烯离子选择电极相比，由于聚吡咯薄膜本身呈阳性，所以更易于结合阴离子。在吡咯单体发生聚合反应过程中，硝酸根掺杂进入聚吡咯中，聚吡咯薄膜内形成了尺寸合适的硝酸根聚集“空穴”。聚合结束后，由于掺杂硝酸根的聚吡咯内存在与硝酸根空间匹配的具有多重作用位点的“空穴”，所以当硝酸根离子在聚合物中扩散时，可与识别位点相互作用而被交换至离子选择性膜内，而与“空穴”没有识别位点的其他干扰阴离子则无法进入 PPy(NO_3^-)膜内。从原理上可以预知 PPy(NO_3^-)聚合物必然可对待测溶液中的干扰离子表现出很好的抗干扰性能。

在检测共存离子对电极的影响试验中，选择 IUPAC 推荐的匹配电势法[31]，用 $K_{A,B}^{pot}$ 来评价溶液中共存的其他阴离子对 PPy(NO_3^-)离子选择电极电势响应的影响。基础溶液选择 100 mL 的 1.0×10^{-3} mol/L KNO_3 溶液，引发电势变化的后续添加溶液为 1.0×10^{-1} mol/L KNO_3 溶液，干扰离子溶液浓度选择为 1.0×10^{-2} mol/L。推导得出电极对干扰离子的选择性系数，检测结果汇总如表 1.20 所示。

表 1.20　PPy(NO_3^-)离子选择电极的离子选择性系数

干扰离子	I^-	Br^-	Cl^-	F^-	ClO_4^-	HCO_3^-	CH_3COO^-	SO_4^{2-}	$H_2PO_4^-$
$K_{A,B}^{pol}$	8.2×10^{-2}	9.0×10^{-2}	3.2×10^{-2}	9.5×10^{-3}	6.5×10^{-2}	4.8×10^{-4}	5.3×10^{-4}	9.6×10^{-5}	3.7×10^{-5}

由表 1.20 可知，由于 PPy(NO_3^-)膜内对硝酸根离子存在类似于尺寸排阻(size-exclusive recognition)识别结构，所以对其他共存干扰阴离子的选择性的顺序明显与阴离子在水溶液中的亲脂性排序存在差别[28](阴离子的亲脂性水平符合 Hofmeister 顺序，为 $ClO_4^- > SCN^- > I^- > NO_3^- > Br^- > Cl^- > H_2PO_4^-$)。电极对高氯酸根离子的抗干扰性能得到了明显的提高，但仍然易受卤素离子(I^-、Br^- 和 Cl^-)的干扰。选择性系数的测定值与待测溶液的浓度有很大关系，因此本测量结果仅可作为该离子选择电极在使用过程中选择支持电解质的参考。同时，由于聚吡咯和吡咯单体易氧化变质，所以在使用中也应尽量避免含氧化剂的检测环境。

6) 响应时间

响应时间检测中，PPy(NO_3^-)离子选择电极的响应电势随时间变化的情况如图 1.68 所示。与聚氯乙烯离子选择电极相类似，随检测溶液浓度的降低，电极的响应时间不断延长。10^{-1} 和 10^{-2} mol/L 硝酸钾溶液中，电极的响应时间较短；低于 10^{-3} mol/L 的硝酸钾溶液中，电极在达到稳定之前(稳定值±0.5 mV 内)，响应电势的变化随时间的延长而逐渐变缓。总体而言，在 $10^{-5}\sim10^{-1}$ mol/L 硝酸钾标准溶液的检测中，PPy(NO_3^-)离子选择电极的响应时间比聚氯乙烯离子选择电极稍快，可控制在 15 s 以内。达到稳定值后，电极的电位将在某数值附近呈微小波动。

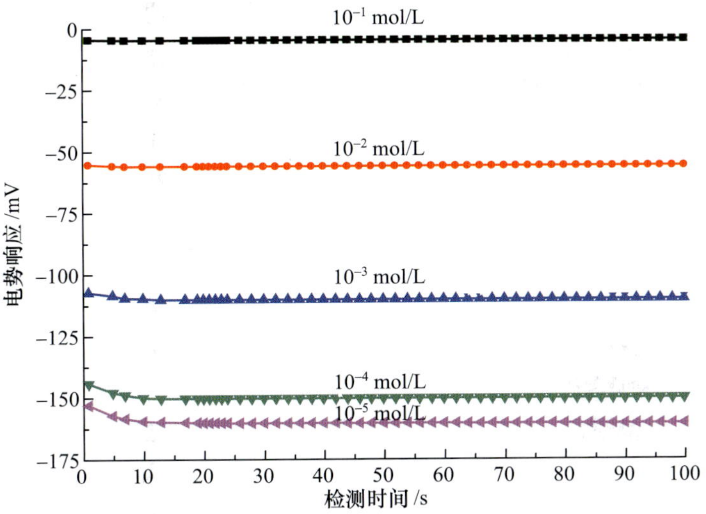

图 1.68 PPy(NO_3^-)离子选择电极的响应时间

7) 稳定性

在优化的电极制备参数下，恒电流聚合法制备 8 支 PPy(NO_3^-)离子选择电极，电极的稳定性情况统计如表 1.21 所示。从表中数据可知，电势响应斜率的波动范围可控制在 ±2.0 mV/decade 以内。在 10^{-3}～10^{-1} mol/L 范围内，电极的电势响应斜率较大，接近于理想能斯特斜率，同时稳定性较好；在 10^{-4}～10^{-3} mol/L 范围内，电极的电势响应斜率有降低趋势，稳定性仍较好；由于灵敏度和稳定性的限制，电极无法检测低于 10^{-5} mol/L 的硝酸钾溶液。与聚氯乙烯离子选择电极相比，PPy(NO_3^-)离子选择电极在 10^{-4}～10^{-1} mol/L 范围内电势检测灵敏度和稳定性都有很大的提高。

表 1.21 PPy(NO_3^-)离子选择电极的稳定性

浓度范围/(mol/L)	10^{-1}～10^{-2}	10^{-2}～10^{-3}	10^{-3}～10^{-4}	10^{-4}～10^{-5}
斜率*/(mV/decade)	53.7±1.3	53.3±1.2	37.7±1.5	13.2±2.5

* 斜率值根据一元线性拟合方法计算得出，置信区间为 95%，线性范围为 10^{-4}～10^{-1} mol/L。

由表 1.21 可知，电极在不同浓度区间的电势响应斜率有所差异，较之全线性响应范围(10^{-4}～10^{-1} mol/L)内的线性拟合方法，选用分段线性化的方法对电极的电势响应性能进行标定，必然可以在应用中进一步提高检测结果的准确性。

8) 温度影响

检测溶液的温度对 PPy(NO_3^-)离子选择电极的影响结果如图 1.69 所示，温度变化引起了聚吡咯薄膜表面形态和溶液中离子活度的微弱变化。

因此，在 10～30℃ 范围内，电极的电势响应斜率和检测下限基本保持不变，响应斜率的变化范围为(51.5±1.4) mV/decade，检测下限约为 5.0×10^{-5} mol/L。电势响应曲线随温度的升高缓慢向下漂移，漂移速度约为 0.6 mV/℃[21]。

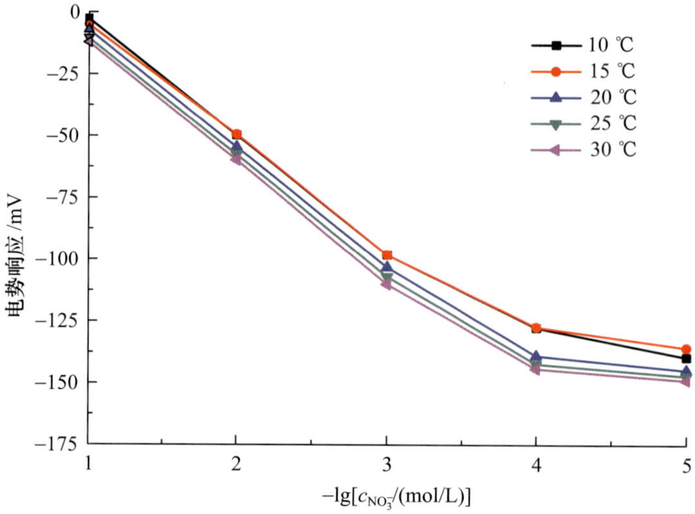

图 1.69 溶液温度对 PPy(NO_3^-)离子选择电极响应电势的影响

1.2.4 磷酸根离子选择电极的研究

自 20 世纪 80 年代开始，一些研究人员[32]就开始探索利用有机锡化合物作为离子交换剂制备磷酸盐离子选择电极，但鉴于磷酸根尺寸的特殊性，较难找到合适的环(macrocyclic)选择性对其进行识别。随着新型敏感材料及其敏感特性的研究与探索，Xiao 等[33]以金属钴作为基体，制备全固态磷酸根离子选择电极，金属钴表面形成的 $Co_{1-\sigma}O$ 空穴可作为主体与待测溶液体系中 $H_2PO_4^-$ 产生选择性识别响应。经测试，在 pH 值为 4.0 的标准溶液测定中，电极对 $H_2PO_4^-$ 的电势响应斜率接近理想值(−55 mV/decade)，线性响应范围达到 $10^{-5}\sim10^{-2}$ mol/L，检测下限为 5×10^{-6} mol/L，电极寿命较长，对 $H_2PO_4^-$ 的选择性较好，选择性排序为：$H_2PO_4^- > Cl^- > NO_3^- > SO_4^{2-} > Ac^- > Br^- > H_2AsO_4^-$。Kim 等[34]利用钴棒电极测定土壤中的磷酸盐含量，pH 值为 8.5 的 Kelowna 浸提剂中电极的线性响应范围达到 $10^{-5}\sim10^{-1}$ mol/L，检测下限为 10^{-5} mol/L，同时研究结果表明纯度为 99.95%的钴棒表现更为优越的重复性(较 99.99%钴棒)，该电极可基本满足土壤速效磷测定的需求，但电极性能易受待测体系 pH 值的干扰。

本研究课题组通过与浙江大学生物系统工程与食品科学学院研究团队合作，初步探索了基于金属钴棒的磷酸根离子选择电极对磷酸二氢根离子的检测性能。

1.2.4.1 材料与电极制备方法

磷酸根离子选择电极制备、优化及应用研究中所需使用的化学试剂包括：邻苯二甲酸氢钾，用于配置缓冲溶液；无水乙醇，用于清洗电极表面；磷酸二氢钾，用于检测磷酸根离子选择电极的电化学性能。试验中，所用化学试剂皆为分析纯等级，检测溶液皆用去离子水配制。

所需使用的分析仪器包括：低温恒温槽，用于保证实验过程中溶液温度保持在恒温 25℃状态下；超声波清洗机，用于清洁电极表面；磁力搅拌器和电子天平，用于配制溶液；数据采集器，用于采集电极检测数据。

电极以及其他实验材料包括：KT100 型 Ag/AgCl 参比电极，用于与全固态微小型离子选择电极进行对比试验；直径为 1.5 mm 的钴棒，用于制备全固态磷酸根离子选择电极；打磨砂纸，用于打磨电极表面。

金属钴棒电极的性能检测试验中使用的钴棒直径约为 1.5 mm(图 1.70)，检测前需对钴棒表面进行打磨处理(3 μm 砂纸)。打磨完成后，用去离子水冲洗表面，再超声清洗 2 min。使用前，需将钴棒电极浸入 0.025 mol/L 邻苯二甲酸氢钾($KHC_8H_4O_4$)溶液中活化 20 min，然后再用去离子水清洗至空白电位。

1.2.4.2 试验结果与讨论

金属钴棒的磷酸根离子选择电极对磷酸二氢根离子的检测性能如图 1.71 所示。电极检测试验中标准磷酸二氢钾(KH_2PO_4)溶液的浓度范围为 10^{-5} ～ 10^{-2} mol/L(均使用 0.025 mol/L 邻苯二甲酸氢钾配制)。

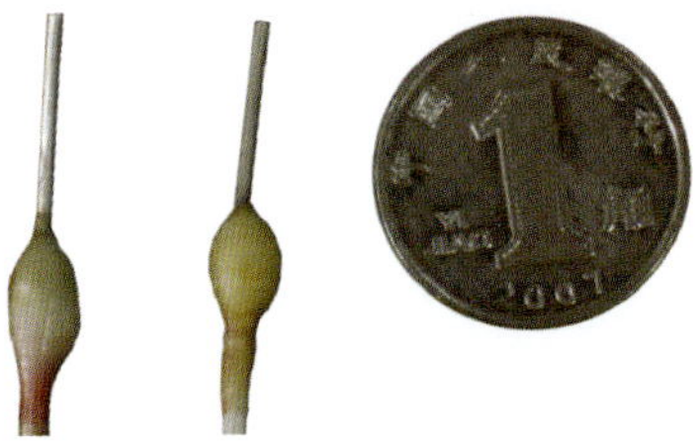

图 1.70 金属钴棒电极尺寸

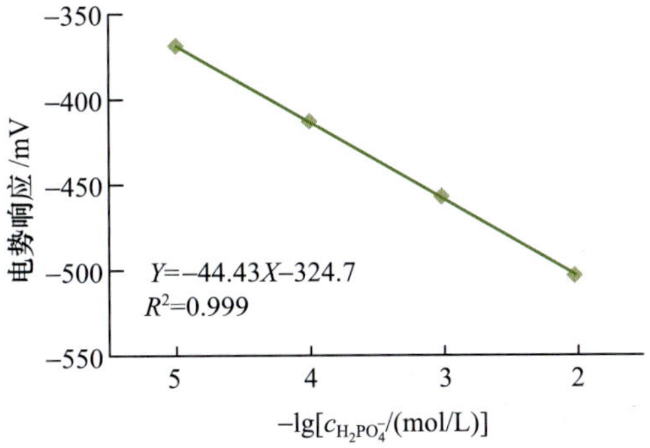

图 1.71 金属钴棒电极的电势响应曲线

图 1.71 中横轴为用 0.025 mol/L 邻苯二甲酸氢钾溶液配制的标准磷酸二氢钾溶液浓度的负对数，纵轴为金属钴棒作为磷酸根离子选择电极的响应电势。根据检测结果，钴棒电极对磷酸二氢根的检测下限约为 10^{-5} mol/L，当磷酸二氢根离子浓度在 10^{-5}～10^{-2} mol/L 范围内时，电极的电势响应斜率约为－44.4 mV/decade，响应电势与离子浓度负对数的线性拟合相关系数 R^2＝0.999，钴棒电极可基本实现对溶液中磷酸二氢根离子的检测。

相关研究结果表明，以金属钴为基体制备的磷酸根离子选择电极基于非化学计量化合物($Co_{1-\sigma}O$)空穴作为主体接受客体物质的原理，电极对磷酸根离子的响应性能与电极表面 $Co_{1-\sigma}O$ 的结合点多少有关，可通过解析电极材料和前处理参数对电极表面性能的影响关系，优化其检测性能。

1.2.5 钾离子选择电极的研究

1.2.5.1 材料与电极制备方法

制备钾离子选择电极所需用到的化学试剂包括缬氨霉素(valinomycin)、NPOE、四氯代苯硼酸钾[potassium tetrakis (4-chlorophenyl) borate，KTpClPB]、PVC 和 THF。氯化锂、氯化镁等实验所用无机盐试剂皆为分析纯等级，采用去离子水配制。

相关制备及检测仪器包括 PHS-3C 酸度计/毫伏计(上海宇隆仪器有限公司)、CMCV 电化学分析系统(自主研制)、硝酸根离子选择电极、Ag/AgCl 电极(KT100，南京科土电极有限公司)和电子天平(湘仪天平仪器设备有限公司,精度 0.001 g)。

钾离子选择膜制备利用缬氨霉素为活性物质,以 NPOE 为增塑剂,以 KTpClPB 为亲脂性添加剂。称取缬氨霉素(质量分数为 2.3%)、NPOE(质量分数为 64.6%)、PVC(质量分数为 32.5%)和 KTpClPB(质量分数为 0.6%)进行混合,溶解于适量的 THF 中,置于干燥器内 24 h,待 THF 挥发后,得到一透明弹性薄膜。

将该薄膜切成圆片,用 THF 粘到 PVC 电极杆的一端,注入 AgCl 饱和的 0.01 mol/L KCl 溶液作为内参溶液,插入 Ag/AgCl 内参电极,制成对钾离子具有选择性响应的离子选择电极。使用前,在 1×10^{-2} mol/L KNO_3 溶液中活化 30 min 以上。

1.2.5.2 试验结果与讨论

1. 线性响应范围及检测下限

在室温下,以钾离子选择电极为工作电极,以 Ag/AgCl 电极为参比电极,与不同浓度的硝酸钾标准溶液组成二电极体系,利用 PHS-3C 酸度计测量不同钾离子浓度下钾离子选择电极的响应电势。钾离子选择电极标定试验的结果如表 1.22 所示,曲线如图 1.72 所示。在 $1\times10^{-5}\sim1\times10^{-1}$ mol/L 浓度之间,电极响应电势与离子浓度之间满足能斯特关系;在 $1\times10^{-6}\sim5\times10^{-5}$ mol/L 和 $5\times10^{-1}\sim1$ mol/L 浓度之间,电极响应电势与离子浓度之间偏离了能斯特关系。因此,该钾离子选择电极检测上限为 1×10^{-1} mol/L,检测下限为 1×10^{-5} mol/L。

表 1.22 钾离子选择电极响应电势与钾离子浓度的关系(室温)

标准硝酸钾溶液浓度/(mol/L)	电极空白电势/mV	电极电势 E/mV	标准硝酸钾溶液浓度/(mol/L)	电极空白电势/mV	电极电势 E/mV
1×10^{-6}	−114	−65	5×10^{-3}	−124	74
5×10^{-6}	−110	−40	1×10^{-2}	−120	89
1×10^{-5}	−114	−54	5×10^{-2}	−123	126
5×10^{-5}	−118	−30	1×10^{-1}	−110	143
1×10^{-4}	−123	−15	5×10^{-1}	−112	147
5×10^{-4}	−126	21	1	−105	144
1×10^{-3}	−126	38			

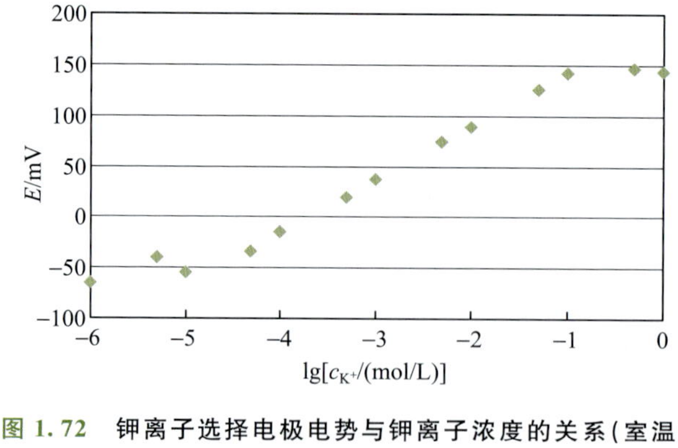

图 1.72 钾离子选择电极电势与钾离子浓度的关系(室温)

在 $1\times10^{-5}\sim1\times10^{-1}$ mol/L 的离子浓度范围内,采用一元线性回归拟合钾离子选择电极的数学模型,并利用极大似然估计法预测电极数学模型斜率和截距,计算方法与硝酸根离子选择电极一致，得到钾离子选择电极电势的一元线性回归模型如式(1.16)所示，标定结果如图1.73所示。

$$E=190.57+50.4931\lg c_{K^+}\ (R^2=0.997) \tag{1.16}$$

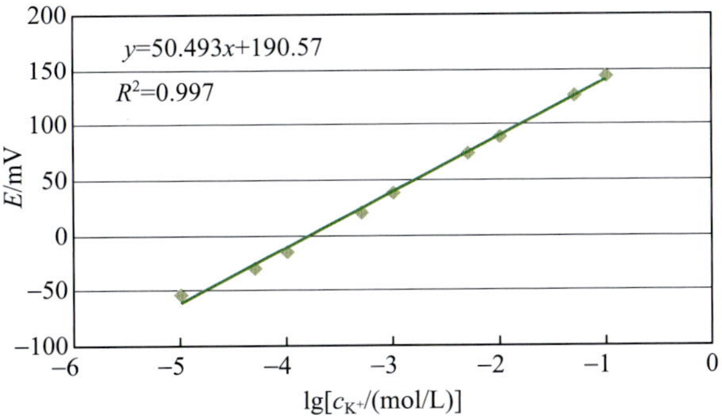

图1.73 钾离子选择电极的一元线性回归模型(室温)

2. 稳定性

为了检验钾离子选择电极的稳定性，分别在 1×10^{-1} mol/L 和 1×10^{-2} mol/L 钾离子浓度下测量钾离子选择电极的电势，如表1.23所示。

表1.23 钾离子选择电极响应电势的稳定性检验(室温)

钾离子浓度/(mol/L)	电极电势/mV	钾离子浓度/(mol/L)	电极电势/mV
1×10^{-1}	141	1×10^{-2}	91
1×10^{-1}	143	1×10^{-2}	89
1×10^{-1}	143	1×10^{-2}	89
1×10^{-1}	144	1×10^{-2}	88
1×10^{-1}	141	1×10^{-2}	92
1×10^{-1}	143	1×10^{-2}	91
1×10^{-1}	143	1×10^{-2}	90
1×10^{-1}	143	1×10^{-2}	87
1×10^{-1}	144	1×10^{-2}	88
1×10^{-1}	142	1×10^{-2}	92
平均值	142.7	平均值	89.7
最大相对误差	1.19%	最大相对误差	2.56%

两组数据的最大相对误差分别为1.19%(1×10^{-1} mol/L)和2.56%(1×10^{-2} mol/L)，表明该钾离子选择电极的稳定性比较理想。

利用钾离子选择电极测量不同钾离子浓度的溶液检验电极的一元线性回归数学模型。分别取 5×10^{-5}、5×10^{-4}、5×10^{-3} 和 5×10^{-2} mol/L 的标准硝酸钾溶液，测量钾离子选择电极电势，并与数学模型计算值作比较，如表1.24所示。

表 1.24 钾离子选择电极响应电势 SLR 数学模型检验

实际离子浓度/(mol/L)	电极电势测量值/mV	数学模型计算值/mV	相对误差/%
5×10^{-5}	−30	−27	10
5×10^{-4}	21	23	9.5
5×10^{-3}	74	74	0
5×10^{-2}	126	125	−0.79

从表 1.24 可知，当离子浓度较低时，数学模型计算值与实际测量值的相对误差在 10%之内，预测结果不理想；当离子浓度较高时，数学模型计算值与实际测量值的相对误差小于±1%，回归结果比较理想。

3. 选择性

由于土壤浸提溶液中存在一些干扰离子，对钾离子选择电极产生交叉响应，影响钾离子选择电极的电势测量精度，因此，采用固定干扰法得到该钾离子选择电极对一些主要干扰离子的选择系数，如表 1.25 所示，结果表明干扰离子影响比较小。

表 1.25 钾离子选择电极的选择系数

干扰离子	Li^{+}	Na^{+}	NH_4^{+}	Ca^{2+}	Mg^{2+}	Ba^{2+}
选择系数	1×10^{-4}	5×10^{-4}	1×10^{-2}	5×10^{-5}	6×10^{-5}	8×10^{-5}

根据全国第二次土壤普查数据，土壤速效钾含量为 25～420 mg/kg，通常采用 10 mL 浸提剂提取约 2 g 土壤样本中的钾素，则土壤浸提溶液中钾离子浓度在 $1\times10^{-4}\sim2\times10^{-3}$ mol/L 之间，而该检测系统的钾离子浓度检测范围为 $1\times10^{-5}\sim1\times10^{-1}$ mol/L，可以满足测量要求[26]。

4. 温度影响

由于温度变化会造成钾离子选择电极的电势漂移，引起测量误差。为了减小温度对钾离子选择电极电势测量的影响，在不同温度条件下进行钾离子选择电极标定，进而研究其温度校正模型。

将配制完成的标准硝酸钾溶液依次注入烧杯，并依照浓度由小到大的顺序放置在 DKB-1915 型低温恒温槽内，以 10℃为起点、以 5℃为间隔增加恒温槽的设定温度直至 35℃，利用自主设计的多通道土壤养分快速采集信号分析处理器和钾离子选择电极构成的检测系统，对钾离子选择电极在设定温度下不同浓度溶液的响应电势进行测量，结果如表 1.26 所示。

表 1.26 不同温度下钾离子选择电极响应电势 E 与钾离子浓度的关系 mV

t/℃	标准硝酸钾溶液浓度/(mol/L)					
	1.0×10^{-4}	5.0×10^{-4}	1.0×10^{-3}	5.0×10^{-3}	1.0×10^{-2}	5.0×10^{-2}
10	−79.4	−40.8	−23.2	14.1	31.2	71.6
15	−77.2	−39.9	−22.5	17.3	34.1	76.8
20	−74.3	−35.8	−17.6	21.0	38.5	78.5
25	−71.9	−32.4	−16.7	26.0	43.3	80.2
30	−65.8	−29.2	−11.5	24.4	45.2	83.1
35	−61.0	−23.2	−7.8	29.3	46.8	82.4

由表 1.26 中数据可得基于最小二乘法的钾离子选择电极的温度补偿模型及室温情况下(25℃)的电极测量模型：

$$E_{补偿}=(139.58+0.50t)+(56.95-0.05t)\lg c_{K^+} \quad (1.17a)$$

$$E_{25}=155.63+56.93\lg c_{K^+} \quad (1.17b)$$

式中：t 为温度，℃。

为检验该温度补偿模型是否有助于提高系统钾离子检测性能，测定了 22℃和 28℃时钾离子选择电极在上述 6 种浓度标准硝酸钾溶液中的响应电势，并分别将温度补偿模型和室温模型的预测结果与实际溶液浓度进行了比较，结果如表 1.27 所示。

表 1.27　22℃及 28℃时温度补偿模型和室温模型钾离子浓度预测结果比较

温度/℃	标准溶液浓度/(mol/L)	实测响应电势/mV	温度补偿模型		室温模型	
			预测值/(mol/L)	相对误差/%	预测值/(mol/L)	相对误差/%
22	1.0×10^{-4}	−73.2	9.84×10^{-5}	1.6	9.56×10^{-5}	4.4
	5.0×10^{-4}	−34.5	4.85×10^{-4}	2.9	4.57×10^{-4}	8.5
	1.0×10^{-3}	−17.3	9.86×10^{-4}	1.4	9.17×10^{-4}	8.3
	5.0×10^{-3}	23.2	5.24×10^{-3}	−4.8	4.72×10^{-3}	5.6
	1.0×10^{-2}	40.4	1.06×10^{-2}	−6.5	9.46×10^{-3}	5.4
	5.0×10^{-2}	77.7	4.96×10^{-2}	0.9	4.28×10^{-2}	14.5
28	1.0×10^{-4}	−68.2	1.02×10^{-4}	−1.8	1.17×10^{-4}	−17.0
	5.0×10^{-4}	−30.5	4.86×10^{-4}	2.9	5.38×10^{-4}	−7.5
	1.0×10^{-3}	−12.9	1.01×10^{-3}	−0.7	1.10×10^{-3}	−9.6
	5.0×10^{-3}	25.3	4.91×10^{-3}	1.9	5.14×10^{-3}	−2.7
	1.0×10^{-2}	44.1	1.07×10^{-2}	−6.9	1.10×10^{-2}	−9.9
	5.0×10^{-2}	82.7	5.30×10^{-2}	−5.9	5.24×10^{-2}	−4.7

由表 1.27 可知，22℃时，温度补偿模型预测值和标准溶液浓度(实际浓度)的相对误差在−6.5%～0.9%之间，室温模型预测值和实际浓度的相对误差在 4.4%～14.5%之间，各浓度处温度补偿模型预测值与实际浓度相对误差的绝对值低于室温模型预测值与实际浓度相对误差的绝对值；28℃时，系统温度补偿模型预测值和实际浓度的相对误差在−6.9%～2.9%之间，室温模型预测值和实际浓度的相对误差在−17.0%～−2.7%之间，除 5.0×10^{-2} mol/L 浓度处温度补偿模型预测值和实际浓度相对误差的绝对值略高于室温模型预测值和实际浓度相对误差的绝对值外，其他浓度处温度补偿模型预测值与实际浓度相对误差的绝对值均低于室温模型预测值和实测值相对误差的绝对值。总体看来，在系统进行钾离子检测时，使用温度补偿模型的检测效果较室温模型有明显的提高，温度补偿模型能够较好地补偿由于温度浮动所产生的测量误差。

1.2.5.3　其他研究进展

近年来，浙江大学研究团队[35]尝试将缬氨霉素敏感膜直接贴涂在固态导体表面，制备了一种适用于土壤速效钾检测的全固态微小型离子选择电极，该电极具有较好的灵敏性、稳定性和选择性。与常规钾离子选择电极相比，由于该电极不使用内充液，离子选择性膜的压力大幅度减小，所以敏感膜可以更薄，极大降低了生产成本。相关研究结果表明：钾离子选择电极的电化学性能与膜配方中缬氨霉素、亲脂性添加剂和增塑剂的配比相关，缬氨霉素的比例直接决定着电极的选择性和灵敏度，亲脂性添加剂的含量对电极的选择性产生影响，增塑剂含量与膜的机械强度对应，与电极的寿命和重复性密切关联。

综合现阶段研究进展，钾离子选择电极的检测性能常受土壤中铵根离子和其他阳离子的干扰，仍需通过对电极制备方法及膜配方的优化，进一步提高电极的选择性和稳定性。

1.2.6　基于离子选择电极的土壤肥力检测平台研究

提高离子选择电极检测过程的自动化、仪器化水平，是关乎离子选择电极在土壤养分快速检测领域应用可行性的关键问题之一。利用微机械加工技术（MEM）和流动注射分析技术（FIA）对离子选择电极的检测过程进行自动化控制，可实现对待测浸提溶液的自动化传输及检测信号的快速采集和分析，从而避免人为及环境干扰，提高检测效率和准确性。

本研究基于微流控技术和流动注射技术，研究溶液操作过程自动化技术，设计用于离子选择电极阵列和化学修饰微电极阵列检测溶液离子浓度的流通池，再结合自动控制技术研究土壤样本前处理和土壤浸提溶液检测操作过程半自动化、自动化技术。基于田间采集、样本前处理和浸提溶液检测的自动化技术研究，提出面向分析实验室测试和检测现场的土壤测试过程半自动化、自动化的系统集成解决方法。

1.2.6.1　田间采样半自动化、自动化技术研究

基于田间采样的规范要求，设计了一个拖拉机机载的自动取样装置[26]，如图 1.74 所示。用 4 个螺孔将自动取样装置固定在拖拉机平台上，当拖拉机到达指定位置时，控制液压驱动机构下移 3 个导柱，推动取样器垂直钻入土壤表层 20 cm 深处后，提起取样器，再利用顶样器推出取样器中的土壤，用土壤样本袋接取，即可获得土壤样本。取样器的尺寸根据采样量的要求确定。通过微处理器系统对液压驱动机构进行智能控制，可实现取样操作过程自动化。

对土壤样本进行现场检测时，将土壤测试结果输入便携式 GPS 接收系统，可自动融合土壤测试结果与 GPS 定位信息，通过 GIS 或其他相关的软件处理，可获得土壤养分状况分布图。对土壤样本进行实验室检测时，需将采集的土壤样本与 GPS 定位信息之间建立对应关系，并进行编号保存。为了便于土壤样本采集，设计一个旋转升降装置，如图 1.75 所示，将其与自动取样装置安装在同一个平台上。将已编号的样本袋置于旋转升降装置上，取样时使其置于平行位置（实线位置），不会妨碍取样；在顶样之前，将平台旋转 90°至垂直位置（虚线），使样本袋口处于取样器的正下方，从取样器中推出土壤样本，即可保存在样本袋中，将样本袋编号输入 GPS 接收系统，即可自动建立采集的土壤样本与其 GPS 定位信息之间的对应关系。旋转升降装置的往返旋转操作和上下升降均可通过电机来实现智能控制。此外，也可在样本袋上贴上 RFID 标签，并将 RFID 检测单元集成在 GPS 接收系统中，提供自动记录样本袋编号的方法。

1.2.6.2　土壤样本前处理半自动化、自动化技术研究

1. 土壤样本前处理方法研究

土壤样本前处理通常涉及干燥、研磨、量样和浸提等步骤，最终形成土壤浸提溶液。干燥处理的主要目的是获取土壤样本的水分含量，也利于土壤研磨。常规的干燥方法主要有风干、

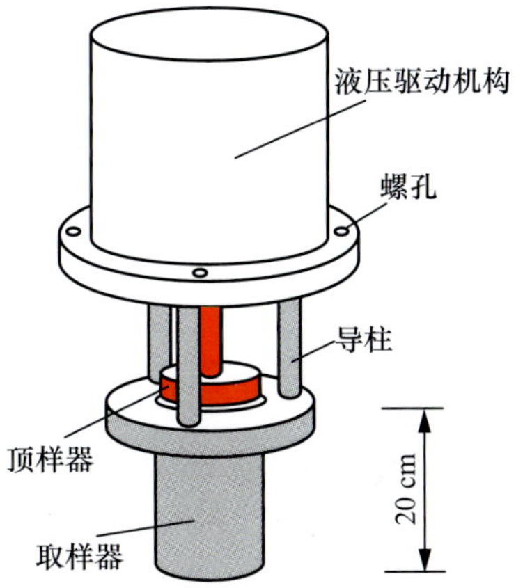

图 1.74 自动取样装置结构示意图

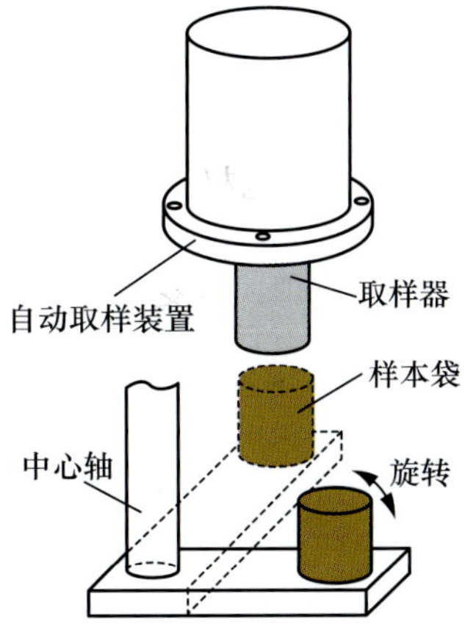

图 1.75 旋转升降装置结构示意图

烘干和燃烧。土壤水分含量测量一般采用烘干法，将土壤样本置于 105～110℃的烘箱中烘干至恒重，使土壤水分蒸发，比较烘干前后的土壤重量，计算土壤样本的水分含量。常规土壤水分含量测量方法效率较低，还可能造成土壤养分损失。利用电容法可以实现土壤水分含量的快速测量，检测机理成熟，成本低，传感器设计灵活，易实现便携式仪器开发，但测量精度受土壤颗粒的性质、尺寸和均匀程度等因素影响。在土壤样本前处理时对土壤样本进行研磨，使土壤样本比较均匀，可提高电容法测量精度。

研磨处理有利于土壤样本的充分混匀并促进其与浸提剂充分反应。常规的研磨方法有“木棍滚压＋过筛”和“机械粉碎＋过筛”。通常采用锤片式土壤粉碎机进行土壤粉碎处理，利用高速旋转的锤片循环猛烈打击土壤颗粒，再进行过筛(1 mm 分析筛)，可以得到比较均匀的土壤粉粒。这种研磨方法不会破坏土壤的矿物质结构，而且具有较高的工作效率，但存在一些局限性，如大功率、大体积以及不适用于现场处理。因此，对传统的大型土壤粉碎机进行了改进，研制了一种便于携带且易于系统集成的小型土壤粉碎机，在粉碎机的出料口安装一个由电机拖动高速旋转的土壤分析筛进行筛选处理。

量样是量取固定体积或重量的土壤样本。传统上采用重量法，利用电子秤或天平称取一定重量的土壤样本，重现性好，但效率低。现在常采用体积法，利用土壤量样器量取一定体积的土壤样本，量样速度快。用于土壤氮、磷、钾养分测定多采用 2.5 mL 的土壤量样器。综合考虑土壤水分含量检测，设计了一种圆筒形电容式传感器，可以同时满足水分测量和量样的要求。

采用 Olsen 浸提剂和 $CaCl_2$ 浸提剂为土壤氮、磷、钾养分浸提剂，可用于研究多种氮、磷、钾离子浓度同时检测技术。土壤浸提过程涉及的溶液操作通常由人工或利用加液器辅助完成。加液器是依据单向阀对液体的单向导通能力控制加液，如图 1.76 所示。当压杆下移时，注射器产生负压，此时单向阀的上节门关闭，下节门导通，液体由进液口导入注射器。当压杆下移至底时，一定量的液体进入注射器。停止下压时，压杆在弹簧的作用下上移，此时单向阀上节门导通，下节门关闭，液体由出液口流出。加液量由注射器的体积决定，加液量只能小于注射器的标称容量，改变液点位置可以调节加液量。这种溶液操作可以实现半自动化，但仍需手动操作，而利用微流控技术和流动注射技术可以实现土壤浸提过程溶液操作自动化。

土壤浸提过程还要对土壤样本与浸提剂的混合胶体溶液进行定时搅拌或振荡，常规方法是将胶体溶液密封后固定在振荡机上进行定时振荡，步骤繁琐，效率较低。设计了电动搅拌器，利用电机驱动搅拌轴旋转，带动容器中的磁性搅拌叶转动，对混合液进行搅拌，如图 1.77 所示。

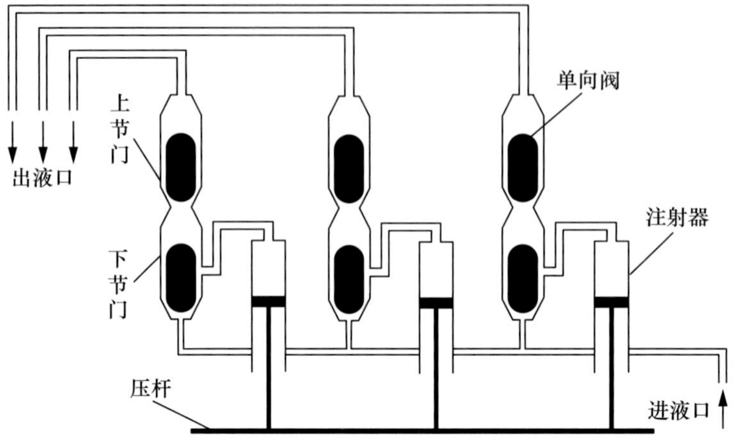

图 1.76　加液器结构示意图[26]

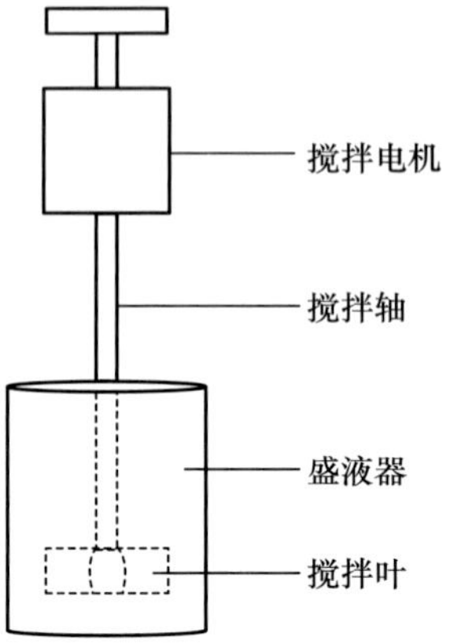

图 1.77　电动搅拌器结构示意图

在常规实验室前处理中，使用一些专用设备，可以实现部分处理过程半自动化，但是大部分环节之间仍无法实现自动衔接，影响了土壤样本前处理效率。因此，本研究在此基础上，探讨了一种土壤样本前处理自动化技术，主要解决两个关键问题：①定量获取土壤研磨样本；②自动浸提土壤养分。

2. 土壤研磨样本定量获取技术研究

基于土壤水分电容检测方法和激光料位监测技术，研究了一种自动获取固定体积土壤研磨样本的方法，如图 1.78 所示。利用微处理器系统分别控制粉碎机和电机进行土壤粉碎和筛选处理；基于电容式传感器，利用激光料位监测系统控制土壤样本容量，并利用电容法测量土壤水分含量。当电容器中的土壤样本达到指定体积时，激光料位监测系统发送信号给微处理器对粉碎机和分析筛进行反馈控制，可以得到固定体积的土壤样本。

料位监测系统是以圆筒形电容式传感器为土壤量样器，利用激光技术监测土壤样本量。如图 1.79 所示，利用半导体激光器为光源，以光电二极管为光电接收器，采用遮断法判断容器中的土壤样本体积是否达到指定要求。由于激光具有良好的方向性和较强的穿透能力，因此，将激光器和光电接收器置于同一个水平高度时，可以获得较好的精度。

3. 土壤养分自动浸提技术研究

基于微流控技术、流动注射技术和机械搅拌方法，研究了一种土壤养分浸提自动化方法，通过微处理器系统进行智能控制，如图 1.80 所示。通过机械传输方式将电容器中的土壤粉粒输送到浸提池中，根据电容法测量的土壤水分含量计算需加入的浸提剂体积，再由微型泵定量抽取浸提剂至浸提池中。利用机械搅拌装置对土壤胶体溶液进行定时搅拌后，控制安装在浸提池底部的阀，使浸提溶液依靠重力流过过滤器进行定性过滤，可以得到澄清的土壤浸提溶液。

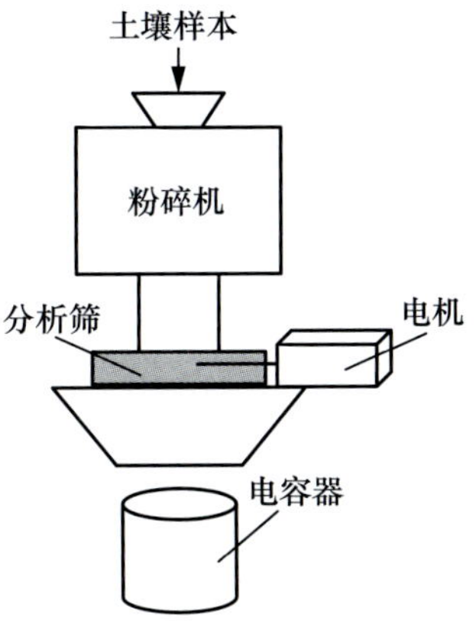

图 1.78 土壤研磨样本自动获取系统结构示意图

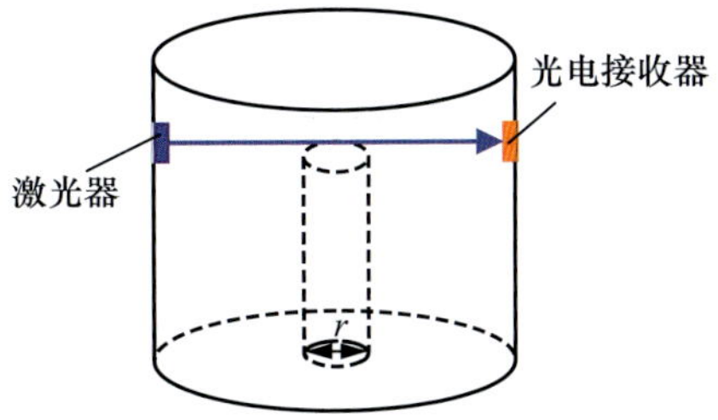

图 1.79 激光料位监测系统

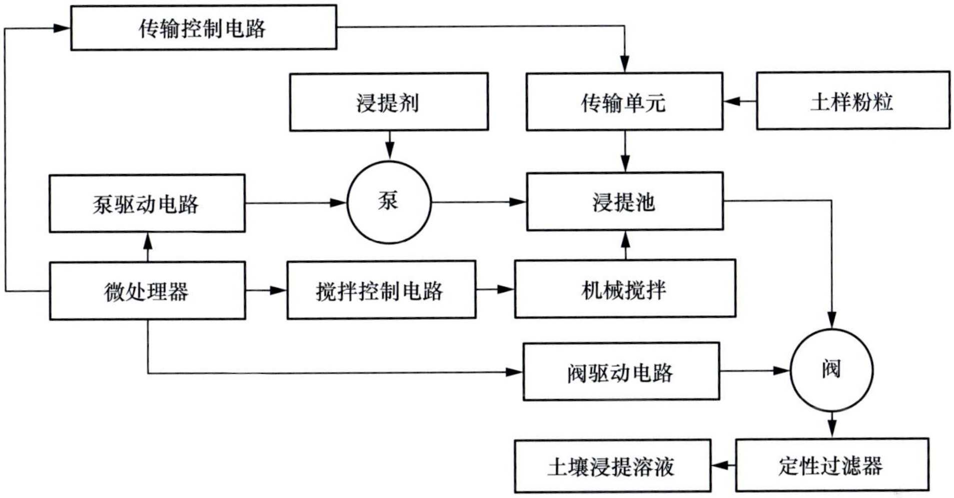

图 1.80 土壤养分自动浸提系统结构示意图

土壤养分浸提在浸提池中完成。为了实现浸提过程的自动化，设计了一个具有搅拌和自清洗功能的浸提装置，中轴采用套筒式设计，如图 1.81 所示。将盛有土壤样本和浸提剂的混合液置于支架上后，启动装置，则微处理器模块驱动齿轮组控制电机模块工作，带动锥形齿轮组和凸轮转动，使卡位弹簧拉伸，套筒式中轴向下移动，两个搅拌叶分别浸入盛样杯和清洗池内，微处理器模块驱动注液泵向清洗池内注入一定量的去离子水，并驱动搅拌电机工作，从而实现混合液的搅拌和另一搅拌叶的清洗。该工序结束后，微处理器模块及齿轮组控制电机模块带动锥形齿轮组和凸轮反方向转动，在卡位弹簧向上拉力的作用下，中轴转轴向上移动，将两个搅拌叶分别提离盛样杯和清洗池，同时中轴平键完全滑入套筒底部的平键键槽，使中轴套筒与中轴转轴合为一体，通过齿轮组控制电机模块及微处理器模块实现对直齿圆柱齿轮的转动控制，进而带动与直齿圆柱齿轮固定的中轴套筒及中轴转轴横向转动，实现两组搅拌叶的位置替换。搅拌结束后，静置混匀的土壤胶体溶液，土壤胶体依靠重力沉降，即可得到澄清的土壤浸提溶液。

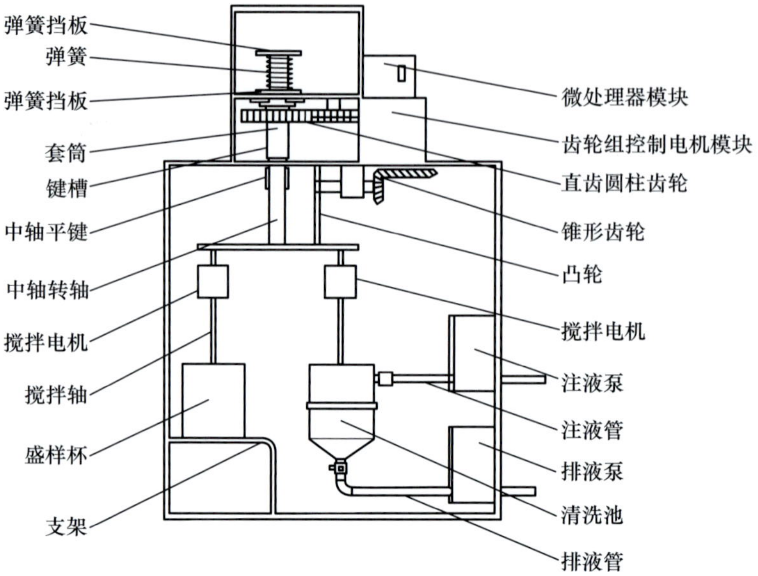

图 1.81　土壤养分浸提装置结构示意图

1.2.6.3　基于离子选择电极阵列的土壤检测自动化技术研究

通过田间采样和土壤样本前处理，可得到澄清的土壤浸提溶液，进行土壤养分离子浓度检测。土壤浸提溶液快速检测的关键是提高检测系统的自动化水平，主要问题在于土壤浸提溶液与传感器检测设备的自动化衔接。本研究根据离子选择电极(阵列)和化学修饰微电极阵列的实际情况，设计用于土壤浸提溶液检测的流通池，并基于微流控技术和流动注射技术研究土壤浸提溶液离子浓度自动化检测系统。

基于离子选择电极的土壤养分离子浓度检测系统主要由离子选择电极(ISE)、参比电极(RE)、流通池、流动注射单元(FI)、信号处理单元以及微处理器单元组成。检测过程涉及溶液操作、检测系统校正、离子浓度检测和系统清洗等。基于离子选择电极的硝酸根离子和钾离子浓度检测系统结构如图 1.82 所示。

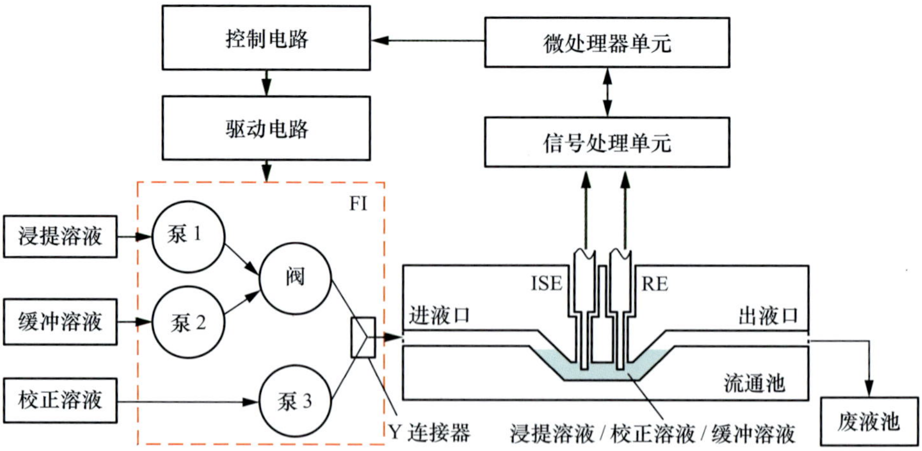

图 1.82　基于离子选择电极的土壤浸提溶液离子浓度检测系统结构示意图

离子选择电极和参比电极从流通池上方的圆孔中垂直插入，电极底部(膜)处于流通池的检测通道中央偏上位置，可以与注入的溶液充分接触。利用流动注射单元从流通池左侧的进液口注入溶液(土壤浸提溶液、校正溶液或缓冲溶液)，从流通池右侧的出液口排出废液。当注入土壤浸提溶液或校正溶液进行检测时，溶液浸没离子选择电极和参比电极的底部后，停止注射溶液，开始检测；当注入缓冲溶液(去离子水)进行系统清洗时，连续注射缓冲溶液并间隔检测离子选择电极的电势，直至电极电势达到空白电位后，停止注射溶液。

流动注射单元采用微型泵和阀，可以实现溶液的自动连续精确注射；信号处理单元采用电势测定系统，可以实时测量电极电势。

由微处理器单元智能控制系统的工作流程，可以进行土壤浸提溶液中硝酸根离子和钾离子浓度测定，具体步骤如下：

(1) 利用泵 3 抽取校正溶液至流通池；

(2) 启动电势测定电路，校正检测系统；

(3) 控制阀，利用泵 2 连续泵取缓冲溶液，清洗流通池；

(4) 启动电势测定系统，检查电极电势是否达到空白电位，如果电极电势未达到空白电位，重复步骤(3)；

(5) 控制阀，利用泵 1 定时连续泵取土壤浸提溶液，将流通池中的残留溶液推至废液池；

(6) 启动电势测定系统，检测溶液中的待测离子浓度；

(7) 重复步骤(3)和(4)；

(8) 重复步骤(5)至(7)，进行下一个样本检测。

通过改进流通池，设计了用于离子选择电极阵列检测浸提溶液离子浓度的流通池，如图 1.83 所示，可实现多种不同离子浓度的同时检测。

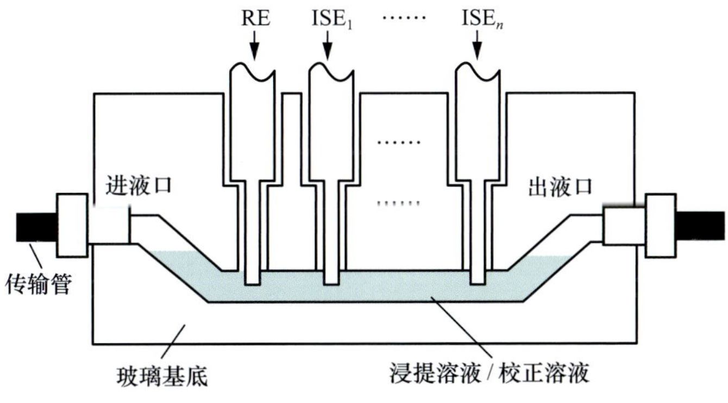

图 1.83 用于离子选择电极阵列检测的流通池结构示意图

1.2.6.4 土壤测试应用系统的集成解决方案设计

目前，土壤测试主要有两种应用模式："田间采样＋土壤样本前处理＋实验室检测"和"田间采样＋土壤样本前处理＋现场检测"。

1. 面向分析实验室使用的土壤养分检测系统集成方案

面向分析实验室使用的检测系统要求精度较好、检测速度较快和自动化水平较高。基于土壤样本前处理自动化技术和土壤浸提溶液离子浓度检测自动化技术，设计了一种集成土壤

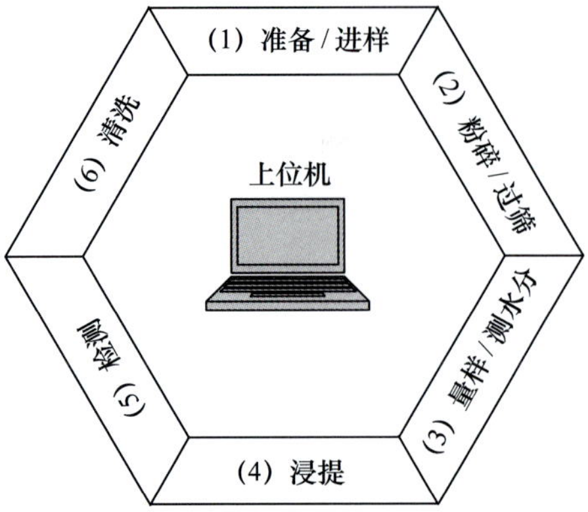

图 1.84　面向分析实验室使用的土壤养分检测工作平台

样本前处理与检测的工作平台，如图 1.84 所示，整个系统工作过程由上位机进行智能控制，具体包括 6 个部分，各部分功能及工作过程如前所述。

为了实现系统工作过程自动化，需要解决系统各部分之间的自动化可靠衔接问题。其中，进样（第 1 部分）由人工操作完成，研磨处理（第 2 部分）后的土壤样本可通过重力或气流吸取送至电容器（第 3 部分），土壤浸提溶液（第 4 部分）进入流通池后即与检测系统（第 5 部分）自动衔接，系统清洗（第 6 部分）可由流动注射系统自动完成，关键需要解决第 3 部分与第 4 部分的自动化可靠衔接。因此，设计了一个自动传输系统，将电容器中的土壤研磨样本自动传送至浸提池中。如图 1.85 所示，传输系统以主轴为支撑点，水平旋转平台通过轴承 2 与主轴连接，利用电机 1 驱动其旋转，并由连接轴承 1 的支撑杆支撑。垂直旋转平台通过轴承 3 与水平旋转平台连接，利用电机 2 驱动齿轮组使其旋转。将电容器固定在垂直旋转平台上，利用电机 1 驱动水平旋转平台将电容器从粉碎机下方移至浸提池上方，再利用电机 2 驱动垂直旋转平台旋转 180°，将电容器中的土壤粉粒倒入浸提池中。电机 1 和电机 2 由微处理器系统进行智能控制。

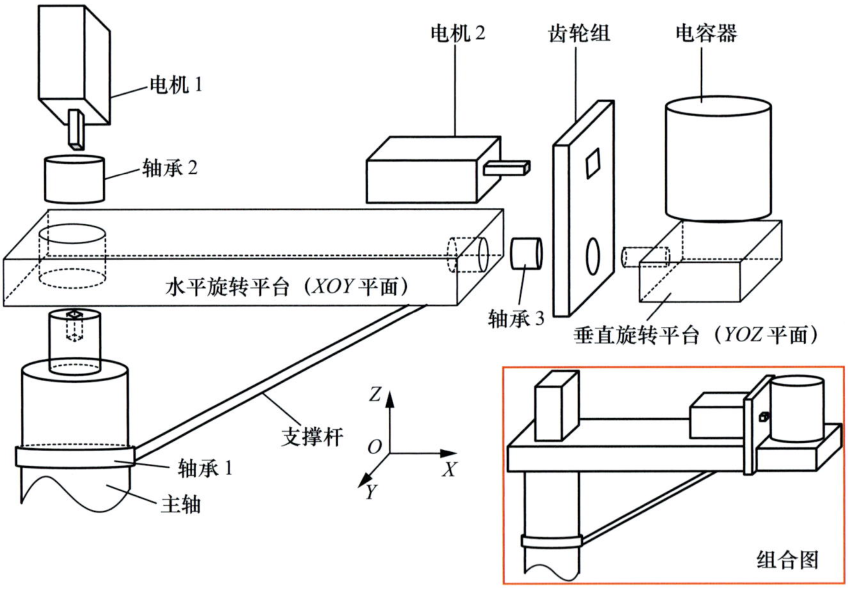

图 1.85　土壤样本自动传输系统结构示意图

2. 面向检测现场使用的土壤养分检测系统集成方案

现场检测的主要目标是快速检测，要求设备便于携带，对土壤样本前处理和检测的精度要求可适当放宽，部分操作可由人工操作，因此，土壤养分现场快速检测的关键问题是土壤养分浸提过程和浸提溶液离子浓度检测过程的操作自动化。基于土壤浸提自动化技术和土壤浸提溶液离子浓度检测自动化技术，提出了一种用于土壤样本现场快速检测的系统集成方法：

土壤样本采集可以采用人工采集方法，也可采用机载自动采集系统完成；土壤样本的研磨处理采用便携式的微型土壤粉碎机和过 1 mm 分析筛来实现；土壤水分含量测量和固定体积的土壤粉粒样本量取采用基于圆筒型电容传感器的便携式土壤水分测量系统来实现；土壤养分浸提采用前述的土壤养分自动浸提系统完成，同时集成浸提溶液离子浓度自动化检测系统[26]。

1.2.7 应用案例

1.2.7.1 面向分析实验室使用的检测平台

美国密苏里大学[34]分别选用四十二烷基硝酸盐（TDDA）、缬氨霉素、金属钴棒为离子交换材料，自行制备了硝酸根离子、钾离子和磷酸根离子选择电极，并集成以上电极搭建了土壤肥力自动测定平台，系统结构如图 1.86 所示。该检测平台由检测池、上位机、数据采集器、控制器、15 支离子选择电极（其中硝酸根离子、钾离子和磷酸根离子选择电极各 5 支）和若干泵、阀及标定溶液罐组成，通过计算机编程控制，可实现对溶液的自动传输控制和电极检测电势的采集。系统采用两点归一标定方法，可较好地抑制电极检测曲线随时间漂移的干扰，检测时间为每个样品 60 s。

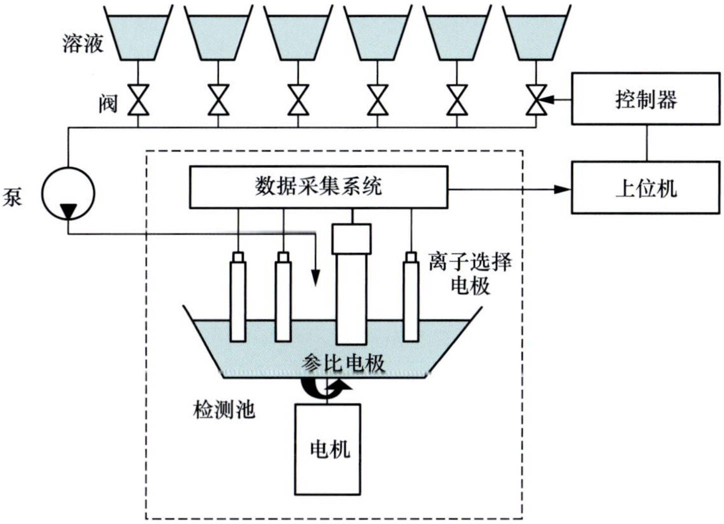

图 1.86 美国密苏里大学研制的土壤养分自动测定平台[25]

应用该系统对采自密苏里和伊利诺伊州的 37 个土样（Kelowna 浸提剂）进行检测，并将电极检测结果与常规实验室测定结果进行对比，结果表明：硝酸根离子和钾离子选择电极的检测结果分别与 Lachat 分析仪和 ICP 光谱分析结果相近，相关系数分别为 0.89 和 0.85；钴棒磷酸根离子选择电极的检测结果较 ICP 光谱分析的测定结果偏小，但两者也可保持较好的相关性，相关系数为 0.81；基于两点归一标定方法和大量的在 Kelowna 浸提剂中的标定实验，该平台装备可基本满足对美国中部土壤主要肥力参数的测定，后续仍需进一步扩大验证性实验的检验范围。

中国农业大学研究团队基于自行开发的全固态硝酸根离子选择电极，选用微型泵和微型阀为基本组件，研究开发了一种用于土壤硝态氮含量快速检测的流体控制系统，如图 1.87 所示[36]。该检测系统主要由离子选择电极阵列、上位机、数据采集器、微型液泵、微型气泵、微型液阀、溶液瓶和导管组成，可实现标定溶液、检测溶液和清洗液的传输控制和电极阵列检测数据的实时获取。

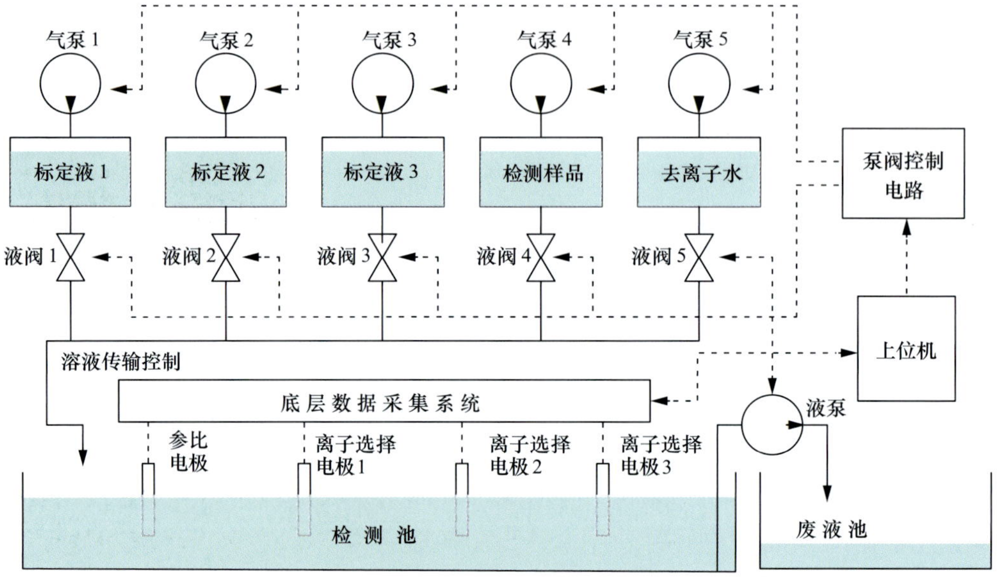

图 1.87　中国农业大学开发的流体控制系统结构图

该系统通过数据采集器和上位机编程控制微型泵和微型阀的开关，实现了对 3 路标定溶液、1 路检测溶液的自动传输控制；标定时间可控制在 4.5 min 以内，每样品检测时间大约为 90 s，提高了检测效率，较好地避免了样品间交叉干扰的问题；在 10^{-4}～10^{-1} mol/L 的硝酸盐浓度区间内，电极电势响应斜率值相对稳定，硝酸盐标定溶液浓度确定为 10^{-1}、10^{-3} 和 10^{-4} mol/L，系统检测下限约为 5.0×10^{-4} mol/L，对基于土壤浸提溶液的硝态氮含量速测而言，系统精度和灵敏性可基本满足检测要求。

1.2.7.2　面向检测现场使用的车载式检测平台

美国内布拉斯卡大学的 Adamchuk 等[37]和 Sethuramasamyraja 等[38]开展了较为深入的基于离子选择电极的车载式土壤肥力实时检测平台研究。车载式土壤肥力实时检测平台将离子选择电极检测模块嵌入 Veris Technology 公司开发的移动检测车上，土壤采样铲配合取土盘的采土深度为 0～20 cm。车载式电极检测模块如图 1.88 所示，由直流电极单元、电极支架和搅拌子、检测池组成。电极检测单元由 4 支商品化电极组成（pH 电极为复合型玻璃电极，钾离子选择电极和硝酸根离子选择电极为常规液膜电极），分别用于实时检测土壤 pH 值、速效钾和硝态氮含量。

内布拉斯卡大学研发的车载检测系统使用去离子水作为浸提剂提取土壤养分，预处理时土液比为 1∶1（60 g 土∶60 mL 去离子水），单样品制备时间约需 30 s，检测时间约为每个样品 60 s。电极在使用前需要进行系统标定。实验室人工标定实验中，pH 电极、钾电极和硝酸根电极的电势响应斜率分别为－56.1、－56.8 及 42.9 mV/decade，将电极嵌入车载式检测模

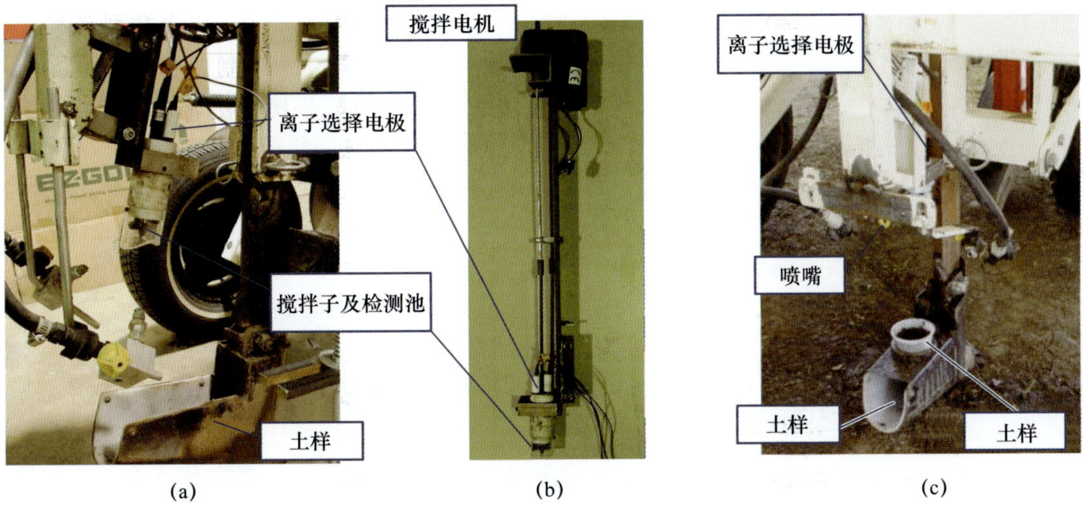

图 1.88 车载式土壤肥力实时检测平台[39]

(a) 车载检测装置;(b) 控制单元;(c) 采样器单元

块后 3 种电极检测灵敏度未发生较大改变,田间仿真测定结果表明 3 种电极的响应斜率依次变为 −58.5、−53.5 及 40.3 mV/decade;连续测定时,pH 电极检测结果的标准偏差约为 0.17,略大于实验室 0.05 的测定标准,但可基本满足田间速测的需要。钾离子选择电极的检测误差性能居中,变异系数为 5%,约高于实验室标准 5 倍,以测定样本的速效钾含量在 80 mg/kg 为例,此时钾离子选择电极的测定误差为 10 mg/kg 左右。由于车载检测系统集成了常规液膜硝酸根离子选择电极,其电势响应性能随时间将产生明显漂移,所以该系统的硝态氮田间测定精度较差,检测结果的变异系数达到 17%~27%,仍需通过更换电极或优化电势漂移补偿算法加以改善。

1.2.8 结束语

离子选择电极法在易用性、成本以及检测结果的鲁棒性方面表现出较大优势,具有样本前处理方法简单、不易受溶液颜色干扰、易仪器化、响应速度快等优点。但是由于不同土壤类型结构和内含物的物理化学特性复杂,电极测量存在背景噪声大、信息获取精度不高、易受环境参数干扰、性能易退化等问题,其推广应用受到制约。材料化学、分析化学技术的快速发展以及与传感器技术的融合,为解决上述瓶颈问题提供了新的方法思路,如能通过对离子选择性膜材料和制备方法的改进,从根本上解决离子选择电极在选择性、稳定性和灵敏性方面的不足,实现土壤主要肥力指标的可靠、快速、低成本检测,具有重大的现实意义。

1.3 土壤电导率检测技术研究

土壤电导率是反映植物生长环境的重要指标,有效获取土壤电导率值,对于确定各种田间参数时空分布的差异有重大意义,从而也为基于信息和知识的现代精细农业的普及推广打下基础[39]。

土壤电导率的测量大致可分为实验室测量和现场测量两大类，实验室测量首先要制备土壤浸提液，然后利用电极法测量土壤浸提液的电导率，利用土壤浸提液的测量值表征土壤电导率的变化。这种传统的实验室方法作为标准测量方法具有较高的精度，也是评价土壤电导率高低的基准，但测量过程繁琐，且耗费较长时间，实时性差，不能满足现代精细农业要求在短时间内完成大批量测量的要求[40-42]。

现场测量则主要是将地球物理勘探中的方法引入到了农田土壤测量中，主要有两种基本设计思路：接触式和非接触式。非接触式土壤电导率传感器利用电磁感应现象检测土壤电导率，接触式土壤电导率传感器则是一种电极式传感器，虽为接触测量但却不需要取样，基本不用扰动土体，而且在作物生长前和生长期间都可以设法实现实时测量，很适合现代精细农业的要求。

目前在国外已被推广使用的车载接触式土壤电导率测量设备的典型代表是美国 Veris Technology 公司生产的 Veris3100 车载电导率测试系统。该系统基于电流-电压四端原理设计，可以在较短的时间内测量大面积田地的电导率值。Veris3100 有 1 对恒流输出端、2 对电压检测端，即共有 6 个电极，可以同时对土壤的深层和浅层电导率进行测量。但它只适于大块田地使用，对于我国特有的不规则的小块农田不能发挥作用，而且它只能在作物种植前测量，在作物生长期机组无法下地，因此也就无法应用于温室、塑料大棚等设施农业中。

因此，针对不同的应用场合，研制开发了便携式土壤电导率实时分析仪[43-46]和车载式土壤电导率快速采集系统[47]。前者通过人为制备电导率不同的土壤样本，对开发的仪器进行性能试验研究和精度分析，优化仪器的结构参数，建立土壤电导率的实时分析模型，并对模型的实用性进行必要的分析。后者基于便携式土壤电导率研究，开发了采用六柱式电极传感器的车载式土壤电导率快速测量设备。便携式土壤电导率分析仪主要应用于温室、塑料大棚等设施农业中，车载式土壤电导率快速采集系统主要用于作物生长前和生长期的大块农田。

1.3.1 电流-电压四端法的测量原理

接触法测量的基本方法之一是电流-电压四端法，图 1.89 是这种方法的一种典型结构，测试系统包括两个电流端（J 和 K）和两个电压端（M 和 N），作为测量激励信号的恒定电流经过两个电流端流入大地，通过检测两个电压端的电势差，就可换算出介电材料（土壤）的电导率[48,49]。

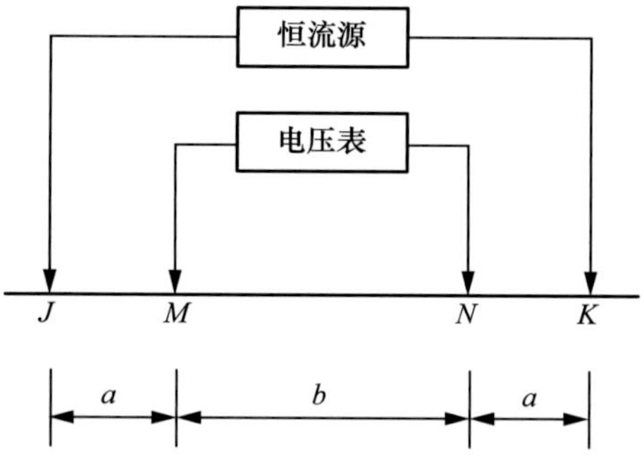

图 1.89 电流-电压四端法测量原理

对于大地这种长度与横截面积都不确定的复杂测量对象，有下述的计算公式：

$$\sigma=\frac{\left(\frac{1}{d_{JM}}-\frac{1}{d_{JN}}\right)-\left(\frac{1}{d_{KM}}-\frac{1}{d_{KN}}\right)}{2\pi}\frac{I}{V_{MN}}=k(a,b)/V_{MN} \tag{1.18}$$

式中：σ 为电导率，S/m；I 为恒流源提供的电流，A；V_{MN} 为在 M 和 N 端测得的电压降，V；$k(a,b)$ 为距离 d_{JM}、d_{JN}、d_{KM} 和 d_{KN} 的函数，m；$a=d_{JM}=d_{KN}$，$b=d_{MN}$。

1.3.2 便携式土壤电导率实时分析仪

基于电流-电压四端法原理开发的便携式土壤电导率实时分析仪的系统框图和传感器示意图如图 1.90 所示[45]。

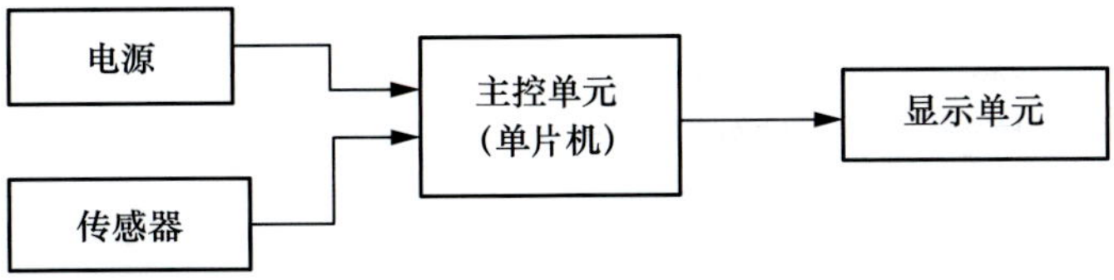

(a)

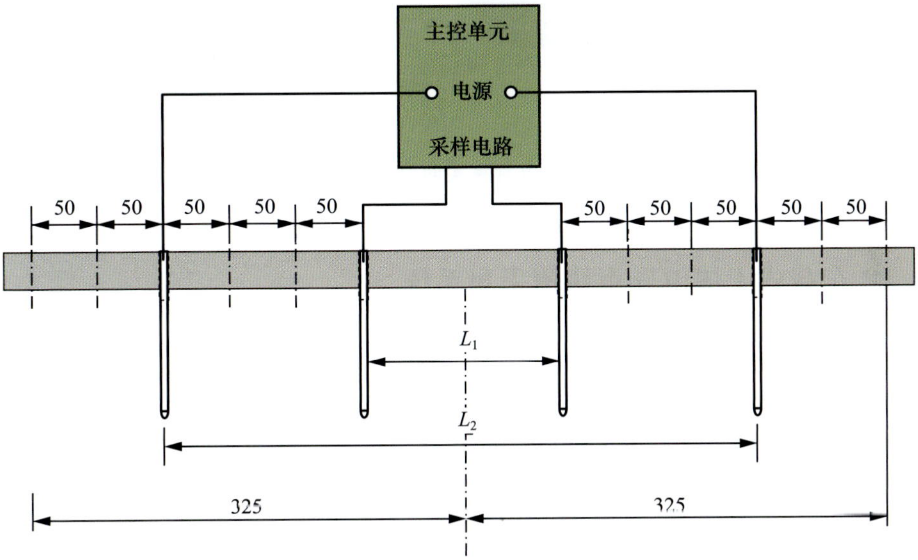

(b)

图 1.90 便携式土壤电导率实时分析仪(单位:mm)

(a) 分析仪硬件框图;(b) 传感器示意图

该仪器系统包括电源、主控单元、用来采集土壤电导率信息的传感器和用来实时显示测量结果的显示单元。

图 1.90(b)的传感器包含有 4 根探针和 1 根均匀开有若干个孔的绝缘棒,孔以绝缘棒的一半长度为中心对称分布,相邻孔的距离为 50 mm;外侧的 2 根探针连接在主控单元的电源端,向大地输入恒定电流,中间的 2 根探针连接至主控单元的采样电路,以采集表征土壤电导率的电压降信号。均匀分布的孔可以使仪器的结构参数可调,通过试验优化结构参数,寻找仪器最佳的工作状态。

传感器的结构设计适于各种农田状态(包括温室、塑料大棚和设施栽培等)的测量,即使当农作物已生长较高时,也可方便在垄间测量,以监测作物生长期间土壤电导率的变化。

便携式土壤电导率实时分析仪的外观设计充分体现了便携和方便操作的特点,尤其适用于温室数据采集。出于抗干扰性考虑,分析仪使用绝缘塑胶电缆来做传感器的电流线和电压

土壤中砂石较多，容易造成电极的损坏。铲式电极极尖锋利，极柱坚实，适宜在各种土质中稳定工作。电极深埋在土中，与土壤有更紧密的接触，可提高测量精度。并且整个电极采用分段设计思想，拆卸方便，如电极入土端遭到损坏，只需更换电极入土端即可。该系统在测量土壤电导率的同时还具有在作物生长中期进行除草、松土、间苗的中耕功能，这是以往电导率测量仪器都不具备的功能。

③与田间计算机的实时通讯能力。现有的土壤电导率测试仪通常不能实现和田间计算机的实时通讯。该系统采用国际通用的 CAN2.0B 通讯标准，将数据采集单元作为 CAN 智能节点，完成与田间计算机的数据可靠传输。

④USB 数据存储功能。该系统具备 USB 数据存储功能，可实现大量数据的快速存储。

⑤土壤电导率的实时、连续测量。该系统要解决的问题是在传统土壤电导率测量方法中存在的测量过程繁杂、实时性较差以及便携式土壤分析仪不能实现连续采样等问题。该系统通过传感器设计以及软硬件技术的开发，在工作过程中通过动力机械的牵引，可以实现农田土壤电导率的实时、连续测量。

由于铲式电极在电导率测量过程中还要兼具农田中耕的工作特点，电极入土较深，土壤扰动较大，对大地电信号的检测带来较大的影响。当农田中没有生长的作物时，圆盘式电极的土壤电导率测量系统使用更方便。因此，也开发了盘式电极土壤电导率测量系统，减弱其入土测量时的大地阻力，以期收到更好的测量效果。盘式电极边缘较为锋利，在工作中可深插入农田土壤中，保证电极与大地的紧密接触。盘式电极采集到的大地电信号通过电极两侧的电刷传送到测量系统的数据处理和采集单元，执行后续模数转换、显示及存储工作。盘式电极见图 1.94(a)，基于盘式电极的土壤电导率快速采集系统总成见图 1.94(b)。

(a) (b)

图 1.94 基于盘式电极的土壤电导率快速采集系统

(a) 盘式电极；(b) 系统总成

1.3.4 电导率测量系统试验研究[50]

土壤电导率是土壤的一种属性，它能够反映土壤传导电流的能力。尽管被测电极间的土壤电阻可以通过欧姆定律计算出来，但是，电流源在土壤中产生的电场是球状的，并且场强也不是定值，很难通过解析函数进行准确建模，为了找出输出电压信号与电导率之间的关系，就需要通过试验求出标定方程。试验研究主要由3个部分组成：首先，利用所开发的仪器对土样进行测量，记录传感器输出端的电压降；然后，对测量的土样进行采样，用电极法测量土壤浸提液的电导率作为建模和标定的依据；最后，建立仪器系统的测量模型并进行必要的性能分析。除了标定方程试验以外，还需要对稳幅交流电流源的稳定度、传感器的重复性、数据采集器进行试验与测量。

1.3.4.1 **稳幅交流电流源稳定度试验研究**

利用电流-电压四端法测量土壤电导率的技术难点与重点之一，就是要使得用做传感器激励源的稳幅交流电流源保持恒定。为了检测设计的稳幅交流电流源的稳定度，利用可变电阻模拟土壤阻抗进行试验。

在确定的电流下，调节负载电阻不断增大，直至激励源两端输出电压达到正弦信号失真的临界点(若正弦信号失真，则电流与电压不再工作在线性区)，并记录下一些中间过程点、起始点和临界点的电流值，计算出电流的稳定度误差。研究中设计的稳幅交流电流源是幅值可调节的，为了检测稳幅交流电流源的整体稳定度，选取了6组电流值进行试验。试验数据如表1.28所示。

表1.28 负载电阻在0 Ω至最大值变化时电流的变化

I_1/mA	U_1/V	I_2/mA	U_2/V	I_3/mA	U_3/V	I_4/mA	U_4/V	I_5/mA	U_5/V	I_6/mA	U_6/V
0.072	0	0.102	0	0.199	0	0.306	0	0.407	0	0.514	0
0.072	0.26	0.102	0.89	0.198	0.36	0.306	0.39	0.405	0.4	0.512	0.99
0.072	0.49	0.102	1.29	0.198	0.85	0.305	0.88	0.405	0.78	0.510	1.76
0.072	0.78	0.101	1.59	0.197	1.49	0.304	1.37	0.404	1.36	0.508	2.37
0.072	1.02	0.101	1.96	0.197	1.83	0.304	1.72	0.403	1.74	0.507	2.79
0.072	1.47	0.101	2.42	0.197	2.31	0.303	2.23	0.403	2.25	0.507	3.27
0.072	1.81	0.101	2.90	0.197	2.86	0.302	2.66	0.402	2.64	0.507	3.76
0.071	2.06	0.101	3.49	0.197	3.29	0.302	3.37	0.401	3.01	0.503	4.44
0.071	2.37	0.100	4.27	0.195	4.13	0.300	4.45	0.401	3.58	0.502	4.93
0.070	4.85	0.099	4.96	0.194	5.07	0.298	5.22	0.398	5.28	0.500	5.56

注：表中U_i代表不同幅值电流I_i时激励源两端(即负载电阻两端)的电压。

根据表1.28的试验数据，按式(1.19)求得各个电流值随负载电阻变化的情况，结果如表1.29所示。

$$r_i=\frac{I_{i\max}-I_{i\min}}{I_{i\max}}\times 100\% \tag{1.19}$$

表1.29 不同电流值的稳定度(1)

电流/mA	0.072	0.102	0.199	0.306	0.407	0.514
相对误差/%	2.85	2.94	2.51	2.61	2.21	2.80

在确定的电流下，调节负载电阻不断增大，直至激励源两端输出电压达到最大非失真电压的2/3，并记录下一些中间过程点、起始点和最大非失真电压2/3时的电流值，计算出电流的稳定度误差。选取了6组电流值进行试验，试验数据如表1.30所示。

表 1.30　负载电阻在 0 Ω 至最大值的 2/3 变化时电流的变化

I_1/mA	U_1/V	I_2/mA	U_2/V	I_3/mA	U_3/V	I_4/mA	U_4/V	I_5/mA	U_5/V	I_6/mA	U_6/V
0.072	0	0.102	0	0.199	0	0.306	0	0.407	0	0.514	0
0.072	0.26	0.102	0.89	0.198	0.36	0.306	0.39	0.405	0.40	0.512	0.99
0.072	0.49	0.102	1.29	0.198	0.85	0.305	0.88	0.405	0.78	0.510	1.76
0.072	0.78	0.101	1.59	0.197	1.49	0.304	1.37	0.404	1.36	0.508	2.37
0.072	1.02	0.101	1.96	0.197	1.83	0.304	1.72	0.403	1.74	0.507	2.79
0.072	1.47	0.101	2.42	0.197	2.31	0.303	2.23	0.403	2.25	0.507	3.27
0.072	1.81	0.101	2.90	0.197	2.86	0.302	2.66	0.402	2.64	0.507	3.76
0.071	3.23	0.101	3.30	0.197	3.38	0.302	3.52	0.401	3.48	0.507	3.71

注：表中 U_i 代表不同幅值电流 I_i 时激励源两端(即负载电阻两端)的电压。

根据表 1.30 的试验数据，按照式(1.19)求得各个电流值随负载电阻变化的情况，结果如表 1.31 所示。

表 1.31　不同电流值的稳定度(2)

电流/mA	0.072	0.102	0.199	0.306	0.407	0.514
相对误差/%	1.4	1.0	1.0	1.3	1.5	1.4

通过比较表 1.29 和表 1.31 可知，稳幅交流电流源随负载电阻的变化幅度≤3%；当输出电压在满量程的 2/3 内变化时，电流的稳定度可控制在 1.5%以内。以上数据说明稳幅交流电流源设计达到稳定性要求。

1.3.4.2　土壤电导率传感器的重复性试验

为了测定测量系统的重复性，在试验中选用的土壤样本均是容积含水率为 32.0%的壤土。含盐量由低到高方向，测量量程为 40.95 S/m 时，测得试验数据如表 1.32 所示，散点图如图 1.95 和图 1.96 所示。

表 1.32　土壤电导率重复性试验数据　　S/m

测量深度/cm		含盐量/%			
		0.2	0.5	0.8	1.1
内侧	4	1.496	5.387	8.978	20.20
	4	1.393	5.387	8.978	20.20
	8	1.584	6.215	11.54	26.93
	8	1.616	5.771	11.54	26.93
外侧	4	1.499	5.162	6.832	11.62
	4	1.434	4.555	6.453	11.62
	8	1.570	5.162	7.039	12.23
	8	1.559	4.555	7.039	12.91

由上面数据表格及图形得：

4 cm 时内侧的最大重复性误差 R_{max}=0.2%；

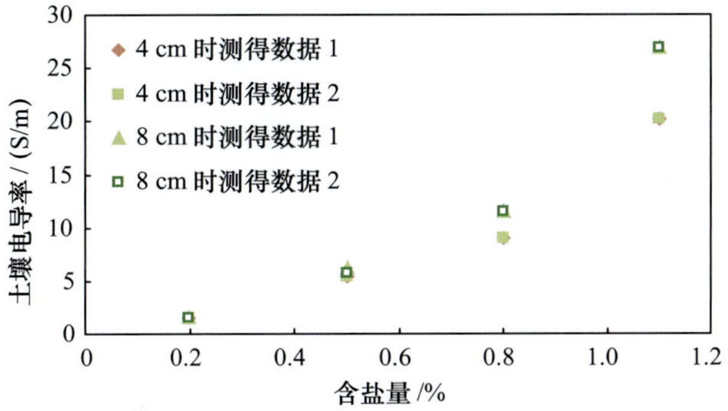

图 1.95 内侧电极重复性试验

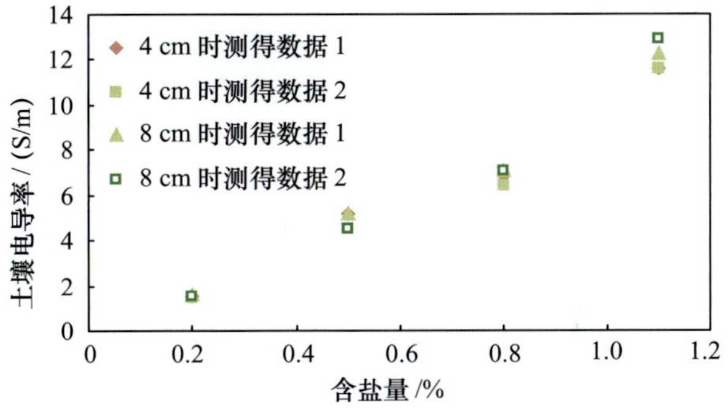

图 1.96 外侧电极重复性试验

8 cm 时内侧的最大重复性误差 $R_{max}=1.1\%$；

4 cm 时外侧的最大重复性误差 $R_{max}=1.5\%$；

8 cm 时外侧的最大重复性误差 $R_{max}=1.7\%$。

所以仪器的重复性误差小于 2%。

1.3.4.3 土壤电导率测量系统的测试研究

为了找出土壤电导率与探针插入土壤深度、含盐量、含水量、压实度之间的关系，以便更好地利用土壤电导率数据，在本试验中取了 4 组含盐量、5 组容积含水率(质量含水率与土壤压实度的综合参数)和 2 组测量深度。土壤电导率为利用溶液法标定的参考土壤电导率。测量的数据如表 1.33 至表 1.36 所示，散点图如图 1.97 至图 1.100 所示。

表 1.33 探针插入土壤 4 cm 时内侧土壤电导率的测量数据 S/m

容积含水率/%	含盐量/%			
	0.2	0.5	0.8	1.1
7.0	0.105 6	0.501 9	0.762 3	1.616
17.6	0.721 4	2.448	3.367	8.080
24.0	1.418	4.253	6.733	11.543
32.0	1.496	5.387	8.978	16.160
41.0	2.693	7.345	11.543	16.160

表 1.34　探针插入土壤 4 cm 时外侧土壤电导率的测量数据　S/m

容积含水率/%	含盐量/%			
	0.2	0.5	0.8	1.1
7.0	0.128 1	0.621 1	0.900 4	1.734
17.6	0.759 2	2.670	3.319	6.278
24.0	1.518	4.302	7.494	10.559
32.0	1.499	5.162	6.832	11.615
41.0	3.057	8.296	13.665	19.358

表 1.35　探针插入土壤 8 cm 时内侧土壤电导率的测量数据　S/m

容积含水率/%	含盐量/%			
	0.2	0.5	0.8	1.1
7.0	0.105 6	0.501 9	0.762 3	1.616
17.6	0.721 4	2.448	3.367	8.080
24.0	1.649	4.753	8.978	13.467
32.0	1.584	6.215	11.543	26.933
41.0	3.108	8.080	13.467	26.933

表 1.36　探针插入土壤 8 cm 时外侧土壤电导率的测量数据　S/m

容积含水率/%	含盐量/%			
	0.2	0.5	0.8	1.1
7.0	0.152 5	0.739 8	1.080	2.056
17.6	0.835 6	2.904	3.747	6.637
24.0	1.659	4.741	8.010	11.615
32.0	1.570	5.162	7.039	12.226
41.0	3.367	8.604	13.665	19.358

由图 1.97 和图 1.98 可以看到，在土壤容积含水率与探针入土深度相同的情况下，土壤含盐量越高，土壤电导率越大，并且从图上可以看出，土壤电导率与土壤含盐量存在明显的线性关系；在土壤含盐量与探针入土深度相同的情况下，土壤电导率随着土壤容积含水率的变大而

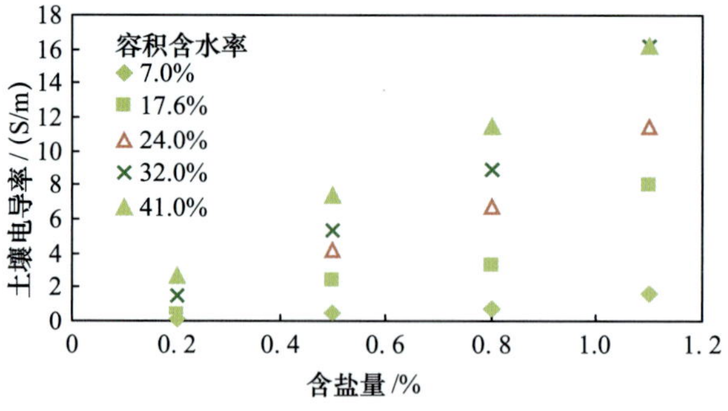

图 1.97　入土 4 cm 时不同容积含水率下内侧电导率与含盐量之间的关系

变小，当容积含水率大于32.0%时，土壤电导率几乎不随土壤容积含水率的变化而变化；在相同土壤含盐量与土壤容积含水率的情况下，探针入土越深，土壤电导率越大。

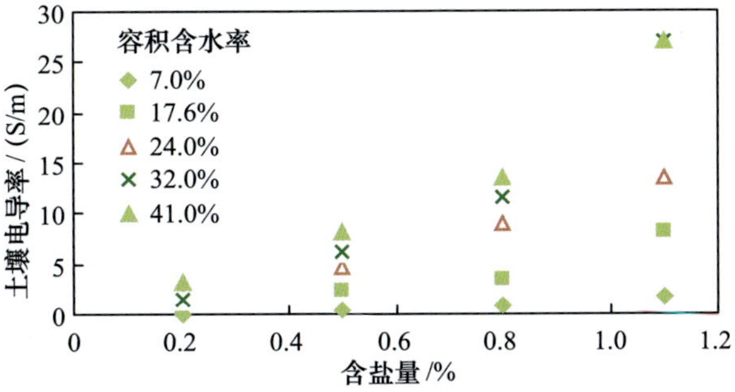

图1.98　入土8 cm时不同容积含水率下内侧电导率与含盐量之间的关系

由图1.99和图1.100可以看到，在土壤容积含水率与探针入土深度相同的情况下，土壤含盐量越高，土壤电导率越大，并且从图上可以看出，土壤电导率与土壤含盐量存在明显的线性关系；在土壤含盐量与探针入土深度相同的情况下，土壤电导率总体上随着土壤容积含水率变大而变大，而土壤电导率值在土壤容积含水率为24.0%（容重为1.2 g/cm^3）与32.0%（容重为1.6 g/cm^3）时相差不大，这可能是由于外侧土壤电导率受质量含水率影响而不受容积含

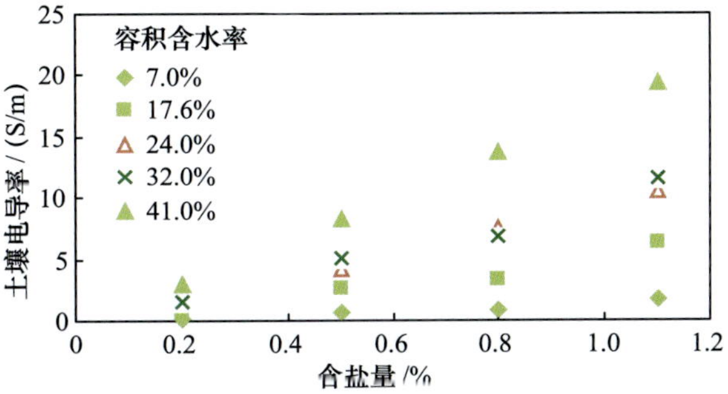

图1.99　入土4 cm时不同容积含水率下外测电导率与含盐量之间的关系

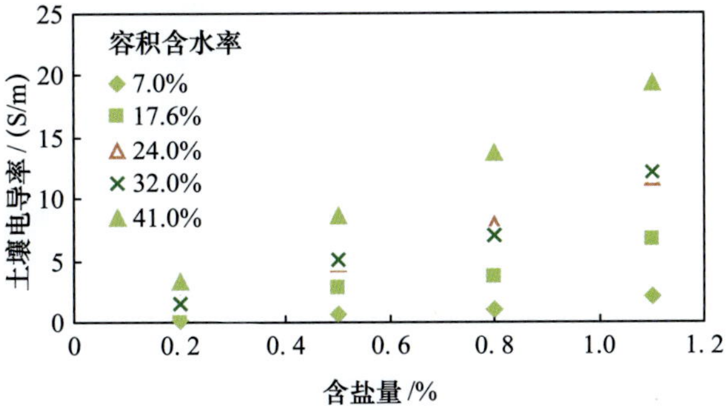

图1.100　入土8 cm时不同容积含水率下外测电导率与含盐量之间的关系

水率的影响，土壤容积含水率为 24.0%与 32.0%的土壤样本质量含水率相同；在相同土壤含盐量与土壤质量含水率的情况下，探针不同入土深度的土壤电导率差异不大。

除此之外，还研究了土壤电导率与土壤氮素含量的关系。作物具有吸收同化无机氮化物的能力，因此，除存在于土壤中的少量可溶性含氮有机物如尿素、氨基酸、酰胺等外，作物从土壤中吸收的氮素主要是铵盐和硝酸盐，即铵态氮和硝态氮。因此观察土壤无机氮与土壤电导率的关系更有价值。土壤胶体一般带负电荷，铵根离子会吸附在土壤表面，而硝酸根离子处于游离状态容易被淋洗。土壤电导率与盐分离子的总量有关，所以观测土壤电导率与氮离子的关系应该有足够长的变化范围。本试验制作了 6 个样本，大约变化梯度为 20 mg/kg，观测范围在 0～110 mg/kg 之间。使用紫外分光光度法测量土壤铵态氮，土壤电导率使用便携式土壤电导率分析仪测得。试验中测得的土壤电导率值与铵态氮的数值如表 1.37 所示，拟合曲线见图 1.101。

表 1.37　土壤电导率值随铵态氮含量变化的测量数据

加入硝酸铵量/g	铵态氮含量/(mg/kg)	电导率/(μS/cm)	含水率/%
0	11.91	156.27	14.43
4	29.04	161.12	14.89
8	43.99	226.74	14.70
12	57.66	227.30	15.07
16	78.91	296.65	15.46
20	104.50	323.63	15.12

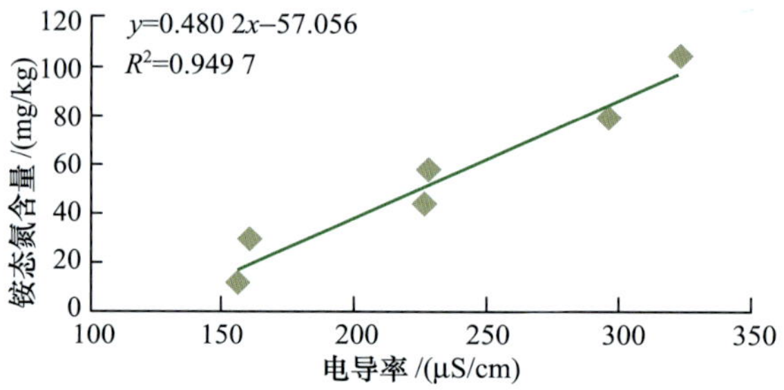

图 1.101　土壤电导率与铵态氮含量的关系

可以看出，在水分保持 15%基本不变的情况下，土壤电导率与土壤铵态氮含量呈很好的相关性。在土壤电导率低于 156 μS/cm 的情况下，土壤氮素含量偏低；电导率 156～164 μS/cm 时，氮素含量适中；电导率在 164 μS/cm 以上时，氮素含量偏高。

由上面的分析可以得出以下结论：

①在相同土壤容积含水率与相同土壤含盐量的情况下，内侧土壤电导率受探针入土深度影响，并且探针入土越深电导率越大；外侧土壤电导率与探针入土深度无关。这就是在设计土壤电导率测量系统时需要考虑限定探针入土深度的原因。

②在相同土壤含盐量与相同探针入土深度情况下，在容积含水率达到 32.0%以后，内侧土壤电导率主要受土壤含盐量影响，而受水分变化影响比较小。此结论可以用于预测土壤含盐量。

③在相同土壤容积含水率与相同探针入土深度情况下，内侧土壤电导率与土壤含盐量存在明显的线性关系。

④在相同土壤含盐量与相同探针入土深度的情况下，外侧土壤电导率可能受土壤质量含水率的影响，而与压实度无关，并且土壤电导率随质量含水率的增大而增大。在相同质量含水率与相同探针入土深度情况下，外侧土壤电导率与土壤含盐量存在明显的线性关系。结合水分传感器可以将传统四针土壤电导率检测系统预测盐分的范围扩展到土壤容积含水率小于32.0%的土壤。

⑤土壤电导率与土壤铵态氮含量间具有较好的相关性，通过模型分析研究认为，土壤电导率在一定范围内能够预测土壤铵态氮含量，为后续的土壤变量施肥提供参考。

参考文献

[1] 郑立华. 基于光谱学的土壤参数快速分析方法研究：博士学位论文. 北京：中国农业大学，2008.

[2] 郑立华，李民赞，安晓飞，等. 基于近红外光谱和支持向量机的土壤参数预测. 农业工程学报，2010，26(增刊 2)：81-87.

[3] 郑立华，李民赞，潘娈，等. 基于近红外光谱技术的土壤参数 BP 神经网络预测. 光谱学与光谱分析. 2008，28(5)：1160-1164.

[4] 商淑培，王亚利，洪爱俊，等. 利用近红外光谱技术建立土壤水分含量定标方程. 光谱实验室，2011，28(4)：1603-1609.

[5] 孙建英，李民赞，郑立华. 基于近红外光谱的北方潮土土壤参数实时分析 . 光谱学与光谱分析，2006，26(3)：426-429.

[6] 何挺，王静，程烨，等. 土壤水分光谱特征研究. 土壤学报，2006，43(6)：1027-1035.

[7] 潘娈. 基于光谱学原理的土壤有机质测定仪的开发：硕士学位论文. 北京：中国农业大学，2008.

[8] Bowers S, Hanks R. Reflection of radiant energy from soils. Soil Sci, 1965, 100: 130-138.

[9] Al-Abbas A H, Swain P H, Baumgardner M F. Relating organic matter and clay content to the multispectral radiance of soil. Soil Sci, 1972, 114: 477-485.

[10] Krishnan P, Alexander J, Butler B. Reflectance technique for predicting soil organic matter. Soil Sci Soc Am J, 1980, 44: 1282-1285.

[11] Dalal R C, Henry R J. Simultaneous determination of moisture, organic carbon and total nitrogen by near infrared reflectance spectroscopy. Soil Sci Soc Am J, 1986, 50: 120-123.

[12] Morra M J, Hall M H, Freebom L L. Carbon and nitrogen analysis of soil fractions using near-infrared reflectance spectroscopy. Soil Sci Soc Am J, 1991, 55: 288-291.

[13] Ben-Dor E, Banin A. Near-infrared analysis as a rapid method to simultaneously evaluate several soil properties. Soil Sci Soc Am J, 1995, 59: 364-372.

[14] Sudduth K, Hummel J. Soil organic matter, CEC and moisture sensing with a portable NIR spectrophotometer. Transactions of the ASAE, 1993, 36(1): 185-193.

[15] Reeves Ⅲ J B, McCarty G W, Meisinger J J. Near infrared reflectance spectroscopy for the analysis of agricultural soils. Journal of Near Infrared Spectroscopy, 1999(7): 179-193.

[16] Reeves Ⅲ J B, McCarty G W. Quantitative analysis of agricultural soils using near infrared reflectance spectroscopy and fibre-optic probe. Journal of Near Infrared Spectroscopy, 2001, 9: 25-34.

[17] Hummel J, Sudduth K, Hollinger S. Soil moisture and organic matter prediction of surface and subsurface soil using an NIR soil. Computers and Electronics in Agriculture, 2001, 32: 149-165.

[18] 孙建英. 基于近红外光谱的土壤养分快速分析与传感技术基础研究:硕士学位论文. 北京:中国农业大学, 2006.

[19] An Xiaofei, Li Minzan, Zheng Lihua. A portable soil nitrogen detector based on NIRS technology. The fourth Asian Conference of Precision Agriculture, 2011.

[20] An Xiaofei, Li Minzan, Zheng Lihua. Estimation of soil total nitrogen and soil moisture based on NIRS technology. Computer and Computering Technologies in Agriculture, 2011: 639-648.

[21] 张淼. 基于电化学原理的土壤硝态氮快速检测技术研究:博士学位论文. 北京:中国农业大学, 2009: 15-58, 68-75.

[22] 朱兆良, 孙波, 杨林章, 等. 我国农业面源污染的控制政策和措施. 科技导报, 2005, 23(4): 47-51.

[23] 杜连凤, 吴琼, 赵同科, 等. 北京市郊典型农田施肥研究与分析. 中国土壤与肥料, 2009, 3(1): 75-78.

[24] Ammann D. Ion-Selective Microelectrodes: Principles, Design and Application. Berlin: Springer-Verlag, 1986: 152-204.

[25] Kim H J. Ion-selective electrodes for simultaneous real-time analysis of soil macronutrients. Missouri: University of Missouri-Columbia, 2006: 67-71.

[26] 林建涵. 基于电化学原理的土壤养分快速检测方法与系统集成研究. 北京:中国农业大学, 2007: 20-31, 70-83.

[27] 张丽楠. 多通道土壤养分快速采集信号分析处理器的研究与开发:硕士学位论文. 北京:中国农业大学, 2011, 37-42.

[28] Richard S H, Leonidas G B. Nitrate selective electrode developed by electrochemically mediated imprinting doping of polypyrrole. Analytical Chemistry, 1995, 10(67): 1654-1660.

[29] Whitcombe M J, Vulsfon E N. Imprinted polymers. Advanced Materials, 2001, 13(7): 467-478.

[30] 白由路，杨俐苹，金继运．测土配方施肥原理与实践．北京：中国农业出版社，2007.

[31] Yoshio U, Kayoko U, Hotoshi S. Selectivity coefficients for ion-selective electrodes: Recommended methods for reporting values. Pure and Applied Chemistry, 1995, 67(3): 507-518.

[32] Arnold M A, Glazier S A. Selectivity of membrane electrodes based on derivatives of dibenzyltin dichloride. Analytical Chemistry, 1991, 63(8): 754-759.

[33] Xiao Dan, Yuan Hongyan, Li Jun, et al. Surface-modified cobalt-based sensor as a phosphate-sensitive electrode. Anal Chem, 1995, 67: 288-291.

[34] Kim H J, Hummer J W, Sudduth K A, et al.. Simultaneous analysis of soil macronutrients using ion-selective electrodes. Soil Science Society of America Journal, 2007, 71(6): 1867-1877.

[35] Ping Jianfeng, Wang Yixian, Wu Jian, et al. Development of an all-solid-state potassium ion-selective electrode using grapheme as the solid contact transducer. Electrochemistry communications. (In Press)

[36] Zhang Miao, Simon Ang, Wang Maohua, et al. An automatic fluidic system for the rapid detection of soil nutrients // Proceedings of the IEEE International Conference on Automation and Logistics, 2008: 2742-2746.

[37] Adamchuk V I, Lund E D, Sethuramasamyraja B, et al. Direct measurement of soil chemical properties on-the-go using ion-selective electrodes. Computers and Electronics in Agriculture, 2005, 48(3): 272-294.

[38] Sethuramasamyraja B, Adamchuk V I, Dobermann A, et al. Agitated soil measurement method for integrated on-the-go mapping of soil pH, potassium and nitrate contents. Computers and Electronics in Agriculture, 2008, 60(2): 212-225.

[39] 汪懋华．"精细农业"发展与工程技术创新．农业工程学报，1999，15(1)：1-8.

[40] 孙宇瑞．非饱和土壤介电特性测量理论与方法的研究：博士学位论文．北京：中国农业大学，2000.

[41] 冯磊．基于驻波原理的土壤水分测量技术的研究：硕士学位论文．北京：中国农业大学，2005.

[42] 刘广明，杨劲松．土壤含盐量与土壤电导率及水分含量关系的实验研究．土壤通报，2001，32(50)：85-87.

[43] 孔德秀．便携式土壤电导率测试系统改进设计及性能试验：硕士学位论文．北京：中国农业大学，2006.

[44] 王琦，李民赞，汪懋华．便携式土壤电导率测试系统的开发．中国农业大学学报，2003，8(4)：20-23.

[45] 李民赞，王琦，汪懋华．一种土壤电导率实时分析仪的试验研究．农业工程学报，2004，20(1)：51-55.

[46] 张俊宁，李民赞，孔德秀，等．基于"电流-电压四端法"的温室栽培基质电导率测量．吉林

大学学报(工学版),2007,37(2):484-488.

[47] 邹奇章,李民赞,张俊宁,等. 车载土壤电导率测量系统的开发//中国农业工程学会2005年学术年会论文集第三分册. 2005:288-291.

[48] 孙宇瑞,汪懋华. 一种土壤电导率测量方法的数学建模与实验研究. 农业工程学报,2001,17(2):20-23.

[49] 孙宇瑞. 土壤含水率和盐分对土壤电导率的影响. 中国农业大学学报,2000,5(4):39-41.

[50] 邹奇章. 车载式土壤电导率测量系统的开发:硕士学位论文. 北京:中国农业大学,2006.

第2章 基于光谱学原理的作物营养状态检测与诊断技术

农作物长势即作物生长的状况和趋势，通常可以用植株个体或群体的特征来描述，由发育健壮的个体所构成的合理的群体被称为长势良好的作物区。对作物长势的监测可以为田间管理提供及时的信息，并为作物早期产量估计提供依据。

在农业领域，多种与作物生长紧密相关的生物参数被用于描述作物长势，如：作物营养水平，包括叶绿素含量、氮素含量、作物水分含量等；植株形态参数，包括叶面积、株高、覆盖率等。对各种表征作物长势的参数进行监测，是实现精细农业管理的基础。

传统作物营养状态的监测，主要依赖于农民在长期农业生产过程中积累的经验作出判断。依据某种营养元素缺乏或过量可能引起的植物叶片和植株颜色等外观变化进行判别，指导施肥决策。如：作物缺氮时，生长缓慢，植株呈浅绿，叶片萎黄，干燥时呈褐色；作物缺钾时，老叶沿边缘黄化，严重时叶边缘呈灼烧状，且叶脉间失绿；作物缺磷时，叶片及植株颜色变深，逐渐呈红色或紫色斑块。此外，作物缺硫、镁、铁等元素时，叶片也表征各不相同的叶片失绿、逐渐黄化的特征。因此，作物营养状态的田间诊断主要采用外观观测法，包括症状观察诊断法、肥料窗口观测法和叶色卡比对法。其中，肥料窗口观测法是在作物种植区域预留窗口区域进行营养胁迫，通过对比大田和窗口区域的缺素症状，指导田间施肥。叶色卡比对法基于作物不同程度缺氮的外在颜色特征与不同深度的色卡比较进行分级判别，实现半定量化的施肥指导。但由于田间作物生长同时受多种因素的影响，基于经验进行观测的方法受观察者经验认知和评价标准差异的局限，容易出现误判或晚判，影响田间管理决策。

现代化学试验手段对作物叶片、叶鞘、茎秆或整个植株进行分析，可提取作物中某种营养成分的浓度，从而实现相应元素丰缺水平的判别。采用化学方法测定作物营养元素，测定结果准确、重现性好，为常规的检测手段。但由于需要采样测量，试验过程操作繁复，试剂消耗及时间消耗大，因而无法满足快速、简便、无损的田间作物长势检测的要求。

随着计算机技术、先进传感器技术的发展，对田间作物长势信息的快速获取成为可能。光谱分析技术、遥感影像技术、数字图像处理技术、植物电信号检测等手段可以无破坏性地获取作物生长信息，分析作物营养状态。上述技术均被广泛地应用于作物生长监测研究中，并已开发出相关的作物营养快速获取传感系统。本章介绍作物营养状态的光谱学诊断方法和作物营养诊断传感技术两个方面的研究进展。

2.1 作物营养状态的光谱学诊断方法

2.1.1 作物营养状态的光谱学诊断原理

应用光谱技术诊断作物营养水平，主要基于植被的反射光谱特征。叶片中的叶肉细胞、叶绿素、水分和其他生物化学成分对光线的吸收和反射而形成植被反射光谱曲线，其形态和特征表现了该植物表面粒子结构、粒子尺度、粒子光学性质、入射光波长等参数特性。图 2.1[1] 为典型的绿色植物反射光谱，在可见光区域(400～700 nm)，植物叶的反射和透射都很低，存在两个吸收谷和一个反射峰，分别在 450 nm 的蓝光、650 nm 的红光和 550 nm 的绿光处。吸收谷是由于色素的强烈吸收造成的。在短波近红外区(700～1 300 nm)呈强烈反射，因为叶肉内的海绵组织结构内有很多大反射表面的空腔，且细胞内的叶绿素呈水溶胶状态，具有强烈的红外反射。在 1 300～2 600 nm 的红外区有 3 个吸收谷，即 1 450、1 950 和 2 600 nm 处的水分吸收带。

由于作物叶片中叶绿素含量与氮含量之间呈正相关，相关研究针对作物叶绿素、氮素含量的检测展开[2,3]。作物营养状态的检测通常基于冠层反射光谱展开，研究主要对大田和温室环境下不同作物、不同生长期、不同营养胁迫和气象影响等条件下的光谱特征展开。本章将以典型窄行大田作物冬小麦、典型宽行大田作物玉米和温室番茄为例，介绍作物叶绿素、氮素含量的光谱学诊断方法，包括光谱数据的预处理、光谱检测参数的提取和作物营养状态诊断模型，以及开发的基于光谱学原理的便携式和车载式作物冠层分析仪[4-6]。

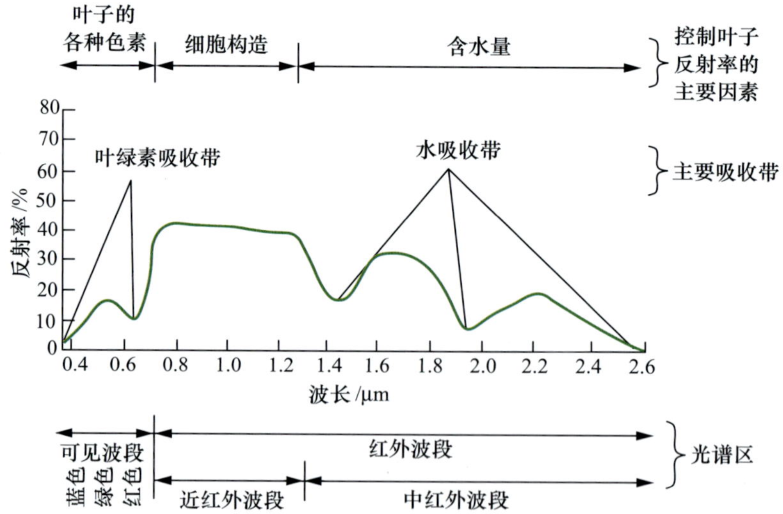

图 2.1 绿色植物典型光谱响应特性

2.1.2 作物营养状态诊断的光谱数据处理方法

应用近红外光谱对作物营养含量进行定量分析，一般包括：①建立校正模型，②模型精度评价，③模型验证。建模时，需要一定数量的校正集样品，精确地测量其化学成分如作物叶绿素含量、氮素含量等目标特性，作为分析值。

应用光谱数据进行定量分析的数据处理流程包括：

（1）光谱数据预处理　建模之前，为了降低由各种原因引起的光谱的畸变，需要进行光谱数据的预处理。常用方法有 Kubelka-Munk 变换、平滑、微分、正规化、附加散射校正（MSF）等，此外还有主成分分析、傅里叶变换分析、小波分析等。

（2）光谱检测参数提取　应用光谱数据预处理结果建立检测模型，需要获取有针对性的检测参数，剔除冗余数据，简化预测模型。通常光谱检测参数的提取主要通过相关分析和光谱特征点确定敏感波长，或基于敏感检测波段构建植被指数来获取。

（3）建立模型　应用光谱数据预处理结果与分析值进行统计分析，建立光谱数据和目标特性分析值之间的数学关系式，是以数据处理为核心的建模过程。有代表性的线性建模方法包括一元线性回归（simple linear regression，SLR）、多元线性回归（multiple linear regression，MLR）、偏最小二乘回归（partial least square regression，PLSR）等。此外，非线性建模方法有人工神经网络（artificial neural network，ANN）、支持向量机（support vector machine，SVM）等。

（4）模型精度评价　为了评价所建模型对未知试样的预测精度，应用预测集样本进行检验，计算模型预测误差。当预测精度达不到要求时，对标定方程进行修正。

综上所述，采集作物叶片或冠层反射光谱检测作物长势，对其营养含量建立预测模型的数据处理流程如图 2.2 所示。

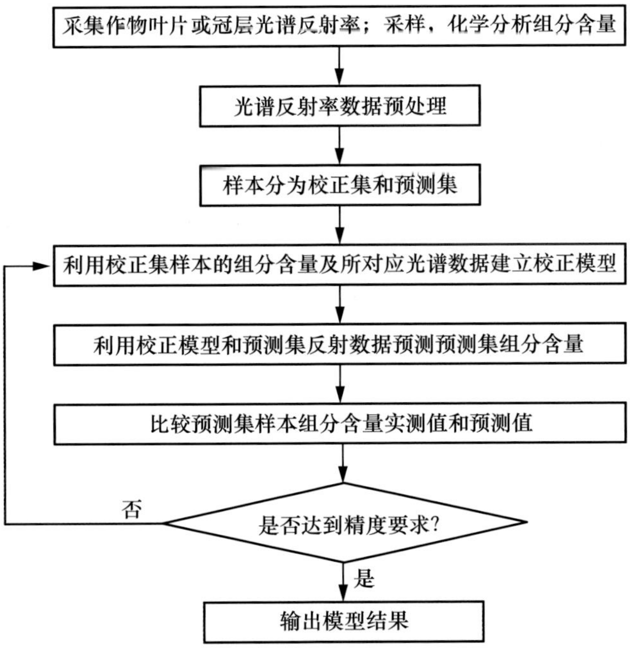

图 2.2　光谱数据处理流程

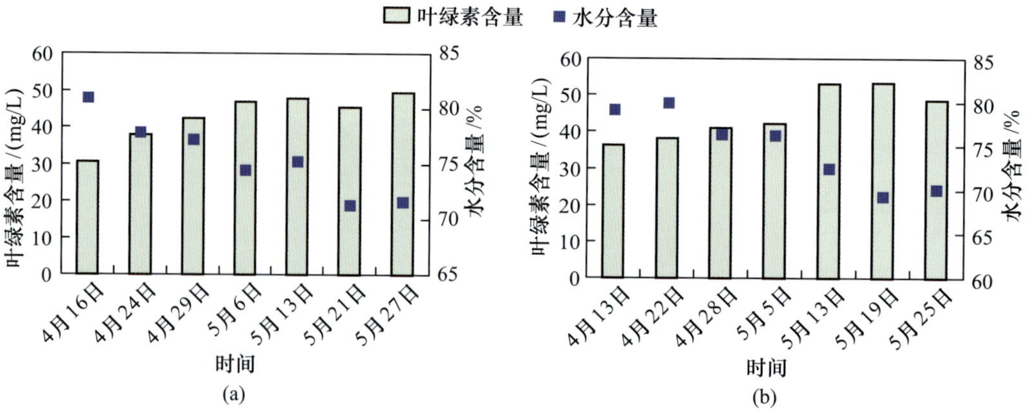

图 2.6　不同生长期冬小麦叶绿素和水分含量变化趋势

(a) 2008 年;(b) 2009 年

53.14 mg/L,并在灌浆期略有升高后,于乳熟期降低为 48.66 mg/L。对比两年叶绿素含量发现,2009 年数据略高于 2008 年数据,分析其原因可能与田间氮肥累积作用相关。此外,2009 年冬小麦返青-拔节期气温波动较大,延缓了冬小麦的发育进程,因此导致了作物生长期内叶绿素含量变化趋势与 2008 年有差异。

2.2.2.2　冠层反射光谱变化特征

以 2008 年数据为例,分析不同生长期冬小麦冠层反射光谱变化特征,如图 2.7 所示,图中曲线分别为拔节期(G1)、孕穗期(G2)、扬花期(G3)、灌浆期(G4)和乳熟期(G5)的反射光谱。图 2.7(a)所示可见光区(400～700 nm)冠层反射光谱随生长期先降低而后升高,以孕穗期反射率最低,随后反射率又增高,并且在绿光波段 550 nm 处形成反射峰。分析可知,小麦从拔节期开始,随着生长期的推进,小麦群体光合能力不断增强,可见光区的吸收逐渐增强,反射率逐渐减小,而后随着扬花期后冠层的变黄反射率有所上升。近红外区反射光谱对作物叶片内部组织结构、外观形态等较为敏感。观察发现,近红外区反射率不仅随生长期变化,也受到田间病虫害的影响。因此在近红外区 (700～1 000 nm),如图 2.7(b)所示,由拔节期至孕穗期反射率降低,然后开始上升,扬花期上升至最高点后,灌浆期又开始降低,直至乳熟期降至最低。分析原因知,谷粒灌浆时作物冠层中高叶绿素含量的叶片成分减少,麦芒等在冠层中占有的比例增加,使得近红外区反射率下降。同时小麦遭受的病虫侵害特征在这一时期会明显表现出来,也会导致反射率下降。2009 年不同生长期冬小麦冠层反射光谱变化与上述特征类似。

综合分析冬小麦各个生长期总体样本的光谱反射率曲线,总结如下:

①可见光区,绿峰直观表征了作物叶片的颜色特征,体现了冠层叶绿素含量水平;

②植被在红光波段内吸收强烈,而在近红外波段反射强烈,使得光谱反射率在红光向近红外过渡区(680～750 nm)内呈陡峭上升,随着生长阶段的推进以及叶绿素含量水平的变化,其曲线斜率变化明显,其“红边”拐点波长在 720～740 nm 分布;

③近红外区内受水分吸收的作用,在 780、920、950 nm 附近均存在明显的水分吸收谷。

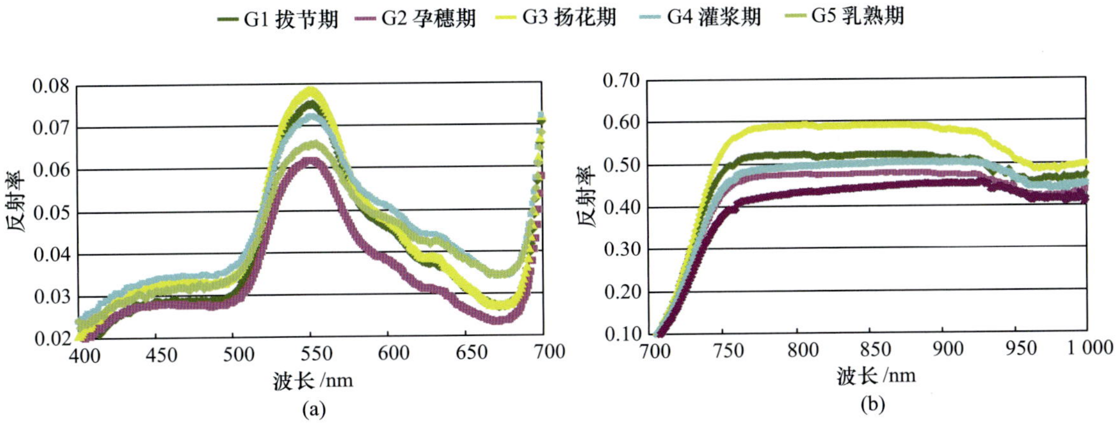

图 2.7　2008 年冬小麦生长期冠层反射光谱曲线

(a) 可见光区；(b) 近红外区

综上所述，连续监测冠层反射光谱，光谱特征随着冬小麦的生长存在明显的变化。同时，对作物叶绿素和水分含量的变化也可以进行分析。因此，进一步讨论基于冠层反射光谱的冬小麦叶绿素和水分含量检测是可行的。

2.2.3　基于小波分析的光谱数据预处理

小波分析作为一种信号时频分析技术，已经在各类信号压缩、信号降噪处理和奇异信号检测中得到了应用。小波降噪的实现主要包括：①小波分解：选择小波函数和分解的最高层次，计算信号 $A_0(f)$ 在各层的小波系数。②设定阈值：确定阈值设定方法，对各层小波或小波包系数采用阈值方法处理。③信号重构：对小波分析，如式(2.2)所示利用最高层(n)的近似小波系数和第 1 到第 n 层的各层细节系数重构信号；对小波包分析，如式(2.3)所示利用第 N 层各节点的小波包数据进行重构[7]。

$$A_0(f)=a_nQ(f)+d_1P_1(f)+d_2P_2(f)+\cdots+d_nP_n(f) \tag{2.2}$$

$$A_0(f)=a_1Q_1(f)+a_2Q_2(f)+\cdots+a_nQ_n(f)+d_1P_1(f)+d_2P_2(f)+\cdots+d_nP_n(f) \tag{2.3}$$

式中：a_i 为第 i 层小波近似系数；d_i 为第 i 层小波细节系数。

冬小麦冠层原始反射光谱曲线如图 2.8 所示。通过比较 haar、sym4、db4 和 bior2.4 四种常用小波基函数对原始光谱进行处理的结果[8]，选取了 db4 小波基函数进行分解。基于 db4 小波基函数，冬小麦冠层光谱在 1～8 层分解下的重构系数如图 2.9 所示。可以看到，光谱曲线 1～4 层分解的细节系数波动幅度均较小；而当分解层数为 5 层时，细节系数波动幅度增加，且明显可以看出突变信号的存在，它对应了光谱反射率突变或激增的大致位置，同时近似系数平滑性较

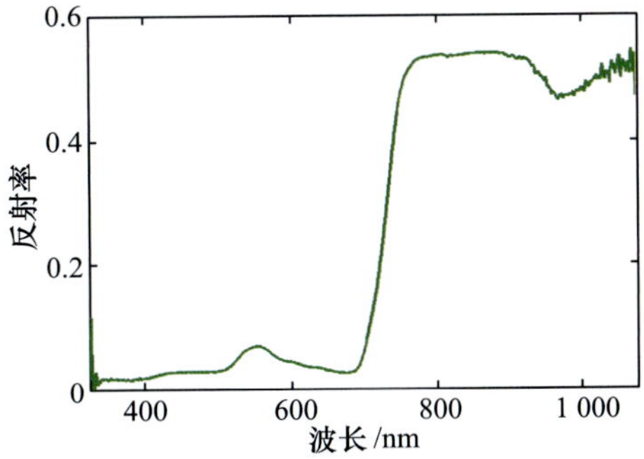

图 2.8　冬小麦冠层原始反射光谱

好；当分解层数大于 5 时，近似系数与原始冠层反射光谱曲线相比，发生了严重的畸变，无法有效近似表征原始光谱信号的特征。因此，选取分解层数为 5 层进行光谱分解。

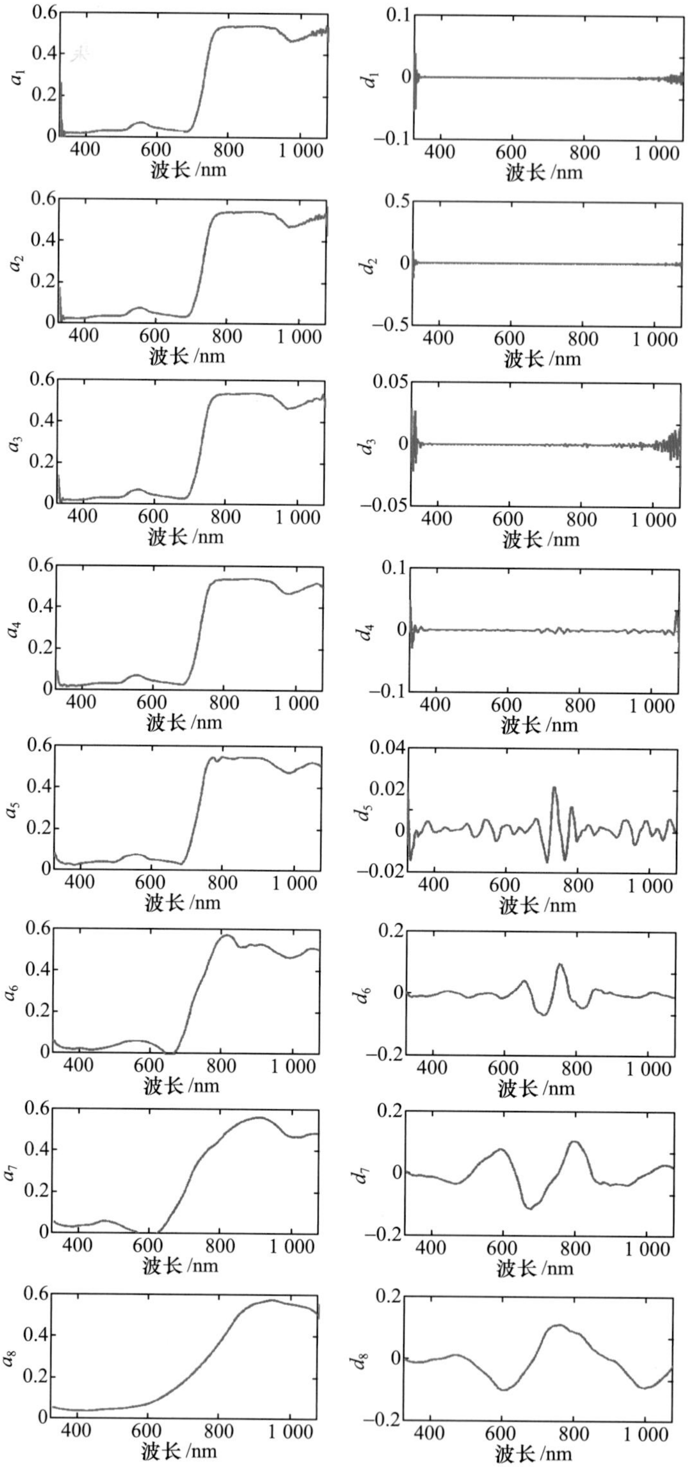

图 2.9　db4 小波分解结果

讨论不同阈值设定方法如给定阈值法、强制降噪、默认阈值法可知：①给定阈值降噪结果[2.10(a)]和强制降噪结果[2.10(b)]相似，在可见光区内有效保持了原始光谱特征，但在780 nm 附近放大了细节信号，信号失真；②默认阈值降噪[图 2.10(c)]整体上较好地保持了原始光谱的特征，并保留了部分细节信息，取得了较好的数据降噪效果；③采用默认阈值算法，反射光谱曲线在 325 nm 附近和 1 000 nm 之后仍保存了部分波动细节。

进一步引入小波包分析降噪算法，应用 db4 小波进行 5 层分解，采用默认阈值处理进行光谱降噪的结果如图 2.10(d)所示。基于小波包默认阈值处理的冬小麦冠层重构反射光谱曲线，完全消除了 325 nm 附近和 1 000 nm 之后的光谱波动，但同时也过多地去除了水分的吸收谷细节。

综上所述，最终选取 db4 小波基函数进行 5 层分解，并应用默认阈值处理算法对冬小麦冠层反射光谱进行降噪处理，其结果既去除了噪声光谱波动，又保持了原始光谱的变化特征和有效的细节信息，是理想的平滑结果。

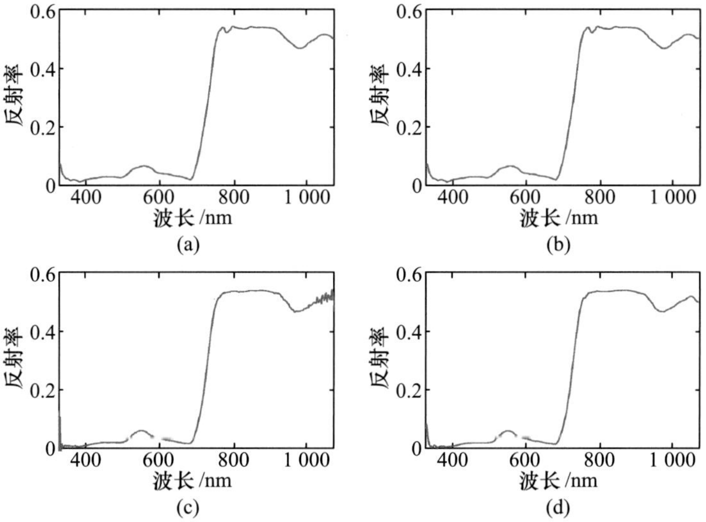

图 2.10　基于 db4 的小波降噪重构光谱曲线

(a) 小波给定阈值降噪；(b) 小波强制阈值降噪；(c) 小波默认阈值降噪；(d) 小波包默认阈值降噪

2.2.4　基于冠层反射光谱的冬小麦叶绿素含量线性预测模型

2.2.4.1　冬小麦冠层光谱反射率与叶绿素含量的相关性分析

冬小麦由拔节到抽穗前是其生长速度最快、生物量生长最大的时期，其叶、茎、穗等器官同时发育，叶面积及茎、穗的长度和体积成倍或成几十倍地增长，干物质积累也进入迅速增长阶段。此阶段是进行拔节施肥、水分管理、冻后补救等田间管理的关键时期[9]。因此，对冬小麦拔节期和孕穗期的冠层反射率与其叶绿素含量重点展开研究。

进行冬小麦拔节期、孕穗期和扬花期的冠层反射光谱与叶绿素含量单相关分析，结果表明：①冬小麦拔节期和孕穗期冠层光谱反射率与叶绿素含量呈正相关关系，扬花期冠层光谱反射率与叶绿素含量呈负相关关系；②在可见光波段(400～700 nm)，拔节期相关系数低于孕穗期，而进入近红外波段(700～1 000 nm)则与之相反；③在冬小麦的生长期，在可见光波段的550 nm 附近光谱反射率与叶绿素含量相关系数达最大，且孕穗期 552 nm 处相关系数达 0.89。

冬小麦各生长期冠层光谱反射率与叶绿素含量呈上述变化的主要原因是：①冬小麦抽穗后，冠层反射光谱受麦芒的影响较大，故反射光谱与叶片叶绿素的相关性下降；②可见光波段的植物反射光谱主要受叶绿素的影响，近红外光谱则受植物结构的影响较大，故而可见光波段冠层光谱可以很好地体现冬小麦不同生长期叶绿素含量的变化，近红外区则体现不同生长期不同形态结构的变化；③可见光区 550 nm 处有叶绿素的反射峰，故而在 550 nm 左右光谱反射率与叶绿素含量有较高的相关性。

2.2.4.2 基于“红边”的叶绿素含量预测模型

单片叶子的波谱从蓝光到绿光过渡的拐点对应的波长(λ_{blue})称为“蓝边”，它是 490～550 nm 之间反射率一阶微分最大值的位置。从以 680 nm 为中心的反射率极小值过渡到从800 nm 开始的反射峰的拐点对应的波长(λ_{red})称为“红边”，即反射率对波长的二次微分为零的点。光谱在红边处的一阶微分值可用于描述红边的斜率。由于红边的变动与叶子内部的物理状态密切相关，任何原因引起近红外反射峰的降低，均会引起红边位置的迁移。所以蓝边和红边参数对是表述植被色素状态和健康状况的重要指示波段，是植物曲线最明显的特征之一。

试验采集的叶片和冠层的光谱反射率是离散数据，对离散变量的一阶微分光谱可用式(2.4)计算：

$$f'(x_i)=\frac{1}{6h}(-11x_i+18x_{i-1}-9x_{i-2}+2x_{i-3}) \tag{2.4}$$

式中：x_i 为第 i 个波长处的原始光谱反射率数据；$f'(x_i)$为第 i 个波长处的光谱一阶微分数据；h 为差分时的步长。

一元线性回归是分析自变量与因变量之间线性关系的方法，也是最简单的检测模型。冬小麦冠层反射光谱一阶微分的分析结果表明，冬小麦冠层反射光谱蓝边拐点波长在 527 nm 附近，红边拐点波长在 725～734 nm 范围波动。因此，针对冬小麦光谱的“红边”位置展开研究。由于冬小麦叶绿素含量值分布较为集中，因此将 60 个采样点划分为 6 个样区，各样区内 10 个点取平均值作为样区数据。由冬小麦冠层反射光谱一阶微分确定红边拐点波长位置。表 2.2 为冬小麦拔节期和孕穗期反射光谱红边拐点波长与相应的叶绿素含量值[10]。

表 2.2 冬小麦拔节期和孕穗期冠层反射光谱红边拐点位置与相应叶绿素含量

生长期	参　数	样区编号					
		1	2	3	4	5	6
拔节期	红边拐点波长/nm	726	736	732	731	734	730
	叶绿素含量/(mg/L)	35.90	39.33	38.79	37.53	38.80	37.11
孕穗期	红边拐点波长/nm	727	728	729	734	732	733
	叶绿素含量/(mg/L)	44.47	46.17	47.12	47.75	47.40	47.53

以反射光谱红边拐点波长位置为自变量 x，叶绿素含量为因变量 y，线性回归结果如式(2.5)和式(2.6)所示：

冬小麦拔节期　　$y=0.36x-226.10$　　(2.5)

冬小麦孕穗期　　$y=0.37x-222.44$　　(2.6)

冬小麦拔节期和孕穗期红边拐点波长和叶绿素含量的建模测定系数 R^2 分别达 0.92 和 0.73。研究结果表明：①拔节期冬小麦冠层反射光谱主要反映冠层叶片信息，而孕穗期由于麦穗结构信息的加入，冠层反射光谱对叶绿素含量的解析能力降低；②上述分析结果不仅与红边拐点的波长位置和叶片样本的叶绿素浓度正相关的理论相符合，同时说明基于光谱变化特征对冬小麦生长期叶绿素的含量进行监测是可行的。尽管上述分析获取了较高的建模测定系数，但建模数据集较少，其普适性尚待验证。此外由于田间营养水平偏高，叶片叶绿素含量较高，光谱红边特征可能因为光谱吸收饱和而降低其解析能力，因此，有必要引入基于冬小麦特征波长的多元线性回归、偏最小二乘回归和支持向量机算法进行研究。

2.2.4.3 基于多元线性回归(MLR)的叶绿素含量预测模型

冬小麦营养成分的冠层反射光谱特征波长的确定依据为：冬小麦冠层反射光谱峰谷特征波长，反射光谱与营养含量间的相关分析结果以及蓝边和红边位置。依据上述分析结果选取 450、527、552、640、680 和 732 nm 6 个波长处的反射率作为自变量，用于冬小麦叶绿素含量检测。研究中，多元线性方程使用 Excel XP 来完成，F 检验和 t 检验的检验水平 α 均取 0.05。

分析样本数据，去除 4 个异常样本点，从中选取 30 个样本进行建模，另外选取 15 个样本进行模型验证。基于上述特征波长，研究分别应用冬小麦冠层原始反射光谱数据和小波降噪后平滑数据对冬小麦拔节期和孕穗期进行了建模分析。

冬小麦拔节期，基于原始光谱和小波降噪光谱的 MLR 模型分别如式(2.7)和式(2.8)所示：

$$y=35.29+802.40x_{450}-1\,674.61x_{527}+1\,891.10x_{552}-1\,162.79x_{640}-480.62x_{680}+21.66x_{732} \tag{2.7}$$

$$y=37.47+1\,268.76x_{450}-1\,992.64x_{527}+1\,888.21x_{552}-1\,242.28x_{640}-393.25x_{680}+24.05x_{732} \tag{2.8}$$

式中：y 为叶绿素含量；x_i 为 i 波长处的光谱反射率值。基于原始光谱的叶绿素含量 MLR 预测模型结果如图 2.11(a)所示，建模 R^2 为 0.53，模型的 F 显著性检验值为 0.003 5，模型验证 R^2 为 0.44；基于小波降噪光谱的叶绿素含量 MLR 预测模型结果如图 2.11(b)所示，建模 R^2 为 0.54，模型的 F 显著性检验值为 0.002 5，模型验证 R^2 为 0.48。

冬小麦孕穗期，基于原始光谱和小波降噪光谱的 MLR 模型分别如式(2.9)和式(2.10)所示：

$$y=41.71+716.69x_{450}-810.93x_{527}-159.57x_{552}+2\,810.16x_{640}-2\,094.91x_{680}-12.65x_{732} \tag{2.9}$$

$$y=40.04+610.74x_{450}-916.03x_{527}-305.77x_{552}+4\,172.82x_{640}-3\,024.97x_{680}-17.59x_{732} \tag{2.10}$$

式中：y 为叶绿素含量；x_i 为 i 波长处的光谱反射率值。基于原始光谱的叶绿素含量 MLR 预测结果如图 2.12(a)所示，建模 R^2 为 0.42，模型的 F 显著性检验值为 0.028，模型验证 R^2 为 0.37；基于小波降噪光谱的叶绿素含量 MLR 预测模型结果如图 2.12(b)所示，建模 R^2 为 0.45，模型的 F 显著性检验值为 0.017，模型验证 R^2 为 0.38。

上述研究结果表明：①基于 MLR 模型的叶绿素含量实测值与预测值间存在线性关系；②应用冠层反射光谱特征波长建立 MLR 检测模型，其拔节期检测结果优于孕穗期；③比较小波降噪处理光谱与原始反射光谱建模结果可知，小波降噪平滑光谱可以提高冬小麦叶绿素含量预测模型的预测精度。

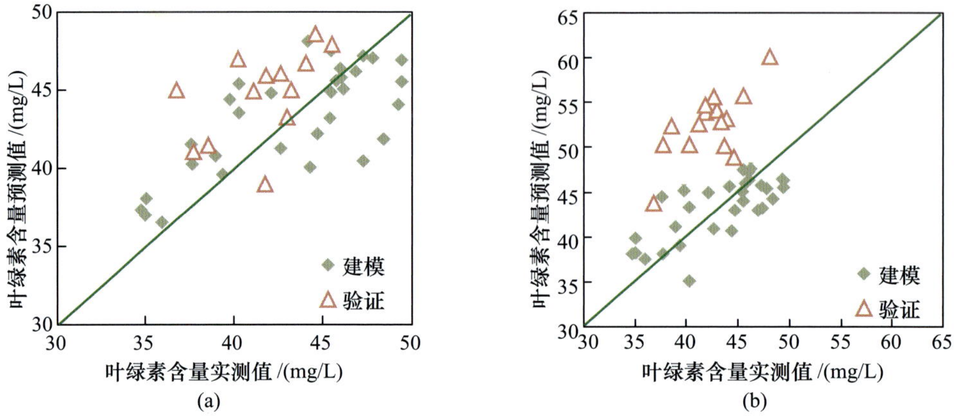

图 2.11　冬小麦拔节期叶绿素含量 MLR 预测模型结果

(a) 基于原始光谱；(b) 基于降噪光谱

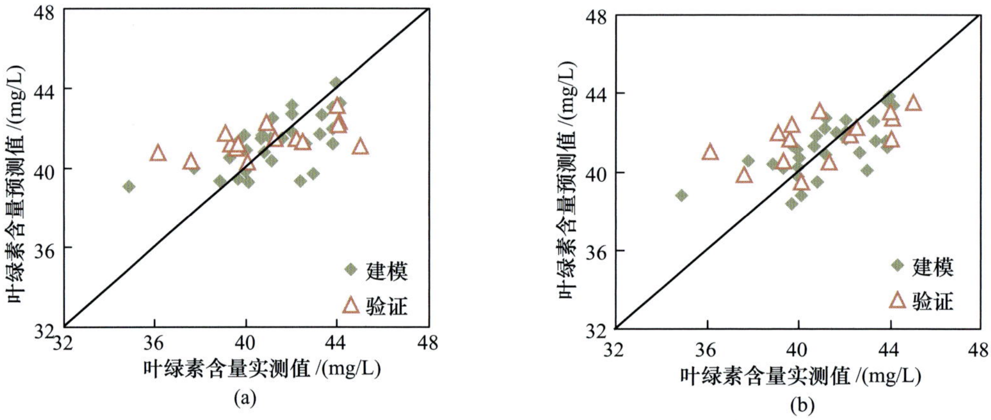

图 2.12　冬小麦孕穗期叶绿素含量 MLR 预测模型结果

(a) 基于原始光谱；(b) 基于降噪光谱

2.2.4.4　基于偏最小二乘回归算法(PLSR)的叶绿素含量预测模型

模型继续采用 450、527、552、640、680 和 732 nm 6 个特征波长，分别选取不同的主成分数，对冬小麦的关键生长期(拔节期和孕穗期)进行了建模分析。PLSR 在 Matlab7.0 开发平台上编程实现。PLSR 模型结果如表 2.3 所示。

研究结果表明：①对小麦拔节期，增加主成分数可以提高模型的预测精度，当选取 5 个主成分数时，基于 PLSR 的叶绿素含量预测模型预测 R^2 达 0.53，模型验证 R^2 达 0.46；②冬小麦孕穗期，模型预测精度并未随主成分数的增加而提高，当主成分数为 3 时，其预测模型 R^2 达最高 0.46，模型验证 R^2 为 0.40。分析其原因可能与不同生长期冬小麦生理特征直接相关，冬小麦拔节期冠层光谱主要反映叶片叶绿素含量特征；而进入孕穗期，冠层光谱可能包含了孕穗和麦芒变化的生理特征，导致其对叶绿素含量的解析能力下降。

表 2.3　基于特征波长的叶绿素含量 PLSR 模型参数

生长期	主成分数	截距	回归系数			预测 R^2	验证 R^2
拔节期	5	21.863 5	249.966 4	−1 229.688 2	777.444 9	0.53	0.46
			−466.308 2	173.659 3	136.290 3		
	4	16.905 0	519.819 9	−1 308.081 3	683.866 6	0.25	0.30
			−196.503 7	413.577 5	108.360 3		
	3	17.891 5	580.400 1	−462.179 3	731.370 8	0.28	0.27
			−306.409 8	−950.446 2	81.406 9		
	2	25.814 0	340.591 1	−45.060 1	243.850 7	0.06	0.01
			280.189 1	−4.621 7	−45.396 9		
孕穗期	5	31.353 0	−178.114 4	−436.782 5	−99.566 4	0.27	0.13
			1 215.455 9	−196.064 6	30.171 8		
	4	40.456 9	−79.149 2	−190.583 8	64.333 9	0.31	0.37
			1 084.499 7	−399.149 9	−54.316 2		
	3	40.489 6	537.534 3	−127.977 5	−53.332 7	0.46	0.40
			334.435 1	−254.615 8	−23.799 6		
	2	40.984 9	235.083 1	−57.858 8	−58.169 6	0.20	0.14
			177.341 9	247.994 1	−35.720 2		

比较 MLR 和 PLSR 模型在冬小麦拔节期和孕穗期的叶绿素含量预测结果可知，PLSR 较 MLR 预测模型的预测精度并无显著改善，但其模型验证精度有所提高。

2.2.5　基于支持向量机的叶绿素含量非线性预测模型

支持向量机（SVM）是建立在结构风险最小化原则和 VC 维（Vapnik-Chervonenkis dimension）概念基础上的小样本统计学习理论。它以核函数为基础，具有小样本学习能力强和模型推广性好的优点，且对非线性函数具有较强的拟合和逼近能力[11,12]，因此，这里引入 SVM 算法建立冬小麦叶绿素含量的预测模型，建模基本流程如图 2.13 所示。

支持向量机运算的核心是采用核函数映射将非线性问题转化为线性问题，使得数据在隐性特征空间中运算获取较高的数据分类或回归结果[13]。在目前较为常见的 4 种核函数——线性核函数、多项式（ploy）核函数，径向基（RBF）核函数和 Sigmoid 核函数中，RBF 核函数具有参数较少、计算范围较小且回归精度高的优点[14]，在本研究中予以采用。对 RBF 核函数而言，其优选参数包括惩罚参数 C、核参数 γ 和损失参数 ε。其中，C 为正则化参数，它对模型的复杂度和训练误差取折中，以获取较好的模型推广能力；γ 反映样本数据的分布或范围特性，它确定了局部邻域的宽度。由于 C 和 γ 对模型的预测效果影响较大，因此这两个参数的确定

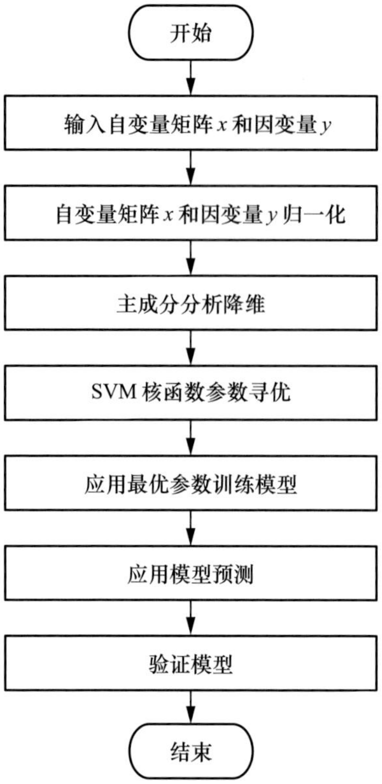

图 2.13　基于支持向量机的预测模型算法实现流程

是应用支持向量机建立高精度预测模型的关键。本研究分别应用网格遍历法和遗传算法，对支持向量机 RBF 核函数的 C 和 γ 参数在［0，1 000］范围内进行了寻优运算。

网格法即建立 C、γ 和误差参数 mse 的三维坐标，在设定寻优空间［0，1 000］内，分别以步长 0.8、0.8 和 0.06 循环运算，直到满足寻优空间条件后结束。训练误差最小的点即为 RBF 核函数 C 和 γ 的最优值。

遗传算法是建立在自然选择和群体遗传学机理基础之上的求解算法。它模拟自然界生物体从低级到高级的进化过程，由初始种群出发，采用适者生存的法则选择个体，通过交叉、变异来产生下一代种群，如此逐代进化，直到满足期望的条件[15,16]。应用遗传算法对 C 和 γ 参数寻优，设定最大进化代数为 500，种群最大数量为 100，参数寻优空间为［0，1 000］，算法通过调用英国谢菲尔德（Sheffield）大学遗传算法工具箱 GATBX（Genetic Algorithm Optimization Toolbox）在 Matlab7.0 中运行实现。

应用参数寻优结果，随机选取了 30 个样本用于建立预测模型，另外 15 个样本用于验证模型，分别对冬小麦拔节期和孕穗期建立了基于 SVM 的叶绿素含量预测模型。其中 SVM 建模算法调用 Libsvm（LIBSVM-farutoUltimateVersion）软件包函数在 Matlab7.0 中运行实现。RBF 核函数参数寻优结果和 SVM 叶绿素含量预测结果如表 2.4 所示。

表 2.4　支持向量机核函数参数寻优结果及冬小麦叶绿素含量预测模型结果

生长期	寻优方法	C	γ	预测 R^2	验证 R^2
拔节期	网格遍历法	0.50	64.00	0.82	0.51
	遗传算法	0.63	71.06	0.85	0.53
孕穗期	网格遍历法	0.71	45.25	0.70	0.47
	遗传算法	0.68	51.85	0.71	0.49

冬小麦拔节期基于网格法和遗传算法确定的参数所建立的叶绿素含量预测模型和模型验证结果如图 2.14 所示，孕穗期基于网格算法和遗传算法确定的参数所建立的叶绿素含量预测模型和模型验证结果如图 2.15 所示。

上述研究结果表明：①基于网格法和遗传算法的支持向量机 RBF 核函数寻优结果，均可建立精度较高的预测模型，其预测 R^2 高于 0.70，验证 R^2 高于 0.47；②基于遗传算法确定的 C 和 γ 所建立的 SVM 冬小麦叶绿素含量检测模型的预测精度和验证精度均高于网格法所确定的 C 和 γ 所建立的预测模型；③冬小麦拔节期叶绿素含量 SVM 模型的预测和验证精度均高

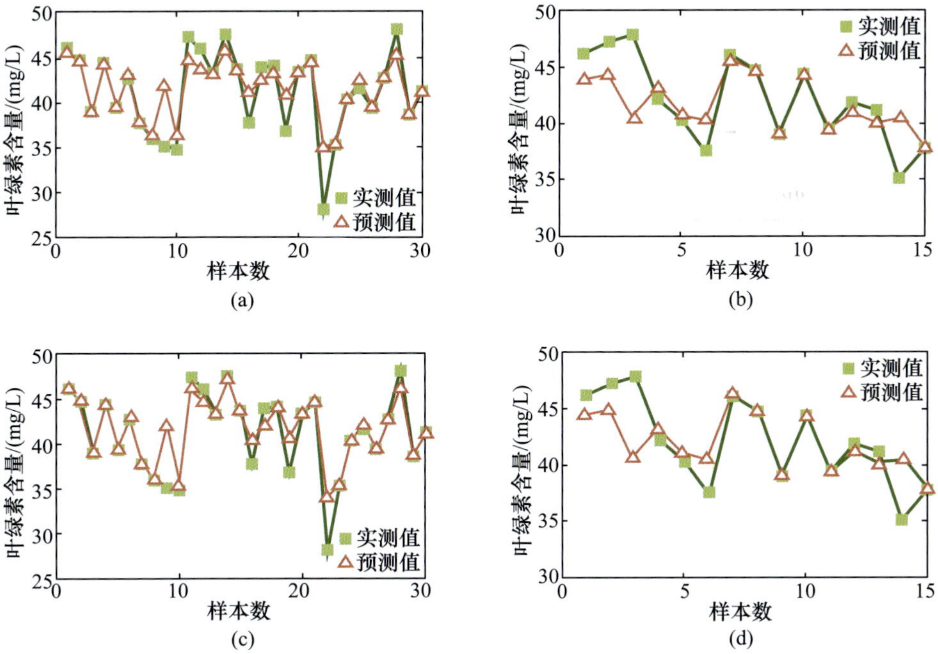

图 2.14 冬小麦拔节期叶绿素含量 SVM 预测模型结果

(a) 网格法,预测结果;(b) 网格法,验证结果;(c) 遗传算法,预测结果;(d) 遗传算法,验证结果

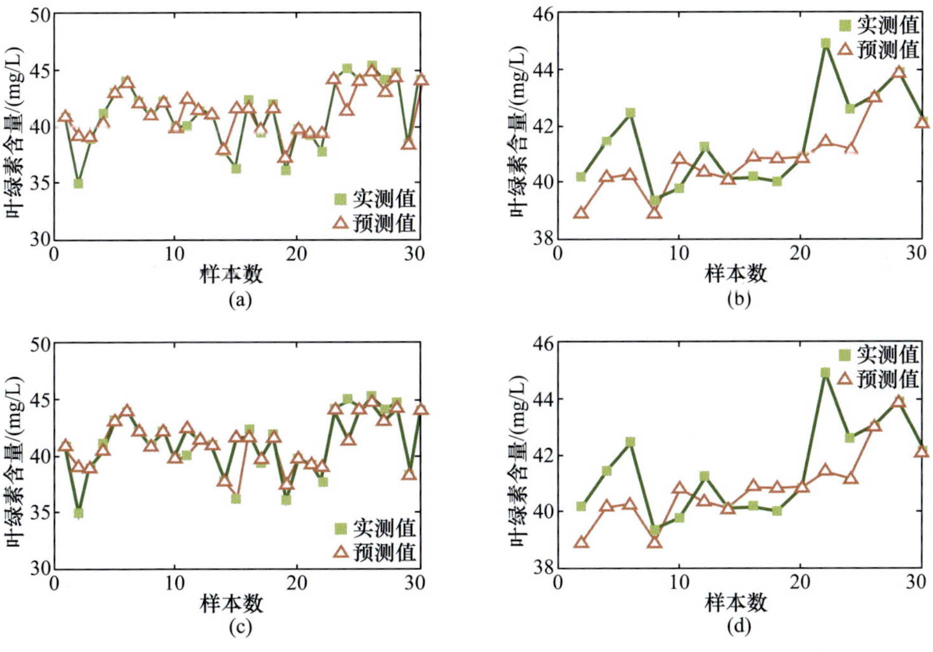

图 2.15 冬小麦孕穗期叶绿素含量 SVM 预测模型结果

(a) 网格法,预测结果;(b) 网格法,验证结果;(c) 遗传算法,预测结果;(d) 遗传算法,验证结果

于孕穗期，预测 R^2 高达 0.85，验证 R^2 达 0.53；④比较冬小麦叶绿素含量 MLR、PLSR 和 SVM 预测模型可知，基于 SVM 的非线性模型预测精度和验证精度均远高于前两种线性模型，进一步说明作物营养含量受各种环境因素、营养成分光谱信息混叠等影响，非线性模型更能体现其检测的复杂性，对其实际水平进行预测。

2.3 玉米氮素含量检测

2.3.1 材料与方法

试验于 2009 年 4—8 月在中国农业大学上庄试验站进行。试验采用中国农业大学培育的农大 108 玉米，于当年 4 月 25—27 日进行施肥、播种。试验同时对田间氮肥和钾肥进行调控，依照控制氮（N）的水平 N0、N1、N2 和钾（K）水平 K0、K1、K2 划分为 27 个小区，每个小区内设两个采样点。图 2.16 所示为玉米田间小区划分示意图，田间施肥管理如表 2.5 所示。

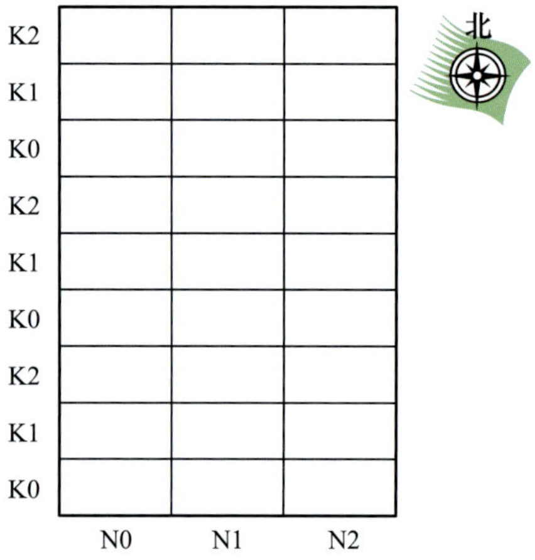

图 2.16 玉米试验田间小区划分示意图

玉米于 5 月 9 日前后出苗，试验分别于玉米苗期（G1）、拔节期（G2）、喇叭口期（G3）、开花吐丝期（抽雄期，G4）和灌浆期（G5）进行，主要采集玉米冠层反射光谱及玉米叶片氮素含量值。冠层反射光谱仍采用 ASD FieldSpec HH 便携式光谱辐射仪测量，测量的波长范围为 325～1 075 nm，光谱分辨率 1 nm。玉米叶片氮素含量检测采用瑞典福斯（FOSS）Kjeltec™2300 全自动凯氏定氮仪完成，如图 2.17 所示。

表 2.5 玉米田间试验施肥水平 kg/hm²

肥料水平	氮肥（尿素）	钾肥（K_2SO_4）
偏低	0(N0)	0(K0)
正常	315(N1)	215(K1)
偏高	650(N2)	500(K2)

玉米叶片氮素含量检测应用试剂包括浓硫酸、催化剂（K_2SO_4、$CuSO_4 \cdot 5H_2O$）、氢氧化钠、硼酸、标准酸（0.1 mol/L 盐酸）、甲基红、溴甲酚绿、乙醇等。试验主要准备过程如下：①将采集的新鲜玉米叶片样本烘干后研磨粉碎，称取 0.4 g 作为测试样本；②将 K_2SO_4 和 $CuSO_4 \cdot 5H_2O$ 以 30∶1 的比例混合作为催化剂；③将测试样本与 6.2 g 催化剂混合后，加入 12 mL 浓硫酸，在 420℃高温下消化 2 h 后冷却；④设定仪器相关检测参数，进行蒸馏。然后，凯氏定氮仪将按照稀释、试剂加入、蒸馏、滴定、废液处理、计算的顺序依次进行，最终显示测试样本氮素含量。

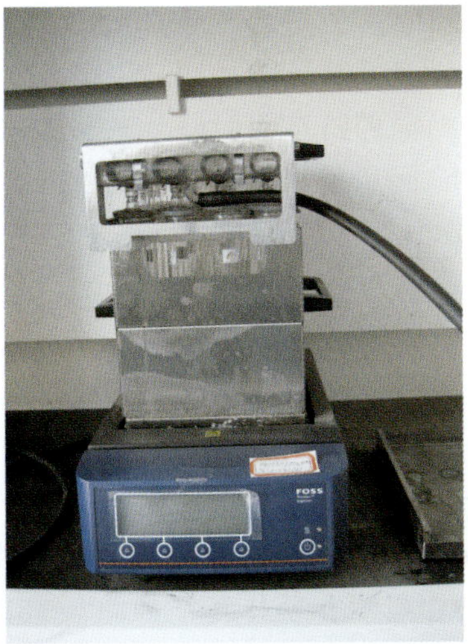

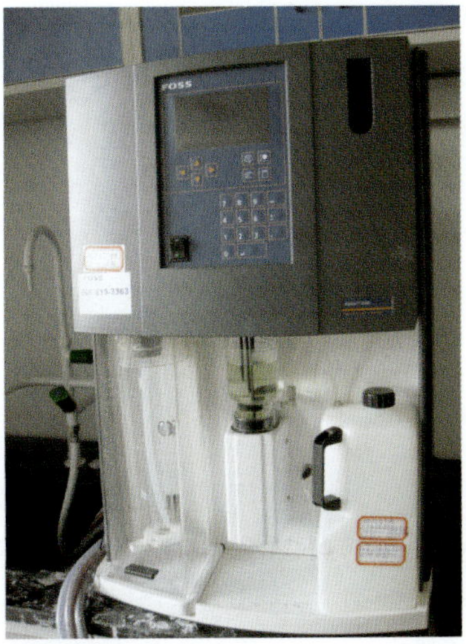

(a) (b)

图 2.17 玉米叶片氮素含量测定仪

(a) 消化炉；(b) 凯氏定氮仪

2.3.2 基于小波分析的光谱数据预处理

由于近红外反射光谱仪受本身的误差、光导纤维探头所遇到的具体观察面的局部特殊性等外界因素的影响，得到的光谱数据存在噪声，在扫描刚刚开始以及扫描即将结束时，噪声更加明显；此外，受传感器拼接等因素的限制，数据在拼接点的不连续会导致光谱曲线中尖锐波动的出现，产生严重噪声信息。如图 2.18 所示，玉米冠层原始反射光谱含有大量噪声信息。研究资料和冬小麦试验数据分析结果表明，采用小波分析技术对光谱数据的预处理能够提高光谱定量分析组成成分的能力，并可提高模型的预测能力[17,18]。因此，本研究采用小波降噪算法对玉米冠层叶片反射光谱数据进行了预处理。

通过比较 haar、sym4、db4 和 bior2.4 四种常用小波基函数在 1～8 层分解下的光谱曲线，研究选取了 db4 小波基函数进行分析。由于玉米冠层叶片反射光谱在近红外区域(750～1 075 nm)内细节信息较多，噪声信号混叠导致光谱曲线波动较大，当其分解层数大于 4 时，细节系数幅值明显增大，其近似系数平滑性降低，因此采用 4 层分解对玉米冠层反射光谱进行小波降噪处理。应用默认阈值法，对小波和小波包分析的玉米光谱曲线降噪结果分别如图 2.19(a)、(b)所示。

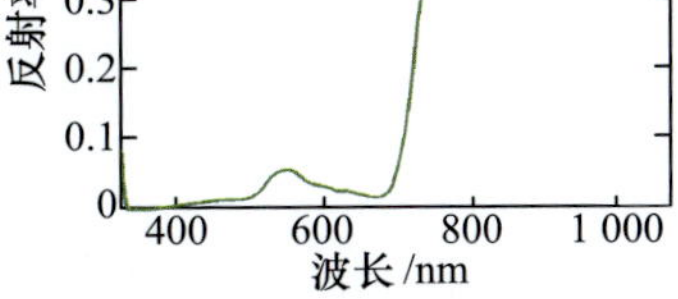

图 2.18 玉米冠层原始反射光谱

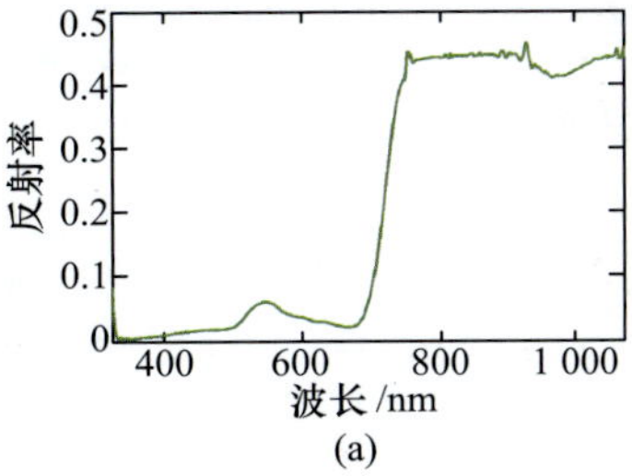

(a)

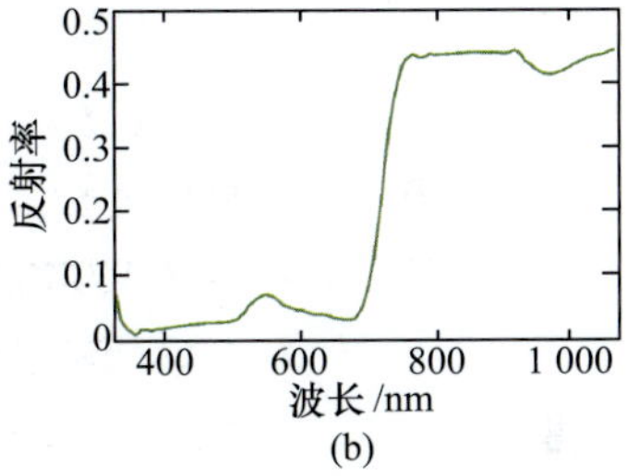

(b)

图 2.19 玉米冠层叶片反射光谱降噪结果

(a) 基于 db4 的小波降噪结果；(b) 基于 db4 的小波包降噪结果

结果表明：①基于小波的降噪算法对玉米冠层叶片近红外区光谱曲线的平滑能力有限，仍然保留了大量的细节波动和水分的吸收峰信息，如图 2.19(a)所示；②基于小波包的降噪处理可以较好地消除扫描刚刚开始(325 nm 附近)以及扫描即将结束时(1 070 nm 附近)的噪声，同时在近红外区取得了平滑的光谱曲线，如图 2.19(b)所示。因此，确定采用 db4 小波基函数 4 层分解下的小波包降噪算法对玉米冠层反射光谱数据进行预处理。后续建模中所使用的数据都采用平滑后的光谱数据。

2.3.3 玉米生长期检测参数变化趋势

2.3.3.1 玉米生长期氮素含量变化趋势

以偏低(N0)、正常(N1)和偏高(N2)3 个施肥水平，每个水平设 18 个小区，对每个小区采集数据。不同施肥水平下玉米生长期叶片氮素(全氮)含量变化整体特征如图 2.20 所示。随着玉米由苗期至灌浆期的生长，叶片氮素含量整体呈先上升后下降继而再上升的趋势，由苗期 3.86%(3 种施肥水平的平均值)上升至喇叭口期的 3.87%，进入开花吐丝期降低至 3.85%，随后至灌浆期增加为 4.18%。分析上述氮素随玉米生长变化的趋势可知，玉米由苗期到拔节期氮素吸收速率相对较慢，主要用于营养生长；拔节期之后，玉米处于营养生长和生殖生长并进阶段，植株生长旺盛，因此玉米植株氮素吸收量明显增多，到喇叭口期达最高峰；而开花吐丝期，玉米主要转入籽粒的形成、促进粒重等生殖生长，其叶片营养水平有所下降；其后又有所回升。

分析田间不同施肥水平下玉米叶片全氮含量结果知，除开花吐丝期外，相同生长期内，叶片氮素含量并未随施肥水平的提高而提高，3 种施肥水平下的叶片氮素含量呈 N1＞N0＞N2。表明，在试验正常施氮区内已达作物生长需求，偏高区并没有增加作物吸收。

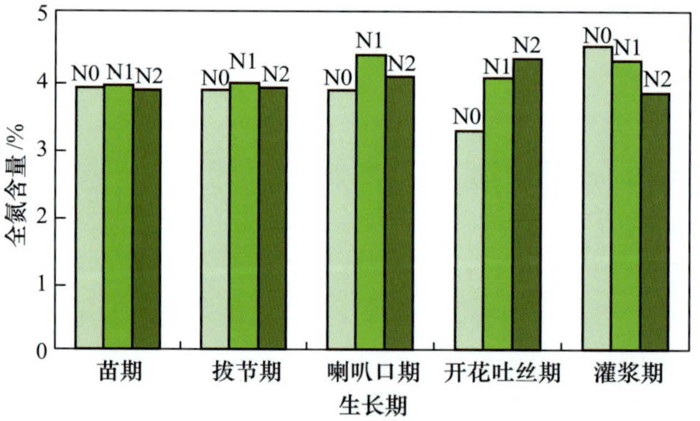

图 2.20 不同生长期玉米叶片氮素含量变化特征

2.3.3.2 玉米生长期冠层反射光谱变化特征

图 2.21 所示为玉米不同生长期冠层反射光谱曲线，其中图 2.21(a)为可见光区(400～700 nm)曲线，图 2.21(b)为近红外区(700～1 000 nm)光谱曲线。总体而言，玉米冠层反射率在可见光区较低，近红外区较高，其各个生育期光谱曲线趋势表现一致。由于叶绿素的绿色强反射，在 550 nm 附近形成反射峰；近红外区各生长期冠层反射光谱曲线呈波状起伏，反射率介于 0.1～0.7 之间。在可见光区，从苗期开始至拔节期，作物营养生长旺盛，群体光合能力增

强，冠层光谱反射率下降；随着作物的生长，作物由营养生长向生殖生长转变，籽粒生长氮素需求激增，因此叶片光谱反射率在喇叭口期、开花吐丝期升高，至开花吐丝期达最高 0.17；随后进入灌浆期再次降低。在近红外区，玉米冠层叶片光谱反射率随生长期的推进而逐渐增强，如图 2.21(b)所示，苗期反射率最低，随生育期的推进至开花吐丝期达最高，进而相对稳定地保持至灌浆期。

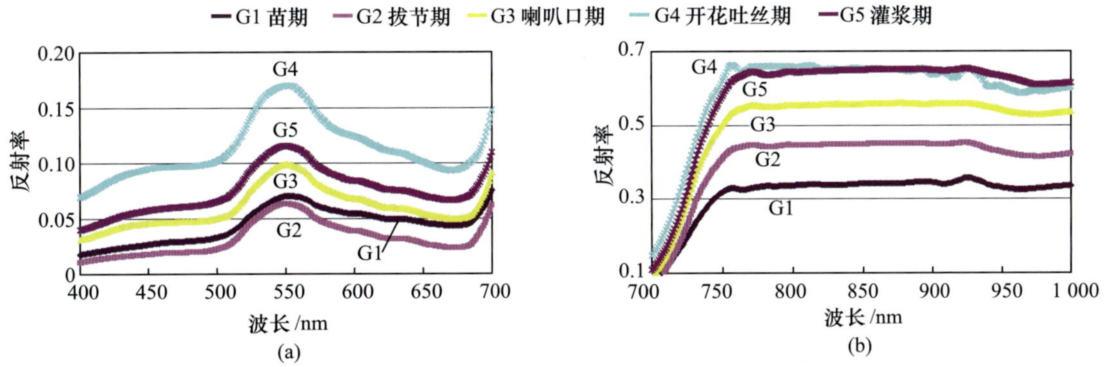

图 2.21 玉米生长期冠层反射光谱变化特征

(a) 可见光区；(b) 近红外区

2.3.3.3 不同施肥水平下光谱反射率差异特征

拔节期至喇叭口期是玉米生长过程中发育最旺盛的阶段，因此，对玉米拔节期和喇叭口期，分析了不同施肥水平下的冠层叶片光谱反射率差异特征。

玉米拔节期不同施肥水平下可见光区(400～700 nm)和近红外区(700～1 000 nm)冠层反射光谱曲线分别如图 2.22(a)和(b)所示。图 2.22(a)的可见光区反射光谱特征表明，在玉米拔节期，随施肥水平的增加，作物反射率呈下降排列，即 N0＞N1＞N2，说明随着施肥水平的增加，玉米营养吸收增加，叶绿素吸收光谱增加而反射率降低。图 2.22(b)所示的近红外区内，不同施肥水平下反射光谱波动较大(0.35～0.6)，总体而言，偏高(N2)和正常(N1)施肥水平叶片反射率高于偏低(N0)施肥水平反射率值；在 870～950 nm 范围内，随施肥水平的增加，反射率呈上升排列，即 N0＜N1＜N2。

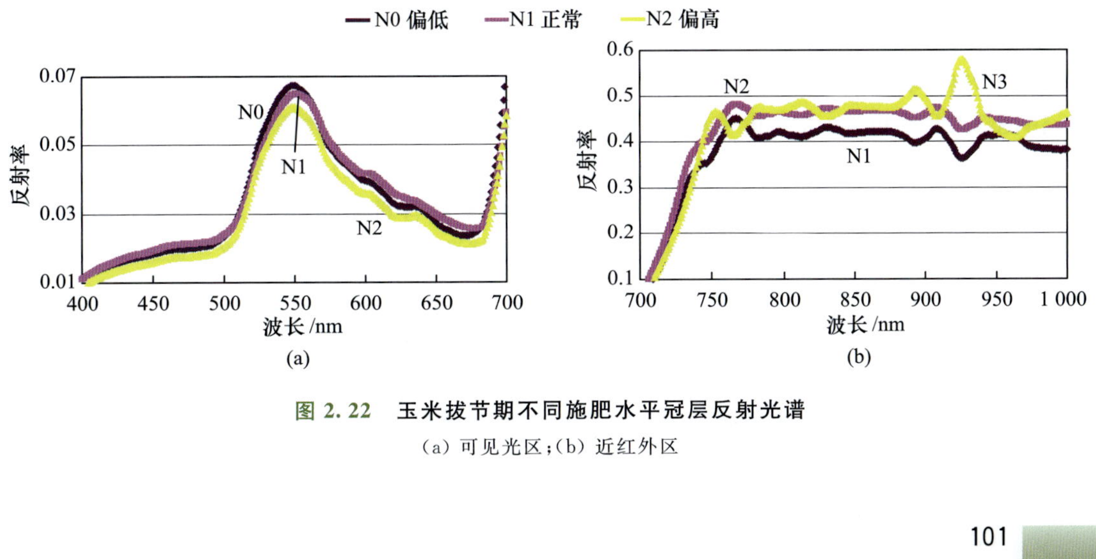

图 2.22 玉米拔节期不同施肥水平冠层反射光谱

(a) 可见光区；(b) 近红外区

尽管应用上述特征波长数据，对各施肥水平下的玉米叶片氮素含量有一定的预测能力，但将各个不同施肥水平的数据组合，随机抽取 40 个样本再次进行建模，应用其他 14 个样本进行验证时，其预测 R^2 最高仅为 0.18。因此，下一步研究采用神经网络算法预测玉米叶片氮素含量。

表 2.6 玉米拔节期叶片全氮含量 MLR 预测模型

施肥水平	回归方程	预测 R^2	验证 R^2
N0	$y=5.17+46.33x_{519}+350.50x_{550}-1\,167.01x_{593}+666.69x_{625}+137.38x_{695}-46.36x_{713}$	0.41	0.65
N1	$y=4.12+92.81x_{519}-48.35x_{550}+34.81x_{593}+7.70x_{625}-89.69x_{695}+14.69x_{713}$	0.50	0.63
N2	$y=3.18+46.97x_{519}-8.29x_{550}-254.52x_{593}+120.14x_{625}+46.65x_{695}+33.55x_{713}$	0.32	0.15

2.3.5 基于 BP 神经网络的玉米氮素含量非线性预测模型

2.3.5.1 基于 BP 神经网络的玉米氮素含量检测

基于变量线性分析的多元线性回归模型对各施肥水平混合时模型预测能力急剧下降，说明基于线性分析的检测模型不能真实反映氮素在作物生长中的含量与分布。

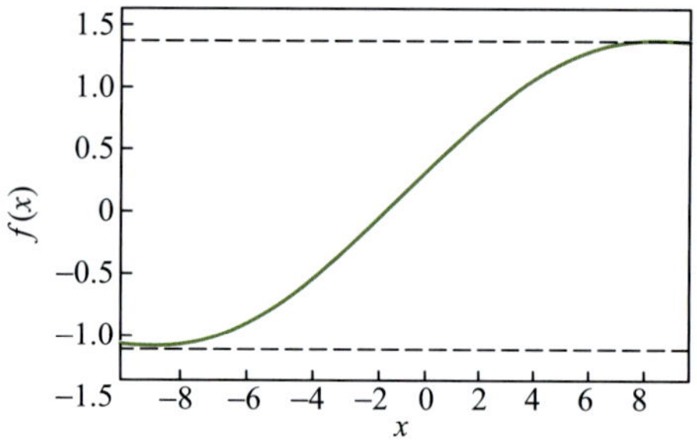

图 2.25 Sigmoid 型传递函数图形

BP 神经网络是利用非线性可微函数进行权值训练的反向传播网络。BP 网络中通常采用如图 2.25 所示 Sigmoid(S)型传递函数，它将一个无限输入的范围压缩到一个有限的输出范围内，其特点是：当输入很大时，斜率接近为 0。这导致算法中的梯度幅值很小，可能会使得对网络权值的修正过程几乎停滞。针对这一问题，弹性学习算法采用偏导数符号决定权值更新的方向的方法。若在两次连续的迭代中，目标函数对某个权值的偏导数的符号不变，则增大相应的“更新值”，反之则减小相应“更新值”。由此，在弹性 BP 算法中，当训练发生震荡时，权值的变化量将减小；当在几次迭代过程中权值均向一个方向变化时，权值的变化量增大[19]。该特点使得弹性 BP 算法收敛速度快，且算法并不复杂。

网络泛化能力是衡量神经网络性能好坏的重要标志，网络的过拟合和过训练都将导致数学模型的不稳定，大大降低神经网络的泛化能力。为了提高网络的泛化能力，针对 BP 神经网络，Matlab 人工神经网络工具箱提供了正则化算法，用于克服网络的过拟合。正则化算法通过修正神经网络的训练性能函数来提高泛化能力[20]。其中，贝叶斯正则化算法在网络训练的过程中自适应地调节网络性能函数的比例系数，并使其达到最优。该方法适用于小规模网络的函数拟合或逼近问题。

因此，本研究分别选用基于弹性学习算法和贝叶斯正则化算法的 BP 神经网络建立玉米叶片氮素含量预测模型。

1. 神经网络结构设计

本试验采用三层 BP 神经网络结构，网络输入为样本光谱矩阵，输出为叶片氮素含量，隐含层采用双曲正切 Sigmoid 型传递函数，输出层采用 Purelin 型传递函数。其中隐含层神经元个数的确定参考 Eberthart 的计算公式[21]：

$$j=\sqrt{n+m}+a \tag{2.11}$$

式中：m 为输出层神经元个数；n 为输入层神经元个数；a 为 1～10 的常数。

随机从 3 个施肥水平下各抽取 12 个样本组成训练集(共 36 个样本)，其余 6 个样本组成校正集(共 18 个样本)用于验证。由于直接采用样本全波长(325～1 075 nm)数据输入网络，会导致 BP 神经网络规模较大，训练较为复杂。因此，依据玉米拔节期叶片反射光谱与叶片氮素含量相关性分析结果，选取 3 个施肥水平下相关系数均较高的可见光区域(325～700 nm)光谱进行分析，进而对原始光谱矩阵进行了降维处理来降低网络复杂性。

研究采用主成分分析算法，将原始光谱矩阵进行主成分分解。依据主成分的累积贡献率 >99%，确定最终主成分数为 3 个。由此，隐含层神经元个数：

$$\sqrt{3+1}+1\leqslant j\leqslant\sqrt{3+1}+10\text{，即 }3\leqslant j\leqslant 12 \tag{2.12}$$

根据以上经验公式及玉米叶片氮素含量的非线性复杂特性，设定隐含层神经元个数为 10 个。设定训练目标为 0.001 时，应用 Matlab 人工神经网络工具箱进行网络模型的训练。经过反复训练检测和比较后，选定神经网络的训练参数设置如表 2.7 所示，其中 Matlab 函数 trainrp 用于实现弹性学习算法 BP 神经网络，trainbr 用于实现贝叶斯正则化学习算法 BP 神经网络。

表 2.7 神经网络的参数设置表

神经元个数			训练函数	学习速率	训练目标
输入层	隐含层	输出层			
3	10	1	trainrp/trainbr	0.05	0.001

2. 神经网络训练结果

应用弹性学习算法和贝叶斯正则化学习算法的 BP 网络训练结果分别如图 2.26 和图 2.27 所示。应用弹性学习网络对玉米叶片氮素含量进行预测的结果如图 2.28 所示，训练集预测 R^2 为 0.44，校验集验证 R^2 为 0.21；应用贝叶斯正则化学习网络对玉米叶片氮素含量进行预测的结果如图 2.29 所示，训练集预测 R^2 为 0.42，校验集验证 R^2 为 0.28。

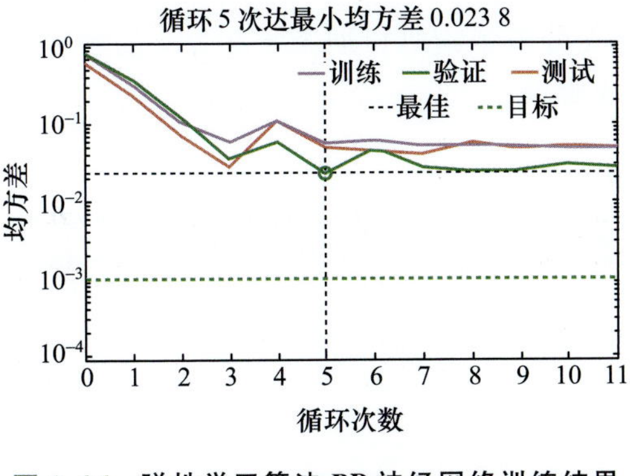

图 2.26 弹性学习算法 BP 神经网络训练结果

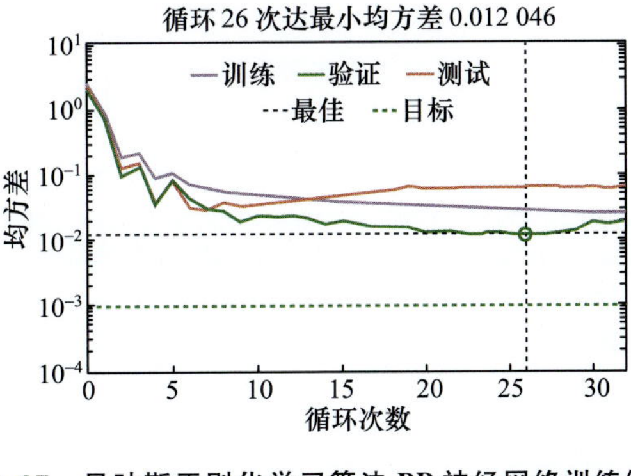

图 2.27 贝叶斯正则化学习算法 BP 神经网络训练结果

上述两种方法的建模结果表明，基于弹性学习算法的 BP 神经网络训练速度较正则化学习算法的网络快，且网络的自预测能力也高于后者，但对未参加训练的校验集样本的预测能力较差，即网络泛化能力较差。虽然基于贝叶斯正则化学习算法的 BP 神经网络自预测能力有所下降，但该网络对校验集样本预测能力有所提高，因此在一定程度上可以提高网络的泛化能力。综上所述，选取贝叶斯正则化学习算法的 BP 神经网络用于玉米拔节期氮素含量的预测。

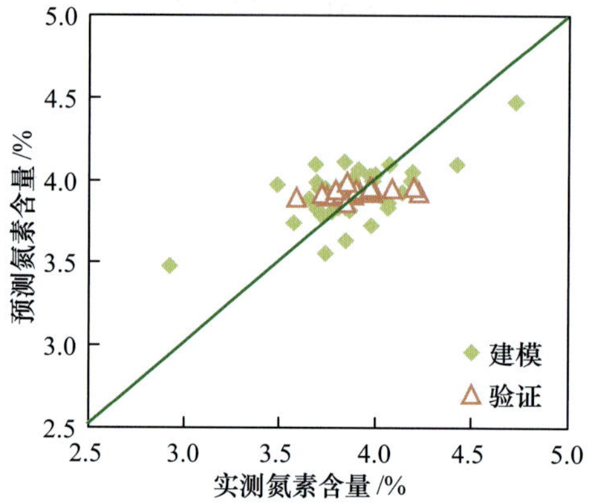

图 2.28 基于弹性学习算法的氮素含量预测结果

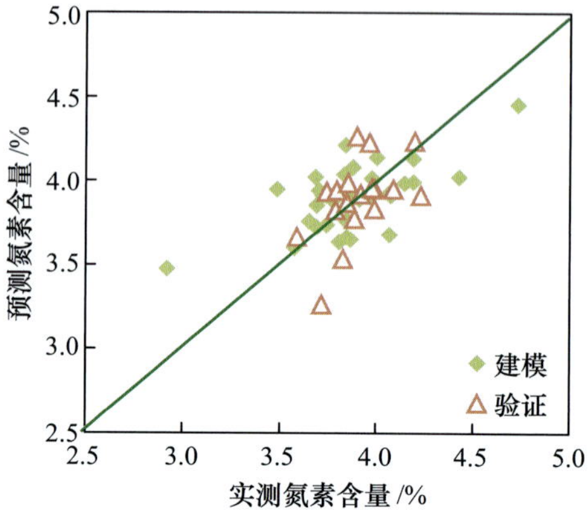

图 2.29 基于贝叶斯正则化学习算法的氮素含量预测结果

2.3.5.2 基于 BP 神经网络的玉米氮素水平分类

对玉米的田间施肥管理除播种前投入基肥之外，还需适时进行追肥管理。在喇叭口期对玉米进行田间追肥可以促进生长与雌穗分化，提高光合作用效果，延长叶片功能期和增花、增粒，提高产量。因此，对喇叭口期玉米叶片氮素含量水平进行了分类研究，以期为玉米追肥提供支持。

应用神经网络算法对玉米叶片的氮素含量水平进行分类，算法流程如图 2.30 所示。

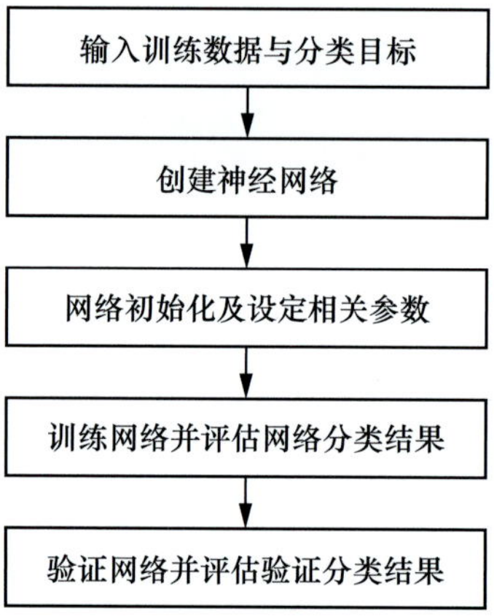

图 2.30 神经网络分类算法实现流程

尽管田间试验进行了田间施肥调控，分为偏低、正常和偏高 3 个水平，但由于天气、土壤、作物等综合因素的作用，玉米植株吸收和含有氮素的水平分布与田间施肥区域并不一致。因此研究首先分析了喇叭口期玉米叶片全氮含量的统计特性，如表 2.8 所示。

表 2.8 玉米喇叭口期叶片全氮含量统计特性

区域	样本数	含量/%	均值/%	标准差/%
偏低(N0)	18	3.18～4.77	3.82	0.47
正常(N1)	18	3.64～4.80	4.32	0.30
偏高(N2)	18	3.61～4.59	4.22	0.29
所有	54	3.18～4.80	4.12	0.42

进一步分析玉米叶片氮素含量数据发现，在偏低施肥水平下，除个别样本氮素含量极高之外，其余样本全氮含量均低于 4%；正常和偏高施肥水平下，85%以上样本氮素含量均高于 4%。基于上述分析，以氮素含量 4%为分界，选取 30 个样本进行训练(其中偏低施肥水平下 10 个)，另外选取 15 个样本进行验证，应用神经网络分类算法将玉米叶片氮素含量水平分为充足(>4%)和欠缺(<4%)两类。分别应用自组织映射网络(SOM)、学习矢量化网络(LVQ)和概率神经网络(PNN)三种分类算法对玉米叶片氮素含量水平进行了研究，相关参数设置如表 2.9 所示。

表 2.9 神经网络分类算法相关参数设置

方法	创建网络	参数设置
SOM	newsom(minmax(P),[5,8])	net. trainParam. epochs=1 000
LVQ	newlvq(minmax(P),5,[0.34,0.66],0.01)	net. trainParam. epochs=1 000
PNN	newpnn(P,T,sp)	sp=0.001

依据玉米喇叭口期叶片反射光谱与叶片氮素含量相关性分析结果，选取 3 个不同施肥水平下相关系数均较高的 500～650 nm 区域光谱进行分析。为了降低神经网络复杂性，研究采用主成分分析法对玉米冠层反射光谱数据进行主成分分解。依据主成分的累积贡献率>98%确定最终主成分数为 2 个。应用自组织映射网络(SOM)、学习矢量化网络(LVQ)和概率神经网络(PNN)三种分类算法对玉米叶片氮素含量水平分类的结果如表 2.10 所示。

表 2.10 基于神经网络的玉米喇叭口期叶片氮素含量分类结果 %

氮素水平	SOM		LVQ		PNN	
	训练准确率	验证准确率	训练准确率	验证准确率	训练准确率	验证准确率
充足(>4%)	65	40	100	100	100	100
欠缺(<4%)	40	40	40	20	90	60

对玉米喇叭口期叶片氮素含量进行分类的结果表明：①基于无监督分类的 SOM 神经网络，其训练和验证分类准确率均不高；②应用有监督分类的 LVQ 和 PNN 神经网络分类算法，对氮素充足水平下的训练和验证准确率均达 100%；③基于 LVQ 的神经网络对欠缺水平下样本预测和验证精度分别为 40%和 20%，无法满足分类需求；④基于 PNN 的神经网络对欠缺水平下样本预测和验证精度分别为 90%和 60%，可以用于田间玉米植株氮素含量水平的分类研究。

综上所述，选用 PNN 神经网络可以对田间玉米叶片氮素含量丰缺水平进行分类，一定程度上为玉米喇叭口期追肥决策提供指导，从而提高玉米产量。

2.4 温室番茄叶绿素含量预测[5,6]

叶绿素作为光合作用中最重要的有机分子，其含量直接影响植物的初期生长。而且叶绿素含量与作物叶片氮素含量密切相关，因此通过叶绿素可以有效估算植物营养及生理状态。大量研究表明植物营养状况与其光谱特性密切相关，尤其针对大田作物的相关研究一直是数字农业的研究热点。但是由于受到温室材料吸收太阳光的影响，光线的强度以及光谱的构成有别于大田，使得利用光谱分析技术获取温室作物生物信息的研究面临许多挑战，因此如何快速、准确地获得温室栽培作物的光谱特性、测定营养素含量，在长势监测、产量估计等方面有重要意义。

在温室黄瓜的研究方面，Kavdir 等建立了黄瓜色度、色调、干物质与光谱特征间的校正模型[22]；田有文等研究了利用高光谱图像技术检测黄瓜霜霉病和白粉病[23]；刘飞等提取 556、581、698 和 715 nm 4 个特征波长建立黄瓜叶片 SPAD 值的校正模型[24]；杨昊谕等研究了荧光参数与黄瓜叶片叶绿素含量的相关关系[25]。而关于温室番茄的研究，虽然取得了一定的成果，但尚处于探索阶段。如 Polder 等研究了番茄果实光谱特性与成熟度的关系[26]；Xu 等研究了利用番茄冠层光谱检测作物病害[27]；丁永军等研究了番茄叶片营养素含量与反射光谱的关系[5,6]。

2.4.1 材料与方法

试验于 2009 年 10 月至 2010 年 4 月在中国农业大学水利与土木工程学院可控温室进行，温室北、东、西三墙为砖墙，南墙和顶棚为玻璃材料，顶棚上设计有遮阳机构，可自动打开和关闭。温室采用湿帘降温，在夏季最热天气可将温室气温控制在 30℃以下；在冬季采用暖气供热，温度可以保持在 20℃以上。试验作物为番茄，品种为以色列 850-345，采用基质栽培方式，基质由蛭石和草炭混合而成。为了对番茄实施养分胁迫，根据蛭石和草炭的不同配比制备了 4 种基质，其草炭、蛭石比例分别为 1∶0、0.2∶0.8、0.5∶0.5、0∶1，在作物移植 20 d 后施专用缓效复合肥，分别对应无营养、少营养、适量营养、富营养 4 个施肥水平。考虑到温室温度较高及光照时间较长的条件，通常每 2～3 天灌一次水。图 2.31 为番茄种植环境。

(a)　　(b)

图 2.31　番茄种植环境

(a)苗期；(b) 开花期

番茄叶片光谱反射率数据采集仍采用 ASD FieldSpec HH 便携式光谱辐射仪，测量的波长范围为 350～1 075 nm，光谱分辨率为 3.5 nm。实验所得的信息通过光谱仪内部的 16 位 A/D 转换器转换成数字信号，数据经由标准的 RS-232 串行通信接口直接传送到计算机内存，再经过数据格式转换后就可以保存成不同类型的数据文档，供后期试验分析所用。

在番茄苗期、出芽分化期、开花期、坐果期、绿熟期和成熟期各进行一次叶片光谱反射率数据采集，并测定相应叶片的叶绿素含量。试验选择晴朗无云或少云的天气，试验中每个活体样本由多个叶片组成，反射率测量时光谱仪探头垂直向下，距叶片 20 cm 左右，每次采集目标光谱前后进行参考板校正，消除环境因素（特别是光强）引起的系统误差，每点反复测量 3 次取平均值作为该样本的最终光谱测量结果，图 2.32 为番茄叶片反射光谱采集图。光谱测量之后在试验室采用分光光度计法对采集到的叶片活体样本进行叶绿素含量分析。将待测的叶片活体样本除去叶脉，剪碎、混匀，称取 0.4 g，置于用 99％丙酮和无水乙醇以 2∶1 的比例配制的 25 mL 萃取液中，在阴暗处放置 24 h。测试时从中取适量萃取出叶绿素的液体放入分光光度计中，选取 645、652 与 663 nm 3 个特征波长进行测量，获取每个波长处的吸光度数值 A，并按式（2.13）[1]分别计算叶绿素 a、叶绿素 b 及叶绿素总量：

$$\left.\begin{aligned} C_a &= 12.72A_{663} - 2.59A_{645} \\ C_b &= 22.88A_{645} - 4.67A_{663} \\ C_t &= A_{652} \times 1\,000/34.5 \end{aligned}\right\} \tag{2.13}$$

(a)　　(b)

图 2.32　番茄叶片反射光谱测量

(a) 番茄叶片活体样本；(b) 光谱采集

2.4.2　温室番茄的光谱响应特征

温室番茄光谱反射率呈现出典型的植物光谱特征：在 400～500 nm 与 600～700 nm 波段蓝光和红光被叶绿素吸收进行光合作用，从而形成 2 个低反射区，反射率一般低于 10％。由于植物叶片呈绿色，所以在 550 nm 附近形成绿峰，反射率大约在 20％。在 700 nm 左右，反射率突然上升，形成一个高反射平台，该平台反射率室内测定值在 60％～85％之间，与室外观测有较大差别。

通过对比和分析苗期、出芽分化期、开花期、坐果期、绿熟期和成熟期的 6 次试验数据，发现温室番茄在苗期和出芽分化期叶绿素含量不断增加，在移植 50 d 前后达到最大值，从第 10 片真叶展开、第一花穗开花坐果开始叶绿素含量呈下降趋势。

图 2.33 反映了在不同生长阶段番茄叶片的光谱响应特征，随着叶绿素含量的变化，红边位置、绿峰位置、绿峰幅值、蓝光波段吸收谷和红光波段吸收谷等光谱特征呈规律性变化。当叶绿素含量越来越大，作物的光合能力增强时，红边位置会向红外方向偏移，同时绿峰位置向蓝光方向偏移，绿峰幅值减小，蓝光波段吸收谷和红光波段吸收谷也有不同程度的降低。当叶绿素含量越来越小，作物的光合能力减弱时，红边位置、绿峰位置及绿峰幅值向相反方向变化。由于番茄植株的个体差异使得相同时期的叶片叶绿素含量存在差异。图 2.34 显示的是番茄移植 95 d 时，4 种不同叶绿素含量的叶片反射光谱曲线。由图 2.33 和图 2.34 可知，可以用红边位置、反射峰及吸收谷等光谱特征表征作物的个体差异。

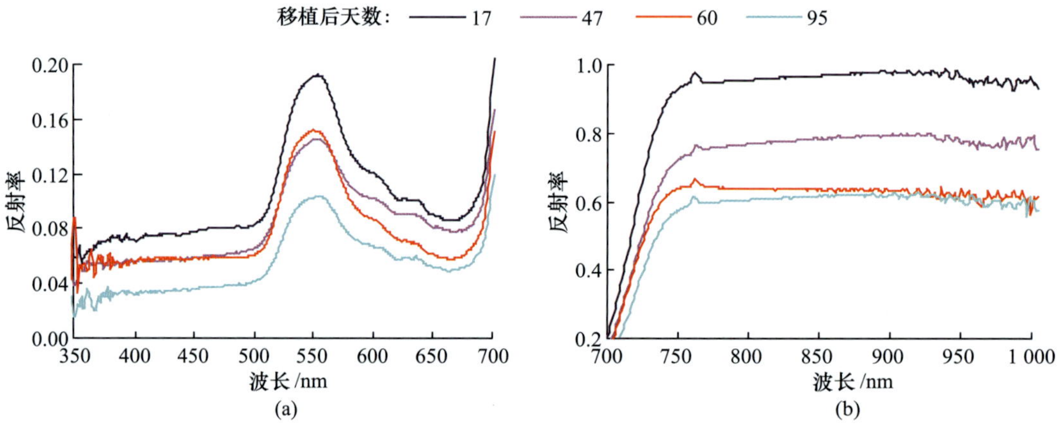

图 2.33 不同时期番茄叶片的反射光谱曲线

(a) 350～700 nm；(b) 700～1 000 nm

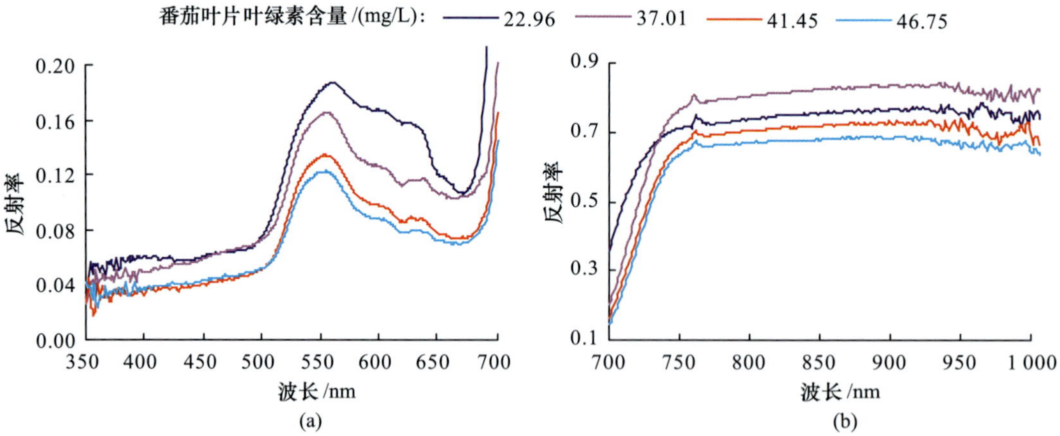

图 2.34 相同时期不同叶绿素含量番茄叶片的反射光谱曲线

(a) 350～700 nm；(b) 700～1 000 nm

2.4.3 基于红边、反射峰、吸收谷特征的番茄叶绿素含量预测

2.4.3.1 光谱响应参数定义

在利用植物冠层或叶片光谱定量分析作物营养的研究中，红边参数已成为一种重要的手段。红边参数有红边位置 P_{red}（红光范围内光谱一阶导数最大值所对应的波长）、红边幅值 D_{red}（红光范围内光谱一阶导数的最大值）和红边面积 S_{red}（红光范围内光谱一阶导数线所包围的面积），其计算公式为

$$\left.\begin{aligned} D_{red} &= \max[R'(\lambda)_{\lambda=680\sim760\ \mathrm{nm}}] \\ S_{red} &= \int_{680}^{760} R'(\lambda)\mathrm{d}\lambda = \sum_{\lambda=680}^{760} R'(\lambda) \\ P_{red} &= \lambda_{D_{red}} \end{aligned}\right\} \tag{2.14}$$

式中微分光谱可采用差分公式计算：

$$R'(\lambda_i)=[R(\lambda_{i+1})-R(\lambda_i)]/\Delta\lambda \tag{2.15}$$

其中 $R'(\lambda_i)$ 为波长 λ_i 处 $R(\lambda_i)$ 的一阶微分，$R(\lambda_i)$ 为波长 λ_i 处的反射率，$R(\lambda_{i+1})$ 为波长 λ_{i+1} 处的反射率，$\Delta\lambda=\lambda_{i+1}-\lambda_i$。

类似地，还可以定义关于蓝边、黄边、绿峰及红谷的特征参量。

另外，植被指数可以表明植被活力、估测植被生化参数。其中归一化植被指数 NDVI 可以消除大部分与仪器定标、太阳角、地形、云阴影和大气条件等有关的辐照度变化，增强植被的响应能力。当植被覆盖浓密时，比值植被指数 RVI 对植被也非常敏感，RVI 强化了植被在近红外和红外波段反射率的差异，比用单波段信息监测植被更为稳定。抗大气植被指数 ARVI 则是根据大气对红光通道的影响比近红外通道大得多的特点，在定义 NDVI 时通过蓝光和红光通道的辐射差别修正红光通道的辐射值而提出的，研究表明 ARVI 对大气的敏感性为 NDVI 的约 1/4。所以受植被指数的启发，为此还定义了以下三类特征参数：

$$\left.\begin{aligned} RVI_{ij} &= \frac{R(\lambda_j)}{R(\lambda_i)} \\ NDVI_{ij} &= \frac{R(\lambda_j)-R(\lambda_i)}{R(\lambda_j)+R(\lambda_i)} \\ ARVI_{ij} &= \frac{S_j}{S_i} \end{aligned}\right\} \tag{2.16}$$

考虑到叶绿素在 440、500 和 680 nm 附近的吸收和在 550、770 nm 附近的反射，在上述定义的三类植被指数中 λ_i、λ_j 分别取 λ_{440}、λ_{500}、λ_{550}、λ_{680}、λ_{770}，另有蓝边位置 P_{blue}、黄边位置 P_{yellow}、红边位置 P_{red}、绿峰位置 $P_{greenpeak}$、红谷位置 $P_{redvalley}$，这样共定义了关于红边、蓝边、黄边、绿峰、红谷及三类植被指数的 68 个光谱响应参数。

2.4.3.2 光谱响应特征提取

从番茄结果初期试验中选取 40 个样本信息进行光谱响应特征提取。首先对所定义的 68

个特征参数进行显著性检验，通过极显著性水平 $\alpha=0.001$ 的有 63 个，再从中选择相关系数超过 0.8 的 18 个参数，如表 2.11 所示。

对表 2.11 中的 18 个待选参数进行主成分分析，以提取能表征温室番茄光谱信息的最优参量。前 3 个主成分就可以解释 94.71％的光谱变异，其中第一主成分占 88.23％，第二主成分占 4.05％，第三主成分占 2.43％。表 2.12 为前 3 个主成分得分，按 3 个主成分的贡献比例，从每个主成分中选择数目不等的最大权重系数对应的特征参量作为表征温室番茄光谱信息的最优参量，它们分别是 P_{red}、$RVI_{red,greenpeak}$、$NDVI_{red,redvalley}$、$ARVI_{red,redvalley}$、$ARVI_{yellow,redvalley}$、$ARVI_{greenpeak,redvalley}$、$NDVI_{680,770}$。

表 2.11　初步选取的 18 个光谱响应特征参数

参　数	定　义	相关系数
P_{yellow}	黄边位置	−0.835 2
P_{red}	红边位置	0.871 8
$P_{greenpeak}$	绿峰位置	−0.854 8
$S_{redvalley}$	红谷面积	−0.837 6
$RVI_{red,yellow}$	$R(P_{red})/R(P_{yellow})$	0.837 8
$RVI_{red,greenpeak}$	$R(P_{red})/R(P_{greenpeak})$	0.821 1
$RVI_{red,redvalley}$	$R(P_{red})/R(P_{redvalley})$	0.820 5
$NDVI_{red,yellow}$	$[R(P_{red})-R(P_{yellow})]/[R(P_{red})+R(P_{yellow})]$	0.833 7
$NDVI_{red,greenpeak}$	$[R(P_{red})-R(P_{greenpeak})]/[R(P_{red})+R(P_{greenpeak})]$	0.808 8
$NDVI_{red,redvalley}$	$[R(P_{red})-R(P_{redvalley})]/[R(P_{red})+R(P_{redvalley})]$	0.859 3
$ARVI_{blue,yellow}$	$S(P_{blue})/S(P_{yellow})$	−0.845 3
$ARVI_{blue,redvalley}$	$S(P_{blue})/S(P_{redvalley})$	0.898 3
$ARVI_{red,greenpeak}$	$S(P_{red})/S(P_{greenpeak})$	0.835 3
$ARVI_{blue,redvalley}$	$S(P_{blue})/S(P_{redvalley})$	0.910 4
$ARVI_{yellow,greenpeak}$	$S(P_{yellow})/S(P_{greenpeak})$	0.858 4
$ARVI_{blue,redvalley}$	$S(P_{blue})/S(P_{redvalley})$	0.899 3
$ARVI_{greenpeak,reavalley}$	$S(P_{greenpeak})/S(P_{redvalley})$	0.879 5
$NDVI_{680,770}$	$[R(P_{680})-R(P_{770})]/[R(P_{680})+R(P_{776})]$	−0.811 6

2.4.3.3　预测模型建立与评价

首先对已提取的特征参量进行共线性诊断，发现方差膨胀因子(VIF)均大于 10，最大的方差膨胀因子为 152.61，而且最大条件指数为 45.82，大于 30。说明 7 个特征参量间存在严重的多重共线性关系。为了消除多重共线性对模型的不利影响，对标准化数据分别采用逐步回归、岭回归、主成分分量回归及偏最小二乘回归，建立番茄叶片叶绿素含量的光谱预测模型。

从表 2.13 可知，四种建模方法都消除了多重共线性，模型的决定系数均在 0.82 以上；

表 2.12 18 个光谱响应特征参数的主成分分析

参数	第一主成分	第二主成分	第三主成分
P_{yellow}	−0.221 0	0.243 2	−0.157 3
P_{red}	0.246 0*	0.067 8	0.164 1
$P_{greenpeak}$	−0.233 3	0.114 3	0.032 5
$S_{redvalley}$	−0.229 1	0.308 0	−0.061 7
$RVI_{red,yellow}$	0.235 6	0.339 3	0.044 7
$RVI_{red,greenpeak}$	0.235 1	0.359 1*	0.194 1
$RVI_{red,redvalley}$	0.235 3	0.270 4	−0.120 3
$NDVI_{red,yellow}$	0.238 5	0.284 5	−0.025 1
$NDVI_{red,greenpeak}$	0.234 3	0.331 7	0.180 2
$NDVI_{red,redvalley}$	0.245 1*	0.125 8	−0.144 0
$ARVI_{blue,yellow}$	−0.236 4	0.173 1	0.301 3
$ARVI_{blue,redvalley}$	0.236 7	−0.179 9	0.353 3
$ARVI_{red,greenpeak}$	0.233 4	0.131 6	−.0.229 0
$ARVI_{blue,redvalley}$	0.244 6*	−0.172 2	0.156 8
$ARVI_{yellow,greenpeak}$	0.237 1	−0.111 8	−0.362 2
$ARVI_{blue,redvalley}$	0.240 5*	−0.106 8	0.261 8
$ARVI_{greenpeak,reavalley}$	0.230 9	−0.386 4*	0.182 4
$NDVI_{680,770}$	−0.228 3	0.147 5	0.556 5*

注：* 对应的特征参量为表征温室番茄光谱信息的最优参量。

其中岭回归模型精度最佳，RMSE 为 0.406 3，R^2 为 0.839 2(相关系数 R_C=0.916)，建模结果如图 2.35(a)所示。利用番茄结果后期试验得到的 39 个样本对模型进行预测能力检验，结果如图 2.35(b)所示：预测值与实测值之间的相关系数 R_V 为 0.871，模型表现了较好的预测能力。

表 2.13 叶绿素含量的逐步回归、岭回归、主成分分量回归、偏最小二乘回归模型结果

建模方法	均方根误差 RMSE	决定系数 R^2	调整决定系数	自由度 DF	F 检验值
逐步回归	0.419 1	0.828 9	0.824 4	1	184.07*
岭回归	0.406 3	0.839 2	0.834 9	7	21.20*
主成分分量回归	0.426 0	0.823 2	0.818 5	7	21.28*
偏最小二乘回归	0.424 9	0.824 1	0.819 5	7	21.42*

注：* 表示 $p<0.001$。

综上，可得如下结论：①温室番茄在幼苗营养生长阶段叶片叶绿素含量呈增长趋势，到移植 50 d 前后达到最大值，从结果期开始叶绿素含量呈下降趋势。②当叶绿素含量增加时红边位置会向红外方向偏移，同时绿峰位置向蓝光方向偏移，绿峰幅值减小；当叶绿素含量减少时红边位置、绿峰位置及绿峰幅值向相反方向变化。③对 7 个特征参量逐步回归发现，特征参

数 $ARVI_{\mathrm{red,redvalley}}$ 可以通过显著水平 $\alpha=0.001$ 的 t 检验，即 $ARVI_{\mathrm{red,redvalley}}$ 对模型的贡献最大，其他特征可被剔除。

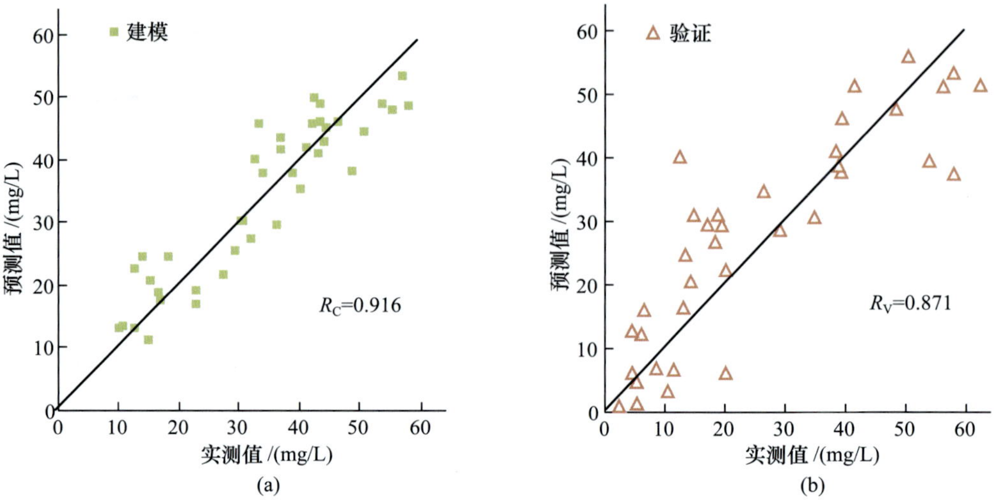

图 2.35 岭回归模型的建模与验证

(a) 建模结果；(b) 验证结果

2.4.4 基于小波分析的番茄叶绿素含量预测

近红外光谱主要由化合物含氢基团的倍频和泛频吸收组成，谱峰重叠严重；又由于受到温室材料吸收太阳光、传感器材料、电阻热噪声及随机误差等仪器因素的影响，使得目标物光谱含有噪声，甚至出现基线漂移。为了提高光谱信息提取的准确度，需要对光谱数据进行以降噪为主的预处理。其中 Savitzky-Golay 卷积在窗口尺寸选择不当时，容易造成信号失真；微分法当存在频带较宽的强吸收时，可能放大微小噪声；傅里叶变换以信号的时不变和统计特性平稳为前提条件，仅适用于对平稳信号降噪处理。而小波变换具有良好的时频局域化特性，能对信号进行多分辨率分析，可以有效地消除慢漂移、高频噪声及倍频干扰。

2.4.4.1 小波降噪评价及分解尺度确定

Daubechies 和 Symlets 小波不仅正交，而且在消失矩一定的条件下有最小的支撑域，即对信号局部特性的描述能力较强。同时，消失矩不宜过大也不宜过小，因此可选用 db3～db6 及 sym3～sym6 等小波函数。本试验采用 db4。在小波降噪过程中，使用 Birge-Massart 和软阈值策略进行小波系数的阈值量化。图 2.36 为样本 17 的原始光谱曲线及 1～7 层小波分解降噪光谱，可以看出随着分解尺度的增加，曲线变得越来越光滑，消除了随机噪声的影响，但同时反映生化参量的特征峰、谷也变得越来越不明显，表明失去了有效信息。因此希望确定合理的分解尺度，以获得理想的降噪光谱。

目前广泛用于评价仿真信号降噪效果的指标有信噪比（SNR）、均方根误差（RMSE）、波形相似系数（normalized correlation coefficient，NCC）[28]。但事实上，真实的漫反射光谱无法事先知道，而且由图 2.37 可知，随着分解尺度的增大，SNR、NCC 逐渐减

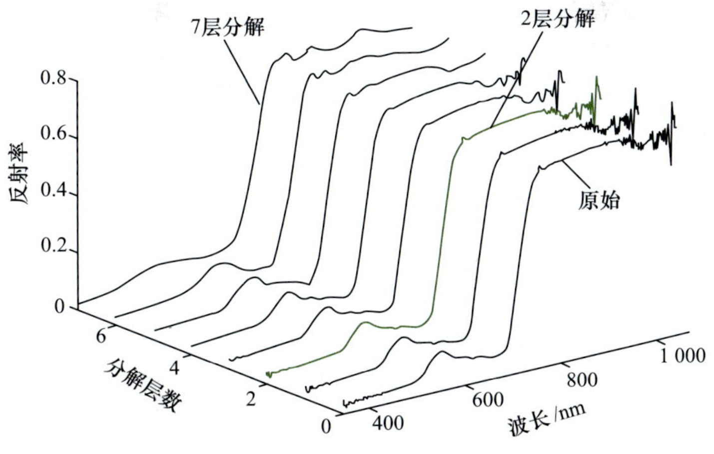

图 2.36 小波变换降噪后的番茄叶片反射光谱曲线

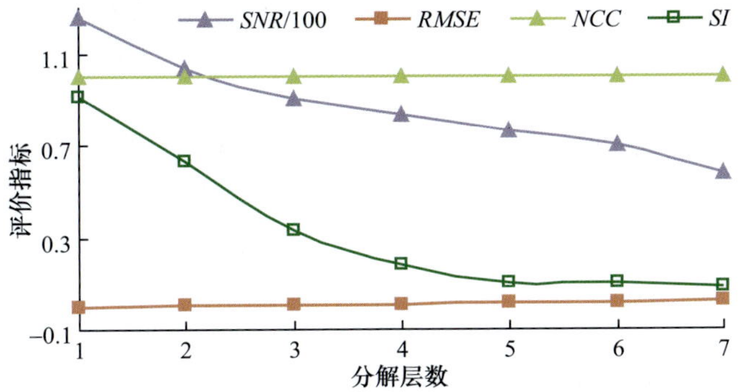

图 2.37 评价指标变化趋势

小，RMSE 不断变大，但是变化很不显著，所以难以使用这些参数来确定合理的分解尺度。为此，引入平滑指数(SI)和时移指数[28](TSI)，对降噪效果进行量化，以控制变换尺度，获得最佳变换效果。

$$SI=\sum_{i=1}^{N-1}(f_{i+1}-f_i)/\sum_{i=1}^{N-1}(s_{i+1}-s_i) \tag{2.17}$$

$$TSI=|\lambda_{k-1}-\lambda_k|/(\lambda_e-\lambda_s) \qquad \lambda_{k-1},\lambda_k\in(\lambda_s,\lambda_e) \tag{2.18}$$

式中：s 为原始光谱信号；f 为小波降噪后信号；λ_k 为第 k 层分解时极值点处波长；λ_s、λ_e 分别为考察的起始和终止波长。考虑到在 500～700 nm 间，绿色植被光谱必存在一个极大值点和一个极小值点，试验中取 $\lambda_s=500$ nm，$\lambda_e=700$ nm。SI 反映了降噪曲线的平滑程度，其值越小降噪效果越明显，但同时也会丢失更多的有效信息。试验表明，当 $SI<0.1004$ 时，信息失真严重，因此确定分解尺度上限为 7。TSI 反映了特征保持能力，其值越大则信息损失越大。试验发现 $TSI<0.01$ 且 $SI>0.1004$ 时，在消除随机噪声影响的同时，也能保留反映生化参量的特征峰。由于各个样本的光谱曲线存在差异，最优的分解尺度并非一成不变，而是分布在 2～5 之间，本试验采用的自适应小波降噪算法，根据每条光谱曲线的特点，自动选择相应的最优分解尺度。

2.4.4.2 番茄叶片反射光谱噪声

受光合作用的影响，蓝光和红光被叶绿素吸收，在400～500 nm和600～700 nm形成两个吸收谷，而绿光吸收较少，所以在550 nm附近形成一个反射峰。在700 nm左右反射率突然上升，形成一个波状起伏的高反射平台。

从图2.34中4个叶绿素含量不同的样本在350～1 000 nm波段的反射光谱曲线可以看出，反射光谱在近红外及350～560 nm波段均有高频噪声，而小波降噪后光谱曲线（图2.36中2层分解曲线为图2.34中叶绿素含量为41.45 mg/L的曲线小波降噪结果）变得比较平滑，并且保留了366 nm对应的叶酸特征峰，384、405和437 nm对应的叶绿素特征峰。

2.4.4.3 光谱反射率与叶绿素含量的相关性研究

对温室番茄结果期叶片反射率与其叶绿素含量进行了相关分析，结果如图2.38所示。图2.38(a)是在整个波长范围的相关系数，图2.38(b)是针对小波变换降噪效果明显的350～450 nm波长范围，比较了降噪前后相关系数的变化趋势。

从图2.38可以看出：①在可见光波段（400～730 nm）光谱反射率与叶绿素含量呈负相关关系，而进入近红外波段（730～1 050 nm）则与之相反，而且在690～710 nm波段相关系数绝对值超过0.8，说明红边参数能够有效表征植株的营养信息。②在350～450 nm波段原始系列数据点杂乱无章，说明高频噪声干扰了特征信息的提取；降噪后信号的相关性曲线变得光滑，而且在366、384、405、430和436 nm均存在极值点，其中366 nm对应于叶酸的特征峰，384和436 nm对应于叶绿素b特征峰，405 nm对应于叶绿素a特征峰。

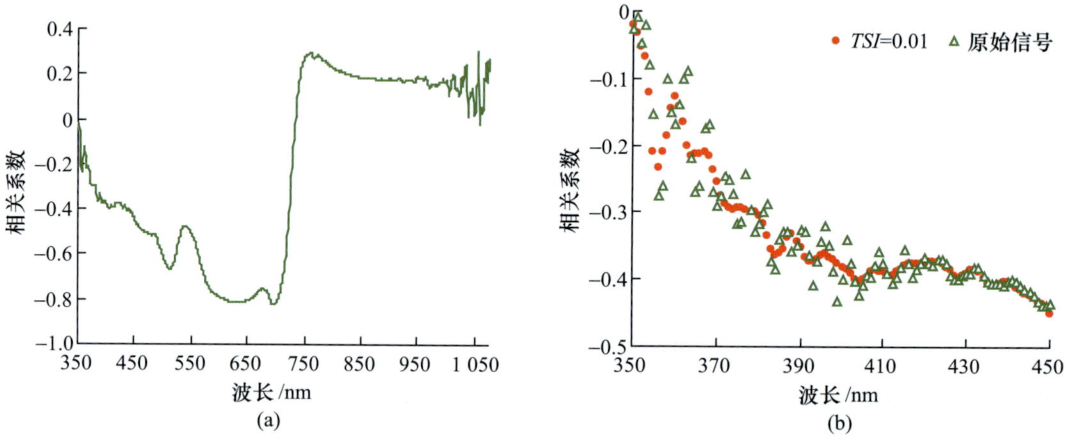

图2.38 番茄叶片反射光谱与叶绿素含量相关关系

(a) 350～1 050 nm；(b) 350～450 nm

2.4.4.4 预测模型建立与评价

选取40个光谱样品作为校正集，39个样品作为预测集进行建模和模型验证。首先对提取的各个特征波段进行共线性诊断，发现最大条件指数为36.81，最大方差膨胀因子为133.78，说明特征波段间存在一定的相关性。为了消除自变量间的共线性，采用偏最小二乘回归（PLSR），建立番茄叶片叶绿素含量的光谱预测模型。

为了明确各特征波段对模型及预测精度的贡献，把它们划分为 3 个集合：$a=\{366\}$，$b=\{384,405,436\}$，$c=\{554,675,693\}$。其中，366 nm 是叶酸的特征波长；384、405、436 nm 是叶绿素 a 和叶绿素 b 的特征波长，554 nm 是叶绿素的强反射峰，675 nm 是叶绿素敏感波段，693 nm 与叶绿素含量具有最大相关性。分别使用 c、$c\cup b$、$c\cup b\cup a$ 处的吸光度作为输入变量建立 PLSR 模型并使用预测集进行模型预测能力检验。

从表 2.14 可知，不同波长组合的校正模型的相关系数都较高。关于预测精度，当使用 554、675 和 693 nm 数据建模时，预测模型的相关系数 R_V 达到 0.812 4，能够满足实际应用的需求。而加入 384、405、436 nm 数据后预测精度提高到 0.829 7，说明叶绿素特征波长值对预测模型有一定贡献，但模型相对复杂。另外，当叶酸特征波长加入预测模型后，预测效果反而下降，其原因可能是叶酸无助于提高模型的预测精度；或者是因为验证集样本来自番茄结果晚期采集的叶片光谱，其叶酸特征已不显著或被淹没于高频噪声，具体原因还有待进一步分析研究。从表 2.14 还可以看出，小波降噪后模型的均方根误差（RMSE）得到了明显改善。

表 2.14　番茄预测和验证模型的评价参数

模型	建模特征波长集合	*RMSE*		R_C/R_V	
		原始信号	降噪信号	原始信号	降噪信号
校正	c	6.569 2	6.421 3	0.867 6	0.889 4
	$c\cup b$	6.459 9	6.332 9	0.871 7	0.892 6
	$c\cup b\cup a$	6.460 4	6.311 9	0.873 4	0.893 4
预测	c	6.724 6	6.525 7	0.800 4	0.812 4
	$c\cup b$	6.532 2	6.451 9	0.817 1	0.829 7
	$c\cup b\cup a$	6.695 3	6.507 8	0.805 2	0.815 1

2.5　基于光导纤维的作物长势监测仪开发[29]

传统的大田作物氮素管理方法是均匀施肥，但由于土壤肥力的空间变异性，在传统施肥方式下，田间某些区域获得的肥料量可能会多于作物实际需要量，而另外一些区域获得的肥料量不足。这些均导致作物的氮素利用率下降[30,31]。因地制宜、因需供求的精细农业管理方式则可以降低或者避免这种不利情况的发生。不过同时，精细农业的实现离不开大量土壤和作物信息作为输入或者决策依据，而这些田间信息，尤其是作物信息的获取，对成本、实时性、破坏性等都有较高的要求。

作物的健康状况在很大程度上与植株体内全氮含量的多少有关。施氮量的变化直接影响植株对氮素的吸收，进而引起叶片生理及形态结构相应变化，植株冠层的光谱反射特性也会随之变化。这是通过光谱手段获取作物生化参量信息的理论基础，使得大面积监测作物的营养状况成为可能。光谱技术也是精细农业不可或缺的基础技术之一。

为了解决大部分作物氮素分析方法成本较高、分析过程复杂、分析时间长等问题，基于光

的出口处，使测光室成为一个封闭的空间，且光电器件的信号引出线通过后盖中间的通孔引出。该单元既可以从顶部测量作物冠层的反射，又能测量作物其他部位的反射光谱；测量时可根据要求方便地改变测量波长；测光室密封性好，能排除外部干扰，而且光电器件距入射光很近，获得了很高的测光效率。

光电转换元件主要包括光敏电阻、光电二极管及光电三极管、光电池等，对这 4 种光电转换元件进行性能比较，选择了硅光电池作为光电转换元件，因为利用光电池作为探测器件，有着光敏面积大、频率响应高、光电流随照度线性变化等特点。硅光电池也有很多型号，本研究在综合考虑各项要求后，选择了性价比比较高的 2CR1227-01 硅光电池作为光电传感器。

滤光片中心波长分别为 530 nm 和 765 nm，半带宽选择为 30 nm，在选择峰值透射率时，希望其越高越好，但综合考虑价格和性能要求，将滤光片的峰值透射率选择为不小于 75%，背景深度小于 0.01%。

信号放大电路的原理框图如图 2.42 所示。首先要经过前置放大器 TLC271 实现 I/U 变换，消除噪声，然后经过二级放大，同时经过滤波消除高频噪声，将信号放大到合适的范围进行 A/D 转换。由前面的分析可知，光纤输出的光强度很低，入射到光电探测器上产生的光电流信号很小，因此前置放大电路的设计尤为重要。前置放大器的设计主要注意两个方面：运算放大器型号的选择和参数选择。应尽量选择噪声低的型号；并且对于前置运算放大器来说，反馈电阻越大，对光电池来说反馈电阻越大，但是这时信噪比却也提高了，所以应当适当选择前置放大电路中的反馈电阻。

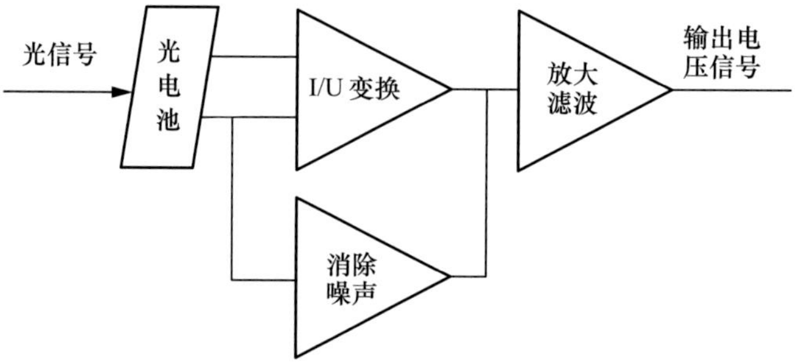

图 2.42 信号放大电路原理框图

处理单元的主要任务是数据采集、控制、显示。在仪器的面板上设有 6 个按键和液晶显示器，6 个按键的功能分别是：电源，复位，测标准板，测叶片，数据导出和联机测试，液晶显示器显示诊断结果。

2.5.3 监测仪的标定与性能试验

2.5.3.1 标定试验

如图 2.43 所示在温室内进行了仪器的标定试验。试验主要测量的数据有叶片的光谱反射率和叶片的叶绿素含量。光谱反射率利用所设计的长势监测仪测量，叶绿素含量是先将叶片置于用丙酮和乙醇按 2∶1 的比例配好的溶液中浸泡，然后利用吸光光度法测量。试验共采集了 89 片叶片样本，分为两个集合，其中 55 片作为标定集合，另外 34 片作为验证集合。

图 2.43 温室内仪器标定实验

利用长势监测仪所测的光谱反射率计算了 NDVI 值，图 2.44(a)是 NDVI 值与利用吸光光度法所测的叶绿素值的散点图(图中的"◆"点)，图中可见 NDVI 值与叶绿素含量间具有很高的线性相关性，其 R_C 值达到了 0.850。利用最小二乘方法建立的标定模型为

$$Y = 4.601C - 1.949 \tag{2.20}$$

式中：Y 为叶绿素含量；C 为计算所得的 NDVI 值。

为了检验监测仪的性能及检验上面模型的正确性，利用验证集合中的数据对上述模型进行了验证，验证结果见图 2.44(b)，其 R_V 达到了 0.841。由图 2.44 可知，利用作物长势监测仪所测的光谱数据可以计算出 NDVI，这一光谱指数与作物叶绿素含量之间存在着很高的线性相关性，因此可以利用开发的仪器定量分析作物的氮素含量及叶绿素含量，从而获得作物的长势信息，实现作物生长信息的无破坏性测量。

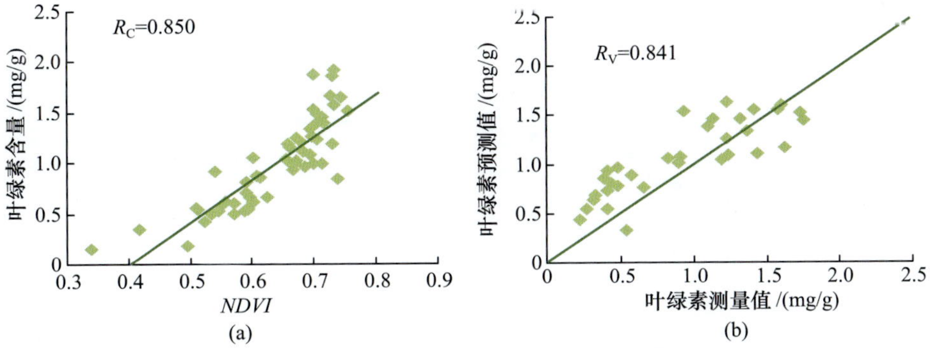

图 2.44 仪器的标定试验结果及应用

(a) 预测结果；(b) 验证结果

2.5.3.2 性能试验

为进一步检测仪器性能，进行了以下试验。

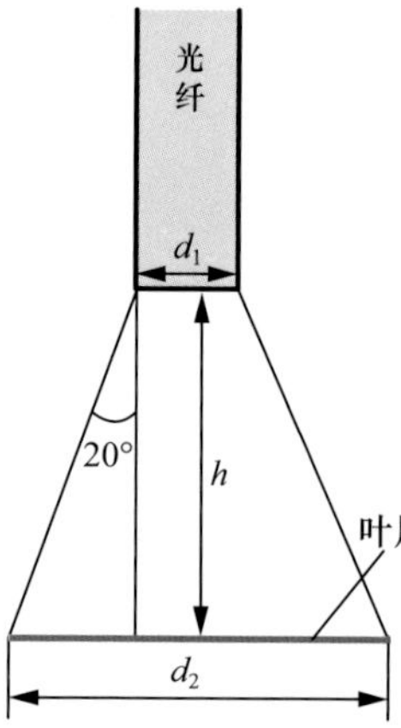

图 2.45 光纤探头采光区域

首先考虑测量距离即传感器光纤探头高度的影响。Y 形光纤入射端直径为 7 mm，两个出射端的直径均为 5 mm，光纤的视场角为 40°，光纤的采光区域（即检测范围）如图 2.45 所示，检测范围直径 d_2 和面积 S 可由式(2.21)计算：

$$\left.\begin{aligned} d_2 &= 2h\tan 20° + d_1 \\ S &= \frac{\pi}{4}d_2^2 \end{aligned}\right\} \tag{2.21}$$

式中：d_1 为光纤的纤芯直径，$d_1=7$ mm；h 为传感器光纤探头高度，mm。

当探头高度 h 取 50、55、60、65、70、75、80、85、90、95 和 100 mm 时，检测范围直径和面积随高度变化的对应关系如表 2.15 所示。

表 2.15 光纤探头高度、检测范围直径与面积的对应关系

高度 h/mm	测量范围直径 d_2/mm	面积 S/mm²	高度 h/mm	测量范围直径 d_2/mm	面积 S/mm²
50	43.397	1 479.096	80	65.235	3 342.246
55	47.037	1 737.626	85	68.875	3 725.635
60	50.676	2 016.888	90	72.515	4 129.836
65	54.316	2 317.035	95	76.154	4 554.729
70	57.956	2 637.994	100	79.795	5 000.547
75	61.596	2 979.766			

其次考虑光照强度与距离的共同影响。图 2.46 显示了在距离和光照强度共同影响下由照度计所测得的光照强度与自制作物长势监测仪所测得的 DN（光信号转变为电信号的电压值）的关系曲线。由图可以看出，在距离和光强均改变时，在不考虑距离影响的前提下，所测得的 DN 随着光照强度的增加仍然有上升的趋势，这说明光照强度对 DN 的影响是占有主导地位的。图 2.47 显示了在去除距离的影响后 DN 与光照强度间的相关关系，可以看出，由作物

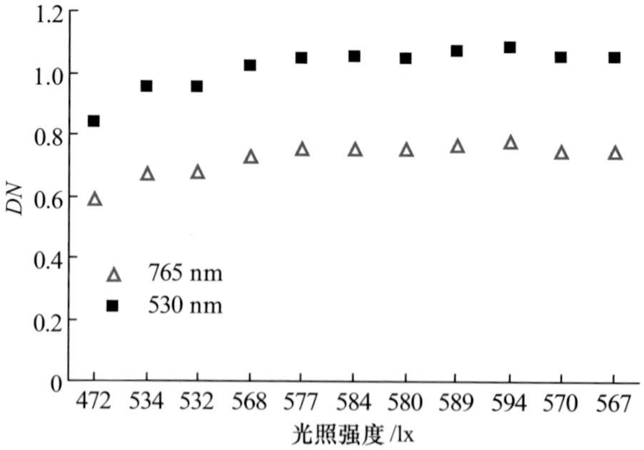

图 2.46 距离和光照强度均改变时的 DN 与光照强度的关系

长势监测仪所测得 DN 值与光照强度间存在很高的线性相关性，在 530 nm 和 765 nm 处的测定系数分别为 $R^2_{530}=0.979$，$R^2_{765}=0.984$。

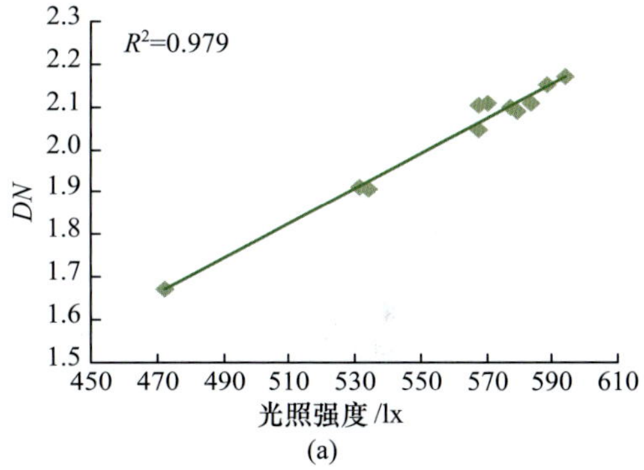

图 2.47　去除距离影响后光照强度与 DN 的关系

(a) 530 nm；(b) 765 nm

由前面的分析可以看出，光照强度与 DN 间存在很高的线性相关性，因此需要研究距离的影响，首先要取出光照强度的影响。利用回归校正法去除光照的影响，所测得距离和 DN 的相关关系见图 2.48。由于距离不同，所测得的叶片面积不同，因此结果如图 2.48 所示，随着测量距离的增大，所测得的 DN 有比较明显的上升趋势，也就是说测量距离与 DN 间也具有比较明显的线性相关关系。

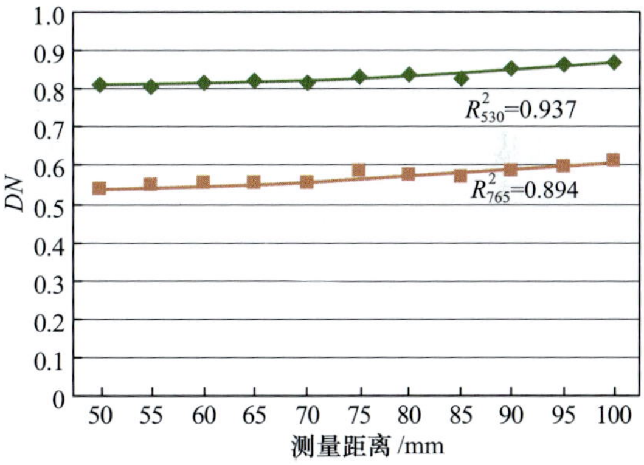

图 2.48　测量距离与 DN 的关系

测量时，也要考虑测量角度对结果的影响。将光纤倾斜一定的角度 α，见图 2.49。当 α 在 0～180°之间变化时，检测范围长度 d_2 的计算公式见式(2.22)、式(2.23)和式(2.24)。

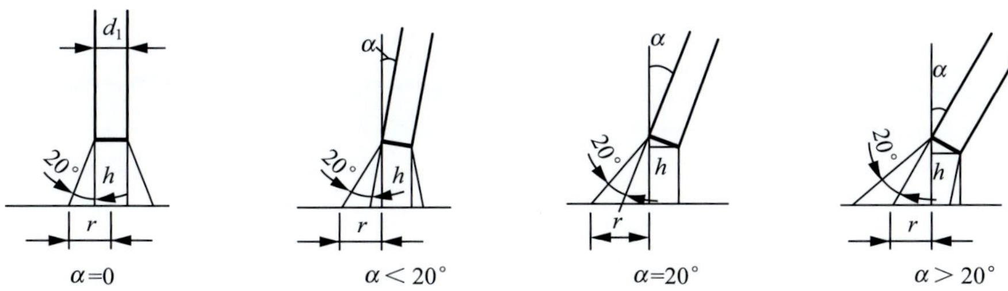

图 2.49　测量角度变化示意图

当 $\alpha=20°$时　$$d_2=r+d_1\cos 20° \tag{2.22}$$

当 $\alpha<20°$时　$$d_2=r+d_1\cos\alpha+(h-d_1\sin\alpha)\tan(20°-\alpha) \tag{2.23}$$

当 $\alpha>20°$时　$$d_2=r+d_1\cos\alpha-(h-d_1\sin\alpha)\tan(\alpha-20°) \tag{2.24}$$

式中：$d_1=7\text{mm}$，$r=h\tan(20°+\alpha)$。

当保持测量高度不变，测量角度由5°～40°变化时，利用上述公式计算所得的检测范围长度见表2.16。

表2.16 测量角度与测量范围的对应关系

测量角度 α/(°)	光照强度/lx	高度 h/mm	r/mm	检测范围长度 d_2/mm
5	422	50	23.315	43.522
10	515	50	28.867	44.363
15	370	50	35.010	45.987
20	376	50	41.954	48.532
25	477	50	50.000	52.023
30	487	50	59.587	53.525
35	398	50	71.407	64.819
40	425	50	86.602	81.240

由于仪器是采用太阳光作为光源，而太阳光照强度是不断变化的，并且光照强度对仪器影响很大(见图2.47)，所以在实际的试验时要注意太阳光的影响。表2.16中也记录了在进行角度影响试验时，在每一测量角度下光照强度的大小。

如前面所分析的，光照强度与所测 DN 有很大的线性相关性，而由表2.16也看到了在不同的测量角度时，光照强度的变化是很大的，所以首先要去除光照强度的影响。图2.50显示了利用回归校正法去除光照强度的影响后所测 DN 与角度的相关关系，可以看出角度与 DN 间无明显的相关关系，原因可能是虽然随着倾斜角度的增大，所得的测量范围增大，但是光照强度也在不断变化。

保持测量角度、距离均不变，采用垂直标准板，距离为50 mm，用作物长势监测仪测量反射光强，同时测量光照强度，重复测量46次，看仪器重复性能的好坏。同前面的分析一样，若要进行重复性试验，首先要消除光照强度变化的影响，其结果见图2.51。由图2.51可以看出，重复测量46次，所测得数据具有一定的波动性，但是其上下波动的范围很小，所以说明仪器具有较好的稳定性。

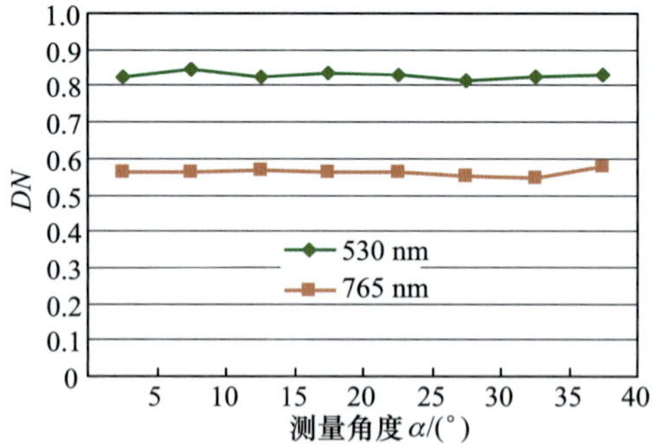

图2.50 **DN 与测量角度 α 的关系**

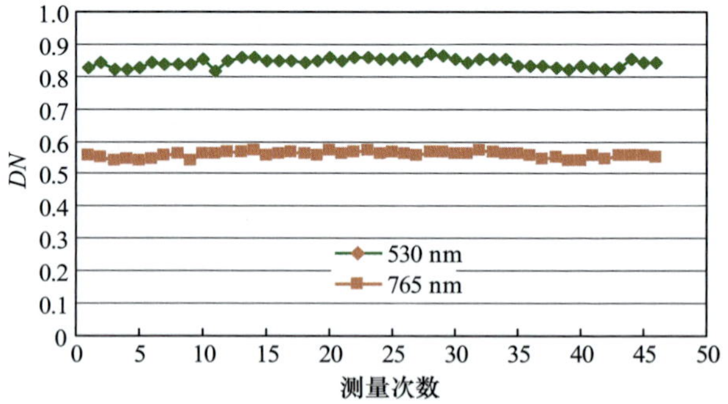

图2.51 **仪器的稳定性试验结果**

利用植被冠层的光谱特征诊断作物长势，一直是一个非常活跃的研究课题。NDVI 是在卫星遥感数据的基础上提出来的，波段的选择考虑了背景、大气等的影响。但当采用近地光谱测量方式诊断作物长势时，由于可以人为消除土壤背景和大气的影响，波段的选择则没有必要拘泥于红光和近红外波段。可以根据不同作物特有的吸收特性，选择更有个性的波段，开发出精度更高、更有针对性的便携式作物长势分析仪器。

2.5.4 监测仪的应用[37]

应用所设计的温室作物长势监测仪对温室黄瓜长势信息与其光谱反射特性进行了研究。试验对象作物为黄瓜，种植环境为雅典农业大学温室，采用基质栽培法。为了在试验中获得不同营养水平下生长的作物，采用不同营养胁迫条件种植和管理，共 2N、N、0.5N 和 0.2N 4 种氮素营养水平，对应的营养液含氮量分别为 0.134、0.067、0.033 和 0.013 kg/L。

试验于 2008 年 3 月初开始，共种植了 40 株黄瓜，每种营养液配方各 10 株，分别种植在不同的盆中。在种植过程中采用滴灌方式进行自动灌溉，每 3 h 灌溉一次，每次灌溉 4 min，水量 100 mL/min。黄瓜育苗时间为 3 月初，移植时间为 3 月 18 日。在作物定植后，以约 1 周为间隔，在黄瓜不同生长阶段对黄瓜叶片进行了光谱数据的采集，图 2.52 中所示为不同生长阶段采用作物长势监测仪采集到的 NDVI 数据。图中可明显看出，在黄瓜生长初期，4 个含氮水平下的 NDVI 值存在明显的差异，同时同一水平下新生叶片和老叶片的 NDVI 值也有差异，具体差别如表 2.17 所示。随着黄瓜的生长，2N、N、0.5N 三个施氮水平的 NDVI 值的差异趋于减小，但是 0.2N 的 NDVI 值仍与其他 3 个水平有显著差异。到黄瓜生长后期，4 个含氮水平的 NDVI 值都明显减小，2N、N、0.5N 3 个水平之间的 NDVI 值差异趋于微小，但仍与 0.2N 水平的 NDVI 值有显著差异。这是因为近红外波段冠层反射率变化主要受黄瓜叶片冠层结构和叶片反射特性影响，随施氮量的增加，黄瓜叶片生物量和叶面积增加，从而增强散射返回的概率，而且含氮量高的叶细胞大且间隙也大，细胞壁水化度也高，对近红外光反射亦强，两方面共同作用表现出近红外波段的反射率增加。2N 水平的施氮量最大，所以其近红外区域反射率亦最大，NDVI 值也大。在可见光范围内，冠层反射率随施氮量的增加而降低，尤其在绿光波段最为明显，这主要是由于随施氮量增加，叶片叶绿素含量增加造成的。随着生育时期的后移，冠层光谱反射率在可见光范围内逐渐增加，而在近红外范围内逐渐降低，这亦是叶绿素含量变化和叶片、冠层结构改变造成的。

表 2.17 黄瓜生长初期 NDVI 值

施氮水平	老叶片	新叶片	总平均	叶片氮含量/(mg/g)
2N	0.747 452	0.677 219	0.712 335	3.69
N	0.689 387	0.600 076	0.644 731	3.535
0.5N	0.588 532	0.474 827	0.531 679	2.51
0.2N	0.528 132	0.455 695	0.491 913	2.28

从图 2.55 中可以看到 2N 级的黄瓜产量始终比较高，这和之前测量的黄瓜 NDVI 值的变化趋势趋于吻合。从黄瓜株高与产量之间的相关分析（图 2.56）可以看出，产量与黄瓜株高关联性很高。

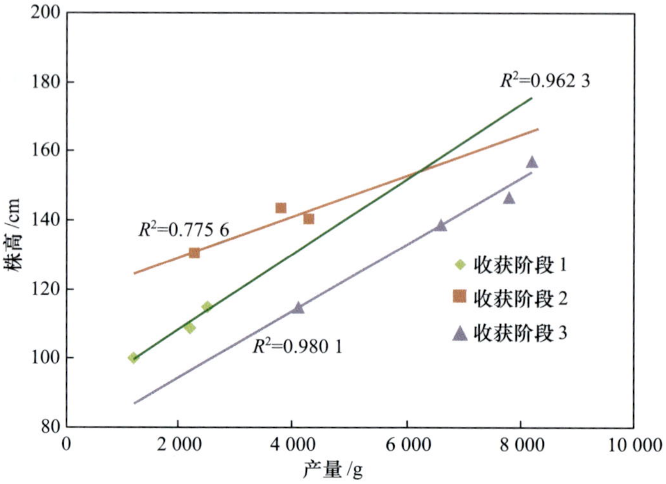

图 2.56　黄瓜产量与株高的相关性分析

综上所述，对每周采集的 NDVI 数据、作物生长特征信息以及产量信息进行分析统计，NDVI 信息与黄瓜叶片含氮量具有很大的相关性，表明这种方法可以用于黄瓜叶片含氮量信息的快速诊断。

2.6　便携式双通道冠层分析仪开发

根据作物 NDVI 测量的原理以及对仪器在操作性和通用性方面的要求，开发了一款基于光谱学原理的便携式双通道作物冠层分析仪。此分析仪以太阳光作为被动光源，实现了准确、实时、快速及低成本的测量。

2.6.1　便携式双通道冠层分析仪的设计开发[38]

图 2.57 为开发的无线作物冠层分析仪的原理图和实物图。仪器主要由传感器与控制器 2 个部分组成。传感器主要负责光学信号的采集、放大、发送等工作，控制器则负责将接收到的数据进行处理、显示、存储等。该仪器可以对作物冠层植被指数进行实时监测，从而为作物的实时管理提供必要的技术支持。并且此系统开发成本低，体积小，重量轻，使用简单方便，适合农田推广。

2.6.1.1　设计思想

2.5 节的作物长势监测仪在每次测量作物之前需要先测量白板，用以计算相对反射率，使得测量过程复杂，不利于推广应用。因此本节介绍的监测仪采用 2 套传感器，分别同时测量太阳光（入射光）和作物冠层反射光，减少了标准白板测量环节。设计思想如下。

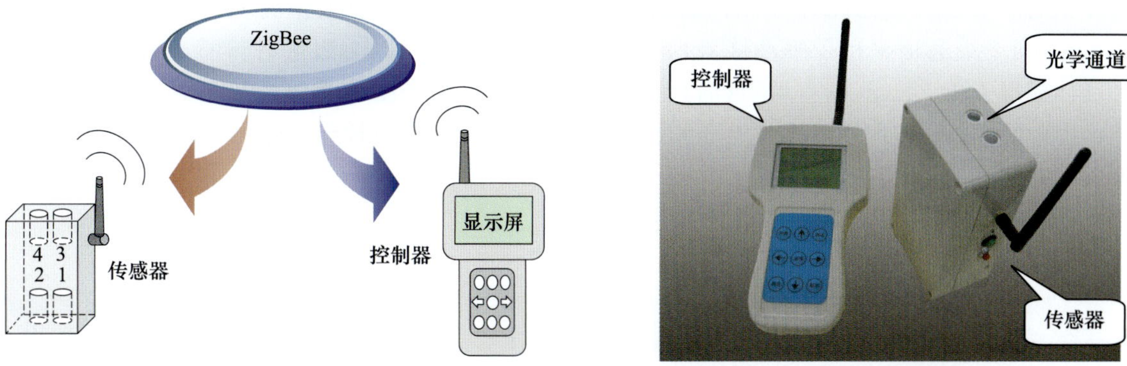

(a) (b)

图 2.57 便携式双通道冠层分析仪

(a) 原理图;(b) 实物图

若装置测得红光特征波长处的入射光通道信号强度为 E_R,反射光通道信号强度为 E_{RR},近红外特征波长处的入射光通道信号强度为 E_{IR},反射光通道信号强度为 E_{IRR},则 R_R、R_{IR} 可由此 4 个信号值求出:

$$R_R = k_R \frac{E_{RR}}{E_R};\ R_{IR} = k_{IR} \frac{E_{IRR}}{E_{IR}} \tag{2.25}$$

式中:k_R、k_{IR} 分别为可见光与近红外通道组的光学参数。于是可以通过入射光和反射光的强度推导出另一个公式来计算 $NDVI$:

$$NDVI = \frac{k_{IR}E_{IRR}E_R - k_R E_{RR}E_{IR}}{k_{IR}E_{IRR}E_R + k_R E_{RR}E_{IR}} \tag{2.26}$$

令 $k = \frac{k_{IR}}{k_R}$,式(2.26)进一步简化为

$$NDVI - \frac{kE_{IRR}E_R - E_{RR}E_{IR}}{kE_{IRR}E_R + E_{RR}E_{IR}} \tag{2.27}$$

特征常数 k 可利用一块 $NDVI$ 值为 0 的标准白板通过标定测量得到,设标准白板测得的各通道光强分别为 E_{R0}、E_{RR0}、E_{IR0} 及 E_{IRR0},根据式(2.27)可得 k 值的计算公式如式(2.28)所示:

$$k = \frac{E_{IR0}E_{RR0}}{E_{R0}E_{IRR0}} \tag{2.28}$$

k 值可以在仪器初始标定时得到,作为仪器参数固化在仪器中,实际使用时不需要再次测量。这个过程称为光学标定。

2.6.1.2 硬件开发

图 2.58 为传感器的结构框图,主要包括了光学及电路部分。光学部分主要由 2 对光学通道构成,通道 1、3 为红光通道,通道 2、4 为近红外通道。上面 2 个通道(通道 3、4)用来测量太阳光的辐射强度,下面 2 个通道(通道 1、2)用来测量作物冠层的反射光强。每组通道

内有相同中心波长的滤光片和相同材料的光敏器件。为了避免太阳光角度对测量产生的影响，上面 2 个通道采用了平凸式乳白漫反射片作为光学窗口。测量时传感器被垂直放置在目标冠层上方 20 cm 左右处，这时进入光学通道的光线强度被光电二极管转换成电流信号，分别经放大器放大并转换为电压信号，最后通过 A/D 转换被传感器控制模块读取并发送至控制器。

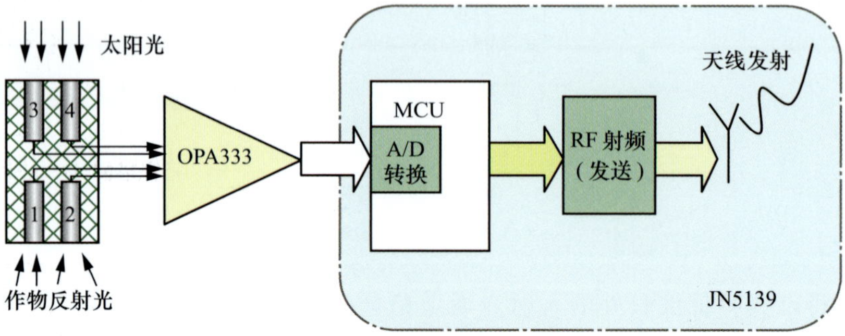

图 2.58　传感器的结构框图

如图 2.59 所示，每个光学通道都由 4 个零件构成，之间通过螺纹连接。光学元件之间增加垫圈作为保护，密封性好且易拆卸，能有效消除杂散光的影响。根据合作单位在冬小麦作物敏感波段选取方面的研究[39]，选取了 610 nm 与 1 220 nm 作为红光及近红外通道的敏感波段，各通道也采用了相应中心波长的滤光片。红外波段的探测器选择了 PIN 型 Si 光电二极管；由于近红外通道的中心波长超出了 Si 光电二极管的光谱敏感范围，另选择了对近红外光敏感的 InGaAs 光电二极管作为探测器。由于不同作物之间甚至是同一作物不同品种之间作物反射光谱的敏感波段都有所不同，而不同敏感波段处的反射率以及各光学通道得到的反射光强也有所不同，作物长势的预测模型也将有所差别。为了能针对其他作物或品种获得其灵敏波段的植被指数，提高作物长势的预测精度，可以通过更换各通道内滤光片的方法来获得其他敏感波段处的植被指数。并且，光学通道的螺纹设计也有效地保证了光学元件更换的便捷性，大大提高了仪器的通用性。

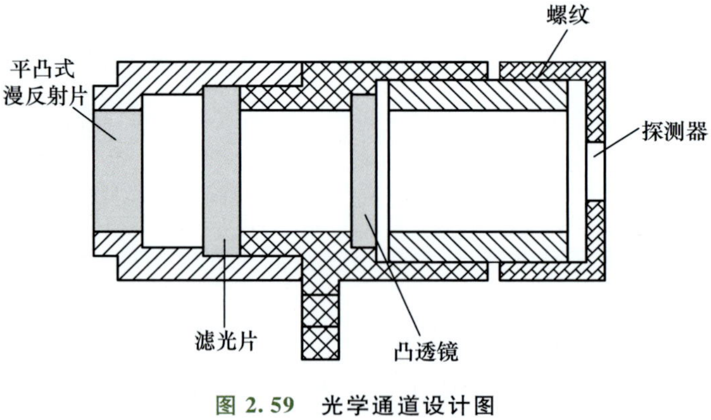

图 2.59　光学通道设计图

信号调理电路如图 2.60 所示。光电二极管工作在反向偏置状态，U_r 为偏置电压。从光电探测器出来的电流信号非常微弱(微安级),经 R_2 转化为电压信号后需要通过放大器进一步放大。前置放大器采用 OPA333。OPA333 不仅具有很低的失调电压(2 μV),能有效提高测量的灵敏度,而且还具有低偏置电压(最大 10 μV)、低偏置电流(最大 200 pA)、超低功耗(静态电流 17 μA)、3～5 V 单极性供电等优点,可以与 JN5139 无线模块共用同一电源调理芯片,简化了电源部分的设计。反馈电阻 R_1 采用可变电阻,可以根据各通道信号的强弱调整放大倍数,放大倍数等于 R_1/R_2。

图 2.61 为控制器的结构图,主要包括主控芯片以及液晶显示、键盘、串口等一些外设和接口。液晶模块为 3 V 供电,与主控芯片通过 2 根通用数字 I/O 口连接(1 根数据线,1 根时钟线),采用串行方式通信。输入系统采用 9 键矩阵式键盘,包括复位、存储、格式化数据、上传数据等功能按键。模块内部包含 32 kB Flash 存储器,用以存储数据,足够实际使用。每采集一次数据,4 个探测器测得的电压值和计算得出的 k 值、NDVI 值连同测量序号按特定的格式共同存入 Flash 中,最终通过串口上传到计算机。

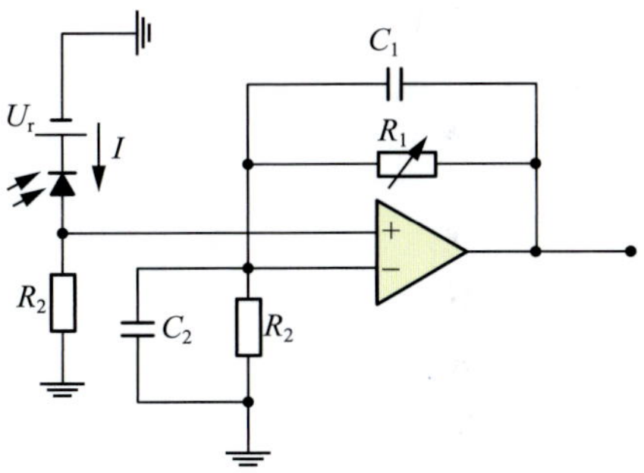

图 2.60 信号调理电路

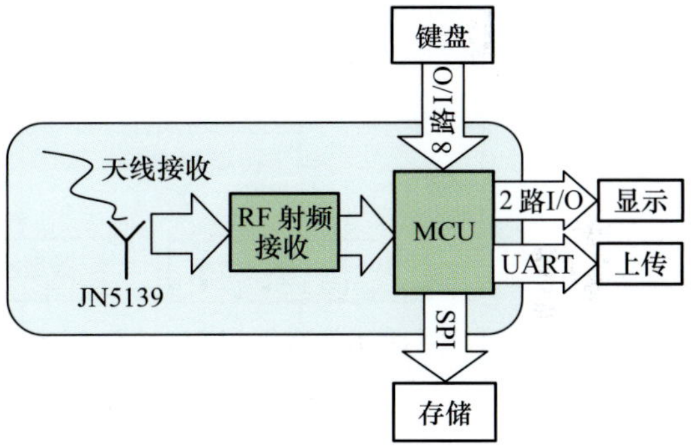

图 2.61 控制器结构图

2.6.1.3 软件开发

传感器与控制器的控制芯片均使用英国 JENNIC 公司生产的 JN5139 无线传输模块。JN5139 无线模块内嵌了低速率、低功耗同时也是低成本的 ZigBee 无线通信技术,最大传输速率为 250 kb/s,非常适用于数据量不大的传感器数据采集与传输。硬件方面,JN5139 模块自身还集成了 A/D 转换器、Flash 存储器和天线接口等外设,提高了开发速度;软件方面,该公司提供嵌入了 ZigBee 无线协议的编译器。

图 2.62 为传感器控制软件流程图,具体的工作过程是:程序启动初始化后打开定时器,随即进入休眠模式,当时钟溢出时产生中断,确认定时完成后即开始进行数据采集、发送,然后再次打开定时器。软件中将定时器设置为 1 s,运行的结果就是传感器每隔 1 s 传送 1 组数据至控制器。

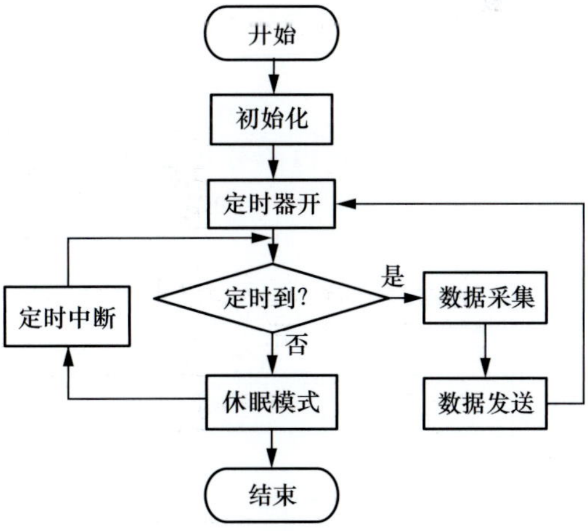

图 2.62 传感器控制软件流程图

控制器是网络中的协调器，负责组建整个网络。由于要时刻准备接收来自终端的无线数据，它不能进入休眠模式，否则将无法接收到数据。控制器上电后就立刻进入初始化程序，搜索并组建整个网络，然后进入等待中断的空闲模式。在这个模式下，控制器的所有元器件都正常上电工作，所以它的功耗比传感器大很多，加上外围元件的总体工作电流为 60 mA 左右。当有无线数据接收时程序自动转到数据接收子程序，如果是外部键盘产生的中断，程序要进行 10 ms 的去抖，然后判断中断的来源，最后转到与其相应的中断处理程序。具体的软件流程如图 2.63 所示，由于中断的数量比较多，所以图中只代表性地列举了数据无线接收、串口上传数据至电脑和数据保存这 3 个中断处理流程。

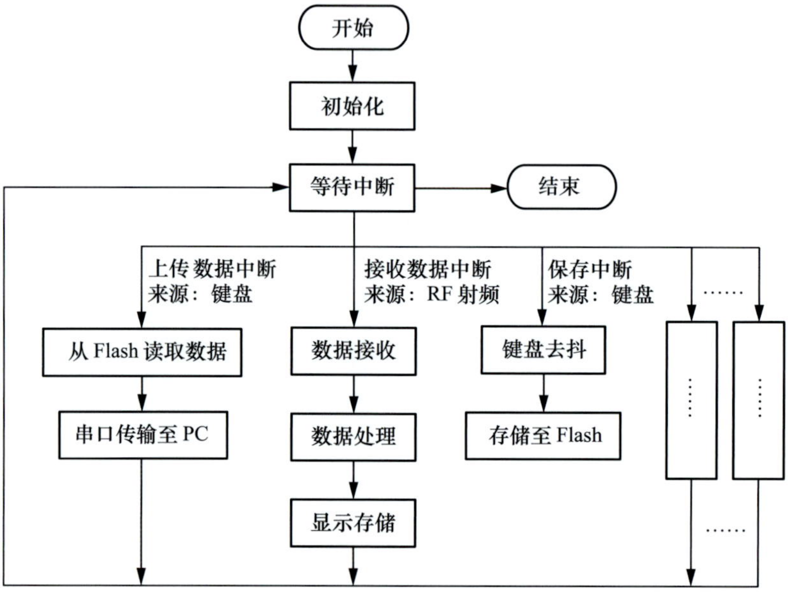

图 2.63　控制器软件流程图

2.6.1.4　标定试验

标定试验中采用照度计测量太阳光强，同时使用开发的冠层分析仪对一块标准白板进行测量。测量从 9:40 到 14:00，每隔 20 min 测量一次，共取得 14 组测量值。分析仪距标准白板的垂直测量高度为 20 cm，每组重复测量 5 次取平均值。

图 2.64 为试验测得的分析仪光学特征常数 k 的散点图，其计算式见式(2.28)。其中 E_{RR0}、E_{IRR0}、E_{R0}、E_{IR0} 的值分别对应于光学通道 1～4 测得的电压平均值，k 为整个光学单元的特征常数。试验测得 k 的平均值为 0.822，标准偏差为 0.029 6。各通道与照度计测量结果之间的相关系数达到了 0.95。此外，标定试验还对分析仪的无线传输性能进行了测试。试验结果显示无线传输信号稳定，传感器与控制器之间没有障碍物时传输距离达到 150 m。

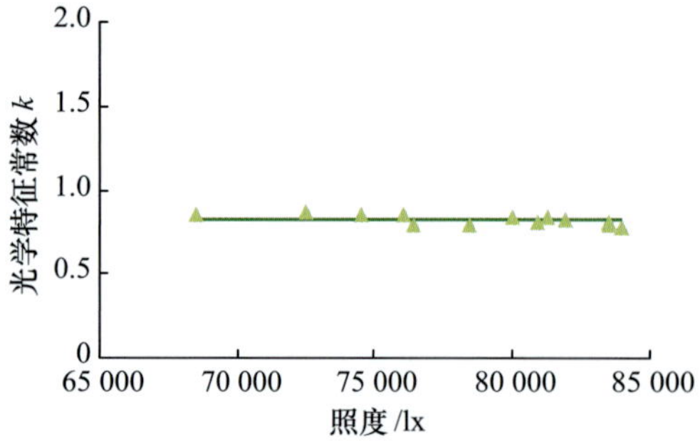

图 2.64　分析仪光学特征常数 k 测量结果

2.6.2 便携式双通道冠层分析仪的田间应用

2.6.2.1 水稻试验

1. 田间试验

水稻的施肥一般分为3个阶段：禾苗移栽前的基肥，移栽1～2周后的返青肥即蘖肥，抽穗期前的穗肥，其中最适宜并且最有效的变量施肥时机为穗肥期。因此，于2008年7月上旬，即当地水稻的分蘖期，在黑龙江省建三江农垦分局七星农场与科研所两处水稻试验田共进行了2次田间试验。水稻品种为“空育131”。每块试验田按照施氮水平的高低包含5个处理(0、35、70、105、140 kg/hm^2)、4个重复，共44个小区，两块试验田的小区划分完全相同，如图2.65所示。①、②、③、④区的宽行区施了基肥、蘖肥及穗肥，而窄行区都只施了相应的基肥与蘖肥(各期氮肥施用量见表2.19)。基肥在移栽前已经完成施肥；蘖肥于移栽10 d后(5月底)进行施撒，穗肥于7月9日(分蘖期的田间试验完成后)施撒。宽行区的第Ⅴ个处理被分成了2个裂区，其中一个裂区比其他处理提前1周施穗肥。

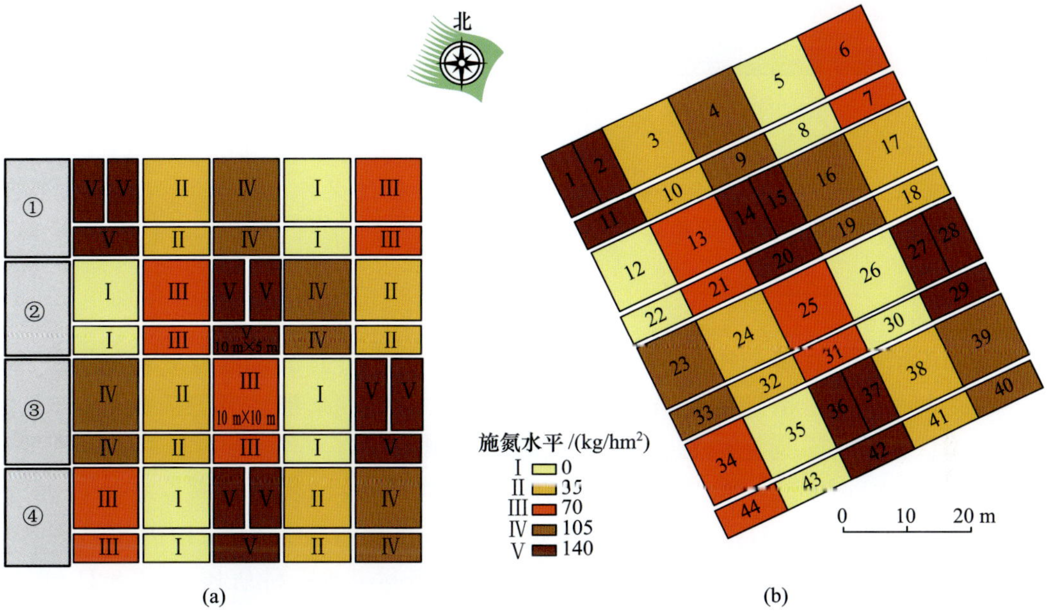

图2.65 七星农场(a)和科研所(b)试验田的小区划分

表2.19 水稻试验氮肥施用量 kg/hm^2

肥料	处理Ⅰ	处理Ⅱ	处理Ⅲ	处理Ⅳ	处理Ⅴ
基肥(45%)	0	15.75	31.50	47.25	63.00
蘖肥(20%)	0	7.00	14.00	21.00	28.00
穗肥(35%)	0	12.25	24.50	36.75	49.00
氮肥总量	0	35.00	70.00	105.00	140.00

分析仪测量试验的具体日期为：七星农场试验田7月7日（分蘖期）、科研所试验田7月8日（分蘖期）及七星农场试验田7月23日（抽穗期）。由于此仪器是以太阳光为光源的被动光源式传感器，需选取晴天的9:00—14:00这一时间段到试验田进行测量。每个处理小区内随机选取5个不同的测量点，每个测量点重复测量3次后取平均，分析仪的测量高度保持在距离水稻冠层20 cm左右。图2.66为田间试验情景。

图 2.66 冠层分析仪水稻田间试验

田间测量试验完成后对每个小区的水稻植株进行整株采样，在实验室烘干，测量了干物质重量，并用化学定氮方法测量了每个样本的全氮含量；最后在收获时记录了每个小区的产量。

2. 结果与分析

首先分析了七星农场7月7日与科研所7月8日两次田间试验中施氮量与冠层NDVI测量结果之间的关系。由于试验当天，大部分处理只完成了基肥与蘖肥的施撒，只有处理Ⅴ的一半裂区提前了1周施穗肥。因此，此时的施肥水平有6个，分别是0、22.75、45.5、68.25、91和140 kg/hm²。将4个重复中相同处理内分析仪的测量结果取平均，得到施肥量相同的各处理的平均NDVI值，并与施肥量作对比，得到如图2.67所示的相关关系。可以看出，七星农场7月7日（图中的QX7.7）的R^2高达0.99，科研所7月8日（图中的

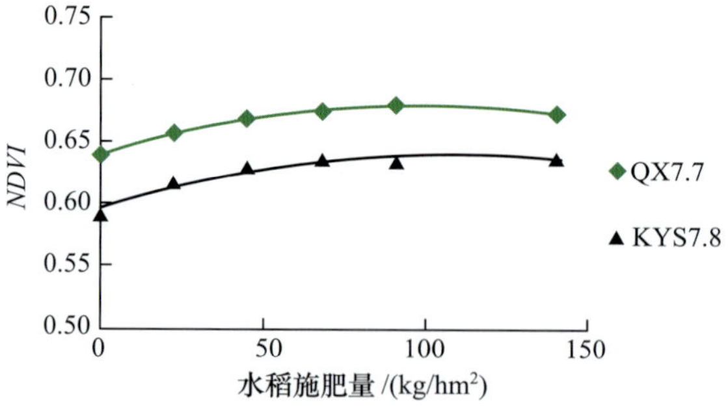

图 2.67 水稻冠层 NDVI 值与施肥量的相关关系

KYS7.8)的 R^2 也达到 0.94，NDVI 与施肥量的相关性非常显著。并且，由 2 条趋势线的形状可以看出，NDVI 并不与施肥量成线性相关，即并不是施肥越多，NDVI 值越高，过量的施氮反而会引起 NDVI 值的降低。这也符合作物生产经验中长势、产量等与施氮量的定性关系。

可以看出，由于 2 块试验田的品种一样，试验得到的模型曲线也非常一致：

七星农场 7 月 7 日　$y_1=-4\times10^{-6}x^2+0.0008x+0.6408$　(2.29)

科研所 7 月 8 日　$y_2=-4\times10^{-6}x^2+0.0009x+0.5966$　(2.30)

为了使氮肥得到最大的利用率，理想的肥力为二次函数曲线的最顶端处的肥力(顶点肥力)。少于顶点肥力会造成氮肥无法满足作物最优生长的需要，反之，多于顶点肥力则会造成氮肥过量，作物被“烧叶”等，不仅增加了种植成本，还严重影响产量，对生态环境也将造成很大压力。

取当前肥力 x 与 NDVI 测量值的计算公式如下：

$$NDVI=-4\times10^{-6}x^2+0.0008x+c \tag{2.31}$$

其中 c 为与田块肥力吸收效率、天气等其他农学影响因子相关的参数，不同地块 c 的值也不同。根据模型可以算出 NDVI 最大值处的顶点肥力 x_{max} 为 100 kg/hm^2。在执行穗肥推荐前，需要对这一田块的 c 值进行确定。确定方法为：利用分析仪对这一田块里生长情况最为理想处的水稻冠层进行测量，建议测 10 点以上取平均，设测得的 NDVI 值为 $NDVI_{max}$，将(x_{max}，$NDVI_{max}$)代入式(2.31)中，得到 c 的值。求当前肥力 x 在(0,100)单调区间内的反函数，得

$$x=100-500(0.04+c-NDVI)^{0.5},\ x\in(0,100) \tag{2.32}$$

最终推荐施肥量 f 为顶点肥力减去当前肥力 x，得

$$f=100-x=500(0.04+c-NDVI)^{0.5} \tag{2.33}$$

其中

$$c=NDVI_{max}+4\times10^{-6}x_{max}^2-0.0008x_{max} \tag{2.34}$$

为了进一步研究不同植被指数与水稻各主要生物量之间的相关关系，试验还分析了不同时期各试验田不同处理的叶片含氮量、生物量及产量等反映水稻生长状况的指标与 RVI、NDVI 测量结果的相关性。所有测量结果也都进行了上述聚类分析处理(即各重复之间相同处理内取平均)。图 2.68 与图 2.69 分别显示了七星农场 7 月 7 日与 7 月 23 日水稻叶片含氮量及水稻生物量与 RVI、NDVI 的相关关系。

将七星农场 7 月 7 日、科研所 7 月 8 日、七星农场 7 月 23 日的 3 次试验中相同处理内的 NDVI 值与水稻产量数据取平均，分别得到 NDVI 与产量的相关关系，如图 2.70 所示，R^2 均达到了 0.95 以上，显示了利用 NDVI 预测水稻产量的巨大可能性。

由图 2.70 中还可以看出，不同试验中 NDVI 与产量的关系的预测趋势大体一致，又因地块、日期等差异有细微差别。尝试性地将预测精度最高的 QX7.7 试验中 NDVI 预测产量的模型

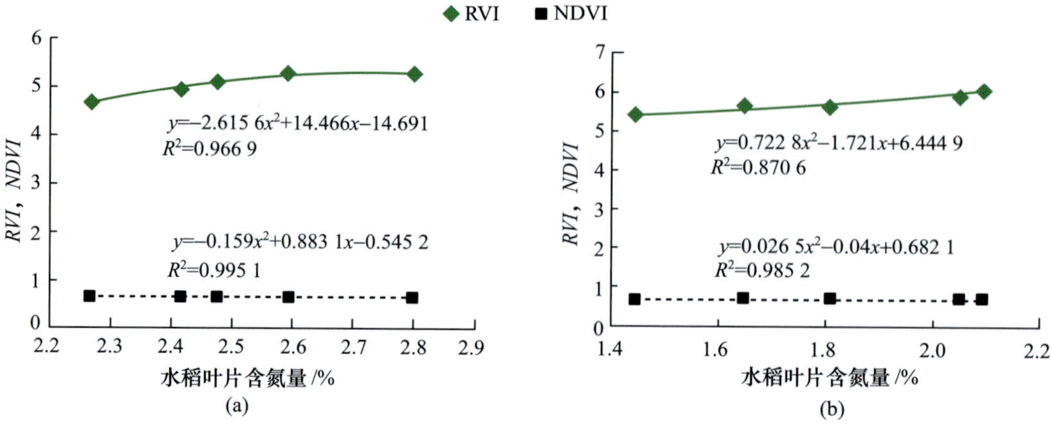

图 2.68　水稻叶片含氮量与 RVI、NDVI 的相关关系

(a) QX7.7;(b) QX7.23

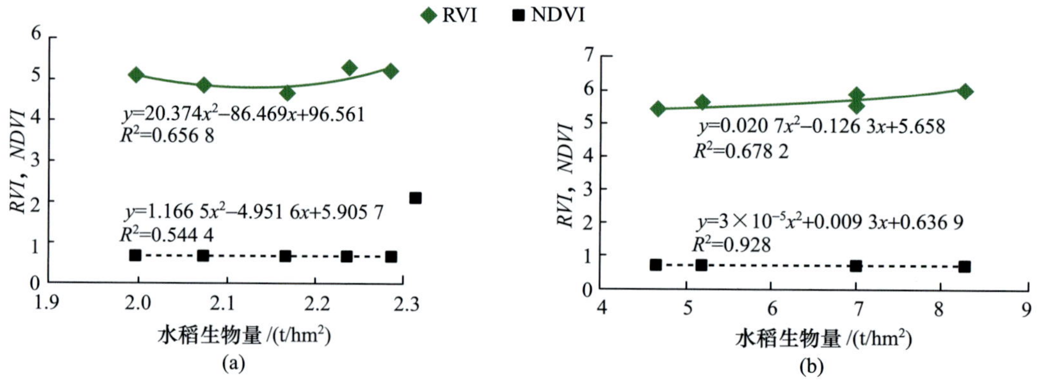

图 2.69　水稻生物量与 RVI、NDVI 的相关关系

(a) QX7.7;(b) QX7.23

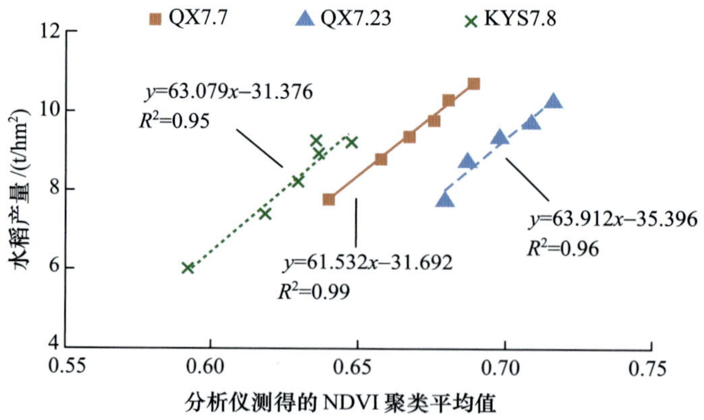

图 2.70　水稻冠层 NDVI 值与产量的相关关系

$$y = 61.532x - 31.692 \tag{2.35}$$

应用到另外两次试验数据中，即应用此模型通过另两次试验中测得的 NDVI 值来预测产量，如图 2.71 所示，初步显示了较好的预测能力。由图可见，KYS7.8 试验中二者之间的相关性高达 0.8，而 QX7.23 试验中的相关性约为 0.6。KYS7.8 的试验时期与本次所用的预测模型来源——QX7.7 的试验时期一致，可能是导致预测精度较高的主要原因。

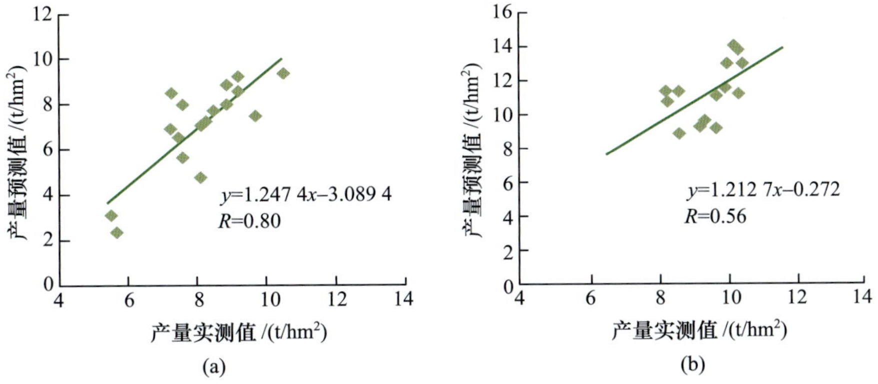

图 2.71 KYS7.8 和 QX7.23 试验测得的 NDVI 对产量的预测值与产量实测值间的相关关系

(a) KYS7.8 预测结果与实测值的关系；(b) QX7.23 预测结果与实测值的关系

2.6.2.2 小麦试验

1. 田间试验

用双通道冠层分析仪及 ASD FieldSpec HH 型光谱仪同步对拔节期健康程度不同的冬小麦冠层光谱进行测量(图 2.72)，并将小麦叶片采样回实验室进行叶绿素及全氮含量的化学分析测量。通过 NDVI 测量结果与小麦叶片营养含量的关系，建立冬小麦的营养监测模型。试验对象为京冬 12 号冬小麦，试验于 2010 年 5 月 19 日(小麦拔节期)在北京市昌平区小汤山国家精准农业示范基地进行。

图 2.72 双通道冠层分析仪冬小麦试验

2. 结果与分析

图 2.73 为作物冠层分析仪对拔节期冬小麦的冠层 NDVI 测量结果与实验室方法得到的叶片全氮含量和叶绿素之间的关系，决定系数分别达到了 0.85 与 0.71。

按照上述实验结果建立冬小麦叶片全氮含量与叶绿素含量的预测模型，如下式所示：

$$TN_{\text{leaf}} = 0.271\ 8e^{NDVI} \tag{2.36}$$

$$C_{\text{leaf}} = 169.73NDVI - 30.463 \tag{2.37}$$

式中：TN_{leaf} 为叶片的全氮含量；C_{leaf} 为叶片的叶绿素含量；$NDVI$ 为分析仪测得的 NDVI 值。

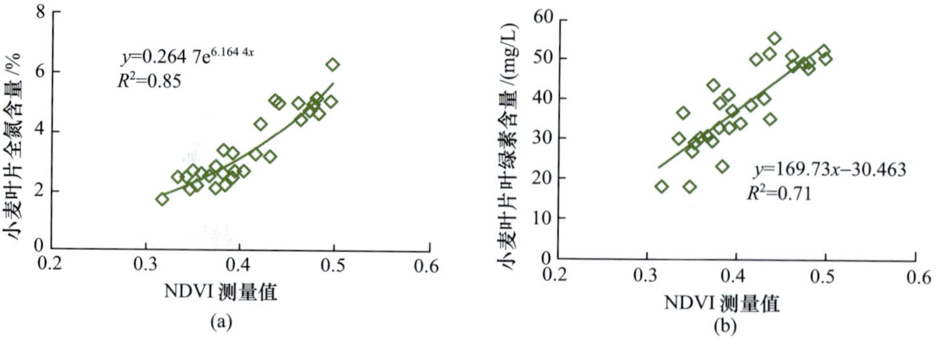

图 2.73 NDVI 测量结果与小麦叶片全氮含量和叶绿素的关系

(a) NDVI 与叶片全氮含量和叶绿素的关系；(b) NDVI 与叶片叶绿素含量的关系

将冬小麦按叶片全氮含量的多少分为严重缺肥(叶片全氮含量<3%)、轻微缺肥(3%≤叶片全氮含量<5%)、健康(5%≤叶片全氮含量<6%)、氮肥过量(叶片全氮含量≥6%)4 个等级。利用式(2.36)按分析仪测得的 NDVI 值进行全氮含量估测，进而判断作物的营养状况，并与实验室用定氮仪测得的真实全氮含量及其营养状况作对比。分析仪判断作物氮肥胁迫的准确性统计如表 2.20 所示，准确率=26/30×100%=86.7%。

表 2.20 分析仪对作物氮肥胁迫判断正误表(样本数:30)

氮肥胁迫情况	定氮仪结果			
	严重缺肥(<3%)	轻微缺肥(3%～5%)	健康(5%～6%)	氮肥过量(>6%)
严重缺肥(<3%)	14(√)	1(×)	—	—
轻微缺肥(3%～5%)	1(×)	10(√)	—	—
健康(5%～6%)	—	1(×)	2(√)	1(×)
过量(>6%)	—	—	—	—

2.7 车载式四通道冠层监测系统开发

2.7.1 车载式四通道冠层监测系统的设计开发

2.7.1.1 系统介绍

为进一步拓展仪器的功能，实现仪器在多个波段测量，获取更多的作物光谱信息量以及植被指数，开发了新型的四通道(波段)冠层分析仪[40]。新仪器实现了波段的可更换性，构建了无线传感器网络，并实现了车载式应用，提高了仪器的精度与通用性。

图 2.74 为四通道冠层监测系统的总体结构示意图。选用集成了协调器节点的 PDA 作为控制器对整个网络进行数据的采集、处理与存储。控制器上电后即构建网络，允许同一网络中的多个传感器加入，理论上每个网络可容纳最大节点数为 65 535 个。内嵌的 ZigBee 协议可以轻松实现星型、树型或网型网络拓扑结构，而网型拓扑结构可以实现节点传输路径自选择，并可通过路由实现“多跳”增加节点与控制器之间的传输距离，从而扩大整个网

络的覆盖范围。

由于本装置采用太阳光作为光源，除了对作物冠层反射光进行测量外，还需要对太阳入射光的强度进行测量。因此一个完整的传感器需要上、下各 4 个光学通道。不过各传感器节点的测量具有同时性，即在某一时刻，当各个节点进行测量时，作为光源的太阳光强是一致的。考虑到这点，装置只需要其中的 1 个传感器包含有太阳光测量通道(图 2.74 中 Ⅰ 所示)，或者是将太阳光测量通道完全独立出来(图 2.74 中 Ⅱ 所示)，将这个测量结果发送给控制器，与传感器其他节点(图 2.74 中Ⅲ所示)共享。这种主要针对有多个传感器节点的设计，可以在保证测量精度不受影响的前提下，大幅度降低装置的成本。图 2.74 中Ⅰ、Ⅱ这 2 种形式可任取其一。

四通道网络式作物冠层监测系统的主要优点体现在：

①光学通道机械结构的设计。采用 4 个通道一体化的机械设计，结构紧凑，重量轻，可以在不打开外壳的情况下拆卸光学通道外盖，方便了滤光片的更换，进一步增强了仪器的通用性。

②信号处理电路的设计。采用 4 选 1 模拟开关对后续的放大采样电路进行分时复用，使电路变得更加紧凑、简洁与实用，且大大降低了制板成本与面积。

③系统结构的灵活性与便携性。传感器与控制器可以实现多种组网方式，单点手持式与车载网络式可以相互转换，传输距离最远可达上百米，实现了对大田作物的实时、多点测量，增加了仪器安装的灵活性。

④太阳光测量单元的独立性。在网络式测量系统中，本装置将太阳光测量单元独立出来，使一个传感器网络共用一个太阳光测量装置，在不影响测量精度的前提下，大大地降低了系统的成本。

⑤操作平台的友好性。采用 PAD 作为控制器终端，并开发了可视化软件进行数据采集，操作方便友好，便于深入开发。

四通道网络式作物冠层监测系统不仅增加了光学测量通道的对数，还通过多点组网实现了车载网络式实时测量，图 2.75 是作物冠层监测系统的车载效果图。

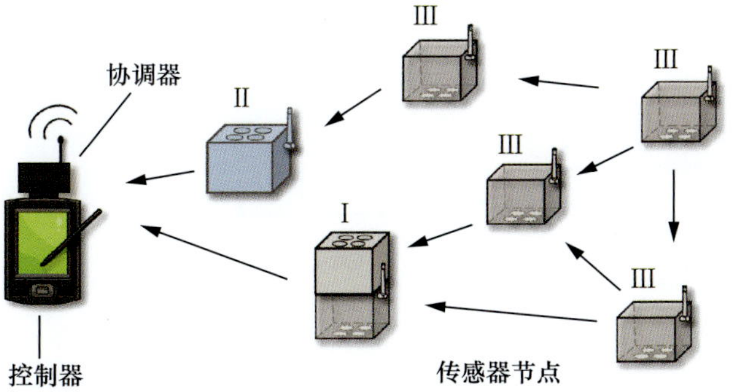

图 2.74 四通道网络式作物冠层监测系统总体结构示意图

图 2.75 作物冠层监测系统车载效果图

2.7.1.2 硬件改进

四通道网络式作物冠层监测系统除增加了光学测量通道的对数，通过多点组网实现了车载网络式实时测量外，还开发了基于 PDA 的数字采集系统。

此款四波段传感器在光学通道机械结构及信号调理电路两方面做了较大的改进。由于光学通道的数量比较多，为了更好地满足便携及易安装等要求，采用了4个光学通道的一体化设计，各光学通道初步选用了中心波长分别为550、650、766及850 nm，半带宽为20 nm的滤光片。为了方便滤光片的更换，光学通道由底座与外盖两部分组成，二者之间以及底座与传感器外壳之间通过螺母固定，安装简单方便，可以在不打开外壳的情况下拆卸光学通道外盖，进一步方便了滤光片的更换。图2.76为光学通道的实物图。

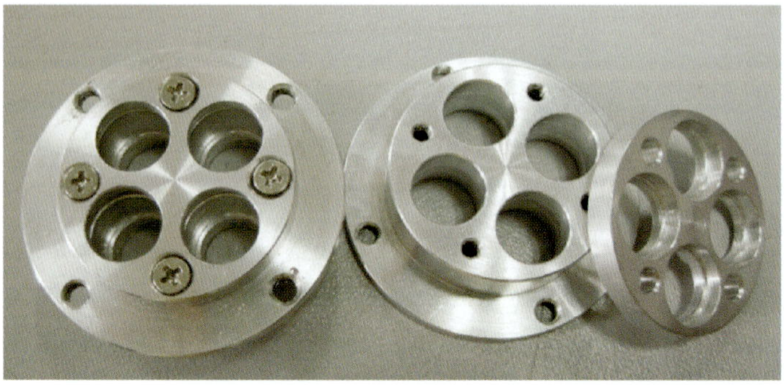

图2.76　光学通道实物图

图2.77为信号调理单元的电路图。为了提高光电探测器的响应速度，在其负极增加了一个3 V的反向偏置电压，当光线照射至光电二极管的敏感面上时，将会从正极产生一个感应电流I，并通过负载R_1转化成电压信号。S1～S4分别代表从4个光学通道内的各个光电探测器出来的电压信号。由于原始信号非常微弱，需要进行放大才能进行下一步的AD采样。如果每一路信号都使用独立的放大与AD采样电路，将使电路变得庞大、重复、复杂且成本较高。为了解决这一问题，采用了4选1模拟开关对需要处理的信号进行选择，达到分时复用后续放大及采样电路的目的，使电路变得更加紧凑、简洁与实用。

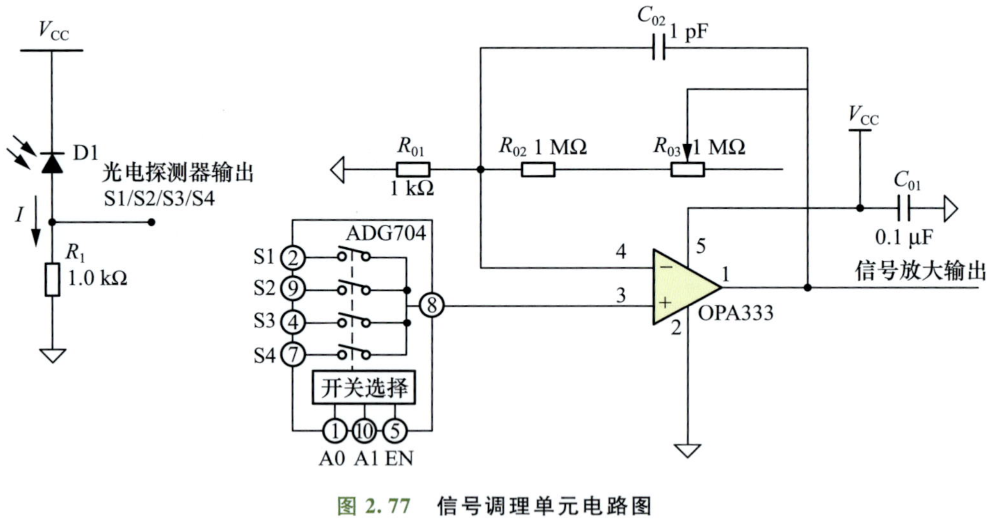

图2.77　信号调理单元电路图

2.7.1.3 软件改进

由于此车载系统连接了多个传感器，考虑到后续的扩展开发，汇聚节点内的 JN5139 模块不能充分满足用户需求，于是外接了 PDA 作为掌上控制器。汇聚节点在这里承担整个网络的组建、协调、数据汇总及上传数据至 PDA 上位控制器的工作，其余的工作则由 PDA 完成。PDA 的操作系统是 Windows CE 5.0，软件的开发在 Visual Studio 2008 平台上进行。图 2.78 为 PDA 的软件界面，软件初步实现了接收原始数据、计算植被指数、存储等基本功能。后续的专家系统、分布图等模块也可便利地在此软件平台上实现。

其工作流程如图 2.79 所示。程序初始化完成后，控制器将自动搜索请求入网的传感器节点，配置网络地址，完成网络组建。控制器自动接收传感器发送的数据，并以滚动形式在 PDA 界面显示。光谱数据保存在 PDA 的储存器中，可以方便地计算得到相关植被指数如 NDVI 等。

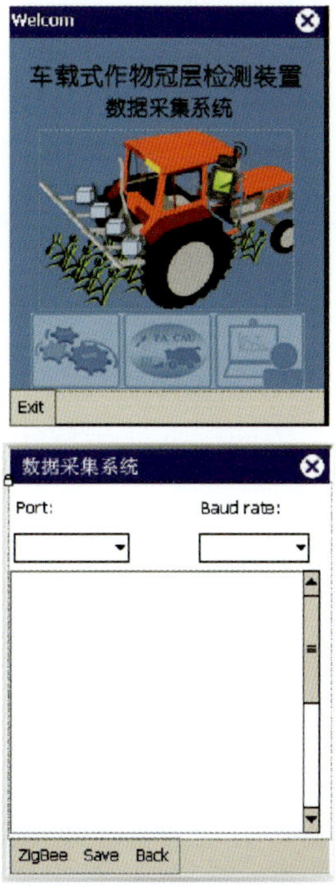

图 2.78　PDA 的界面设计

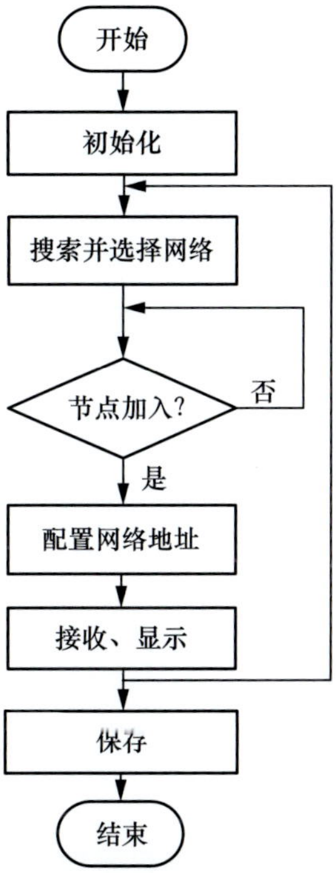

图 2.79　控制器数据采集的软件流程图

2.7.1.4 标定试验

标定试验于 2010 年 6 月在中国农业大学校园内进行，天气晴朗，测量环境适宜。标定试验根据标定器材的不同分为两部分。

试验一采用照度计测量太阳光强度，同时使用传感器对一块标准白板进行测量，并将测得的太阳光及白板反射光值分别与照度计所测得的光强值进行相关性分析。测量从 9:00 到 15:00，每隔 10 min 测量一次，共计 36 组测量值。传感器距离标准白板的垂直测量高度为 20 cm，每组重复测量 5 次取平均值。表 2.21 是相关性分析结果。

表 2.21　传感器各通道测量值与照度计测量值之间的相关系数

通　道	波长/nm			
	550	650	766	850
太阳光入射通道	0.985	0.987	0.989	0.991
标准白板反射通道	0.977	0.980	0.990	0.983

由表 2.21 可以看出，仪器的标定试验取得了满意的效果。其中测量太阳光的 4 个入射通道的相关系数均达 0.98 以上；测量标准白板反射光的 4 个反射通道的相关系数略低，但也均达 0.97 以上，主要原因是仪器本身投射的阴影对测量结果产生了少许的影响。标定试验的结果说明此仪器具有良好的准确性。

试验二使用灰度板为测量对象，如图 2.80(a)所示。灰度板包含 4 块不同灰度的标准板(从白到黑依次用 G1～G4 表示)，其反射率如图 2.80(b)所示。测量时，传感器置于灰度板上方 20 cm 处，每次测量重复 5 次取平均值。

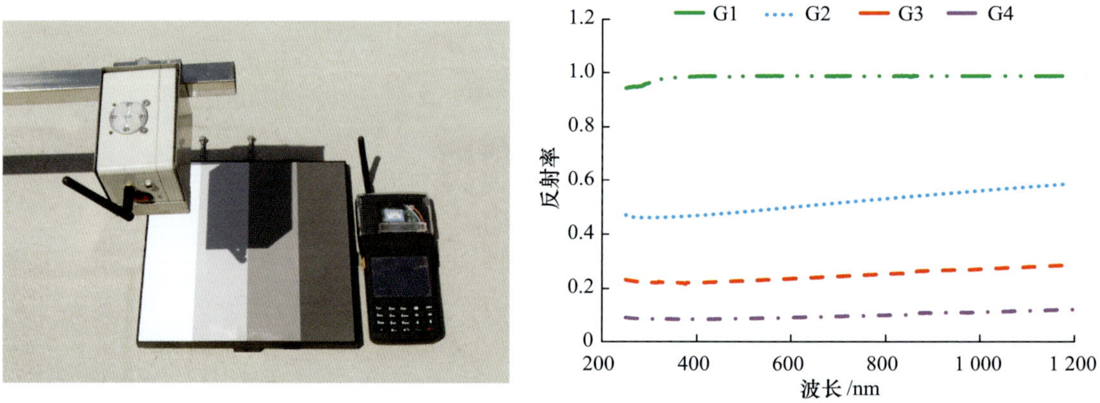

(a)　　(b)

图 2.80　光学系统的标定试验

(a) 测量中；(b) 不同等级标准灰度板反射率

与双通道仪器的测量原理类似，由于各光学通道上下两部分的增益、机械结构等方面存在着差异，不能直接通过比值计算得出反射率，而需要乘以一个光学系数。当机械、电子结构不变时，这个光学系数为一常数。即在传感器内部结构保持不变的前提下，各通道的光学系数恒定，上下相应通道的比值大小虽不等于绝对反射率的大小，但却能准确地反映不同测量对象之间相对反射率的高低。在本次标定试验中，就是采用了各通道的这一相对反射率来与标准灰度板的反射率作对比，测量结果如图 2.81 所示，可以看出各通道的对比结果相关性非常高，R^2 都接近于 1，反映了仪器的测量精度较高。

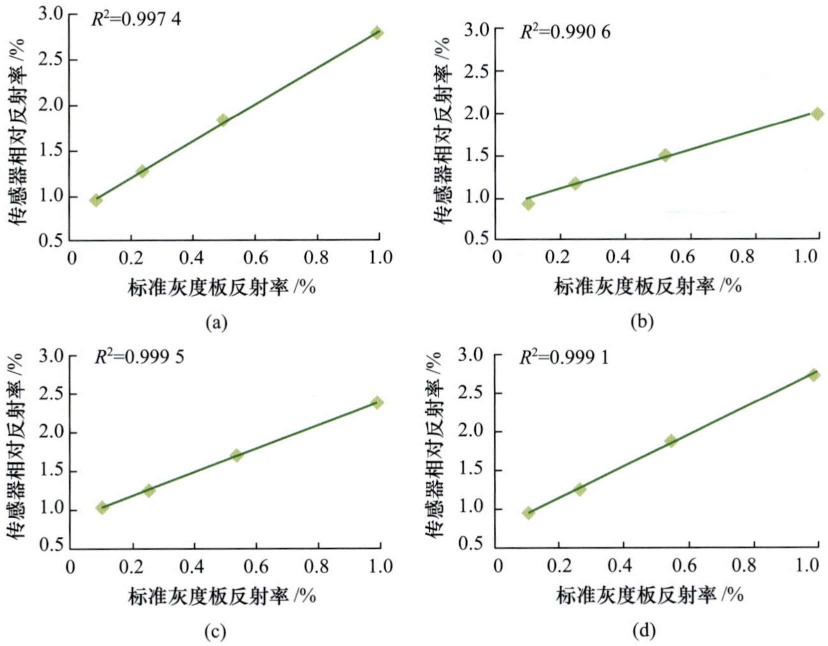

图 2.81 各通道的相对反射率与灰度板的标准反射率的对比结果

(a) 550 nm;(b) 650 nm;(c) 766 nm;(d) 850 nm

2.7.2 四通道冠层分析仪的田间应用

2.7.2.1 四通道冠层分析仪静态性能试验

首先手持所开发的冠层分析仪在北京市郊区中国农业大学上庄试验站的玉米试验田进行了田间试验。试验的主要目的是初步验证新开发仪器的测量精度及稳定度等静态性能。玉米品种为“郑单 958”,试验田人工实行了氮肥胁迫,分为 3 个施肥梯度:N0(不施氮肥),N1(施氮肥 31.5 kg/hm^2),N2(施氮肥 65 kg/hm^2)。

试验主要包括田间测量、采样及氮含量分析三部分。试验人员手持一个包含上下光学通道的传感器节点与控制器组网完成测量,选取 12 个采样点。测量时,传感器垂直放置在距离冠层 20 cm 的高度[图 2.82(a)],每个点重复测量 3 次后取平均。测量完成后对测量点的玉米叶片采样,并在实验室条件下通过凯氏定氮仪测量叶片的全氮含量。

将测得的 4 个波段处作物反射率与叶片全氮含量进行建模分析,所得结果如图 2.82(b)所示。两者之间的相关系数达到 0.883 5,显示了在作物营养水平诊断中的潜力。从试验结果中还看到,在全氮含量较低时线性相关度较好,随作物全氮含量升高,估测值小于实测值,也与 NDVI 在高全氮含量下出现饱和的经验现象相吻合,需进一步考虑进行非线性分析。

2.7.2.2 车载式四通道冠层监测系统在冬小麦田间检测中的应用

利用此系统在北京市郊区小汤山国家精准农业示范基地的冬小麦试验田进行了试验。试验包括定点测量及移动测量两部分。

定点测量试验分别于 2011 年 4 月 13 日和 27 日进行。选取 40 个采样点,将传感器垂直

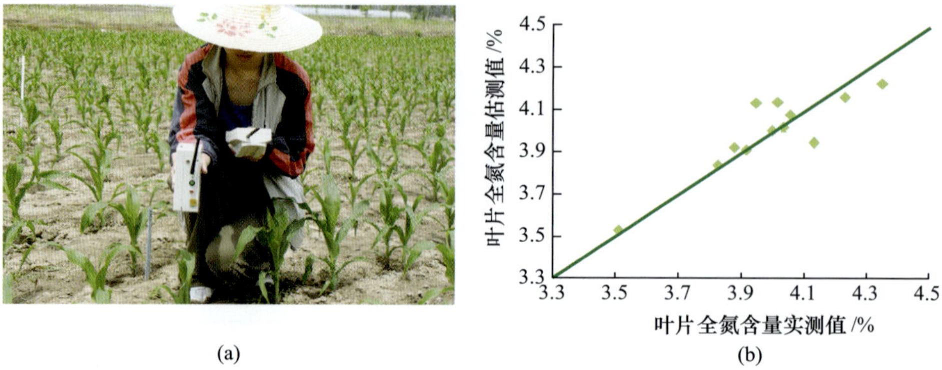

图 2.82　作物反射率与叶片全氮含量的建模分析

(a)测量场景;(b)相关分析

放置在距离冠层 20 cm 高度测量。测量完成后对测量点的小麦叶片采样,并在实验室条件下测量其叶绿素含量。

传感器的 4 个测量波长分别为 550、650、766、850 nm,根据不同波长组合可计算出不同 NDVI 值。试验测量结果显示,选用红光 650 nm 及近红外 766 nm 的组合所得 NDVI 值与叶绿素含量有最高的相关性。试验结果如图 2.83 所示,两次试验的 R^2 分别为 0.533 及 0.652。

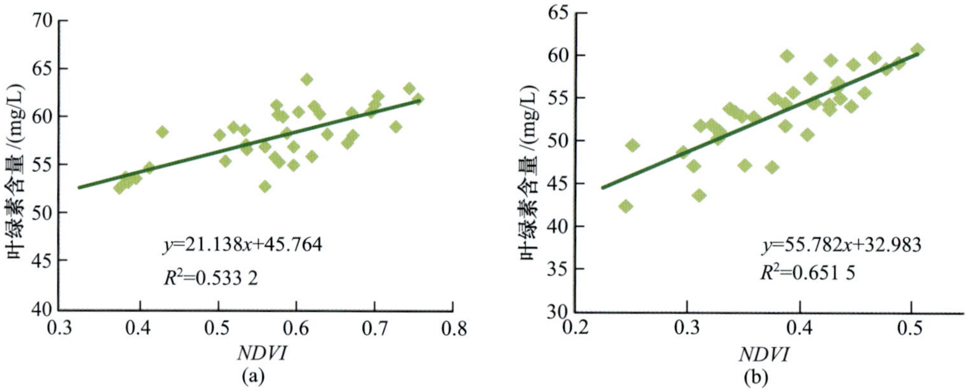

图 2.83　NDVI 值与叶绿素含量的相关性分析(650,766 nm)

(a) 4 月 13 日试验结果分析;(b) 4 月 27 日试验结果分析

移动测量试验于 2011 年 4 月 22 日进行。如图 2.84 所示,将 4 个传感器节点安装在小推车的机械结构上,传感器的高度和间距可以根据作物的高度和行距进行自由调节。

移动测量时,传感器节点连续测量,每秒钟发送一次数据。4 个节点的数据均即时在 PDA 显示,并于测量结束时保存。利用手持式 GPS 测量仪以同样的频率连续测量位置信息。结合 4 个节点所测的 NDVI 值与 GPS 数据,得到了如图 2.85 所示的 NDVI 分布图。

移动测量试验表明传感器及无线网络在移动状态下工作稳定可靠,证明了装置在车载情况下测量的可行性。整合测量装置的测量值与 GPS 位置信息,便可获取作物 NDVI 值的分布图,从而预测作物营养空间分布图,为实现自动变量施肥提供决策支持。

基于光谱学原理的作物长势分析仪可以无损、实时地对作物长势进行估测。上述几款分

图 2.84 车载机械结构的设计

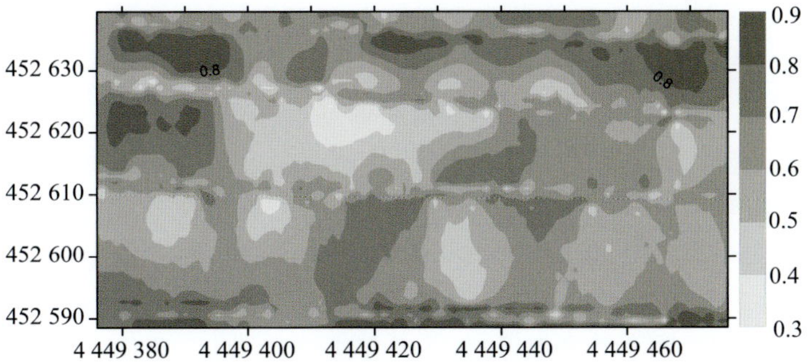

图 2.85 移动测量试验测得的 NDVI 分布图

析仪及系统在标定试验中都显示了非常高的测量精度，反映了仪器本身的可靠性。针对水稻、小麦、玉米等主要农作物的大量田间试验也显示出不错的应用前景，为实现作物全氮含量估测、产量预测等目的提供了有效的手段建议。但同时也面临了预测模型易受物种、时期、地区等诸多外界因素的改变而变化的显著问题，尤其对以太阳光为光源的被动测量方式而言，下一步还将继续研究主动光源式的作物长势传感器。

参考文献

[1] 李民赞，韩东海，王秀．光谱分析技术及其应用．北京：科学出版社，2006.

[2] Steele M R, Gitelson A A, Rundquist D C. A comparison of two techniques for nondestructive measurement of chlorophyll content in grapevine leaves. Agronomy Journal, 2008, 100:779-782.

[3] 童淑媛，宋凤斌．SPAD 值在玉米氮素营养诊断及推荐施肥中的应用．农业系统科学与综合研究，2009(2):233-238.

[4] 孙红．光谱分析及多光谱图像技术在农作物生长监测中的应用研究：博士学位论文．北京：中国农业大学，2011.

[5] 丁永军，李民赞，安登奎．基于光谱特征参数的温室番茄叶片叶绿素含量预测．农业工程

学报,2011,27(5):244-247.

[6] 丁永军,李民赞,郑立华. 基于近红外光谱小波变换的温室番茄叶绿素含量预测. 光谱学与光谱分析,2011,31(11):2936-2939.

[7] 葛哲学,陈仲生. Matlab时频分析技术及其应用. 北京:人民邮电出版社,2006.

[8] 孙红,李民赞,郑立华,等. 基于小波消噪光谱的冬小麦生长期叶绿素含量检测//农业工程学会2011年学术年会论文集,2011:1-5.

[9] 石玉,于振文. 施氮量和氮肥底追比例对济麦20产量、品质及氮肥利用率的影响. 麦类作物学报,2010,30(4):710-714.

[10] 孙红,李民赞,赵勇,等. 冬小麦生长期光谱变化特征与叶绿素含量监测研究. 光谱学与光谱分析,2010,30(1):192-196.

[11] 张学工. 关于统计学理论与支持向量机. 自动化学报,2000,26(1):32-34.

[12] 王国胜,钟信义. 支持向量机的若干新进展. 电子学报,2001,29(10):1397-1400.

[13] 崔伟东,周志华,李星. 支持向量机研究. 计算机工程与应用,2001,37(1):58-61.

[14] 张录达,苏时光,王来生,等. 支持向量机在傅立叶变换近红外光谱分析中的应用研究. 光谱学与光谱分析,2005,25(1):33-35.

[15] 雷英杰,张善文,李续武,等. MATLAB遗传算法工具箱及其应用. 西安:西安电子科技大学出版社,2005.

[16] 王宏生,孟国艳. 人工智能及其应用. 北京:国防工业出版社,2009.

[17] 郑立华. 基于光谱学的土壤参数快速分析方法研究:博士学位论文. 北京:中国农业大学,2007.

[18] 秦侠,沈兰荪. 小波分析及其在光谱分析中的应用. 光谱学与光谱分析,2000,20(6):892-897.

[19] 高隽. 人工神经网络原理及仿真实例. 北京:机械工业出版社,2007.

[20] 吴静珠. 农产品品质检测中的近红外光谱分析技术研究:博士学位论文. 北京:中国农业大学,2006.

[21] 张俊宁. 基于土壤与作物光谱信息融合的冬小麦产量预测和精细管理研究:博士学位论文. 北京:中国农业大学,2009.

[22] Kavdir I, Lu R, Ariana D. Visible and near-infrared spectroscopy for nondestructive quality assessment of pickling cucumbers. Postharvest Biology and Technology, 2007, 44(2):165-174.

[23] 田有文,李天来,张琳. 高光谱图像技术诊断温室黄瓜病害的方法. 农业工程学报,2010, 26(5):202-206.

[24] 刘飞,王莉,何勇. 基于可见/近红外光谱技术的黄瓜叶片SPAD值检测. 红外与毫米波学报, 2008, 28(4):272-276.

[25] 杨昊谕,于海业,张蕾. 基于激光诱导荧光光谱分析的黄瓜叶片叶绿素含量检测. 农业机械学报, 2009, 40(10):169-272.

[26] Polder G, Van der Heijden G. W. Measuring surface distribution of carotenes and chlorophyll in ripening tomatoes using imaging spectrometry . Postharvest Biology and Technology, 2004, 34(2):117-129.

[27] Xu H R, Ying Y B. Near-infrared spectroscopy in detecting leaf miner damage on tomato leaf . Biosystems Engineering, 2007, 96(4):447-454.

[28] 李慧,蔺启忠,王钦军,等. 基于小波包变换和数学形态学结合的光谱去噪方法研究. 光谱学与光谱分析, 2010, 30(3):644-648.

[29] 张喜杰. 基于光谱技术的温室作物长势检测及传感技术研究:博士学位论文. 北京:中国农业大学,2007.

[30] 田永超,朱艳,姚霞,等. 基于光谱信息的作物氮素营养无损监测技术. 生态学杂志,2007,26(9) : 1454-1463.

[31] 郭建华,赵春江,王秀,等. 作物氮素营养诊断方法的研究现状及进展. 中国土壤与肥料,2008(4): 10-14.

[32] 李修华,李民赞,崔笛,等. 基于光谱学原理的作物长势监测仪研究进展//中国农业工程学会 2007 年学术年会论文摘要集,2007.

[33] Cui Di, Li Minzan, Zhu Yan, et al. Development of a crop growth monitor based on optical principle//International e-Conference on Computer Science 2006 (IeCCS 2006), 2006:309-312.

[34] 张喜杰,李民赞,崔笛,等. 温室作物长势的光谱学诊断方法研究与仪器开发. 光谱学与光谱分析,2006,20(5):887-890.

[35] 冯伟. 基于高光谱遥感的小麦氮素营养及生长指标监测研究:博士学位论文. 南京:南京农业大学,2007.

[36] 杨述平. 归一化植被指数测量技术研究. 应用基础与工程科学学报,2004,12(3):328-332.

[37] 杨玮. 基于光谱分析的作物长势检测与变量施肥技术研究:博士学位论文. 北京:中国农业大学,2008.

[38] 李修华,李民赞,崔笛,等. 基于光谱学原理的无损式作物冠层分析仪. 农业机械学报,2009,40(z1):252-255,227.

[39] 薛利红,曹卫星,罗卫红,等. 小麦叶片氮素状况与光谱特性的相关性研究. 植物生态学报, 2004, 28(2): 172-177.

[40] 李修华,张锋,李民赞,等. 四波段作物长势分析仪的开发. 农业机械学报,2011,42(11): 169-173.

[41] 林开颜,徐立鸿,吴军辉. 计算机视觉技术在作物生长监测中的研究进展. 农业工程学报,2004,20(2):279-283.

[42] 李俊华,董志新,朱继正. 氮素营养诊断方法的应用现状及展望. 石河子大学学报(自然科学版),2003(1):80-83.

[43] 严衍禄,赵龙莲,韩东海,等. 近红外光谱分析基础与应用. 北京:中国轻工业出版社,2005.

[44] 陆婉珍,袁洪福,徐广通,等. 现代近红外光谱分析技术. 北京:中国石化出版社,2000.

[45] 秦侠,沈兰荪. 小波分析及其在光谱分析中的应用. 光谱学与光谱分析,2000,20(6):892-897.

[46] 严泰来,王鹏新. 遥感技术与农业应用. 北京:中国农业大学出版社,2008.

第3章

基于图像分析和植物电信号的作物营养状态检测与诊断技术

3.1 基于图像分析的黄瓜叶片营养状态检测[1,2]

3.1.1 试验设计

基于图像分析的黄瓜叶片营养状态检测采用CCD照相机加滤光片采集红光以及近红外光谱图像，根据叶片在红光和近红外波段的灰度值，获得叶片在相应波段的反射率信息，从而获得叶片的NDVI信息以反映作物的长势。试验对象作物为黄瓜，种植环境为雅典农业大学温室，采用基质栽培法。为了在试验中获得不同营养水平下生长的作物，采用不同营养胁迫条件种植和管理。营养液氮素水平分为4个等级：2N，N，0.5N，0.2N，其中等级N为常规水平，营养液含氮量为0.067 kg/L。

试验于2008年3月初开始，共种植了40株黄瓜，每种营养液配方各10株，分别种植在不同的盆中。在种植过程中采用滴灌方式进行自动灌溉，每3 h灌溉一次，每次灌溉时间4 min，水量100 mL/min。黄瓜育苗时间为3月初，移植时间为3月18日。在作物定植后，以1周为间隔，采用CCD照相机采集叶片图像进行分析。

3.1.2 试验结果影响因素及标定板制作

3.1.2.1 光照条件的影响

一天之内植物氮含量的变化可忽略不计，所以理想的表征反射率在一天之内也没有大的变化，而一天之内不同时间段的太阳高度角不同，植物的反射特性在CCD照相机成像上也显示出不同的特征。因此在利用CCD照相机所拍摄的数字图像来计算植物反射率相关信息的过程中，必须将各种影响因素去除。为消除不同光照条件和背景土壤对图像采集质量的影响，准确地将不同光照条件下的叶面图像数据转换为叶面反射率数据，设计了反射率数据标定板，用经验线性法对数据进行标定。如图3.1所示，用不同比例的纯白和纯黑涂料配制了4块颜色深浅不同的平滑面板，每块尺寸为 15 cm×5 cm，灰度值分别为 200、150、100、50，用第 2 章中介绍的基于光导纤维的作物长势监测仪采集到标定板在不同时间段随波长变化的反射率数据，每次采集之前均用标定板进行标定，在不同时段测得的数据基本不变。如图 3.2 所示，可见标定板在不同波段的反射率基本上不受外界光照条件的影响，可以在其反射率信息和灰度值之间建立经验公式，用于减少叶面反射值计算中的误差。

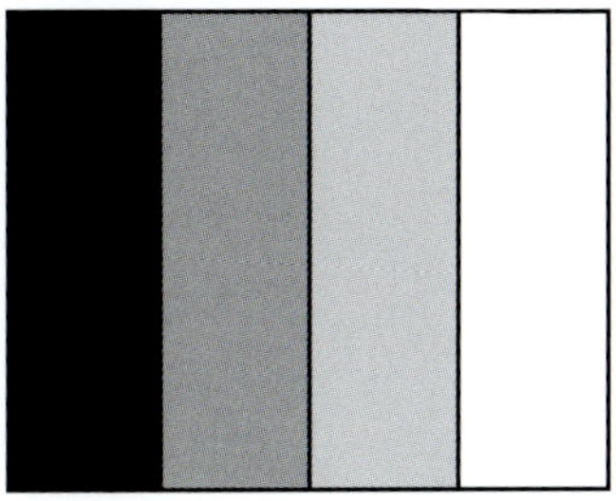

图 3.1 反射率数据标定板

为验证标定板的反射率是否会随太阳光照强度的变化而变化，将标定板置于自然光下，每隔 1 h 用光谱仪测量 4 个色块的反射率值，在测量之前利用标准白板进行校正，结果表明虽然一天中太阳光照强度随时间发生了改变，但标定板的反射率在不同时刻的变化很小，所有数值几乎成一条直线，如图 3.2 所示。

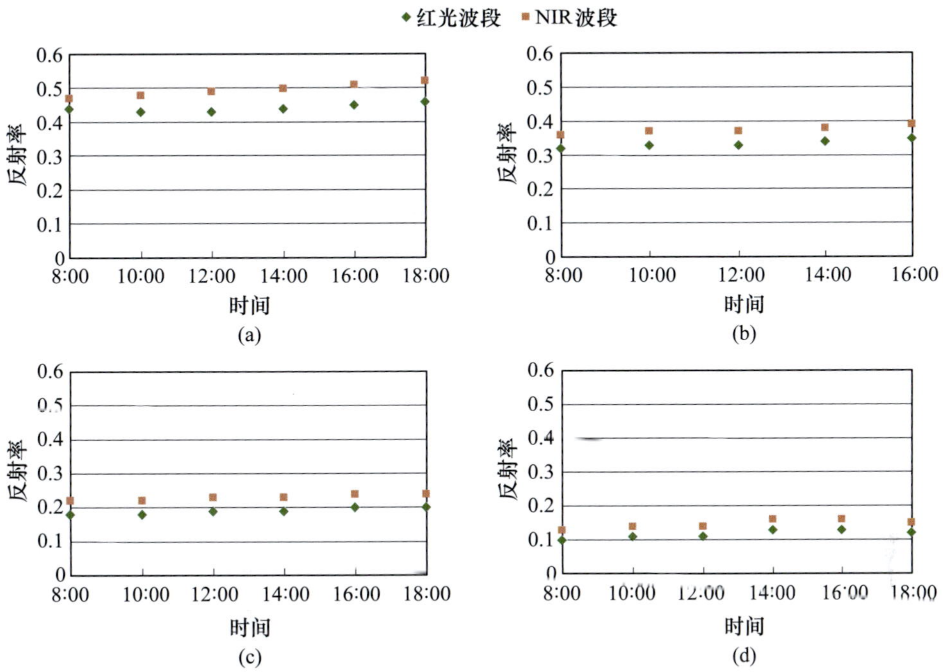

图 3.2 不同灰度标定板色块在不同时间段的红光和近红外(NIR)波段反射率

(a) 白色；(b) 浅灰色；(c) 深灰色；(d) 黑色

为进一步确定标定板的反射率，采用作物长势监测仪对多次采集的数据进行平均，4 个不同灰度值标定板在红光波段的反射率分别为 0.45、0.33、0.21、0.11，在近红外波段的反射率分别为 0.44、0.32、0.19、0.09。标定板的灰度值已知，因而可以得到如图 3.3 所示的灰度值和反射率之间的关系式。

进行测试时，将标定板放置在作物冠层的底部，使之拍照后位于图像的底部，通过图 3.3 中的关系式，用于辅助计算作物叶面的反射率，可以随时消除外界光照强度变化带来的影响，大大提高测量精度。

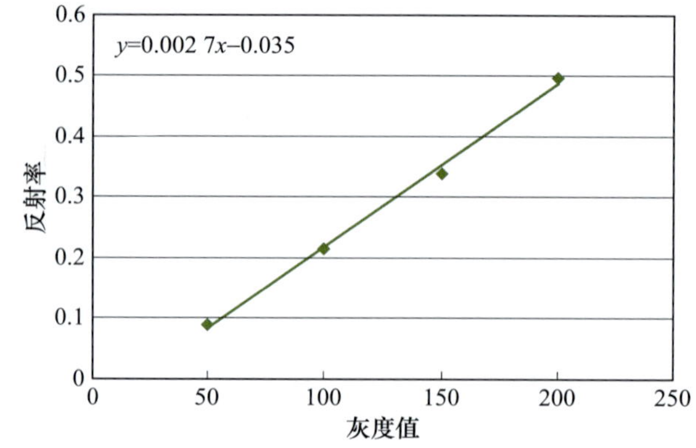

图 3.3 标定板灰度值和反射率的关系

3.1.2.2 CCD 传感器的光谱特性与滤光片光谱特性研究

CCD 图像传感器具有很宽的感光光谱范围，其感光光谱通常可延长至红外波段。利用此特性，可以使用辅助滤光设备获得近红外图像。CCD 图像传感器的光谱特性如图 3.4 所示。

一般数码相机/摄像机采用的 CCD/CMOS 感光元件能感应到红外线，但相机厂商为保证正常拍摄不会因红外线干扰而产生色偏，都在 CCD 前装有 ICF 来阻拦红外线，而可见光可以通过；与 ICF 正好相反，红外滤镜的作用是阻挡可见光而让红外线通过。有夜摄功能的相机就是通过机械装置将这片 ICF 移开使 CCD 能充分接收红外线。当 ICF 移开后就可以通过在照相机镜头前增加特定波段的滤光片来获取特定波长的光谱图像。在此次试验中选用了 670 nm 和 780 nm 两种窄带滤光片，其光谱特性如图 3.5 所示。

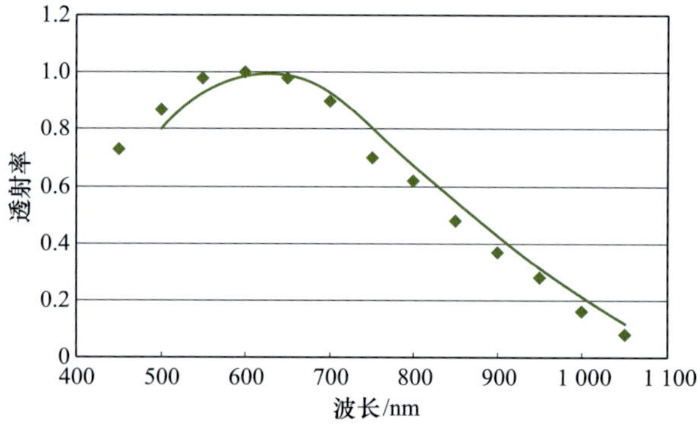

图 3.4 CCD 图像传感器的光谱特性

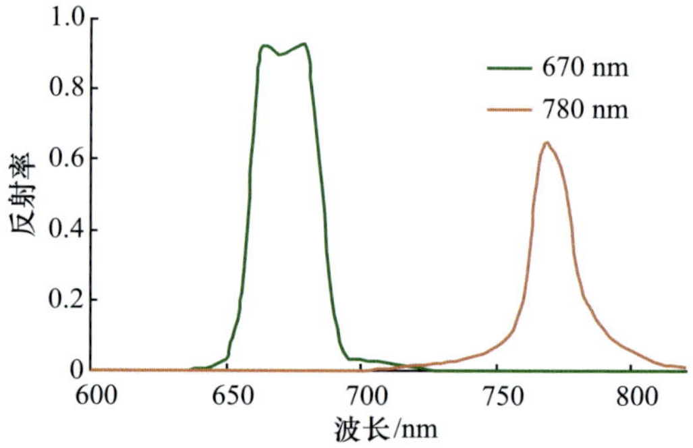

图 3.5 670 nm 和 780 nm 窄带滤光片的光谱特性

3.1.3 黄瓜叶片图像处理软件开发及算法研究

3.1.3.1 图像处理原理及操作

在对黄瓜叶片反射图像进行分析时，首要的一步是对叶片图像与背景进行分离。图 3.6 所示是不同叶片和土壤的反射率曲线，可以看出，3 个波段中，近红外波段叶片的反射率曲线和土壤的反射率曲线间隔明显，没有交叉点，因此在该波段实行背景去除最为理想。

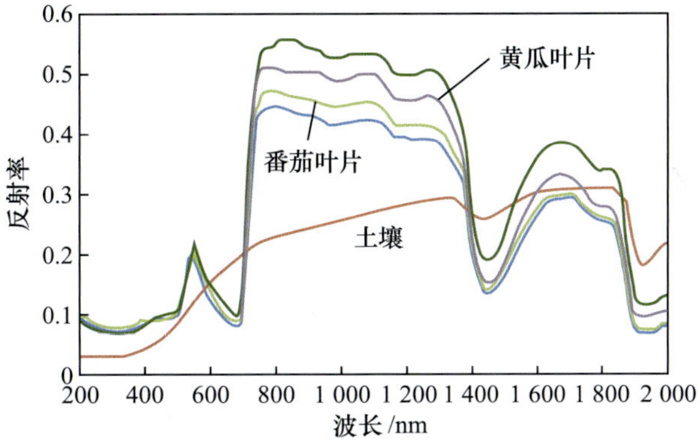

图 3.6　不同叶片和土壤的反射率曲线

试验中实际拍摄的图像分别是红光波段和近红外波段的光谱图像，对这些图像的处理大致可以分为以下几步：

①对图像进行灰度化，之后采用高斯平滑算法消除噪声。

②去除图像背景，并求出各波段图像的平均灰度值。通过对图像的二值化运算可以实现图像背景去除，而在二值化中最主要的是确定阈值。阈值确定有多种方法，本试验中通过遗传算法以及分水岭算法来寻找阈值。

③建立标定板灰度值和反射率的线性关系，并根据这个数学模型计算相对于步骤②的平均灰度值的反射率值，即叶片在各波段的反射率值。

④根据叶片在红光和近红外波段的反射率值得到 NDVI 值，从而根据 NDVI 值判断植物含氮量水平。

在设计的过程中，为了定位和特征提取的方便，采用的是 8 位位图的格式处理数字图像。所用的开发工具是 Microsoft Visual C++ 6.0 以及 Matlab7.0。

3.1.3.2　图像处理系统开发

系统软件功能主要包含图像灰度化、二值化（遗传算法二值化以及分水岭法二值化），如图 3.7 所示。下面分别介绍各个模块功能。

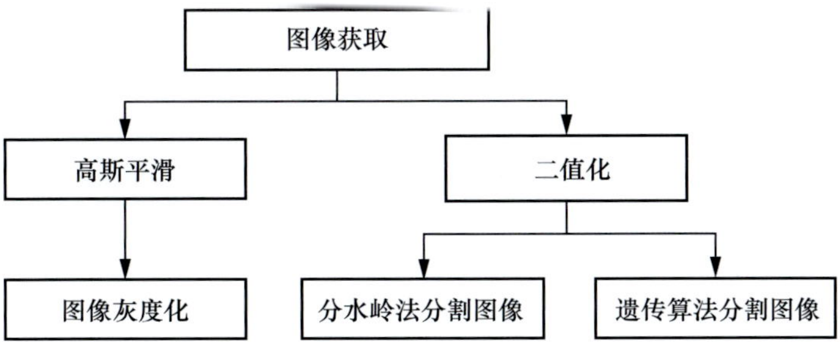

图 3.7　图像处理系统软件功能

1. 图像获取模块

该模块主要是通过 CCD 照相机拍照获取图像，获取后的图像可以在软件的界面中显示以便进行识别。VC++没有提供十分方便的 DIB 绘制方法，需要创建一个实用的 DIB 类。本系统中建立了一个专门的 DIB 类来处理设备无关位图，表 3.1 列出了对位图的操作函数。

表 3.1　DIB 类的部分功能

函　数	功　能
ClearMemory()	释放内存
CopyHandle()	拷贝内存块
LoadDIB()	加载位图信息
ReadDIBFile()	读取位图文件信息
LightingCompensate()	进行光线补偿
PixelOffset()	修正像素值
PaintDIBTrue()	绘制 DIB 对象
GetColorNumber()	获取颜色总数
GetHeight()	获取 DIB 高度
GetWidth()	获取 DIB 宽度
GetSize()	获取图像数据缓冲区中的字节数
GetBitCount()	获取颜色位数
GetBiBitCount()	获取字节数

图像点运算是一种既简单又重要的技术，它能让用户改变图像数据占据的灰度范围，一幅输入图像经过点运算后将产生一幅新的输出图像，由输入像素点的灰度值决定相应的输出像素点的灰度值。点运算与局部运算的差别在于，后者每个输出像素的灰度值由对应输入像素的一个领域内几个像素的灰度值决定。所以，点运算不可以改变图像内的空间关系。点运算可以按照预定的方式改变一幅图的灰度直方图。除了灰度级的改变是根据某种特定的灰度变换函数进行之外，点运算可以看作是“从像素到像素”的复制操作。如果输入图像为 $A(x,y)$，输出图像为 $B(x,y)$，则点运算可表示为

$$B(x,y)=f[A(x,y)] \tag{3.1}$$

其中函数 $f[D]$ 被称为灰度变换(gray scale transformation，GST)函数，它描述了输入灰度值和输出灰度值之间的转换关系，一旦灰度变换函数确定，该点运算就完全被确定下来。

2. 图像预处理模块

图像预处理就是对获取的图像进行适当的处理，使它具有的特征能够在图像中明显地表现出来。图像灰度化的过程就是把彩色图像转换为黑白色图像的过程，目的是为了将图像的信息更加具体、简单地表现出来。但是，这样做也将会丢失图像信息。因此，尽可能在转化的过程中用简单的方式表现图像复杂的信息。

1) 彩色图像转换成灰度图像

将彩色图像转化为灰度图像常采用如下的经验式：

$$g=0.39\times R+0.50\times G+0.11\times B \tag{3.2}$$

式中：g 为灰度值；R、G、B 分别为红色、绿色和蓝色分量值。

2) 灰度比例变换

灰度比例变换是把原像素的灰度乘以一个缩放因子，并最后截至[0,255]。

3) 灰度线性变换

图像由于成像时曝光不足或曝光过度，会产生对比度不足的弊病，从而使图像中的细节分辨不清。将图像灰度进行线性扩展，常能显著地改善图像的外观。灰度线性变换的计算式为

$$g_2=\begin{cases}\dfrac{(d-c)(g_1-a)}{b-a}+c & g_1\in[a,b]\\ g_1 & \text{其他}\end{cases} \tag{3.3}$$

式中：g_1 为原像素的灰度值；g_2 为变换后的灰度值。该变换把属于区间 $[a,b]$ 的灰度值变换至区间 $[c,d]$，而没有在 $[a,b]$ 区间的原像素灰度值将保持不变。这里 a、b、c、d、g_1、g_2 均为 0～255 的整数值，a 被映射为 c，b 被映射为 d。

4) 灰度线性截断

灰度线性截断的思想是：如果原像素的灰度小于 a，则该像素的灰度等于 c；如果原像素的灰度大于 b，则该像素的灰度等于 d。

高斯平滑是建立在模板操作基础上的。模板操作是数字图像处理中经常用到的一种运算方法，图像的平滑、锐化以及细化、边缘检测都要用到模板操作。例如：邻域平均法是将原图中一个像素的灰度值和它周围邻近 8 个像素的灰度值相加，然后以求得的平均值(除以 9)作为新图中该像素的灰度值。用如下方法来表示该操作：

$$\frac{1}{9}\times\begin{bmatrix}1 & 1 & 1\\ 1 & 1\bullet & 1\\ 1 & 1 & 1\end{bmatrix}$$

上式类似于矩阵，通常称之为模板。中间的黑点表示该元素为中心元素，即该元素是要进行处理的元素。如果模板是

$$\frac{1}{9}\times\begin{bmatrix}1\bullet & 1 & 1\\ 1 & 1 & 1\\ 1 & 1 & 1\end{bmatrix}$$

则该操作应该描述为：将原图中一个像素的灰度值和它右下邻近的 8 个像素的灰度值相加，然后将求得的平均值(除以 9)作为新图中该像素的灰度值。如果模板为 $\begin{pmatrix}2\bullet\\ 1\end{pmatrix}$，则表示将自身灰度值的 2 倍加下边的元素灰度值作为新值，而 $\begin{pmatrix}2\\ 1\bullet\end{pmatrix}$ 则表示将自身灰度值加上边元素灰度值的 2 倍作为新灰度值。通常模板不允许移出边界，所以处理后的图像会比原图小，例如：当模板是 $\begin{pmatrix}1\bullet & 0\\ 0 & 2\end{pmatrix}$，原图灰度值矩阵是

$$\begin{bmatrix}1 & 1 & 1 & 1 & 1\\ 2 & 2 & 2 & 2 & 2\\ 3 & 3 & 3 & 3 & 3\\ 4 & 4 & 4 & 4 & 4\end{bmatrix}$$

分水岭算法的计算过程是一个迭代标注过程，比较经典的计算方法是 L. Vincent 提出的[5]。在该算法中，分水岭计算分两个步骤，一个是排序过程，一个是淹没过程。首先对每个像素的灰度级进行从低到高排序，然后在从低到高实现淹没的过程中，对每一个局部极小值在 h 阶高度的影响域采用先进先出(FIFO)结构进行判断及标注。

分水岭变换得到的是输入图像的集水盆图像，集水盆之间的边界点即为分水岭。显然，分水岭表示的是输入图像极大值点。因此，为得到图像的边缘信息，通常把梯度图像作为输入图像，即

$$g(x,y)=\text{grad}(f(x,y))=\{[f(x,y)-f(x-1,y)]^2-[f(x,y)-f(x,y-1)]^2\}^{1/2} \quad (3.4)$$

式中：$f(x,y)$表示原始图像，grad(.)表示梯度运算。

分水岭算法对微弱边缘具有良好的响应，图像中的噪声、物体表面细微的灰度变化，都会产生过度分割的现象。但同时应当看出，分水岭算法对微弱边缘具有良好的响应是得到封闭连续边缘的保证。另外，分水岭算法所得到的封闭的集水盆为分析图像的区域特征提供了可能。

3.1.4 图像处理结果及讨论

对红光和近红外波段的叶片图像分别采用遗传算法和分水岭算法两种方法进行阈值选取，之后分离目标和背景。两种方法进行二值化的效果如图 3.9 至图 3.12 所示。可以看出，采用分水岭方法分割近红外叶片图像更清晰，背景和叶片分离的效果更好；而对红光叶片图像，两种方法分割效果都很好，处理图片时可以任选其中一种。

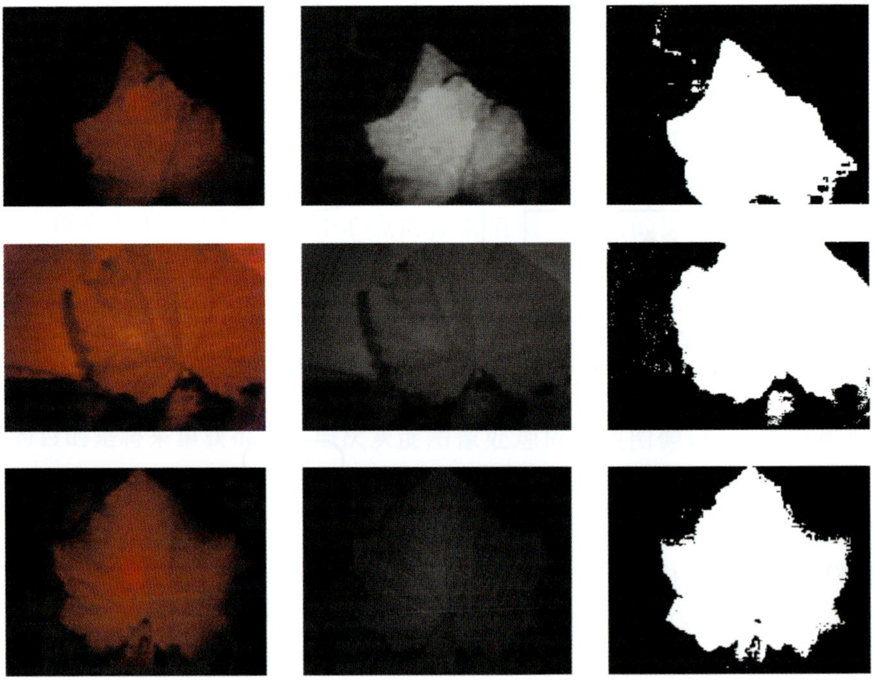

(a) (b) (c)

图 3.9 采用遗传算法二值化近红外叶片图像

(a) 近红外原始图像；(b) 灰度化后的图像；(c) 二值化分离后的图像

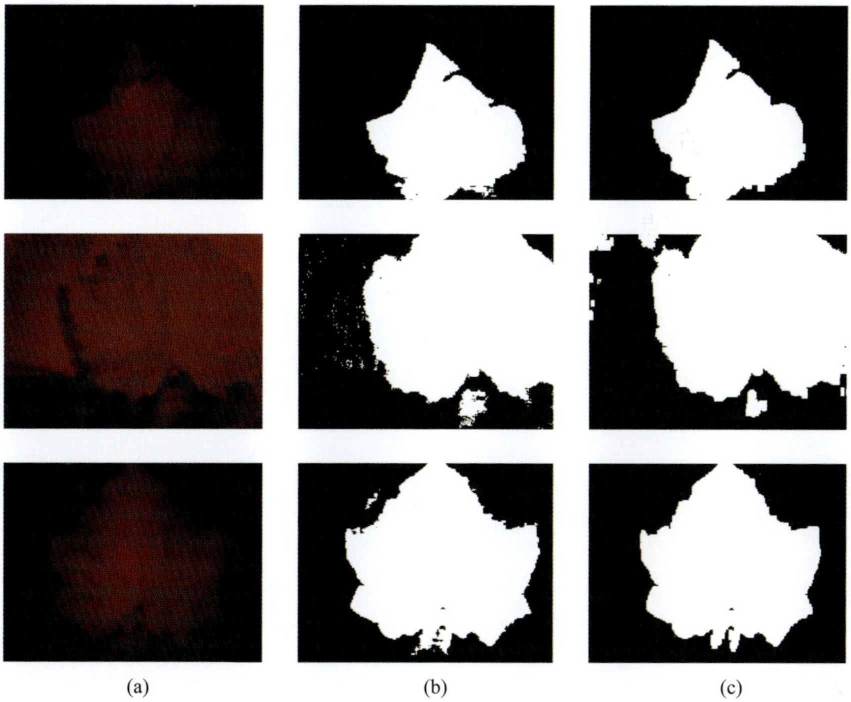

图 3.10 采用分水岭算法二值化近红外叶片图像

(a) 近红外原始图像;(b) 分水岭算法第一次锐化后的图像;(c) 二值化分离后的图像

图 3.11 采用遗传算法二值化红光叶片图像

(a) 红光原始图像;(b) 灰度化后的图像;(c) 二值化分离后的图像

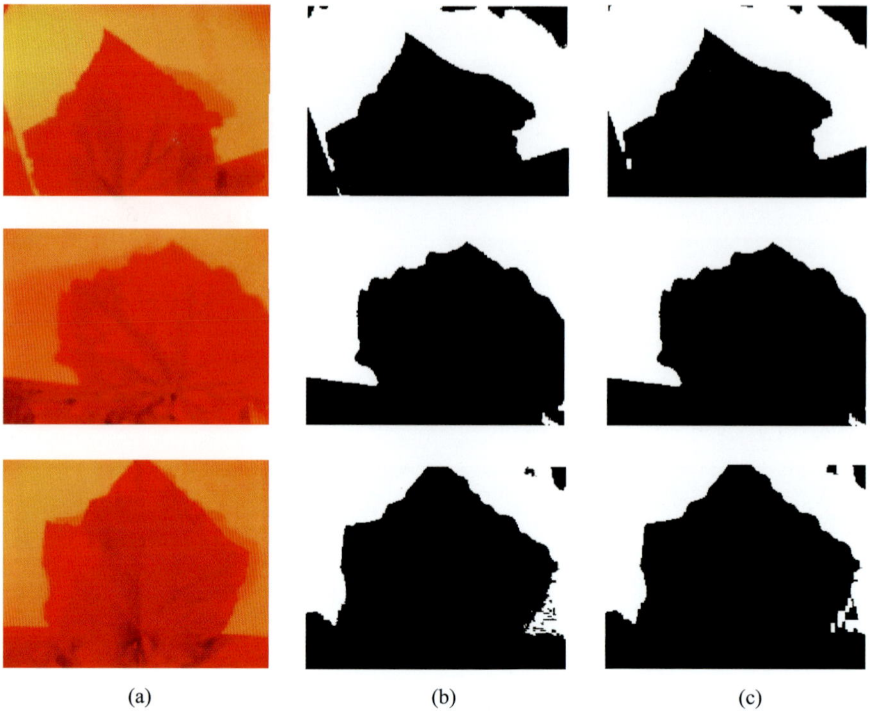

图 3.12 采用分水岭算法二值化红光叶片图像

(a) 红光原始图像;(b) 分水岭算法第一次锐化后的图像;(c) 二值化分离后的图像

在对图像进行处理之后可获得叶片在 NIR(760 nm)和 Red(670 nm)波段的灰度值,根据之前建立的灰度和反射率的经验公式(见图 3.3),可以得到叶片在 NIR(760 nm)和 Red(670 nm)波段的反射率值。可以从原始光谱反射率中提取的主要植被指数包括:

比值植被指数
$$RVI=R_{NIR}/R_{Red} \tag{3.5}$$

归一化植被指数
$$NDVI=\frac{R_{NIR}-R_{Red}}{R_{NIR}+R_{Red}} \tag{3.6}$$

GNDVI 指数
$$GNDVI=\frac{R_{NIR}-R_{Green}}{R_{NIR}+R_{Green}} \tag{3.7}$$

同时测量叶面积指数(leaf area index,LAI):

$$LAI=\text{叶片长}\times\text{叶片宽}\times 0.6345 \tag{3.8}$$

试验的部分样本数据如表 3.2 所示。将通过处理后的 RVI、NDVI 和 GNDVI 值与对应的含氮量以及叶面积指数值进行拟合,结果如图 3.13 所示。

表 3.2 部分样本数据

R_{NIR}	R_{Red}	R_{Green}	*NDVI*	*GNDVI*	*RVI*	含氮量/(mg/L)	*LAI*/cm^2
0.404 6	0.050 0	0.084 4	0.779 6	0.654 9	8.092 9	3.75	182.736
0.312 3	0.051 6	0.093 2	0.700 6	0.556 2	6.051 9	3.69	149.636
0.245 6	0.055 0	0.101 8	0.634 1	0.414 0	4.462 6	3.27	155.133

续表 3.2

R_{NIR}	R_{Red}	R_{Green}	*NDVI*	*GNDVI*	*RVI*	含氮量/(mg/L)	*LAI*/cm²
0.265 9	0.053 9	0.095 9	0.662 4	0.469 5	4.924 3	3.48	142.004
0.487 6	0.044 1	0.062 4	0.834 2	0.770 5	11.06 1	3.82	211.289
0.341 0	0.047 9	0.090 9	0.720 3	0.578 9	7.105 8	3.90	165.236
0.216 7	0.051 2	0.086 1	0.617 6	0.430 2	4.219 1	3.12	129.992
0.207 1	0.052 3	0.088 6	0.610 1	0.400 9	3.961 6	3.07	144.362
0.256 2	0.055 7	0.091 6	0.650 5	0.473 4	4.600 1	3.40	140.422
0.335 2	0.050 7	0.097 7	0.715 6	0.548 5	6.614 8	3.69	151.112
0.340 9	0.055 2	0.094 2	0.720 2	0.566 8	6.181 3	3.71	162.816
0.337 9	0.046 6	0.085 6	0.717 7	0.595 8	7.255 2	3.69	156.636
0.244 7	0.053 3	0.095 6	0.641 1	0.438 0	4.587 9	3.54	138.838
0.300 4	0.053 5	0.085 8	0.686 9	0.555 6	5.609 6	3.60	145.254

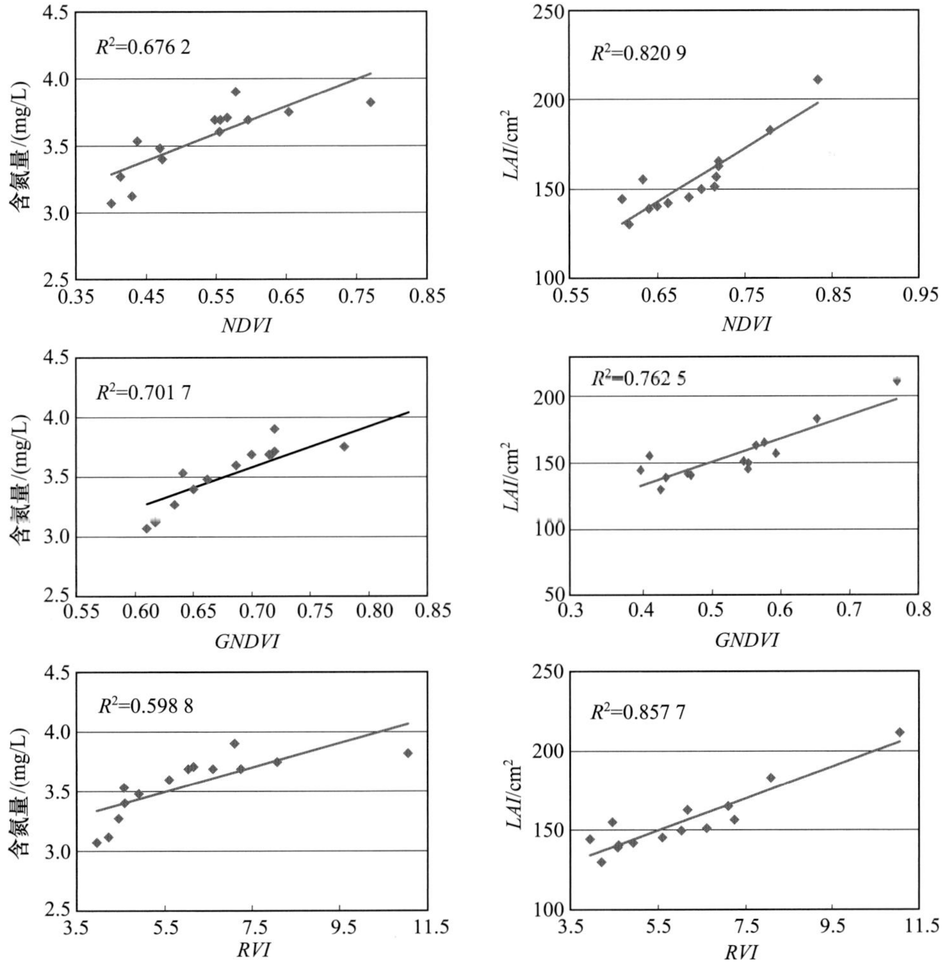

图 3.13 叶面积指数、含氮量与植被指数的关系

从图 3.13 中可以看到，采用 CCD 照相机加特定波长滤光片的方法得到红光和近红外图像后分析得到的 NDVI 与 LAI、叶片含氮量之间有明显的线性关系，R^2 分别为 0.820 9、0.676 2；GNDVI 与 LAI、叶片含氮量之间有明显的线性关系，R^2 分别为 0.762 5、0.701 7；RVI 与 LAI、叶片含氮量之间也有明显的线性关系，R^2 分别为 0.857 7、0.598 8。

3.2 基于多光谱图像分析的番茄营养素含量预测[6]

大量研究表明作物营养状况与其光谱特征紧密相关，但是常用的光谱仪只能采集作物“点”的信息，而且在温室条件下温室材料对光谱构成和光线强度会产生一定影响，因此快速、准确地获得温室栽培作物的“面”的光谱特性、测定营养素含量对长势监测、产量估计等方面具有重要意义。获取近地多光谱图像成本低廉、实时性高、分析方便，受到了许多学者的关注。Dutta. R 利用多光谱图像检测绿茶及红茶品质[7]；Lleó 等从作物图像中提取植被指数，建立了水果成熟度评价模型[8]；Bauriegel 等利用高光谱图像检测早期小麦镰刀霉病[9]；杨玮使用图像标定技术实现了黄瓜营养元素的诊断[1]。在番茄研究方面，虽取得了一定的成果，如 Yang Kaishenga 等使用多光谱图像技术实现了不同番茄品种的识别[10]；Jones 等研究了利用光谱分析技术检测番茄病害[11]；马兰等研究了基于近红外光谱的番茄总糖无损检测方法[12]，但应用计算机视觉技术预测温室番茄营养素含量的研究尚处于探索阶段。

在多光谱图像采集过程中，由于受到叶片平整度的影响，图像会出现高亮和阴影区域，造成图像质量退化。为了提高多光谱图像特征提取的准确度，需要对图像进行光照补偿处理。其中，光照锥、球谐函数等基于光照变化的模型，要求引入大量不同光照条件的图像样本进行光照变化建模，算法复杂度大，实时性较差。Gamma 校正、直方图均衡化和同态滤波等光照补偿方法，对于亮度差异较大或曝光不足的图像增强效果往往较差。而基于颜色恒常性理论的 Retinex 算法具有良好的边缘保持能力，可以有效地消除光晕效应及大面积白斑，对克服光照因素引起的质量下降具有较好的增强效果。

3.2.1 试验方法与材料

试验在中国农业大学水利与土木工程学院可控温室进行。对温室番茄叶片反射图谱的采集使用 Shimadzu UV-2450 紫外可见光分光光度计，其波长范围为 190～900 nm，分辨率为 0.1 nm，杂散光在 0.015%以下，采集步长设定为 2 nm。图像采集平台核心部件使用 JAI AD080CL 2-CCD 相机，其光学棱镜可以分割 400～700 nm 的可见光和 750～900 nm 的近红外光，双 CCD 前加装 50 nm 的滤光片，可以忽略入射角度的蓝移效应。相机同步使用 bayer 彩色技术和近红外成像技术，获取同一视野范围内的可见光图像和 NIR 图像。为了与光谱数据做比较，拍摄选择晴朗无云或少云天气。叶绿素相对含量的测定用 SPAD502 叶绿素仪，根据叶面积大小和叶色分布的差异，每片测量 5～10 点，取平均得到 SPAD 指数。全氮含量使用凯氏定氮仪测定。

3.2.2 基于 Retinex 增强算法的多光谱图像处理

在光强缓慢连续变化的情况下，Retinex 理论假设图像满足以下光照模型：

$$I(x,y)=L(x,y)\cdot R(x,y) \tag{3.9}$$

式中：$I(x,y)$ 为原始图像，$L(x,y)$对应于图像低频部分的光照图，$R(x,y)$则对应于图像高频部分的反射图像。在颜色恒定的约束下，Retinex 算法采用将原始图像与高斯函数卷积的方法实现对 $L(x,y)$的估计，从而消除阴影影响。由于单尺度 Retinex 算法仅使用一种高斯滤波器，所以无法同时满足颜色保真和细节增强的要求。多尺度 Retinex（MSR）算法通过对高斯函数尺度参数的调整，得到多个不同尺度下的反射图像，并按权线性组合得到最终输出结果，在消除阴影影响的同时，还能很好地保留图像细节。MSR 计算公式为

$$r_i(x,y)=\sum_{k=1}^{K}W_k\{\lg I_i(x,y)-\lg[F_k(x,y)*I_i(x,y)]\} \tag{3.10}$$

式中：$r_i(x,y)$为第 i 个通道上的输出，$I_i(x,y)$为第 i 个通道的输入，对于多光谱图像，i 分别对应于 R、G、B 和 NIR 四个通道；$F_k(x,y)$为高斯函数，W_k 为高斯函数权重，$*$ 表示卷积运算，K 为高斯函数的个数，为了兼顾高、中、低三个尺度的优点，K 常取值为 3，且 $W_1=W_2=W_3=1/3$。

图 3.14 给出了原始番茄叶片图像及经过自适应直方图均衡化（AHE）、gamma 校正、MSR 图像增强的处理效果。AHE 使得图像对比度增强，但颜色失真较大。Gamma 校正后边缘纹理等细节变得模糊，而本研究采用的 MSR 处理在剔除低频信息的同时颜色及纹理特征都得以较好的保持。另外，如果在拍摄过程中使用了标准色板，可以图像灰度与反射率之间的反演公式，最终建立反射率与作物生化指标的预测模型。

(a) (b) (c) (d)

图 3.14 不同图像增强算法的效果

(a) 原始图像；(b) AHE 图像；(c) Gamma 校正图像；(d) MSR 图像

3.2.3 番茄叶色及光谱特征

植物光谱特征主要由叶肉细胞、叶绿素、氮素、水分等成分对光线的吸收和反射形成的，所

以植物的营养状况与其光谱曲线中各个吸收谷、反射峰密切相关。

图 3.15(a)为 3 种营养水平的番茄叶片光谱曲线。(b)(c)(d)分别为与(a)中曲线相对应的叶片图像,均为 MSR 光照处理结果,其中 SPAD 为叶绿素指数,N 为全氮含量,R、G、B 为图像红、绿、蓝各通道的灰度均值。由图可知,多光谱图像具有 $G>R>B$ 的特征,这与光谱曲线表现的绿色波段反射率最大、红色波段次之、蓝色波段最小一致。而且随着叶片营养素含量的增大,图像 R 及 G 分量减小,B 分量差异较小,这与光谱曲线中绿峰、蓝谷、红谷的变化规律吻合,说明多光谱图像能够反映作物光合能力和氮素胁迫。

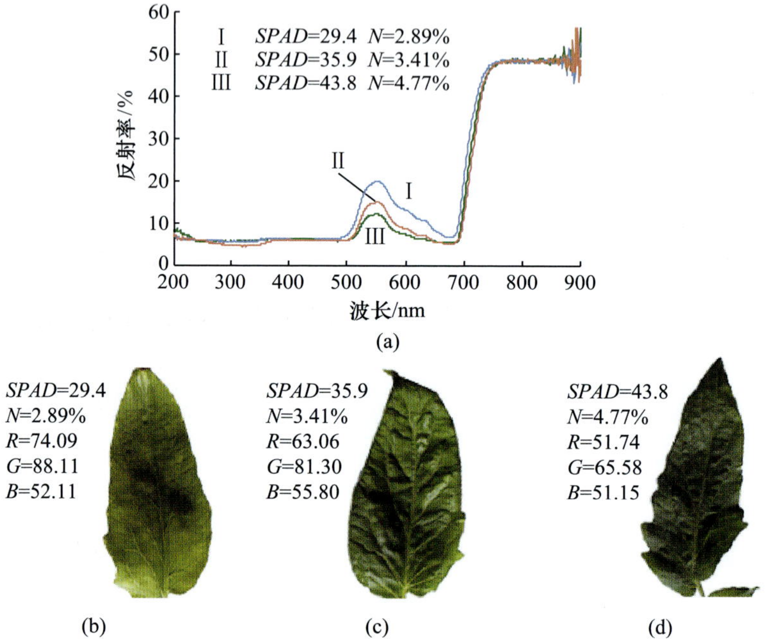

图 3.15　不同营养水平番茄叶片的反射光谱曲线及对应图像

(a) 反射光谱曲线;(b) 样本Ⅰ;(c) 样本Ⅱ;(d) 样本Ⅲ

3.2.4　多光谱图像特征定义

植被指数可以表明植被活力、估测植被生化参数,其中 NDVI 可以消除大部分与仪器定标、太阳角、地形、云阴影和大气条件等有关的辐照度变化,增强植被的响应能力;当植被覆盖浓密时,比值植被指数(RVI)对植被也非常敏感。所以受植被指数的启发,在 r、g、b、H、S、I、nir 各通道灰度均值作为图像特征参量的同时,还定义了以下两类颜色特征参量:

$$\left.\begin{aligned} RVI_{ij} &= \frac{gray_i}{gray_j} \\ NDVI_{ij} &= \frac{gray_i - gray_j}{gray_i + gray_j} \end{aligned}\right\} \tag{3.11}$$

式中：$gray_i$和$gray_j$分别为r、g、b、H、S、I、nir各通道灰度均值。

为了解析图像叶片区域的形状特征和纹理特征对预测番茄营养素的贡献程度，又定义了狭长度、离心率、致密度、凹凸度、对比度、能量、相关性、同质性等多种特征参量。试验表明它们极差分布均匀，变异系数在0.80％～11.96％之间，而且与SPAD值的相关性在－0.004 7～0.353 6之间，与全氮含量的相关性在－0.033 1～0.379 5之间，因此形状特征和纹理特征在后续研究中不予考虑。应用机器视觉技术提取描述作物冠层几何结构的叶倾角、叶方位角、叶面积等反映光能吸收能力的农学参数还有待进一步深入研究。

3.2.5 多光谱图像特征提取

对定义的49个颜色特征参量进行显著性检验，呈极显著性水平（$\alpha=0.001$）的有38个。选择与SPAD值相关系数超过0.8且与全氮含量相关系数超过0.65的16个参量进行共线性诊断，发现最大的方差膨胀因子（variance inflation）为2 045.04，且最大条件指数（condition index）为331.73＞30，说明各特征参量间存在严重的多重共线性。为了消除多重共线性，首先计算各参量间距离。

$$d(x,y)=1-\left|\frac{\sum_n (x_n-\overline{x})(y_n-\overline{y})}{\sqrt{\sum_n (x_n-\overline{x})^2\sum_n (y_n-\overline{y})^2}}\right| \tag{3.12}$$

使用最短距离法进行系统聚类分析，再根据3种统计量确定分类数：

$$\left.\begin{aligned} &SPRSQ=W_{pq}/T \\ &PSF=\frac{(T-P_G)/(G-1)}{P_G(n-G)} \\ &PST2=\frac{W_{pq}}{(S_p+S_q)/(n_p+n_q-2)} \end{aligned}\right\} \tag{3.13}$$

式中：W_{pq}为类合并后的离差平方和增量；T为所有参量的总离差平方和；P_G为各类内离差平方和之和；G为分类数目；n为待聚类的特征参量数目；S_p为第p类类内离差平方和；S_q为第q类类内离差平方和；n_p为第p类参量数目；n_q为第q类参量数目。半偏相关统计量$SPRSQ$和伪t^2统计量$PST2$越大，说明前一次合并效果越好。伪F统计量PSF大，表示各参量可显著地分为G类。

由表3.3可知，16个特征参量的最佳分类数为4。分类结果为$Z_1=\{g,I\}$，$Z_2=\{RVIrb, NDVIrb\}$，$Z_3=\{RVIih, NDVIrh, NDVIgh, NDVIbh, NDVIih\}$，$Z_4=\{r, RVIrnir, RVIinir, RVIgnir, NDVIinir, NDVIgnir, NDVIrnir\}$。最后分别计算各类的重心作为整幅多光谱图像的特征参量：

$$Z_p=\sum_{n_p} x_{n_p}/n_p \tag{3.14}$$

式中：x_{n_p} 为属于第 p 类的特征参量。

表 3.3　系统聚类分析统计量

G	SPRSQ	PSF	PST2	G	SPRSQ	PSF	PST2
6	0.012 8	20.3	—	3	0.280 0	9.3	25.4
5	0.025 4	21.1	4.9	2	0.180 3	9.7	5.3
4	0.015 7	26.5	—	1	0.408 0	—	9.7

3.2.6　模型建立及评价

为了简化模型，提高温室番茄营养素含量预测速度，选取 35 幅番茄叶片图像作为校正集，17 幅作为预测集，进行逐步回归建模和模型验证。由表 3.4 可知，按照修正 R^2 最大及均方根误差（RMSE）、C_p、AIC 最小的准则，对 SPAD 指数回归的最优子集为 Z_1、Z_3、Z_4。同理，对全氮含量回归的最优子集为 Z_1、Z_3。

表 3.4　逐步回归模型的变量筛选

R^2	修正 R^2	C_p	AIC	RMSE	变量
0.909 2	0.906 6	6.290 8	85.254 5	3.180 74	Z_3
0.858 3	0.849 5	29.669 0	102.411 1	4.036 59	Z_2
0.919 3	0.914 4	4.054 3	83.033 4	3.044 74	Z_3，Z_4
0.918 4	0.913 4	4.440 9	83.439 7	3.061 97	Z_2，Z_3
0.926 2	0.919 3	3.127 6	81.798 4	2.956 10	Z_1，Z_3，Z_4
0.920 9	0.913 5	5.378 5	84.311 8	3.061 11	Z_2，Z_3，Z_4
0.926 5	0.917 0	5.000 0	83.650 5	2.997 23	Z_1，Z_2，Z_3，Z_4

建模结果如表 3.5 所示，SPAD 预测模型 R_V^2 达到 0.866 8，全氮含量预测模型 R_V^2 为 0.728 4，具有较好的预测能力，而且应用 MSR 图像增强算法后模型精度得到了一定改善。另外，模型对全氮含量的预测误差较 SPAD 预测误差大，分析其原因可能为番茄叶面积较小，定氮时很难满足干重 0.4 kg 的要求，具体原因有待进一步分析。

表 3.5　预测和验证模型的评价参数

模　型	数据集	R_C^2，R_V^2		RMSE	
		原始图像	Retinex 增强图像	原始图像	Retinex 增强图像
$SPAD=-33.9+0.26Z_1+87.1Z_3-0.79Z_4$	校正集	0.926 2	0.944 6	2.956 0	2.532 1
	验证集	0.851 2	0.866 8	4.412 0	3.997 0
$N=-7.53+0.42Z_1+12.34Z_3$	校正集	0.766 8	0.793 2	0.421 3	0.398 2
	验证集	0.707 5	0.728 4	0.541 7	0.513 0

3.3　基于双目视觉系统的叶倾角提取

3.3.1　概述

叶倾角、叶方位角、叶面积等特征参数是描述冠层几何结构的重要参数，作物冠层光能截获量除受群体叶面积影响外，还与叶倾角有关。叶倾角不仅直接影响反射率和透射率等重要的光合作用参数，还是建立植株生长模型的必要参数。因此对叶倾角的提取方法的研究具有实际价值。

叶倾角是指叶子向上半面某点上的法线方向与 z 轴（z 轴垂直于水平面指向天空）的夹角，如图 3.16 所示，其中 α 为叶片 P 点处的叶倾角。有时为了便于测量叶倾角，还定义侧枝与所在轴的夹角。图 3.17 是利用三维数字化仪 3Space Fastrak 记录并绘制的典型番茄叶片从开始出现到停止扩展时叶倾角的变化过程[13]。3Space Fastrak 记录了叶轴和主轴节间各观测点的三维坐标（x，y，z），将该节间和叶轴上的观测点连接成向量，向量的夹角即为此刻的叶倾角。

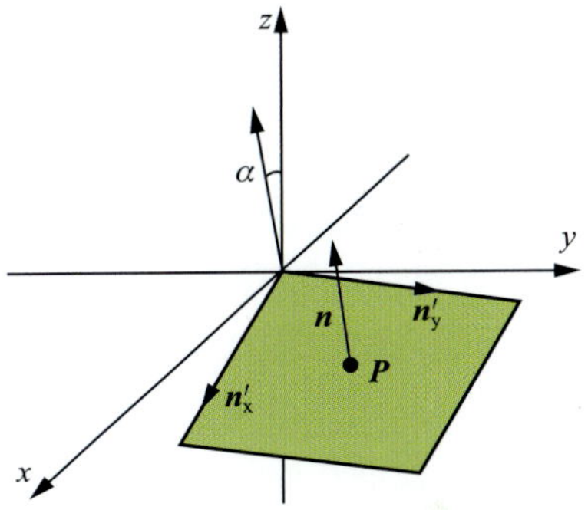

图 3.16　叶倾角的定义

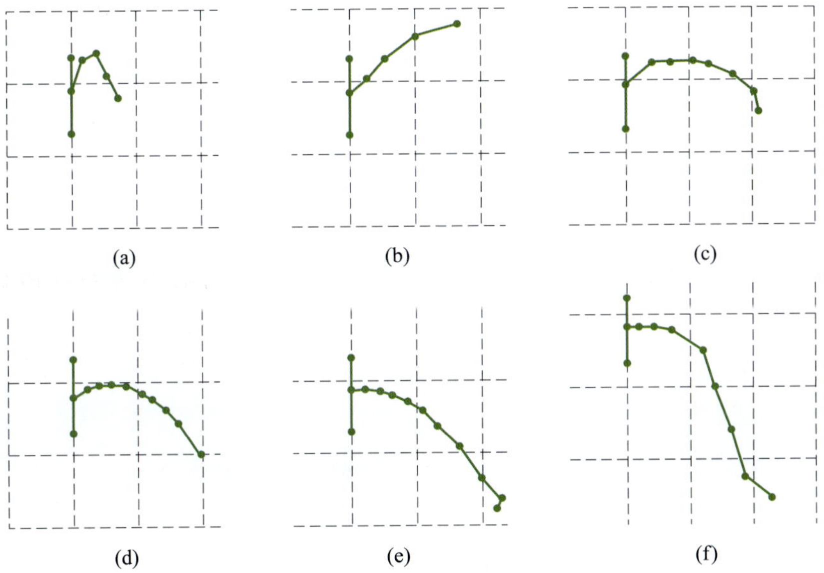

图 3.17　番茄叶片叶倾角随时间变化的规律

叶倾角的提取方法可分为两种：直接测量和间接测量。

直接测量是利用空间坐标仪器对植株进行测量。其特点是精度和可信度高，但时间、劳动力消耗太大。1987 年，Dr. Yuangui Li 利用空间坐标仪（spatial coordinate apparatus，SCA）对 Konza 大草原长期生态研究地区主要的近 10 种高秆草类植物的叶倾角进行了直接测量，得到了一个较丰富的叶倾角分布(leaf angle distribution, LAD)数据集[14]。这次实验被称作 First ISLSCP Field Experiment (FIFE)。另外还有一种方法是利用激光扫描得到利用角度和距离描述的空间坐标，再利用这个坐标推导出叶倾角分布。

间接测量则是通过测量其他参数或获得植株图像对植株叶倾角分布进行推测模拟。这类测量方法希望以较低的成本获得可信的能满足实际需要的叶倾角分布数据，提高方法的实用性。刘安国设计了一种由作物冠层的辐射分布推算作物叶面积指数(LAI)和叶倾角分布函数的方法[15]。Huang Wenjiang 等利用光谱反射率对作物叶倾角分布进行了分级估算[16]。在利用机器视觉提取叶倾角方面，Herbert[17]、杨亮等[18]、Wang 等[19]以及其他学者已做了一定的研究，但仍处于探索阶段。

双目立体视觉的开创性工作始于 20 世纪 60 年代中期。美国 MIT 的 Roberts 通过从数字图像中提取立方体、楔形体和棱柱体等简单规则多面体的三维结构，并对物体的形状和空间关系进行描述，把过去的简单二维图像分析推广到了复杂的三维场景，标志着立体视觉技术的诞生。随着研究的深入，研究的范围从边缘、角点等特征的提取，线条、平面、曲面等几何要素的分析，直到对图像明暗、纹理、运动和成像几何等进行分析，并建立起各种数据结构和推理规则。特别是 20 世纪 80 年代初，Marr 首次将图像处理、心理物理学、神经生理学和临床精神病学的研究成果从信息处理的角度进行概括，创立了视觉计算理论框架。这一基本理论对立体视觉技术的发展产生了极大的推动作用，在这一领域已形成了从图像的获取到最终的三维场景可视表面重构的完整体系，使得立体视觉已成为计算机视觉中一个非常重要的分支。经过几十年来的发展，立体视觉在机器人视觉、航空测绘、反求工程、军事运用、医学成像和工业检测等领域中的运用越来越广。

双目立体视觉是机器视觉的一种重要形式，它是基于视差原理并利用成像设备从不同的位置获取被测物体的两幅图像，通过计算图像对应点间的位置偏差，来获取物体三维几何信息的方法。图 3.18 为双目摄像机获取的左、右视图及两者的视差图。立体视觉测量方法具有效率高、精度合适、系统结构简单、成本低等优点，非常适合于制造现场的在线、非接触产品检测和质量控制。

(a)　　(b)　　(c)

图 3.18　双目视图与视差图

(a) 左视图；(b) 右视图；(c) 视差图

3.3.2　双目视觉系统硬件平台

双目视觉的两个摄像机的放置通常可以采用两种方法，一种是使两个摄像机主光轴尽量前向平行，如图 3.19 所示。另一种方法是使两个摄像机主光轴在有限距离内相交，如图 3.20 所示。立体匹配成功的必要条件之一是要求三维场景的某个特征在两个摄像机视图中都可见。因此，只有在两个摄像机成像区域重叠的区域才是有效的(图中绿色区域)，三维重建的目标必须置于这个有效区域中立体匹配才有可能成功。另一方面，根据三角测量原理，深度与视差呈负相关，离摄像机较近的地方精度比较高。对比图 3.19 和图 3.20 可以发现，图 3.20 的有效区域离摄像机较近，重建时深度精度较高。

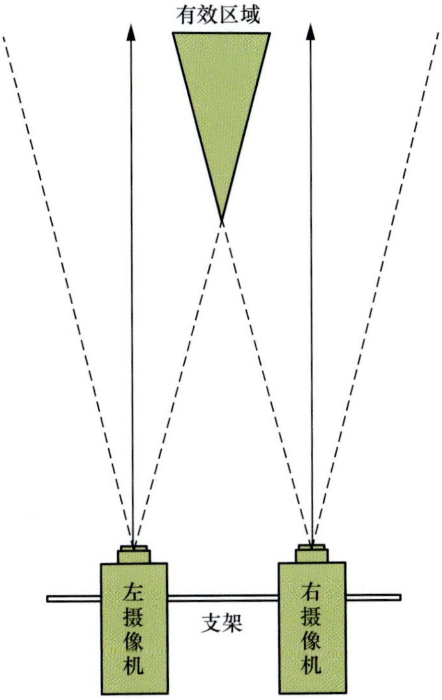

图 3.19　主光轴前向平行的双目视觉平台

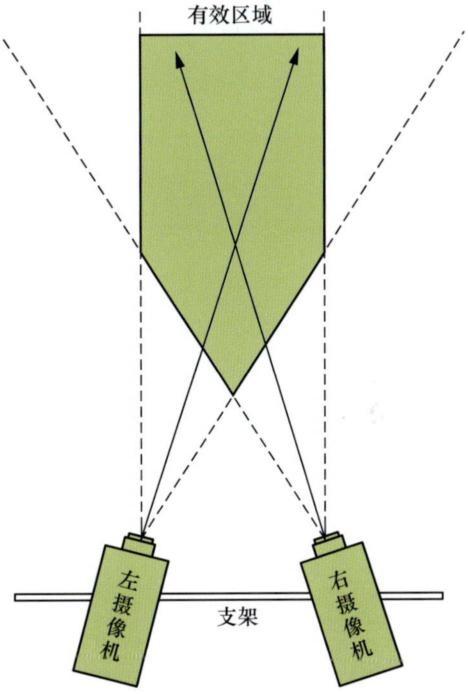

图 3.20　主光轴相交的双目视觉平台

3.3.3　叶倾角提取的基本流程

叶倾角提取的基本流程如图 3.21 所示，主要包括双目视觉系统标定、图像校正、图像预处理、立体匹配、三维重建，最后计算叶倾角。

3.3.4　双目视觉系统的标定

双目视觉系统标定分为单像机标定和双像机立体标定。利用单像机标定可以获取各像机的内部参数和畸变参数，利用双像机标定可以同时获取以上参数和两个像机之间的位置参数(即外部参数)，也可以利用已有的内部参数和畸变参数。因为一个像机的内部参数和畸变参数是固定的，因此为了增加稳定性，可利用单目标定先计算出内部参数和畸变参数并保存，在双目标定时只需要载入使用即可。

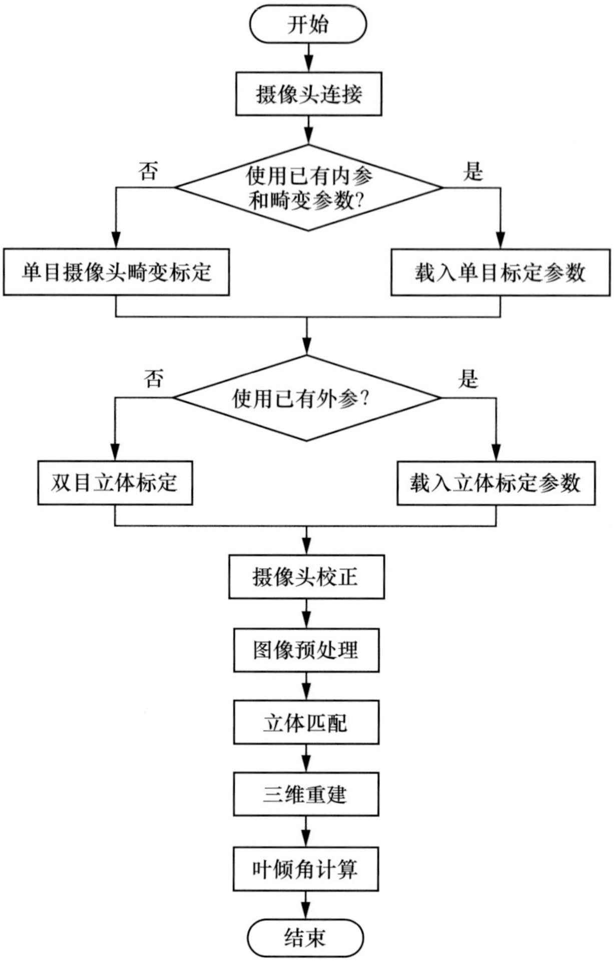

图 3.21　叶倾角提取的基本流程

对于单目标定，首先假定摄像机模型为理想模型，即完全没有畸变，则将物理世界中的点投影到摄像机图像平面上遵循公式

$$\tilde{q}=s\boldsymbol{MW}\widetilde{\boldsymbol{Q}}=s\boldsymbol{M}[\boldsymbol{R}\quad \boldsymbol{T}]\widetilde{\boldsymbol{Q}}=s\begin{bmatrix} f_x & 0 & c_x \\ 0 & f_y & c_y \\ 0 & 0 & 1 \end{bmatrix}[\boldsymbol{r}_1\quad \boldsymbol{r}_2\quad \boldsymbol{r}_3\quad \boldsymbol{T}]\begin{bmatrix} X \\ Y \\ Z \\ 1 \end{bmatrix} \tag{3.15}$$

式中：$\tilde{\boldsymbol{q}}$ 为像点的图像坐标；s 为缩放因子；$\boldsymbol{M}$ 为像机内参矩阵；$\widetilde{\boldsymbol{Q}}$ 为物点在物体坐标系上的坐标；$\boldsymbol{R}$ 为从物体坐标系到摄像机坐标系的旋转矩阵，$\boldsymbol{R}$ 可分解为 3 个 3×1 的列向量 $\boldsymbol{r}_1$、$\boldsymbol{r}_2$、$\boldsymbol{r}_3$（旋转向量）；$\boldsymbol{T}$ 为物体坐标系到摄像机坐标系的平移向量。

采用棋盘标定的方法，如图 3.22 所示，对棋盘的每个不同视场图像，需要 3 个旋转参数（ψ, φ, θ）和 3 个平移参数（T_x, T_y, T_z）来定位。假设有 N 个角点的 K 个棋盘图像（不同位置），K 个棋盘图像提供 $2NK$ 个约束条件，共有 4 个内参和 $6K$ 个外参，方程组有唯一解的前

提是 $2NK \geqslant 6K+4$ 成立。因为将一个正方形投影到图像平面，只需要 4 个点即可完全表示清楚。所以无论在一个平面上检测到多少个角点，只能得到 4 个有用的角点信息。因此每个视场只能给出最多 4 个角点信息来建立方程，即 $(4-3)K \geqslant 2$，则 $K \geqslant 2$。也就是说最少需要 2 个视场来求解标定问题，获取内参矩阵以及各视场的旋转矩阵和平移向量。在实际应用中，为了提高标定精度，至少需要 10 幅 7×8 或者更大的棋盘的图像。

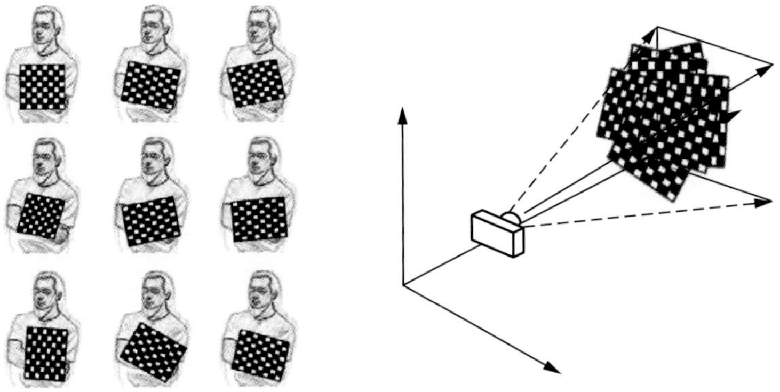

图 3.22 双目视觉系统标定

在之前的计算中，摄像机畸变参数都被设置成了 0。利用已求得的摄像机内参和外参作为初始值，可以求得摄像机畸变参数。令 (x_p, y_p) 为理想针孔模型成像点的位置(即矫正后的位置)，则有

$$\begin{bmatrix} x_p \\ y_p \end{bmatrix} = \begin{bmatrix} f_x \dfrac{X^W}{Z^W} + c_x \\ f_y \dfrac{Y^W}{Z^W} + c_y \end{bmatrix} \tag{3.16}$$

其中 (X^W, Y^W, Z^W) 为物理点在摄像机坐标系中的坐标，可以通过摄像机外参从世界坐标系变换得到。另外令 (x_d, y_d) 为畸变位置，根据畸变原理有

$$\begin{bmatrix} x_p \\ y_p \end{bmatrix} = (1 + k_1 r^2 + k_2 r^4 + k_3 r^6) \begin{bmatrix} x_d \\ y_d \end{bmatrix} + \begin{bmatrix} 2p_1 x_d y_d + p_2 (r^2 + 2x_d^2) \\ p_1 (r^2 + 2y_d^2) + 2p_2 x_d y_d \end{bmatrix} \tag{3.17}$$

式中：r 为畸变点 (x_d, y_d) 到主光轴的距离。

这样利用同一幅棋盘图像的不同角点列方程可以得到一个方程组，利用这个方程组进行多次迭代可得到摄像机的畸变参数 $(k_1, k_2, p_1, p_2, k_3)$ 和修正后的内部参数矩阵 $\boldsymbol{M}$。

立体成像的基本几何学是对极几何。利用对极几何可以尽可能地缩小两台立体摄像机上匹配点出现的可能范围，减少匹配时的查找时间，对立体成像有很重要的作用。

如图 3.23(a)所示，两个摄像机投影中心 O_l、O_r 与左、右投影面的交点 e_l、e_r 叫做极点；观测点 P 与两个投影中心 O_l、O_r 所确定的面叫做极面；极面与投影面相交的直线叫做极线。假设某个点投影到左相机投影面上为 p_l，那么这个点可能在从点 p_l 到点 P 的射线上的任何位置。如果该点在右相机投影面上的投影也已知，为 p_r，则该点的位置就可以确定，即是点 P。另外

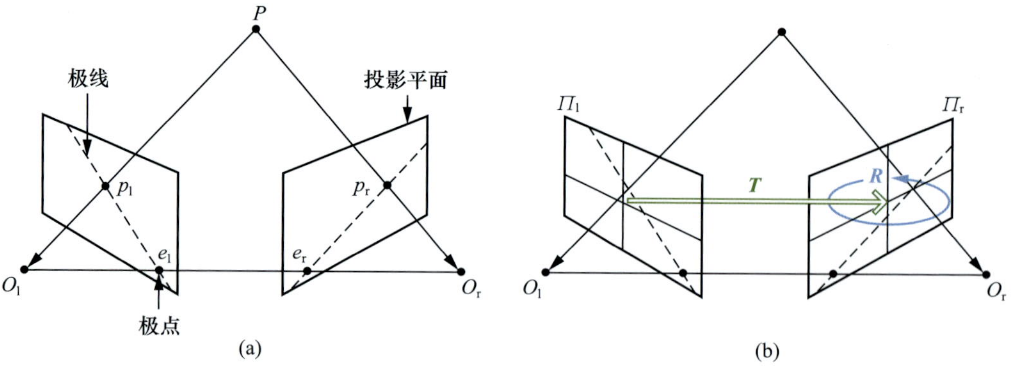

图 3.23 双目立体标定

(a) 对极几何;(b) 旋转矩阵及平移向量

由立体几何可知,在左相机上的投影点为 p_l的点,在右相机上的投影点一定在点 e_r、点 p_r所确定的直线(即极线)上。对极几何还有以下性质:

(1) 摄像机视图内的每个3D点都包含在极面内,极面与每幅图像相交的直线就是极线。

(2) 给定一幅图像上的一个特征,它在另一幅图像上的匹配视图一定在对应的极线上,这就是"对极约束"。对极约束意味着,一旦知道立体试验台的对极几何之后,对两幅图像间匹配特征的二维搜索就转变成了沿着极线的一维搜索。这不仅仅节省了大量的计算,还可以排除许多可能导致虚假匹配的点。

(3) 图像点次序不变。如果两个点 A 和 B 在左、右视图中都可见,按顺序水平出现在其中一个摄像机上,那么在另一个摄像机上也将按同样的顺序水平出现。

立体标定(stereo calibration)是计算空间上两台摄像机几何关系的过程。立体标定主要是查找两台摄像机之间的旋转矩阵 $\boldsymbol{R}$ 和平移向量 $\boldsymbol{T}$,如图3.23(b)所示。

给定物体坐标系中的任意三维点 P,分别对两台摄像机进行单目标定,可以将点 P 分别转换到左、右摄像机的摄像机坐标系:$\boldsymbol{P}_l=\boldsymbol{R}_{sl}\boldsymbol{P}+\boldsymbol{T}_{sl}$ 和 $\boldsymbol{P}_r=\boldsymbol{R}_{sr}\boldsymbol{P}+\boldsymbol{T}_{sr}$,其中 $\boldsymbol{R}_{sl}$、$\boldsymbol{R}_{sr}$ 分别为单目标定时点 P 从物体坐标系到左、右摄像机坐标系的旋转矩阵,$\boldsymbol{T}_{sl}$、$\boldsymbol{T}_{sr}$ 分别为单目标定时左、右摄像机坐标系原点到物体坐标系原点的平移向量,P_l 和 P_r 分别为点 P 在左、右摄像机上的成像点。从图3.23(b)中可以明显看出,点 P 在两台摄像机上的成像点可以用 $\boldsymbol{P}_l=\boldsymbol{R}^{\mathrm{T}}(\boldsymbol{P}_r-\boldsymbol{T})$ 关联,其中 $\boldsymbol{R}$ 为左摄像机坐标系到右摄像机坐标系的旋转矩阵,$\boldsymbol{T}$ 为右摄像机坐标系原点到左摄像机坐标系原点的平移向量(基于右摄像机坐标系描述)。利用这3个等式可以分别求解立体标定时两台摄像机间的旋转矩阵 $\boldsymbol{R}$ 和平移向量 $\boldsymbol{T}$:

$$\left.\begin{aligned}\boldsymbol{R}&=\boldsymbol{R}_{sr}(\boldsymbol{R}_{sl})^{\mathrm{T}}\\ \boldsymbol{T}&=\boldsymbol{T}_{sr}-\boldsymbol{R}\boldsymbol{T}_{sl}\end{aligned}\right\}\tag{3.18}$$

在立体匹配前需要对图像进行立体矫正。为了使图像重投影畸变最小化,采用Bouguet算法,将旋转矩阵 $\boldsymbol{R}$ 分成 $\boldsymbol{r}_l$ 和 $\boldsymbol{r}_r$ 两部分,使左、右摄像机图像平面各旋转一半,如图3.24(a)所示,其中虚线表示旋转前的摄像机位置,实线表示左、右摄像机各旋转 $\boldsymbol{r}_l$、$\boldsymbol{r}_r$后的位置。由于两个成像平面只是平行但行不对准,计算立体视差还很复杂。根据对极几何原理,将图像变换成共面并且行对准可以大大减小匹配难度。如图3.24(b)所示,其中 $\boldsymbol{e}_r$ 为极点,若将极点变换到无穷远处，让极线与两个投影中心的连线平行，就可以保证两个成像平面共面且行对准。构造一个适当的绕投影中心 O_l、O_r 的旋转矩阵 $\boldsymbol{R}_{\rm rect}$ 即可实现这个变换。

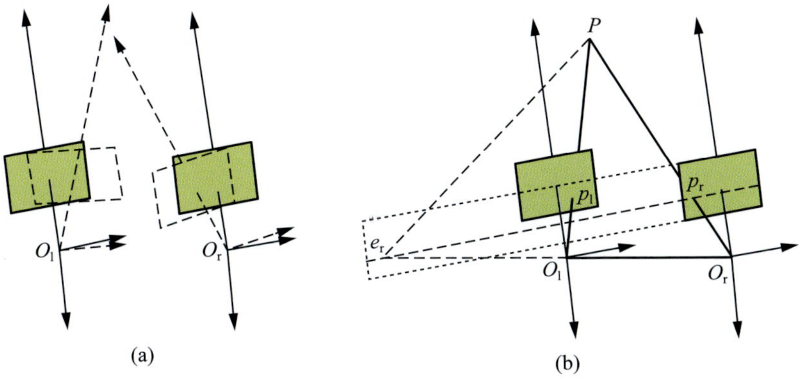

图 3.24　立体矫正

从极点的方向开始构造旋转矩阵 $\boldsymbol{R}_{\rm rect}$，包含 3 个向量($\boldsymbol{e}_1,\boldsymbol{e}_2,\boldsymbol{e}_3$)，$\boldsymbol{e}_1$ 为极点的方向；$\boldsymbol{e}_2$ 必须与 $\boldsymbol{e}_1$ 正交，没有其他限制，通常选择与主光轴正交的方向；$\boldsymbol{e}_3$ 与 $\boldsymbol{e}_1$ 和 $\boldsymbol{e}_2$ 正交。

$$\boldsymbol{R}_{\rm rect}=\begin{bmatrix}(\boldsymbol{e}_1)^{\rm T}\\(\boldsymbol{e}_2)^{\rm T}\\(\boldsymbol{e}_3)^{T}\end{bmatrix}\tag{3.19}$$

式中：$\boldsymbol{R}_{\rm rect}$ 为双目标定时将两台摄像机从主光轴平行的状态[图 3.24(b)所示]变换成主光轴平行且行对准状态[图 3.24(c)所示]的旋转矩阵；$\boldsymbol{e}_1$、$\boldsymbol{e}_2$、$\boldsymbol{e}_3$ 分别为 $\boldsymbol{R}_{\rm rect}$ 沿 x、y、z 轴的旋转分量，$\boldsymbol{e}_1=\dfrac{\boldsymbol{T}}{\|\boldsymbol{T}\|}$，$\boldsymbol{e}_2=\dfrac{[-T_y\quad T_x\quad 0]}{\sqrt{T_x^2+T_y^2}}$，$\boldsymbol{e}_3=\boldsymbol{e}_1\times\boldsymbol{e}_2$。

综上所述，两台摄像机校正通过如下设定来实现：

$$\left.\begin{aligned}\boldsymbol{R}_l&=\boldsymbol{R}_{rect}r_l\\\boldsymbol{R}_r&=\boldsymbol{R}_{rect}r_r\end{aligned}\right\}\tag{3.20}$$

式中：$\boldsymbol{R}_l$ 和 $\boldsymbol{R}_r$ 分别为双目视觉系统标定过程中左、右摄像机图像变换的实际旋转矩阵；$\boldsymbol{r}_l$ 和 $\boldsymbol{r}_r$ 可由两摄像机之间的旋转向量 $\boldsymbol{R}$ 获得，$\boldsymbol{r}_l=-\boldsymbol{r}_r=\dfrac{\boldsymbol{R}}{2}$。变换后的图像如图 3.24(a)所示。

在此基础上利用三角测量原理可以根据视差计算出深度值，图 3.25 为无畸变、行对准、已测量好的标准立体实验模型，两台摄像机的像平面精确位于同一平面上，光轴(从投影中心 O 向主点 c 方向引出的一条射线，也称为主光线)严格平行，距离一定，焦距相同($f_l=f_r$)。并且假设主点 $c_x^{\rm left}$ 和 $c_x^{\rm right}$ 已经校准，在左、右图像上具有相同的像素坐标，两台摄像机前向平行排列，即两幅图像行对准，并且一台摄像

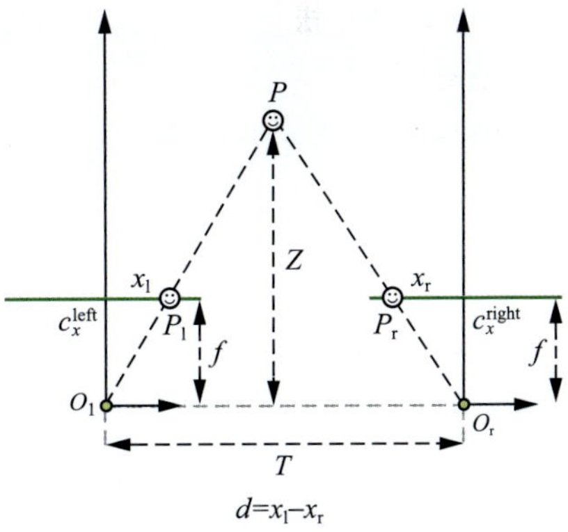

图 3.25　标准立体实验台示意图

机的像素行与另一台完全对准。

设物理世界坐标系中的点 P 在左、右图像上的成像点分别为 p_l 和 p_r，相应的横坐标分别为 x_l 和 x_r，定义视差为 $d=x_l-x_r$，则深度与视差成反比关系，利用相似三角形原理可知：

$$\frac{T-(x_l-x_r)}{Z-f}=\frac{T}{Z}\Rightarrow Z=\frac{fT}{x_l-x_r}=\frac{fT}{d} \tag{3.21}$$

式中：T 为两个投影中心 O_l、O_r 间的距离。

给定一个二维齐次点和其关联的视差 d，可以将此点投影到三维中：

$$\boldsymbol{Q}\begin{bmatrix}x\\y\\d\\1\end{bmatrix}=\begin{bmatrix}1&0&0&-c_x\\0&1&0&-c_y\\0&0&0&f\\0&0&\dfrac{-1}{T_x}&(c_x-c_x')T_x\end{bmatrix}\begin{bmatrix}x\\y\\d\\1\end{bmatrix}=\begin{bmatrix}X\\Y\\Z\\W\end{bmatrix} \tag{3.22}$$

其中，$\boldsymbol{Q}$ 被称为重投影矩阵，c_x'为右摄像机的主点在图像上的 X 坐标，其余参数都是左摄像机中的参数（当主光轴相交于无穷远时 $c_x=c_x'$）。对应的三维坐标为（X/W，Y/W，Z/W）。这就是利用双目视觉系统进行三维重建的原理。

3.3.5　立体匹配与三维重建

块匹配（block matching，BM）算法、半全局块匹配（semi-global block matching，SGBM）算法和基于图像分割（graph cut，GC）的匹配算法是三种满足不同应用要求的匹配算法。GC 算法匹配效果最好，但耗时较长；BM 算法处理速度最快，但匹配效果较差。SGBM 算法及其改进算法 HH 算法消耗的时间相差不大，HH 算法稍慢，在本研究中二者的效果并没有太明显的区别，SGBM 算法拥有较好的匹配效果和较快的匹配速度。表 3.6 比较了各匹配算法的性能。图 3.26 为经各匹配算法处理得到的视差图。

(a)　(b)　(c)

图 3.26　不同匹配算法获取的视差图

(a) BM 算法；(b) SGBM 算法；(c) GC 算法

在根据已知的图像坐标、摄像机内参和匹配点视差构造三维重投影矩阵后，即可实现三维重建。利用 TableCurve 3D 对三维点云进行插值，生成番茄叶片 3D 形态图，如图 3.27 所示。

表 3.6 不同匹配算法性能比较

算法名称	时间/ms	信息完整性	可重复性
BM	47	差	好
SGBM	688	良	好
HH	828	良	好
GC	92 671	好	差

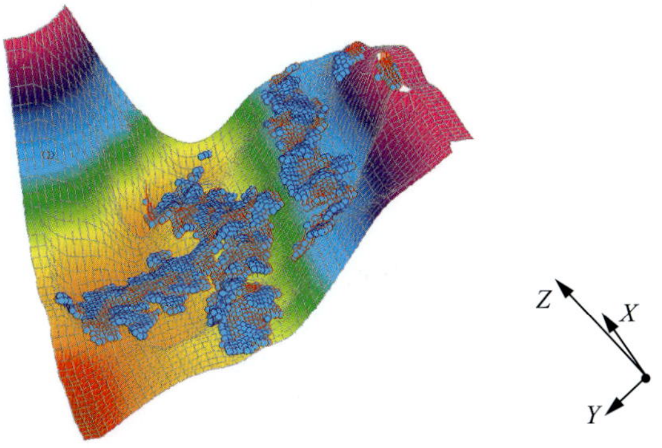

图 3.27 双目视觉系统获取的番茄图像

3.3.6 叶倾角提取

利用分片求平均的方法对三维重建的点云数据进行处理，得到网格状点云，其中的每一个网格有 4 个三维坐标点对它进行控制，如图 3.28 (a)所示。叶倾角可以通过求叶面法向量来获得，针对每个网格，由于 4 个控制点不一定在同一个平面上，所以分成 2 个三角形进行计算，然后求和，如图 3.28(b)所示。

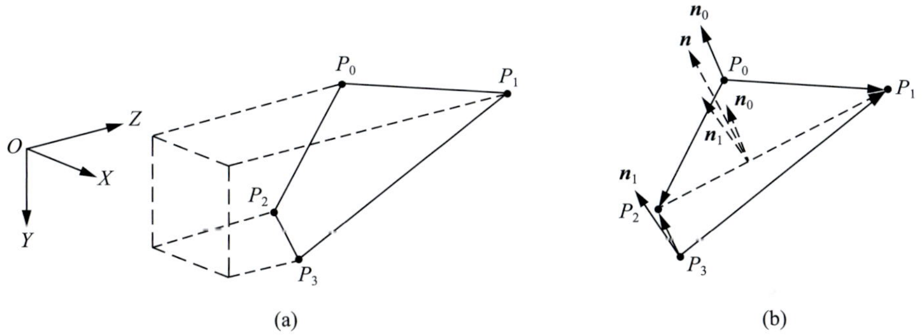

图 3.28 叶倾角提取方法示意图

(a) 单网络中的控制点；(b) 网络分解

图 3.28(b)中的计算过程如式(3.23)所示。

$$\left.\begin{aligned} \boldsymbol{n}_0 &= \overrightarrow{P_2P_0} \times \overrightarrow{P_1P_0} \\ \boldsymbol{n}_1 &= \overrightarrow{P_1P_3} \times \overrightarrow{P_2P_3} \\ \boldsymbol{n} &= \boldsymbol{n}_0 + \boldsymbol{n}_1 \end{aligned}\right\} \tag{3.23}$$

如果只要求单点的叶倾角，可以根据该点的 X、Y 坐标找到该点所在的网格，然后利用式(3.23)计算出这个网格的平均法向量$\boldsymbol{n}$，则认为该点的法向量为$\boldsymbol{n}$，根据$\boldsymbol{n}$可以计算出叶倾角。如果要求叶倾角的平均值，则要求出所有的网格的法向量然后求和，如式(3.24)所示。再根据$\boldsymbol{n}_{\text{sum}}$求出摄像机坐标系中的平均叶倾角。

$$\boldsymbol{n}_{\text{sum}} = \sum_i \boldsymbol{n}_i \tag{3.24}$$

$$\alpha = \arccos\left(\frac{\boldsymbol{v}_c \cdot \boldsymbol{n}_{sum}}{|\boldsymbol{v}_c||\boldsymbol{n}_{sum}|}\right) \tag{3.25}$$

式中：$\boldsymbol{v}_c = \boldsymbol{R} \cdot \boldsymbol{v}$，$\boldsymbol{R}$ 为摄像机坐标系到大地坐标系的旋转矩阵，$\boldsymbol{v} = [0 \quad 0 \quad 1]^T$，为大地坐标系下竖直向上的单位向量。

事实上，在三维点云已知的情况下，还可以构造出其他作物形态参数的计算公式，实现其他参数的提取。

叶倾角不仅可以直接作为光合作用参数，还是建立植株生长模型的必要参数。因此对叶倾角的研究具有实际价值。张亚红等通过观测日光温室内黄瓜不同生育时期的叶面积指数、叶倾角、叶方位角等群体结构参数和群体内太阳总辐射的水平分布和垂直分布，为进一步优化日光温室结构，建立日光温室内作物生长模型，制定环境调节控制策略等提供理论依据[20]。董乔雪等通过测量和记录番茄整个生长周期内叶倾角等形态参数的变化规律，实现了植株形态的三维动态重建，为番茄生长的可视化定量分析提供了依据[13]。陈友等研究了以叶倾角为代表的番茄群体结构特点与光照分布特性、产量间的关系，为产量估测提供了理论依据[21]。赵春江等定量分析了作物平均叶倾角对冠层光谱特征的影响，对提高遥感反演作物长势和叶面积指数的精度和提高作物大面积、快速遥感肥水调控决策水平具有重要意义[22]。

3.4 植物电信号检测与生物学诊断

植物电信号是植物体内最重要的物理信号[23]，与植物体内的化学信号（如荷尔蒙等）相比，电信号可以快速地、长距离地传递信息。近些年来，生物学家发现电信号对植物的许多生理活动都会产生重要影响，细胞间通过电信号传导信息的方式是植物信息传导的基本方式之一[24]。研究表明，生物电活动在植物体内是普遍存在的。感应外界刺激的电信号不仅在低等植物（如轮藻）及敏感性高等植物（如含羞草、捕蝇草等）体内存在，在非敏感性高等植物中也发挥着重要的作用[25-29]。

3.4.1 植物电信号的类型及特点

在植物电生理研究中，通常把植物电信号的变化归纳为 3 种：局部电位（local potential，LEP）、动作电位（action potential，AP）、变异电位（variation potential，VP）。LEP 是环境变化（如土壤水分、肥力、光、空气温度和湿度）引起的阈下反应，仅在局部产生，不会传递到植物体的其他部位。尽管该信号不能传递，但它对植物的生理状态有着较大的影响[24]。AP 和 VP 都是可以传递的电信号，如图 3.29 所示。

AP 是由非伤害性刺激（如冷刺激、机械刺激、电刺激等）引起的，能够快速地在植物体内传递信息，是一种广泛存在的信号传导方式。AP 具有以下 3 点区别于其他电信号的特征[23]：①AP 以恒定速率传播，且在传播的过程中信号无衰减；②AP 遵循“全或无”定律，即刺激强度低于阈值时不会引发 AP，当刺激超过阈值时，所引发的 AP 的幅度是不变的，不会随着刺激强度及持续时间的改变而发生变化；③AP 产生后，细胞会相继进入绝对不应期和相对不应期阶段。环境刺激达到阈值后，所产生的 AP 会通过胞间连丝向植物体的各个方向传播，并经由韧皮部实

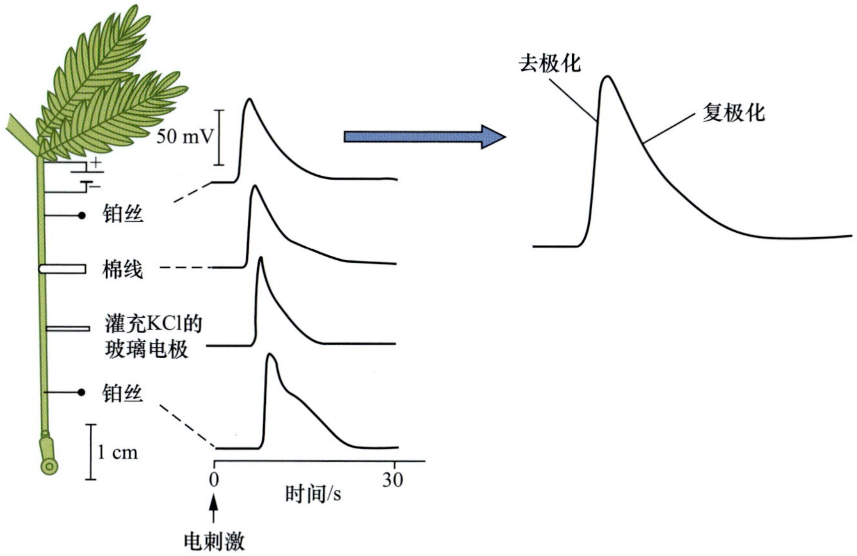

(a)

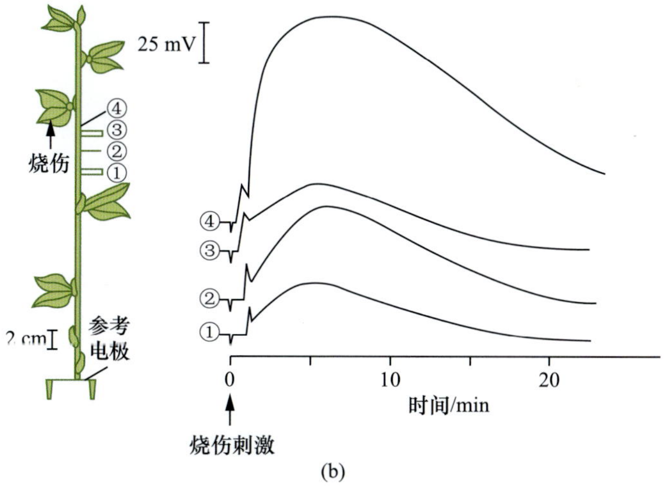

(b)

图 3.29　含羞草的动作电位和蚕豆的变异电位[33]

(a) 动作电位；(b) 变异电位

现电信号的长距离传递。AP 可以从刺激部位逐步传播到几乎所有活的器官和组织[30-31]。

VP 是由伤害性刺激(如烧伤、切割等)引起的。与 AP 不同，VP 在传递过程中会发生衰减，也就是说，离刺激点越远处，VP 的幅度和传播速度就会越小。另外，VP 不遵循“全或无”定律，其信号幅值受刺激强度的影响。VP 的传播主要依赖于木质部，并且可以穿越植物体内死亡的组织或区域[32,33]。

3.4.2　植物电信号的生理意义

植物受到环境变化刺激后会产生相应的胞外信号传递(如化学信号、水信号和电信号)[34],其中电信号的发生和传递可能是植物体对外部刺激的最初反应,这种反应可以触发生理变化(如伸长生长,呼吸作用,水分吸收,韧皮部物质外卸,膨压下降及光合与蒸腾作用的改变,气体交换,蛋白酶抑制剂基因的激活、转录等),从而协调植物体内各器官、组织之间以及植物自身和外部环境之间的关系[35]。

植物生长过程中,当处于弱光、高湿、缺钾等环境下时,植物电信号有明显的不同特征[36]。因此,能够反映植物生理状况的电信号可以作为温室调控过程的直接反馈因子,正如应用心电图仪监测人体生理电位,使得医生能从中及时获得心脏内部的有关信息,以便做出正确诊断。

植物电信号能够将局部的刺激信息传递给其他的细胞、组织和器官,使其做出相应的反应。食虫植物(如捕蝇草)捕蝇器的关闭是电信号传递的结果[37]。AP 可以调控某些敏感性高等植物(如含羞草、金钱草)叶片的运动。对于非敏感性高等植物,电信号在气体交换、授粉、受精、基因表达等生理活动中均发挥着重要的作用[23]。因此,电信号对植物生命活动具有重要的生理意义(表 3.7)。

表 3.7 电信号对高等植物生命活动的影响及其生理意义

植物	刺激	电信号类型	生理意义	参考文献
捕蝇草	机械刺激	AP	使捕蝇器关闭	[37]
含羞草	冷刺激	AP	调节叶片运动	[38-40]
番茄	电刺激	AP	引起 PIN2 基因表达	[35]
木槿属	授粉	AP	瞬时加快子房的呼吸速率	[41]
蒿柳	冷刺激	AP	影响气体交换	[42]
玉米	冷刺激	AP	减少韧皮部物质运输	[43]
西葫芦	冷刺激	AP	减慢茎的伸长生长	[44]
黄瓜	水分胁迫	VP	影响气孔开闭	[45]
番茄	伤害刺激	VP	PIN 基因的活性增强	[46]
豌豆	伤害刺激	VP	抑制蛋白质合成	[47]
杨树	热刺激	VP	瞬时降低光合作用	[48]
向日葵	热刺激	VP	减慢茎的伸长生长	[49]
蚕豆	热刺激	VP	呼吸作用增强	[50]
含羞草	热刺激	VP	瞬时降低光合作用	[51]

3.4.3 植物电信号的测量技术

植物电信号的测量方法包括细胞外测量技术、细胞内测量技术、膜片钳技术和非损伤微电极测量技术。其中,细胞外测量技术可用于测量多细胞膜电位的去极化-复极化过程;细胞内测量技术能够直接记录单细胞的膜电位变化;膜片钳技术可用于分析各离子通道的特性,便于研究植物细胞电信号产生的离子机制;非损伤微电极测量技术则是近十几年出现的一种电生理学测量方法,能够测量进出生物细胞或器官的离子流,并且能够揭示细胞膜的离子通道活性，展示具有重要生理意义的分子流动情况。不同的检测技术能够提供不同层面上的植物电信号的变化特征，可以为模型的建立提供数据。

3.4.3.1 细胞内测量技术

细胞内测量可在细胞水平上对生物电现象进行观测和研究，通常采用的是尖端直径小于 1 μm 的玻璃微电极[32]，它可插入细胞附近及细胞体内，引出的是少数几个甚至单个细胞的电活动。在检测时，将测量电极插入细胞内，参考电极则放置在细胞外液中。

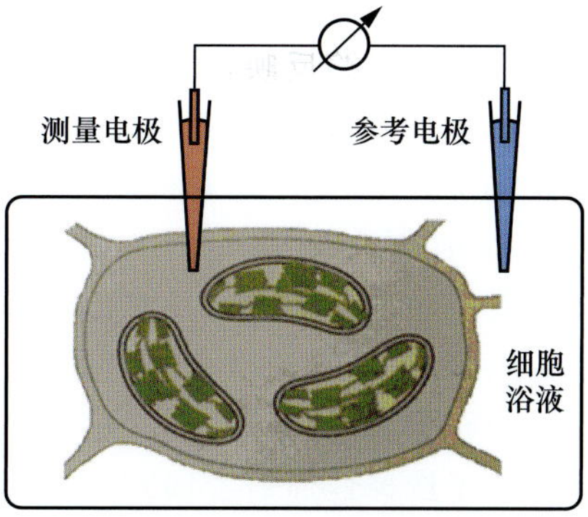

图 3.30 微电极测量

采用玻璃微电极进行胞内测量时，微电极内一般灌注 0.3～3 mol/L KCl 溶液，内电极采用 Ag/AgCl 丝，将电极连至高输入阻抗放大器，如图 3.30 所示。植物材料需浸没在细胞浴液中，细胞浴液由测试的植物细胞种类或条件确定，例如，在测量豌豆的表皮和叶肉细胞及拟南芥的叶肉细胞、蛇苔细胞时所采用的浴液成分均不相同[52-54]。在体视显微镜下通过显微操作器将微电极刺入细胞，参考电极则连接到细胞浴液中。

3.4.3.2 细胞外测量技术

细胞外测量能够检测多细胞产生的电信号，适于对整株植物进行监测。由于植物电信号是微弱信号，因此必须采用具有足够高输入电阻（$>10^9\ \Omega$）的生物电放大器才能将其不失真地拾取放大，然后输出到记录装置上[55,56]，如图 3.31 所示。细胞外测量主要有两种不同的测量

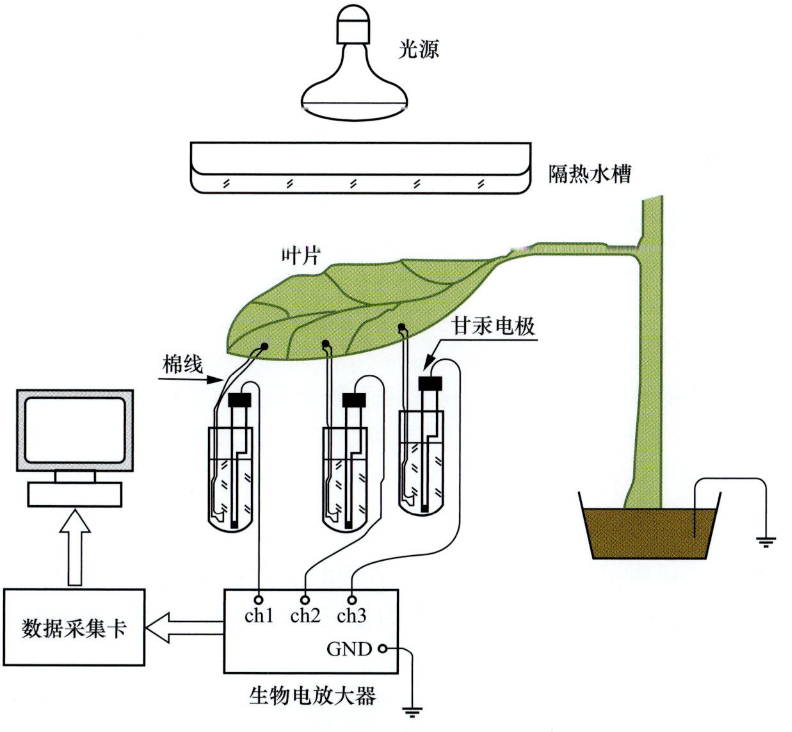

图 3.31 植物电信号的细胞外测量[57]

电极：一种是盐桥电极，植物体表电位测量多采用甘汞电极，电极与植物之间用电解液（或营养液）搭接盐桥。这种测量方法对植物伤害较小，但在外界环境的影响下，测试电极介质（脱脂棉或琼脂）的湿度会发生改变（介质干枯）而影响测试结果。所以，这种方法一般适于短期的电位测量（<12 h）。胞外测量为相对测量，可以定期更换测量溶液和测试电极介质，以适应长时间检测的要求。另一种是金属电极[32-56]，多采用 Ag/AgCl 丝电极、铂丝电极和银丝电极等，电极丝插入植物体内测量膜电位。该方式的缺点是会对植物造成机械的轻微伤害，但适于较长时间的测试，可以观察植物电位的长期变化（>24 h）[55]。

3.4.3.3 膜片钳测量技术

1976 年，Neher 和 Sakmann 创建了膜片钳技术（patch clamp technique）。这是一种以记录通过离子通道的离子电流来反映细胞膜单一的（或多个）离子通道分子活动的技术[58]。在过去几十年中，膜片钳技术的应用对于植物离子通道的研究具有极大的贡献。对不同种类植物细胞的研究表明，所有亚细胞膜（包括原生质膜、液泡膜、质体和线粒体膜）上都存在着各种各样的离子选择性通道。1980 年以来，由于吉欧姆阻抗封接（gigaohm seal，10^9 Ω）方法的确立和几种记录模式的创建，该技术已可用于很多细胞系的研究。膜片钳主要有 4 种记录模式，如图 3.32 所示。图 3.32(a)、(b)、(c)、(d)分别为贴附式记录模式（cell-attached mode 或 on-cell mode）、内膜向外记录模式（inside-out mode）、外膜向外记录模式（outside-out mode）、全细胞记录模式（whole-cell mode）。

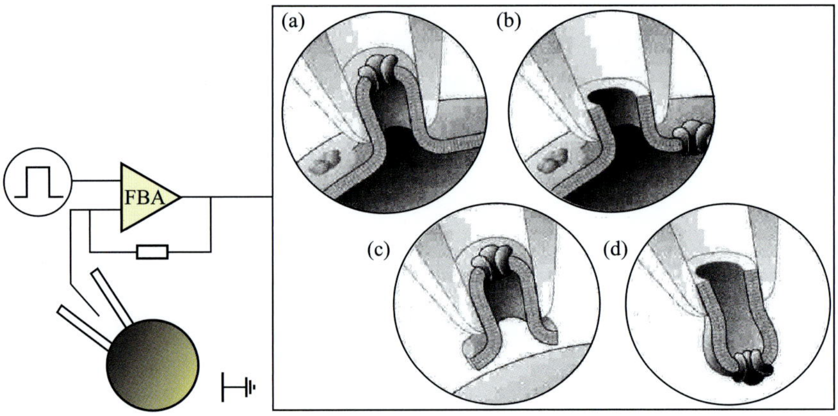

图 3.32 膜片钳的 4 种记录模式

目前，应用膜片钳技术记录了许多与植物细胞膜电活动有关的离子通道电流，为研究植物电信号的离子机制提供了大量的依据。与动物神经元相比，植物细胞有其独特的电特性，主要是基于 H^+、K^+ 和阴离子的传输。大量实验研究表明，植物细胞膜上存在快速阴离子通道、慢速阴离子通道、外向 K^+ 通道和内向 K^+ 通道。另外，有些学者采用该技术记录到了质子泵电流与电压的关系[60,61]，证明了质子泵在植物电活动的整个过程中都是有活性的，且电流随膜电位的升高而增大。但是，在植物电信号产生的过程中，细胞膜上是否具有参与膜去极化的内向选择性 Ca^{2+} 通道还是一个值得研究的问题[32]。

细胞膜电位的变化反映了离子通道电导和质子泵活性的变化，因此，研究原生质膜上离子通道和质子泵活性的变化能够使我们更好地理解植物电活动及其生理意义。采用膜片钳技术可以直接对单细胞的单一离子通道进行测量，有助于研究植物细胞响应外界刺激的离子机制。

全自动膜片钳技术(automated patch clamp technique)[62]是离子通道检测技术的最新进展。与传统膜片钳技术不同，全自动膜片钳技术一次能记录几个甚至几十个细胞，而且从找细胞、形成封接到破膜等整个实验操作实现了自动化，为离子通道研究提供了更有利的手段。

3.4.3.4 非损伤微电极测量技术

非损伤微电极测量技术是由 Kühtreiber 和 Jaffe 在 1990 年设计的一套由计算机控制的自动定位测量系统演变发展而成的[59]，它是一项具有世界尖端水平的特异离子/分子检测技术，可用于检测细胞的生理行为。该技术的一些特性(如非入侵性、较高的时间和空间分辨率)能够在几乎纯自然的条件下建立膜传输过程和新陈代谢及其他生理过程之间的联系，并对其进行量化。可见，该项技术能够使分子生物学家和研究整株植物的生理学家或农艺学家的工作更好地结合起来。

非损伤微电极测量技术主要是在计算机自动控制下，利用特异性选择电极，在不接触被测样品的情况下测试，获得进出样品的各种分子和离子浓度(mmol/L 量级)、流速及三维运动方向的信息。目前，采用非损伤微电极测量系统(图 3.33)不仅可以测量 H^+、Ca^{2+}、NH_4^+、K^+、Al^{3+}、Na^+、Cd^{2+}、NO_3^-、Cl^-、O_2、NO、CO_2、氨基酸等的参数，而且可以同时采集多种离子及参数[60]。

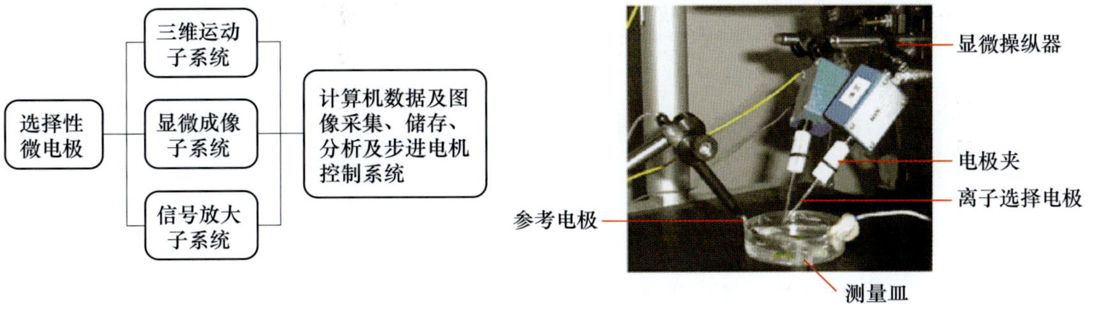

(a) (b)

图 3.33 非损伤微电极测量系统[32]

(a) 系统组成示意图；(b) 系统实物图(双通道测试)

非损伤微电极测量技术中所用的电极包括参比电极和离子选择性微电极，其中，离子选择性微电极由玻璃微电极、Ag/AgCl 丝、电解质和液态离子交换剂(LIX)4 部分组成，如图 3.34 所示。离子在进出细胞的过程中，在细胞周围形成该离子浓度梯度。测量时，在测试液中选取两个测量点，一点靠近细胞，另一点稍远离细胞，距离为 dx，由三维运动子系统控制微电极在两点间做微米级移动，获得微电极在此两点与参比电极间电压(分别为 V_1 和 V_2)[59]，根据 V_1、V_2 及已知的该微电极的电压/浓度校正曲线计算出两点间的浓度差 dc。将 dc、dx 代入 Fick 第一扩散定律公式 $J_0=-D\cdot dc/dx$，得该离子的移动速率，单位

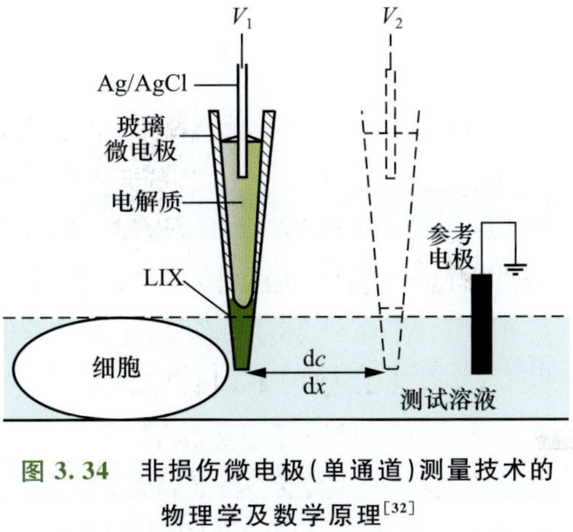

图 3.34 非损伤微电极(单通道)测量技术的物理学及数学原理[32]

为 pmol/(cm^2 · s)，即每秒通过 1 cm^2 面积的该离子或分子的摩尔数[59]，式中 D 是离子/分子特异的扩散常数，单位为 cm^{-2} s^{-1}。

非损伤微电极测量技术是从被测材料外周测量离子/分子的活动信息，与膜片钳技术相比，主要有以下几点区别[63]：①非损伤微电极测量技术可以检测离子、分子的流动速率及其方向，而膜片钳技术主要检测离子通道；②非损伤微电极测量技术不与被测材料接触，而膜片钳技术需要与被测材料接触，并且需要形成高阻封接；③非损伤微电极测量技术可以对单细胞、细胞层、组织、离体器官甚至是小型植物整体进行测量，而膜片钳技术只能测量植物的细胞膜或质膜；④非损伤微电极测量技术的时间分辨率是秒级的，最小空间分辨率 2～5 μm，而膜片钳技术的时间分辨率是毫秒级的，最小空间分辨率是 1 μm 左右。

膜片钳技术采用的是一种精密的测量方法，要求使用者有较高的技术和数据解释技能。在测量时，需要去除植物的细胞壁来建立"吉欧姆阻抗封接"，使之能够从分离的原生质膜上测得很小的电流(pA 级)，这就给实验操作带来了较大的困难。与膜片钳技术不同，由于非损伤微电极测量技术能够在不接触被测样品的情况下实现测量，所以植物细胞不需要去除细胞壁，可以在不对细胞、组织或器官造成任何损伤的情况下测得离子/分子的运动情况。作为膜片钳技术的一项重要补充，非损伤微电极测量技术为鉴定或验证生物膜运输系统的功能提供了非常有力的工具，特别是在植物逆境调节研究中。

3.4.4 温室中植物电信号的测量及应用

从实际应用的角度，温室的植物电信号和环境因子采集与分析系统的关键技术问题是：

(1) 温室条件下，植物感受多种环境因子变化，应保证系统的检测重复性和可靠性；

(2) 在不使用屏蔽网的开放环境下，采用硬软件方法减小噪声影响；

(3) 为了满足植物生长中电信号的监测需要，择定合理的传感器与植物的连接方式；

(4) 微弱的植物电信号经过 50 m 传输线后能够可靠地被计算机监测。

在分析了关键技术问题的基础上，中国农业大学植物电信号检测与分析课题组研发了可用于温室环境下的植物电信号和环境因子采集与分析系统(表 3.8)，系统软件提供了实时灰色关联模型，用来动态确定在一定时间内环境因子温度、光强及湿度改变对植物电信号的影响，并应用系统监测了干旱条件下植物电信号的变化。采集与处理软件获得软件著作权，本系统获得国家发明专利。作为植物电信号监测与分析的应用基础研究，以上成果可进一步推广，应用于实际生产。

表 3.8 中国农业大学植物电信号检测与分析的研究成果

成果名称	应用特点	本课题组研究工作
植物电信号和环境因子监测与分析系统	应用于温室，不使用法拉第笼	已在温室中应用[64-67]
	植物电信号与环境因子长期监测	可连续工作 12 个月(与硬盘容量、采样间隔、选择记录通道数目有关)[64-67]
	系统可靠性、测试的重复性	已测试[64-66]
实时灰色关联模型	已在软件中实现，获得软件著作权	

温室植物电信号和环境因子采集与分析系统[64-67]由以下几个部分组成：

(1) 传感器，包括测量植物电位的传感器及与测量环境有关的温度湿度集成传感器、光量子传感器，测量太阳辐射的辐射传感器，CO_2传感器等；

(2) 信号变换电路，主要由各种前置放大电路、阻抗变换电路、电压-电流转换电路、电流-电压转换电路等组成，以实现信号的长距离传输；

(3) 采用多路光电隔离模数采集接口卡，完成32通道的模数转换；

(4) 系统信息采集程序与信息处理程序，包括了一些信号处理程序及灰色关联分析。

温室植物电信号和环境因子采集与分析系统框图如图3.35所示。

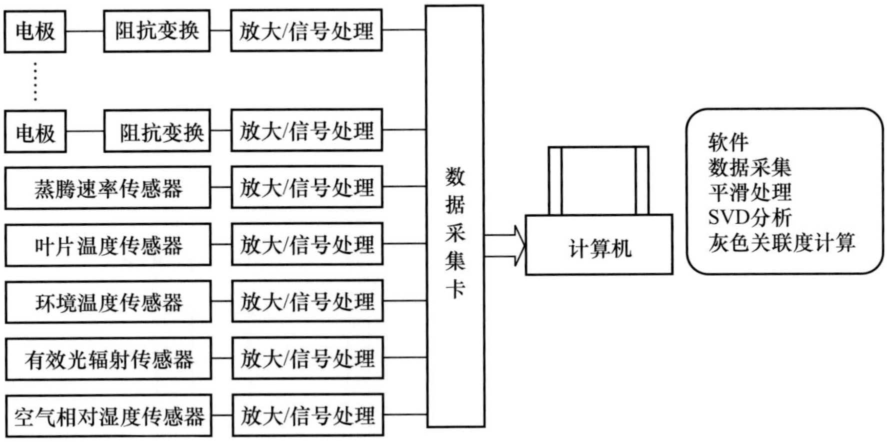

图3.35 温室植物电信号和环境因子采集与分析系统框图[64]

3.4.4.1 适合温室中应用的植物电信号监测传感单元[65]

考虑到在温室中监测植物电信号的同时植物在不断生长，监测传感器采用胞外测量，电极引出的是植物多个细胞的电活动综合而成的电位信号，必须满足连接方便并能够无损地获得电信号的要求，经过多次试验研究，认为可采用以下传感器设计以及传感器与植株表面耦合方法：

(1) 用非极化电极作为参考电极和测量电极；

(2) 采用电极连接装置将(1)中所述的电极和待测的植物茎或叶进行无损连接；

(3) 采用输入阻抗大于10^9 Ω的阻抗变换器分别与上述电极的输出端连接，各阻抗变换器的信号输出端与前置放大器连接，该前置放大器输出的信号经电压-电流转换器转换成电流信号后传送给信号处理装置进行后续处理。

参考电极和测量电极均置于盛有导电液的烧杯或者50 mL塑料离心管中，将棉线放置在两端开口的透明塑料软管中以防止溶液浓度变化，棉线的一端伸出塑料软管外部并距离软管端口2 cm，将伸出软管的棉线与植物连接，软管置于该烧杯中，烧杯或离心管上覆盖薄膜。

当对植物茎表面进行电信号测量时，选择植物茎部的一点作为参考点，接参考电极，将参考电极通过盛有导电液的烧杯或离心管与棉线接通，并将棉线与植物的叶无损连接；再选择茎上另一点连接测量电极，将测量电极通过盛有导电液的烧杯或离心管与棉线接通，并将棉线与

3.4.4.3 **温室植物电信号与环境因子采集与分析系统的可靠性评价方法**[66]

采用变异系数(CV)、皮尔森系数(Pearson coefficient)及组内相关系数(intra-class correlation coefficient,ICC)评价系统可靠性(reliability)及由于外部环境改变而诱导的植物电信号的重复性(repeatability)。

$$ICC=\frac{\delta_S^2}{\delta_S^2+\delta_D^2}\times 100\% \tag{3.26}$$

式中:δ_S^2 为被测量的不同植株相同环境下的信号方差;δ_D^2 为被测量的植株的逐日的信号变化方差。

δ_S^2 和 δ_D^2 可以用软件 SPSS、Microsoft Excel 计算。若 ICC 的值不小于 60%,说明系统具有很好的可靠性。

3.4.4.4 **灰色关联分析算法**[65,67]

灰色系统理论提出了对各子系统进行灰色关联度分析的概念,即运用一定的方法,去寻求系统中各子系统(或因素)之间的数值关系。因此,灰色关联度分析对于一个系统发展变化趋势提供了量化的度量,非常适合动态历程分析,特别是用来确定主要影响因素。植物电信号序列为$\{x_{0j}\}$,同步采集的温室环境因子序列为$\{x_{ij}\}$,i 表示不同的环境因子序列编号,$i=1,2,\cdots,m$,j 表示采样点编号,$j=1,2,\cdots,N$,如温度为$\{x_{1j}\}$,湿度为$\{x_{2j}\}$,光合有效辐射为$\{x_{3j}\}$。将植物电信号序列与环境因子序列按下列步骤计算。

(1) 对各个序列做数据预处理,采用级差变换,对原始数据消除量纲:

$$x'_{ij}=\frac{x_{ij}-\min x_{ij}}{\max x_{ij}-\min x_{ij}} \tag{3.27}$$

(2) 计算植物电信号序列$\{x'_{0j}\}$与环境因子序列$\{x'_{ij}\}$各点的距离 $\Delta_{0i}(j)$并存储到存储器中:

$$\Delta_{0i}(j)=|x_{0j}-x_{ij}| \tag{3.28}$$

(3) 找到 $\Delta_{0i}(j)$的最大值 $\Delta_{\max}$与最小值 $\Delta_{\min}$;

(4) 计算植物电信号序列与各序列每时刻的相关系数:

$$L_{0i}(j)=\frac{\Delta_{\min}+\rho\Delta_{\max}}{\Delta_{0i}(j)+\Delta_{\max}} \qquad (0<\rho\leqslant 1) \tag{3.29}$$

植物电信号在一段时间内(N 个采样点内)与环境因子序列的相关程度按照下式计算:

$$CR_{0i}=\frac{1}{N}\sum_{j=1}^{N}L_{0i}(j) \tag{3.30}$$

(5) 为准确评价及计算各因子序列对植物电信号的影响程度,将步骤(4)中的 CR_{0i}进行排序,确定对植物电信号影响最大的环境因子。排序时,若 $CR_{0v}>CR_{0u}$,则标号为 v 的因子序列作用强于标号为 u 的因子序列。

进行了低温胁迫试验,当环境因子(光照、温度、湿度)均变化时利用软件中的算法定时在线计算出一段时间内影响植物电信号的主要环境因子。举例说明:原始数据如图 3.40 所示,图中曲线为植物生长过程中连续 24 h 记录的环境因子与植物电信号,计算可得多株植物电信号[图 3.40 (a)]变化与环境因子的关联度，如表 3.9 所示，结果表明在低温条件下，光照、温度、湿度均影响植物电信号，影响植物电信号的主要因素是温度变化。

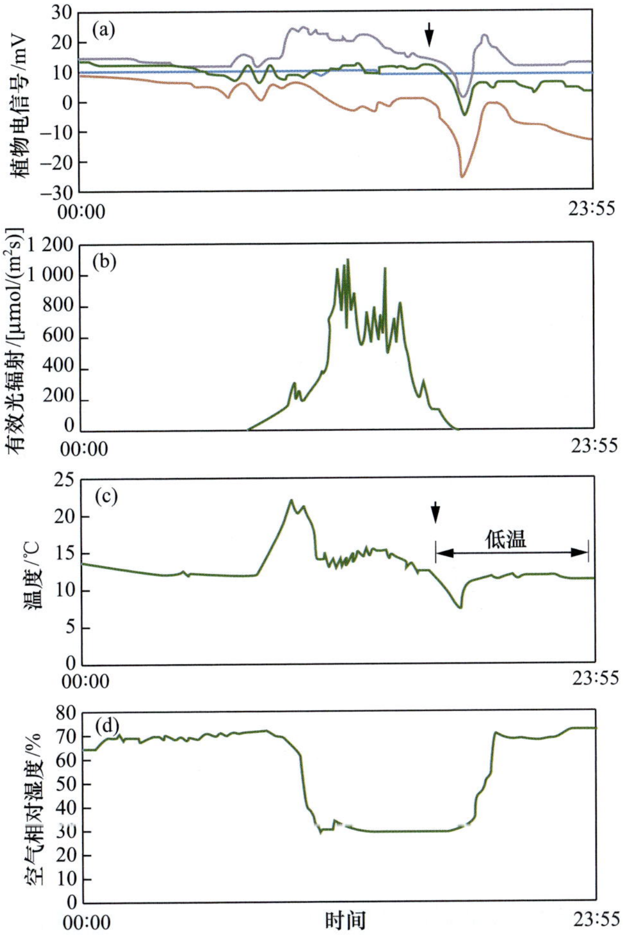

图 3.40 植物生长过程中连续 24 h 环境因子与植物电信号记录

(a) 植物电信号；(b) 光照；(c) 温度；(d) 相对湿度

表 3.9 温室降温过程植物电信号与温度、光照及湿度的灰色关联度

温度因子与植物电信号的关联度	湿度因子与植物电信号的关联度	光照与植物电信号的关联度
0.82±0.03	0.70±0.01	0.60±0.01

3.4.4.5 干旱胁迫下植物电信号的变化[64]

对生长了 51～54 d 的黄瓜植物进行干旱试验。用 PEG6000 作为干旱胁迫渗透剂，在实验室条件下对光/暗刺激诱导的植物电信号进行了研究，见图 3.41；在温室条件下，获得连续干旱 3 d 的植物和其对照组在光/暗刺激诱导的电信号变化规律，结果表明，随着干旱程度不同，光刺激使植物电信号的幅度减小直至消失，如表 3.10 所示。

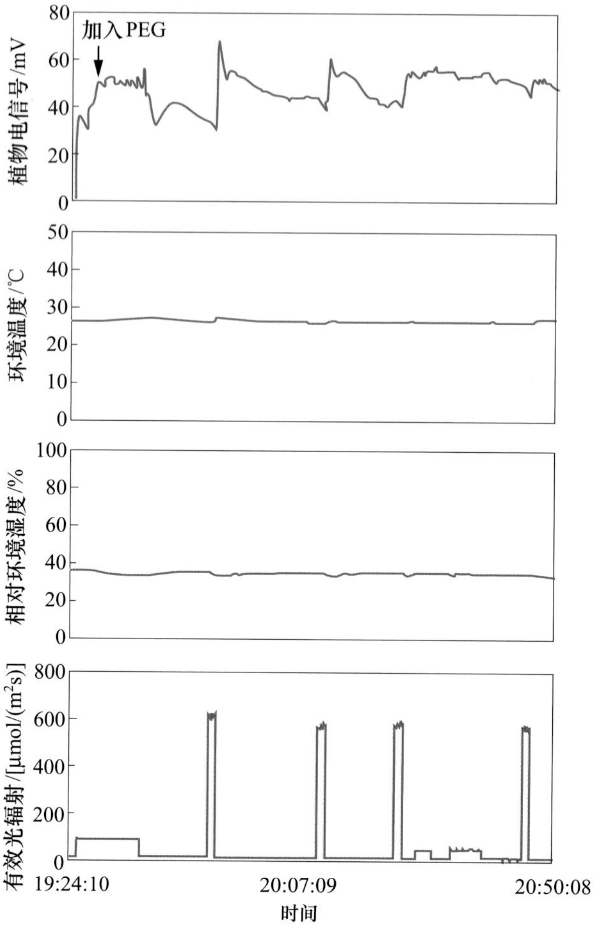

图 3.41 施用干旱胁迫剂 **PEG6000** 过程中由光/暗诱导的电信号变化

表 3.10 干旱组与对照组由暗/光及光/暗引起的植物电信号变化的比较

项	目	对照组（n=10）	干旱组（n=10）	P（t 检验）
时间		6:00—8:00	6:00—8:00	
电信号	光变化引起的电信号改变幅度/mV	5.8±1.1	0.8±0.5	<0.01
	光变化引起的电信号峰值幅度/mV	5.5±0.8	1.7±0.6	<0.01
环境因子	有效光辐射/[μmol/(m^2s)]	7.3±1.1	7.8±1.2	ns
	环境温度/℃	19.0±1.2	19.5±1.1	ns
	相对湿度/%	54±2	57±2	ns
	土壤相对含水量/%	43±1	27±1	<0.01

注：P<0.01 表示显著差异，ns 表示差异不显著。

参考文献

[1] 杨玮,Sigrimis N,李民赞,等. 基于多光谱图像分析的温室黄瓜叶片营养元素检测与诊断. 光谱学与光谱分析,2010,30(1):210-213.

[2] 杨玮. 基于光谱分析的作物长势检测及变量施肥技术研究:博士学位论文. 北京:中国农业大学,2008.

[3] Otsu N. A threshold selection method from gray level histogram. IEEE Transactions on System, Man and Cybernetics, 1979, 9(1): 62-66.

[4] Holland J H. Adaption in nature and artificial systems. The University of Michigan Press,1975.

[5] Vincent L, Soille P. Watersheds in digital spaces: An efficient algorithm based on immersion simulation. IEEE Trans. PAMI-13, 1991:583-598.

[6] 赵瑞娇. 作物营养监测多光谱成像系统的研究与开发:博士学位论文. 北京:中国农业大学,2011.

[7] Dutta R, Stein A, Bhagat R M. Integrating satellite images and spectroscopy to measuring green and black tea quality. Food Chemistry, 2011, 127(2): 866-874.

[8] Lleó L, Roger J M, Herrero-Langreo A, et al. Comparison of multispectral indexes extracted from hyperspectral images for the assessment of fruit ripening. Journal of Food Engineering, 2011, 104(4): 612-620.

[9] Bauriegel E, Giebel A, Geyer M, et al. Early detection of Fusarium infection in wheat using hyper-spectral imaging. Computers and Electronics in Agriculture, 2011, 75(2): 304-312.

[10] Yang Kaisheng, Nie Pengcheng, Feng Lei, et al. Nondestructive identification of cherry-tomato varieties based on multi-spectral image technology. Advanced Materials Research, 2010, 108-111(1): 262-267.

[11] Jones C D, Jones J B, Lee W S. Diagnosis of bacterial spot of tomato using spectral signatures. Computers and Electronics in Agriculture, 2010, 74(2): 329-335.

[12] 马兰,夏俊芳,张战锋,等. 基于小波变换的番茄总糖近红外无损检测. 农业工程学报,2009,25(10):350-354.

[13] 董乔雪,王一鸣,杨丽丽. 番茄三维形态结构的参数提取及模拟. 农业工程学报,2010,26(S2):38-42.

[14] Yuangui Li. Leaf angle data for 11 common species of prairie vegetation. http://www.esm.versar.com/fife/FIFEdgrp.htm.

[15] 刘安国. 作物叶面积指数和叶倾角分布函数的一种推算方法. 中国农业气象,1994,15(6):11-15.

[16] Huang Wenjiang, Niu Zheng, Wang Jihua, et al. Identifying crop leaf angle distribution based on two-temporal and bidirectional canopy reflectance. IEEE Transactions on Geoscience

and Remote Sensing, 2006, 44(12):3601-3609.

[17] Herbert T J. Stereophotogrammetry of plant leaf angles. Photosynthetica, 1995, 61(1): 89-92.

[18] 杨亮,郭新宇,赵春江,等. 基于立体视觉的玉米叶片形态测量与三维重建. 计算机应用,2008,28(10): 2661-2663.

[19] Wang Haoxing, Zhang Wuming, Zhou Guoqing, et al. Image-based 3D corn reconstruction for retrieval of geometrical structural parameters. International Journal of Remote Sensing, 2009, 30(20):5505-5513.

[20] 张亚红,陈端生,黄晚华. 日光温室黄瓜群体结构参数及群体内辐射分布分析. 农业工程学报,2003,19(1):172-176.

[21] 陈友,宗亚平,毕宏文. 大棚番茄群体结构及光分布特性与中早期产量形成关系的研究. 农业工程学报,1990,6(2):50-55.

[22] 赵春江,黄文江,穆西晗. 基于几何标记模型参数反演的作物株形敏感性分析. 光谱学与光谱分析,2009,29(9):2555-2559.

[23] Trebacz K, Dziubinska H, Krol E. Electrical signals in long-distance communication in plants//Baluska F, Mancuso S, Volkmann D. Communication in Plants-Neuronal Aspects of Plant Life. Berlin and Heidelberg: Springer-Verlag, 2006:227-290.

[24] Fromm J, Lautner S. Electrical signals and their physiological significance in plants. Plant Cell Environ, 2007, 30: 249-257.

[25] Fromm J, Spanswick R. Characterics of active potentials in willow(*Salix viminalis* L.). Journal of Experimental Botany, 1993, 44(264): 1119-1125.

[26] Elzenga J T M, Prins H B A, Volkenburgh E V. Light-induced membrane potential changes of epidermal and mesophyll cells in growing leaves of Pisum sativum. Planta, 1995, 197: 127-134.

[27] Stahlberg R, Cosgrove D J. Slow wave potentials in cucumber differ in form and growth effect from those in pea seedings. Physiologia Plantarum,1997, 101: 379-388.

[28] Dietrich P, Dreyer I, Wiesner P, et al. Cation sensitivity and kinetics of guard-cell potassium channels differ among speies. Planta,1998, 205: 277-287.

[29] Dziubinska H, Filek M, Koscielniak J, et al. Variation and action potentials evoked by thermal stimuli accompany enhancement of ethylene emission in distant non-stimulated leaves of Vicia faba minor seedlings. J Plant Physiol, 2003, 160: 1203-1210.

[30] Zawadzki T, Trebacz K. Action potentials in *Lupinus angustifolius* L. shoots. VI. Propagation of action potential in the stem after the application of mechanical block. J Exp Bot, 1982, 33: 100-110.

[31] Dziubinska H, Trebacz K, Zawadzki T. Transmission route for action potentials and variation potentials in *Helianthus annuus* L. J Plant Physiol, 2001, 158: 1167-1172.

[32] Yan X F, Wang Z Y, Huang L, et al. Research progress on electrical signals in higher plants. Progress in Natural Science, 2009,19(5): 531-541.

[33] Roblin G. Analysis of the variation potential induced by wounding in plants. Plant and

Cell Physiology, 1985, 26(3): 45-461.
[34] Davies E. Action potentials multifunctional signals in plants: A unifying hypothesis to explain apparently disparate phenomena. Plant, 1987, 10: 623-631.
[35] Stankovic B, Davies E. Both action potentials and variation potentials induce proteinase inhibitor gene expression in tomato. FEBS Letters, 1996, 390: 275-279.
[36] 袁明．非敏感高等植物的兴奋性:博士学位论文．北京:中国农业大学,1988.
[37] Forterre Y, Skotheim J M, Dumais J, et al. How the Venus flytrap snaps. Nature, 2005, 433: 421-425.
[38] Fromm J, Eschrich W. Transport processes in stimulated and non-stimulated leaves of Mimosa pudica. Ⅰ. The movement of 14C-labelled photo-assimilates. Trees, 1988, 2: 7-17.
[39] Fromm J, Eschrich W. Transport processes in stimulated and non-stimulated leaves of Mimosa pudica. Ⅱ. Energesis and transmission of seismic stimulations. Trees, 1988, 2: 18-24.
[40] Fromm J, Eschrich W. Transport processes in stimulated and non-stimulated leaves of Mimosa pudica. Ⅲ. Displacement of ions during seismonastic leaf movements. Trees, 1988, 2: 65-72.
[41] Fromm J, Hajirezaei M, Wilke I. The biochemical response of electrical signaling in the reproductive system of Hibiscus plants. Plant Physiology, 1995, 109: 375-384.
[42] Fromm J, Eschrich W. Electric signals released from roots of willow (*Salix viminalis* L.) change transpiration and photosynthesis. J Plant Physiol, 1993, 141: 673-680.
[43] Fromm J, Bauer T. Action potentials in maize sieve tubes change phloem translocation. Journal of Experimental Botany, 1994, 45: 463-469.
[44] Retivin V G, Opritov V A, Fedulina S B. Generation of action potential induces preadaptation of *Cucurbita pepo* L. stem tissues to freezing injury. Russ J Plant Physiol, 1997, 44: 432-442.
[45] 胡俊海．水胁迫下植物电信号的测量及研究:硕士学位论文．长春:吉林大学,2006.
[46] Wildon D C, Thain J F, Minchin P E H, et al. Electrical signalling and systemic proteinase inhibitor induction in the wounded plant. Nature, 1992, 360: 62-65.
[47] Davies E, Stankovic B. Electrical signals, the cytoskeleton, and gene expression: A hypothesis on the coherence of the cellular responses to environmental insult//Baluska F, Mancuso S, Volkmann D. Communication in Plants-Neuronal Aspects of Plant Life. Berlin and Heidelberg: Springer-Verlag, 2006, 309-320.
[48] Lautner S, Grams T E E, Matyssek R, et al. Characteristics of electrical signals in poplar and responses in photosynthesis. Plant Physiology, 2005, 138: 2200-2209.
[49] Stankovic B, Witters D L, Zawadzki T, et al. Action potentials and variation potentials in sunflower: An analysis of their relationship and distinguishing characteristics. Physiol Plant, 1998, 103: 51-58.
[50] Filek M, Koscielniak J. The effect of wounding the roots by high temperature on the

respiration rate of the shoot and propagation of electric signal in horse bean seedlings (*Vicia faba* L. minor). Plant Science, 1997, 123: 39-46.

[51] Koziolek C, Grams T E E, Schreiber U, et al. Transient knockout of photosynthesis mediated by electrical signals. New Phytologist, 2003, 161: 715-722.

[52] 颜小飞,黄岚,王忠义,等. 植物叶肉细胞电信号模型与仿真研究. 计算机仿真,2008,25(11):106-110.

[53] Carpaneto A, Ivashikina N, Levchenko V, et al. Cold transiently activates calcium-permeable channels in arabidopsis mesophyll cells. Plant Physiology, 2007, 143: 487-494.

[54] Krol E, Dziubinska H, Trebacz K. Low-temperature induced transmembrane potential changes in the liverwort Conocephalum conicum. Plant Cell Physiol, 2003, 44: 527-533.

[55] 李国臣,于海业,李强征,等. 植物电位信号采集与处理方法的研究. 农机化研究,2006,6:145-148.

[56] Davies E. Electrical signals in plants: Facts and hypotheses//Volkov A G. Plant Electrophysiology. Berlin: Springer-Verlag, 2006:407-422.

[57] Huang L, Wang Z Y, Zhao L L, et al. Electrical signal measurement in plants using blind source separation with independent component analysis. Computers and Electronics in Agriculture, 2010, 71(S1):54-59.

[58] 康华光. 膜片钳技术及其应用. 北京:科学出版社,2003:152-197.

[59] Kühtreiber W M, Jaffe L F. Detection of extracellular calcium gradients with a calcium specific vibrating electrode. J Cell Biol, 1990, 110: 1565-1573.

[60] Becker D, Zeilinger C, Lohse G, et al. Indentification and biochemical characterization of plasma-membrane H^+-ATPase in guard cells of *Vicia faba* L. Planta,1993,190:44-50.

[61] Lohse G, Herdrich R. Characterization of plasma-membrane proton ATPase from Vicia faba guard cells: Modulation by extracellular factors and seasonal changes. Planta, 1992, 188:206-214.

[62] 曹小于,郑婉云,鲁燕滨,等. 离子通道研究技术的最新进展——全自动膜片钳技术. 现代仪器,2007,13(2):47-50.

[63] 印莉萍,上官宇,许越. 非损伤性扫描离子选择电极技术及其在高等植物研究中的应用. 自然科学进展,2006,16(3):262-266.

[64] Wang C, Huang L, Wang Z Y, et al. Monitoring and analysis of electrical signals in water-stressed plants. New Zealand Journal of Agricultural Research, 2007, 50(5):823-829.

[65] Wang Z Y, Leng Q, Huang L, et al. Monitoring system for electrical signals in plants in the greenhouse and its applications. Biosystem Engineering, 2009,103(1):1-11.

[66] 黄岚, 王忠义,徐志龙,等. 多道植物电信号监测系统. 现代科学仪器, 2006, 16(4): 45-47.

[67] 黄岚,王忠义,徐志龙,等. 一种检测温室中植物电信号的方法及其专用设备:中国发明专利. ZL200610114194.3.

第4章

农业干旱的遥感监测与预测技术

4.1 农业干旱的遥感监测方法

4.1.1 干旱的定义

干旱是一种周期性发生的自然现象,它的发生过程复杂,通常表现为水分收支或供求不平衡形成的水分短缺现象,是一种缓慢的自然灾害。长期干旱造成植被减少、土地退化,破坏自然环境。干旱也给许多国家的粮食生产、水资源和能源造成了极大的影响,严重地影响各国经济的发展。

由于干旱发生于全球所有的气候带,影响因素较多,受大气和土壤的水热状况、作物的结构甚至经济和社会的制约,是一个比较复杂的过程[1,2]。干旱研究的复杂性导致了至今还没有一个适用于各种条件的干旱定义及其监测和预测方法。被普遍认可的干旱定义是1997年由美国气象学会提出的4类干旱的划分:气象干旱、农业干旱、水文干旱和社会经济干旱[3-7]。

气象干旱是指在一个相对长的时期内某一地区的降水量异常偏少的现象,常以降水量或降水量的统计量作为干旱指数,例如连续无雨日数、降水量低于某一数值的日数、帕尔默指数、降水量距平百分率和标准化降水指数等。

农业干旱是指由于外界环境因素造成农作物水分缺乏,影响其正常生长发育,导致农作物减产的现象,一般采用降水量指数、土壤含水量指数、作物旱情指数及综合指数等来评价[8]。农业干旱涉及土壤、作物、大气和人类对资源利用等诸多因素,是各类干旱中最复杂的一种。农业干旱按其形成机理的不同又分为土壤干旱、生理干旱和大气干旱。土壤干旱是由于土壤含水量少,植物的根系难以吸收到足够的水分,造成植物体内水分收支不平衡,导致植物生长受阻甚至死亡的干旱现象。生理干旱是指由于土温过高或过低、土壤通气不良、施肥过多或盐碱度过高造成根系吸水困难,即使土壤水分充足,仍然导致植物体内水分失去平衡。大气干旱是由于太阳辐射强、温度高、风速大,造成植物蒸腾作用加剧,植物吸收水分不足以补偿蒸腾水分，导致植物体内水分缺乏。三种干旱的实质都是植物吸收不到足够的水分来补充蒸腾作用散失的水分，造成植物体内的水分收支不平衡。

水文干旱是指降水和水资源收支不平衡造成的河川流量和蓄水量较常年偏少的水文现象，常利用某段时间内径流量、河流平均日流量、水位等小于一定数值作为干旱指数。也常采用地表径流与其他因子组合成多因子指数，如水文干湿指数、作物水分供需指数、水资源总量短缺指数等。

社会经济干旱是指由于水资源缺乏影响人类生产、消费活动的干旱现象。社会经济干旱的研究较为复杂，有代表性的指数并不多，一般以干旱所造成的经济损失作为其研究指数。

四类干旱中，气象干旱是最基本的，是引起其他几类干旱的先决条件。

4.1.2 基于植被指数和地表温度的干旱监测原理

4.1.2.1 基于植被指数的干旱监测原理

遥感提供的光谱信息使人们可以了解植被生长状况。不同光谱波段的信息与植被不同的结构和生长状况有关，如叶片是植物进行光合作用的基本器官，植被活性叶片的叶肉组织在近红外波段具有较高的反射率。植被中含有的叶绿素吸收可见光、近红外线，进行光合作用制造干物质，叶绿素的吸收作用又使植被在红光波段有较低的反射率。红光波段和近红外波段对植被中同一生物物理现象的光谱响应截然相反，形成的反差随着叶冠结构、植被覆盖度而变化[9-11]。因此可以通过红光波段和近红外波段光谱的各种线性和非线性组合来获取所谓"绿度"信息，定量化地描述植被的活力和时空变化，这就是植被指数的概念。植被状况与植被蒸腾量、土壤水分有关，因此植被指数可用于监测对作物生长不利的水分胁迫状况[12,13]，即对干旱的监测。植被指数和绿色植被的丰度有关，还可用于估测植被的覆盖度、生物量和农作物的产量等。

4.1.2.2 基于地表温度的干旱监测原理

地表温度(land surface temperature，LST)反映了地表水热过程中能量的平衡。植被冠层吸收太阳辐射，冠层温度由于吸热而升高，植被叶片的蒸腾作用散失热量使冠层温度降低。当土壤水分不足，作物水分供应减少时，植物叶片的气孔关闭，蒸腾作用减缓，造成地表感热通量升高，导致冠层温度升高。最早在20世纪70年代就有利用植被冠层温度来评价作物生长水分状况的研究，这些研究证实了植被冠层温度和植被水分胁迫或植被蒸腾速率之间存在相关性，与土壤水分存在明显的负相关关系。因此地表温度可以反映土壤水分和植被受水分胁迫的状况，用于干旱监测[14-20]。

4.1.3 用于干旱监测的参数

4.1.3.1 植被指数方面的参数

(1) 归一化植被指数。归一化植被指数(NDVI)即地表在近红外波段与红光波段的反射率之差和这两个波段的反射率之和的比值：

$$NDVI=\frac{R_{NIR}-R_{red}}{R_{NIR}+R_{red}} \tag{4.1}$$

式中：R_{NIR}和R_{red}分别为近红外波段和红光波段的反射率。

由于NDVI能够很好地反映植被生长状态和植被覆盖度，并能部分消除与太阳天顶角、卫星观测角、地形、云阴影和与大气条件有关的辐照度条件变化等的影响，因此在植被遥感中应用最为广泛。对于陆地表面主要覆盖而言，云、雨、雪的NDVI为负值，岩石、裸土的NDVI值接近于0，在有植被覆盖的情况下，NDVI为正值，且随植被覆盖度的增大而增大。当干旱发生时，由于缺少足够的水分，作物的生长受到影响，NDVI值就会降低。但是NDVI难以解释附加的大气效应（程辐射）、叶冠背景和叶冠二向反射的各向异性，特别是叶冠阴影等问题，并且对干旱的反映也有一定的滞后性[21]。

(2) 距平植被指数。引入距平植被指数(anomaly vegetation index，AVI)概念的目的是将NDVI的变化与天气、气候研究中的"距平"概念联系起来，对比分析NDVI的变化与短期的气候变化之间的关系[22]。AVI的定义为

$$AVI=NDVI_i-\overline{NDVI} \tag{4.2}$$

式中：$NDVI_i$为某一特定年第i个时段（如旬、月等）某一像素的NDVI值；$\overline{NDVI}$为该时段该像素多年NDVI的平均值。AVI可以看作是植被指数正负距平值，反映了植被年际间的变化，正距平表示植被生长较一般年份好，负距平则表示植被生长较一般年份差。

(3) 条件植被指数。条件植被指数(vegetation condition index，VCI)的定义为[23]

$$VCI=\frac{NDVI_i-NDVI_{min}}{NDVI_{max}-NDVI_{min}}\times 100 \tag{4.3}$$

式中：$NDVI_{max}$和$NDVI_{min}$分别为所研究年限内第i个时段该像素的NDVI的最大值和最小值。VCI的分母反映了研究年限内某一像素的NDVI的最大变化范围，VCI值越小表示该时段的NDVI越接近$NDVI_{min}$，作物长势越差。

4.1.3.2 地表温度方面的参数

(1) 条件温度指数。条件温度指数(temperature condition index，TCI)的定义为[24,25]

$$TCI=\frac{BT_{max}-BT_i}{BT_{max}-BT_{min}}\times 100 \tag{4.4}$$

式中：BT_i为某一特定年第i个时段某一像素的亮度温度值，如AVHRR第4波段(10.3～11.3 μm)的亮度温度值；BT_{max}和BT_{min}分别为所研究年限内第i个时段该像素的亮度温度的最大值和最小值。TCI值越小，表示该时段作物长势越差。TCI很难克服成像条件（净辐射量、湿度、大气传输）的影响，又很难消除由于季节不同所带来的地表温度的差异，因此，有学者在TCI的基础上提出了归一化温度指数的概念。

(2) 归一化温度指数。归一化温度指数(normalized difference temperature index，NDTI)的定义为[26]：

$$NDTI=\frac{LST_{\infty}-LST_i}{LST_{\infty}-LST_0} \tag{4.5}$$

式中：LST_{∞} 和 LST_0 分别为地表阻抗无限大和为零时的地表温度；LST_i 为从遥感影像反演得到的某一像素的地表温度。这种方法的优点在于：首先，NDTI 和土壤湿度非常接近，NDTI 可以发展成为一种标准产品，代替土壤湿度的获得；其次，NDTI 消除了地表温度季节变化的影响。但是，LST_{∞} 和 LST_0 通过能量平衡-空气动力学阻抗模型计算，需要卫星过境时刻的气温、太阳辐射、相对湿度、风速和叶面积指数等数据，而这些数据在卫星过境时刻不易获得，因此 NDTI 的应用较少。

4.1.4 综合应用植被指数和地表温度的干旱监测方法

由于地表温度的时空变化受大气、环境状况的影响较大，单一使用地表温度监测干旱并不理想，而植被指数被认为不能充分反映植物生长条件，且同降水之间又存在滞后性。鉴于单独利用植被指数或地表温度监测农业干旱均有局限性，常将植被指数和地表温度联合使用，充分利用植被指数与地表温度互补特性提供的作物水分亏缺信息来监测干旱。综合应用 NDVI 和 LST 的干旱监测一般是以某一特定时段的遥感数据为基础，以某一区域为研究对象，基于 NDVI 和 LST 两者间的关系[27]，即 NDVI 和 LST 的特征空间。在干旱、半干旱地区，植被指数、地表温度与水分三者之间有着明显的互动关系：水分供给条件好时，作物长势好，NDVI 值高；此时作物的生命活动旺盛，蒸腾量大，整个像素的蒸散阻抗降低，潜热能所占的比例增大，像素的地表温度就会降低[28-30]。

4.1.4.1 LST/NDVI 比率

LST/NDVI 比率是一种简单的干旱监测模型，此比值可作为表征地表水分状况，特别是农作物水分胁迫情况的指标[31]。NDVI 反映了植被在不同时期的生长发育情况。Nemani 等认为对于全部植被覆盖的地表，LST/NDVI 比率与冠层的阻抗相关[32]。Goetz 证实由于植被覆盖变化和土壤水分变化，LST 和 NDVI 在数种空间尺度下（从 25 m^2 到 1.2 km^2）均存在着负相关关系[33]。McVicar 等发现在干旱发生期间 LST/NDVI 比率增加，以月为单位的 LST/NDVI 比率的年累积量与年降水量的倒数呈显著相关关系[31]，并将其用于干旱监测和食物缺乏评估。LST/NDVI 方法的缺点是很难得出表示干旱程度的量化指标。

4.1.4.2 植被指数-地表温度梯形法

Moran 等基于能量平衡双层模型，通过余项法计算潜热通量，提出了植被指数-地表温度梯形法（vegetation index temperature trapezoid，VITT）[34]，成功地将 Jackson 等提出的作物水分胁迫模型扩展到部分植被覆盖的区域。植被指数-地表温度梯形由地表-空气温差及与其对应的植被覆盖度的散点图的包络线形成，梯形的 4 个顶点分别代表：植被完全覆盖、充分供水，植被完全覆盖、水分亏缺，裸露土壤、完全湿润，裸露土壤、完全干燥。4 个顶点分别代表了两种均匀地表的极端干湿状况。

虽然 VITT 模型在非均匀下垫面条件下的区域蒸散量（ET）的计算中已显示出一定的优势，但在实际应用中仍存在一些不足：依据散点图进行梯形包络线范围的确定时，人为因素影响较大；需要了解研究区域的土地利用类型；饱和水汽压、空气温度、风速等输入参数通常不易获取。

4.2 基于条件植被温度指数的干旱监测

4.2.1 条件植被温度指数定义

4.2.1.1 植被指数-地表温度构成的各种特征空间关系

植被指数与地表温度是描述土地覆盖特征的两个重要参数。在水分对作物生长起控制作用的干旱、半干旱地区，土壤中水分含量越高，作物的水分供给越充足，则作物长势越好，生长旺盛，NDVI 值高，蒸腾量大，整个像素的蒸散阻抗低，地表温度低；相反，土壤水分含量越低，地表蒸散越小，作物生长越受限制。因此，NDVI-LST 是一个对区域土壤水分含量和作物水分状况较为敏感的指标。

NDVI-LST 构成的特征空间与地表植被覆盖和土壤水分状况有着非常密切的关系。近年来，很多学者对两者之间的关系进行了深入研究[35-41]。结果表明，NDVI-LST 构成的特征空间有两种可能的存在关系，即 NDVI 和 LST 的散点图呈三角形的区域分布和梯形的区域分布，并且这两种关系在某种条件下是可以相互转化的。韩丽娟等对前人关于特征空间的研究进行了总结[42]。Price、Gillies 等、Wan 等分析了不同传感器得到的 NDVI 和 LST 数据，认为它们构成的特征空间为三角形的区域分布，并进一步与模型得到的结果进行了比较验证[18,43,44]；Nemani 等则认为地表温度和植被指数之间是梯形的区域分布[32]，Moran 等进一步利用地表-空气温差和植被覆盖度之间的关系，定义了植被指数-温度梯形图，提出了一个作物缺水指数的算法[34]。

4.2.1.2 条件植被温度指数的定义及其适用条件

在 NDVI 和 LST 的散点图呈三角形的区域分布的条件下，王鹏新等提出条件植被温度指数(vegetation temperature condition index，VTCI)的概念并用于干旱监测。VTCI 的定义为[28,29]

$$VTCI=\frac{LST_{max}(NDVI_i)-LST(NDVI_i)}{LST_{max}(NDVI_i)-LST_{min}(NDVI_i)} \tag{4.6}$$

其中：

$$LST_{max}(NDVI_i)=a+b\cdot NDVI_i$$
$$LST_{min}(NDVI_i)=a'+b'\cdot NDVI_i$$

式中：$LST_{max}(NDVI_i)$和 $LST_{min}(NDVI_i)$分别为在研究区域内当 $NDVI_i$ 值等于某一特定值时的所有像素的地表温度的最大值和最小值；$LST(NDVI_i)$为当某一像素的 NDVI 值等于 $NDVI_i$ 时的地表温度；a、b、a'和 b'为待定系数，通过对研究区域内的 NDVI 和 LST 作散点图近似获得。

VTCI 的定义既考虑了研究区域内 NDVI 的变化，又考虑了在 NDVI 值相同条件下 LST 的变化。理论上 VTCI 可解释为 NDVI 值相等时 LST 差异的比率，强调了 NDVI 值相等时 LST 的变化(图 4.1)。VTCI 的值越小，干旱程度越严重。LST_{max} 被认为是热边界(warm edge)，在此边界上土壤水分的有效性很低，干旱程度最为严重，VTCI 值为 0；LST_{min} 为冷边界(cold edge)，在此边界上土壤水分不是植物生长的限制因素，VTCI 值为 1。

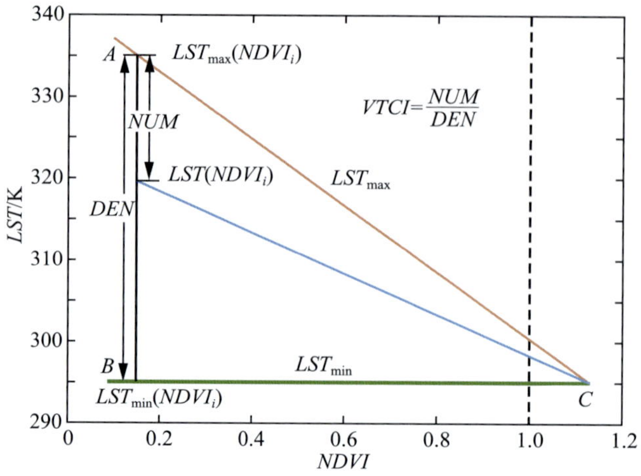

图 4.1　条件植被温度指数示意图

VTCI 的值就是图 4.1 中 *NUM* 和 *DEN* 的比值，相同 NDVI 的条件下，DEN 的大小是一定的。*NUM* 越小，比值越小，越接近热边界，VTCI 值越小；反之，VTCI 值越大。过 *C* 点作直线相交于直线 *AB*，根据相似三角形原理，可以发现同一条直线上的干旱水平相同。越接近热边界的像素，在相同 NDVI 的条件下，温度越高，土壤水分的有效性越低，地表蒸散越小，越容易发生干旱；越接近冷边界的点，同等 NDVI 的条件下温度越低，土壤水分相对充足，不是植物生长的限制因素。

应用 VTCI 进行干旱监测对研究区域的选择要求较高，必须满足土壤表层含水量从萎蔫含水量到田间持水量以及植被覆盖度的变化范围大等条件。陕西省关中平原是黄土高原自然条件最好的地区[45-48]，该研究区域既有灌溉农田又有旱作农田，有利于确定 VTCI 的冷边界和热边界[49-50]。

4.2.2　冷边界和热边界的确定

如何确定冷边界和热边界是应用 VTCI 干旱监测方法的关键。通过分析 NDVI 和 LST 的时空变化规律及其与气象、水文观测数据间的关系，从理论和实际应用方面，尤其是实际应用方面进一步解释了条件植被温度指数的冷边界和热边界的物理意义。基于研究区域内不同的 NDVI 和 LST 合成值产品，作 NDVI 和 LST 的散点图，研究冷边界和热边界的确定方法。我们分三种方法进行研究：方法一是应用每年旬 NDVI 和 LST 最大值合成产品，确定当年的冷边界和热边界[参考图 4.2(c)]；方法二是应用多年旬 NDVI 和 LST 最大值合成产品，确定每旬多年共同的冷边界和热边界[参考图 4.2(b)]；方法三是应用多年旬 NDVI 最大值合成产品和 LST 最大-最小值合成产品，确定每旬多年共同的冷边界[参考图 4.2(a)和 (d)]，其热边界应用方法二中确定的热边界[参考图 4.2(b)和(d)]。根据三种方法确定的两条边界分别计算每年以旬为时间间隔的 VTCI 值，以地面观测站点像素位置为中心，计算 3×3 像素方阵的 VTCI 平均值作为该站点的 VTCI 值。

图 4.2(a)和(b)分别为应用 1999—2007 年每年 5 月上旬的 NDVI 和 LST 最大值合成产品采用最大-最小值合成法确定的冷边界，采用最大值合成法确定的热边界。图 4.2(c)为根据 1999 年 5 月上旬 NDVI 和 LST 最大值合成产品确定的冷边界和热边界。图 4.2(d)为 1999

年5月上旬NDVI和LST最大值合成产品的散点图,冷边界和热边界分别为图4.2(a)和(b)中的冷边界和热边界。对比分析图4.2(c)和(d)可以看出,采用不同方法确定的冷边界和热边界间的差异较大。若利用单一时段NDVI和LST最大值合成产品进行干旱监测,则造成1999年5月上旬的旱情监测结果偏重[图4.2(e)]。若利用多年5月上旬的NDVI和LST最大值合成产品确定冷边界和热边界,则冷边界的LST值明显偏高[在图4.2(b)高于310 K],1999年5月上旬的旱情监测结果偏轻[图4.2(f)]。因此,应用条件植被温度指数进行干旱监测必须选择合适的冷边界和热边界的确定方法[51]。

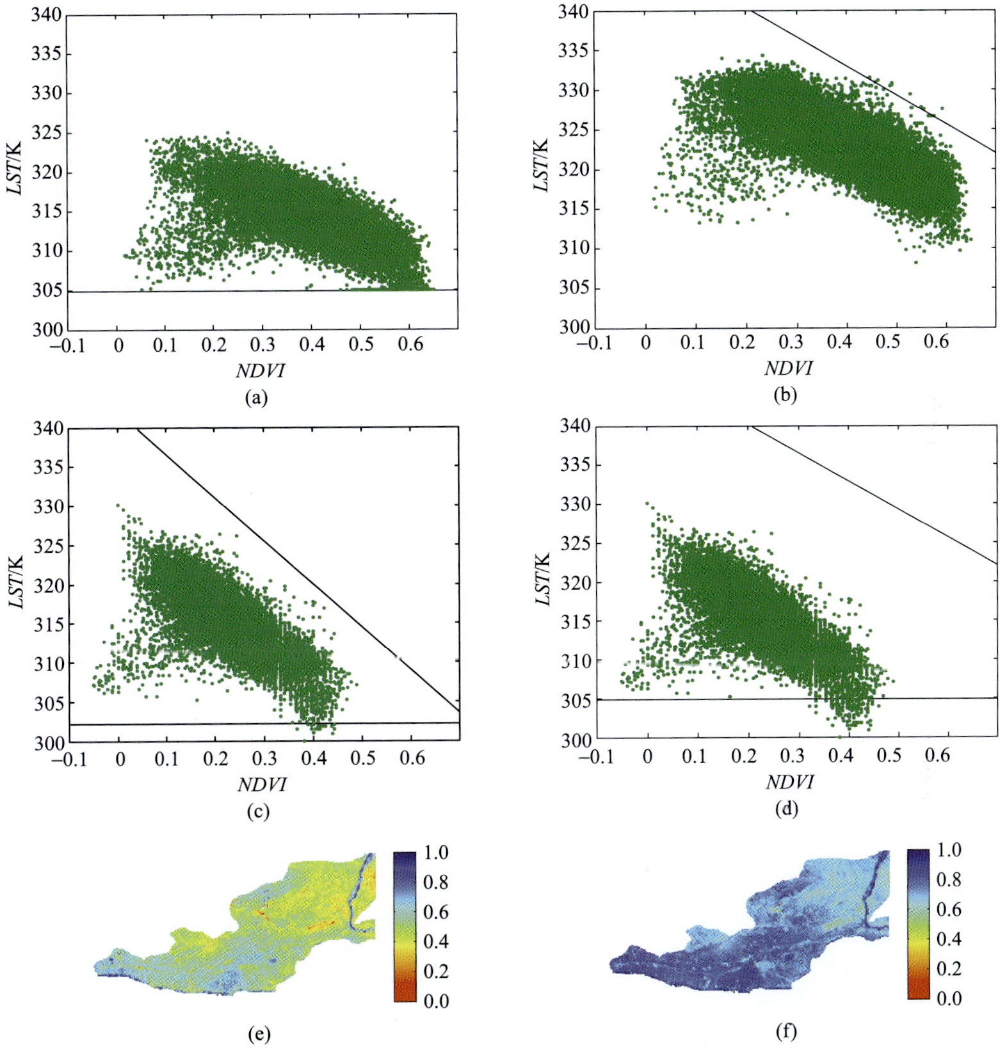

图4.2　条件植被温度指数冷边界和热边界的确定方法及1999年VTCI的干旱监测结果

4.2.3　冷边界和热边界确定方法的验证

4.2.3.1　应用降水数据

干旱受多种因素的影响,其中降水量是一个主要的制约因素。关中平原地区降水年际变化和年内变化对植被覆盖度的影响较大，平水年份和干旱年份最大覆盖度相差较大。由于降水的多少会直接影响到土壤含水量的多少，土壤含水量的变化会导致土壤热容量的变化，从而影响到土壤表面温度[52]。在降水过少而又缺乏灌溉的情况下会导致植被缺水，从而抑制植被的生长，NDVI 值就会降低；若降水充足，植被就会生长旺盛，NDVI 值就会增大。可见，降水量的多少能够直接或者间接地影响到 LST 和 NDVI 的高低。因此，从理论上讲，综合 LST 和 NDVI 的 VTCI 干旱监测方法应该与降水量有一定的相关性。

为了验证这种相关性，应用累计降水量、累计降水距平和土壤表层含水量等观测数据来验证 VTCI 干旱监测方法的可行性。用位于研究区域内气象站观测的旬降水资料对条件植被温度指数方法进行验证。根据气象站的经纬度坐标计算其在影像上的像素坐标，用 3×3 模板计算以气象站所在像素为中心的 9 个像素的 NDVI、LST、VTCI 的平均值，并与累计的旬降水量进行相关分析。以每个气象站所在像素为中心的 3×3 模板的 NDVI 和 LST 平均值作为该气象站所在地的 NDVI 和 LST 值。这是因为 3×3 模板一是能满足地面定位的要求，二是能获得相同的降水量。为了选择地表覆盖比较均一的气象站点，仅选择 LST 的方差小于 3℃^{2} 和 NDVI 的方差小于 0.005 的像素方阵进行有关统计分析。用线性相关分析的方法研究降水量与 VTCI 间的关系，其中降水量为以旬为单位的累计降水量。

应用多年的累计降水量数据与 VTCI 间的相关性作为主要判据依据，对 VTCI 冷边界和热边界的确定方法进行了验证。累计降水量是从卫星过境的日期开始按旬向前累计。也就是说，分析 1999 年 5 月上旬的数据时，降水量从 1999 年 5 月上旬开始向前累计，3 个月表示 1999 年 2 月中旬至 5 月上旬的累计降水量。表 4.1 是以 1999 年和 2003 年 5 月上旬 NDVI 和 LST 最大值合成产品为例，分别应用方法一和方法三确定的冷边界和热边界计算得到的 VTCI 与累计降水量之间的相关分析结果。分析表 4.1 中结果可以看出，VTCI 与最近 2 旬累计降水量间的相关系数较大，当累计降水时间大于 3 个月时，VTCI 与降水的相关系数随着累计降水时间的增加而降低，证实了 VTCI 是一种近实时的干旱监测方法。1999 年和 2003 年用最大值合成法确定的热边界和最大-最小值合成法确定的冷边界计算的 VTCI 与累计降水量间的相关性要好于只用同一年 NDVI 和 LST 合成值产品确定的冷边界和热边界计算的 VTCI 与累计降水量间的相关性。若从相关系数的大小来判断，两种方法确定的冷边界和热边界均合理。这里选取方法三确定 VTCI 的冷边界和热边界，即最大值合成法确定热边界，最大-最小值合成法确定冷边界，并根据冷热边界计算 VTCI。

表 4.1　不同方法计算的 VTCI 与累计降水量间的线性相关系数

累计降水量计算时间段	1999 年		2003 年	
	方法一	方法三	方法一	方法三
1 旬	0.472 1	0.447 9	0.392 7	0.441 7
2 旬	0.582 8	0.678 2	0.390 6	0.144 8
1 个月	0.450 3	0.519 2	0.166 3	0.058 7
2 个月	0.410 4	0.480 4	0.301 2	0.055 9
3 个月	0.410 2	0.480 3	0.219 4	0.003 1
6 个月	0.413 7	0.486 9	0.181 6	0.103 9
9 个月	0.498 3	0.500 0	−0.175 2	0.028 8
12 个月	−0.002 6	0.029 0	−0.145 8	0.040 2

用线性回归分析来研究该方法计算的 VTCI 与累计降水量、累计降水距平之间的关系(表 4.2 和表 4.3)。结果表明,VTCI 与最近 1～2 旬累计降水量间的相关系数较大,当累计降水时间大于 3 个月时,VTCI 与降水量的相关系数随着累计降水时间的增加而降低。这些分析结果证实了方法三是最佳的冷边界和热边界的确定方法且具有通用性和可操作性,同时也验证了 VTCI 是一种近实时的干旱监测方法,尤其适用于作物覆盖度较大条件下的干旱监测。VTCI 与累计降水距平间的相关分析结果表明,VTCI 与累计降水距平和累计降水量的变化规律相同,都是与最近 1～2 旬累计降水距平间的相关系数较大,当累计降水时间大于 3 个月时,VTCI 与降水的相关系数随着累计时间的增加而降低。

表 4.2 VTCI 与累计降水量间的线性相关系数(以 5 月上旬为例)

累计降水量计算时间段	年份				
	1999	2001	2003	2004	2005
1 旬	0.447 9	0.440 0	0.441 7	0.583 6	0.454 0
2 旬	0.678 2	0.444 6	0.144 8	0.389 6	0.247 6
1 个月	0.519 2	0.288 8	0.058 7	0.389 5	0.350 4
2 个月	0.480 4	0.378 0	0.055 9	0.364 1	0.224 0
3 个月	0.480 3	0.305 2	0.003 1	0.384 6	0.291 3
6 个月	0.486 9	0.260 4	0.103 9	0.329 1	0.114 6
9 个月	0.500 0	−0.003 0	0.028 8	0.487 2	0.148 4
12 个月	0.029 0	−0.019 9	0.040 2	0.485 3	0.341 2

注:由于受云的影响,2000 年和 2002 年 5 月上旬的卫星遥感数据无法使用。

表 4.3 VTCI 与累计降水距平间的线性相关系数(以 5 月上旬为例)

累计降水距平计算时间段	年份				
	1999	2001	2003	2004	2005
1 旬	0.340 2	0.474 3	0.315 3	0.437 6	0.354 1
2 旬	0.681 8	0.019 2	−0.023 7	0.438 8	0.159 3
1 个月	0.412 0	0.047 6	−0.168 4	−0.196 0	0.246 7
2 个月	0.288 5	0.034 8	−0.242 7	−0.053 0	0.059 6
3 个月	0.222 0	0.079 0	−0.303 9	0.036 1	0.073 4
6 个月	0.196 7	0.068 5	−0.369 3	−0.026 8	0.004 7
9 个月	0.127 5	0.149 2	−0.248 1	0.026 2	0.177 4
12 个月	−0.368 1	0.045 8	−0.230 5	0.078 9	0.510 5

应用每年 5 月上旬的 NDVI 和 LST 最大值合成产品,采用最大-最小值合成法确定的冷边界和采用最大值合成法确定的热边界计算的 VTCI 如图 4.3 所示。累计降水量越少,条件植被温度指数的值越小,干旱的程度越严重。从区域分布来看,关中平原地区东部的旱情比西部的旱情严重,2001 年、2005 年的旱情比 1999 年、2003 年的旱情严重。根据表 4.4 中关中平原地区 37 个气象站 4 月下旬和 5 月上旬的累计降水距平的统计结果,可以看出 1999 年的平均累计降水距平值为 13.1 mm,标准差为 13.7 mm;2003 年的平均累计降水距平值为 2.1 mm,标准差为 15.0 mm:这两年的旱情均较轻,在传统的气象干旱监测中属正常,但 2003

年的平均累计降水距平值小于1999年的平均累计降水距平值，说明2003年的旱情比1999年的相对较重。2001年的平均累计降水距平值为－9.0 mm，标准差为5.7 mm；2005年的平均累计降水距平值为－9.4 mm，标准差为11.6 mm，这两年的旱情均较为严重。

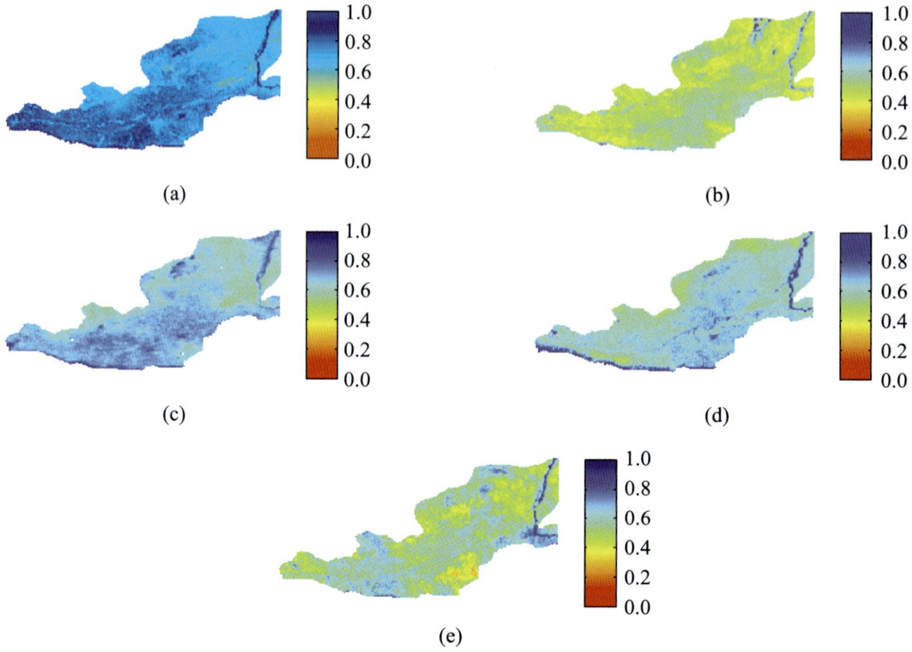

图4.3　研究区域1999年、2001年、2003年、2004年和2005年5月上旬VTCI的干旱监测结果

(a) 1999年；(b) 2001年；(c) 2003年；(d) 2004年；(e) 2005年

表4.4　关中平原地区37个气象站4月下旬和5月上旬的累计降水量和降水距平的统计结果

年份	降水量/mm		降水距平/mm	
	平均值	标准差	平均值	标准差
1999	30.0	16.1	13.1	13.7
2001	8.1	8.8	－9.0	5.7
2003	19.2	11.7	2.1	15.0
2004	12.0	6.0	－2.9	5.8
2005	5.6	10.2	－9.4	11.6

结合表4.2至表4.4中的分析结果及图4.2 (e)和(f)的对比分析结果，考虑到以上多种情况，我们认为方法三确定的冷、热边界最为合理，即最大值合成法确定热边界，最大-最小值合成法确定冷边界。

4.2.3.2　应用土壤含水量数据

应用线性回归分析研究了土壤表层含水量与VTCI之间的关系。VTCI与土壤表层含水量间的相关分析表明(表4.5)，在2003年冬小麦返青后(3月下旬)到收获前(5月下旬)，VTCI与0～10 cm深度的土壤含水量的相关性最好，尤其是从4月中旬到5月下旬，VTCI与0～20 cm、0～50 cm深度的土壤含水量也有较好的相关性。在灌溉条件下，VTCI与土壤表层含水量数据的相关性要好于同等条件下与降水量的相关性。上述分析说明，VTCI干旱监测方法可以有效地反映土壤水分状况，适合于作物返青后的旱情监测。这些分析结果证实了方法三是最佳的冷边界和热边界的确定方法且具有通用性和可操作性，同时也验证了 VTCI 是一种近实时的干旱监测方法，尤其适用于作物覆盖度较大条件下的干旱监测。

表 4.5 VTCI 与土壤表层含水量间的线性相关系数(以 2003 年冬小麦返青后到收获前为例)

时段	土层深度/cm		
	0～10	0～20	0～50
3 月下旬	0.348 7	0.447 0	−0.074 8
4 月上旬	0.383 0	0.235 6	0.292 0
4 月中旬	0.756 8	0.683 7	0.628 9
4 月下旬	0.672 2	0.719 1	0.628 9
5 月上旬	0.584 9	0.530 9	0.535 2
5 月下旬	0.734 6	0.681 6	0.544 5

注：由于受云的影响，2003 年 5 月中旬的卫星遥感数据无法使用。

2007 年 3 月、4 月和 5 月上旬先后三次到研究区域陕西省关中平原地区进行实地调查。根据地面观测到的土壤体积含水量等数据对 VTCI 干旱监测方法进行验证，VTCI 与观测到的土壤体积含水量的分析结果如图 4.4 至图 4.6 所示。2007 年 3 月受降水的影响，观测点较少，主要为关中平原的东部和中部地区。3 月上旬有一次大范围的降水过程，影响到地面观测实验，同时也可以看到同期的 VTCI 值均较高，在 0.8 以上。其中，旱作点乾县的土壤含水量最低，相应的 VTCI 值也较低。咸阳观测点的土壤体积含水量较高，而对应的 VTCI 处于正常水平，因为地面调查时该点刚进行过灌溉。基本上，观测到的土壤体积含水量与 VTCI 的计算结果趋于一致。

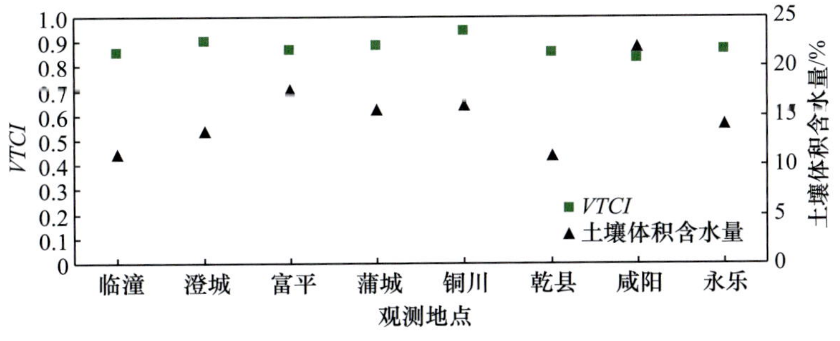

图 4.4 2007 年 3 月上旬地面观测 0～20 cm 深度土壤体积含水量与 VTCI 的变化趋势

2007 年 4 月上旬地面调查数据结果如表 4.6 所示。表中各地面观测点的 VTCI 值均在 0.6 以上，说明该时段研究区域旱情较轻或没有旱情发生。根据陕西气象局的农业气象资料分析，2007 年 3 月下旬至 5 月中旬，陕西省大部分地区气温偏高，降水持续偏少，与常年相比，平均气温偏高 0.6～3.8℃，降水偏少 2～7 成，土壤失墒较快，旱情不断发展。受旱区域由陕北北部向陕北南部、关中由东向西逐步扩展，陕南局地受旱区域不断扩大。

将 2007 年 4 月上旬的干旱监测结果与农业气象资料分析结果进行对比，可以看出二者之

华北平原的大部分地区有灌溉条件，这就使得土壤含水量不仅与自然降水相关，而且与灌溉的频度和强度相关。在干旱的年份，人们往往加大灌溉的力度，植被长势与降水的相关性就会在人为因素的影响下减弱。在这种情况下，通过土壤表层含水量数据对 VTCI 进行验证。

土壤表层体积含水量采用 2006 年 5 月上旬在华北平原地区北纬 37°～39°、东经 115°～117°范围内观测样点的数据。观测点全部位于冬小麦种植区，且测点附近植被覆盖类型较均一，具有代表性。每个样点采样数在 10 左右，测得土壤表层(0～10 cm 和 0～20 cm)的体积含水量，取其均值作为该样点的土壤表层含水量值。将最终获得的土壤表层含水量数据分别与 VTCI 进行线性相关分析，VTCI 与土壤表层 0～10 cm 和 0～20 cm 体积含水量有较好的相关性，VTCI 能够较好地反映出地表的干湿变化。通过在华北平原应用 VTCI 进行干旱监测，结果进一步证实了 VTCI 干旱监测模型的可行性。

4.2.4　VTCI 定量化研究和评价

4.2.4.1　VTCI 与 NDVI 和 LST 的关系

VTCI 的定义强调了 NDVI 值相等时 LST 的变化，可在理论上解释为某一研究区域内 NDVI 值等于某一特定值的所有像素间 LST 差异大小的比率。为此，利用作散点图的方法研究了整个研究区域内 VTCI 与 NDVI、LST 间的关系(图 4.7)[54]。湿润年份(1999 年 5 月上旬和 2003 年 5 月上旬)LST 的最大值(约为 327 K)低于干旱年份(2001 年 5 月上旬和 2005 年 5 月上旬)LST 的最大值(约为 334 K)，而湿润年份 NDVI 的最大值(约为 0.45)要低于干旱年份 NDVI 的最大值(约为 0.60)。NDVI 这一异常变化值得进一步研究。一般地，利用卫星遥感数据计算的 NDVI 除与传感器和大气的影响有关外，还与植被冠层和下垫面的特性密切相关，这一异常现象可能是由于植被冠层和下垫面含水量的变化造成的。在湿润年份，VTCI 与 NDVI 的散点图分布特征为比较集中，而在干旱年份则比较分散，两者均无明显的规律性；而在干旱年份，VTCI 与 NDVI 的相关性较好，NDVI 越大，VTCI 值越大，旱情越轻。在湿润年份，VTCI 与 LST 的散点图趋向于向一条线段集中，两者间有显著的线性相关关系(1999 年 5 月上旬和 2003 年 5 月上旬的 R^2 分别为－0.984 5 和－0.904 1)；而在干旱年份，随着干旱程度的增大，LST 的变化范围趋向于增大，也就是说，旱情越严重，LST 的变化范围越大。上述研究结果说明，在应用可见光-热红外波段遥感数据进行干旱监测时，必须考虑 NDVI 和 LST 这两个关键地表参数。

4.2.4.2　VTCI 定量化研究和评价

根据已有气象干旱监测指数的干旱等级划分标准[55]，如标准化降水指数(SPI)[56]、降水距平百分率(P_a)和土壤相对湿度干旱指数(R)等，研究了 VTCI 干旱监测方法的等级划分标准。以 1999—2007 年每年 3 月下旬至 5 月下旬合阳、蒲城、澄城、铜川、永寿 5 个旱作站点的 VTCI 数据为研究对象，按照不同指数的等级划分标准将 VTCI 分级，即某地区按照某一已知气象干旱指数划分为无旱时，将该地区的 VTCI 值也划分为无旱这一类型。对每一类型的 VTCI 值进行统计分析，计算平均值、方差、标准差、置信度为 95％的置信区间等，取每一类置信度为 95％时的置信区间下限为划分的界限。根据不同的指数会得到不同的 VTCI 等级划分结果，对多种划分结果进行平均，作为最后的 VTCI 量化结果[57]。

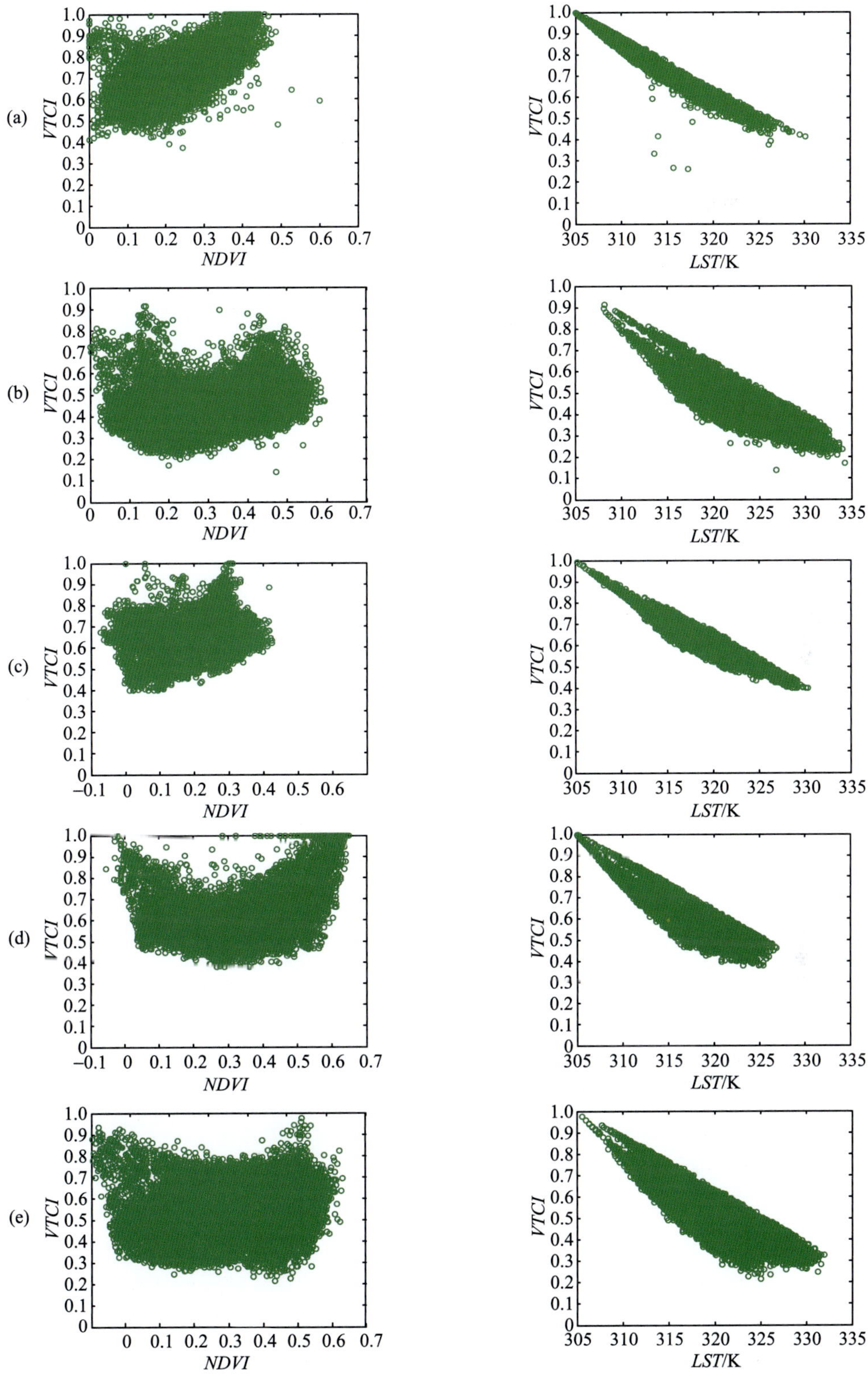

图 4.7　研究年限内每年 5 月上旬 VTCI 与 NDVI 和 LST 的散点图

(a) 1999 年 5 月上旬；(b) 2001 年 5 月上旬；(c) 2003 年 5 月上旬；(d) 2004 年 5 月上旬；(e) 2005 年 5 月上旬

VTCI 被划分为无旱、轻旱、中旱和重旱 4 个等级。VTCI 量化指标的综合分析结果见表 4.7。其中第 2 列表示所采用的气象干旱监测指数及其划分标准，采用几种气象干旱监测指数，就表示在对 VTCI 进行等级划分时用到几种指数的划分标准。如 R、SPI、P_a 表示某一像素按照 3 种指标划分均为同一等级时，将像素的 VTCI 值也划分为该等级。每个干旱等级中的最后一行表示多种划分方法所得结果的平均值。

表 4.7 条件植被温度指数量化指标的综合分析

干旱等级	采用的监测方法	VTCI 统计分析				
		平均值	标准差	置信度(95.0%)	置信区间下限	置信区间上限
无旱	R、SPI、P_a	0.66	0.13	0.11	0.55	0.77
	SPI、P_a	0.64	0.14	0.05	0.58	0.69
	R、SPI	0.68	0.15	0.09	0.60	0.77
	R、P_a	0.65	0.13	0.09	0.56	0.74
	P_a	0.59	0.16	0.03	0.56	0.62
	SPI	0.66	0.16	0.04	0.62	0.70
	R	0.64	0.14	0.05	0.59	0.69
	平均值	0.65	0.14	0.07	0.58	0.71
轻旱	SPI、P_a	0.51	0.18	0.17	0.34	0.68
	R、SPI	0.63	0.18	0.14	0.49	0.76
	R、P_a	0.58	0.09	0.08	0.50	0.66
	P_a	0.55	0.18	0.14	0.41	0.69
	SPI	0.59	0.16	0.03	0.56	0.63
	平均值	0.57	0.16	0.11	0.46	0.68
中旱	SPI、P_a	0.42	0.13	0.20	0.22	0.63
	R、P_a	0.51				
	P_a	0.56	0.14	0.06	0.51	0.62
	SPI	0.42	0.11	0.05	0.38	0.47
	平均值	0.47	0.13	0.10	0.37	0.57

注：中旱中的 R、P_a 这一分级中只有 2 个像素符合该条件，因此未进行统计分析。

由表 4.7 可以看出，当 VTCI 满足 3 种指数的分级标准结果均为无旱时，3 种指数的置信区间下限的平均值为 0.55，而多种划分方法结果的平均值为 0.58，认为同时满足 3 种情况的划分精度要高于多种划分结果的平均值，所以取 0.55 为无旱的下限。而轻旱、中旱在同时满足 3 种指数的划分标准中都没有合格的取值，因此取多种方法置信区间下限的平均值作为划分标准，轻旱、中旱下限的平均值分别为 0.46 和 0.37(表 4.8)。小于 0.37 为重旱。上述统计分析中，无旱的下限与中旱的上限分别为 0.55 和 0.46，这在某种程度上可从机理方面解释为轻旱是位于无旱和中旱之间的一种干旱，也就是说上述等级划分具有一定的理论意义。在研究区域应用降水量数据计算的 R、SPI 和 P_a 中，划分为重旱这一等级的数据较少，无法进行统计分析。基于降水量数据进行干旱等级的划分方法的缺点之一是仅考虑了降水量数据，而遥感干旱定量化监测结果表达的是作物水分胁迫的综合信息，未来的研究重点将考虑更多的影响土壤水分和作物水分的因素进行 VTCI 的定量化研究。

表 4.8 条件植被温度指数干旱等级划分标准

等级	干旱等级	*VTCI*
1	无旱	$VTCI \geqslant 0.55$
2	轻旱	$0.55 > VTCI > 0.46$
3	中旱	$0.46 > VTCI > 0.37$
4	重旱	$VTCI \leqslant 0.37$

4.2.4.3 2005 年 VTCI 定量化监测结果分析

根据表 4.8 中条件植被温度指数干旱等级划分标准对多年以旬为单位的干旱监测结果进行分级，分别以不同灰度显示不同干旱等级，以 2005 年为例，通过农业气象等资料对 VTCI 干旱监测模型的定量化结果进行了分析。

根据陕西气象数据，2005 年春季(3—5 月)关中季平均气温为 13～17℃，大部分偏高 2℃左右，4 月平均气温全省大部地区偏高 2～4℃，西安市极端最高气温达 34.3℃，为 1951 年以来的历史第二高值，是一个干暖的春季。6 月平均气温关中大部为 1961 年以来的最高值。关中大部分地区春季降水 50～100 mm，偏少 0～5 成。1—5 月上旬，陕西省降水持续偏少，加之气温高、蒸发大、土壤失墒快，各地均发生了较为严重的春旱。5 月中旬的透墒雨使 2 月以来持续的旱情得以有效缓解。

2005 年陕西冬小麦生育期气象条件总的特征是：播时墒情好，适时播种，出苗齐全；秋季大部降水和积温达到冬前壮蘖的要求，生长健壮；冬季雪多，墒情好，安全越冬；关中地区基本于 2 月中旬后期返青，返青期接近常年；5 月中旬普降透雨，解除旱情，有利灌浆。生长发育期与常年基本持平，旱地小麦受旱较重，长势差；水地小麦群体结构合理，长势良好。但由于透雨偏晚，错过了生长关键期，大部分地区冬小麦产量损失难以挽回。从 5 月下旬开始，冬小麦陆续成熟收割，收割期比往年提前 5～7 d。

2005 年基于 VTCI 的干旱监测结果如图 4.8 所示。从区域分布上，关中平原地区旱情东部比西部严重。从整个年份的旱情发生情况来看，2005 年受该年份气温高和降水少的影响旱情较为严重。尤其是 3 月下旬和 4 月下旬都发生了严重的干旱。3 月下旬，关中东部地区发生大面积的中旱，局部地区甚至为重旱。关中西部大部分地区为轻旱，小部分地区也有重旱发生。其中，关中东部的蒲城、澄城、合阳，中部的永寿、乾县、礼泉等旱作地区都发生了重旱。4 月下旬旱情最为严重，关中大部分地区都发生了重旱，只有关中中部一些地区为中旱或者轻旱。5 月该地区普降透雨，旱情有所缓解。也正因为降雨的影响，5 月中下旬较少有晴天天气，没有质量合格的影像获取。受数据源的影响，无法获得 VTCI 的干旱监测结果。

以上分析表明，VTCI 方法是一种近实时的干旱监测方法，VTCI 的等级划分标准是可行的。

4.2.4.4 多年 VTCI 定量化监测结果分析

根据 VTCI 的等级划分标准对研究区域的干旱监测结果进行等级划分，分析多个年份 5 月上旬的旱情发生情况(图 4.9)。

5 月上旬关中平原地区已经进入雨季，多数年份的春旱都有所缓解。从图 4.9 可以看出，除 2001 年、2005 年外，其他年份在该旬基本上没有旱情发生。2001 年大部分地区为轻旱，局部有重旱发生。2005 年 5 月上旬的旱情主要分布在东部和中部地区，受旱面积较 2001 年小，但重旱发生地区较为集中。

从图 4.10 中旱情总的分布情况来看，1999 年、2000 年、2006 年基本上没有旱情发生，除

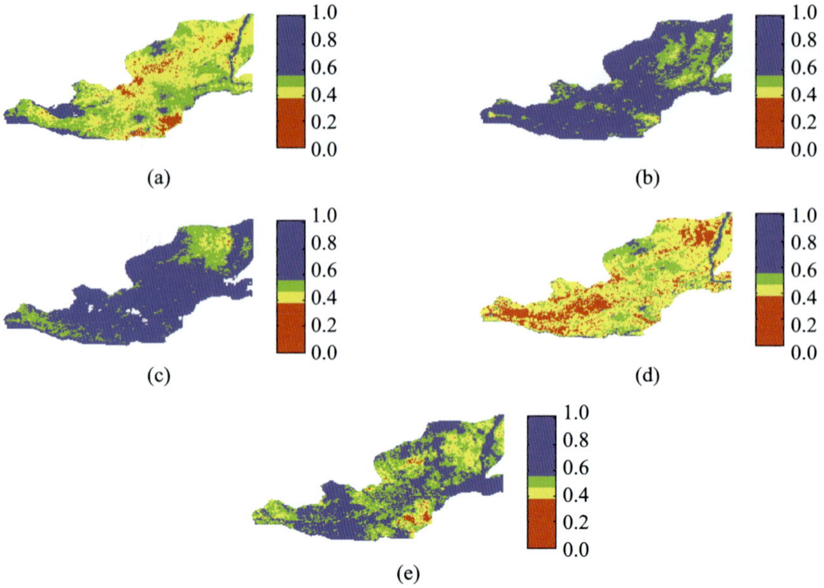

图 4.8　2005 年干旱监测结果

(a) 3 月下旬;(b) 4 月上旬;(c) 4 月中旬;(d) 4 月下旬;(e) 5 月上旬

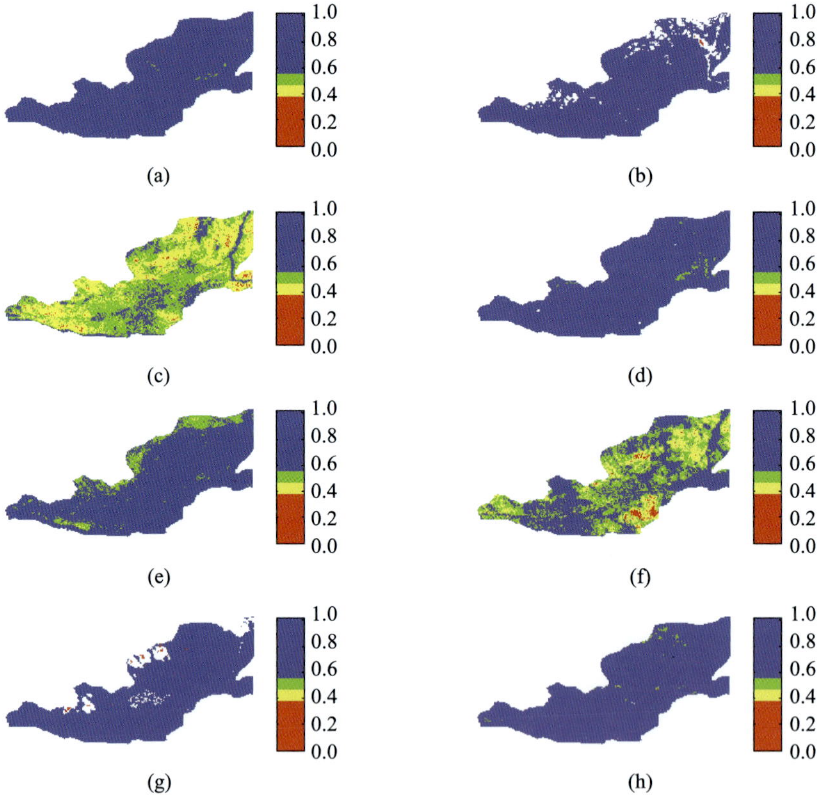

图 4.9　1999—2007 年 5 月上旬的干旱监测结果

受云等影响没有 2002 年的数据

(a) 1999 年;(b) 2000 年;(c) 2001 年;(d) 2003 年;(e) 2004 年;(f) 2005 年;(g) 2006 年;(h) 2007 年

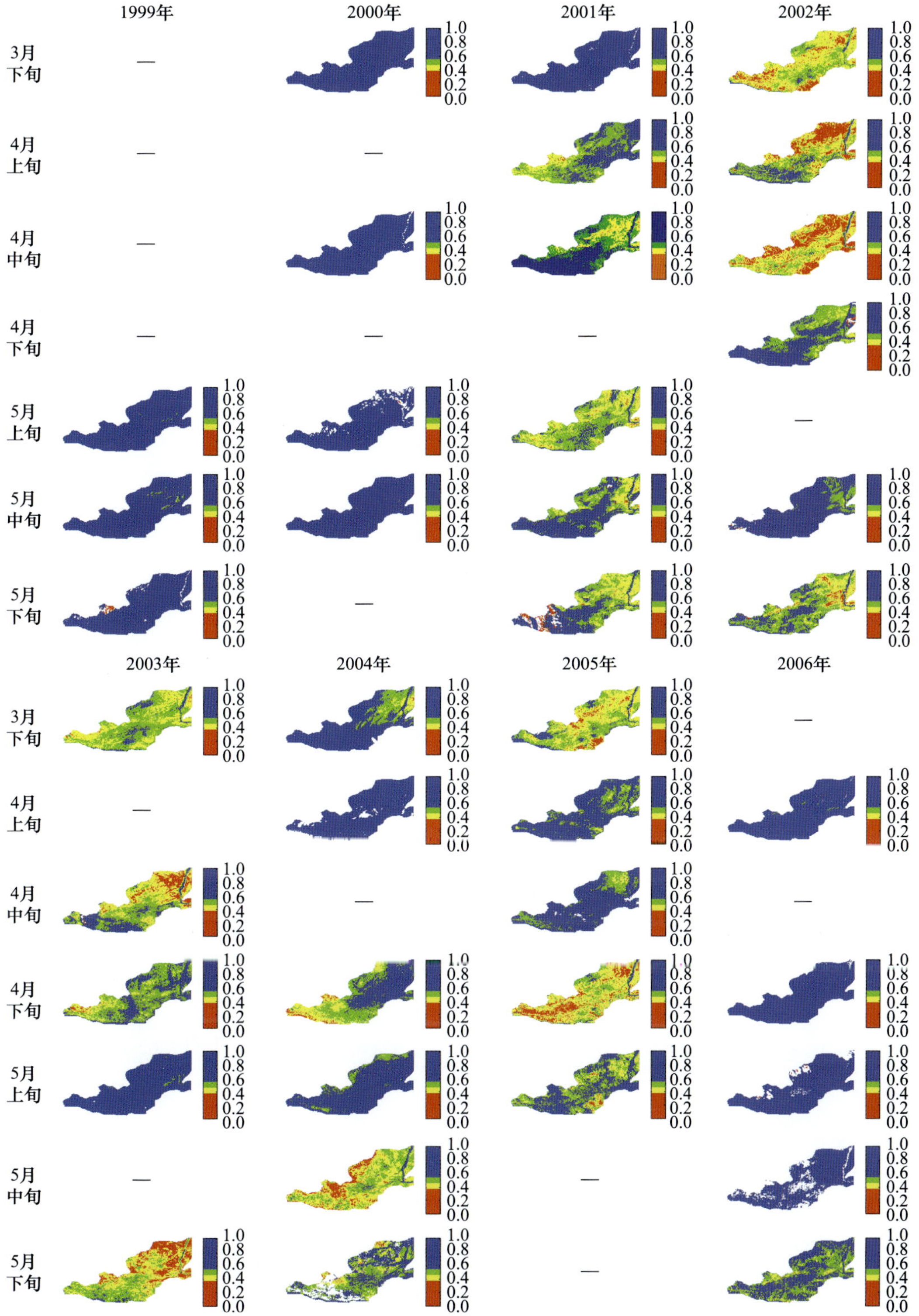

图 4.10　1999—2006 年每年 3 月下旬至 5 月下旬以旬为单位的干旱监测结果

—表示当旬受云等的影响没有监测结果

2006 年东部地区有轻微的伏旱发生;2001—2005 年旱情较为严重,其中 2002 年发生了严重的春旱和伏旱。在发生干旱的年份,东部地区旱情比西部地区严重,这是由于关中东部地区主要为雨养生境,部分地区无灌溉条件,而西部地区以灌溉为主。

2001 年,关中西部年降水为 400～570 mm,关中东部为 270～470 mm,大部分地区降水偏少2～5 成。春季陕西省平均气温大部偏高,各地降水严重偏少,春旱严重。6 月少雨干旱,使旱情加剧,大部分地区出现春夏连旱。

2002 年陕西旱情最为严重,大面积发生春旱、伏旱。5 月份雨季到来,旱情有所缓解。该年陕西省气温普遍偏高。1—4 月,全省大部降水偏少,气温持续偏高,使土壤水分蒸发加快,旱情严重。关中西部地区偏少 2～4 成,关中中东部地区偏少 5～6 成。干旱给作物生长发育带来了严重的影响。春季气温偏高,降水时段分布不均,土壤水分长期匮乏,造成小麦受旱较为严重,关中旱地小麦长势欠佳。5 月的低温阴雨天气使小麦前期旱象缓解。

2003 年关中地区春季降水量为 70～160 mm,大部地区偏少 1～2 成。4 月下旬、5 月下旬旱情严重。5 月下旬研究区域降水显著偏少,气温偏高。关中大部分地区 10～50 cm 土壤相对湿度小于 60%,出现旱情。

2004 年入春以后气温持续偏高,关中大部地区降水偏少。虽然降水少,但由于 2003 年 7—11 月降水持续偏多,使得该年土壤底层墒情不错,且前期土壤未完全解冻,失墒并不严重,没有严重旱情发生。4 月中旬后气温迅速上升,土壤蒸发量加大,土壤失墒严重,干旱持续发展,5 月上旬的降水使旱情得以缓解。

2006 年关中平原地区基本上没有旱情发生,5 月下旬开始局部地区有轻旱发生。资料表明,陕西省年平均气温全省大部异常偏高,年降水量全省大部属正常年份,降水时空分布不均,陕西中部接近常年或略偏多;春季偏少,夏季大部接近常年同期。2006 年属一般年景。该年的 VTCI 干旱监测结果也表明,3 月下旬至 5 月下旬基本上没有旱情发生。该年冬小麦全生育期降水较为充沛,气温适宜,气象条件较为适合冬小麦生长发育,属冬小麦丰收年。

4.3 基于条件植被温度指数的干旱预测

干旱已给许多国家和地区社会和经济的发展造成了严重影响,因此人们更加关注如何准确地预报干旱的发生、发展、消亡的动态过程,以提前采取有效的抗旱策略和措施,减轻干旱灾害可能造成的损失。预测干旱何时发生、何时结束是十分困难的,但这并不是说干旱不可预测[58-60]。人们已在干旱监测和预测方面开展了大量的研究工作,各国相继建立了区域性的干旱监测预警系统,监测和预测干旱发生的时间、范围和强度[61-66]。

干旱预测是一个难度很大的科学问题,由于干旱的物理成因很复杂,干旱的准确预测缺乏坚实的理论基础,所以在过去直至现在均以统计模式预报为主[67-70]。目前干旱预测预报中使用较多的方法是在干旱指数基础上,应用数理统计方法,建立预测预报模型。数理统计方法主要包括三大类:时间序列分析、多元分析和正交分解方法。以下主要研究时间序列分析方法中的求和自回归移动平均(autoregressive integrated moving average,ARIMA)模型[71-75]。

4.3.1 ARIMA 模型的原理

ARIMA 模型的基本思想是通过研究时间序列的顺序性以及序列观测值之间的依存关系，建立能够比较精确地反映时间序列中所包含的动态依存关系的数学模型，然后利用该模型预测序列未来的变化[71]。

4.3.1.1 **时间序列的自相关性和偏自相关性**

对时间序列的依存关系进行分析，主要是分析自相关和偏自相关函数。自相关函数表示在序列的邻近数据点之间存在多大程度的相关性。根据相关系数的定义，可得到时间序列 X_t 中时间差为 k 的序列值（X_t 和 X_{t+k}）之间的相关系数为

$$\rho_k = \frac{\sum_{t=1}^{n-k}(X_t - \overline{X})(X_{t+k} - \overline{X})}{\sqrt{\sum_{t=1}^{n-k}(X_t - \overline{X})^2}\sqrt{\sum_{t=1}^{n-k}(X_{t+k} - \overline{X})^2}} \tag{4.7}$$

式中：n 为样本数据个数；k 为滞后期；$\overline{X}$ 为样本数据平均值。容易推出平稳序列一定具有常数方差，任意时刻的方差应相等，则有

$$\sqrt{\frac{\sum_{t=1}^{n-k}(X_t - \overline{X})^2}{n-k}} = \sqrt{\frac{\sum_{t=1}^{n-k}(X_{t+k} - \overline{X})^2}{n-k}} \tag{4.8}$$

因此，各种延迟时期数（滞后期）为 k 的自相关函数（autocorrelation function，ACF）为

$$\rho_k = \frac{\sum_{t=1}^{n-k}(X_t - \overline{X})(X_{t+k} - \overline{X})}{\sum_{t=1}^{n}(X_t - \overline{X})^2} \tag{4.9}$$

求出延迟时期数 k 的自相关函数 ρ_k 时，实际上得到的并不是 X_t 与 X_{t-k} 之间单纯的相关关系，因为这个 ρ_k 还会受到中间 $k-1$ 个随机变量 $X_{t-1}, X_{t-2}, \cdots, X_{t-k+1}$ 的影响，即这 $k-1$ 个随机变量既与 X_t 又与 X_{t-k} 存在相关关系。为了能单纯表示 X_t 与 X_{t-k} 之间的相关关系，引入了偏自相关函数（partial autocorrelation function，PACF）。偏自相关函数是时间序列在给定了 $X_{t-1}, X_{t-2}, \cdots, X_{t-k+1}$ 的条件下 X_t 和 X_{t-k} 之间相关的程度，由于它需要排除其他滞后期的效应，因而被称作偏自相关。

偏自相关函数的定义为

$$\varphi_{kk} = \begin{cases} \rho_1 & k = 1 \\ \dfrac{\rho_k - \sum_{j=1}^{k-1}\varphi_{k-1,j} \cdot \rho_{k-j}}{1 - \sum_{j=1}^{k-1}\varphi_{k-1,j} \cdot \rho_{k-j}} & k = 2,3,\cdots \end{cases} \tag{4.10}$$

$\varphi_{k,j} = \varphi_{k-1,j} - \varphi_{kk} \cdot \varphi_{k-1,k-j}$。在 ARIMA 模型中，自相关函数 ρ_k 和偏自相关函数 φ_{kk} 起到非常

重要的作用，常用来识别模型，判定模型的阶数。将时间序列的自相关函数 ρ_k 和偏自相关函数 φ_{kk} 绘制成图，并标出一定的置信区间，称为自相关函数图和偏自相关函数图。统计理论证明，自相关函数和偏自相关函数的抽样分布，近似为以 0 为均值、标准差为 $1/\sqrt{n}$ 的正态分布，取显著水平 5%，则自相关函数和偏自相关函数的 95%置信区间为 $\left(-\frac{2}{\sqrt{n}},\frac{2}{\sqrt{n}}\right)$，这里 n 是时间序列中所含数据的总数。

4.3.1.2　**时间序列的平稳性和纯随机性检验**

ARIMA 模型的基本形式是对平稳序列的描述，对非平稳时间序列，可通过某种处理后转化为平稳序列。因此对时间序列建立 ARIMA 模型，首先要对序列的平稳性进行检验。序列的平稳性有两种定义：严平稳和宽平稳。严平稳是一种条件比较苛刻的平稳性定义，它认为序列所有统计性质都不随时间发生改变。随机变量的统计性质完全由它们的联合分布函数来决定。如果取任意的 t、k 和 m，联合概率分布函数满足

$$F(X_t,X_{t+1},\cdots,X_{t+k})=F(X_{t+m},X_{t+1+m},\cdots,X_{t+k+m}) \tag{4.11}$$

则称序列 X_t 为严平稳。

实践上联合分布函数不容易获得，即使获得，其计算和应用也非常不方便，因此在实践中很少用严平稳，常应用条件比较宽松的宽平稳。如果取任意的 t、s 和 k，时间序列 X_t 满足以下条件：

$$\begin{cases} EX_t^2<\infty \\ EX_t=\mu & \mu\text{ 为常数} \\ E(X_t-\mu)(X_s-\mu)=E(X_k-\mu)(X_{k+s-t}-\mu) \end{cases} \tag{4.12}$$

则称时间序列 X_t 为宽平稳时间序列。也就是说，如果对任意的时间 t，其均值是一常数；对于任意的时间 t 和 s，其自协方差 $E(X_t-\mu)(X_s-\mu)$ 与时间间隔 $s-t$ 有关，而与 t 和 s 的起始点无关，自协方差的结构具有平移不变性，即可被认为是宽平稳序列。对于正态随机序列而言，由于其联合概率分布仅由均值向量和自协方差阵决定，宽平稳正态时间序列一定是严平稳时间序列。通常条件下，严平稳序列满足宽平稳条件，而宽平稳一般推不出严平稳。但在实际问题中，所谓的平稳序列指的都是宽平稳序列。

对序列的平稳性检验有两种方法，一种是时序图和自相关图法，一种是构造检验统计量进行假设检验的单位根方法。时序图是一个由时间和序列值构成的二维平面图，如果一个时间序列无明显的上升和下降趋势，各序列值围绕其均值上下波动，这个均值是不随时间变化的常数，且时间序列无明显的周期性，那么该时间序列可大体判断为平稳时间序列（图 4.11）。进一步的检验可观察其自相关图。自相关图是由延迟时期数 k 和自相关函数构成的二维平面图，如果随着延迟时期数 k 的增加，自相关函数很快地衰减为零，可以判断为平稳时间序列；反之，如果自相关函数衰减为零的速度比较慢，可以判断为非平稳时间序列。运用自相关函数图判定时间序列平稳性的准则是：在延迟时期数 $k>3$ 后自相关函数都落入置信区间，并且逐渐趋于 0，则该时间序列可判定为平稳序列；若有更多的自相关函数落入置信区间外，则可判定为非平稳序列。

检验序列平稳性的另一方法为单位根法。所谓单位根法就是通过检验时间序列自回归特

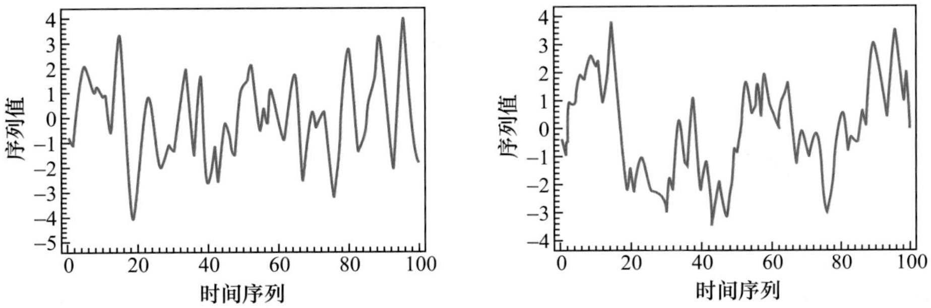

图 4.11 平稳时间序列时序图

征方程的特征根是在单位圆内还是在单位圆外(包括单位圆上),来检验时间序列的平稳性。单位根法常用的检验统计量是 ADF(augmented dickey-fuller)检验统计量。对时间序列建立合适的自回归过程:

$$X_t-\varphi_1 X_{t-1}-\varphi_2 X_{t-2}-\cdots-\varphi_p X_{t-p}=a_t \tag{4.13}$$

它的特征方程为

$$\lambda^p-\varphi_1\lambda^{p-1}-\cdots-\varphi_p=0 \tag{4.14}$$

如果该方程所有的特征根都在单位圆内,即 $|\lambda_i|<1, i=1,2,\cdots,p$,则序列平稳。如果至少有一个特征根不在单位圆内,不妨设 $\lambda_1=1$,则序列非平稳,且自回归系数之和恰好等于1,即

$$\varphi_1+\varphi_2+\cdots+\varphi_p=1 \tag{4.15}$$

因此,可以通过检验自回归系数之和是否大于等于1来考察序列的平稳性。令 $\eta=\varphi_1+\varphi_2+\cdots+\varphi_p-1$,构造 ADF 检验统计量:

$$\tau=\frac{\eta}{S(\eta)} \tag{4.16}$$

式中:$S(\eta)$为参数 η 的样本标准差。通过 τ 统计检验量可检验序列的平稳性。

如果序列值彼此之间没有任何相关性,意味着该序列是没有记忆的序列,称为纯随机序列,也称为白噪声序列(图 4.12),纯随机序列没有任何分析的价值。平稳序列检验后对序列还要进行纯随机性的检验。

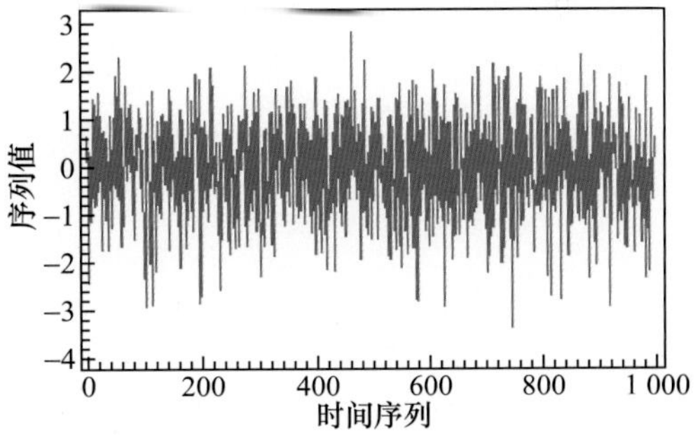

图 4.12 白噪声序列时序图

如果 X_t 是纯随机序列,那么它在任取的时间 t 和 s,满足

$$\begin{cases} EX_t=\mu & \mu \text{为常数} \\ E(X_t-\mu)(X_s-\mu)=\sigma^2 & t=s \\ E(X_t-\mu)(X_s-\mu)=0 & t\neq s \end{cases} \tag{4.17}$$

式中：σ^2 为序列方差，是一常数。理论上，纯随机序列应该满足延迟时期数为 k 的自协方差函数 $\gamma(t,t+k)=E(X_t-\mu)(X_{t+k}-\mu)=0$，相应的延迟时期数 k 的自相关系数 $\rho_k=0$，但实际上由于序列有限，序列的自相关系数不会绝对为零，但都在零附近以很小的幅度做随机波动。如果一个时间序列是纯随机的，可以证明该序列的延迟非零期的自相关系数近似服从均值为零、方差为序列观察数倒数的正态分布，即

$$\rho_k \sim N\left(0,\frac{1}{n}\right) \tag{4.18}$$

因此，可以由此出发，构造检验统计量，一般采用 Q_{BP} 和 Q_{LB} 检验统计量。原假设为延迟时期数小于或等于 m 的序列值之间相互独立，备择假设为延迟时期数小于或等于 m 的序列值之间有相关性。由 Box 和 Pierce 推导的 Q_{BP} 检验统计量近似服从自由度为 m 的 χ^2 分布：

$$Q_{BP} = n\sum_{k=1}^{m}\rho^2(k) \sim \chi^2(m) \tag{4.19}$$

式中：n 为序列的总数；m 为指定延迟时期数；ρ_k 为残差序列的自相关系数。由于 Q_{BP} 检验统计量在小样本场合不太精确，Ljung 和 Box 又推出了 Q_{LB} 检验统计量，近似服从自由度为 m 的 χ^2 分布：

$$Q_{LB} = n(n+2)\sum_{k=1}^{m}\left[\frac{\rho^2(k)}{n-k}\right] \sim \chi^2(m) \tag{4.20}$$

当检验统计量大于 $\chi^2_{1-\alpha}(m)$ 分位点，或该统计量的概率 P 值小于 α 时，则以 $1-\alpha$ 的置信区间拒绝原假设，认为该序列为非白噪声序列。一般只需要检验前 6 期和前 12 期延迟的 Q_{BP} 和 Q_{LB} 检验统计量。

4.3.1.3 ARIMA 模型识别

对于平稳时间序列，通过研究系统现在的行为与历史行为的相关性（记忆性），即观测值之间动态相关关系，可以建立描述时间序列变化的自回归（autoregressive，AR）模型、移动平均（moving average，MA）模型、自回归移动平均（autoregressive moving average，ARMA）模型、求和自回归移动平均（autoregressive integrated moving average，ARIMA）模型和季节性求和自回归移动平均（seasonal autoregressive integrated moving average，SARIMA）模型。以下给出的是中心化模型形式，即将样本数据减去其均值，用得到的零均值序列所建的模型。

1. AR(p)模型

假设系统 t 时刻的响应 X_t 仅与 X_{t-1}，X_{t-2}，…，X_{t-p} 有线性关系，a_t 是随机干扰项，可建模型形式为

$$X_t=\varphi_1 X_{t-1}-\varphi_2 X_{t-2}-\cdots-\varphi_p X_{t-p}-a_t \tag{4.21}$$

其中包含有 3 个限制条件：模型的最高阶次为 p，即 $\varphi_p\neq 0$；随机干扰项 a_t 为零均值的白噪声序列，即 $a_t\sim WN(0,\sigma^2)$；当前的随机干扰与过去的序列值无关，即 $E(X_s,a_t)=0$，$s<t$。经计算可得到其自相关函数满足

$$\left.\begin{aligned}
\rho_1 &= \varphi_1+\varphi_2\rho_2+\cdots+\varphi_p\rho_{p-1}\\
\rho_2 &= \varphi_1\rho_1+\varphi_2+\cdots+\varphi_p\rho_{p-2}\\
&\vdots\\
\rho_p &= \varphi_1\rho_{p-1}+\varphi_2\rho_{p-2}+\cdots+\varphi_p
\end{aligned}\right\} \tag{4.22}$$

当 $k>p$ 时，有

$$\rho_k=\varphi_1\rho_{k-1}+\varphi_2\rho_{k-2}+\cdots+\varphi_p\rho_{k-p} \tag{4.23}$$

对于一个平稳 AR(p)模型，其偏自相关函数满足

$$\varphi_{kk}=\begin{cases}\varphi_k & 1\leqslant k\leqslant p\\ 0 & k>p\end{cases} \tag{4.24}$$

因此，AR(p)模型的偏自相关函数 φ_{kk} 是以 p 步截尾的。φ_{kk} 的截尾性对鉴别 AR(p)模型非常有用。图 4.13 中的偏自相关函数在 1 步截尾，而自相关函数拖尾，为 AR(1)模型形式。

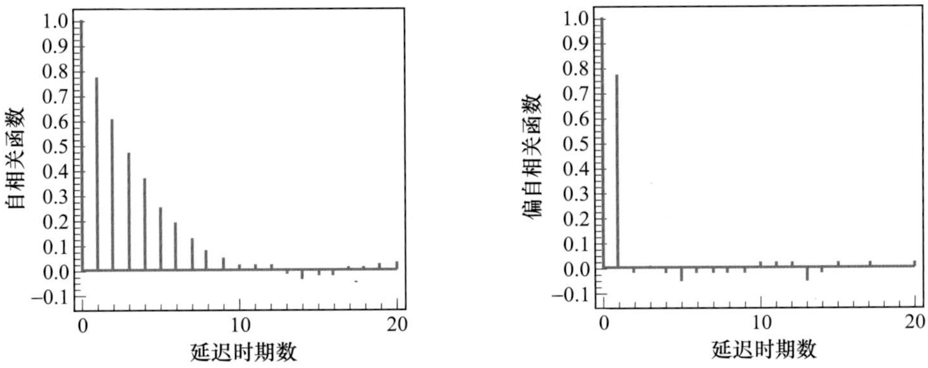

图 4.13　AR(p)模型的自相关函数和偏自相关函数

2. MA(q)模型

假设 X_t 仅与其以前进入系统的扰动 a_{t-j}($j=1,2,\cdots,q$)有一定相关关系，可建模型形式为

$$X_t=a_t-\theta_1 a_{t-1}-\theta_2 a_{t-2}-\cdots-\theta_q a_{t-q} \tag{4.25}$$

其中包括两个限制条件：模型的最高阶次为 q，即 $\theta_q\neq 0$；随机干扰序列 a_t 是一个白噪声序列，即 $a_t\sim WN(0,\sigma^2)$。对于一个平稳 MA(q)模型，其自相关函数满足

$$\rho_k=\begin{cases}1 & k=0\\ \dfrac{-\theta_k+\sum\limits_{i=1}^{q-k}\theta_i\theta_{k+i}}{1+\theta_1^2+\cdots+\theta_q^2} & 1\leqslant k\leqslant q\\ 0 & k>q\end{cases} \tag{4.26}$$

因此，MA(q)模型的自相关函数具有 q 步截尾性。此截尾性可用于鉴别 MA(q)模型。MA(q)模型的偏自相关函数和自相关函数不同，随延迟时期数 k 增加，呈指数衰减或正弦波衰减趋向于零。

$$\varphi_{kk}=(-\theta_1 a_{t-1}-\cdots-\theta_q a_{t-q})(-\theta_1 a_{t-k-1}-\cdots-\theta_q a_{t-k-q+1}) \tag{4.27}$$

图 4.14 中的自相关函数在 2 步截尾，而偏自相关函数拖尾，为 MA(2)模型形式。

3. ARMA(p,q)模型

如果时刻 t 的 X_t 不仅与以前时刻的序列值有关，而且与以前时刻进入系统的扰动存在一

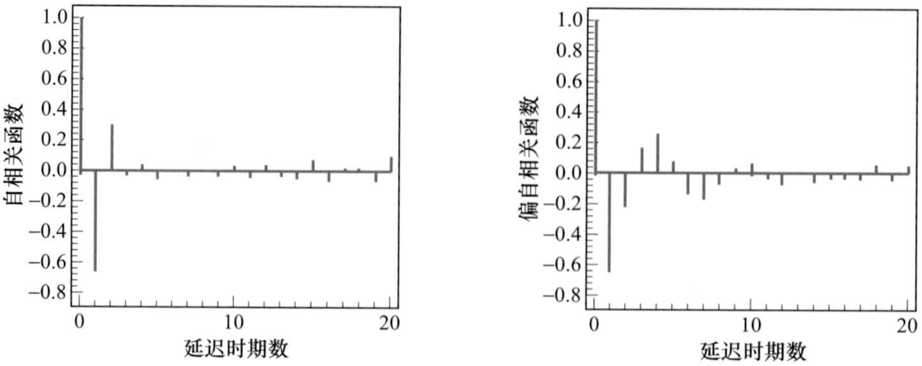

图 4.14 MA(q)模型的自相关函数和偏自相关函数

定的依存关系，则属自回归移动平均系统，用 ARMA(p,q)模型描述：

$$X_t-\varphi_1 X_{t-1}-\varphi_2 X_{t-2}-\cdots-\varphi_p X_{t-p}=a_t-\theta_1 a_{t-1}-\theta_2 a_{t-2}-\cdots-\theta_q a_{t-q} \tag{4.28}$$

式中：p 和 q 为模型阶次。ARMA(p,q)模型同时包含两个过程：自回归过程和移动平均过程，因而其自相关函数和偏自相关函数较单纯的 AR(p)和 MA(q)模型复杂，两者均表现出拖尾性。可以看出，当 $q=0$ 时，模型为 AR(p)模型形式；当 $p=0$ 时，模型为 MA(q)模型形式。图 4.15 中的自相关函数和偏自相关函数都显示拖尾，为 ARMA(p,q)模型形式。

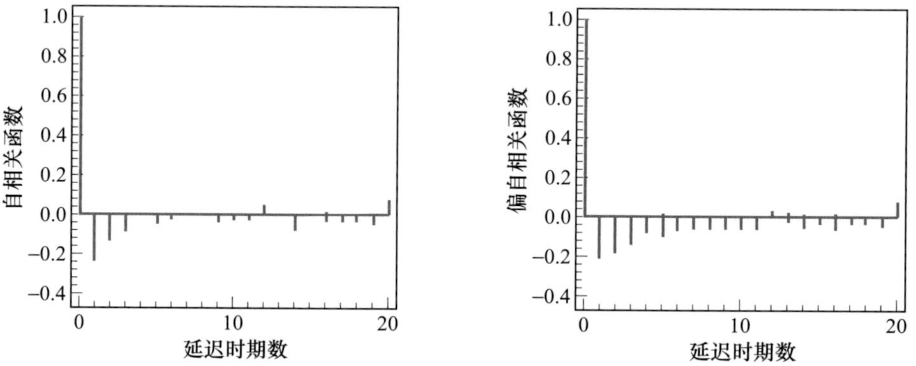

图 4.15 ARMA(p,q)模型的自相关函数和偏自相关函数

ARMA(p,q)模型的阶次 p、q 的确定可根据自相关函数和偏自相关函数，如果时间序列的自相关函数拖尾，而偏自相关函数在 p 步截尾，则可建立 AR(p)模型；如果时间序列的偏自相关函数拖尾，而自相关函数在 q 步截尾，则可建立 MA(q)模型；如果时间序列的自相关函数拖尾，而偏自相关函数也拖尾，则可建立 ARMA(p,q)模型(表 4.9)。自相关函数和偏自相关函数在第几步截尾是判定模型形式的关键。由于样本的随机性，样本的相关系数不会呈现出在某步之后全部为零即理论截尾的完美情况，本应截尾的仍会呈现出小值振荡的情况。由于平稳时间序列通常都具有短期相关性，随着延迟时期数 k 的增加，自相关函数和偏自相关函数都会衰减至零值附近作小值波动。如果样本(偏)自相关系数在最初的 m 阶明显大于置信区间范围，而后几乎 95%的自相关系数都落在置信区间的范围以内，而且由非零自相关系数衰减为小值波动的过程非常突然。这时，通常视为(偏)自相关系数 m 阶截尾。一般在没有很大把握判定模型的形式时，通常采用由低阶向高阶逐步试探的方法，待参数估计和模型检验后，

再确定适用的模型形式。试探模型可根据以下方法确定：

自相关阶次 p 的选择：落入置信区间外的偏自相关函数的个数；有效偏自相关的延迟时期数。

移动平均阶次 q 的选择：显著不为 0 的自相关数目，即自相关函数从某个延迟时期数开始迅速衰减，这个延迟时期数选为 q。

表 4.9　ARMA(p,q)模型的主要特征

模　　型	自相关函数	偏自相关函数
AR(p)	拖尾	p 阶截尾
MA(q)	q 阶截尾	拖尾
ARMA(p,q)	拖尾	拖尾

4. ARIMA(p,q)模型

在实际问题中，许多时间序列并不近似为平稳序列，不能直接用 ARMA 模型描述。在 Box 和 Jenkins 之前处理非平稳序列的方法是从序列中提取时间 t 的确定性函数，把提取确定趋势后的序列看作平稳的随机序列。但这样做的缺点是将趋势看作是确定性的，但趋势有时也是随机的。对此，Box 和 Jenkins 提出差分转化方法，对于含有趋势性的非平稳时间序列，进行差分运算转化为平稳序列，然后再建立 ARMA 模型，再根据反运算得出原始序列的有关结果。如果作一次逐期差分，记为∇X_t，则

$$\nabla X_t = X_t - X_{t-1} \tag{4.29}$$

作一次差分称为一阶差分，对一阶差分再进行差分称为高阶差分，阶数为差分的次数，d 阶差分记为$\nabla^d X_t$。ARIMA(p,q)模型的模型形式如下：

$$\nabla^d X_t = \frac{\theta(B)}{\varphi(B)} a_t \tag{4.30}$$

$$\theta(B) = 1 - \theta_1 B - \cdots - \theta_q B^q$$

$$\varphi(B) = 1 - \varphi_1 B - \cdots - \varphi_p B^p$$

B 为后移算子($B^k X_t = X_{t-k}$)，$\nabla^d = (1-B)^d$。可以看出 ARIMA 模型的实质就是差分运算与 ARMA 模型的组合。

5. SARIMA(p,q)模型

对于既含有趋势性又含有季节性变化的非平稳时间序列，可进行 d 次逐期差分以消除趋势性，再进行 D 次季节性差分以消除季节性变化特征，将序列转化为平稳时间序列进行建模。即先对季节性随机序列中不同周期的同一周期点之间的相关关系用 ARMA 模型拟合，再对同一周期内不同点的相关关系进行拟合，模型表示为 ARIMA(p,d,q)×(P,D,Q)$_s$，又称乘积季节模型，P 和 Q 为季节性因素的自回归移动平均的阶次。

把每一观察值同下一周期相应时刻的观察值相减，称为季节差分。季节差分常用$\nabla_S X_t$表示，则有$\nabla_S X_t = X_t - X_{t-S}$，$S$ 为季节性周期长度。

SARIMA(p,q)模型形式为

其非中心化形式为

$$\varphi_1 = \rho_1 = \frac{\sum_{t=1}^{N-1}(X_t - \mu)(X_{t+1} - \mu)}{\sum_{t=1}^{N}(X_t - \mu)^2} \tag{4.44}$$

2. 参数的精估计

极大似然估计和最小二乘估计常作为参数精估计。当数据总体分布类型已知时，极大似然估计是常用的参数估计方法，其基本思想是，样本来自使该样本出现概率最大的总体。未知参数的极大似然估计，就是使得似然函数 L（联合密度函数）达到最大值的参数值。对时间序列样本$(x_1, x_2, \cdots, x_n)$，极大似然函数满足

$$L(\varphi_1, \cdots, \varphi_p, \theta_1, \cdots, \theta_q; x_1, x_2, \cdots, x_n) = \max\{F(x_1, x_2, \cdots, x_n; \varphi_1, \cdots, \varphi_p, \theta_1, \cdots, \theta_q)\} \tag{4.45}$$

在时间序列分析中，序列的总体分布经常是未知的，通常假设序列服从多元正态分布，它的联合密度函数是可导的，可通过求导的方法来获得参数值。在实际计算过程中，常对极大似然函数取对数，然后再对对数似然函数中的未知参数求偏导，得到未知参数的方程组。

参数的最小二乘估计是使 ARMA 模型的残差平方和达到最小的那组参数值，即

$$Q(\varphi_1, \cdots, \varphi_p, \theta_1, \cdots, \theta_q) = \min\left\{\sum_{t=1}^{n}(X_t - \varphi_1 X_{t-1} - \cdots - \varphi_p X_{t-p} + \theta_1 a_{t-1} + \cdots + \theta_q a_{t-q})^2\right\} \tag{4.46}$$

对于 AR(p)模型来讲，极大似然估计和最小二乘估计是一样的，这里只讨论最小二乘估计方法，其基本思想是使残差平方和最小。

AR(p)模型[式(4.21)]（假定 X_t 为中心化处理后的序列）的残差的平方和为

$$S = \sum_{t=p+1}^{n}[X_t - (\varphi_1 X_{t-1} + \varphi_2 X_{t-2} + \cdots + \varphi_p X_{t-p})]^2 \qquad p+1 \leqslant t \leqslant N \tag{4.47}$$

引入向量矩阵

$$\boldsymbol{Y} = \begin{bmatrix} X_{p+1} \\ X_{p+2} \\ \vdots \\ X_N \end{bmatrix}, \boldsymbol{X} = \begin{bmatrix} X_p & X_{p-1} & \cdots & X_1 \\ X_{p+1} & X_p & \cdots & X_2 \\ \vdots & & & \\ X_{N-1} & X_{N-2} & \cdots & X_{N-p} \end{bmatrix}, \boldsymbol{\Phi} = \begin{bmatrix} \varphi_1 \\ \varphi_2 \\ \vdots \\ \varphi_p \end{bmatrix}, \boldsymbol{a} = \begin{bmatrix} a_{p+1} \\ a_{p+2} \\ \vdots \\ a_N \end{bmatrix} \tag{4.48}$$

转化为

$$\boldsymbol{Y} = \boldsymbol{X\Phi} + \boldsymbol{a} \tag{4.49}$$

残差平方和变化为

$$\begin{aligned} \boldsymbol{S} &= \boldsymbol{a}'\boldsymbol{a} \\ &= (\boldsymbol{Y} - \boldsymbol{X\Phi})'(\boldsymbol{Y} - \boldsymbol{X\Phi}) \\ &= \boldsymbol{Y}'\boldsymbol{Y} - \boldsymbol{Y}'\boldsymbol{X\Phi} - \boldsymbol{\Phi}'\boldsymbol{X}'\boldsymbol{Y} + \boldsymbol{\Phi}'\boldsymbol{X}'\boldsymbol{X\Phi} \\ &= \boldsymbol{Y}'\boldsymbol{Y} - 2\boldsymbol{\Phi}'\boldsymbol{X}'\boldsymbol{Y} + \boldsymbol{\Phi}'\boldsymbol{X}'\boldsymbol{X\Phi} \end{aligned} \tag{4.50}$$

对残差平方和求偏导，并令其为0：

$$\frac{\partial \boldsymbol{S}}{\partial \boldsymbol{\Phi}} = -2\boldsymbol{X}'\boldsymbol{Y} + 2\boldsymbol{X}'\boldsymbol{X}\boldsymbol{\Phi} = 0 \tag{4.51}$$

则有

$$\boldsymbol{\Phi} = (\boldsymbol{X}'\boldsymbol{X})^{-1}\boldsymbol{X}'\boldsymbol{Y} \tag{4.52}$$

对于AR(1)模型

$$\boldsymbol{Y} = \begin{bmatrix} X_2 \\ X_3 \\ \vdots \\ X_N \end{bmatrix}, \ \boldsymbol{X} = \begin{bmatrix} X_1 \\ X_2 \\ \vdots \\ X_{N-1} \end{bmatrix} \tag{4.53}$$

将式(4.53)代入式(4.52)，可得

$$\varphi_1 = \frac{\sum_{t=1}^{N-1} X_t X_{t+1}}{\sum_{t=1}^{N-1} X_t^2} \tag{4.54}$$

其非中心化形式为

$$\varphi_1 = \frac{\sum_{t=1}^{N-1} (X_t - \mu)(X_{t+1} - \mu)}{\sum_{t=1}^{N-1} (X_t - \mu)^2} \tag{4.55}$$

对AR(1)模型，当N很大时，粗估计和精估计的差别不大，两式的差别在于分母的求和区间，一个是$(1,N)$，一个是$(1,N-1)$。

4.3.1.5 ARIMA模型的参数检验和模型显著性检验

进行参数检验就是检验模型中每一个参数是否显著非零。如果某个参数不显著，表明该参数对应的自变量对因变量的影响不明显，可以从所建模型中剔除。因此参数检验的目的就是为了精简模型。剔除参数后还应重新拟合模型。方法是计算参数显著性的t检验统计量。当该统计量的概率值小于0.025时，可以认为参数显著有效。

模型的显著性检验即判断残差序列是否为白噪声序列。模型的残差序列为白噪声序列，意味着所建模型充分提取了时间序列的信息，这时应用该模型进行预测才是适宜的。模型的显著性检验可通过构造检验统计量来实现。原假设为延迟时期数小于或等于m的残差序列值之间相互独立，备择假设为延迟时期数小于或等于m的残差序列值之间有相关性。构造检验统计量Q_{LB}，选取显著水平5%，若该统计量的概率P值小于α，则以$1-\alpha$的置信区间拒绝原假设，认为残差序列中还有大量的相关信息，需要重新拟合模型。若该统计量的概率P值大于α，则不能拒绝原假设，认为拟合模型显著有效。

4.3.1.6 ARIMA模型的优选

通过显著性检验的模型说明该模型能有效地拟合时间序列的波动，但通过检验的模型并

4.3.2.5 模型的优化

利用 AIC 准则和具有同样意义的 SBC 准则对通过模型检验的模型进行优选。计算不同模型的 AIC 和 SBC,AIC 和 SBC 值达到最小的模型为相对最优模型。

ARIMA 模型的建模步骤如图 4.16 所示。

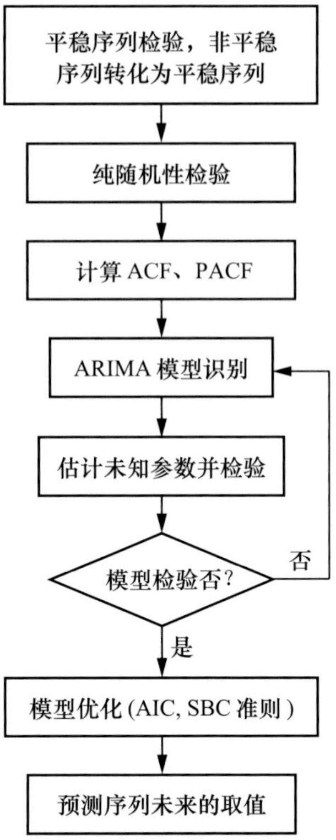

图 4.16 ARIMA 模型的建模步骤

4.3.3 基于 ARIMA 模型的干旱预测

4.3.3.1 ARIMA 模型的建模

采用关中平原 1999—2006 年每年 3—6 月各旬 VTCI 序列,应用 ARIMA 模型对关中平原未来的干旱状况进行分析预测。将 1999 年 3 月上旬到 2006 年 3 月下旬的数据作为分析建模数据,2006 年 4 月上旬和 4 月中旬的数据作为检验数据,对预测模型的有效性和预测精度进行检验[71,76-79]。

研究区域的 VTCI 数据是场时间序列。对 VTCI 序列进行预测,需要找到研究区域中各个像素的 VTCI 随时间的变化规律,建立适合的预测模型。应用 ARIMA 模型作预测,模型的定阶十分重要,它关系到所建模型是否体现了时间序列的变化规律,这往往需要建模者的主观判断。因此对每个像素对应的 VTCI 时间序列进行定阶判断,再建立适合的 ARIMA 预测模型是比较困难的。这里采用的方法是对该区域的某些像素的 VTCI 时间序列的变化规律进行研究,对这些像素建立适合的 ARIMA 模型,再对整个区域所有像素的 VTCI 时间序列进行预测。

首先选用 36 个气象站点所在像素的 VTCI 时间序列,研究其变化规律,并进行 ARIMA 模型的建模,方法依照 4.3.2 中的 ARIMA 模型建模步骤。选择研究 36 个气象站的 VTCI 时间序列,一是考虑了它们空间分布的均匀性,具有一定小区域的代表性,可认为其邻近地区干旱状况与其遵循同样的变化规律;二是可以参考气象数据来辅助研究 VTCI 时间序列的变化规律,以确定每个气象站的预测模型结构。

根据 ARIMA 模型的建模方法,对 36 个气象站点的 VTCI 时间序列进行建模分析,结果表明这些序列都是平稳的(图 4.17)。随着延迟时期数 k 的增加,自相关系数都落入置信区间,并且很快衰减到零。对每个时间序列建立 ARIMA 模型,显示各序列均适合 AR(1)模型(非中心形式)

$$(X_t-\mu)-\varphi_1(X_{t-1}-\mu)=a_t \tag{4.62}$$

式中:X_t 为监测结果中某像素的 VTCI 时间序列;μ 为该像素时间序列的 VTCI 序列均值;a_t 为白噪声序列;φ_1 为 AR(1)模型的唯一参数,反映零均值序列 $X_t-\mu$ 对 $X_{t-1}-\mu$ 的依赖程度。φ_1 的最小二乘估计见式(4.55),式中 N 为时间序列的总序列数。

根据预测误差最小原则,可以得到 X_t 的未来值的 l 步预测:

$$X_{t+l}-\mu=\varphi_1^l(X_t-\mu) \tag{4.63}$$

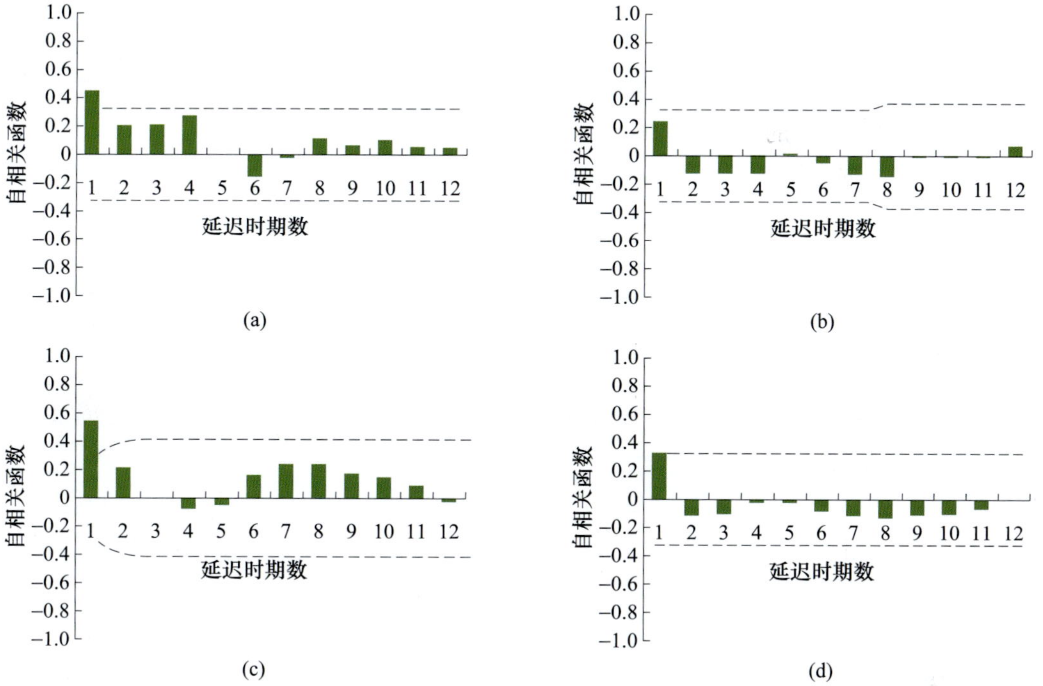

图 4.17　部分气象站像素点时间序列的自相关函数

(a) 宝鸡;(b) 永寿;(c) 澄城;(d) 渭南

式中:X_{t+l}为未来 $t+l$ 时刻的 VTCI 值;X_t 为已知历史数据中最后 t 时刻的 VTCI 值。

考虑到气象站点的分布是大致均匀的,它们相应的 VTCI 时间序列都适合 AR(1)模型。因此,可以认为其他像素的 VTCI 时间序列也是按照同样的 AR(1)模型的规律变化。对 1999 年 3 月上旬至 2006 年 3 月下旬研究区域所有的像素的 VTCI 时间序列建立 AR(1)模型,并依照

$$Y_{t+l}-\mu=\varphi_1^l(Y_t-\mu) \qquad (4.64)$$

进行 1 步和 2 步预测,即预测 2006 年 4 月上旬和 4 月中旬的 VTCI 变化。

图 4.18 为所建 AR(1)模型的参数 φ_1 分布图,该图显示参数呈现区域性分布,南部地区的 φ_1 较北部地区的偏小。

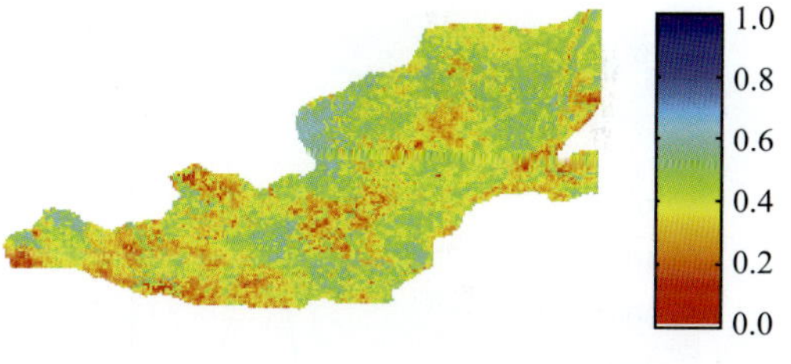

图 4.18　AR(1)模型的 φ_1 参数分布

4.3.3.2　基于 AR(1)模型的干旱预测

将预测结果与实际的监测结果进行对比分析,并计算相应的预测误差(监测结果中各像素的 VTCI 值减去预测结果中对应的值),比较频数分布、最大值、最小值、平均值和标准误差等,对预测结果进行评估。

图 4.19 和图 4.20 分别为预测的 2006 年 4 月上旬(1 步)和 4 月中旬(2 步)的 VTCI 影像及其频数分布,图 4.21 为预测误差图及其频数分布。表 4.10 给出相应的统计结果。从中可以分析得出:1 步和 2 步的预测结果都基本反映了监测结果的整体特征,即关中平原的北部地区较南部地区干旱(VTCI 值越小反映干旱程度越严重),研究区域所及黄河两岸地区较为干

旱。由监测结果和预测结果的频数分布对比来看，监测结果与预测结果呈现相似的频数分布，最大频数值很接近，1 步预测为 0.65 和 0.58，2 步预测为 0.73 和 0.59。表 4.10 显示监测结果和预测结果中统计的 VTCI 最大、最小、平均值、标准差也很接近。较大不同的是 VTCI 的取值范围，比较频数大于 50 的 VTCI 的取值范围，1 步预测分别为[0.55，0.93]与[0.52，0.73]，2 步预测分别为[0.63，0.9]与[0.47，0.67]。

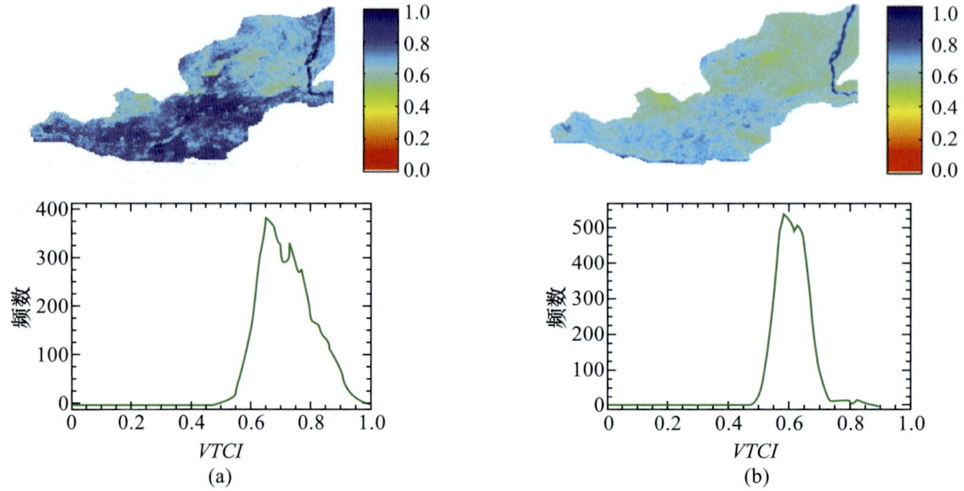

图 4.19　2006 年 4 上旬 VTCI 影像及其频数分布

(a) 监测结果；(b) 预测结果

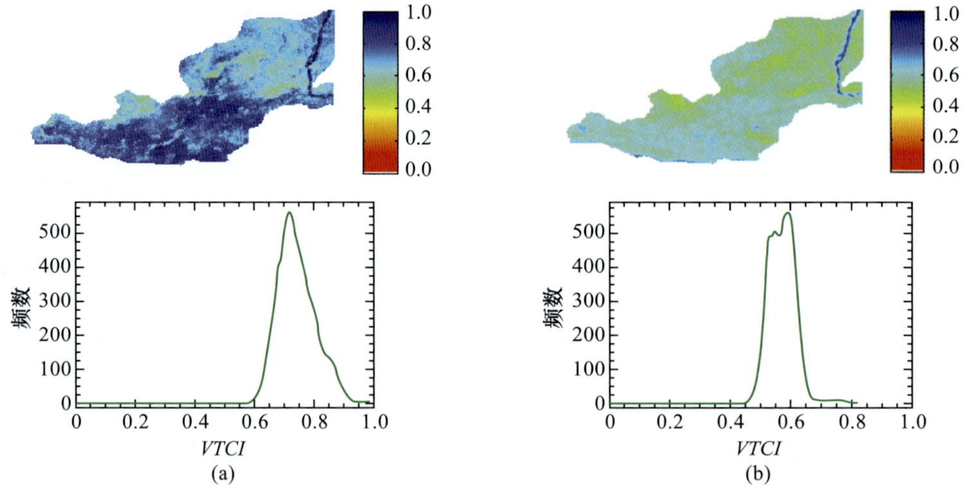

图 4.20　2006 年 4 月中旬 VTCI 影像及其频数分布

(a) 监测结果；(b) 预测结果

对细节的反映上，1 步预测的精度明显高于 2 步预测的精度。1 步预测结果中除了少数区域外，基本反映了实际的 VTCI 影像的分布。图 4.21 的预测误差分析中也显示了这一点，

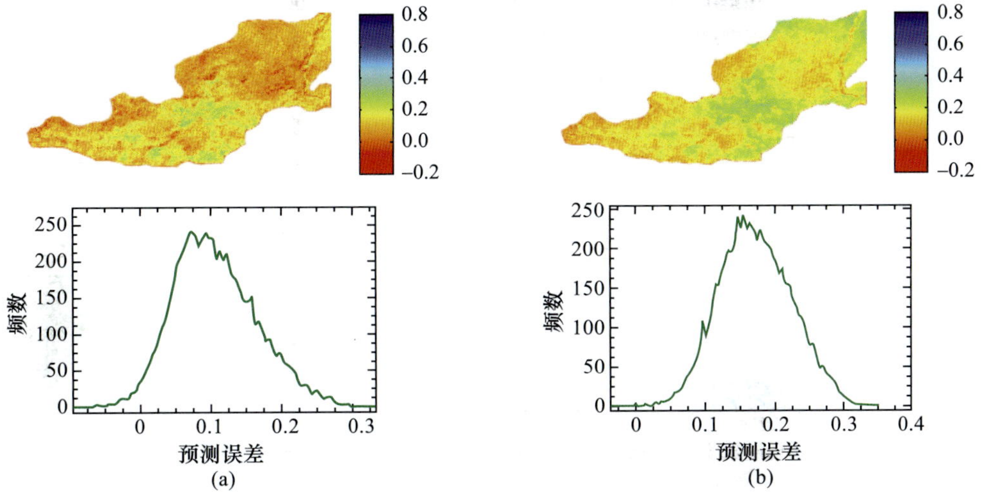

图 4.21 2006 年 4 月上旬、4 月中旬的预测误差及其频数分布

(a) 2006 年 4 月上旬;(b) 2006 年 4 月中旬

表 4.10 VTCI 监测结果、预测结果、预测误差的统计结果

时 间	最小值	最大值	平均值	标准差
2006 年 4 月上旬(监测)	0	1	0.72	0.09
2006 年 4 月上旬(预测)	0	0.88	0.61	0.051
2006 年 4 月中旬(监测)	0	1	0.74	0.09
2006 年 4 月中旬(预测)	0	0.82	0.57	0.046
2006 年 4 月上旬(误差)	−0.096	0.33	0.10	0.059
2006 年 4 月中旬(误差)	−0.038	0.35	0.17	0.052

1 步预测最大频数预测误差为 0.09,2 步预测最大频数预测误差为 0.15。表 4.10 显示 1 步预测的平均预测误差为 0.10,2 步预测的平均预测误差为 0.17,反映出 1 步预测精度好于 2 步预测。

预测结果的分析也反映出 1 步和 2 步的预测结果普遍小于实际监测结果,说明预测模型存在系统误差,还有待进一步优化。

4.4 本章小结

单独应用 NDVI 或 LST 的干旱监测模型均是用于研究年际间区域级大尺度的干旱程度。对某一研究区域来说,均可得出区域内的干旱程度及范围,然而由于干旱发生的时间和地点存在着时空变异,所以在像素尺度上,VCI、AVI、TCI 等几种指数所使用的指标如研究年限内 NDVI 的最大值和 NDVI 的平均值就有可能不同,如极端的干旱可能导致 NDVI 的显著变化,且远远超过正常年际间的NDVI变化，进而有可能造成某一特定时期内不同像素间监测结果的可比性变差。条件植被温度指数VTCI是在NDVI和LST的散点图呈三角形的区域分布的基础上提出的，它的定义既考虑了研究区域内NDVI的变化，又考虑了NDVI值相同时LST的变化。VTCI干旱监测模型的缺点是对于研究区域选择的要求较高，必须满足土壤表层含水量应从萎蔫含水量到田间持水量的条件，且作物覆盖度要较大。

对干旱发生情况进行实时的监测、预测和影响评估是开发干旱监测方法的关键。VTCI研发与应用主要是在陕西省关中平原地区开展的，而如何确定冷边界和热边界则是应用VTCI干旱监测方法的关键。研究结果表明，应用多年某一特定时段的NDVI和LST最大值合成产品确定热边界比较合理，即最大值合成法确定热边界；对每年该时段的LST进行最大值合成，再对多年该时段的LST最大值合成产品进行LST的最小值合成，然后根据LST最大-最小值合成产品和NDVI最大值合成产品确定的冷边界较为合理，即最大-最小值合成法确定冷边界。应用降水量资料和土壤含水量数据等对VTCI的干旱监测结果的验证表明，VTCI是一种近实时定量化的干旱监测方法。

在研究区域旱作样点，根据已有气象干旱等级划分标准的干旱监测指数，研究VTCI遥感干旱监测方法的等级划分标准。根据分析结果将VTCI分为无旱、轻旱、中旱、重旱四类：VTCI≥0.55为无旱，VTCI在0.46～0.55之间为轻旱，VTCI在0.37～0.46之间为中旱，VTCI≤0.37为重旱。

基于VTCI序列，采用ARIMA模型的建模预测方法，对该地区的VTCI序列进行建模预测。运用选定的AR(1)模型对原始序列进行历史拟合，反映出模型拟合情况较好，平均拟合误差大部分分布在[－0.2,0.2]区域，平均拟合误差绝对值小于0.1的占总体的65.7%，显示AR(1)模型适合于VTCI序列的预测。将预测结果与监测结果进行对比，显示预测结果大致反映了实际影像的变化，1步预测的平均预测误差为0.10，2步预测的平均预测误差为0.17，1步预测精度好于2步预测。

条件植被温度指数干旱监测方法的科学性、准确性以及可推广性均已得到验证，但仍存在一定的不足，主要有以下几点：①应进一步完善基于条件植被温度指数的干旱监测和预测模型，扩大其应用范围，从关中平原和华北平原等地区的应用推广到北方乃至全国；②需要对VTCI模型的敏感性进行分析，分析模型的不确定性，考虑遥感数据源以及遥感反演等多种因素的不确定性[80,81]及其对VTCI干旱监测和分级的影响；③对干旱指标的研究应更加重视干旱形成的机理，就农作物干旱指标来说，可以根据作物的生长模型，采用数据同化技术按不同作物在不同生育期的水分需求，制定能准确反映干旱影响的干旱指标。

参考文献

[1] Palmer W C. Meteorological drought. Research Paper No. 45, US Department of Commerce Weather Bureau, Washington, DC, 1965, 58pp.

[2] 张树誉，杜继稳，景毅刚．基于MODIS资料的遥感干旱监测业务化方法研究．干旱地区农业研究，2006，24：1-6.

[3] Wilhite D A, Glantz M H. Understanding the drought phenomenon: The role of

definitions. Water International, 1985, 10: 111-120.

[4] Wilhite D A. State actions to mitigate drought: Lessons learned. Journal of the American Water Resources Association, 1997, 33: 961-968.

[5] 袁文平,周广胜. 干旱指标的理论分析与研究展望. 地球科学进展,2004,19:982-991.

[6] Paulo A A, Pereira L S. Drought concepts and characterization: Comparing drought indices. Water International, 2006, 31: 37-49.

[7] Lawrimore J, Richard R, Herm J R, et al. Beginning a new era of drought monitoring across north America. Bulletin of the American Meteorological Society, 2002, 83(8): 1191-1192.

[8] 姚玉璧,张存杰,邓振镛. 气象、农业干旱指标综述. 干旱地区农业研究,2007,25: 191-195.

[9] 詹志明,秦其明,阿布都瓦斯提·吾拉木,等. 基于 NIR-Red 光谱特征空间的土壤水分监测新方法. 中国科学 D 辑,2006,36:1020-1026.

[10] Ghulam A, Qin Q M, Teyip T, et al. Modified perpendicular drought index (MPDI): A real-time drought monitoring method. Journal of Photogrammetry and Remote Sensing, 2007, 62: 150-164.

[11] Lei J, Peters A J. Assessing vegetation response to drought in the northern Great Plains using vegetation and drought indices. Remote Sensing of Environment, 2003, 87: 85-98.

[12] Lozano D F, Fernandez R N, Gallo K P, et al. Monitoring the 1988 severe drought in Indiana, USA using AVHRR data. International Journal of Remote Sensing, 1995, 16: 1327-1340.

[13] Peters A J, Walter-Shea E A, Lei J, et al. Drought monitoring with NDVI-based standardized vegetation index. Photogrammetric Engineering and Remote Sensing, 2002, 65: 71-75.

[14] Idso S B, Schmugge T J, Jackson R D, et al. The utility of surface temperature measurements for remote sensing of surface soil moisture status. Geophysical Research, 1975, 80: 3044-3049.

[15] Jackson R D, Idso S B, Reginato R J, et al. Canopy temperature as a crop water stress indicator. Water Resources Research, 1981, 17: 1133-1138.

[16] Jackson R D, Slater P N, Pinter P J. Discrimination of growth and water stress in wheat by various vegetation indices through clear and turbid atmospheres. Remote Sensing of Environment, 1983, 13: 187-208.

[17] Price J C. On the analysis of thermal infrared imagery: The limited utility of apparent thermal inertia. Remote Sensing of Environment, 1985, 18: 59-73.

[18] Price J C. Using spatial context in satellite data to infer regional scale evapotranspiration. IEEE Transactions on Geoscience and Remote Sensing, 1990, 28: 940-948.

[19] Sobrino J A, Raissouni N, Li Z L. A comparative study of land surface emissivity retrieval from NOAA data. Remote Sensing of Environment, 2001, 75: 256-266.

第5章

作物病害监测与预警技术

5.1 概　　述

在农业生产中常常受到许多病虫害的侵扰，导致作物生理、组织和形态上发生一系列的反常变化，从而造成作物植株死亡、果实品质下降、产量降低等严重后果。因此，进行田间病虫害监测并建立预警系统是保障作物最终产量的关键环节之一。

在农作物病虫害监测方面，传统的方法主要由有经验的生产者或植保专家通过田间观察植物颜色、叶片萎蔫或卷曲程度、叶片或冠层温度的细微变化、单位面积上叶片或冠层受病害侵染比例等植株的形态、生理变化，判定植株受病虫害胁迫的程度和发生的等级。这种依靠人力在田间观察获取病虫害灾情的方法不仅耗时、费力，而且受观察者自身的经验影响较大。现代生物检测手段主要应用光学显微镜、透射电子显微镜技术、生物测定技术、生物电子技术等实验室仪器进行检测，此类方法检测精度高，但仪器价格昂贵，操作复杂，实时性差，难以在大范围内展开。因此发展既能克服传统观测方法局限性，又能准确、有效地诊断和预报病虫害发生的新技术迫在眉睫。

基于物质的光谱能量吸收，光谱分析技术可以无损获取作物光谱在某些特征波长的变化特征，从而为作物病虫草害检测提供依据。数字图像通过采集植物的形态、颜色、纹理等特征，经图像分析判别不同植物间的差异或作物图像特征的变化状况，如卷叶、落叶、病斑等，因此成为田间病虫害自动监测的一种重要方法。多光谱图像技术是基于光谱和图像分析技术而发展起来的一种现代无损检测技术手段，它通过分析作物冠层和叶片在不同波段范围内的特征信息，提供作物生理、组织和形态等特征，从而为快速监测植物病害发生、建立预警系统提供了新的依据。

目前，基于光谱分析技术和数字图像处理技术，国内外科研工作者就农作物病虫害的监测和预警技术进行了大量的深入研究，取得了许多研究成果，为农田病虫草害早发现、早预防，指导农药精细喷洒，提供了强有力的理论和技术支撑。

由于植物遭受病虫害侵染后，叶绿素组织遭受破坏，光合作用减弱，养分吸收、运输和转化等机能衰退，受害植物的光谱特性与健康植物的光谱特性相比，某些特征波段的反射率会发生不同程度的变化，因此寻找具有诊断意义的光谱变化特征是可行的[1]。例如，当冬小麦受到病虫害侵扰时，因缺乏营养和水分而生长不良，海绵组织受到破坏，叶片色素比例发生变化，使得可见光区的两个吸收谷不明显，550 nm 处的反射峰因叶片损伤而变低、变平。近红外区的变化更为明显，峰值被削低甚至消失，整个反射光谱曲线的波状特征被拉平（图 5.1）。因此，依据光谱变化特征可对田间作物受损状态进行分类研究。

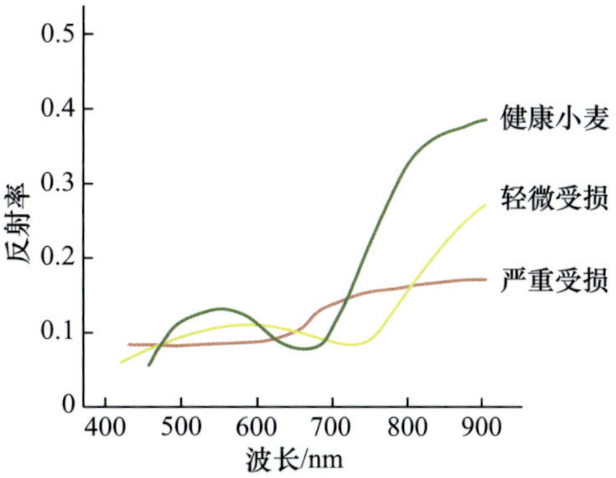

图 5.1　健康小麦与不同程度受害小麦反射光谱特征曲线的比较

光谱成像技术是光谱分析技术的重要组成部分，近年来，基于图像处理技术的作物病虫害检测研究主要集中于多光谱图像和高光谱图像的分析。吴迪等[2]利用多光谱成像技术对茄子叶片的灰霉病进行了无损检测，认为采用绿、红和近红外三通道图像可以有效地在干燥土壤和枯叶等干扰背景下对灰霉病斑进行较好的识别。Camargo 和 Smith[3]应用图像技术识别田间棉花红叶茎枯病的病害特征。经图像增强算法处理后，分割提取了染病区域，进而对该区域图像的形态和纹理特征参数提取。其中，形态参数包括染病区长轴长度、短轴长度、偏心率、质心、直径和病面面积等，纹理参数应用分形维和共生矩阵算法获得，应用滑动窗口法测定了染病区的孔隙特征。此外，图像灰度值、直方图和傅里叶特征也被考虑作为其特征描绘参数。将上述参数输入支持向量分类器对健康和染病区进行分类，结果表明，应用形态参数进行分类精度较低（55%），应用纹理参数进行分类精度较高（83%），当所有特征参数都输入时，分类精度达 90%。

田间作物品种多，病虫害种类繁多，病害特征不尽相同，但总体而言针对不同病害症状的数字图像的处理和分析可以分为图像预处理、特征提取、模式识别与理解 3 个层次[4]。为了从所采集的图像中获取感兴趣的特征参数，首先要对图像进行必要的预处理，尽可能地减少由于各种条件限制和随机因素所产生的干扰信息。通常，图像的预处理包括原始彩色图像灰度化、噪声过滤、图像增强等。进而，应用图像分割提取检测目标，对图像的分割可通过目标形态、纹理、颜色等方法实现。通过对分割目标的像素统计、变换等处理，确定图像特征的检测参数，最终实现对目标的定性和定量化分析。其基本流程如图 5.2 所示。Matlab7.0 提供了数字图像处理工具箱，通过调用相关函数即可实现图像的处理。

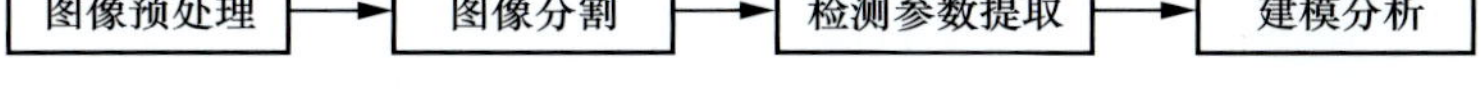

图 5.2　图像处理流程示意图

5.2　大豆锈病监测

大豆锈病是世界性大豆病害，已经在很多国家和地区发现了这种病害。据报道，大豆锈病造成的产量损失非常严重，例如，泰国为10%～40%，印度为10%～90%，中国内地为10%～50%，中国台湾为23%～90%，日本为40%[5]。锈病对大豆生产的危害引起了全球大豆生产者的高度重视。

图5.3　大豆感染锈病图例

1. 病株；2，3. 叶背症状；4. 茎部症状

大豆锈病主要为害叶片、叶柄和茎。叶片两面均可发病。大豆锈病的一个特征就是病斑的大小和颜色会随着时间的推移逐渐发生变化。病株最初在叶片上面产生淡黄色或者灰绿色的小点，病斑稍隆起，随后病斑扩大，逐渐变为黄褐色、深棕色，在染病的晚期病斑最终变为红棕色，此时叶片的大部分甚至全叶由病斑占据。叶柄和茎染病产生的症状与叶片相似。一般病害由下部叶片开始发生，逐渐向上部叶片发展，最后全株叶片染病（图5.3）[6]。

本节应用光谱分析技术和多光谱图像技术，对大豆锈病检测展开研究[7]。分析了大豆锈病染病叶片的光谱特征，提出了适合的检测参数，并研究了基于多光谱图像的大豆锈病图像分割方法，基于图像分割结果提取了大豆锈病检测参数，用于检测大豆植株受锈病侵染的不同状态，以期为大豆锈病的实时防控提供技术支持。

5.2.1　材料与方法

试验是在美国伊利诺伊大学香槟校区（UIUC）的温室里进行的。在自然光线条件下，对感染大豆锈病的叶片进行了多光谱图像和反射光谱数据的采集。

反射光谱的测量使用HH型FieldSpec™便携式光谱辐射仪（Analytical Spectral Device Inc.，图5.4）。光谱辐射仪波长范围为325～1 075 nm，光谱采样间隔为1.6 nm，本身带有波长校准、自动设定增益和积分时间、自动消除暗电流等功能。染病大豆叶片的光谱数据在晴朗天气自然光线下采集。首先，用FieldSpec™便携式光谱辐射仪测量白色标准板，对仪器进行标定。然后，用光谱仪测量不同感染程度的大豆叶片。每个叶片测量3次，取3次测得的光谱的平均结果。仪器与被测物体之间的距离始终保持在100.0 mm。

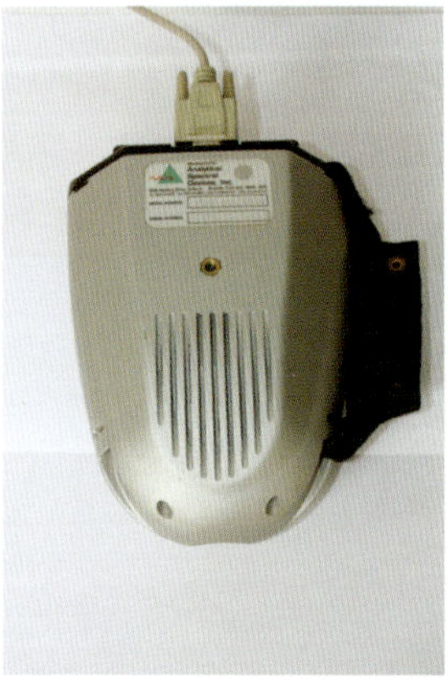

图5.4　HH型FieldSpec™便携式光谱辐射仪

大豆叶片和植株的多光谱图像是使用MS3100-RGB（红绿蓝）和MS3100-CIR（彩色近红外）多光谱相机同时采集的（图5.5）。MS3100系列相机的内部都带有彩色分离棱镜和3个独立的隔行扫描型CCD，最大分辨率为1 392（水平）×1 040（垂直），感光面积为7.6 mm×6.2 mm，能够同时拍摄3个波段的图像。因相机中3个通道的波长不同，该系列相机分为MS3100-RGB和MS3100-CIR两个型号。

相机配备 F-Mount、焦距为 14 mm 的 Sigma 广角非球面镜头，其光圈和对焦距离都手动可调。其中，相机的光圈有 7 种选择：2.8、4、5.6、8、11、16 和 22。对焦距离为 0.18 m 到无穷远。

为了获取多光谱相机采集到的数字图像并将图像数字化存储在计算机中，计算机和相机之间通过一个数字图像采集卡作为接口。研究中所选用的图像采集卡是一款适用于 Camera Link 接口的高分辨率高速数字图像采集卡 IMAQ PCI-1428（National Instrument，Austin，TX），它与多光谱相机配合，可采集高质量的多光谱图像。此图像采集卡安装在台式计算机的 PCI 插槽中，采集图像的最大速率为 7.5 帧/s，工作电压为 12 V，板载内存 16 MB。采集卡通过数据线与相机的数字图像输出端相连，读取图像数据。

图 5.5 大豆锈病多光谱图像采集

大豆锈病叶片的反射光谱和多光谱图像是分别在 2008 年 2 月和 2009 年 2 月采集的。实验中，对感染程度不同的叶片进行数据采集。一共采集了 32 张图像，用来支持大豆锈病叶片多光谱图像的分析和检测方法的探索。

5.2.2 结果与分析

5.2.2.1 基于光谱分析的大豆锈病检测

分析过程中，选择了 4 类不同染病程度的典型大豆叶片进行反射光谱分析，如图 5.6 所示。

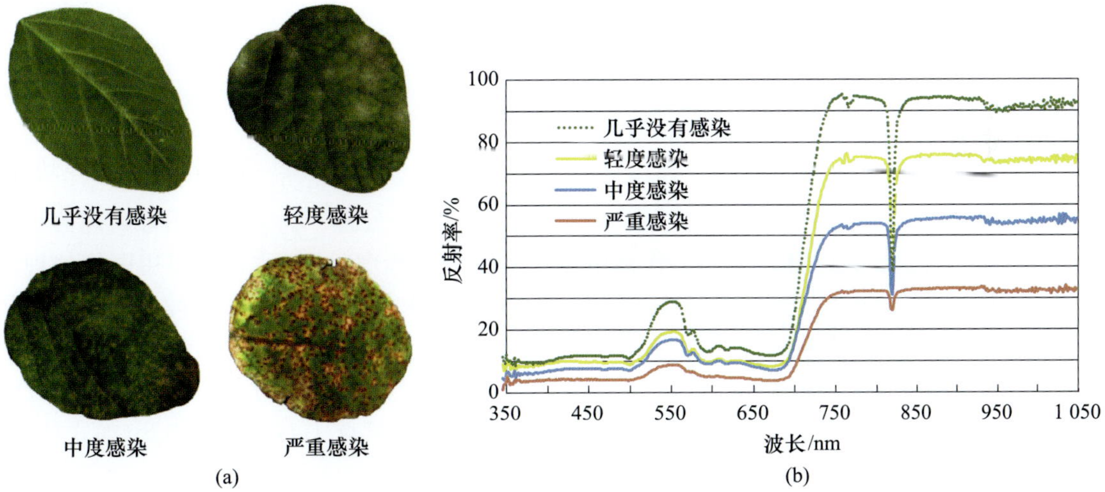

图 5.6 不同染病程度的大豆叶片及其反射光谱

（a）染病叶片；（b）反射光谱

总体而言，叶片在波段 350～1 050 nm 范围内的反射率随着染病程度的加重而减小，严重感染的叶片反射率在整个波段范围内都是最低的。这是因为健康叶片海绵状的叶肉组织，在其全部空间都充满了水分而膨胀时，对任何辐射能都是一种良好的反射体；当植物受到侵染时，植物叶片的表皮往往会被破坏，从而导致受损叶片水分的流失和气孔的闭塞，因此呼吸作用、光合作用、蒸腾作用等新陈代谢的过程都会发生变化，叶片对光辐射的反射能力也会减小。

图 5.6 中还可以观察到在 550 nm(绿)波段附近有一个波峰，这是由叶片中叶绿素对绿光强反射造成的，此处的反射率与叶片中的氮素含量和叶绿素含量有着密切的关系。而在 820 nm 附近出现的波谷是由仪器造成的，与叶片本身的特性无关。从单个波段的反射率来说，在可见光范围内，不同染病程度叶片在绿光波段反射率的差别要比其他波段明显；在近红外波段，不同染病程度叶片反射率的差别更加显著、更加易于区分。综合以上分析，550 和 750～1 050 nm 都具有检测叶片大豆锈病感染程度的潜力，是适合检测大豆锈病的敏感波段。

为了验证 6 种被广泛使用的植被指数(NDVI、GNDVI、NDGI、RVI、GRVI、DVI)对大豆锈病的检测能力及感染程度的区分能力，分别对上述 4 类叶片计算植被指数。所选的波长分别是 CIR 多光谱相机红光、绿光、近红外通道的波长：550、670 和 800 nm。表 5.1 总结了不同染病程度叶片对应的 6 个植被指数的计算结果。

表 5.1　感染锈病程度不同的大豆叶片对应的各植被指数值

感染程度	$NDVI=\frac{NIR-R}{NIR+R}$	$GNDVI=\frac{NIR-G}{NIR+G}$	$NDGI=\frac{G-R}{G+R}$	$RVI=\frac{NIR}{R}$	$GRVI=\frac{NIR}{G}$	$DVI=NIR-R$
几乎没有	0.78	0.53	0.43	8.08	3.23	0.65
轻度感染	0.80	0.59	0.40	9.12	3.88	0.56
中度感染	0.77	0.53	0.41	7.67	3.22	0.37
严重感染	0.79	0.58	0.40	8.72	3.72	0.24

从表 5.1 中可以看出，除了差值植被指数(DVI)以外，其他 5 个指数与叶片的染病程度都没有明确的相关性。只有 DVI 的值与叶片染病程度成负相关关系，它随着叶片染病程度的加重而减小。

5.2.2.2　基于多光谱图像的大豆锈病检测

1. 图像分割

为了更加简便、快速地检测大豆锈病，对基于多光谱图像的分析方法也进行了探索。对图 5.6(a)中所示的 4 个不同染病程度的大豆叶片图像进行图像处理。为了减少图像处理的负载量，消除不必要的复杂性，并将主要工作集中在叶片的染病程度检测上，首先使用图像处理软件 Photoshop 7.0(Adobe Systems Incorporated，New York，NY)把感兴趣的叶片从原始图像中手动地分割出来，知道哪些是叶片像素点之后，计算对应于每个叶片像素点的代数式 $\phi=(255-r)^2+(255-g)^2+b^2$ 的值。然后通过比较像素点的红、绿分量的大小关系以及设置适当的阈值，就可以将叶片上的健康像素点 $H(i,j,k)$ 和染病像素点 $I(i,j,k)$ 分割开，如式(5.1)所示：

$$GL(i,j,k)=\begin{cases}H(i,j,k) & g\geqslant r \text{ 且 } \phi\geqslant GL_{\text{threshold}}\\ I(i,j,k) & \text{其他}\end{cases} \tag{5.1}$$

由于纯绿色和纯黄色对应的 ϕ 值分别是 255^2 和 0，因此用于分割的阈值应该在 0～255^2 之间选择。然后设定一个分割阈值，进行分割处理，根据分割结果进行调整，最后选择出最佳阈值。当设定的阈值能够最大限度地将健康像素点和染病像素点区分开时，这个阈值就是想要的最佳分割阈值。每幅图像的最佳分割阈值是不同的，需要根据图像进行调整。

综上所述，基于 RGB 彩色模型的图像分割过程如图 5.7 所示。

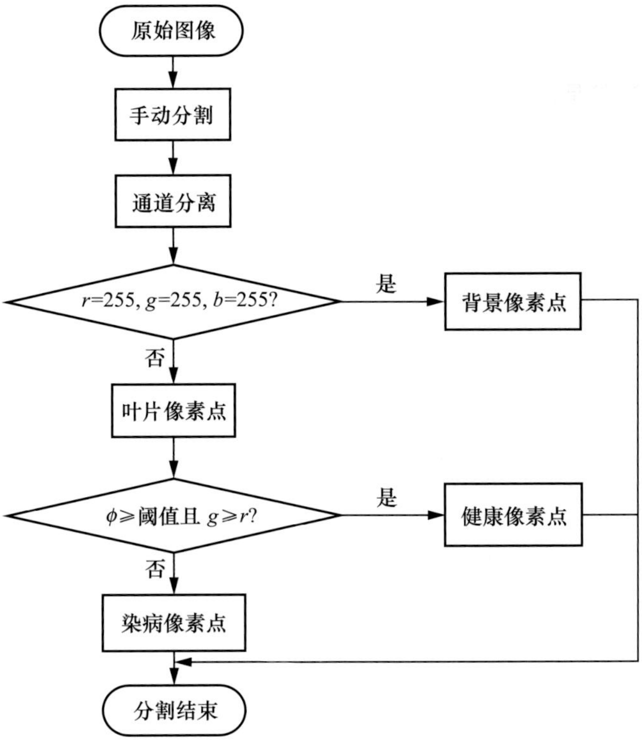

图 5.7 基于 RGB 彩色模型的大豆锈病图像分割流程图

2. 病害检测参数

基于图像分割结果，设计了 3 个参数：染病面积比（ratio of infected area，RIA）、病斑颜色指数（lesion color index，LCI）、锈病严重程度指数（rust severity index，RSI），来分别描述叶片感染面积、病斑的颜色和病症的严重程度。

1）染病面积比（RIA）

基于叶片像素点与染病像素点的分割结果，可以用叶片像素点和染病像素点的个数来对叶片面积和染病面积进行估计，用染病像素点和叶片总的像素点的个数比来描述叶片被感染面积的比率：

$$RIA=\frac{\text{染病像素点个数 } n_2}{\text{叶片像素点个数 } n_1}\times 100\% \tag{5.2}$$

2）病斑颜色指数（LCI）

随着大豆锈病病症的加重，不仅叶片上染病面积会越来越大，而且病斑的颜色也会变化、加深。因此，病斑的颜色也是一个有效的指示大豆锈病症状的参数。为了更加准确地体现病斑的特征，定义了另一个指数来描述病斑的颜色。

经过大量的图像分析之后发现，染病像素点的红、绿分量之差（$r-g$）与其颜色关系非常密

切。当红分量小于或等于绿分量即 $r-g\leqslant 0$ 时，染病像素点的颜色为灰绿或者淡黄色。当红分量大于绿分量即 $r-g>0$ 时，染病像素点的颜色为棕色或者红棕色，并且 $|r-g|$ 越大，病斑的颜色越深。因此，病斑颜色指数(LCI)的定义如下：

$$LCI=\frac{r-g}{\sqrt{r^2+g^2+b^2}} \tag{5.3}$$

3）锈病严重程度指数(RSI)

计算每个染病像素点对应的 LCI 值之后，绘出 LCI 图像的分布直方图，也就是病斑颜色的分布图。在直方图中，横坐标轴 $LCI=0(r=g)$ 处是病斑颜色分布的分界点，在 $LCI=0$ 的右侧，病斑颜色偏红，病症严重；在 $LCI=0$ 的左侧，病斑颜色偏黄，病症较轻。在染病初期，病斑的颜色主要是黄色或者灰绿色，LCI 的值主要集中在 $LCI=0$ 的左侧。随着病症的加重，病斑的颜色变为红棕色，LCI 的分布也随之向坐标轴的右侧移动，主要集中在 $LCI=0$ 的右侧。为了更有效地利用 LCI 的分布来评估锈病的严重程度，定义另外一个新的指数——锈病严重指数：

$$RSI=\frac{LCI>0\text{ 的像素点的个数 }n_4}{LCI\leqslant 0\text{ 的像素点的个数 }n_3} \tag{5.4}$$

由于随着病症的加重，$LCI>0$ 的像素点的个数逐渐增加，而 $LCI\leqslant 0$ 的像素点的个数逐渐减少，根据式(5.4)可以看出，RSI 的值是逐渐增大的。因此，RSI 的值越大就说明叶片感染锈病的程度越严重。

3. 检测结果

以中度感染的叶片为例。当分割图 5.8(a)所示的叶片图像时，最佳分割阈值被选为 50 000。如图 5.8(b)和(c)所示，染病像素点和健康像素点可以被有效地分割开。根据图像分割结果可知，染病像素点和健康像素点的个数分别为 17 916 和 159 095。则叶片像素点个数为两者之和，根据式(5.2)得此叶片对应的染病面积比 $RIA=10.1\%$。

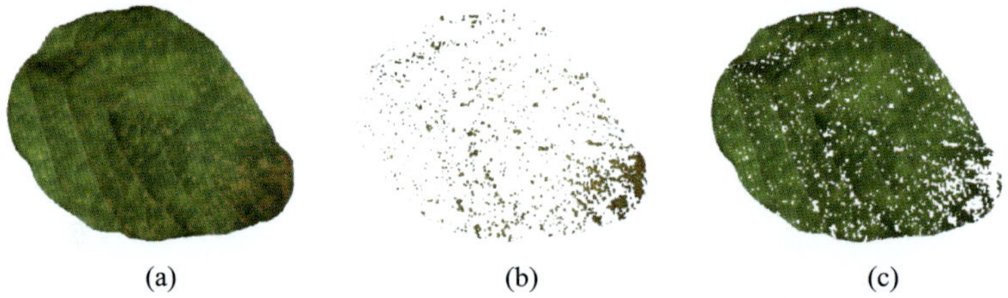

图 5.8　中度感染叶片图像基于 RGB 彩色模型分割结果示意图

(a) 叶片 RGB 图像；(b) 叶片染病部分图像；(c) 叶片健康部分图像

用相同的图像处理步骤，调整阈值，分割图 5.6 中的几乎没有感染和严重感染的叶片图像，它们对应的最佳阈值分别是 62 000 和 20 000，染病面积比分别是 0.1%和 58.8%。图像的分割结果如图 5.9 和图 5.10 所示。

5.2.2.3　基于多光谱图像的大豆锈病监测

图 5.11 是中度感染叶片的染病像素点的 LCI 直方图，图中，$LCI=0$ 是一个分界点。当 $LCI<0$ 时，像素点的绿分量大于红分量，像素点颜色为灰绿色；当 $LCI>0$ 时，像素点的绿分量小于红分量，像素点颜色为棕色或者红棕色。因此，从直方图的分布可以看出染病像素点的颜色分

(a) (b) (c)

图 5.9 几乎没有感染叶片图像基于 RGB 彩色模型分割结果示意图

(a) 叶片 RGB 图像；(b) 叶片染病部分图像；(c) 叶片健康部分图像

(a) (b) (c)

图 5.10 严重感染叶片图像基于 RGB 彩色模型分割结果示意图

(a) 叶片 RGB 图像；(b) 叶片染病部分图像；(c) 叶片健康部分图像

布。将 $LCI>0$ 的像素点的个数和 $LCI\leqslant 0$ 的像素点的个数代入式(5.4)就可以得到叶片的锈病严重程度指数(RSI)，它体现了 LCI 直方图的分布，当 $RSI<1$ 时，大部分染病像素点的颜色是灰绿色；当 $RSI>1$ 时，大部分染病像素点的颜色是棕色或者红棕色。图 5.11 所示例子中，$LCI>0$ 的染病像素点个数为 9 505，$LCI\leqslant 0$ 的染病像素点个数为 8 411，对应的锈病严重程度指数 $RSI=1.1$。同样道理，可以得到几乎没有、轻度和严重感染的叶片的 LCI 直方图，它们对应的 RSI 值分别为 0.0、0.2 和 17.0。

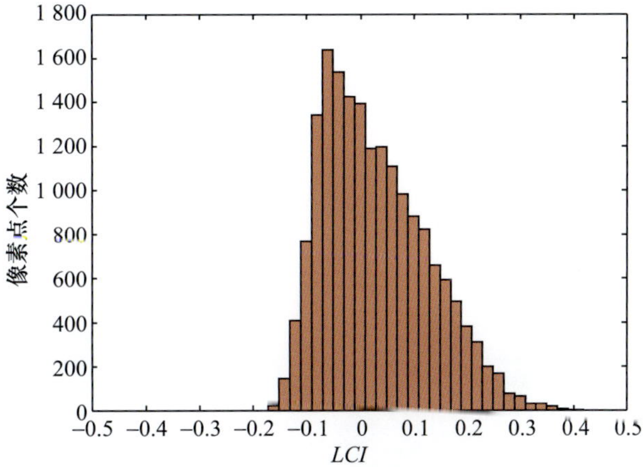

图 5.11 中度感染叶片的染病像素点的 LCI 直方图

4 个不同染病程度的典型叶片的基于 RGB 彩色模型的全部处理结果如表 5.2 所示。由 4 个 LCI 直方图中可以看出，不同感染程度的叶片的 LCI 直方图的分布是不同的，当叶片几乎没有感染时，几乎没有染病像素点的 LCI 值大于 0，LCI 直方图分布在分割点 $LCI=0$ 的左侧；对于严重感染的叶片，几乎所有染病像素点的 LCI 值都大于 0，LCI 直方图分布在分割点 $LCI=0$ 的右侧；中度感染的叶片对应的 LCI 直方图相对均匀地分布在 $LCI=0$ 的两侧。此外，RIA 和 RSI 都随着叶片染病程度的加重而增大。

图像的分割结果表明，所开发的图像处理方法可以有效地将叶片上染病部分分割出来，并且从技术上来说，利用基于分割结果计算的染病指数检测大豆锈病及其感染程度是可能的。

而且实验结果还表明，这种基于 RGB 彩色模型的图像处理方法还具有检测大豆其他疾病的潜力，例如大豆白粉病，但是需要根据病斑的颜色特征对分割公式进行调整。因此，对大豆锈病病症的分割和监测也可采用基于 HSI 颜色空间的图像分割方法实现。

表 5.2　不同染病程度叶片图像基于 RGB 彩色模型的处理结果

感染程度	叶片图像	LCI 直方图	RIA	RSI	分割阈值
几乎没有感染		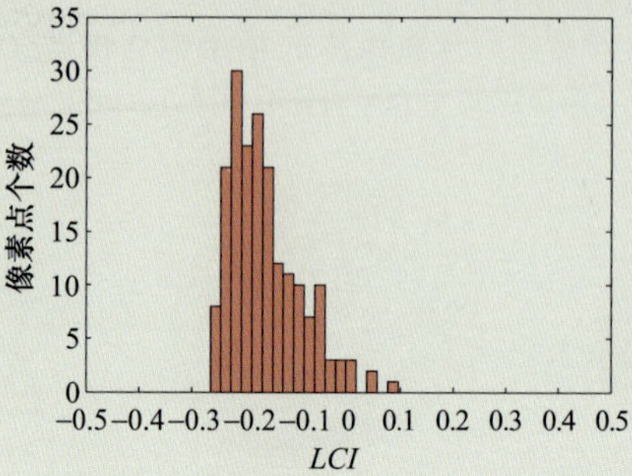	0.1%	0.0	62 000
轻度感染		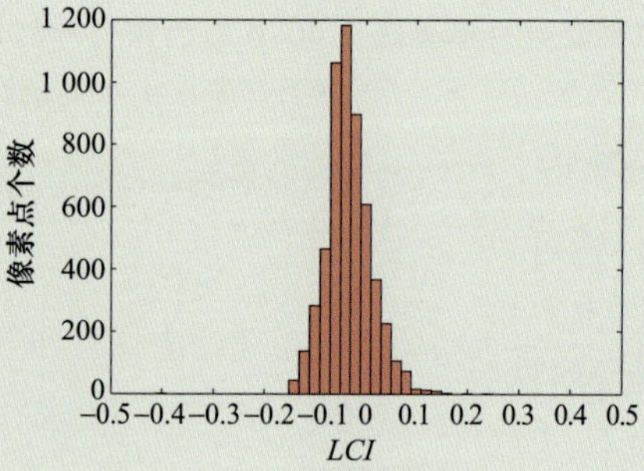	1.7%	0.2	60 000
中度感染		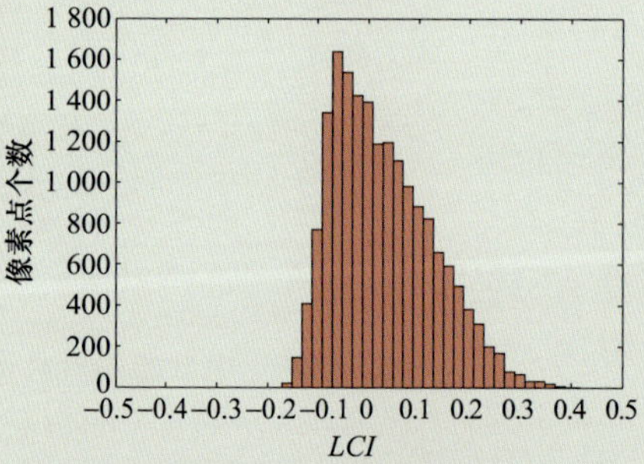	10.1%	1.1	50 000
严重感染		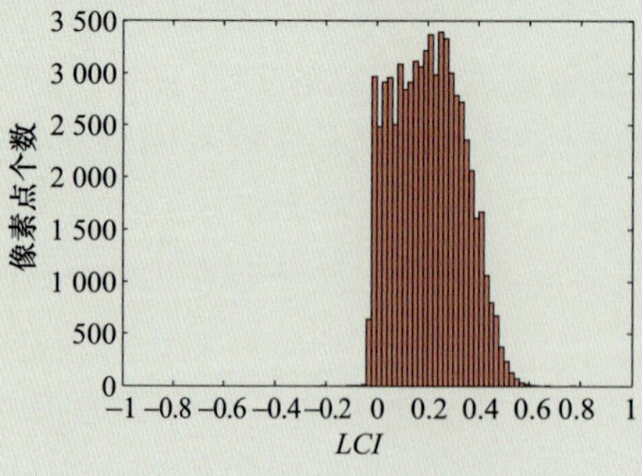	58.8%	17.0	20 000

5.2.2.4 基于颜色分布形心的大豆锈病检测

无论是基于 RGB 彩色模型还是基于 HSI 彩色模型的方法，都是首先将叶片的染病部分从叶片图像上分割出来，然后在分割结果的基础上进行染病指数的计算，从而达到对植株染病情况的检测。但是为了得到最佳的分割结果，实现对大豆锈病的快速自动检测，对基于颜色分布形心的方法进行了探索。

1. 理论基础

色调(H)、饱和度(S)和强度(I)就构成了 HSI 彩色模型。该模型可从彩色图像携带的彩色信息(色调和饱和度)中消去强度分量的影响，对人类而言可以更自然、直观地描述色彩。

一幅彩色图像由 RGB 彩色模型到 HSI 彩色模型的转换可由以下公式完成：

$$\begin{cases} H=\begin{cases}\theta & b\leqslant g \\ 360-\theta & b>G\end{cases} \\ S=1-\dfrac{3}{(r+g+b)}[\min(r,g,b)] \\ I=\dfrac{1}{3}(r+g+b)\end{cases} \tag{5.5}$$

式中：$\theta=\arccos\left\{\dfrac{\frac{1}{2}[(r-g)+(r-b)]}{[(r-g)^2+(r-b)(g-b)]^{1/2}}\right\}$。

根据式(5.5)可以计算 RGB 图像中的每个叶片像素点(i,j)的饱和度 $s_{i,j}$ 和色调 $h_{i,j}$ 的值，在如图 5.12 所示的极坐标系中，饱和度、色调分别代表径坐标和角坐标。点(i,j)与此极坐标系中的彩色点 $A_{i,j}(s_{i,j},h_{i,j})$相对应。将所有的叶片像素点对应的彩色点都在此坐标系中标出，就会形成一个叶片的颜色分布图，如图 5.12 中灰色区域所示。

在同一个极坐标系中画出 4 种不同感染程度叶片的颜色分布图，如图 5.13 所示。从图中可以看出，4 种叶片的颜色分布图的形状、覆盖的区域、形心的位置均不同。这一结果表明，利用叶片颜色分布形心位置的方法监测叶片染病程度是可能的。

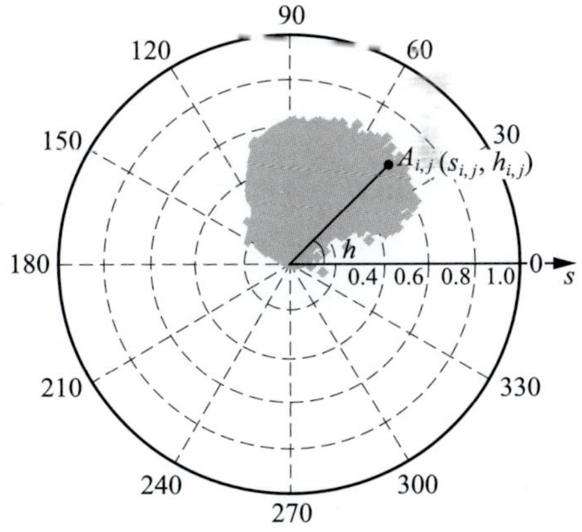

图 5.12 极坐标系中的叶片颜色分布示意图

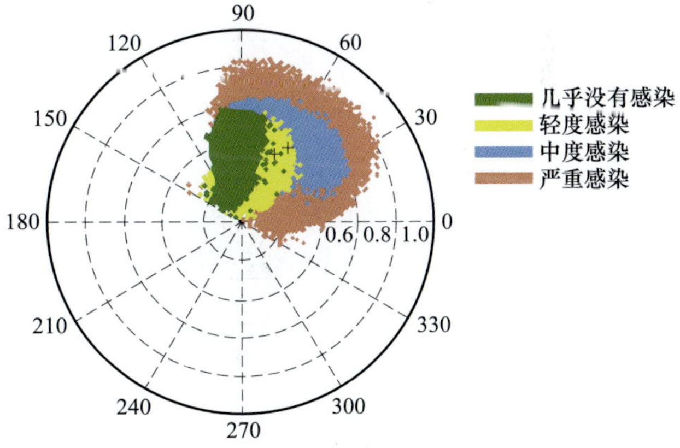

图 5.13 4 种不同染病程度的叶片的颜色分布图

2. 形心计算

由于图像中可能有很多像素点具有相同的饱和度和色调值，叶片颜色的分布图是不均匀的。因此,需要对颜色分布图作坐标转换,进行一些预处理,从而计算叶片颜色分布图的形心。

1) 坐标转换

为了解决叶片颜色分布形心坐标的计算问题,首先将每个彩色点从极坐标转换为直角坐标。由于叶片色调的分布范围是[0°,150°]∪[330°,360°],如果只做简单的坐标转换,那么经过变换后,一部分彩色点将出现在横坐标的上方,一部分在横坐标的下方,不便于后续的计算。因此,利用式(5.6)在坐标变换的同时加入了坐标的旋转,使得所有彩色点在新的直角坐标系中的位置都在横坐标的上方。

$$\left.\begin{aligned} x'_{i,j} &= s_{i,j} \cdot \cos(h_{i,j}+\pi/6) \\ y'_{i,j} &= s_{i,j} \cdot \sin(h_{i,j}+\pi/6) \end{aligned}\right\} \tag{5.6}$$

式中:$s_{i,j}$、$h_{i,j}$为任意彩色点$A_{i,j}$的极坐标;$x'_{i,j}$、$y'_{i,j}$为转换后得到的直角坐标。

例如,图5.12中的灰色点经过坐标转换以后在新直角坐标系中形成的叶片颜色分布图如图5.14所示。从图中可以看出,在新的直角坐标系中,叶片颜色分布图的形状是完全相同的,只是在坐标系中的位置发生了变化。

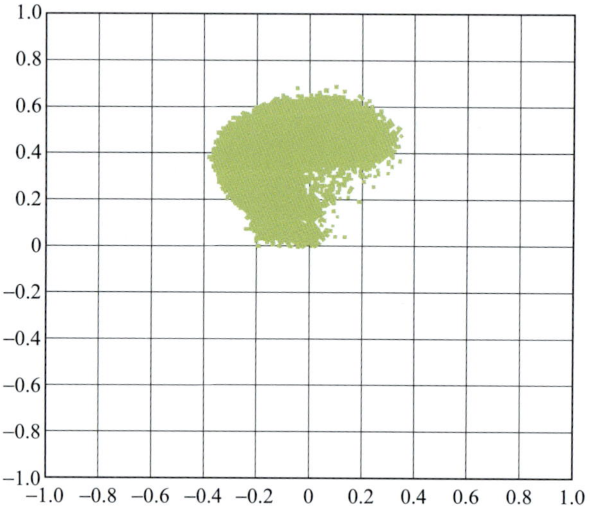

图 5.14 新直角坐标系中的叶片颜色分布图

2) 匀质图形

尽管每个颜色点的坐标经过坐标变换,转换成了直角坐标,但是由于叶片颜色分布图是不均匀的,因此以图5.14中的叶片颜色分布图为例,介绍将分布图变为匀质图形的方法。

首先找出颜色点在新坐标系下横坐标绝对值($|x'_{i,j}|$)的最大值$x_{\max}$和纵坐标绝对值($|y'_{i,j}|$)的最大值$y_{\max}$。由于颜色点的极坐标是由色调和饱和度组成的,所以满足$|s_{i,j}|\leqslant 1$。由三角函数的取值范围可知,$|\cos(h_{i,j}+6/\pi)|\leqslant 1$,$|\sin(h_{i,j}+6/\pi)|\leqslant 1$,因此$x_{\max}$和$y_{\max}$都小于或等于1.0。若$r=\max(x_{\max},y_{\max})$,则$r$也小于或等于1.0。设$r'$是大于或等于$10\times r$的最小整数且$r_{\max}=r'/10$,则所要研究区域的范围是$-r_{\max}\leqslant x'\leqslant r_{\max}$且$0\leqslant y'\leqslant r_{\max}$。此区域包含了所有彩色点。

然后,将此区域划分为$100r_{\max}\times 200r_{\max}$个边长是$r_{\max}/1\ 000$的正方形栅格,并建立一个大小为$100r_{\max}\times 200r_{\max}$的空矩阵$\Gamma$与栅格相对应,矩阵中的元素与栅格的对应关系如图5.15所示。对于每个$m\in[1,100r_{\max}]$,$n\in[1,200r_{\max}]$,如果栅格(m,n)中有彩色点,无论彩色点的个数为多少,都把与栅格(m,n)对应的矩阵元素$\Gamma(m,n)$的值赋为1;如果栅格(m,n)中没有彩色点,则$\Gamma(m,n)$的值保持0不变。而栅格(m,n)的坐标为落入栅格中的彩色点的平均坐标$(\overline{x}_{m,n},\overline{y}_{m,n})$,没有彩色点的栅格坐标记为(0,0)。

此时,若将矩阵Γ看成是一幅大小为$100r_{\max}\times 200r_{\max}$的黑白图像,那么彩色点出现的位置就是白色,没有彩色点的位置就是黑色,如图5.16所示。从图中可以看出,黑白图像中有一块大的白色区域和一些零星的白点。用7×7的中值滤波器对此黑白图像进行滤波处理,可以去除噪声点。进而对图像进行填充处理，去除内部黑色区域，处理结果如图 5.17 所示。

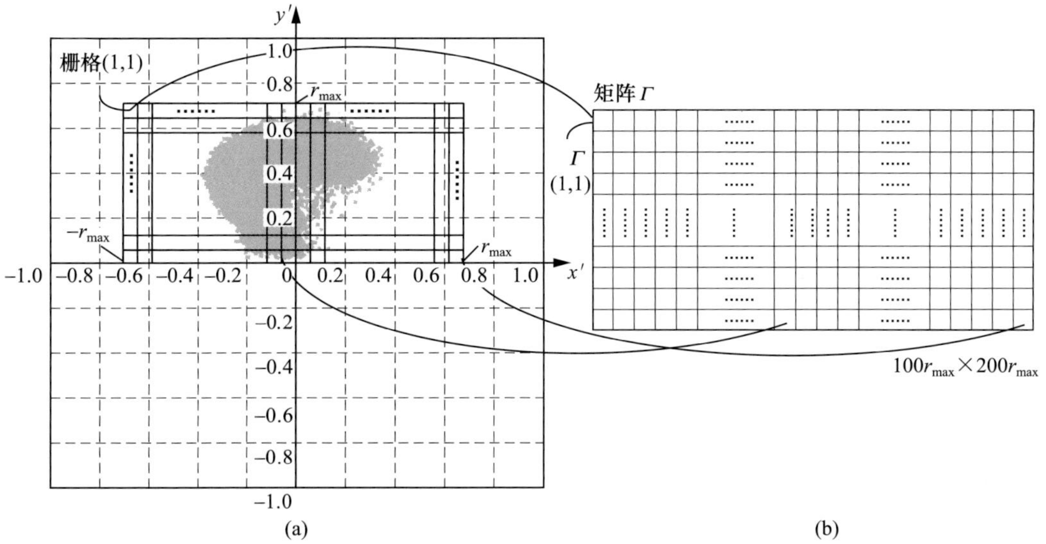

图 5.15 笛卡儿坐标系中的叶片颜色分布图及其对应的空矩阵

(a) 新的叶片颜色分布图；(b) 叶片颜色分布图对应的空矩阵

图 5.16 矩阵 Γ 对应的黑白图像

图 5.17 对滤波后的黑白图像进行填充处理后的结果

图 5.17 中白色连通区域 Ψ 就是将颜色分布图均匀化后所得到的图形，形心(x_c, y_c)的计算公式为

$$\begin{cases} x_c = \dfrac{\sum\limits_{m,n\in\Psi} \bar{x}_{m,n}}{\sum\limits_{m,n\in\Psi} \Gamma(m,n)} \\ y_c = \dfrac{\sum\limits_{m,n\in\Psi} \bar{y}_{m,n}}{\sum\limits_{m,n\in\Psi} \Gamma(m,n)} \end{cases} \tag{5.7}$$

得到了颜色分布形心的直角坐标以后，再经过坐标的反变换就得到形心的极坐标。坐标的反变换公式如下：

$$\begin{cases} s_c = \sqrt{x_c^2 + y_c^2} \\ h_c = \begin{cases} \arctan(y_c/x_c) - \pi/6 & x_c > 0 \\ \pi + \arctan(y_c/x_c) - \pi/6 & x_c < 0 \\ \pi/3 & x_c = 0 \end{cases} \end{cases} \tag{5.8}$$

式中：s_c 为形心的径坐标，表示形心所处位置的饱和度；h_c 为形心的角坐标，表示形心所处位置的色调值。从公式中可以看出，s_c 很容易得到，但是 h_c 的值取决于形心在直角坐标系中的横坐标 x_c 与 0 之间的关系。

3. 基于颜色分布形心的大豆锈病检测

计算每个叶片像素点 (i,j) 的饱和度 $(s_{i,j})$ 和色调 $(h_{i,j})$。在由饱和度和色调组成的极坐标系下，有唯一的彩色点 $A_{i,j}(s_{i,j},h_{i,j})$ 与像素点 (i,j) 相对应。利用式(5.6)把每个彩色点的坐标从极坐标 $(s_{i,j},h_{i,j})$ 转换为直角坐标 $(x'_{i,j},y'_{i,j})$，再利用式(5.7)计算叶片颜色分布形心在新直角坐标系下的坐标 (x_c,y_c)，最后代入式(5.8)将形心的坐标从直角坐标反变换为极坐标 (s_c,h_c)。

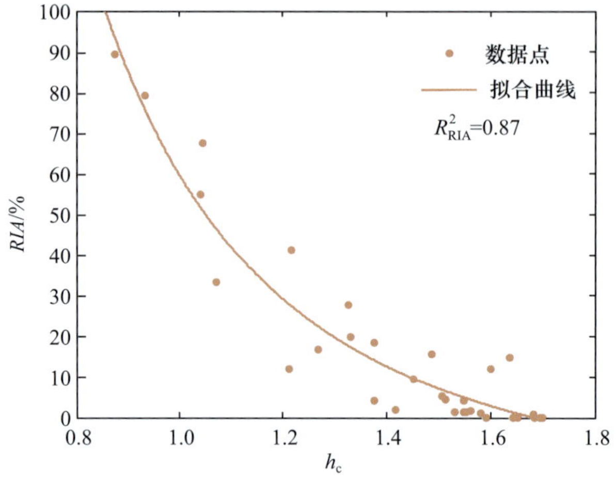

图 5.18　染病面积指数 RIA 与叶片颜色分布形心角坐标 h_c 的关系

重复以上步骤处理全部 32 个叶片图像，得到它们的颜色分布形心坐标。提取出角坐标，即色调坐标 (h_c)，与彩色模型图像分割处理得到的染病面积指数 RIA 和严重程度指数 RSI 分别进行比较。RIA 与 h_c 的相关关系如图 5.18 所示。用一个幂函数 $f(x)=ax^b+c$ 去拟合图 5.18 所示的数据点，得到它们的测定系数 R^2_{RIA} 等于 0.87，且染病面积指数 RIA 与叶片颜色分布形心角坐标 h_c 呈负的相关关系，即叶片染病面积比越大，形心的角坐标 h_c 越小。这是因为叶片染病程度越重，染病面积比越大，叶片颜色也越深，偏向于棕红色。结果表明，基于叶片颜色分布形心的方法具有支持大豆锈病自动检测的潜力，而无需通过手动设置色调阈值将染病部分从叶片图像中分割出来。

本研究是在温室自然光照的条件下进行的。众所周知，太阳光线时刻都在变化。为了避免太阳光变化对图像处理的影响，今后的研究可以通过引入主动光源，尝试设计一个带有主动光源的多光谱图像采集系统，通过采集更多的样品，完善颜色分布形心和染病程度之间的模型，并对模型进行进一步的研究和验证。

5.3　葡萄卷叶病监测

葡萄卷叶病(grape leafroll disease，GLD)是一种病毒性病害，自 20 世纪 80 年代首次报道葡萄卷叶相关病毒-1 号(grapevine leafroll-associated virus 1，GLRaV-1)以来，至少已经确定了 9 种病原(GLRaV-1～GLRaV-9)，且各病毒间无血清学关系，各病毒单独或复合侵染均可导致卷叶病的发生。葡萄卷叶病传播速度快、分布范围极广，在美国加利福尼亚州、俄勒冈州、华盛顿州等地均有染病报道[8-11]，病害直接导致葡萄产量下降 10%～20%。在我国北京、河北、山东、宁夏等广大葡萄种植区域也有发生。

葡萄植株染病后，其叶片的叶绿素含量、光合作用速率都明显低于健康植株，导致植株萎缩、果穗变小、果实晚熟，后期葡萄产量降低。此外，病株浆果含糖量也降低，酸度上升，果实的品质明显下降，尤其在酿酒葡萄上表现尤为严重，直接影响了葡萄酿酒的质量，降低了葡萄产业的经济效益。因此，需要监测葡萄卷叶病的田间病发状态，为病害预警提供支持。

葡萄卷叶病具有半潜隐性，在大部分的生长季节不表现症状，多数在果实成熟阶段表现症状，从采收到落叶前症状表现最明显。其症状表现因葡萄品种、时间、环境条件以及年份的不同而不同。典型的特征是从基部叶片开始，叶边缘向下反卷，并逐步向其他叶子扩展。通常反卷的叶片部分叶质变脆，叶脉间出现坏死斑纹或叶片干枯。红葡萄品种染病叶片在成熟前先变成淡红色，随着成熟季节的推进，病叶呈暗红色，仅剩叶脉呈绿色(图 5.19)；白葡萄品种染病叶片会发生卷缩，而不发生叶片颜色变红的症状。随着病毒侵染的加重，叶子薄壁细胞发生坏死，葡萄叶片随之枯萎[12]。

图 5.19 葡萄卷叶病症状示意图

本节应用多光谱图像技术，对葡萄卷叶病监测展开研究[13]。针对葡萄卷叶病染病症状，研究了多光谱图像的预处理和图像分割方法，基于图像分割结果提取了葡萄卷叶病害检测参数，提出了表征病害严重程度的植被指数，应用图像提取参数对葡萄生长期卷叶病的发展状况进行了监测，以期为葡萄卷叶病田间防治管理提供技术支持。

5.3.1 材料与方法

试验于 2010 年 4—7 月间在美国华盛顿州立大学普罗瑟(Prosser，WA，USA)试验站温室内进行，采用典型的红葡萄品种赤霞珠，于 2010 年 4 月进行栽种。葡萄卷叶病于 5 月底初现，7 月进入病害严重侵染期，葡萄叶片发生干枯掉落。

研究中，葡萄卷叶病侵染病害叶片图像应用 MS4100(Duncan Tech，Auburn，CA)多光谱相机在自然阳光下拍摄，如图 5.20 所示，硬件包括相机、镜头、图像显示器和主控计算机。相机配置标准 24 mm 镜头，图像通过相机自带软件 DTcontrol 控制获取，采集图像包括蓝色(B，400～500 nm)、绿色(G，500～600 nm)、红色(R，600～720 nm)和近红外(NIR，720～900 nm)波段信息，单帧图像为 1 920×1 080 Pixel，图像采用 .tif 格式存储。

图 5.20 葡萄卷叶病监测研究采用的多光谱图像采集系统

行了图像增强处理，获取了高质量的检测图像。

依据光谱分析结果，背板在蓝色波段与叶片反射率差异显著，因此，利用 B 波段图像可以很好地消除阳光照射导致的叶片阴影的影响，仅保留叶片部分图像。应用 B 波段图像对 GLD 染病叶片 RGB 图像[图 5.25(a)]的处理结果如图 5.25(b)所示。结果显示，应用 B 波段图像可以完整消除由于光照导致的葡萄叶片阴影部分，获得清晰的叶片原始 RGB 图像。

进而基于形态学的图像增强算法对 GLD 染病叶片进行了处理，图 5.25(b)所示的消除阴影后的 GLD 染病叶片的图像增强结果如图 5.26 所示。

(a)　　(b)

图 5.25　叶片阴影消除结果

(a) GLD 染病叶片 RGB 图像原图；
(b) 叶片阴影消除后的 RGB 图像

图 5.26　GLD 染病叶片图像增强结果

5.3.2.3　GLD 染病区域分割

葡萄叶片背景为白色，由于色调对白色、黑色和纯灰色未定义，所以在进行基于 HSI 彩色空间的图像分割之前，首先将背景颜色转为蓝色。转换后，GLD 感染叶片图像主要包括蓝色背景区域、感染区域和健康区域三个部分，如图 5.27(a)所示。背景变换后 GLD 染病叶片图像在色调空间内的对应分布如图 5.27(b)所示。

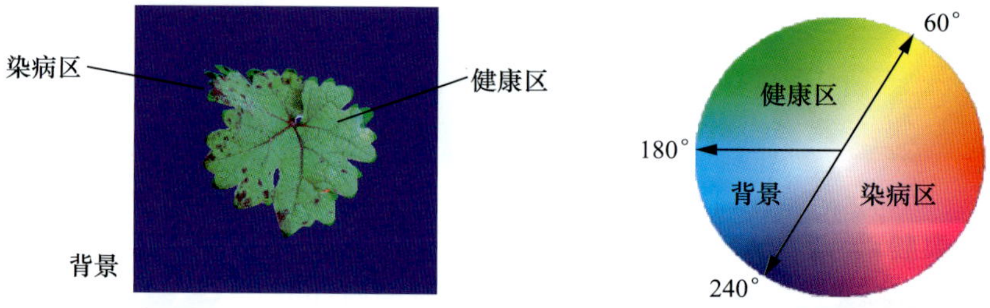

(a)　　(b)

图 5.27　GLD 染病叶片图像在 HSI 颜色空间分布示意图

(a) 背景变换后的 GLD 染病叶片图像；(b) GLD 染病叶片图像在色调 H 空间中的分布

分析检测目标在 HSI 彩色空间内的颜色分布特征，依据颜色样本在色调空间的分布，选取阈值[60°,240°]，则落入阈值范围的像素点(i,j)即为分割对象$I_{Hue}(i,j)$，其他像素点置为背景点$B_{Hue}(i,j)$。由此，基于色调分量的彩色图像分割算法可如式(5.9)所示，当设定的阈值能够最大限度地包含所有检测目标颜色特征时，即可实现检测目标的自动分割。

$$Hue(i,j)=\begin{cases} I_{Hue}(i,j) & Hue(i,j)\in[60°,240°] \\ B_{Hue}(i,j) & 其他 \end{cases} \tag{5.9}$$

5.3.2.4 基于多光谱图像的 GLD 病害检测参数

基于 HSI 颜色空间的图像分割结果，研究构建基于染病点色调(H)空间分布的直方图指示器。研究将如图 5.27(b)所示的色调空间染病区域从黄色($H=60°$)到蓝色($H=240°$)等分为 10 个区间。每当图像像素点被分割为染病点并落入相应区间时，色调直方图对应区间像素点加 1；当图像像素点被分割为背景或健康点时，设置该点为 0 不进行显示。由此则可直观地监测被测葡萄叶片的染病状况以及染病点颜色分布的位置。

设图像分割结果叶片叶面像素数为 n_T，分割染病点像素数为 n_I，则 GLD 染病面积占叶片面积的百分比为

$$RIA=\frac{n_I}{n_T}\times 100\% \tag{5.10}$$

同时，结合图像光谱特征，随着病害严重程度的增加，叶片绿色部分减少且颜色转深变为棕绿色，其绿色波段范围内的反射率降低，而叶片染病点呈红色，即在红色波段范围染病点反射率增高。因而，染病叶片绿色波段的反射峰与红色波段的反射谷之间的差值减小。因此，基于图像绿色通道和红色通道的叶片灰度均值构建了颜色比值指数(ratio of color index, RCI)，用于进一步衡量 GLD 染病的严重程度。设绿色波段叶片总体和健康部分的像素灰度均值分别为 G_T 和 G_H，红色波段叶片总体和健康部分的像素灰度均值分别为 R_T 和 R_H，则

$$RCI=(G_T-R_T)/(G_H-R_H) \tag{5.11}$$

5.3.2.5 基于多光谱图像的 GLD 病害监测

依据多光谱图像处理和提取的相关检测参数，在温室中对 GLD 感染葡萄植株进行了监测。如表 5.3 所示，对无 GLD 感染症状的葡萄叶片，GLD 染病指示器(直方图指示器)几乎无显示，$RIA<2\%$，且 $RCI=1$；随着 GLD 染病程度的变化，GLD 染病指示器的显示也发生改变，同时 RIA 值增大，RCI 值逐渐降低。

表 5.3 基于多光谱图像的 GLD 病害监测结果

图像	GLD 染病指示器显示结果	RIA/%	RCI	染病程度
	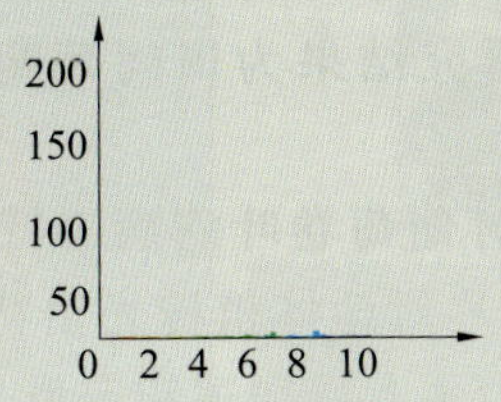	0.630 6	1	健康
	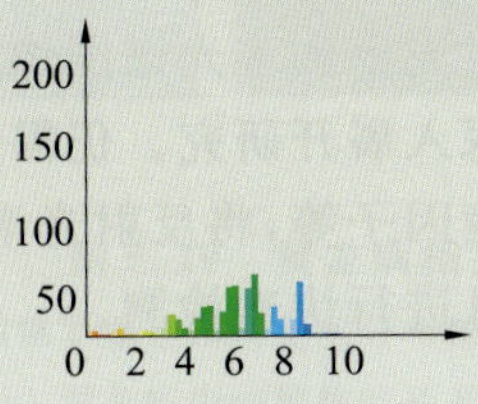	4.799 1	0.958 6	轻度

5.4.1 图像获取

2010 年 12 月，在佛罗里达州中南部的柑橘教育研究中心试验地与另一处名为南方花园的商业柑橘种植园分别获取了航空多光谱及高光谱遥感图像。

航空遥感图像采集系统由 USDA（美国农业部）农业研究局 Kika de la Garza 亚热带农业研究中心的杨成海博士研究开发，如图 5.30(a)所示[17,18]。这套遥感采集平台有多光谱及高光谱图像采集 2 个系统。多光谱系统主要包括一台四镜头 CCD 相机，每个镜头分别搭配蓝（430～470 nm）、绿（530～570 nm）、红（630～670 nm）及近红外（810～850 nm）4 个特征波段的滤光片，而高光谱系统主要由一台 CCD 相机和一个成像光谱仪组成，通过线扫描的方法获取 457.2～921.7 nm 内 128 个波段的辐射灰度值。由于多光谱图像由 4 个镜头组成，视场存在差别，需要进行图像校正，而高光谱的线式扫描成像方式也使输出图像存在几何畸变，需要进行几何校正。

在图像采集之前，5 张不同灰度值（反射率均值分别为 3%、10%、30%、45% 及 60%）的 3 m×3 m 帆布被放置在目标测量区域附近的空地上[如图 5.30(b)所示]。通过地面测得的反射率与图像中获得的 DN 值相对比，可以进行辐射校正，并将 DN 值转换为反射率值。

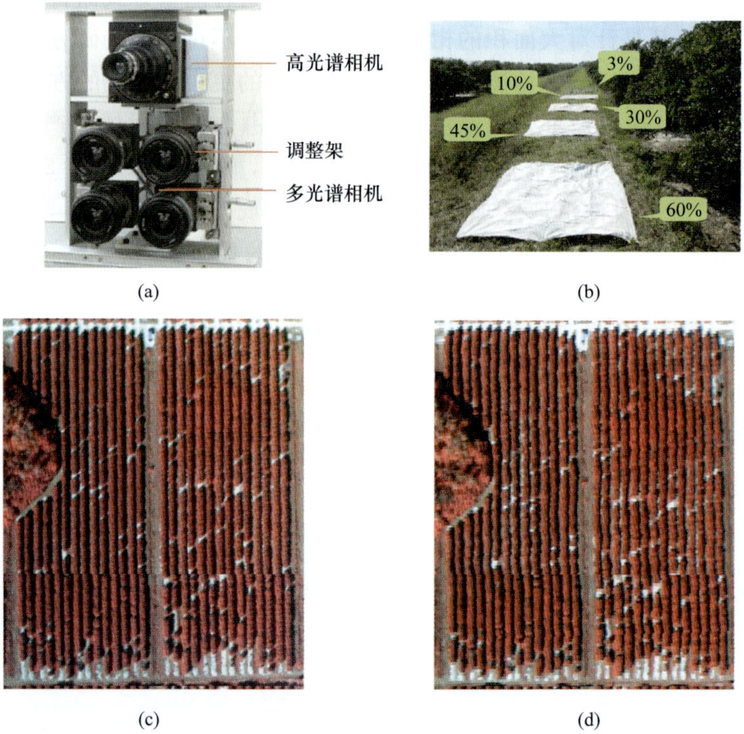

图 5.30 柑橘黄龙病遥感图像采集设备及图像效果

(a) 多光谱及高光谱遥感图像采集系统[17]；(b) 南方花园种植园及用于辐射校正的帆布；(c) 南方花园种植园的多光谱图像（彩色近红外 CIR）；(d) 南方花园种植园的高光谱图像（彩色近红外 CIR）

通过 RTK GPS 仪器对目标监测区域的边界角以及特征点（如建筑、道路等）进行了精确的坐标测量，以便对图像进行地理校正及坐标投影。表 5.4 列出了经过上述预处理后得到的各图像的基本信息。柑橘教育研究中心的图像质量受到试验环境的影响，质量较低，在后续的图像处理及分类中主要采用南方花园的遥感图像。

由图 5.30(c)、(d)中的多光谱及高光谱彩色近红外(CIR)图像可以看出，多光谱图像比较清晰，校正结果非常好；高光谱图像尽管在几何校正等方面尽了最大的努力，但还是存在一定程度的变形或者偏移。造成变形的原因主要有线阵的采集方式、不恒定的飞行速度等。

表 5.4 柑橘黄龙病试验获得的遥感图像基本信息

地点	图像	光谱波段	分辨率/m
南方花园	SG_HS	128 个波段，波长在 397～995 nm 范围内，各波段间隔 4.7 nm	1.0
	SG_MS	4 个波段(蓝、绿、红、近红外)	0.5
柑橘教育研究中心	CREC_HS	128 个波段，波长在 397～995 nm 范围内，各波段间隔 4.7 nm	1.0
	CREC_MS	4 个波段(蓝、绿、红、近红外)	0.5

5.4.2 地面调查

地面调查试验主要包括以下 3 个部分：

(1) 针对不同状态的柑橘叶片进行田间及室内光谱测量。田间光谱试验直接利用被动光源式便携光谱仪[HR-1024，Spectra Vista Corporation，Poughkeepsie，NY，USA，实物见图 5.31(a)]对树木冠层叶片进行测量。南方花园的室内光谱试验使用同款光谱仪在人工光源的照射下对采样叶片进行测量，柑橘教育研究中心的室内光谱试验则采用分光光度计[Cary 500 Scan，Varian，Palo Alto，CA，USA，实物见图 5.31(b)]对采样叶片的反射率进行了测量。

(a) (b)

图 5.31 柑橘黄龙病地面调查试验设备

(a) HR-1024 便携光谱仪及标准白板；(b) 分光光度计

(2) 对各样本进行 PCR 测试，以此作为植株是否感染的依据，PCR 阳性者为 HLB 感染植株，反之为非感染植株。

(3) 采用 RTK GPS 接收器(HiPer XT，Topcon，Livermore，CA，USA)对各采样植株的位置信息进行精确记录。另外，南方花园的工作人员对园区内所有植株都定期开展过地毯式人工侦察，并用 GPS 装置粗略地记录了所有染病植株的位置信息。

在柑橘教育研究中心的柑橘试验中，根据每棵树的病害感染程度将样本分为 5 类。而在南方花园的地面试验中，为了进一步分析染病植株上有症状及无症状叶片的光谱差异，根据采样叶片的症状可见性及 PCR 测试结果将样本分成了 4 类。具体见表 5.5。

表 5.5　柑橘黄龙病试验样本分类基本情况

试验地点	类别	树木感染情况	采样叶片感染情况
柑橘教育研究中心	HEALTHY	健康	没有 HLB 染病症状，PCR 测试阴性
	HLB_L	感染	HLB 轻度感染，PCR 测试阳性
	HLB_M	感染	HLB 中度感染，PCR 测试阳性
	HLB_H	感染	HLB 高度感染，PCR 测试阳性
	HLB_S	感染	HLB 严重感染，PCR 测试阳性
南方花园	HEA_PCR_N*	健康	没有 HLB 染病症状，PCR 测试阴性
	S_PCR_P**	感染	有 HLB 染病症状，PCR 测试阳性
	NS_PCR_N	感染	没有 HLB 染病症状，PCR 测试阴性
	NS_PCR_P	感染	没有 HLB 染病症状，但 PCR 测试阳性

说明：在柑橘教育研究中心的试验类别中，各感染程度字母 L、M、H、S 分别为 Low、Medium、High、Severe 的缩写。在南方花园的试验类别中，“HEA”为“Healthy”的缩写，“S”代表“Symptom”，“NS”代表“Non-Symptom”，“P”代表“Positive”，“N”代表“Negative”；所带“*”和“**”在图像分类中被用来建立相应样本库。

5.4.3　光谱特征分析

5.4.3.1　地面光谱分析

首先对田间及室内测量的地面光谱数据进行了分类平均、一阶求导、平滑等处理，分析了各类之间的差异性。图 5.32 与图 5.33 分别为两处试验的室内及田间光谱测量的结果。左上角的小图分别为各试验中健康与患病叶片反射率在红边范围内的一阶差分曲线，并经过 11 步移动平均平滑处理。红边范围内光谱反射率一阶差分曲线的顶点就是常说的红边位置(REP)，也是光谱曲线的一个重要特征指标。

图 5.32 为柑橘教育研究中心的样本在室内用分光光度计精确测量的结果。各虚线表示从不同染病程度的柑橘植株上采集的带症状叶片的反射率平均值，红色实线为所有染病样本的平均值。可以看出，健康与染病样本的光谱曲线在可见光与近红外波段存在较为明显的区别。在可见光区域(400～700 nm)，染病样本的平均光谱反射率比健康样本的高，而在近红外波段则相反。从右上角的一阶差分曲线可以发现二者的红边位置也存在明显的差别。

在图 5.33 南方花园的田间光谱测量结果中，各色虚线为表 5.5 所列 4 个分类的平均光谱曲线。为了更加集中地分析健康与 HLB 染病样本的根本区别，也进一步将样本分为“健康”及“染病”两大类。其中，NS_PCR_N 类别的叶片虽然来自染病植株，但本身没有症状更不携带病原体，与健康叶片无异，于是与 HEA_PCR_N 类别被共同纳入到“健康”大类中；而 S_PCR_P 与 NS_PCR_P 则被统一视为 HLB 染病样本。这两大类在此图中分别为绿色实线

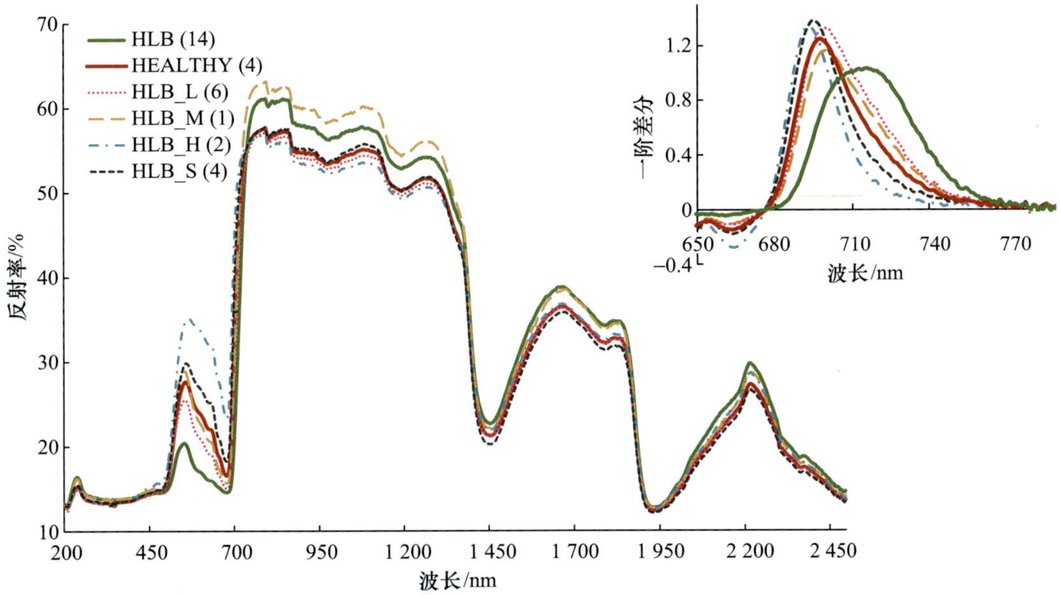

图 5.32 柑橘教育研究中心各类别光谱反射率室内测量结果

（括号中数字为样本数）

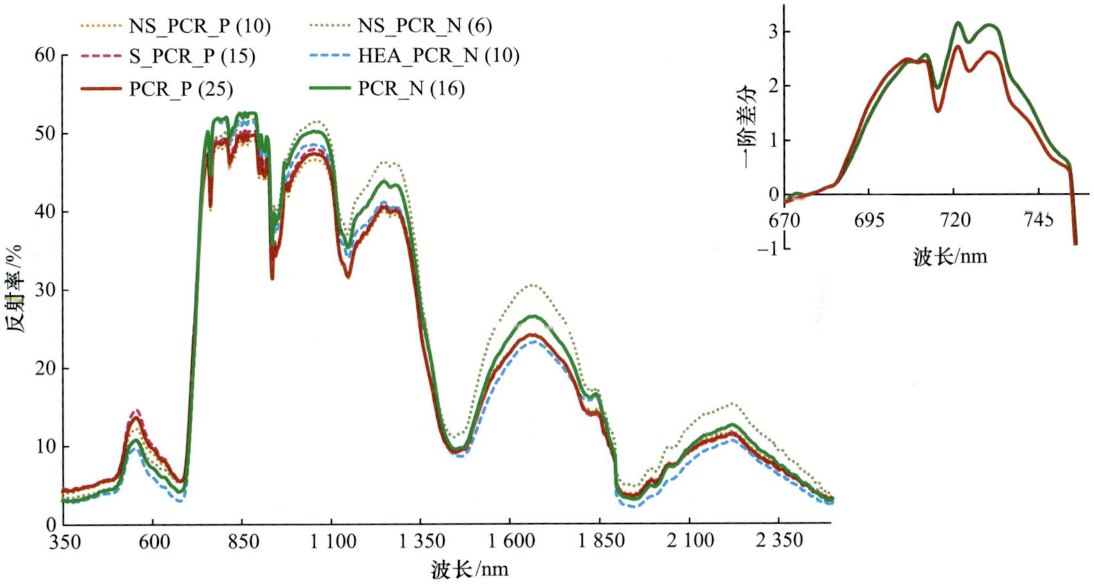

图 5.33 南方花园各类别光谱反射率田间测量结果

（括号中数字为样本数）

的“PCR_N”与红色实线的“PCR_P”。总体来说，反射率在可见光与近红外区域的规律与图 5.33 所示基本一样，其中唯一一类带染病症状的 S_PCR_P 在可见光范围内的反射率最高。不同的是，一阶差分曲线在红边范围内出现了若干波峰，红边位置的差异性在这次田间试验中也并不明显。不过室内测量的明显差异性暗示着红边位置还是有进一步分析的价值的。

造成这些现象的基本原因主要有：

(1) 叶片的染病症状主要表现为叶片出现不均匀的黄化现象，颜色比暗绿色的健康叶片浅，因此染病叶片在可见光区域的反射率较高。

(2) HLB 病菌除了对植株叶片的颜色产生影响外，还会明显地阻碍叶片对水分的吸收，造成染病叶片含水量偏低。因此在近红外区域，染病叶片的光谱平均反射率反而低于健康叶片。

(3) 红边位置是一个相对精密的光谱指标，因此在试验条件非常理想的室内测量中得到了很好的区分，而田间试验环境的不可控性给测量增加了多种干扰，淡化了原本存在的差别。这种环境带来的干扰在应用中是不可避免的。

5.4.3.2 遥感图像光谱分析

对遥感图像中的各类光谱特征进行了提取与分析。由于地面调查时只记录了植株而不是具体染病区域的位置信息，在遥感图像中提取冠层信息时采用了若干(由于分辨率的差异，高光谱图像中选 4 个，多光谱图像中选 9 个)相邻像素点取平均的方式。根据种植园的植被与地面情况，将图像元素分为柑橘树的健康冠层、染病冠层以及阴影、杂草、褐色泥土、白色沙土 6 类。除了健康及染病冠层样本库从地理坐标的相邻元素提取外，其余 4 类都从图像的彩色组合中手动随机提取。图 5.34(a)为从高光谱图像中提取出来的各类光谱曲线。从图中可以看出，阴影、泥土及沙土与其余 3 类植被的光谱反射率都具有明显的区别；杂草与柑橘树冠层的曲线趋势虽然比较接近，但在反射率高低程度上也有比较大的区别；染病冠层的平均反射率比健康冠层略高，但差别非常小。图 5.34(b)显示了多光谱图像中健康及染病冠层的光谱差异，与高光谱图像中的关系基本保持一致。

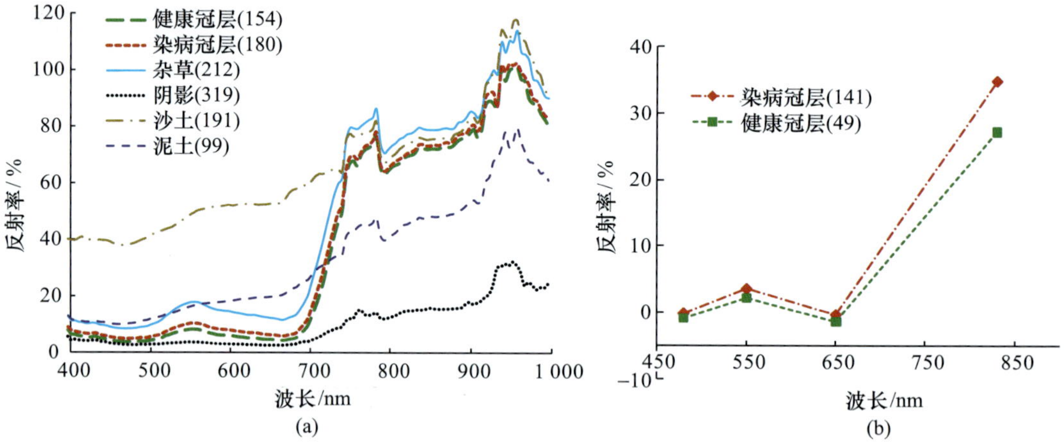

图 5.34 南方花园的遥感图像中不同覆盖物的平均光谱

(括号里的数值表示像素数量)

(a) 高光谱图像；(b) 多光谱图像

5.4.3.3 红边位置分析

为了发掘红边位置(red edge position, REP)在监测 HLB 病害方面的潜力，需要将其进一步量化。之前的分析发现红边范围内的一阶差分曲线存在多个波峰的现象，而这在以往的研究中也普遍存在[19-21]，随之而来的问题是红边位置如何计算。在此借鉴了 Dawson 与 Curran[22]提出的三点拉格朗日插值法以及 Cho 与 Skidmore[20]提出的四点线性外插值法来计算红边位置，二者的基本原理见图 5.35。Dawson 等在三点拉格朗日插值法中采用的 3 个特征波长是 695、700 和 705 nm，Cho 等在四点线性外插值法中采用的 4 个特征波长是 680、700、725 和 760 nm（两种方法的 REP 计算方法请参阅参考文献）。研究中对比了不同插值法的计算结果，并评价了这类方法的可行性。

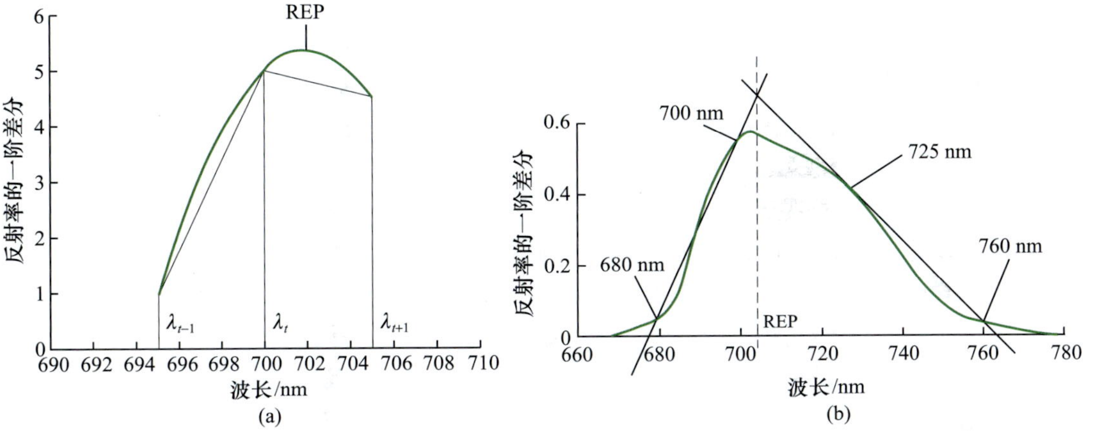

图 5.35 两种插值方法的示意图

(a) 三点拉格朗日插值法[22]；(b) 四点线性外插值法[20]

在 2010 年南方花园的地面光谱测量的基础上，用上述两种方法分别对 HEA_PCR_N 与 S_PCR_P 中的每个样本的红边位置进行了计算。三点拉格朗日插值法中选用 688.5、706.5 及 736.5 nm 处的反射率进行计算，四点线性外插值法选用 688.5、706.5、736.5 及 751.5 nm 处的反射率进行计算。图 5.36(a)及表 5.6 显示了计算结果及分离结果。可以看出，即使只用最简单的阈值法也可以得到很高的分离结果（大部分在 90%以上）；两种方法的分离精度非常接近，线性外插值法稍高于拉格朗日插值法。进一步用线性外插值法对从高光谱图像中提取出来的健康及染病样本的红边位置进行计算，得到如图 5.36(b)所示计算结果。可以看出，从遥感图像中提取计算出来的两种冠层的红边位置并没有明显的差别，不能直接用来对二者进行分辨，原因主要在于其较低的空间分辨率及背景噪声的影响。

表 5.6 采用两种插值方法计算得出的红边位置在区分健康、染病样本时的结果

试验数据	计算方法	阈值/nm	可区分样本数	正确率/%
田间试验数据（总样本数:24）	拉格朗日插值法	719.8	21	87.5
	线性外插值法	720.0	22	91.7
室内测量数据（总样本数:136）	拉格朗日插值法	718.2	129	94.5
	线性外插值法	716.5	130	95.6

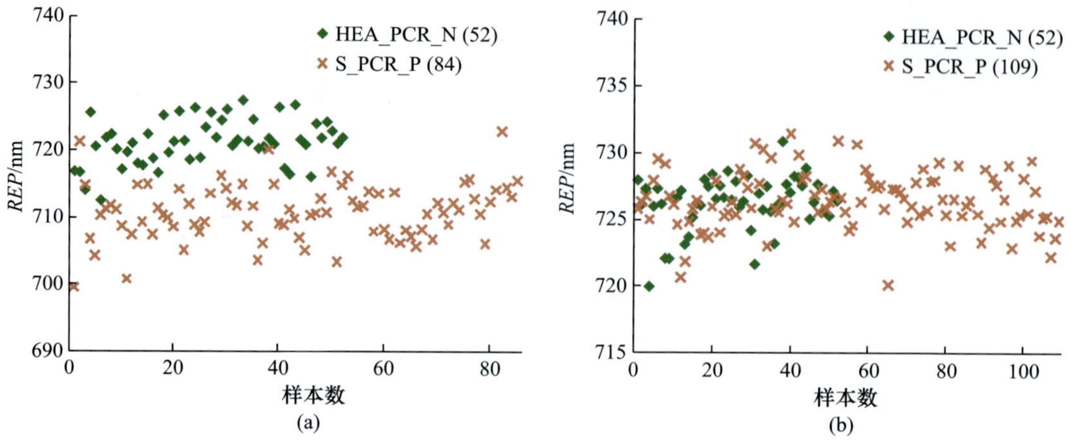

图 5.36　利用线性外插值法计算所得两类冠层的红边位置结果

(a) 基于室内光谱测量数据的红边位置;(b) 基于高光谱遥感图像的红边位置

5.4.4　遥感图像处理

5.4.4.1　背景蒙版的建立

为植株冠层建立有效的背景蒙版可以减少背景环境的干扰,将病害监测的研究集中在有效区域内。有多种方法可以实现这一目的,其中植被指数是一种比较常用的分离植被与非植被甚至是不同种类的植被的方法。但常用植被指数主要从地物反射率计算得出,本试验遥感图像中的反射率是采用经验线性法通过不同灰度油布的地面光谱校正而得,在反射率较低的像素中出现了负值[23,24],因此不适合计算植被指数。因此选择了支持向量机(SVM)来实现这一目的。试验结果也证明这一方法精度高,速度快。

选取了一块 100×100 像素的高光谱图像典型区域对 SVM 法建立背景蒙版并进行了测试[图 5.37(a)所示]。这种方法只需要在图像中给各目标类别选取小范围的感兴趣区域(Region of Interest,ROI)作为输入即可。依照前述光谱分析,这里选择了 5 类相互间差异明显的类别,如图 5.37(a)中标记的不同颜色的方形区域。图 5.37(b)为 SVM 分类结果,不同颜色代表了不同类别,对应关系如表 5.7 所示。为了量化分类精度,在图 5.37(a)这一真彩组合图像的基础上手动对各类别进行了分类[结果如图 5.37(c)所示],并将其作为地面真值。通过对比 SVM 与手动的分类结果评价 SVM 的分类精度。

表 5.7　ROI 颜色与类别的对应表

感兴趣区域	绿色	蓝绿色	红色、黑色	蓝色	洋红
代表的类别	柑橘植株冠层 (Tree)	杂草 (Grass)	阴影 (Shadow)	泥土 (Soil)	沙土 (Sand)

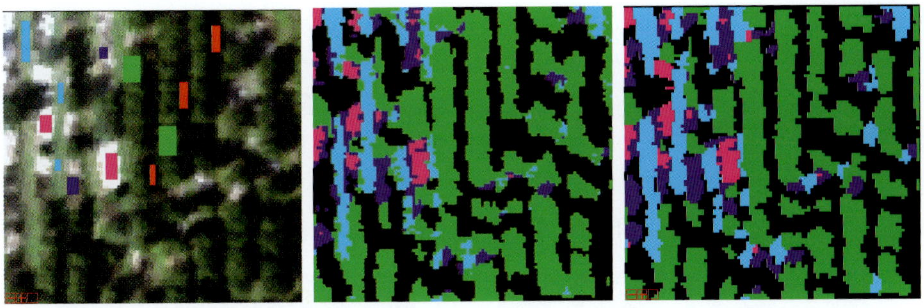

(a) (b) (c)

图 5.37 SVM 分类精度评价试验

(a) 高光谱图像的真彩组合，不同颜色的 ROI 为 SVM 分类的输入项；
(b) SVM 分类结果；(c) 手动定义的分类结果

表 5.8 列出了 SVM 与手动分类结果的混淆矩阵。通过混淆矩阵，记账错误率与遗漏错误率可以非常明了地统计出来。记账错误(error of commission)指的是将本属于其他类的像素错误地分到了当前类别中，遗漏错误(errors of omission)则指的是分类方法没有正确地识别本应属于当前类的像素。从表中可以看出，在所有的 3 572 个植株冠层像素中，有 3 182 个像素被 SVM 正确识别，其余像素被遗漏，遗漏错误率为 10.9%；同理，在 SVM 的分类结果中，共有 3 890 个像素被分类成植株冠层，其中 3 182 个像素来自地面真值的这一类，其余 708 个来自其他类像素，被 SVM 错误地分类成了冠层，其记账错误率为 18.2%。但是考虑到植株冠层与阴影类别的界限非常模糊，手动分类时缺乏可靠的依据，且后期的病害监测主要集中在冠层光线充足的部分，所以二者的过渡区域对分类几乎不构成影响。忽略阴影过渡区域的分类误差，重新计算记账错误率，为

$$\frac{75+1}{3\ 572}\times 100\%=2.1\%$$

重新计算遗漏错误率，为

$$\frac{242+91+6}{3\ 890}\times 100\%=8.7\%$$

表 5.8 SVM 与手动定义的分类结果的混淆矩阵

类别(像素)	Tree	Grass	Soil	Sand	Shadow	合计	记账错误率/%
SVM_Tree	3 182	242	91	6	369	3 890	18.2
SVM_Grass	75	781	19	2	23	900	13.2
SVM_Soil	1	62	484	42	41	630	23.2
SVM_Sand	0	0	15	245	0	260	5.8
SVM_Shadow	314	89	288	8	3 631	4 330	16.1
合计	3 572	1 174	897	303	4 064		
遗漏错误率/%	10.9	33.5	46.0	19.1	10.7		

5.4.4.2 库类的建立

遥感图像的分析处理使用了 ENVI 软件(version 4.8, ITT VSI, White Plains, NY, USA)。选取了地面调查比较集中的区域进行图像处理及分类，其中，多光谱图像中包含

200×200 像素，高光谱图像中包含 100×100 像素。并将此区域平均划分为训练域及验证域[如图 5.38(a)所示]。将训练域中的染病(S_PCR_P)及健康(HEA_PCR_N)冠层光谱提取出来建立相应的库类，并用不同的分类方法对图像进行训练，取与训练域地面实际情况最接近的训练结果作为最终结果，并用此分析与验证域的吻合情况，计算分类精度。将从四波段多光谱图像中提取出来的库类导入到由其各波段组成的四维空间中，选取了一个分离效果较好的角度得到如图 5.38(b)所示结果。可以看出，两类冠层还存在着较大范围的重叠。

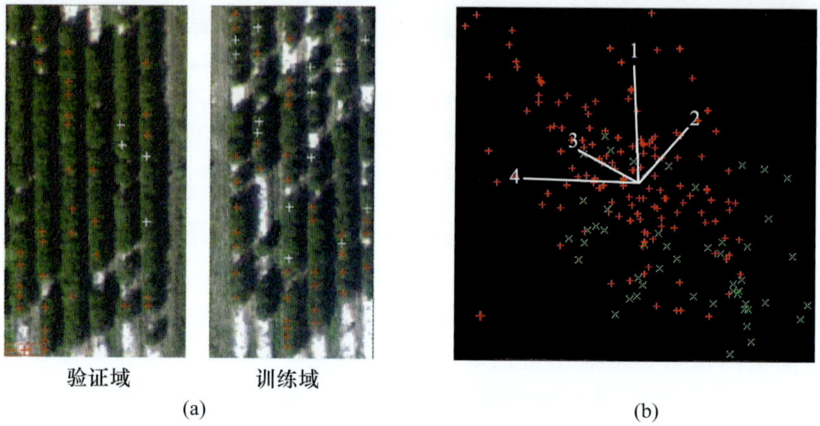

图 5.38 图像分类区域及健康、染病冠层信息图

(a) 用于分类的小区域图像，其中红色"＋"表示地面调查得到的染病植株位置，白色"＋"表示地面调查得到的健康植株位置；(b) 从多光谱图像中导出的染病与健康像素在四维空间中的分布图，其中轴 1～4 分别表示多光谱图像的各光谱波段，红色"＋"为染病像素，绿色"×"为健康像素

5.4.4.3 分类方法

为了评价比较不同方法在 HLB 病害监测方面的优劣性，选取了以下几种比较常用的监督式分类方法：平行六(多)面体分类法(parallelepiped)，最小距离分类法(minimum distance，MinDist)，马氏距离分类法(Mahanalobis distance，MahaDist)，光谱角分类法(spectral angle mapper，SAM)，信息散度分类法(spectral information divergence，SID)，光谱特征拟合分类法(spectral feature fitting，SFF)以及混合调制匹配滤波分类法(mixture tuned matched filtering，MTMF)。

平行六面体法是在多维数据空间中给每一类分别定义一个多面体，落入某一多面体的未知元素则归属某一类。这个多面体通常以每类库样本的均值坐标为中心，每个变量上的两倍标准差为棱长。MinDist 则是通过计算、对比未知元素与各类中心的欧几里德距离，然后将其纳入最近类的一种算法，执行速度非常快。与 MinDist 相比，MahaDist 不仅仅考虑未知元素离该类平均值的欧几里德距离，还具有方向敏感性，也就是说，它通过统计方法进一步考虑该距离的显著性，速度也较快[25]。当各类的形状都相同时，分类结果跟 MinDist 一致。

图 5.39 分别显示了 MinDist 与 MahaDist 在高光谱及多光谱图像中的分类结果。绿色及红色区域分别代表分类后的健康及染病冠层，"＋"为地面调查中通过 PCR 证实的染病植株的位置。

SAM 分类法由 Boardman[26] 提出，使用 n 维角度来评价未知元素与已知类的接近程度。n 维数据空间的每个元素被当做向量，通过计算相互间的角度大小来评价二者的相似性。在角度差异较小的情况下，SAM 算法本质上等同于欧几里德距离的计算[27]，即与 MinDist 算法一致。

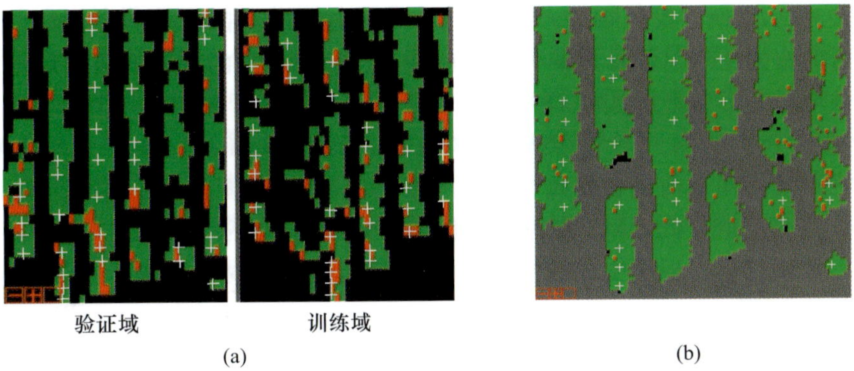

图 5.39 MinDist 与 MahaDist 的分类结果

(a) MinDist 在高光谱图像中的分类结果;(b) MahaDist 在多光谱图像中的分类结果

SID 是基于光谱信息测度(spectral information measure,SIM)的一种随机测量方法。它认为每一像元各波段间的光谱变异性是随机产生的[27-29],并通过直方图归一化将光谱单位矢量定义为概率矢量。设像元 $\boldsymbol{r}$ 的光谱矢量为 $\boldsymbol{s}=(s_1,s_2,\cdots,s_L)^{\mathrm{T}}$,$L$ 为波段数,则可通过式(5.12)将光谱矢量归一化为概率矢量 $\boldsymbol{p}=(p_1,p_2,\cdots,p_L)^{\mathrm{T}}$:

$$p_j=\frac{s_j}{\sum_{l=1}^{L}s_i} \tag{5.12}$$

进一步,像元 $\boldsymbol{r}$ 的光谱信息量可用光谱信息熵 $H(\boldsymbol{r})$表示:

$$H(\boldsymbol{r})=-\sum_{j=1}^{L}p_j\lg p_j \tag{5.13}$$

设另一像元 $\boldsymbol{r}'$的概率矢量为 $\boldsymbol{q}=(q_1,q_2,\cdots,q_L)^{\mathrm{T}}$,则 $\boldsymbol{r}$ 对于 $\boldsymbol{r}'$的相对信息熵 $D(\boldsymbol{r}\parallel\boldsymbol{r}')$为

$$D(\boldsymbol{r}\parallel\boldsymbol{r}')=\sum_{j=1}^{L}p_j\lg(p_j/q_j) \tag{5.14}$$

$\boldsymbol{r}$、$\boldsymbol{r}'$的 SID 则为二者之间的相对信息熵之和,即

$$\mathrm{SID}(\boldsymbol{r},\boldsymbol{r}')=D(\boldsymbol{r}\parallel\boldsymbol{r}')+D(\boldsymbol{r}'\parallel\boldsymbol{r})=\sum_{j=1}^{L}p_j\lg(p_j/q_j)+\sum_{j=1}^{L}q_j\lg(q_j/p_j) \tag{5.15}$$

SID 描述了两光谱之间的信息差异,值越接近于 0,表示相似性越大。Qin 等[30]在室内测量的光谱图像中用这种方法检测柑橘果实上的溃疡病,精度达到了 96.2%。图 5.40 为 SID 分类法在高光谱图像中的分类结果。

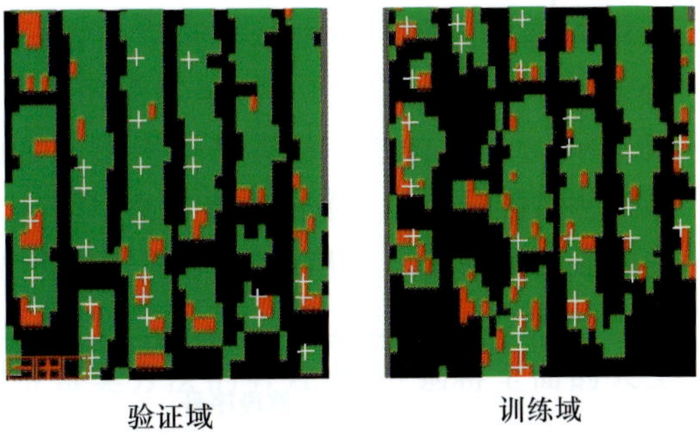

图 5.40 SID 的分类结果

连续统去除是一种最近提出来对光谱曲线的条带深度进行归一化的方法,必须选择光谱曲线的内凹波段范围(如反射率的吸收峰成型波段)进行处理[31]。归一化后的光谱曲线在两个端点部位数值都为 1,于是每个元素的光谱深度

5.5 苹果病害监控预警系统

作物在生长和发育过程中，经常受到各种不良环境生物和非生物因子的影响，导致其发生病害，造成的直接损失便是减少产量。如何合理防治病害的发生，科学投入，提高产量和质量，降低成本，减少自然及人为因素带来的环境后果，已经成为我国在作物领域的研究热点之一。

近几年来，3S空间信息技术、人工智能方法、图像模式识别、多光谱识别等高新技术的发展，推动了“精细农作”技术体系的广泛实践。当某种病害发生时，让农民不仅可以及时诊断出所染病害的种类，做到有的放矢，而且能够预测病害发生的程度和趋势。搭建生物技术与高新技术结合的最佳平台，将为实现作物自动化管理提供重要的理论依据，具有深远的指导意义。

本节针对烟台市苹果树常见病害构建诊断和预测系统。

5.5.1 苹果树病害知识

危害苹果树的病害种类很多，目前比较常见的有苹果斑点落叶病、苹果轮纹病和苹果树腐烂病等。本研究主要针对苹果斑点落叶病开展病害诊断与预测研究。

苹果斑点落叶病是由 *Alternaria mali* Roberts 侵染所致，是山东省胶东苹果产区的重要病害，发生普遍，为害严重，防治不当往往造成大量病叶提早脱落，明显影响苹果产量和品质。

5.5.1.1 苹果斑点落叶病的诊断

苹果斑点落叶病发病症状归纳如表 5.10 所示。

表 5.10 苹果斑点落叶病症状

病害名称	苹果树发病症状
苹果斑点落叶病	初期叶片出现褐色圆形病斑，如图 5.45(a)所示，而后叶片病斑扩大，为红褐色，边缘紫褐色，中央常具一深色小点或同心轮纹； 叶片病部正、反面均长出墨绿色至黑色霉状物； 部分病叶变为褐色； 幼果有黑色发亮的小斑点，如图 5.45(b)所示； 枝条上产生黑色病斑； 枝条皮孔裂开； 芽周变黑，凹陷，坏死，边缘裂开； 叶柄产生暗褐色椭圆形凹陷斑； 染病叶片脱落

(a)

(b)

图 5.45 苹果斑点落叶病症状

(a) 叶片病斑;(b) 果实病斑

5.5.1.2 苹果斑点落叶病的预测

苹果斑点落叶病的发生是因为早期落叶病的病菌在病落叶、枝条病斑等部位越冬,第二年春展叶后开始大量产生分生孢子,迅速初次侵染,7—8 月进入盛发期。因此,苹果斑点落叶病的发生与气候的关系极为密切。它的发生程度预测也恰恰可以选取气象因子作为预测依据。首先,降雨量是病害流行的主导因素,同时,叶斑类病害的侵入还需要叶面持续湿润一段时间。因此,在苹果新梢旺盛生长期的降雨及雨后的天气情况共同决定了苹果斑点落叶病是否发生。这一成因条件明确表明了降雨量、连降雨天数和相对湿度共同作用为病原菌侵染创造适宜的条件,导致病害的发生。此外,农作物病害与温度的关系极为密切。农作物病原微生物和其他生物一样,它们的生活和活动有一定的温度范围,超过了这个范围就停止活动。因此,影响苹果斑点落叶病发生的主要气象因子包括平均温度、相对湿度、连降雨天数、降雨量。

5.5.2 病害专家诊断系统[34]

苹果树病害专家诊断系统利用先进的信息技术和人工智能提取果树专家的知识和经验,以一定的方式存储到计算机中,可以部分代替专家指导果农诊断和防治果树病害。

5.5.2.1 诊断系统结构设计

病害专家诊断系统包括苹果树病害知识库、推理机、苹果树病害数据库、人机接口和知识获取机构 5 个部分,如图 5.46 所示。

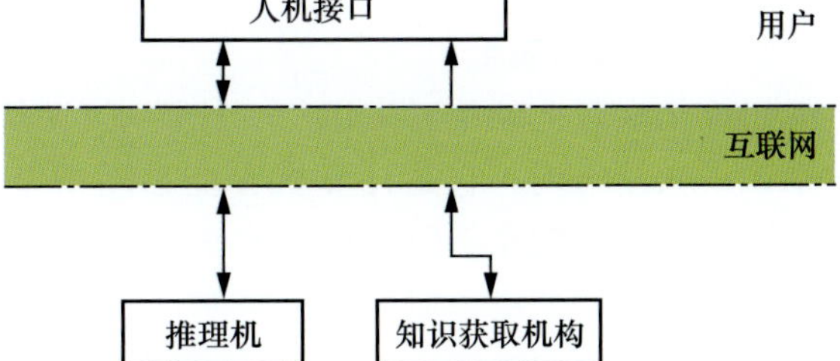

图 5.46 苹果树病害诊断专家系统结构

1. 苹果树病害知识库

知识库是知识的存储机构,苹果树病害知识库用于存储推理需要的苹果树病害方面的专家经验和基础知识。其基本任务是为推理机提供问题求解以及问题解释所需的知识。知识库是专家系统的基础，其中知识质量的优劣、层次的高低、数量的多寡决定了问题求解结果的科学合理性和求解问题的覆盖范围，知识库的存储方式与知识表示和获取机构密切相关。根据苹果树病害知识的特点和推理需要，采用产生式规则表示方法。

2. 推理机

推理机是专家系统的“思维机构”，由一组程序组成。其基本任务是模拟领域专家求解的思维过程，控制知识库、数据库对问题求解的执行。它能根据数据库中用户提供的当前已知症状，利用知识库中的知识，按照一定的推理方法和求解策略进行推理，诊断出苹果树所染病害及防治措施。

知识库和推理机构成了一个专家系统的基本框架。同时，这两部分又是相辅相成、密切相关的。因为不同的知识表示有不同的推理方式，所以，推理机的推理方式和工作效率不仅和推理机的算法有关，还与知识库中的知识以及知识库的组织有关。

3. 苹果树病害数据库

数据库也称动态数据库、黑板等，它是用于存放用户提供的初始事实、问题描述以及系统运行过程中得到的中间结果、最终结果、运行信息等的工作存储器。苹果树病害数据库的内容是不断变化的。在诊断开始时，它存放的是用户提供的初始事实；在推理过程中，它存放每一步推理所得到的结果。推理机根据数据库的内容从知识库选择合适的知识进行推理，然后又把推出的结果存入数据库中。

4. 人机接口

人机接口是专家系统与领域专家、知识工程师、一般用户之间进行联系的部分。其基本任务是进行数据、信息或命令的输入，结果的输出和信息的显示等。例如领域专家或知识工程师通过它更新、完善知识库；用户通过它输入问题的初始事实，向系统询问；系统通过它输出求解结果，回答用户的询问等。这里使用网页作为人机交互界面。

5. 知识获取机构

知识获取机构是专家系统中获取知识的机构，由一组程序组成。其基本任务是把知识输入到知识库中，并负责维持知识的一致性及完整性，建立起性能良好的知识库。在苹果树病害诊断专家系统中，知识获取是由知识工程师通过领域专家获取知识，再把知识整理并编辑到知识库中。

5.5.2.2 知识表示

知识表示实际上就是对知识的一种描述，或者说是一组约定，一种计算机可以接受的用于描述知识的数据结构。它是计算机智能诊断的基础，其结构决定了智能推理过程的有效性。苹果树同一病害可能在不同的部位发病，如斑点落叶病可在叶片、枝条、果实上发病，病程一般分为初期、中期、后期或类似的若干时期，各时期症状表现也不尽一致。用自然语言描述的诊断知识具有多义性和模糊性，不利于计算机处理。因此，必须对苹果树病害诊断知识进行形式化表示。

在知识表示中，不同的表示方法可能产生完全不同的效果，因此需要选择合适的表示方法。一般选用的知识表示法应符合几个条件：①充分表示领域知识，即能将问题求解所需的领域知识正确、充分、有效地表达出来；②便于知识的利用，即知识存储的形式有利于推理的进行以及效率的提高；③易于理解和实现，即符合人们的思维习惯，便于用户理解；④便于扩充，即易于以后知识的扩充和继承。为此，人工智能领域提供了几种知识表示方法：谓词逻辑表示法、产生式表示法、框架表示法、语意网络表示法、脚本表示法和面向对象表示法等。本系统针对果树病理学研究中许多事实、概念的复杂性与不确定性，采用了产生式表示法，又称为产生式规则表示法。

产生式表示法通常用于表示具有因果关系的知识，其基本形式是

$$P \rightarrow Q$$

或者

$$\text{IF} \quad P \quad \text{THEN} \quad Q \tag{5.16}$$

其中 P 是产生式的前提，Q 是一组结论或操作。整个产生式的含义是：如果前提 P 被满足，则可推出结论 Q 或执行 Q 所规定的操作。考虑所涉及的病害诊断知识为经验知识，因此按照“症状 → 病害 → 防治措施”的因果网络推理方法进行病害诊断。根据专家系统一般知识的分类方法，经验知识可分为 3 个级别，即概念级—事实级—规则级。

1. 概念知识

概念知识包含苹果树病理学研究领域各种概念，对应于数据库关系表的列属性，如病害、症状、防治措施等概念和定义等。

2. 事实知识

事实知识建立概念之间的联系，对应于数据库关系表的元组。主要分为发病症状、病害防治措施等，相应的知识表示模式如下所述：

(1) 症状知识，是苹果树各部位异常情况的定性和定量的描述，它通常是苹果树病害研究专家进行病害诊断的直接依据。

<症状知识框架>::<症状编码><发病部位><症状描述>

(2)防治措施知识，指苹果树发病时是否应该采取或采取怎样的治疗措施的知识。防治措施由病害名称和经过神经网络预测得到的病害短期内即将发生的程度共同决定。

<防治措施知识框架>::<病害名称><病害未来发生程度><防治措施>

3. 规则知识

规则知识指上述两类事实知识之间的关系，对应于专家系统知识库中的因果网络模型知识。苹果树病害诊断过程实质上是“症状 → 病害”和“病害、未来发生程度 → 防治措施”的双层因果网络模型的求解过程。

5.5.2.3 推理策略

1. 推理方法的选择

苹果树病害的领域知识以产生式表示法存储于本系统的知识库中。当使用系统做病害诊断时，推理机就从用户选择的发病部位出发，在知识中搜索该发病部位对应的症状，再通过用户选择的症状，运用知识库中的知识进行匹配，最后推出病害名称。

按照推理时所用知识的确定性来划分，推理可分为确定性推理和不确定性推理。确定性推理是指推理时所用的知识都是精确的，推出的结论也是确定的，其真值只有真和假两种情况。不确定性推理是指推理时所用的知识不都是精确的，推出的结论也不完全是肯定的，其真值位于真与假之间，命题的外延模糊不清。现实世界中的事务和现象大都是不严格、不精确的，许多概念是模糊的，很难用精确的数学模型来表示与处理，因此，不确定性推理已经成为人

工智能领域一种重要的推理方式。针对苹果树病害发病症状的特性，采用知识不确定性推理方法，病害的每个症状都对应一个可信度，表示这一症状对于确诊该病害为真的支持程度，可信度（即不确定性程度）由苹果树病害专家给出。

2. 知识不确定性的推理算法

表示知识不确定性推理的 C-F 模型（产生式表示法）一般形式为

$$\text{IF}\quad E\quad \text{THEN}\quad H\quad (CF(H,E)) \tag{5.17}$$

式中：E 等同于式（5.16）中的 P，它是知识的前提条件，用来指出发病症状。可以是一个症状，也可以是用 AND 及 OR 把多个发病症状连接起来所构成的复合症状，例如 $E=E_1$ AND E_2 AND(E_3 OR E_4)；H 等同于式（5.16）中的 Q，它是结论，这里指病害名称，是一个单一的结论；$CF(H,E)$ 是该条知识的可信度，其取值限定在[0,1]区间上，表示当条件 E 所对应的证据为真时，它对结论 H 为真的支持程度。

例 1：IF 叶片出现直径 2～3 mm 褐色圆形病斑 THEN 苹果斑点落叶病 (0.8)

表示当苹果树出现“叶片出现直径 2～3 mm 褐色圆形病斑”这一症状时，则认为苹果树有 80％的可能性患有斑点落叶病。

例 2：IF 叶柄产生暗褐色椭圆形凹陷斑 染病叶片脱落 THEN 苹果斑点落叶病 (0.9)

表示当苹果树出现“叶柄产生暗褐色椭圆形凹陷斑”且“染病叶片脱落”这一综合症状时，则认为果树有 90％的可能性患有斑点落叶病。

5.5.3 BP 神经网络在病害预测中的应用[35]

影响病害发生流行的因素较多，如在 5.5.1.2 节中所述，这些因素对病害发生、流行的影响是复杂的、非线性的，因此传统的数理统计方法对病害发生、流行情况进行预测应用时受到较大的限制。BP 神经网络因具有较强的非线性拟合能力，已成为这一领域研究的常用手段和方法。

5.5.3.1 网络结构设计

网络的拟合精度与网络的层数和每层神经元的个数呈正相关。Hecht-Nielsen 证明含有一个隐含层（采用 Sigmoid 激活函数）的三层前馈网络可以逼近任意多变量函数。因此，BP 网络通常采用 3 层结构，即输入层、隐含层和输出层，见图 5.47。其拟合精度的提高可以通过增加隐含层的神经元个数实现。

输入层神经元个数由病害的影响因子数来确定。例如苹果斑点落叶病的影响因子为平均温度、湿度、连降雨天数和降雨量，所以输入层的神经元个数为 4。

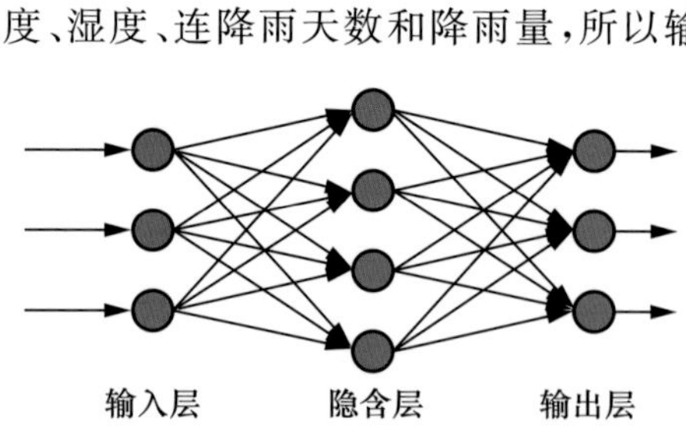

图 5.47 具有一个隐含层的 BP 神经网络示意图

输出层神经元个数即预测希望输出的变量个数。苹果树病害的发生程度被分为重、中、轻 3 个等级，因此，神经网络预测模型中输出层的神经元个数为 3，期望输出模式分别为(1 0 0)，(0 1 0)，(0 0 1)，分别代表重级、中级、轻级。

根据经验公式（5.18）和试验来确定隐含层神经元个数：

$$j=\sqrt{n+m}+\alpha \tag{5.18}$$

式中：n 为输入层神经元个数，m 为输出层神经元个数，α 为 1～10 的常数。通过 α 取不同的值，从多次训练的结果中按照神经元个数和训练次数较少且能满足拟合精度要求的原则确定苹果斑点落叶病的 BP 神经网络模型隐含层神经元个数为 9。

5.5.3.2 网络参数的选择

1. 学习速率

学习速率决定每一次循环中所产生的权值变化量。大的学习速率可能导致系统的不稳定，但小的学习速率将会导致学习时间较长，可能收敛速度很慢，不过能保证网络的误差值不跳出误差表面的低谷而最终趋于最小误差值。所以在一般情况下，倾向于选取较小的学习速率以保证系统的稳定性。学习速率的范围一般选取在 0.01～0.7 之间。

通过观察每次训练后误差平方和的下降速率来选择合适的学习速率。若误差平方和下降很快，说明学习速率合适；若误差平方和出现震荡现象，说明学习速率过大。经过多次实验，苹果斑点落叶病的预测网络模型中学习速率确定为 0.30。

2. 拟合精度

BP 网络的学习属于有监督学习，网络的训练需要网络输出值与样本输出值之间的绝对误差小于给定的拟合误差。拟合误差取值过大或过小均会导致预测精度低。通过从大到小地改变拟合误差值来训练网络，选取苹果斑点落叶病预测精度最高的网络模型所对应的拟合误差为 0.000 01。

5.5.3.3 网络的优化

收集的样本数据往往不是在同一个数量级，将所收集的数据映射到[−1,1]之间进行归一化处理，这样有利于提高神经网络的训练速度。

经典的 BP 算法是对每一个样本进行正反向计算，求出连接权向量 w 的修正值，然后对 w 进行修正。这种训练方法只能对每一个样本分别进行正反向计算，在处理复杂问题时将出现收敛速度慢及精度低等问题，而全局优化算法是利用全部样本的信息求出 w 的修正值，并对 w 进行修正。这种方法无疑使网络收敛速度慢的问题得以优化。L-M 算法是应用最广的一种全局优化学习法。它避免了直接计算赫赛矩阵，从而减少了训练中的计算量和内存需求量。对大多数问题而言，以 L-M 算法设计的 BP 神经网络有着更高的精度和更快的收敛速度。因此，这里采用 L-M 算法训练网络。

在网络的训练中还存在着这样的问题：当网络的训练误差很小的时候，一个新的输入会使网络的训练误差迅速增大。这是因为网络记忆了已被训练的样本，而对新的输入却没有很好的泛化能力，也就是说网络对新输入的输出与对应的目标输出具有较大的误差。为了提高网络的泛化能力，采用了一种初期终止(stop early)方法。该方法将样本数据分成两部分：训练样本集和校验样本集。如果在训练过程中发现校验样本集的模型误差开始增加，则训练过程自动终止。这种方法为了避免模型产生过拟合现象，在网络的误差函数达到最小之前使训练停止。也就是说，即使网络的误差函数仍在减小，但网络的泛化能力却不一定相应增强。因此，初期终止法有利于在降低网络误差的同时保证网络的泛化能力达到最优。

5.5.3.4 用 Matlab 实现网络程序设计

在 Matlab 环境下，BP 神经网络学习训练的程序设计主要是调用一些相应的函数。主要算法的程序设计如下[36]。

1. 网络的初始化

net＝newff(minmax(Pn)，[输入层神经元个数，隐含层神经元个数，输出层神经元个数]，

{第一层传递函数,第二层传递函数,第三层传递函数},BP 神经网络训练函数)

例如:net=newff(minmax(Pn),[4,9,3],{'tansig','tansig','logsig'},'trainlm')

Pn=[归一化的训练输入样本]

newff 语句的作用是创建一个 3 层的 BP 神经网络。

2. 训练参数初始化

net. trainParam. show=100	设定显示频率
net. trainParam. lr=0. 30	设定初始学习速率
net. trainParam. mc=0. 9	设定动量系数
net. trainParam. epochs=1 000	设定最大训练次数
net. trainParam. goal=1e-5	设定期望误差

3. 网络训练

net=train(net,Pn,T)

T=[训练输出样本]

调用 train 函数,利用 Pn 和 T 训练网络 net。

4. 仿真测试

X=sim(net,Qn)

Qn=[归一化的测试输入样本]

X=[测试输出向量]

5.5.3.5 预测结果分析

将烟台栖霞市臧家庄镇 1991—2004 年每年 4—8 月的苹果斑点落叶病发病情况与气象数据分为两部分,分别作为训练样本集和校验样本集;以 2005 年 6—8 月及 2006 年 5—6 月苹果斑点落叶病发病情况与气象数据作为检验数据进行系统检验。网络的误差性能曲线如图 5.48 所示。从图中曲线可以看出,经过 18 次训练就已达到要求的目标误差 10^{-5}。说明采用

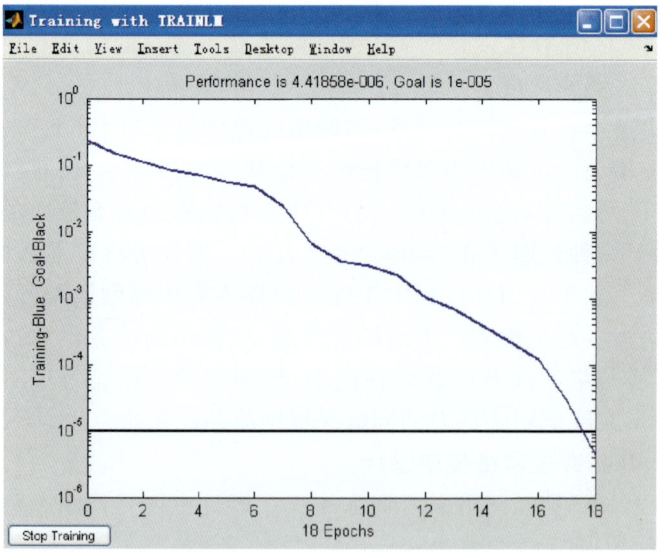

图 5.48 栖霞市臧家庄镇苹果斑点落叶病 BP 神经网络误差性能曲线

训练函数 trainlm 进行训练的收敛速度很快。训练后网络的检验结果如表 5.11 所示。

表 5.11 栖霞市臧家庄镇苹果斑点落叶病预测数据及结果

时间（年-月）	平均温度/℃	相对湿度/%	降雨量/mm	连降雨天数/d	预测值			实际值
2005-6	25.0	69	52.1	4	0.053 0	0.901 7	0.013 5	0 1 0
2005-7	27.5	73	164.8	3	0.165 4	0.902 5	0.260 2	0 1 0
2005-8	25.1	84	97.2	3	0.002 3	0.914 6	0.034 5	0 1 0
2006-5	13.2	52	2.4	3	0.033 1	0.017 3	0.966 3	0 0 1
2006-6	25.6	64	33.9	3	0.197 1	0.909 9	0.207 6	0 1 0

利用四舍五入的取整方法，可得到预测值的期望输出模式，即预测程度分别为中（0 1 0）、中（0 1 0）、中（0 1 0）、轻（0 0 1）、中（0 1 0）。实际值与预测值的相关系数 $R^2=0.612\ 372$，表明模型可以完成预测功能，但是预测精度有待于进一步提高。

5.5.4 苹果树病害诊断与预测系统

苹果病害的发生具有很强的地域性，一般先以斑块状出现，然后迅速向周围蔓延。因此病害的严重程度及其空间分布适合于用 GIS 的空间分布图来表达，结合前 3 小节内容，进行了苹果病害诊断与预测系统设计，并通过互联网向基层管理部门或用户发布相关病害分布信息，让其了解病害发生情况、流行趋势，为其提供防治方法。

系统总体上分为客户端浏览器部分、Web 服务器部分、地图显示部分、诊断与预测部分和数据存储部分。总体设计框架如图 5.49 所示。[34]

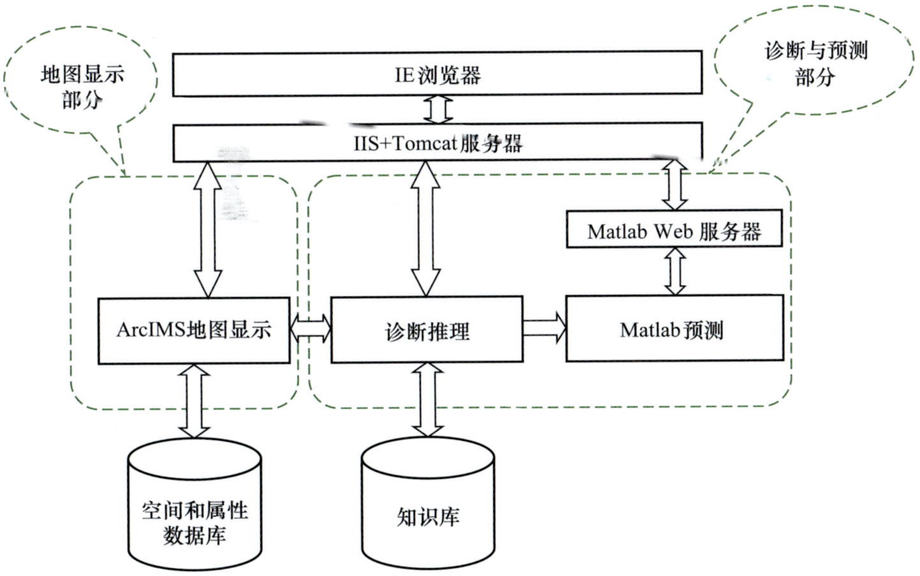

图 5.49 苹果树病害诊断与预测系统总体设计框图

在 IE 浏览器中输入本系统所在服务器的相应地址，则显示如图 5.50 所示界面，即系统主界面。系统主界面包括主视图区、导航区、系统 Logo、工具栏和网站信息栏。主视图区是病害信息的数字化地图区域，这个地图区域可以接收用户的点击或者拉框选取区域等操作，进行相关地区的病虫害预测分析；同时，在病害诊断和预测影响因子输入阶段，主视图区还充当着相关信息的输入与显示平台。导航区包括图例信息显示和病害诊断预测操作两项，默认显示图例信息项。系统 Logo 显示系统的名称。工具栏部分提供针对地图的简单操作，网站信息栏部分显示制作该网站的单位名称、地址及版本信息。

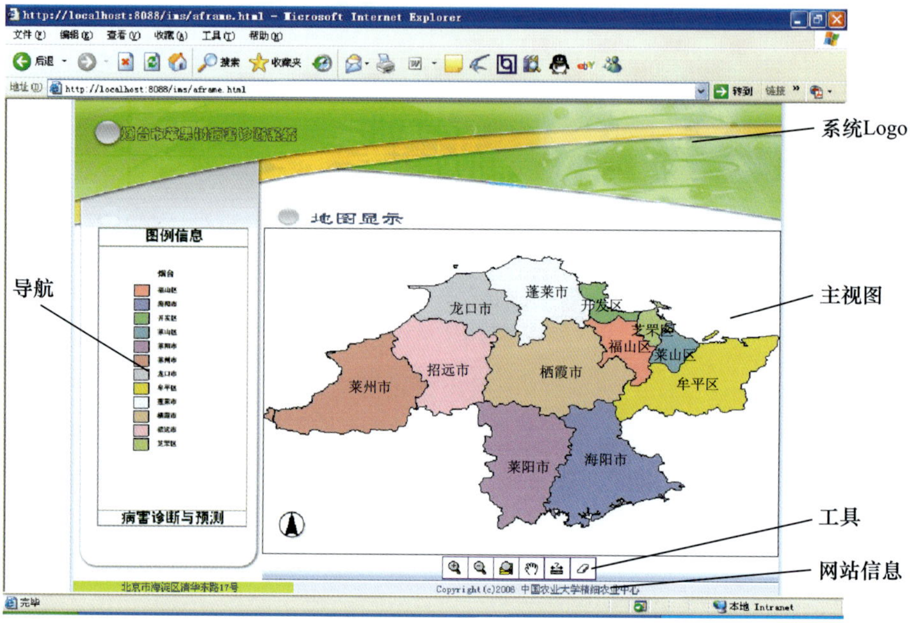

图 5.50　苹果树病害诊断与预测系统主界面

进行苹果树病害的诊断和预测，首先需要选择查询区域，如图 5.51 所示。

图 5.51　选择查询区域

点击【进入诊断】按钮后，进入病害诊断界面。首先选择发病部位，如图 5.52 所示；其次选择所选发病部位分别对应的发病症状，如图 5.53 所示；最后显示诊断结果，如图 5.54 所示。诊断结果为苹果斑点落叶病，可信度为 0.832。点击【进入预测】按钮，便进入斑点落叶病的预测界面，如图 5.55 所示。

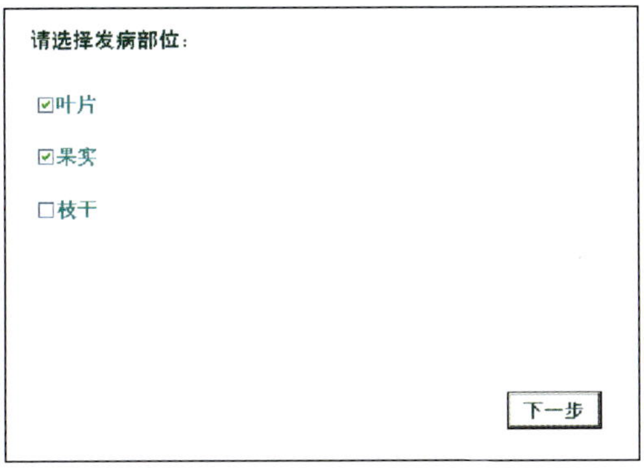

图 5.52 选择发病部位

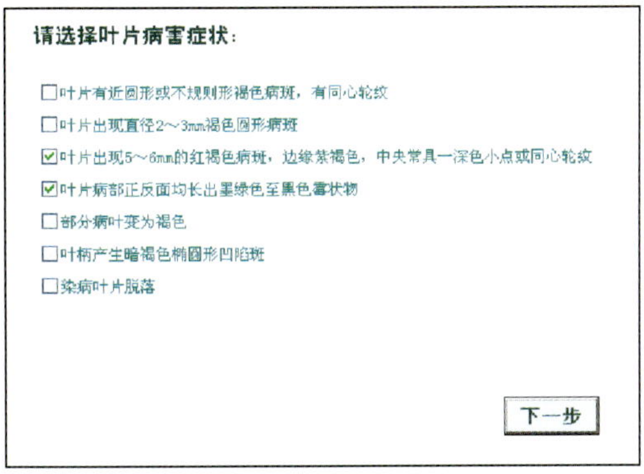

图 5.53 选择病害症状

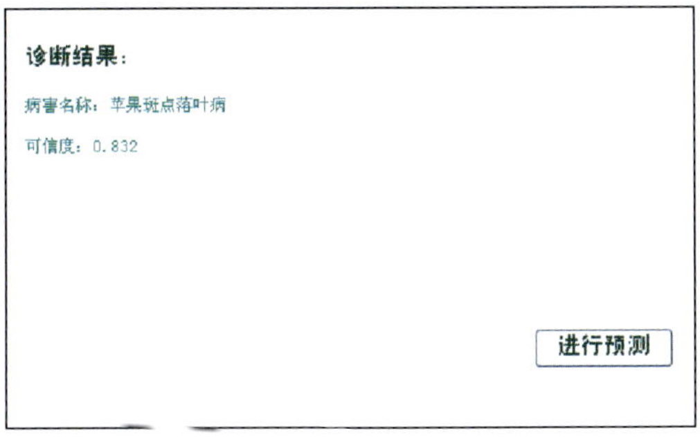

图 5.54 诊断结果显示

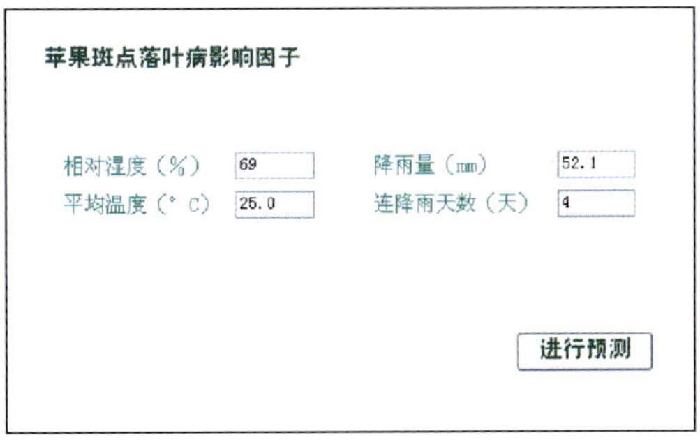

图 5.55 预测界面

输入近期的气象数据后，便可进行斑点落叶病的未来发生程度预测，并获得防治措施。图 5.56 所示即为病害发生程度及蔓延范围的预测结果，发生程度为“中”。图 5.57 为系统给出的相应的防治措施。

图 5.56 预测结果显示

Remote Sensing of Environment. Sydney, Australia, 2011.

[25] Richards J A, Jia X. Remote sensing digital image analysis: An introduction. Birkhäuser. 2006.

[26] Kruse F A, Lefkoff A B, Boardman J W, et al. The spectral image processing system (SIPS)—Interactive visualization and analysis of imaging spectrometer data. Remote Sensing of Environment, 1993, 44(2-3): 145-163.

[27] Du Y, Chang C I, Ren H, et al. New hyperspectral discrimination measure for spectral characterization. Optical Engineering, 2004, 43 (8): 1777-1786.

[28] Chang C I. Spectral information divergence for hyperspectral image analysis. 1999 Geoscience and Remote Sensing Symposium, 1999, 1: 509-511.

[29] 王润生,杨苏明,阎柏琨. 成像光谱矿物识别方法与识别模型评述. 国土资源遥感, 2007, 71(1): 1-9.

[30] Qin J, Burks T F, Ritenour M A, et al. Detection of citrus canker using hyperspectral reflectance imaging with spectral information divergence. Journal of Food Engineering, 2009, 93(2): 183-191.

[31] Kokaly R F, Clark R N. Spectroscopic determination of leaf biochemistry using band-depth analysis of absorption features and stepwise multiple linear regression. Remote Sensing of Environment, 1999, 67: 267-287.

[32] Huang Z, Turner B J, Dury S J, et al. Estimating foliage nitrogen concentration from HYMAP data using continuum removal analysis. Remote Sensing of Environment, 2004, 93: 18-29.

[33] Wen X, Hu G, Yang X. Extraction vegetation coverage from hyperspectral remote sensing image using spectral feature fitting. Geography and Geo-Information Science, 2008, 24(1): 27-30.

[34] 王岩. 基于 WebGIS 的苹果树病害诊断与预测系统研究: 硕士学位论文. 北京: 中国农业大学, 2007.

[35] 刘乃森,刘福霞. BP 人工神经网络在植物病虫害预测中的应用. 安徽农业科学, 2007, 35 (25): 7765-7766.

[36] 赵朋,刘刚,李民赞. 基于 GIS 的苹果病虫害管理信息系统. 农业工程学报, 2006, 22 (12): 150-154.

第6章

精细农业中的其他检测与传感技术

6.1 谷物自动测产技术

6.1.1 谷物智能测产系统概述

田间信息的采集是精细农业技术实践过程中的首要环节，特别是谷物产量信息的获取尤为重要，它能够指导农民合理投入生产资料，以节省资金、提高效益。生成谷物产量空间差异分布图，是实施"精细农业"的起点，它是谷物生长在众多环境因素和农田生产管理措施综合影响下的结果，是实现谷物生产过程中科学调控投入和制定管理决策措施的基础。变量作业的主要环节，如变量施肥、变量灌溉、变量播种、变量喷药等作为精细农业技术实践过程中的最终环节，都与产量分布图有着密切的关系[1-9]。

采用传统农业的测产方法很难得知农田中各个小地块间产量差异及产量发生变化的土地面积大小。精细农业解决的方法与传统农业不同，它通过各种传感器实时监测收割机的状态及产量信息，拟合生成反映田间产量空间变化的产量分布图，从而彻底改变传统农业的管理方法，以此指导农业生产。为实现谷物产量的实时测量，将测产系统搭载在联合收割机上是最好的选择，通过安装在联合收割机上的各种专门传感器进行综合测量，进而估算出进入谷仓的谷物流量并计算出产量[10-18]。

图 6.1 是谷物联合收割机测产系统各种传感器安装位置示意图[19]。谷物流量传感器是整个测产系统的核心，流量传感器在设定时间间隔内自动计量累计产量，再换算为对应时间间隔内的单位面积产量，并根据对应小区的空间地理位置数据折算为小区产量数据。为了获取小区产量分布图，在获取了产量信息的基础上，还要获取收获区域的位置信息，为此，需要在收获机械上装载 DGPS 卫星定位接收机以及其他辅助传感器，例如收割机速度传感器和割幅宽度传感器等。

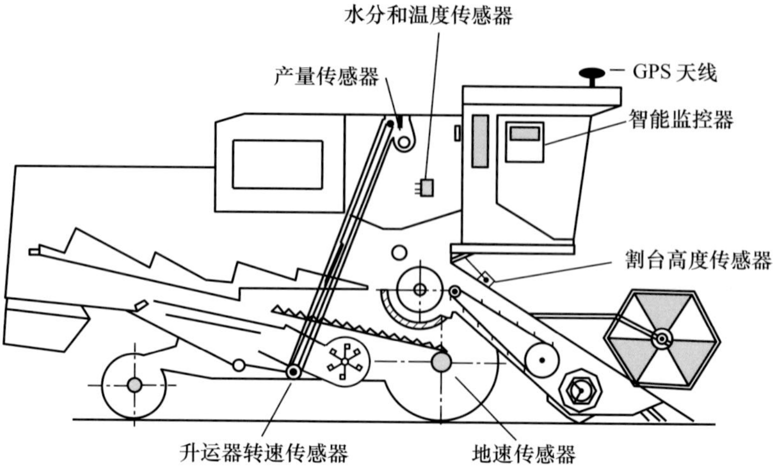

图 6.1　智能测产系统各种传感器安装位置示意图[19]

6.1.2　谷物智能测产系统开发

6.1.2.1　总体结构设计

CAN(Controllers Area Network)是现场总线标准之一。1986 年 2 月，Robert Bosch 公司在 SAE(汽车工程人员协会)大会上提出了 CAN，称之为"Automotive Serial Controller Area Network"(汽车串行控制局域网)。CAN 总线的数据通信具有可靠性、实时性和灵活性，这些特点使它的应用已经不再局限于汽车工程而扩展到了机械工业、纺织工业、农用机械、机器人、数控机床、医疗器械、家用电器以及传感器等多种领域。本研究的内容就是将传感器、农用机械与 CAN 总线结合起来[20-22]，开发谷物智能测产监控系统。

谷物智能测产系统由 3 部分构成：传感器部分、监控器硬件电路部分和监控器软件程序部分。传感器采集到系统需要的多种信息，经调理电路将传感器的微弱信号放大、滤波后，传递给 CAN 节点。节点将数据打包成报文，发到 CAN 总线上。系统启动时，微控制器通过总线对系统进行初始化；在系统运行中，微控制器接收总线上的数据报文和串口的 GPS 信号，将数据存储到内存中，并控制显示器显示谷物实时收获量和总收获量。系统整体结构如图 6.2 所示。

6.1.2.2　谷物流量传感器设计

传感器包括谷物流量传感器、温度传感器、湿度传感器、地速传感器、升运器转速传感器和割台高度传感器。

冲击式谷物流量传感器主要由机械结构和信号处理电路两部分组成。其中机械结构是传感器的重要组成部分，主要由固定装置、敏感梁、感力板和传感器外壳组成。冲击式谷物流量传感器如图 6.3 所示，图 6.4 为其工作过程。敏感梁是传感器的核心部件，敏感梁的前、后表面贴有敏感元件应变片，敏感梁与固定装置和感力板均为刚性连接。当粮食流冲击到感力板上时，感力板接受谷物的冲击，从而使得敏感梁发生形变，此时贴在敏感梁上的应变片便受拉或受压，这样，通过应变片组成的桥式测量电路就可以输出电信号，完成机械应变到电信号的转换。

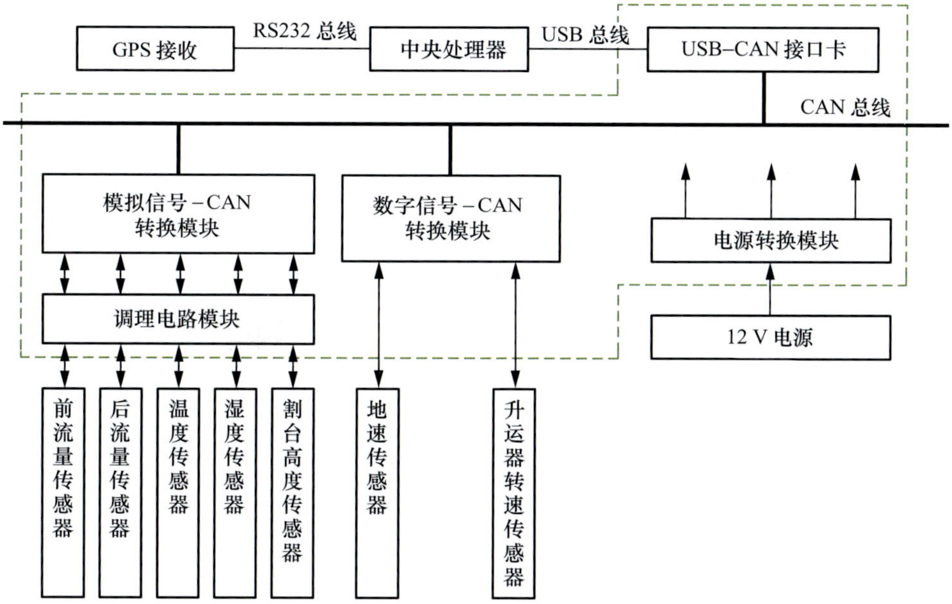

图 6.2 谷物智能测产系统整体结构图

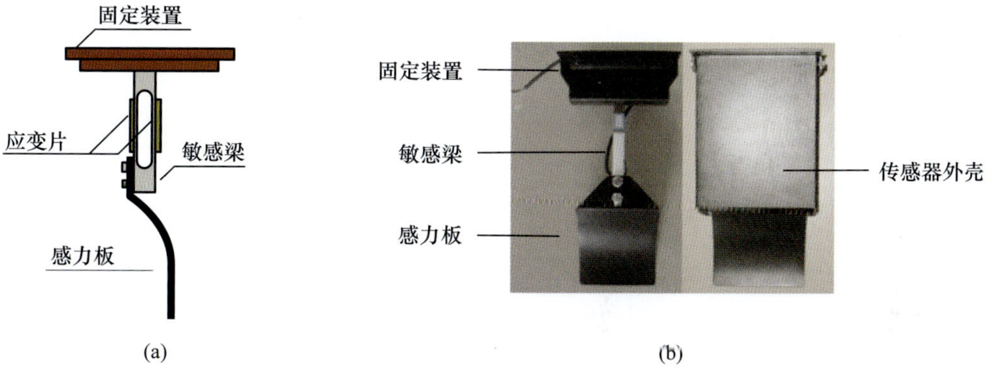

图 6.3 冲击式谷物流量传感器

(a) 示意图;(b) 实物图

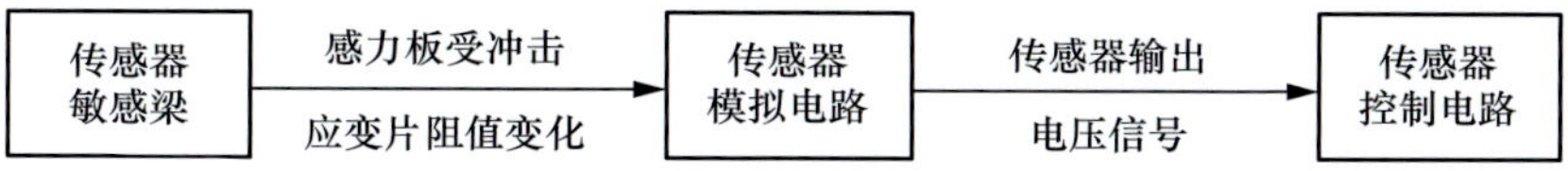

图 6.4 冲击式谷物流量传感器的工作过程

感力板采用弧形设计,如图 6.3 所示。由于在联合收割机上试验,在试验效果不确定的情况下,设计了不同宽度、高度和弧度的多种感力板进行测试。感力板的材料选用 45 号钢。45 号钢刚度大,能提高感力环节的固有频率,降低由于振动过大损坏传感器的可能性,而且 45 号钢耐磨,能防止在长期使用过程中磨损过度。

敏感梁是传感器的核心元件,又称为弹性体。本研究设计的敏感梁在中间挖通孔,在通孔的前、后(图中为上、下)面贴应变片,如图 6.5 所示,使测得的应力与被测力基本保持严格的对应关系,保证了传感器的测力精度,而且在保持敏感梁良好强度和刚度的前提下提高了应力水平。

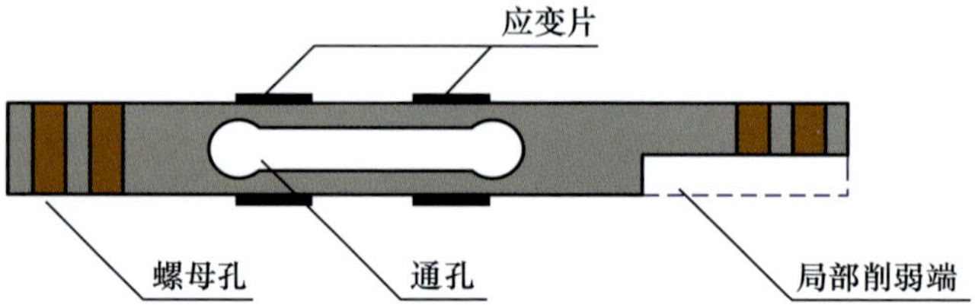

图 6.5　敏感梁示意图(横放)

通过贴在敏感梁前、后两侧的 4 片应变片组建直流桥式测量电路,此桥式电路为四臂等电桥电路(图 6.6),不仅可以提高电桥灵敏度而且可以进行温度补偿。

当供桥电压和电阻相对变化一定时,电桥的输出电压及其灵敏度也是定值,且与各桥臂阻值大小无关。同理可以推出当 4 个桥臂均为应变片时,则 $R_1=R_2=R_3=R_4$,在实际的传感器桥式测量电路中 $R_1=R_2=R_3=R_4=350\ \Omega$。直流电桥的优点是:高稳定性的直流电源易于获得,电桥调节平衡电路简单,传感器至测量仪表的连接导线的分布参数影响小等。但是后续要采用直流放大器,容易产生零点漂移,线路也比较复杂。在本设计中通过软件来消除零点漂移。

在实验室中平置流量传感器,在传感器的感力板上加载不同质量的物体,测试传感器的输出电压信号值(放大之后)的线性度。图 6.7 所示是随机选取的某一次的测试结果,线性度非常好,R^2 接近 1。这说明应变片在不同压力下的输出电压线性度很好。

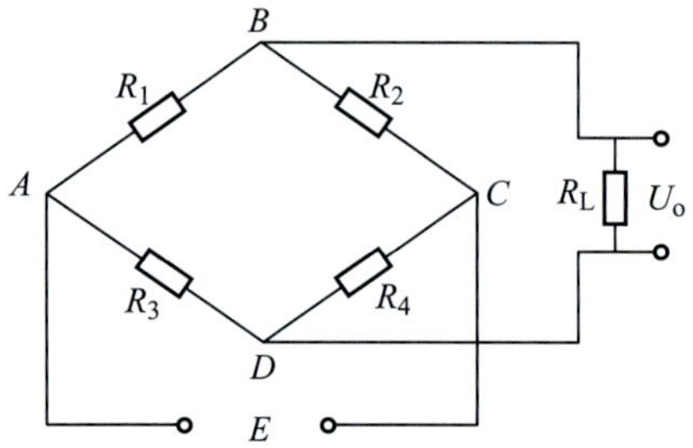

图 6.6　直流测量电桥

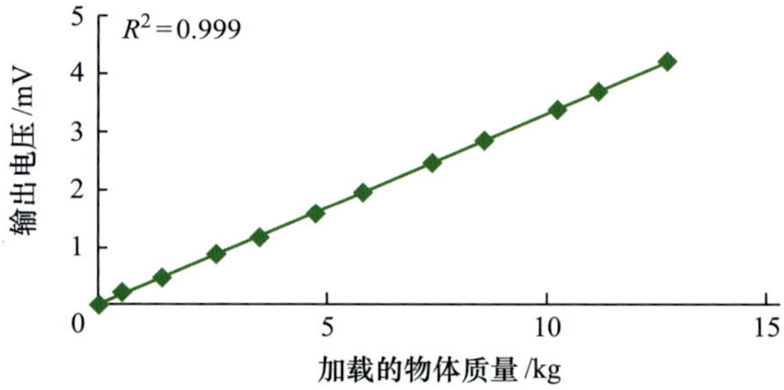

图 6.7　谷物流量传感器所受压力与输出信号的相关性

冲击式流量传感器静态试验具有很高的精度,线性度很好。但是,在田间试验中发现,由于田间作业环境复杂、收割机自身震动很大、地面起伏较大等原因,传感器的信号中包含了很多的噪声,一定程度上干扰了正常信号的采集。如何降低工作状态下噪声的干扰,是开发冲击式流量传感器的关键。

在课题组多年研究[13,19,23-26]的基础上并参考其他研究团队的成果[27,28],对传感器的设计做了一些改进。采用了双板差分式谷物流量传感器,将两个传感器前后并行安装在同一个底座上,如图 6.8 所示。

前板接收谷物冲击和干扰信号的双重作用，其输出信号 s_i 包含了谷物冲击信号 p_i 和噪声信号 w_i，即

$$s_i = p_i + w_i \tag{6.1}$$

考虑到机械振动可以分解为多种频率复合成的余弦振动，所以其中的 w_i 可以表示为

$$w_i = A\sin(2\pi ft+\varphi) \tag{6.2}$$

式中：A 为振幅，f 为频率，t 为时间，φ 为初相位。

后板遮挡在前板之后，没有谷物的冲击，只有干扰信号的作用。其输出信号 s'_i 只包含噪声信号 w'_i，即

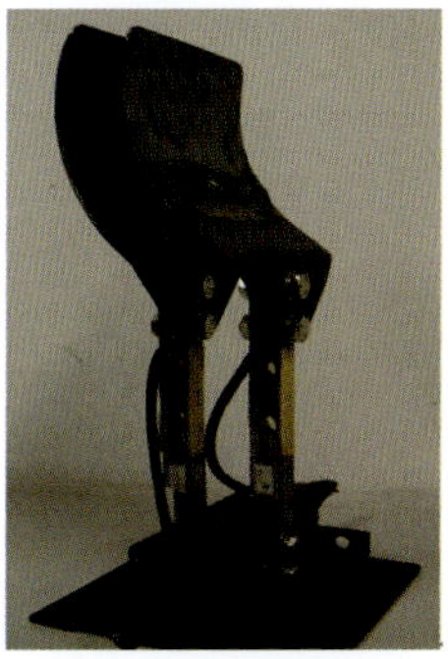

图 6.8 双板差分式谷物流量传感器

$$s'_i = w'_i \tag{6.3}$$

与前板同理，其中 w'_i 可以表示为

$$w'_i = A'\sin(2\pi f't+\varphi') \tag{6.4}$$

式中：A' 为振幅，f' 为频率，t' 为时间，φ' 为初相位。

则传感器的差分信号可以表示为

$$s_i^* = s_i - s'_i = p_i + (w_i - w'_i) \tag{6.5}$$

由于两个传感器固定在同一底座上，并且同时接收信号，所以它们的频率和相位在同一时刻是相同的。当振幅 A 与 A' 相等时，w_i 就与 w'_i 相等，s_i^* 也就与 p_i 相等了。

实际上使 A 和 A' 完全相等是不可能的，但是可以使它们尽量相等，这样 w_i 和 w'_i 就非常接近，s_i^* 就会比 s_i 更接近真实的谷物冲击信号，使得双板差分的结果优于单板不差分的结果。

与单板传感器的静态试验类似，将不同质量的物体放在双板流量传感器的感力板上，测试传感器输出电压值与放大、滤波后的电压值的线性关系。图 6.9 所示是某一次测量的结果，线性度非常好，R^2 达到 0.99 以上。这说明放大、滤波后的信号与传感器的输出信号一致，几乎没有失真，传感器传输给测产系统的信号是正确的。

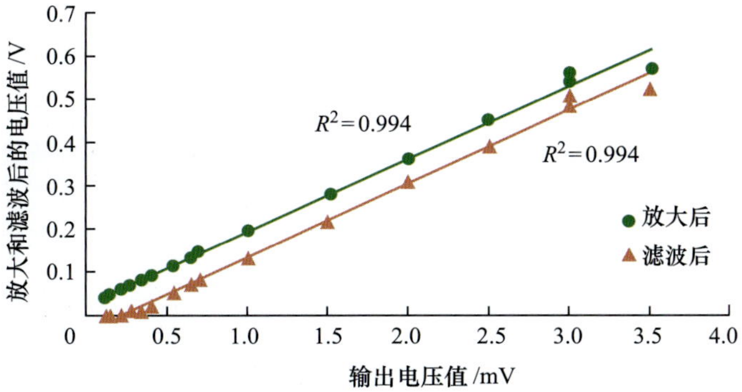

图 6.9 放大滤波前、后信号的相关性

使收割机空转，测试在收割机振动的条件下前板、后板信号的变化情况。图 6.10 所示是非作业收割机空转时前、后板的信号。由图可以明显看出，两条曲线走势是基本一致的。将放

大倍数调整到合适的数值后，就可以减少噪声干扰，提高系统的信噪比。试验结果表明，差分之后的效果优于未差分的效果。

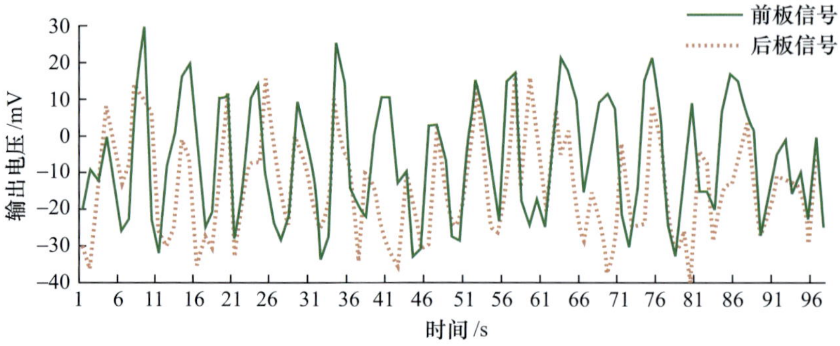

图 6.10　双板信号对比

6.1.2.3　辅助传感器设计

测产系统中使用的水分传感器(湿度传感器)型号是 FDS100。该传感器主要用于测量土壤和其他多空介质的体积含水量。它采用三探针结构，探针长度 5.3 cm。观测以中心针为轴、直径 7 cm、高 7 cm 范围内的柱形介质的含水量。测量主频为 100 MHz，测量范围为 0～100％，测量精度±2％。输入信号为 5.0 V(DC)，输出信号为 0～2.0 V(DC)。树脂浇灌，完全防水。如图 6.11 所示，其左侧三针为水分传感器，右侧针为温度传感器。

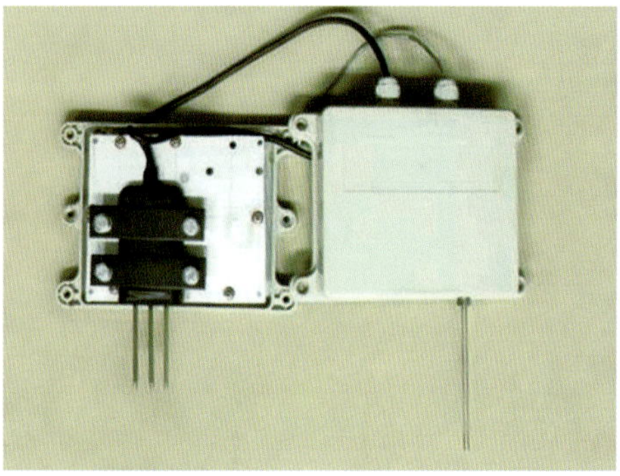

图 6.11　温、湿度传感器实物图

割台高度传感器用来作为开关信号，控制系统的工作与停止。当割台高度低于某一数值时，系统开始工作；当割台高度高于某一数值时，系统停止工作。

割台高度传感器采用电位器式角位移传感器，使割台高度与电位器的旋转角度呈线性关系。系统选用 5 kΩ 精密电位器，机械转角 270°，实际测量割台转角 0°～40°。该精密导电塑料电位器启动力矩小，精度高，输出线性、平滑性好。如图 6.12 所示。

图 6.13 是割台高度传感器实物安装图。该机构由摇杆、摆杆、传感器壳体等组成，关键是

图 6.12　割台高度传感器实物图

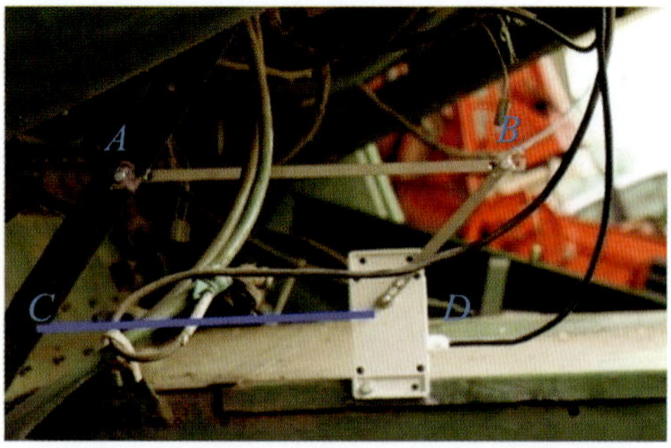

图 6.13　割台高度传感器实物安装图

要保证机构为平行四杆机构，顺利实现转动。该装置上部为驾驶室，下部为收割机过桥，摇杆 AB 绕 A 转动，C 点为过桥的转动中心，电位器安装在 D 点，$ABCD$ 构成平行四杆机构，以保证电位器转角与割台转角相对应。割台转角一般为 0°～40°，可采用电位器机械转角的中部作为转角测量的工作区，电位器安装在割台转轴处，通过机械杠杆实现割台起伏与电位器同步旋转，将割台高度量线性地转化为 0°～40°的角度量，再通过阻压变换，将角度量转化为 0～5 V 的电压量。

地速传感器用来测量收割机的行走速度。由行走速度和收割机的割幅，就可以计算出收割机收割的面积，进而与产量数据结合，得到产量分布图。

升运器转速也是获得精确产量数据的一个重要参考。不同升运器转速下，同一质量的谷物被抛出时瞬间的速度是不同的，谷物流量传感器受到的冲击力的大小也就不同，进而电信号大小不同。尽管在实际应用中升运器转速基本保持不变，但微小的变化也会影响产量的计算。系统中实时记录升运器转速并为精确产量数据服务是必要的。

测速传感器按原理分主要有超声波传感器、光电传感器和霍尔传感器。超声波速度传感器测量精度高，但价格高，不宜推广；光电传感器测量原理简单，安装方便，但受环境因素影响较大，需要专门的防尘处理与设计；霍尔传感器灵敏度高，线性度好，稳定性高，体积小，耐高温，应用比较广泛。本研究中采用霍尔传感器进行地速和升运器转速的测量，如图 6.14 所示。测量地速的传感器安装在前驱动轮主动轴，测量升运器转速的传感器安装在净粮升运器底部轴外侧。

(a)

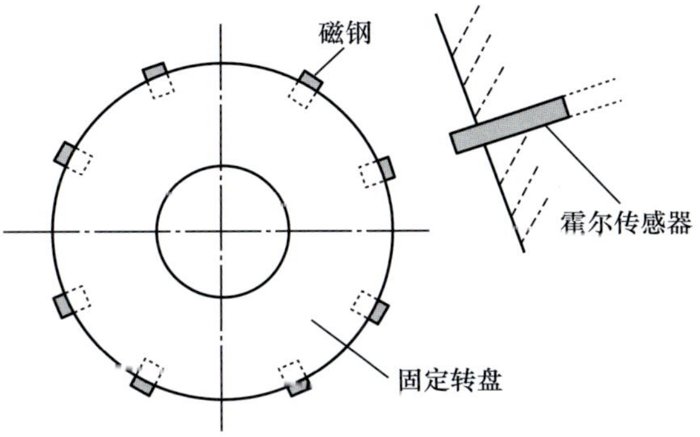

(b)

图 6.14 霍尔传感器

(a) 霍尔传感器实物图；(b) 霍尔传感器原理图

6.1.2.4 传感器控制电路设计开发

流量传感器的电信号非常微弱，只有几毫伏到十几毫伏，不能直接传给 CAN 节点。在传递给 CAN 节点之前，要先传给调理电路进行放大和滤波处理。图 6.15 所示是调理电路的电源部分，主要由 78L05 和 ICL7660 两个芯片构成。

78L05 芯片是三端稳压电源模块，其 3 个端口分别是输入、输出和电源地。它可以将 7～18 V 的宽范围电压转换成 5 V 电压。它的外围电路非常简单，只要在输入端口与地之间、输出端口与地之间分别接入一个电容即可。

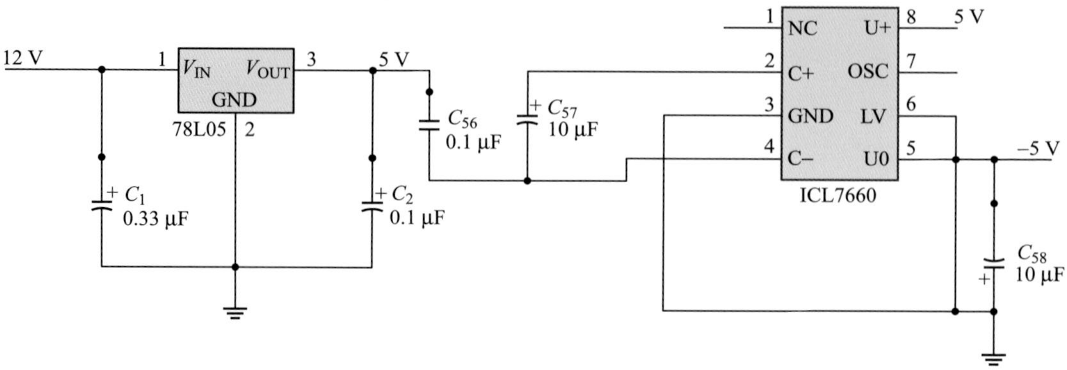

图 6.15 调理电路电源部分原理图

ICL7660 芯片是 Intersil 公司开发的 CMOS 结构的电压反转模块。它可以把 1.5～10.0 V 的正电压转换成负电压。与 78L05 芯片一样，它的外围电路也非常简单，只需 2 个电容即可。当电压超过 6.5 V 时，再加一只二极管。系统中使用 ICL7660 芯片将＋5 V 电压转换成－5 V 电压，供给 AD620 芯片使用。

图 6.16 所示是调理电路的放大和滤波部分，使用了 AD620 芯片和 MAX7408 芯片。

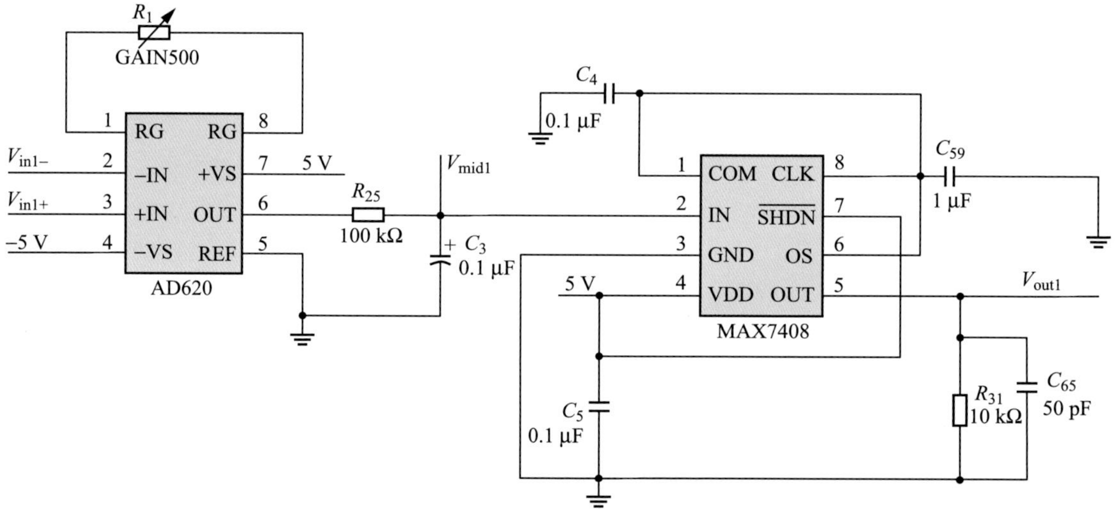

图 6.16 调理电路放大、滤波部分原理图

AD620 芯片是 AD 公司生产的一款低成本、高效率的仪用放大器。通过第 1、8 管脚接入一个外接电阻就可以获得 1～1 000 倍的增益，系统中将该接入电阻引出到控制盒的控制面板上，方便调节。通过第 7、4 管脚向芯片提供±2.3～±18 V 的电压，系统中为其提供的是±5 V 电压。通过第 3、2 管脚向芯片输入欲放大的信号，从第 6 管脚就可以得到放大后的信号。经过放大后，电信号可以达到几伏大小，适宜传给 CAN 节点进行打包和传输。芯片使用起来方便、简单。

MAX7408 芯片是美信公司生产的五阶低通椭圆函数开关滤波器，＋5 V 单电源供电，主要用于低功耗滤波和抗干扰，可以减小通频带外信号对测量结果的影响，防止出现频率混淆。

芯片可以使用外部时钟和内部时钟两种工作模式设置和调整截止频率，本系统中使用内部时钟，通过 CLK 管脚外接电容调整截止频率。

6.1.2.5 CAN 总线网络和节点

系统中使用的各种 CAN 模块均为广州致远电子有限公司产。

图 6.17 是模拟信号-CAN 转换模块，该模块具有 8 路模拟信号输入通道，模拟信号的分辨率是 16 位。

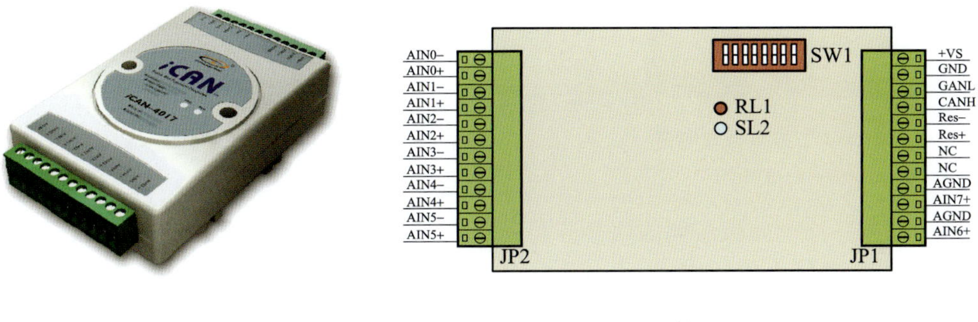

图 6.17 模拟信号-CAN 转换模块

(a) 实物图；(b) 端口和内部结构图

如图 6.17(b) 所示，AIN0 +/−、AIN1 +/−、AIN2 +/−、AIN3 +/−、AIN4 +/−、AIN5+/− 分别是 6 路差分信号输入端口，AIN6+/AGND、AIN7+/AGND 分别是 2 路单端信号输入端口，Res+/−是总线的终端电阻接入端口（在总线两端接入阻值为 120 Ω 的终端电阻），VS/GND 是电源正、负极接入端口，CANH/CANL 是总线正、负线接入端口，NC 为空端口。模块内部有一个 8 位的拨码开关，其中 6 位用来设置模块的 MAC（ Medium Access Control ）ID，范围从 00 到 63。另外 2 位用来设置波特率，共 4 种组合，分别代表 500 kbps、100 kbps、10 kbps 和由软件设置。RL1 是电源指示灯，SL2 是网络通信指示灯。

该模块支持 8 个通道的模拟量输入，可以将 5 个模拟量传感器（流量传感器前板、流量传感器后板、温度传感器、湿度传感器和割台高度传感器）连接到该模块上。将 CAN 总线的两根线分别连接到 CANH 端口和 CANL 端口。

模块每秒钟发送 1 次数据（由软件设置），数据分成 3 帧发送，每帧 8 个字节。每帧的第 1 个字节为标志位，表明每帧数据的顺序，分别是 0x00、0x40、0x81。后面的 7 个字节是数据。

系统中使用的数字信号-CAN 转换模块为 iCAN-4055 模块。系统中使用的 USB-CAN 接口卡为 USBCAN-2A 智能 CAN 接口卡。该接口卡集成了 2 路 CAN 接口，可以使工控机通过 USB 总线连接至 CAN 总线。实物图如图 6.18 所示。

图 6.18 USB-CAN 接口卡实物图

USB-CAN 接口卡是系统的中央控制器连接 CAN 总线的纽带，通过它中央控制器可以读取总线上的数据，对总线进行控制。接口卡上有 2 路 CAN，每路 5 个接口，分别是总线端口 CANH/CANL、终端电阻 Res+/−和屏蔽线接口 FG。

6.1.2.6 中央控制器和显示屏

图 6.19 所示的是基于 ARM9 工控平台的中央控制器。该平台集成了 SD/MMC 卡设备接口、10/100 M 以太网接口、1 路带电气隔离的 CAN 总线收发器、1 个 USB 接口、7 路 UART 串口和 TFT-6828 液晶屏等资源，完全可以满足作为系统中央控制器的要求。

图 6.19 ARM9 工控平台实物图

（a）正面图；（b）侧面图

测产系统从总体上看，是以 CAN 总线网络为核心，所有的传感器都将信息传输到 CAN 总线上，中央处理器也从总线上读取信息做相应处理，并发送相应的指示命令。

图 6.20 所示为监控器实物图。侧视图控制面板右侧的 4 个航空接口连接各传感器，其左侧是风扇，再左侧是调节前、后板的放大系数，使其在空转状态下噪声信号接近的调节电阻；控制面板左侧的两个开关分别是系统供电总开关和中央控制器开关。单独的一个航空口是系统电源接口，供给系统所有用电。

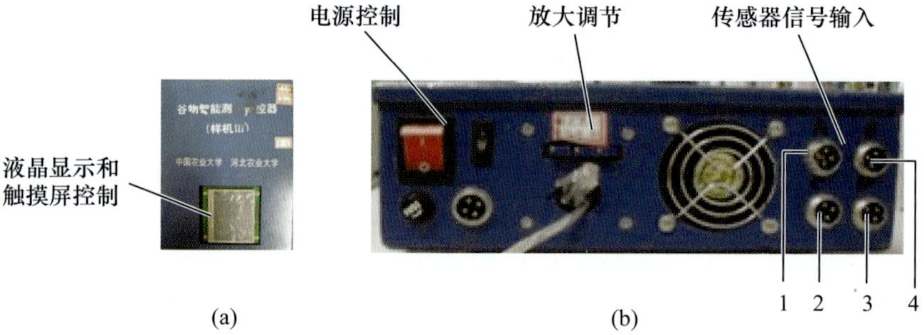

(a) (b)

图 6.20 谷物智能测产系统监控器

（a）正面图；（b）侧面图

1. 谷物流量传感器接口；2. 水分传感器接口；3. 温度传感器接口；4. 谷物流量传感器检震板接口

为了使设备便于田间实验，并有一定的抗破坏性、便捷性和通用性，对系统中各部件之间的接口做了精心的考虑和设计。为了使接口标准化，并具有良好的通用性，系统中使用四针航空口作为标准接口。并定义为：1 针，电源正；2 针，电源负；3 针，信号正；4 针，信号负。

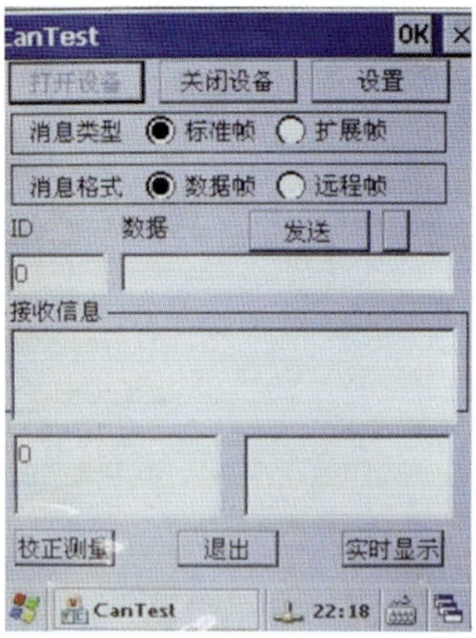

图 6.21 WinCE 版软件界面图

系统的软件主要包括启动 CAN 总线、接收总线数据，接收串口 GPS 数据，数据处理与保存，画产量图等功能。图 6.21 所示是基于 WinCE 版本的软件界面，运行于 ARM9 工控板上。该软件主要包含总线的数据接收、数据保存、计算、显示等功能。

软件整体的流程图如图 6.22 所示。系统启动后将按照操作者的要求初始化 CAN 总线的参数和串口的参数，然后等待开始测量的指令。测量开始后，系统将启动一个定时器，定时的时间由用户在初始化部分设定，一般设为 500 ms 或

1 000 ms。当定时器的时间到达时，系统将顺序完成读取总线数据、读取串口数据、处理保存数据、显示数据、画产量图等一系列功能，并等待下一次的定时时间到达或停止测量的命令。系统软件运行的整体思路比较简单，主要工作都在一个定时单位中完成。

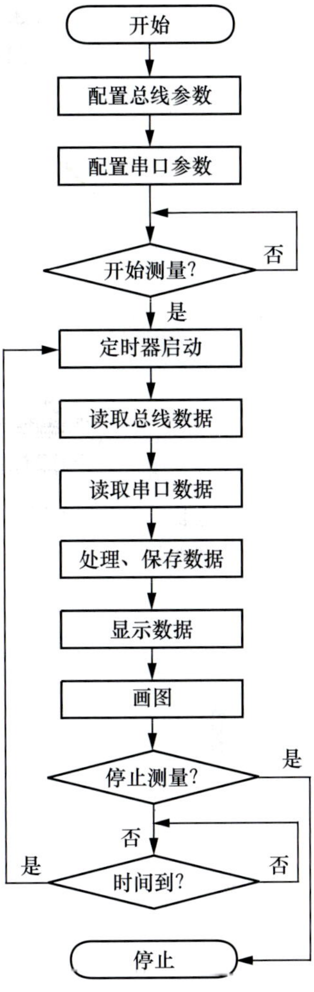

图 6.22 软件整体流程图

6.1.3 田间试验

6.1.3.1 2008 年田间试验[29,30]

1. 试验介绍

2008 年 6 月课题组在河北省保定市某部队农场进行了小麦测产试验。谷物智能测产系统搭建的平台是佳联 1065 型联合收割机，其性能参数为：割幅 4.5 m，配套动力 91.9 kW，谷仓容积 4.4 m^3，喂入量 5 kg/s，外形尺寸 8 500 mm×5 070 mm×3 788 mm。实验目的是测试谷物流量传感器和 GPS 接收机[31]在实际测量条件下的工作性能，同时通过产量标定，修正谷物流量传感器的安装位置、感力板弧度以及传感器输出信号与产量值的转换参数，为进一步研究提供依据并积累实际田间作业的经验。在收割机上安装测产系统、采集、称重及收割机行进路线如图 6.23 所示。图 6.23(c)中实线为收割机收割路线，线旁编号是收割机行走路线的次序。收割机从“开始”处出发，每走完一条收割线路后，卸下粮仓中的所有粮食，人工称重。卸完后，沿虚线空车不收割走到下一条收割路径，进行下一次收割。直到完成图中所示的所有 8 条路线，到“结束”处。

2. 试验结果

试验数据如表 6.1 所示，标定系数(即谷物质量与谷物对传感器的冲击产生的电压信号的累加值之比)变化不明显，可以进行产量估算。

表 6.1 小麦收获过程流量传感器试验数据(2008 年)

试验序号	电压信号累计值/mV (1)	谷物质量/kg (2)	(2)/(1)
1	6 262	316.5	0.050 543
2	6 445	337.0	0.052 289
3	8 678	342.0	0.039 410
4	8 990	350.0	0.038 932
5	8 931	375.5	0.042 045
6	9 185	403.5	0.043 93
7	10 292	413.5	0.040 177
8	9 670	421.0	0.043 537
9	10 833	426.6	0.039 38
平均值			0.043 36

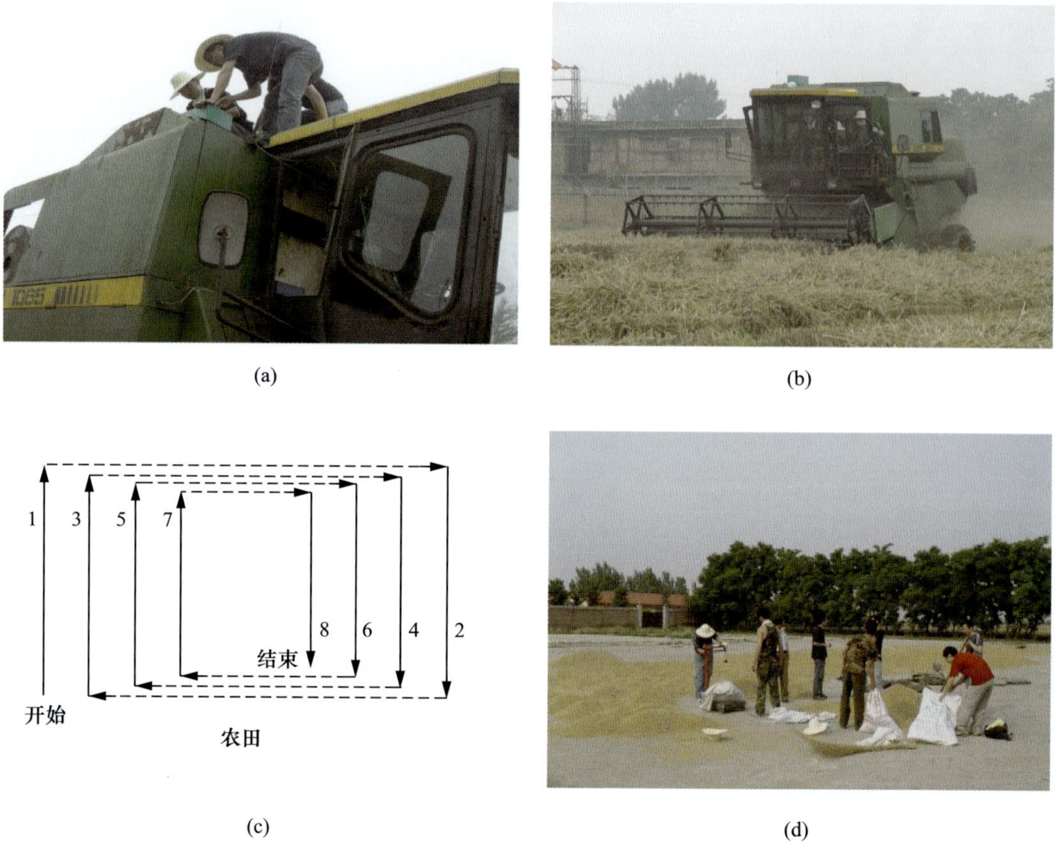

图 6.23　谷物智能测产系统 2008 年田间试验过程

(a) 安装传感器;(b) 采集数据;(c) 收割机行走路线示意图;(d) 称重

以试验所得的初始标定系数平均值 0.043 36 为系统的初始标定系数,再估算试验中测量的谷物质量及误差,如表 6.2 所示。

表 6.2　系统估算谷物质量数据(2008 年)

试验序号	标定系数	收割谷物的实际质量/kg	系统估算出的谷物质量/kg	误差/%
1	0.043 36	316.5	271.5	14.21
2	0.043 36	337.0	279.5	17.08
3	0.043 36	342.0	376.3	10.02
4	0.043 36	350.0	389.8	11.37
5	0.043 36	375.5	387.2	3.13
6	0.043 36	403.5	398.3	1.30
7	0.043 36	413.5	446.3	7.92
8	0.043 36	421.0	419.3	0.41
9	0.043 36	426.6	469.7	10.11
平均值				8.40

得到小麦产量数据后，对谷物流量传感器输出信号和产量值标定转换，得到二者的线性回归方程，如图 6.24 所示。

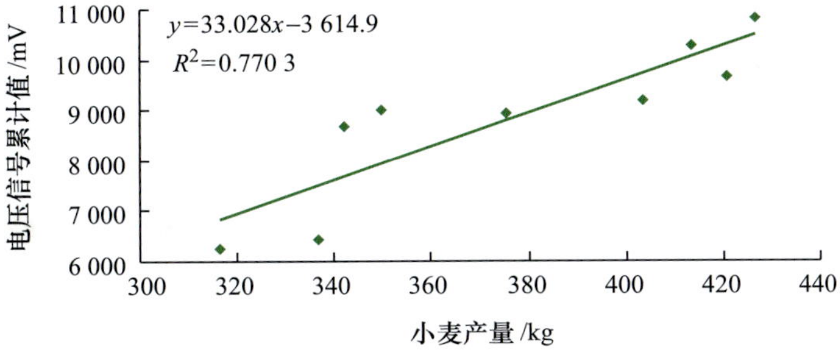

图 6.24 小麦产量与电压信号累计值关系图(2008 年)

6.1.3.2 2010 年田间试验[27,32]

1. 试验介绍

在 2008 年试验的基础上，改进并提高了系统的可靠性。课题组于 2010 年 6 月 22 日在河北省保定市某部队农场进行了小麦测产试验。试验现场的气象条件良好，晴，风速≤2.5 m/s，环境温度 17～18℃。收割机在田间工作时的路线如图 6.23(c)所示。图 6.25 是田间试验场景。

(a)

(b)

图 6.25 谷物智能测产系统 2010 年田间试验过程

(a) 采集数据；(b) 卸载、称重

课题组委托中国农业机械化科学研究院标准与检测中心的专家对谷物流量传感器的精度进行了检验。

2. 试验结果

此次试验记录了 8 组数据，如表 6.3 所示。

将第 1 组数据作为标定组，标定系数为 $n=2.180$ kg/V。由此计算出的其他组的预测产量和误差如表 6.3 所示。第 4 组误差明显高于其他组，考虑实际测量情况，有可能是因为测量系统启动过早或停止过晚，在没有谷物的情况下记录了过多的噪声信号，使记录的电压累计值偏大；或者是卸粮或称量过程中损失了部分谷物，使谷物称量值偏小。

表 6.3 谷物智能测产系统试验数据(2010 年,差分后)

序号	差分后电压信号累计值/V	实际产量/kg	预测产量/kg	误差/%
标定(1)	287.108	626.0	—	—
2	320.388	676.5	698.4	3.24
3	292.416	626.8	637.5	1.71
4	336.686	687.8	734.0	6.72
5	258.304	573.3	563.1	−1.78
6	300.875	641.9	655.9	2.18
7	301.277	673.6	656.8	−2.49
8	297.969	671.5	649.6	−3.26

为了对比双板差分传感器的作用,对于未差分前的数据也进行了分析。将第 1 组数据作为标定组,标定系数为 n=1.991 kg/V。由此计算出的其他组的预测产量和误差如表 6.4 所示。对比表 6.3 和表 6.4 可以看出,差分之前第 2、4、6 组误差比较大,差分之后大部分组的误差都很小。可见,双板差分系统更加稳定,误差容易控制。

表 6.4 谷物智能测产系统试验数据(2010 年,未差分)

序号	未差分电压信号累计值/V	实际产量/kg	预测产量/kg	误差/%
标定(1)	314.341	626.0	—	—
2	362.633	676.5	722.2	6.75
3	317.721	626.8	632.7	0.95
4	372.644	687.8	742.1	7.90
5	288.259	573.3	574.1	0.13
6	346.922	641.9	690.9	7.63
7	329.622	673.6	656.4	−2.55
8	324.078	671.5	645.4	−3.89

图 6.26 和图 6.27 是对小麦累计质量与电压信号累计值之间相关性的分析。图 6.26 是差分后的,R^2=0.813。图 6.27 是差分前的,R^2=0.676。比较可以看出,双板差分优于单板。

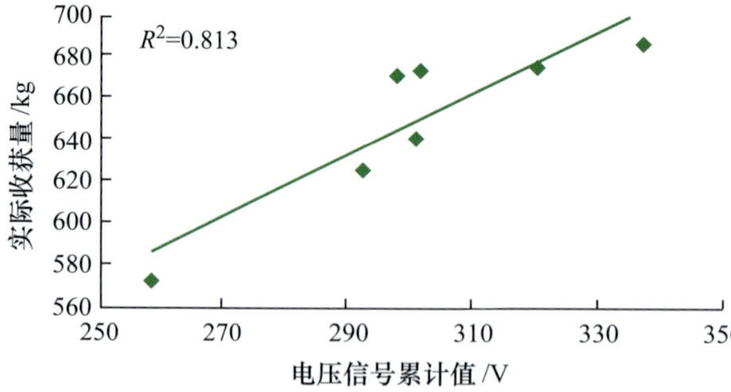

图 6.26 收获量和电压信号累计值关系图(2010 年,差分后)

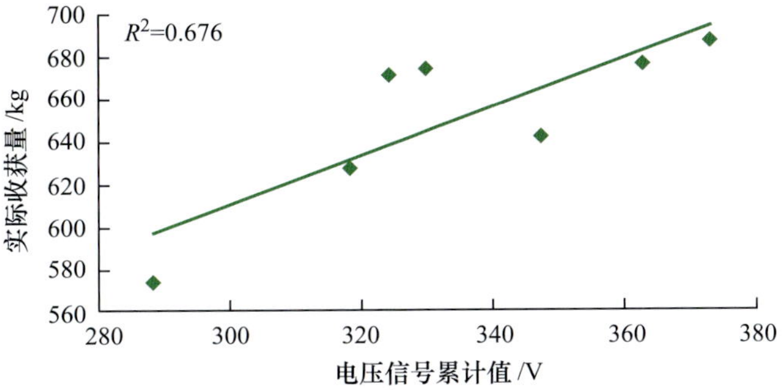

图 6.27 收获量和电压信号累计值关系图(2010 年,未差分)

6.2 农产品品质检测技术

6.2.1 农产品品质无损检测概述

近年来,关于农产品品质和食品安全的检测分析一直是热门的研究课题,在国家中长期科学和技术发展规划纲要(2006—2020 年)中重点发展的农业和公共安全方向的优先主题均涉及农产品和食品安全领域,说明农产品品质检测检疫技术将变得越来越重要。

广义的农产品包括农作物、畜产品、水产品和林产品;狭义的农产品仅指农作物和畜产品[33]。初级农产品是指初级产业产出的未加工或只经初加工的农、林、牧、渔等产品(见《经济大辞典·农业经济卷》)。农产品品质是指其外观品质、食味品质、营养品质、保健品质、卫生品质、贮藏品质、加工品质等[33]。农产品品质检验是指运用物理、化学、仪器分析以及感官鉴定等检测技术,按照标准规定的检验方法,对农作物和畜产品品质进行检测与评定的工作,具体涉及水果蔬菜的检测与分级,畜产品(猪肉、牛羊肉)的检测与分级,经济作物(烟叶、茶叶、油料作物、纤维作物如棉花)的检测与分级,谷物(小麦、玉米、稻米)的检测与分级。

先进的检测技术不仅可以监测和控制高品质的农产品生产过程,而且可以有效打击不法分子,规范市场。当前,传统的理化方法已经不再适应社会发展的需要,快速无损检测技术被广泛应用。为了满足大批量快速检测的实际需求,国内外都在开展农产品品质无损检测技术的研究及应用。因此,在常规检测技术的基础上,应加快推进快速无损检测技术的发展,以备应付一些突发事件的公共安全问题。

无损检测是不破坏样品,利用农产品物理性质来进行品质评价的方法,这些物理性质包括力学性质、热学性质、声学性质、电学性质及光学性质。农产品种类复杂多样,各种农产品可以采用不同的检测技术进行品质评价。目前,无损检测技术主要包括光学检测技术(光谱技术、机器视觉)、介电特性检测技术、超声波检测技术、X 射线检测技术、核磁共振检测技术、生物传感技术等[34]。

根据本研究组的研究内容,本节主要以猪肉为检测对象,介绍基于光子学原理的光谱检测技术以及生物阻抗检测技术在猪肉品质检测中的应用。文中所述检测技术及概念可以广泛应用于生物组织样品，不限于农产品，所以在下面涉及检测技术原理的叙述中将使用“生物组织”来表述检测对象。

6.2.2 基于光子学原理的光谱检测技术

6.2.2.1 概述

光具有波动性和粒子性，一般用光的波动理论描述光的传播，而研究光与物质的相互作用则需要考虑其粒子性，理论基础是量子力学。光子学则是研究作为信息和能量载体的光子的行为和应用的科学[35]。从光子学角度出发，在研究光与生物组织作用基本形式的基础上，采用描述粒子传输的输运理论来定量描述光在生物组织中的输运规律，为准确获取和分析生物组织光谱提供理论指导。

光与生物组织互相作用时表现为吸收、散射、反射、折射、发光、光化学等现象，因此光与生物组织之间的相互作用是一个极其复杂的过程，如果把生物组织单纯地看成是由吸收粒子、散射粒子组成的非均匀离散分布体，那么这个过程将得到大大地简化。当光子在生物组织中传播时，要么被完全吸收，要么被弹性散射，因而可以通过能够反映吸收和散射作用能力的光学参数来表征生物组织的光学特性，进而研究光与生物组织的相互作用规律。

6.2.2.2 光学参数的基本概念

1. 基本光学参数

基本的光学参数包括吸收系数、散射系数和各向异性散射因子，生物组织的平均折射率在描述和处理边界特性时具有独立的物理意义，因此把它也看成是生物组织的一个基本光学参数[36,37]。

1) 吸收系数

介质对光的吸收作用其实质是光作用于组织时引起的分子振动将光能转化为热能或者其他形式能量的一种表述，在组织光学中可以采用吸收系数来表征介质对于光吸收的能力，吸收系数反映了生物组织中分子的振动能级信息。当光穿过吸收薄层 $\mathrm{d}x$ 时，光能 I 由于吸收作用将损失绝对值 $\mathrm{d}I$，因此对于 $\mathrm{d}I/I$ 与薄层厚度 $\mathrm{d}x$ 有如下关系：

$$-\frac{\mathrm{d}I}{I}=\mu_{\mathrm{a}}\mathrm{d}x \tag{6.6}$$

式中比例系数 μ_{a} 称为吸收系数，常用的单位是 mm^{-1} 或者 cm^{-1}。

2) 散射系数

介质对光的散射作用反映出了生物组织结构的显微不均匀性。和吸收系数类似，组织光学中采用散射系数来表征介质对于光散射的能力，其微观物理含义为光子在失去原来的迁移方向之前所经过单位路径长度上的衰减能力。当光穿过散射薄层 $\mathrm{d}x$ 时，光能 I 由于散射作用将损失绝对值 $\mathrm{d}I$，因此对于 $\mathrm{d}I/I$ 与薄层厚度 $\mathrm{d}x$ 有如下关系：

$$-\frac{\mathrm{d}I}{I}=\mu_{\mathrm{s}}\mathrm{d}x \tag{6.7}$$

式中比例系数 μ_{s} 称为散射系数，常用的单位是 mm^{-1} 或者 cm^{-1}。

3）各向异性散射因子

介质对光的散射是具有方向性的，当光发生散射事件时，入射光由于生物组织中散射体的影响会偏离原来的传播方向，入射光和散射光之间的这个夹角称为散射角，记为 θ，$\theta\in[0,\pi]$，这种偏转是随机的，可以采用散射角度分布函数（相函数）$p(v)$ 来表示，其中 $v=\cos\theta$，其物理意义是散射事件发生时光子散射角的概率统计分布。此时，散射角的余弦平均值称为各向异性散射因子，记为 g。

$$g=\int_{4\pi}p(v)v\mathrm{d}\omega \tag{6.8}$$

当 $g=1$ 时，有散射角 $\theta=0$，表示完全前向散射；当 $g=0$ 时，有散射角 $\theta=\pi/2$，表示各向同性散射；当 $g=-1$ 时，有散射角 $\theta=\pi$，表示完全后向散射。图 6.28 是各向异性散射因子所反映的光子散射方向性示意图。在大多数生物组织中，g 值介于 0.6～0.99 之间，即前向散射特性比较明显。

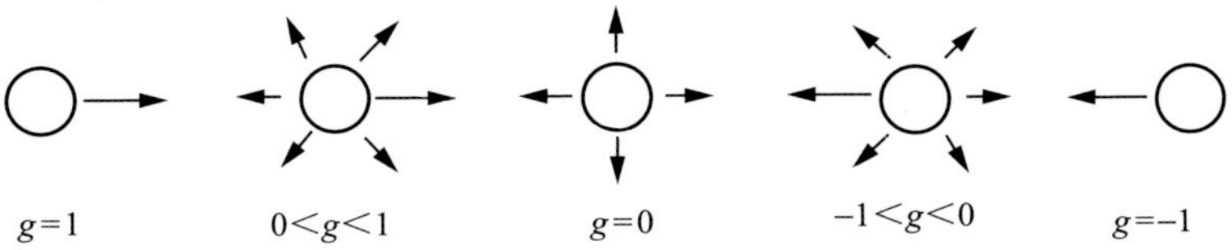

图 6.28 各向异性散射因子所反映的光子散射方向性示意图

4）折射率

根据物理光学的定义，介质的折射率

$$n=\frac{c}{v} \tag{6.9}$$

式中：c 为光在真空环境中的传播速度；v 为光在介质环境中的传播速度。

折射率的不同是生物组织不均匀性的一种宏观体现，它所反映的是生物组织与生物组织之间对改变光传播方向能力的差别，主要用于描述和处理生物组织边界特性等问题。折射率和上述前 3 个光学参数不同，它所体现的是光的波动性特征，因而可以通过菲涅尔反射公式在测量其生物组织反射率的基础上来求解。表 6.5 给出的是几种常见物质的折射率。对于生物组织来说，其折射率一般在 1.3～1.5 之间，更多的则是接近于水的折射率，典型的取为 1.37。

表 6.5 几种常见物质的折射率

物质	水	冰	酒精	空气	石英	玻璃
折射率	1.333	1.31	1.36	1.003	1.46	1.5

2. 其他光学参数

为了研究的方便，研究者们还使用一些其他的光学参数表述形式，如总衰减系数、约化散射系数、反照率、平均自由程等，它们都可由最基本的吸收系数、散射系数、各向异性散射因子推导出来，如表 6.6 所示。

表 6.6 常见的光学参数表述形式

光学参数	符号表示	计算公式	单位
总衰减系数	μ_t	$\mu_t=\mu_s+\mu_a$	mm^{-1}
平均自由程	mfp	$mfp=\frac{1}{\mu_t}=\frac{1}{\mu_s+\mu_a}$	mm
光学穿透深度	τ	$\tau=\mu_t d=(\mu_s+\mu_a)d$	—
约化散射系数	μ_s'	$\mu_s'=\mu_s(1-g)$	mm^{-1}
反照率	α	$\alpha=\frac{\mu_s}{\mu_s+\mu_a}$	—
约化反照率	α'	$\alpha'=\frac{\mu_s'}{\mu_s'+\mu_a}=\frac{\mu_s(1-g)}{\mu_s(1-g)+\mu_a}$	—
有效衰减系数	μ_{eff}	$\mu_{eff}=\sqrt{3[\mu_s(1-g)+\mu_a]\mu_a}$	mm^{-1}
有效透射深度	δ	$\delta=\frac{1}{\sqrt{3[\mu_s(1-g)+\mu_a]\mu_a}}$	mm
扩散系数	D	$D=\frac{1}{3[\mu_s(1-g)+\mu_a]}$	mm

6.2.2.3 生物样品组织光学参数的检测原理

辐射传输理论考察的是光能量在生物组织中的传播行为，光子包与生物组织的相互作用只包括散射和吸收，而忽略了光在生物组织内部的辐射和感应效应。光辐射传输方程[38]可描述为

$$\frac{\partial L(r,\vec{s},t)}{c\partial t}=-\vec{s}\,\nabla L(r,\vec{s},t)-\mu_t L(r,\vec{s},t)+\mu_s\int_{4\pi}L(r,\vec{s'},t)P(\vec{s},\vec{s'})\mathrm{d}\Omega+\Omega(r,\vec{s},t) \tag{6.10}$$

式中：$L(r,\vec{s},t)$为光源辐射在 r 处 $\vec{s}$ 方向单位立体角内的能量，即辐射强度；$P(\vec{s},\vec{s'})$为散射相位函数，表示 $\vec{s}$ 方向的光子包散射到$\vec{s'}$方向的概率密度；$\Omega(r,\vec{s},t)$为光源函数。

辐射传输方程是描述辐射传播通过介质时与介质发生相互作用（吸收、散射、发射等）而使辐射能按一定规律传输的方程。从式(6.10)可以看出，辐射传输方程是一个较为复杂的微分积分方程，除了几种特定条件[35]下，一般很难求出解析解。因而在实际研究应用中只能通过近似的方法来求解。由于大多数生物组织是光的浑浊介质，光在生物组织中的传播以多次散射效应为主导，光学无损检测中的光传输问题在大多数情况都满足漫射近似条件。在球坐标系下，根据球谐函数对传输方程(6.10)进行展开，可以得到一个无限的微分方程组。求解该方程组，需要进行一定程度的近似。对展开式进行截断，忽略高阶小量就可以得到一个闭合的方程组。实际中，往往只取 1 项，这样就可以得到含 4 个方程的微分方程组，即采用 P1[39] 近似方法进行计算，P1 近似的条件是约化散射系数 μ_s' 远大于吸收系数 μ_a。通过 P1 可得漫射近似方程

$$\frac{\partial L_0(r,\vec{s},t)}{c\partial t}-D\nabla^2 L_0(r,\vec{s},t)+\mu_a L_0(r,\vec{s},t)=\Omega_0(r,\vec{s},t) \tag{6.11}$$

式中：$D=\dfrac{1}{3(\mu_a+u'_s)}$，称为扩散系数；$\Omega_0(r,\vec{s},t)$为各向同性点光源函数；$L_0(r,\vec{s},t)=\int_{4\pi}\mathrm{d}\Omega L(r,\vec{s},\Omega,t)$。

这里只讨论稳态情况下漫射方程的求解，此时入射光强为恒定值，稳态漫射方程可用式(6.12)来表示：

$$\nabla^2\Psi(r)-K^2\Psi(r)=-S_0(r)/D \tag{6.12}$$

式中：$\Psi(r)$为光能流率；$S_0(r)$为光源；r为光源到检测器之间的距离；$K^2=-\mu_a/D$。

求出稳态情况下外推边界条件下方程的解析解。此时入射光强为恒定值，介质外离介质一定距离处，光的平均漫射强度为零。表面漫反射率如式(6.13)所示[40]：

$$R(r)=\frac{1}{4\pi\mu_t}\left[\left(\mu_{\text{eff}}+\frac{1}{r_1}\right)\frac{\mathrm{e}^{-\mu_{\text{eff}}r_1}}{r_1^2}+\left(\frac{4}{3}A+1\right)\left(\mu_{\text{eff}}+\frac{1}{r_2}\right)\frac{\mathrm{e}^{-\mu_{\text{eff}}r_2}}{r_2^2}\right] \tag{6.13}$$

$$\mu_{\text{eff}}=\sqrt{3\mu_a(\mu_a+\mu'_s)} \tag{6.14}$$

$$\mu_t=\mu_s+\mu_a \tag{6.15}$$

$$r_1=\sqrt{\left(\frac{1}{\mu_t}\right)^2+r^2} \tag{6.16}$$

$$r_2=\sqrt{\left(\frac{\frac{4}{3}A+1}{\mu_t}\right)^2+r^2} \tag{6.17}$$

$$A=\frac{1+r_d}{1-r_d} \tag{6.18}$$

A反映了生物组织与空气的相对折射率。$r_d=-1.44m^2+0.71m^{-1}+0.668+0.663m$，$m=n_t/n_a$，$n_t$为生物组织折射率，$n_a$为空气折射率。

由上述公式可知，漫反射率$R(r)$是散射系数、吸收系数和光源到检测器之间距离r的函数，其中光源到检测器之间的距离r可以直接测量得到；根据折射率的变化范围，r_d的范围为$-0.264\ 19\sim0.595\ 833$。通过检测得到的漫反射率值可以逆推出散射系数和吸收系数的值。

鉴于此，在边界范围之内测量至少两个不同距离r处的漫射率$R(r)$就可以通过拟合得到吸收系数和约化散射系数，通过研制传感器和实验装置测得的漫反射率值可以逆推出散射系数和吸收系数的值。

稳态空间分辨光谱技术有以下特点[41]：根据漫射近似理论，当连续光源垂直入射到半无限大介质表面时，可以认为组织体内的光分布是和时间无关的一种稳态分布，其漫反射率随着与入射光源的距离的增加而下降，因此通过在不同空间位置上放置多个检测器来求出光强随距离的变化关系，就能得到一定检测深度且与吸收、散射相关的信息。图6.29为稳态空间分辨方法的原理示意图，由于大量光子在组织中的平均传播路径是弯曲的，可采

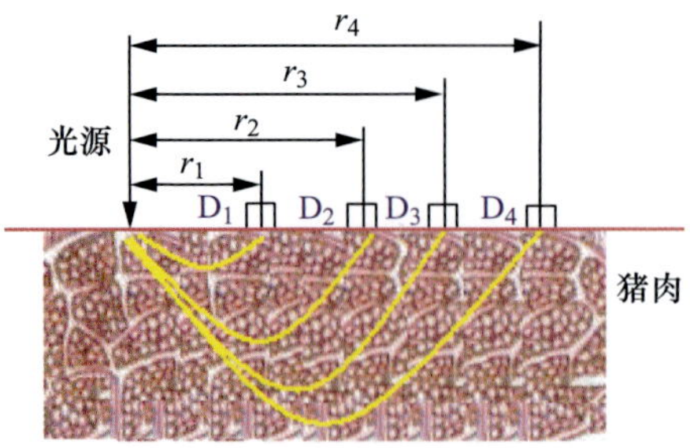

图 6.29 基于稳态空间分辨方法的光源与检测器分布示意图

用漫反射式传感器进行检测，这样就可以在待测组织表面与入射光源一定距离处检测到出射光。图中 D_1、D_2、D_3、D_4 代表 4 个检测器，r_1、r_2、r_3、r_4 代表光源到各检测器的距离（一般为几厘米）。

当入射光强度恒定时，通过求解均匀介质半无限大边界条件下的稳态漫射方程可得到公式(6.19)[42]：

$$\frac{\partial OD}{\partial r}\times \ln 10=\mu_{\mathrm{eff}}+\frac{2}{r} \tag{6.19}$$

因为猪肉是强散射物质，其 $\mu'_s \gg \mu_a$，有

$$\mu_{\mathrm{eff}}=\sqrt{3\mu'_s\mu_a} \tag{6.20}$$

式中：OD 为光密度，$OD=\lg(I_0/I)$，即出射光强 I 相对于入射光强 I_0 的衰减；r 为光源与检测器的距离，mm；μ'_s 为组织的约化散射系数，mm^{-1}，且 $\mu'_s=\mu_s(1-g)$，μ_s 为散射系数（mm^{-1}），g 为各向异性因子；μ_a 为组织的吸收系数，mm^{-1}；μ_{eff} 为组织的有效衰减系数，综合反映吸收及散射的作用。

6.2.2.4 稳态空间分辨光谱技术在猪肉品质测量中的应用

猪肉由肌肉组织、脂肪组织、结缔组织构成，这些组织的构造及含量直接影响肉的品质、加工用途和商品价值。肉的主要成分是蛋白质（包括肌原纤维蛋白、肌浆蛋白）、水分、脂类、少量浸出物（含氮与不含氮的物质）以及微量的维生素等。肉品新鲜度变化过程中，其光学参数（吸收系数 μ_a、散射系数 μ_s）将发生相应的改变。一般认为，吸收系数 μ_a 是生物组织中不同物质的摩尔消光系数与其浓度乘积的累加和，对于波长在可见近红外范围内的入射光，其吸收物质为蛋白质、脂肪和水分等，它们含量的多少将直接影响肉品的吸收系数 μ_a；光的散射会发生在肉品内部肌纤维、周围间质粒子之间折射率不连续的边界上，与细胞结构及结构变化相关，肉品的肌纤维等物质的散射特性可用散射系数谱 $\mu_s(\lambda)$ 反映。在肉品新鲜度变化的过程中，其吸收系数和散射系数都会发生相应的变化，通过测定 $\mu_a(\lambda)$ 和 $\mu_s(\lambda)$ 的变化或者直接表示两者变化的参数，就可以反映出肉品品质的变化。因此，可以采用稳态空间分辨光谱技术，由多通道短波近红外光谱仪器等组成的检测系统获得光学参数，从而实现猪肉水分、嫩度、新鲜度、肌肉色素（肌红蛋白）含量的光学无损检测[43-46]。

猪肉的嫩度是肉的主要食用品质之一，反映食用时的口感老嫩，是消费者评判肉质的常用指标。肌肉的嫩度由肌肉组织、结缔组织与脂肪组织的分布情况、分布数量及这些组织的理化性状等因素决定[47,48]。对肉嫩度的评价目前有主观评价和客观评价两种方法。主观评价依靠经过培训且经验丰富的专业评审人员通过品尝肉来判断，直观、简单易行，但由于主观因素如评审人员年纪大小、味觉差异、牙齿好坏等的干扰，很难客观准确，所以，这种检测方法无法量化，只能作比较评价。客观评价是用剪切力仪器测量肉的剪切力，即一定钝度的刀切断一定粗细的肉所需的力。

利用可见近红外光谱技术检测肉的嫩度，国内外文献报道主要集中在牛肉嫩度的检测

上[49,50]，猪肉嫩度的文献很少[51]，而国内以猪肉消费为主，研究一种快速无损检测猪肉嫩度的方法很有意义。可见近红外光从肉品组织表面入射，由于组织对入射光的散射和吸收作用，在肉品组织表面所检测的漫反射光携带有丰富的组织结构和物质含量信息，通过测量肉品组织表面漫反射光的空间分布来反演出与吸收、散射对应的吸收系数 μ_a、约化散射系数 μ'_s 等组织光学特性参数是目前最受关注的方法之一。

本研究基于组织光学的稳态空间分辨光谱技术，采用多通道可见近红外光谱仪可以同时检测猪肉样品不同位置的漫反射率，获得猪肉样品的约化散射系数 μ'_s，并研究约化散射系数与猪肉嫩度的关系，尝试实现一种快速非破坏性检测猪肉嫩度的方法。

1. 试验材料与方法

1）试验材料

冷却肉样品来自北京第五肉联厂，经过卫生检疫部门检验合格。每次采取 100 mm×80 mm×50 mm 的猪背最长肌样品进行检测，共测量 12 个样品。样品用保鲜袋(聚氯乙烯，PVC)包装后保存于 0～4℃的冰箱内。

2）检测装置及检测步骤方法

应用稳态空间分辨光谱技术，采用 ZGW-1 型四通道可见近红外光谱仪[44]，按照文献[39]的方法用固态模型对该可见近红外光谱仪进行校准，用四通道光谱仪获得每个鲜猪肉样品 600～1 100 nm 光谱，上述四道光谱分别是光源到检测器距离为 6、9、12 和 15 mm 处获得的漫反射率光谱；用上海精密科学仪器有限公司生产的 WSC-S 测色色差计测量生肉样品的 L、a^*、b^* 值；用 C-LM4 嫩度仪测试鲜肉样品和常规方法处理的样品的嫩度值(剪切力)。

2. 结果与讨论

通过上述四通道可见近红外光谱仪可以得到 4 个不同位置处 600～1 100 nm 波长范围的漫反射率。利用稳态空间分辨光谱技术，用四通道光谱数据，在吸收系数近似一致的条件下，可以解算出这一波段中的约化散射系数 μ'_s。12 个样品中剔除 3 个异常值样品，分别计算猪肉背最长肌鲜肉嫩度值与 μ'_s 以及国标方法所测猪肉背最长肌嫩度值的相关关系，如图 6.30 至图 6.32 所示。700 和 760 nm 波长处的 μ'_s 与鲜肉嫩度值相关系数最高，结果如表 6.7 所示。

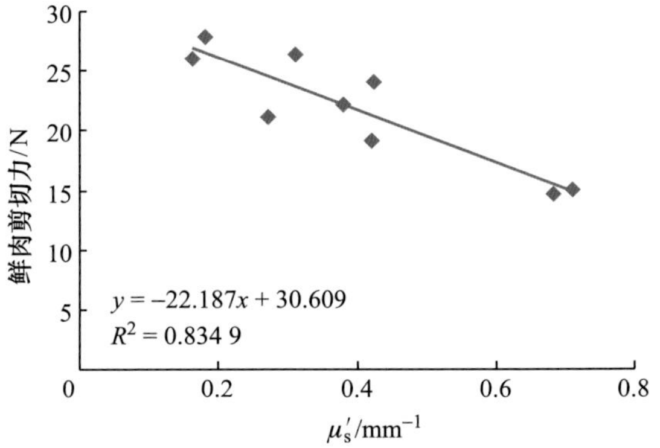

图 6.30 鲜肉 700 nm 波长处约化散射系数与剪切力的相关性

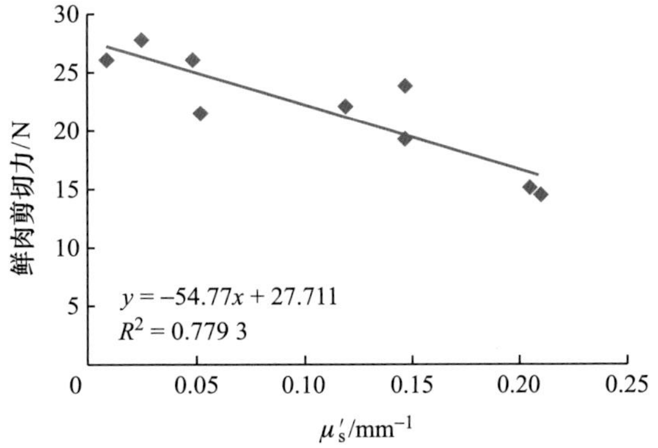

图 6.31 鲜肉 760 nm 波长处约化散射系数与剪切力的相关性

猪肉样品中进行。系统结构如图 6.35 所示。

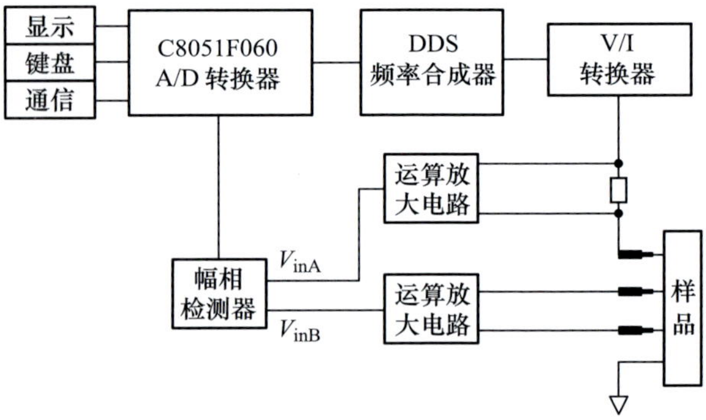

图 6.35　肉品阻抗谱检测系统结构示意图

2. 检测电极

电极设计是生物阻抗谱检测系统设计的重要环节。系统和测量单元通过电极与猪肉样品进行耦合,其材料、结构、外形等直接影响到测量数据的精准性、系统的稳定性和可靠性。图 6.36(a)所示为自制的双钢针电极,将两根钢针用胶封装固定,用双绞线将电极与系统连接起来。双针电极结构简单,制作方便。当电极插入猪肉样品后,某一时刻肉品组织内电流分布如图 6.36(b)所示,电流流经肉品组织时,只经过两针之间的组织细胞,电极间距为 2 cm,插入深度为 2 cm,测量有效范围较小。

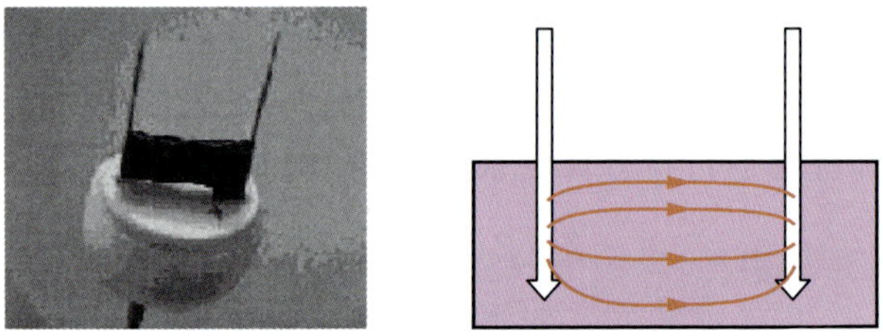

(a)　　(b)

图 6.36　自制双钢针电极示意图

(a) 自制双钢针电极;(b) 采用双钢针电极时组织内部电流示意图

四电极设计是在双电极设计基础上进行了改进,相比较而言,四电极测量结果更加稳定。图 6.37(a)所示为电极实物图,中间两电极间距为 2 cm,两端相邻电极间距都为 1 cm。图 6.37(b)为采用四钢针电极向样品注入激励电流和电压检测示意图。

3. 信号源

将生物阻抗技术应用于肉品品质检测是一个新的研究领域,要得到肉品的阻抗谱,信号源的设计至关重要。直接数字式频率合成器 DDS(direct digital synthesizer)是将先进的数字处理理论与方法引入频率合成的一项新技术。由于其分辨率高、变换速度快,一般都在纳秒级,而且具有低成本、低功耗和体积小的优点,近年来在电子测量仪器仪表中得到了越来越广泛的应用。选择测量频率范围为 0.1～250 kHz,频率范围跨度大,得到的阻抗值包含了高低频下的不同特性,这样才能够比较全面地反映肉品组织的阻抗特性,从而跟肉品品质因素相关联。

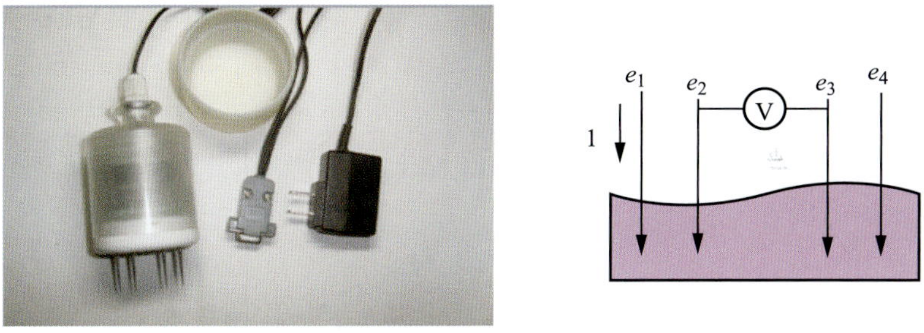

图 6.37 四钢针电极示意图

(a) 四钢针电极；(b) 四钢针电极检测示意图

4. 幅相检测

幅度相位检测单元由运算放大电路和 AD8302 幅相检测器组成。AD8302 检测两路信号（源信号 V_{inA} 和经过肉品组织的信号 V_{inB}）的幅度比 V_{mag} 和相位差信号 V_{phs}。

幅相检测器 AD8302 理论输出公式如式(6.22)和式(6.23)所示，由公式可以求得两路输入信号 V_{inA} 和 V_{inB} 的幅度比 V_{inA}/V_{inB} 和相位差 $\Delta\varphi$，再根据式(6.24)至式(6.26)分别求出肉品组织的复阻抗值 Z 以及其实部 Z_{real} 和虚部 Z_{image}。其中 R 为定值参比电阻。

$$V_{mag}=600\lg\left(\frac{V_{inA}}{V_{inB}}\right)+900 \tag{6.22}$$

$$V_{phs}=-10\Delta\varphi+1\,800 \tag{6.23}$$

$$Z=\frac{V_{inA}}{V_{inB}}R \tag{6.24}$$

$$Z_{real}=\frac{V_{inA}}{V_{inB}}R\cos\Delta\varphi \tag{6.25}$$

$$Z_{image}=\frac{V_{inA}}{V_{inB}}R\sin\Delta\varphi \tag{6.26}$$

6.2.3.4 系统测试

用 5 个 RC 阻容模型对系统稳定性进行测试。选用变异系数 CV(coefficient of variation，CV=标准差/平均值)来表示同一样品多次测量的稳定性。在同一温度(20℃)下对每个模型进行 3 次测量，得到模型 R_i、R_e 和 C 测量值，比较分析 3 次测量值得到 5 个模型在同一温度下三元件的变异系数。从表 6.8、表 6.9 和表 6.10 可以看出，对于不同阻容三元件模型，

表 6.8 20℃时各模型 R_e 测量值及变异系数

模型	细胞外液电阻 R_e/Ω			变异系数 CV/%
	第 1 次	第 2 次	第 3 次	
1	211.67	213.60	213.60	0.52
2	202.07	201.26	202.00	0.22
3	201.88	199.50	198.26	0.92
4	198.78	198.65	197.16	0.45
5	97.07	97.37	97.20	0.15

系统多次测量的结果有很好的稳定性：5 个模型 R_e 的测量值 $CV \leqslant 0.92\%$，5 个模型 R_i 的测量值 $CV \leqslant 1.01\%$，5 个模型 C 的测量值 $CV \leqslant 0.92\%$。

表 6.9　20℃时各模型 R_i 测量值及变异系数

模型	细胞内液电阻 R_i/Ω			变异系数 CV/%
	第 1 次	第 2 次	第 3 次	
1	128.99	130.67	130.67	0.75
2	107.16	106.69	107.10	0.24
3	102.28	100.86	100.30	1.01
4	99.77	99.69	98.88	0.50
5	51.33	51.46	51.40	0.12

表 6.10　20℃时各模型 C 测量值及变异系数

模型	细胞膜电容 C/nF			变异系数 CV/%
	第 1 次	第 2 次	第 3 次	
1	2.30	2.34	2.34	0.92
2	5.02	5.05	5.03	0.23
3	10.49	10.39	10.45	0.49
4	33.53	33.56	33.83	0.48
5	40.34	40.24	40.29	0.13

同时，在 5、20、30℃ 3 个不同温度下对 5 个阻容模型进行了测量，用组内相关系数 ICC(intra class correlation)来表示测量的可靠性，当 $ICC > 60\%$时，表示数据可靠[69]。ICC 可表示为

$$ICC = \frac{\delta_S^2}{\delta_S^2 + \delta_D^2} \tag{6.27}$$

式中：δ_S^2 为模型间方差；δ_D^2 为不同温度下测量产生的方差。

结果如表 6.11 至表 6.13 所示，R_e、R_i 和 C 组内相关系数都达到了 65%以上。

表 6.11　不同温度下模型 R_e 测量值的 ICC

模型	细胞外液电阻 R_e/Ω			组内相关系数 ICC/%
	5℃	20℃	30℃	
1	209.77	209.82	272.78	
2	203.81	201.03	229.43	
3	205.13	201.70	210.47	72.52
4	193.59	198.24	200.73	
5	96.90	97.76	97.53	

表 6.12 不同温度下模型 R_i 测量值的 ICC

模型	细胞内液电阻 R_i/Ω			组内相关系数 ICC/%
	5℃	20℃	30℃	
1	150.00	128.54	97.58	65.10
2	117.50	106.75	94.62	
3	106.74	102.28	95.34	
4	101.40	99.59	100.35	
5	51.79	51.82	50.28	

表 6.13 不同温度下模型 C 测量值的 ICC

模型	细胞膜电容 C/nF			组内相关系数 ICC/%
	5℃	20℃	30℃	
1	2.16	2.33	2.53	94.71
2	4.76	5.10	5.35	
3	10.14	10.50	10.59	
4	35.39	33.60	33.30	
5	39.09	41.08	40.84	

6.2.3.5 实际应用研究

以往新鲜度评价主要依据感官指标，也可以用电子鼻、电子舌等智能感官仪器来检测[69]。本研究组在系统测试之后，进行了肉品阻抗谱与肉品新鲜度关系研究。

1. 试验方法

在 25℃环境下，电极穿过保鲜膜扎入肉品中，以保鲜膜覆盖肉品避免水分蒸发对试验产生影响。测量时以一定的时间间隔(12 h)连续测量 3 次得到肉品复阻抗频谱图。

将测量结果与《鲜(冻)畜肉卫生标准》(GB 2707—2005)中的感官标准进行对比。

2. 试验结果

随着时间的推移(0～24 h)，发现肉品表面开始泛白，逐渐产生异味和酸败的味道。根据 Cole-Cole 模型理论，复阻抗虚部的最小值所对应频率点为特征频率 f_c[70]。如图 6.38(a)所示，随着肉品新鲜程度变化，阻抗谱虚部值在整个频段内呈减小趋势，特征频率逐渐消失。图 6.38(b)所示为复阻抗实部值随新鲜度变化的趋势图，由图可以看出，随着肉品腐败的加剧，肉品复阻抗值总体表现出下降的趋势，在整个频段有显著差异。

试验表明，随着肉品新鲜度变化，肉品阻抗也随之变化，阻抗谱能够反映出品质因素的变化，并且能够与多项品质因素建立关系。肉品阻抗谱检测系统能够定性分析肉品新鲜度等品质因素，而要定量给出新鲜度等肉品品质因素指标，还需要进行大量试验，以得到更多的数据来建立模型。

6.2.4 总结与展望

农产品种类复杂多样，形态各异，根据各种农产品本身的诸多特性，如力学性质、热学性质、声学性质、电学性质及光学性质等，采用相应检测原理研究农产品品质无损检测技术，涉及

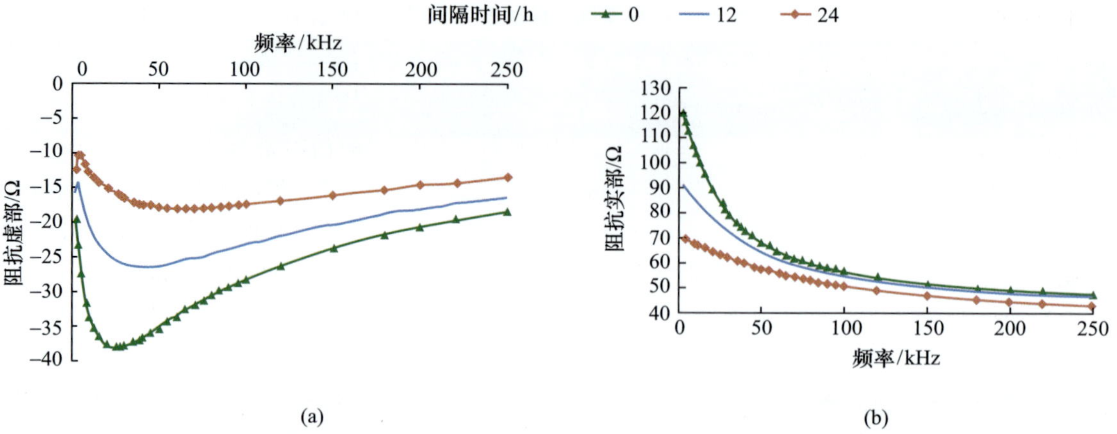

图 6.38　室温下 24 h 内肉品新鲜程度变化时的阻抗虚部谱和实部谱

(a) 虚部谱;(b) 实部谱

的学科领域宽,技术交叉性强,需要多学科学者协作,共同努力。

此外,在研究无损快速检测方法的基础上,本研究组还对屠宰后猪肉样品的不同理化测试数据进行了基于互联网在线数据融合技术研究,即利用 T-VBN 等数据结合光学方法、电化学多种传感器检测结果及感官数据等进行基于 Web 的数据融合,利用多种快速检测方法进行评定,既保证测量准确性又可以快速给出综合评价结果,适应大批量产品抽查的需要[71]。此课题值得进一步深入研究。

6.3　农产品冷链物流中的监测与传感技术[72,73]

6.3.1　冷链物流概述

中国是农产品生产和消费大国,但由于 80%以上的生鲜农产品物流是依靠常温实现的,使我国农产品供应链各环节问题频发[74]。农产品冷链物流作为使生鲜农产品从产地采收后在产品加工、贮藏、运输、分销、零售等环节始终处于适宜的低温控制环境下,最大限度地保证产品品质和质量安全、减少损耗、防止污染的特殊供应链系统,是保障食品安全、降低经济损失、提高生鲜农产品市场竞争力的必然发展需求[75-77]。

建立农产品冷链物流的重要性在于:资源分配更趋合理,提高经济效益;保证生鲜农产品品质及食用安全;增强产品国际竞争力[78]。

(1) 生鲜农产品产供销的资源分配更趋理性:规模化生产形成了冷库内货物的及时周转和库存量的合理性,使企业的农产品加工、销售和资金流向融为一体,形成综合性经济效益。运输成本也因集中送达和数量上的优势而不断降低[79]。冷链物流信息化的提高,使企业便于从产品过剩点输送到产品需求点,生鲜农产品的无效移动降为最低,从而大量减少劳动力和劳动强度,间接地产生经济效益。

(2) 防止生鲜农产品食用恶性事故发生的治本措施:我国建立生鲜农产品冷链物流体系,实际上是在生产者到消费者之间建立起一个跨区域、跨行业、产品无较大温度波动间断点的动态 HACCP 管理体系，体现出商流、物流、资金流和信息流特点的农产品冷链物流质量可控网络，这一网络具有农产品零售价格相对较低的优势和个性化服务的特点，提高资源利用率和经济效益。随着农产品鲜食习惯不断扩大的趋势，建立冷链物流体系，进行规模化经营，也是防止农产品食用恶性事故发生、杜绝危害人民身体健康事件发生的治本措施[80]。

(3) 企业形成专业化生产，产品更具国际竞争优势：冷链物流促进生鲜农产品生产企业在生产、加工、运输、贮藏和批发零售环节更加专业，产品更具有竞争优势，企业的平稳发展和连锁的专业化服务保证了我国农业经济的健康发展，也大力提升了生鲜农产品出口的国际竞争力。

冷链运输过程中影响农产品品质的主要因素有化学变化和微生物滋生等，但温度是影响整个冷链服务优劣的核心因素，无论是由化学变化还是微生物引起的农产品品质变化，温度的降低都可以起到延缓、减弱它们的作用，所以对于温度的控制和监测是保证农产品冷链物流的安全和质量的关键所在[81]。

通过对冷链物流实施数字化监控，实现温度的实时监测，既是冷链物流食品安全监管的要求，也是冷链物流技术发展的要求。

食品安全监管要求：实时监控和记录产品温度是食品安全的重要环节，根据 HACCP 的要求，必须对食品运输过程中的温度变化进行严格检查。冷链过程中对温度变化进行实时监控和预警，可以减少食品变质损耗。有了明确的温度记录，可以确定食品环境温度是否超标，减少不必要损失[82]。

物流技术发展的要求：传统的温度管理方式是在冷藏运输工具和仓库安装温度计，当一次运输过程结束后，人工将温度计与电脑进行物理连接，把温度数据导入电脑中以备查询。随着物流技术的进步，对温度监控技术提出了更高的要求，传统的温度采集方式已不能满足快速物流的需要，应用灵活采集手段、经由无线传输的数字冷链温度监控方式成为发展趋势。

6.3.2 冷链物流信息采集技术与设备

6.3.2.1 数字冷链信息采集设备的选择

温度传感器是实现温度采集与检测的重要器件。由于冷链环节信息的需要，在对冷链的环境信息进行采集时，不仅要对环境温度数据进行采集，为了更好地分析冷链环节的其他信息，还需要对采集温度所对应的时间信息进行记录。在农产品冷链的管理中，需要对冷链的各个环节的环境温度进行采集。全程时间-温度数据传感器对农产品冷链的环境温度进行采集需要多个传感器进行配合，根据不同的环境特性，还需要不同种类的传感器协同工作[83]。

时间-温度传感器是同时记录采集时间与相应的环境温度数据的仪器，由于传感器的种类众多，形态各异，工作原理和适用范围也各具特色，如表 6.14 所示。

表 6.14 时间-温度传感器与环境类型的匹配

介质类型	传感器类型	对应过程描述
空气	带有温度传感器的 RFID	农产品冷链全程
液体	带有金属探头的温度传感器	农产品加工环节
固体	iBotton 纽扣温度传感器	农产品速冻、冷冻过程； 农产品冷冻、冷藏运输过程

(1) iButton:是 information button 的缩写,即信息纽扣,它是一个装在 17.35 mm(直径)×(3.1～5.89) mm(厚度)的圆形不锈钢纽扣中的微芯片。iButton 中可以安装温度传感器,属于接触式传感器,用于采集时间-温度信息。这种传感器可显示其附着的物体的温度,也可显示其周围环境的温度,测量范围为－55～100℃。通过软件可以设置 iButton 进行温/湿度记录,设置采样速率以及高、低报警阈值。iButton 还可以根据需要确定数据记录存储器存满后的动作:翻滚或不翻滚记录。

根据 iButton 的特性,可以放置于农产品包装内部,用来采集包装内部的时间-温度信息,更直观地分析农产品的品质在冷链环节流动中的变化。

(2) 带有温度传感器的 RFID(温度传感器电子标签):属于非接触式传感器,其中的 RFID 电子标签可与各式传感器结合,在标识物品的同时可实现对环境诸多因素的监测和记录,极大地拓展了 RFID 的应用。RFID 与温度传感器结合,可以在对农产品环境温度采集的同时,对采集数据的时间信息进行记录,用来标识冷链环节信息。

RFID 仪器将采集到的温度数据,通过 GPRS 设备传送给安装在仓库、配送中心等各节点的读写器,读写器将这些数据集中上传至数据中心存储和处理。结合 GPS 系统,利用通讯设备还可以对时间-温度数据进行实时采集、传输与显示。在农产品冷链的运输阶段,利用终端计算机平台,可以实时显示冷藏运输行车的路线,并能够显示出冷藏车辆车厢内部的温度。从而实现了对农产品的实时监控,为快速响应决策的实施提供了前提与依据[84]。

(3) 带有金属探头的温度传感器(TTE):这种仪器带有金属探头,可以插入液体或固体中采集内部的温度。同时,这种传感器也有小型芯片、存储器、备用电池,但是没有天线,所以不能实现时间-温度数据的实时传输。在 TTE 进行工作时,需要通过软件对传感器预先设定工作起始时间、数据采集时间间隔与工作终止时间。

TTE 对温度数值的读取间隔时间相对较长,持续的读取时间跨度也较长。与 RFID 可以动态实时监测采集数据不同,TTE 是静态收集数据,需要手工实时进行记录。由于只有在加工环节才需要采集液体介质温度,所以需要制订 TTE 使用的管理计划与说明,对采集的数据进行标识。TTE 适用于获取液体、固体内部环境的时间-温度数据[85]。

6.3.2.2 冷链物流信息传输

以上对农产品冷链环境温度的采集仪器进行了分析与设计,由于采集设备种类不同,传输方式各异,需要对农产品冷链信息的传输框架进行总体设计。农产品冷链系统的温度数据传输框架,可以分为信息识别、信息传输、信息管理与信息通信 4 个环节,如图 6.39 所示。

(1) 信息识别:不同传感器在对温度数据进行采集时,所使用的数据存储结构与工作频率各不相同。在温度数据的采集初始阶段需要对信息的来源进行识别。以 RFID 为例,RFID 在冷链系统中主要用于采集空气介质的环境温度数据。数据存储于 RFID 的存储器中,以射频的频率进行传输。根据采集温度数据的结构与传输频率,可以对来自 RFID 的温度信息进行识别,并根据相匹配的时间信息,判断环境温度信息来自于某个冷链环节,从而根据温度信息对农产品的品质进行分析与决策。信息识别的内容有农产品的原料信息,农产品冷链的阶段、环节信息,农产品流程操作信息,农产品时间-温度数据文档,农产品品质描述信息[86]。

(2) 信息传输:在信息传输过程中,需要构建无线通讯网络。所采集的温度信息可以通过 GPRS 设备进行实时的传输。在传感器的读卡器中安装 GPRS 通信设备,与天线进行连接,借助卫星通讯对农产品冷链的时间-温度数据进行采集与传输。实时的信息传输是实现对农产品冷链信息实时监测与快速响应的前提[87]。

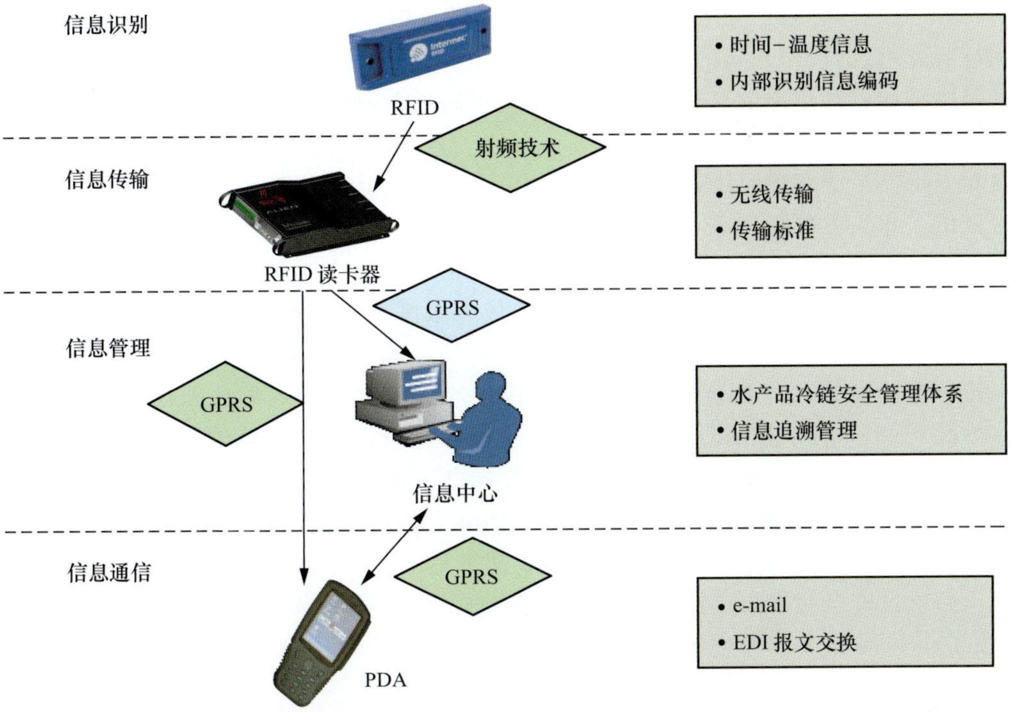

图 6.39 农产品冷链物流系统时间-温度数据的传输框架

(3) 信息管理:时间-温度信息通过 GPRS 设备与天线可以直接传输至数据分析终端,并存储在数据库中生成时间-温度数据文档。信息分析的终端管理人员可以实时对农产品冷链的温度环境进行分析,一旦发现温度环境异常,可以及时做出快速响应。在信息管理过程中,历史数据可以存储在数据库,实现对农产品信息的 ERP 管理与追溯。农产品的追溯信息是质量管理的重要环节。信息管理框架的构建不仅可以对农产品冷链的时间-温度信息进行实时的监测,同时也实现了对农产品冷链的追溯体系的建立。图 6.40 为利用时间-温度采集软件采集在途冷藏车内时间-温度数据的界面。

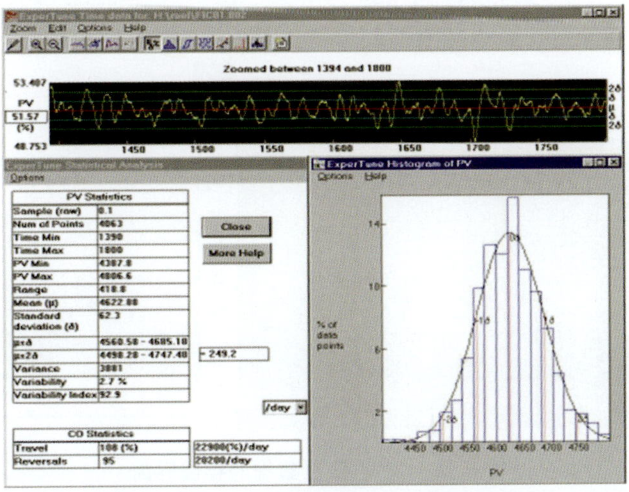

图 6.40 时间-温度数据的传输管理界面

(4) 信息通信:信息通信是对信息传输与管理的反馈,是通过对农产品冷链安全状态的分析,对农产品冷链的操作进行的干预与指导。可以利用 E-mail 或 EDI 电子报文的交换方式,对农产品冷链的流动作出信息反馈,并指导操作正确进行,是对农产品冷链安全的快速响应的重要手段之一。

在对农产品冷链环境温度进行观测时,如果发现环境温度异常情况,可以通过信息通信设备与冷链的工作人员取得联系,进行快速响应处理。决策信息通过 GPRS 进行传输,可以直接传送至工作人员的 PDA 或其他通讯设备。这种信息通信方式保证了决策信息可以进行快速的传递,同时也是快速响应的主要实现方式,最大限度地降低风险,并对成本控制具有重要意义。

由传感器记录的时间-温度数据信息是连续的时间点与温度点的数据档案。时间和温度数据作为配对信息,其采集的时间间隔可以根据需要进行设定并存储于相应的数据库中。温度数据远程(从冷藏车、仓库等)传输到服务器终端进行存储[88]。为了方便以后对数据进行分析挖掘与统计分析,温度数据必须建立档案,以档案形式进行管理。建立动态数据库,存储数据,并根据数据特点与用途,进行表的划分与表间关系的建立。

对产品质量安全起着决定性的环节包括农产加工环节和运输环节。在设计数据传输方案时,兼顾了全局的温度传输性和完整性,故利用记录仪对时间数据与温度数据进行了全程记录。

在运输环节中,温度变化大,不稳定,对冷冻农产品的品质影响很大。有效的解决途径是采取温度数据实时传输方案,通过 GPS/GPRS 系统进行温度数据的实时传输,起到对温度数据的监测,是冷链性能评价的基础。所以,在运输环节采用在冷藏车车厢内安装带有温度传感器的 RFID,连接天线,通过 GPS/GPRS 设备进行传输[89]。时间-温度数据可以通过 GPRS 设备实时地传送至电脑终端的监视系统,便于动态地对农产品冷链的环境信息进行分析与处理。温度数据由采集仪器进行动态存储后,可以导入数据库终端进行统一存储与管理[90]。图 6.41 为时间-温度数据的储存界面。

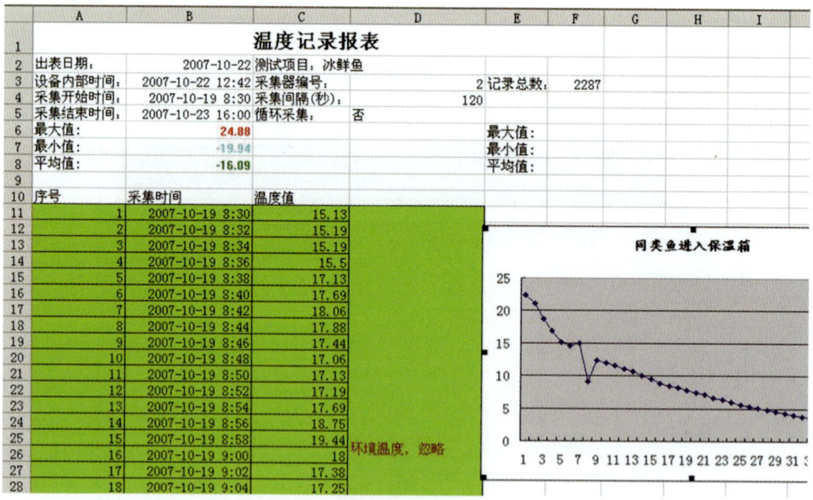

	A	B	C	D	E	F
1	温度记录报表					
2	出表日期:	2007-10-22	测试项目:冰鲜鱼			
3	设备内部时间:	2007-10-22 12:42	采集器编号:	2	记录总数:	2287
4	采集开始时间:	2007-10-19 8:30	采集间隔(秒):	120		
5	采集结束时间:	2007-10-23 16:00	循环采集:	否		
6	最大值:	24.88			最大值:	
7	最小值:	-19.94			最小值:	
8	平均值:	-16.09			平均值:	
9						
10	序号	采集时间	温度值			
11	1	2007-10-19 8:30	15.13			
12	2	2007-10-19 8:32	15.19			
13	3	2007-10-19 8:34	15.19			
14	4	2007-10-19 8:36	15.5			
15	5	2007-10-19 8:38	17.13			
16	6	2007-10-19 8:40	17.69			
17	7	2007-10-19 8:42	18.06			
18	8	2007-10-19 8:44	17.88			
19	9	2007-10-19 8:46	17.44			
20	10	2007-10-19 8:48	17.06			
21	11	2007-10-19 8:50	17.13			
22	12	2007-10-19 8:52	17.19			
23	13	2007-10-19 8:54	17.69			
24	14	2007-10-19 8:56	18.75			
25	15	2007-10-19 8:58	19.44	环境温度,忽略		
26	16	2007-10-19 9:00	18			
27	17	2007-10-19 9:02	17.38			
28	18	2007-10-19 9:04	17.25			

图 6.41 时间-温度数据的存储界面

6.3.3 数字冷链与决策支持

6.3.3.1 决策支持场景1:操作安全评价

1. 农产品冷链操作安全的决策过程

在农产品冷链中,操作对品质影响尤为重要。GMP和HACCP详细规范了农产品冷链过程中的操作。

GMP(Good Manufacturing Practice,良好操作规范)规定了食品生产、加工、包装、贮存、运输和销售的规范性要求,其主要目标是在食品企业中生产加工出安全卫生的食品[91]。

HACCP(Hazard Analysis and Critical Control Point,危害分析与关键点控制)是对生产加工过程中可能造成食品污染的各种危害因素进行系统和全面的分析,从而确定能有效预防、减轻或消除危害的加工环节(称之为"关键控制点"),进而在关键控制点对危害因素进行控制,对控制效果进行监控,当发生偏差时予以纠正,从而达到消除食品污染的目的[92]。HACCP对从原料到餐桌的整个食品流通环节进行严格的监控与因素分析,是对食品安全有效的管理方法。

本节以水产品冷链的HACCP文档为例,定义和分析关键点,如表6.15所示。

表6.15 水产品冷链CCP说明

关键点	水产品冷链环节	描述
CCP1	加工过程温度环境	水产品加工过程的温度范围基本控制在1~3℃,属于安全生产
CCP2	运输过程温度环境	水产品成品在运输过程中基本保持在-17℃以下,运输环节也确保了产品的安全

在冷链的加工过程中,对加工操作过程也有特定的要求。根据良好操作规范,最主要的内容就是严格控制加工时间。在冷链信息进行决策时,需要依据操作规范对冷链安全进行分析。该部分决策主要是通过分析水产品的状态值的安全状态实现的。水产品安全状态的判定以抽取事件集合的时间跨度作为评价的依据。

水产品冷链操作规范安全状态决策过程如图6.42所示。

利用操作谓词与对象名词对水产品冷链加工阶段的环节信息进行描述,形成水产品冷链加工阶段的概念化模型。

将操作谓词集合中的每个元素,利用基于数据挖掘与数据融合技术相结合的数据处理框架,对时间-温度数据进行自动分类,并与操作谓词元素进行匹配,形成含有时间-温度信息的操作谓词。

根据水产品加工中的谓词信息,提取相应的时间-温度数据,形成加工阶段从初始环节至终点环节的时间-温度信息。

通过加工阶段的环节操作谓词信息所含有的时间-温度数据,提取水产品冷链加工阶段初始的环节操作谓词信息所对应的时间节点与终点环节的时间节点,即操作谓词1与操作谓词n,计算时间跨度"T_n-T_1"。

调用操作安全模型,依据HACCP规则与GMP规则所定义的操作规范,对加工阶段的时

根据需要评价的水产品冷链阶段的水产品品质衰变信息，调用对象名词的温度数据文档，形成对应阶段信息的温度数据。

将各个阶段的初始环节信息与终点环节信息所对应的温度信息进行整理，作为水产品品质评价模型的输入信息。

调用 Labuza 水产品品质评价模型，根据 TTT 原理，将该阶段的温度数据进行温度环境匹配，选择对应温度环境的算法，对水产品品质衰变进行计算。

通过计算结果，对水产品品质的安全状态进行评价，形成对水产品冷链各个阶段的水产品品质衰变估计值，从水产品冷链的水产品品质安全状态角度，对水产品冷链安全进行管理决策支持信息输出的最终结果显示。

2. 水产品冷链操作安全的决策模型

水产品冷链信息的决策是通过对 $f(x)$定义而实现的。设定 $f(x)$为水产品品质评价模型，根据对时间-温度数据的分析，得出水产品的品质变化模型与保质期限。根据水产品在加工、运输过程中的时间-温度数据，设定决策函数为 $f(x)=f(T,\theta)=A(T,\theta)$，通过借鉴 TTT 理论与 Labuza 基于 Arrhenius 模型提出的算法，应用式(6.28)至式(6.33)来分析水产品的品质。

水产品的品质评价与冷链温度的波动情况有直接关系。根据前文对品质评价描述，利用 Labuza 模型，在对温度环境波动特点进行分析的基础上，对 $f(x)$的定义分为：水产品处于仓储状态的恒温环境、冷藏运输过程中的温度连续波动环境与在速冻、冷藏、冷冻过程中的开、关门的临界品质状态变化的水产品品质评价模型。针对这 3 种温度环境下的水产品品质状态评价模型 $f(x)$的构建如下。

(1) 仓储状态水产品品质评价模型：处于仓储状态的水产品，一般放置的时间比较长。例如罗非鱼冷冻仓库的温度通常情况下设置为－18℃，可以认为水产品处于恒温状态。品质评价模型为

$$f(A_0,\theta,T)=A_0\cdot\exp\left(-\sum k_i\theta_i\right) \tag{6.28}$$

$$k_i=\frac{\ln(A/A_0)}{\theta_s} \tag{6.29}$$

式中：A_0 为起始时的品质参数，初始品质为 1(品质最好)；A 为当前状态的品质参数；k_i 为时间 θ_i 时的玻耳兹曼常数，θ_s 为总体反应时间。

(2) 冷藏运输过程中的水产品品质评价模型：处于冷藏运输过程中的水产品，其温度环境呈连续波动的状态。在这种状态下，水产品的品质衰变与水产品初始状态的品质有关。品质评价模型为

$$f(A_0,\theta,T)=A_0\cdot\exp\left[-\frac{1}{2}k_{T_m}\theta_T\left(Q_{10}^{a}+Q_{10}^{-a}\right)\right] \tag{6.30}$$

$$a=\frac{T+10}{T+\Delta T} \tag{6.31}$$

式中：A_0 为起始时的品质参数，初始品质为 1(品质最好)；k_{T_m} 为在温度 T_m 时的玻耳兹曼常数；T 为环境温度；ΔT 为温度波动的幅值；θ_T 为温度 T 时的反应时间；Q_{10} 为温度系数；a 为温度变化比值。

(3) 临界状态下的水产品品质评价模型：水产品冷链的临界状态，指水产品在速冻机、冷

冻机、冷冻仓储、冷藏运输过程中，由于装卸货及开关冷冻机、仓库、车厢门的时候所产生的温度不连续波动。这种温度骤然的变化对水产品的品质也造成一定的影响。由于水产品在冷链过程中的流动阶段、环节众多，造成了水产品不可避免地多次处于这种温度波动的临界状态，导致了水产品品质的迅速下降。品质评价模型为

$$f(A_0,\theta,T)=A_0\cdot\exp\left[1+\frac{(\Delta T\cdot b)^2}{2^2}+\frac{(\Delta T\cdot b)^4}{2^2\cdot 4^2}+\frac{(\Delta T\cdot b)^6}{2^2\cdot 4^2\cdot 6^2}\right] \tag{6.32}$$

$$A=A_0\cdot\exp\left(-k_{T_m}\cdot\ln\frac{A}{A_0}\cdot\theta_T\right) \tag{6.33}$$

式中：A_0 为起始时的品质参数，初始品质为 1(品质最好)；A 为当前状态的品质参数；k_{T_m} 为在温度 T_m 时的玻耳兹曼常数；T 为环境温度；ΔT 为温度波动的幅值；b 为温度波动的周期函数；θ_T 为温度 T 时的反应时间。

以上模型分别从水产品冷链的温度波动环境对水产品的品质评价进行了分析与定义。在对冷链全程的水产品品质进行分析与评价时，需要根据水产品冷链的环节信息，确定水产品所处的温度波动环境，并根据温度波动对水产品品质选择相应的评价模型对水产品品质安全进行分析与评价，进而对水产品冷链过程中的水产品品质安全状态做出正确的决策支持与快速响应策略。

参考文献

[1] 张伟．谷物测产系统应用研究与智能监控器开发：硕士学位论文．北京：中国农业大学，2008.

[2] 汪懋华．“精细农业”发展与工程技术创新．农业工程学报，1999，1(3)：1-8.

[3] 李民赞．精细农业特征、现状与发展．农机市场，2008(3)：38-41.

[4] Zhang N, Wang M, Wang N. Precision agriculture—A worldwide overview. Computers and Electronics in Agriculture, 2002, 36: 113-132.

[5] Tian L. Sensor-based precision herbicide application system // Proceedings of International Conference on Engineering and Technological Sciences 2000. Beijing: New World Press, 2000: 163-169.

[6] Stone M L, Raun W R, Johnson G V. Sensing nitrogen deficiencies in winter wheat and Bermudagrass. Better Crops with Plant Food, 1997(4): 15-16.

[7] Loganathan G. GPS and GIS technology trends. Electronics & Communication Engineering Journal, 2002(14): 292-294.

[8] 金继运，自由路．精准农业研究的回顾与展望．农业网络信息，2004(4)：3-11.

[9] 杨明，冯昌伟．小议精细农业理论在我国的应用与实践．中小企业管理与科技(上旬刊)，2009(1)：204-207.

[10] 李鹏，张文革，王琦．谷物产量监视器的试验研究．农业网络信息，2004(4)：47-50.

[11] Blackmore S. An introduction outlook on agriculture. Precision Farming, 1994, 4(23):

275-280.

[12] Griffin L, Dayton T. Lessons learned from the top farmer—2004 yield monitor data analysis sessions. http://www.agecon.purdue.edu/topfarmer/,2005.

[13] 张漫．农田谷物产量空间分布信息采集:博士学位论文．北京:中国农业大学,2003.

[14] 陈树人，张文革，李相平，等．冲量式谷物流量传感器性能实验研究．农业机械学报，2005,36(2):82-84.

[15] Reyns P, Missotten B, Ramon H, et al. A review of combine sensors for precision farming. Precision Agriculture, 2002(3):169-182.

[16] Searcy S W. A US view on the precision farming revolution. Brighton Crop Protection Conference, Pests and Diseases, 1996, 3:1113-1120.

[17] Thomas D L, Perry C D. Development and implementation of a load cell yield monitor for peanut. Applied Engineering in Agriculture, 1999, 15(3):121-125.

[18] John Deere. Green Star System Products. Http://www.deere.com/en_US/ag/index.html.

[19] 王琦．谷物联合收割机测产系统智能监视器研究:硕士学位论文．北京:中国农业大学,2005.

[20] Micro-Trak. Grain-Trak System Products. Http://www.micro-trak.com/graintrak.shtml.

[21] Zhang X. Method of measuring grain-flow of combine harvester based on weighing. Transactions of the Chinese Society of Agricultural Engineering, 2010, 26(3):125-129.

[22] 饶运涛．现场总线CAN原理与应用技术．2版．北京:北京航空航天大学出版社,2007,14-19.

[23] 高华江.基于CAN总线的产量监控系统研究开发:硕士学位论文.北京:中国农业大学,2006.

[24] 马立锦.谷物联合收割机智能测产系统研究:硕士学位论文.北京:中国农业大学,2006.

[25] 张成龙.谷物测产系统流量传感器的研究与开发:硕士学位论文.北京:中国农业大学,2008.

[26] 陈树人,张漫,汪懋华,等.谷物联合收获机智能测产系统设计和应用.农业机械学报,2005,36(1):97-99.

[27] 胡均万,罗锡文,阮欢,等．双板差分冲量式谷物流量传感器设计．农业机械学报,2009,40(4):69-72.

[28] 孙志强.精准农业智能测产系统关键技术及仪器的研究:硕士学位论文.上海:上海交通大学,2003.

[29] Wang B, Li M. Development of a grain volumetric-flow sensor based on photoelectrical principle. Proceedings of SPIE—The International Society for Optical Engineering, 2009, 7157-7159.

[30] 王薄．谷物测产系统先进传感技术研究:硕士学位论文．北京:中国农业大学,2009.

[31] 李民赞．农作物产量自动监测技术及关键设备．农业网络信息,2004,4:34-38.

[32] Wu Guan, Li Minzan, An Xiaofei, et al. Development of an impact-based yield monitor with CAN-bus. Sensor Letters, 2011, 9(3):974-980.

[33] 郑金贵．农产品品质学．厦门:厦门大学出版社,2004.

[34] 应义斌．农产品无损检测技术．北京:化学工业出版社,2005.

[35] 谢树森,雷仕湛．光子技术．北京:科学出版社,2004.

[36] 苏畅．近红外光与生物组织互相作用的机理、仿真及其初步应用:博士学位论文．北京:清华大学,1997.

[37] Dam J S. Optical Analysis of Biological Media:Continuous Wave Techniques:Doctoral Dissertation. Sweden:Lund Institute of Technology,2000.

[38] Ishimaru A. Wave Propagation and Scattering in Random Media. New York:Academic Press,1978.

[39] 赵军．新生儿大脑组织光学参数的无损检测:博士学位论文．北京:清华大学,2005.

[40] Farrell T J,Patterson M S,Wilson B. A diffusion theory model of spatially resolved, steady-state diffuse reflectance for the noninvasive determination of tissue optical properties *in vivo*. Med Phys,1992,19(4):879-888.

[41] 刘志存,王忠义,黄岚,等．用稳态空间分辨光谱技术检测农产品光学参数的研究及应用.农业工程学报,2008,24(9):115-120.

[42] Susumu S,Sumio T,Takeo O,et al. A tissue oxygenation monitor using NIR spatially resolved spectroscopy. Proc SPIE,1999,3597:582-592.

[43] 姬瑞勤,黄岚,刘莉,等．鲜肉水分近红外漫反射方法及实验研究．光谱学与光谱分析,2008,28(8):1767-1771.

[44] 张根伟,文星,王忠义,等．基于稳态空间分辨光谱技术的猪肉嫩度测量方法研究．光谱学与光谱分析,2010,30(10):2793-2796.

[45] 文星,梁志宏,张根伟,等．基于稳态空间分辨光谱的猪肉新鲜度检测方法．农业工程学报,2010,26(9):334-339.

[46] 文星,王忠义,黄岚．基于稳态空间分辨光谱的猪肉肌红蛋白检测方法．农业工程学报,2010,26(增刊):375-379.

[47] 周光宏,徐幸莲．肉品学．北京:中国农业科学技术出版社,1997:147-148.

[48] 王永辉,马俪珍,张亚杰,等．杂种野猪宰后肌肉品质特性的研究．肉类研究,2006(1):48-52.

[49] Shackelford S D,Wheeler T L,Koohmaraie M. On-line classification of US select beef carcasses for longissimus tenderness using visible and near-infrared reflectance spectroscopy. Meat Science,2005,69:409-415.

[50] Bowling M B,Vote D J,Belk K E,et al. Using reflectance spectroscopy to predict beef tenderness. Meat Science,2005,82:1-5.

[51] Geesink G H,Schreutelkamp F H,Frankhuizen R,et al. Prediction of pork quality attributes from near infrared reflectance spectra. Meat Science,2003,65:661-668.

[52] 丁海曙,王峰,苏畅．近红外光子在生物组织中迁移的仿真及应用．清华大学学报,1999,39:5-8.

[53] Matcher S J,Elwell C E,et al. DT performance comparison of several published tissue near-infrared spectroscopy algorithms. Analytical Biochemistry,1995,227:54-68.

[54] Sevick E M,Chance B,Leigh J,et al. Quantitative of time and frequency resolved optical

spectra for the determination of tissue oxygenation. Anal Biochem,1991,195:330.

[55] Chance B,Cope M,Gratton E,et al. Phase measurement of light absorption and scatter in human tissue. ev Sci Instrum Rev Sci Instrum,1998,69(10):3457-3481.

[56] 谢树森,黄禄华,郑蔚,等. 哺乳动物五种离体组织光学特性的测量. 光子学报,1996,25(2):97-102.

[57] 刘顺德,刘孟洲,王玉涛,等. 宁夏几个主要品种猪背最长肌组织光学特性的研究. 农业科学研究,2006,27(2):34-37.

[58] Higbie A D,Bidner T D,Matthews J,et al. Prediction of swine carcass composition by total body electrical conductivity(TOBEC). Animal Science,2002,80(1):112-113.

[59] Kanekia N, Miuraa T, Shimadab K, et al. Measurement of pork freshness using potentiometric sensor. Talanta,2004,62(1):217-221.

[60] Altmann M, Pliquett U. Prediction of intramuscular fat by impedance spectroscopy. Meat Science,2006,72(4):666-671.

[61] Damez J L,Clerjon S,Abouelkaram S,et al. Beef meat electrical impedance spectroscopy and anisotropy sensing for non-invasive early assessment of meat ageing. Journal of Food Engineering,2008,85(1):116-122.

[62] Guerreroa L, Gobantesa I, Olivera M, et al. Green hams electrical impedance spectroscopy(EIS) measures and pastiness prediction of dry cured hams. Meat Science, 2004,66(2):289-294.

[63] Damez J L,Clerjon S,Abouelkaram S,et al. Dielectric behavior of beef meat in the 1-1500 kHz range: Simulation with the Fricke/Cole-Cole model. Meat Science,2007,77(4):512-519.

[64] Marchello M J,Berg P T,Swantek P M,et al. Predicting live and carcass lean using bioelectrical impedance technology in pigs. Livestock Production Science,1999,58(2):151-157.

[65] Suzuki K,Irie M,Kadowaki H,et al. Genetic parameter estimates of meat quality traits in Duroc pigs selected for average daily gain, longissimus muscle area, backfat thickness,and intramuscular fat content. Animal Science,2005,83(9):2058-2065.

[66] Byrne C E,Troy D J,Buckley D J. Postmortem changes in muscle electrical properties of bovine M. longissimus dorsi and their relationship to meat quality attributes and pH fall. Meat Science,2000,54(1):23-34.

[67] Altmann M, Pliquett U. Prediction of intramuscular fat by impedance spectroscopy. Meat Science,2006,72(4):666-671.

[68] 张军,李小昱,王为,等. 用阻抗特性评价鲫鱼鲜度的试验研究. 农业工程学报,2003,23(6):44-47.

[69] 黄海滨,任超世. 生物电阻抗分析法(BIA)测量人体成分. 国外医学生物医学工程分册,2000,23(3):151-156.

[70] Kollmitzer J, Ebenbichler G R, Kopf A. Reliability of surface electromyographic measurements. Clinical Neurophysiology,1999,110(4):725.

[71] 韩剑众,黄丽娟,顾振宁,等．基于电子舌的鱼肉品质及新鲜度评价．农业工程学报,2008,24(12):141-144.

[72] 刘璐. 水产品冷链决策支持模型的构建:博士学位论文. 北京:中国农业大学，2011.

[73] 汪庭满．基于 RFID 水产品冷链物流温度监测系统研究——以罗非鱼为例:硕士学位论文．北京:中国农业大学,2010.

[74] 范梅华．我国食品冷链物流的现状和对策. 中国禽业导刊,2008(14):22-23.

[75] 方昕．中国食品冷链的现状与思考．物流技术与应用,2004,11(9):55-59.

[76] 丁声俊．中国发展生鲜品冷链物流的必要性分析．中国食物与营养,2007(12):36-39.

[77] 丁俊发．农产品物流与冷链物流的价值取向. 中国流通经济,2010(1):26-28.

[78] 金盛楠,肖更生,张友胜,等．冷链物流分析及其在食品中的应用现状．现代食品科技,2008,24(10):1031-1035.

[79] 宁喜斌,王璐华．水产品安全现状与预警技术,食品工业科技,2007,28(10):203-205.

[80] 孙红菊．农产品冷链物流浅析. 物流技术,2009(3):158-159.

[81] 谢晶,刘丽媛．贮藏温度对水产品品质影响的研究现状．制冷技术,2009(1):17-20.

[82] 谢晶．食品冷冻冷藏原理与技术. 北京:化学工业出版社,2005:28-32.

[83] Christian M, Florian M, Elgar F. Ambient energy scavenging for sensor-equipped RFID tags in the cold chain. Lecture Notes in Computer Science, 2007, 4793:255-269.

[84] Attaran M. RFID:An enabler of supply chain operations. Supply Chain Management, 2007, 12(4), 2007.

[85] Tanner D J, Amos N D, Heat and mass transfer-temperature variability during shipment of fresh produce. Acta Horticulturae,2003, 599:193-204.

[86] Abad E, Palacio F, Nuin M, et al. RFID smart tag for traceability and cold chain monitoring of foods: Demonstration in an intercontinental fresh fish logistic chain. Journal of Food Engineering, 2009,93(2):394-399.

[87] Karl Crowley , June Frisby , S'eamus Murphy, et al, Web-based real-time temperature monitoring of shellfish catches using a wireless sensor network. Sensors and Actuators. 2005,122:222-230.

[88] Liu Emily, Kumar Akhil. A formal modeling approach for supply chain event management. Decision Support Systems, 2007, 43(3):761-778.

[89] 瑞夫,任飞宇．基于温度的冷链物流系统研究．哈尔滨商业大学学报,2008(4):55-59.

[90] Kcimi R, Dhaou R, Beylot A. Using energy-efficient wireless sensor network for cold chain monitoring. Consumer Communications and Networking Conference, 2009:1-5.

[91] 唐晓纯,苟变丽．食品安全预警体系框架构建研究．食品科学,2005, 26(12):246-249.

[92] 郝丹．基于 HACCP 监测的冷冻水产品冷链物流研究．市场周刊理论研究,2009(2):82-83.

[93] Marija B, Ludvik B, Robert V. Stability of perishable goods in cold logistic chains . International Journal of Production Economics, 2005, 93:345-356.

[94] Wendie L, Smout C, Van L, et al. From time temperature integrator kinetics to time temperature integrator tolerance levels:Heat-treated milk. American Chemical Society, 2004, 1:1-12.

第7章

农业现场信息获取无线传感器网络技术

无线传感器网络(wireless sensor network,WSN)是指由部署在监测区域内的大量廉价微型传感器节点通过无线通信方式组成的多跳自组织网络系统,它是随着微电子技术、无线通信技术、计算技术、自动化技术的快速发展和日益成熟而产生的重要新技术。

无线传感器网络新技术的出现为农田环境信息的实时采集、传输、处理、分析提供集成化解决方案,为农业环境自动监测开拓了全新的研究思路。无线传感器网络技术应用具有以下优点:①智能化程度高。网络中的所有传感器节点,从信息获取、传输到处理分析,采用全自动化的工作模式,整个过程无需人工干预,能够极大地提高工作效率,节约人力物力。②信息时效性强。传感器网络的节点被部署在监测区域内,根据设定间隔连续采集传感器数据,采样间隔甚至可达到秒级,这使农田环境信息的动态获取、数据快速更新成为可能。③覆盖广域空间。无线传感器网络能够容纳成千上万个传感器节点,分布式获取监测区域中的环境信息,并且节点具有多跳自组织能力,这样的技术特点能够很好地满足缺乏基础结构的农田广域空间环境监测的应用需求。④支持多路传感器数据同步采集。网络中的每个传感器节点可以提供多路传感器 A/D 转换通道,支持多个环境参数信息的同步采集,这将有利于信息融合与数据互补、综合分析农田中不同环境要素之间的相互影响,实现科学管理决策。⑤灵活性强。由于田间的工作环境比较复杂,采用有线网络进行数据传输,整个工作过程必然会受到系统本身以及外界环境中多种复杂因素的影响,而传感器网络采用了无线通信技术,节点部署灵活、易于维护且降低了监测系统成本。⑥产品成本低。随着信息与通信技术的飞速发展,无线传感器产品的成本在不断下降,据预测无线传感器产品价格每 18 个月降低 50%。⑦系统可扩展性好。传感器网络可以与无线广域网、互联网技术相结合,组成集合信息采集、处理、发布、远程监控、查询等功能的多层次立体化应用服务体系,实现包括地理空间信息数据、土地资源数据和作物生长数据等各类农业信息资源的整合与共享,符合农业信息化的发展趋势。

综上可见,无线传感器网络技术为农田环境监测提供了全新的研究思路,可基于农业传感器技术、GPS 与 GIS 技术、地统计学与空间数据插值分析、实时数据库等已有的知识与技术积累,并结合无线传感器网络的技术优势,解决农田环境监测领域中信息获取自动化程度低、时效性差、空间覆盖度低、缺乏多源数据集成、管理模式落后等问题，提高农田环境监测水平。开展基于无线传感器网络的农田环境监测技术研究，对促进我国农业水土资源利用率、维护农田生态系统、提高农产品质量安全具有重要的应用价值，有利于推动精细农业与现代农业生产管理的跨越式发展。

7.1 农田信息获取无线传感器网络技术

土壤水分和土壤温度具备快速自动检测能力且空间分布差异特征比较显著，因此利用无线传感器网络监测系统，可以对种植农作物的大田土壤温湿度进行监测，分析土壤温湿度在时间和空间分布上的连续变化趋势。

本节以农田环境监测传感器网络设计方法、农田环境中短程无线电传播性能、农田环境监测节点部署方法等关键技术研究作为理论基础，设计和开发农田环境信息无线传感器网络监测系统原型，并制订田间规划方案。开发的无线传感器网络监测系统总体框图如图 7.1 所示，由分布在农田中的多个传感器节点组成，按照一定时间间隔采样，传感器节点基于 ZigBee 无线通信协议构建树簇型网络，所有传感器节点数据最终多跳转发到汇聚节点，由汇聚节点将全部数据通过 GPRS 远程无线通信方式转发到远程数据管理中心。远程数据管理中心负责数据接收、存储、显示和分析。

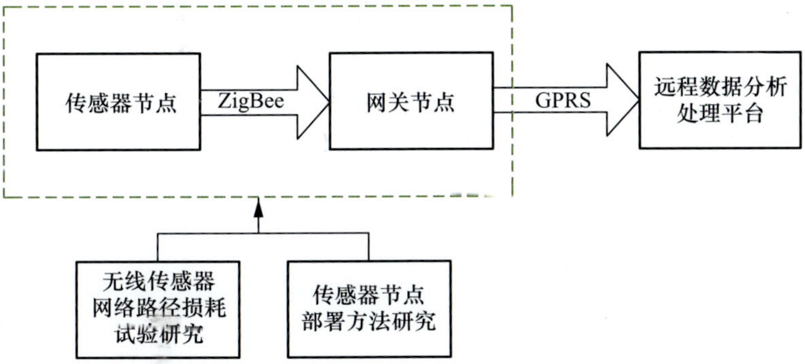

图 7.1 无线传感器网络监测系统总体框图

7.1.1 传感器节点设计[1]

传感器节点以 Jennic 公司的 JN5121 无线微处理器模块为核心，扩展设计了外围总线、多路传感器接口、太阳能供电系统。图 7.2 是传感器节点壳体组成结构(a)和实物照片(b)，节点顶端是太阳能电源组件，中间部分是无线通讯单元和控制组件，下部是传感器安装空间，目前安装了土壤温度和土壤湿度传感器，将来根据需要可以扩展近地小气候空气温湿度传感器以及其他监测作物和土壤的传感器。目前传感器节点体积略大，今后可以进一步优化外形设计。

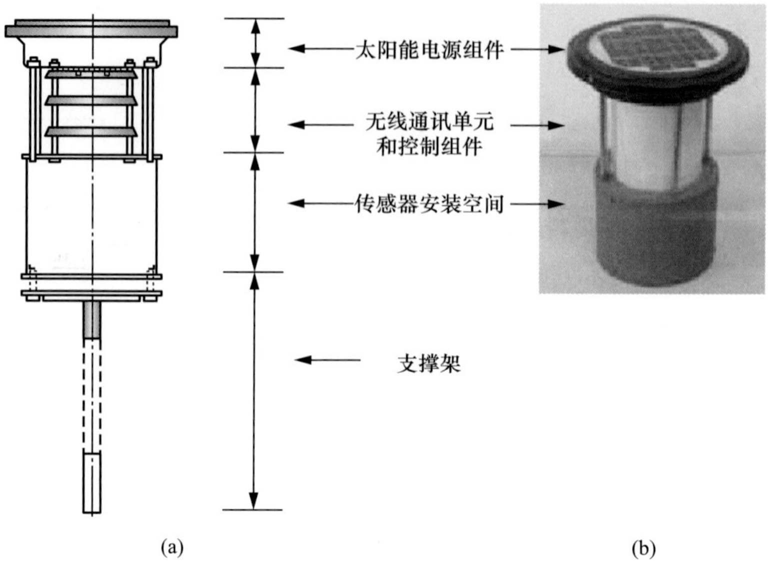

图 7.2　无线传感器网络节点壳体组成结构

(a) 结构;(b) 实物

7.1.1.1　JN5121 无线微处理器模块

JN5121 是一款支持低成本、低功耗 2.4 GHz IEEE 802.15.4 的 SOC 片上系统,集成了无线射频收发器和微处理器的单晶体模块(JN5121 Data Sheet,2006),图 7.3 为 JN5121 原理框图(a)和实物照片(b)。JN5121 无线控制微处理器具有 16 MHz 32 位 RISC CPU,64 kB ROM 可以写入网络堆栈协议,96 kB RAM 能够支持路由和协调器设备类型程序。JN5121 的无线收发器高度集成化,集成了 2.4 GHz 无线电、O-QPSK 调制解调器、基带控制器和安全协同处理器,同时提供 IEEE 802.15.4 MAC 库,免去了用户复杂而专业的无线射频设计。此外 JN5121 模块还提供了丰富的片上资源,包括 4 路 12 位 ADC 输入和 2 路 11 位 DAC 输入、异步串行口、SPI 接口、定时器/计数器、内部温度传感器及电量监测等,为用户节点外围设计提供简明优化的解决方案。

为了适应不同用户应用需求,Jennic 公司提供了 3 种发射功率的系列产品,零增益 JN5121-xxx-M00/01 的通信距离约为 100 m,增益为 18 dBm 的 JN5121-xxx-M02 标称通信距离达到 1 km 左右。农田应用环境中作物生长显著影响到无线电信号传播,为了保证网络长期连续正常工作,系统选择了高增益无线通信模块。

7.1.1.2　传感器节点控制板设计

传感器节点控制板以 JN5121 为核心,图 7.4 为控制板原理框图(a)和实物照片(b)。通过 SPI 接口扩展了 1 MB 闪存,用于数据存储。基于 JN5121 异步串行端口扩展了 RS232 和 RS485,通过 RS232 连接上位机,用于板载程序的写入和调试,通过 RS485 总线实现扩展控制。设计的电源管理电路实现太阳能供电或电池电源输入,为控制板各种器件供给能量,同时还支持电源输出,为外接传感器提供能量。节点控制板设计扩展支持 6 路传感器模拟信号输入,通过信号调理电路连接 JN5121 的 A/D 接口实现传感器数据采集。此外节点控制板还设计了看门狗和保护电路。

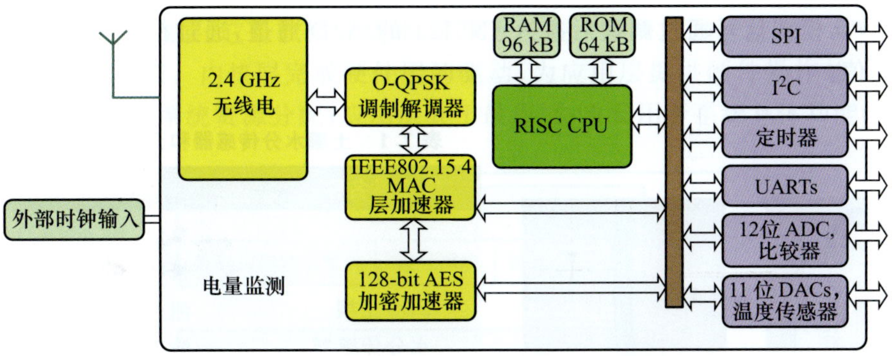

(a)

(b)

图 7.3 JN5121 无线微处理器模块

(a) JN5121 原理框图;(b) JN5121 实物

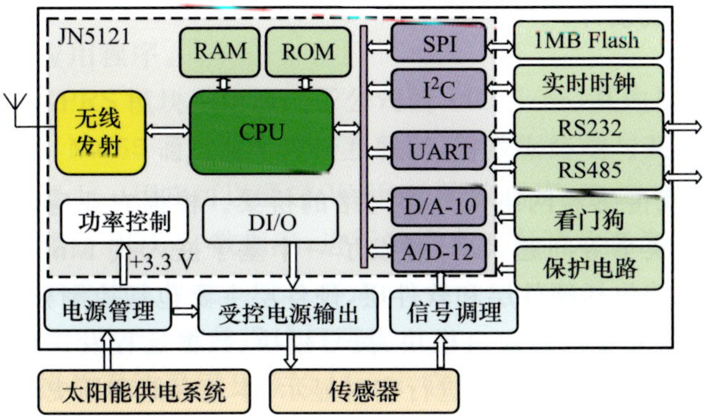

(a)

(b)

图 7.4 传感器节点控制板

(a) 控制板原理框图;(b) 控制板实物

7.1.1.3 土壤温湿度传感器

土壤水分传感器采用了中国农业大学自主研制开发的 FDS 系列水分传感器产品,应用频域测量方法确定含水土壤混合体的介电常数,计算土壤水分。土壤温度传感器采用基于半导体 PN 极测量原理的 ST10。图 7.5 和图 7.6 分别是土壤水分传感器和土壤温度传感器实物

1. 窗口模块

窗口程序主要由 5 个窗口界面组成，如图 7.8 所示，分别为控制主窗口、实时显示窗口、数据查询窗口、查询数据显示窗口和时间设置窗口。

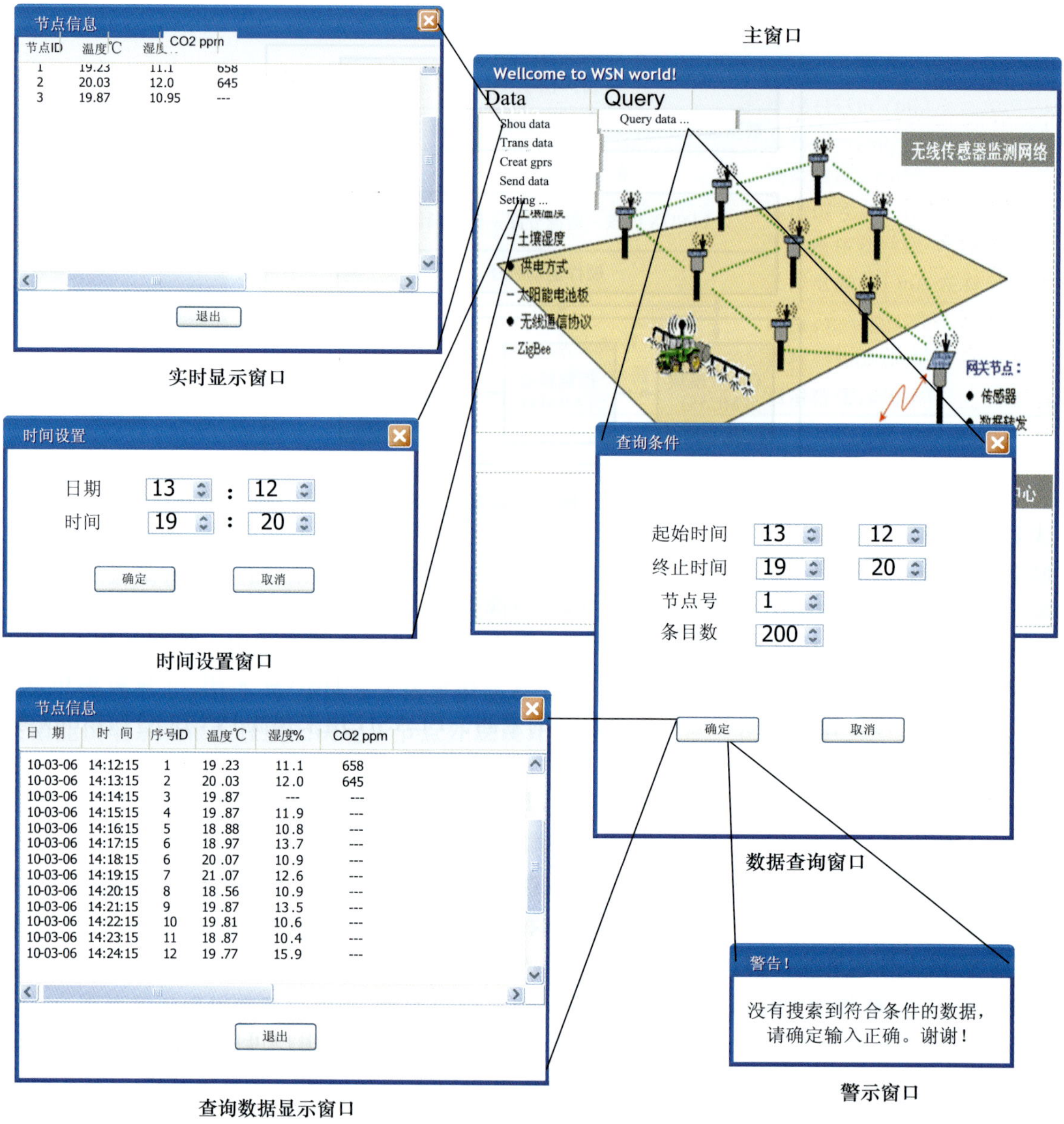

图 7.8 窗口程序的各个界面

通过控制主窗口中的菜单选项，用户可以使用系统的各种功能，比如数据采集、数据远程发送、建立远程通信等。其他的窗口界面也可通过主窗口来打开。

实时显示窗口用来显示实时采集到的数据信息。以列表的形式分别显示节点号和各节点的数据信息，其中异常信息采用特定颜色标示，达到预警目的。

数据查询窗口可以提供特定时间段和节点 ID 信息检索功能，查询结果在数据显示窗口以列表方式显示，可设定每页显示条目数。任何一列均可设定为主键对数据排序，方便查看。没有符合查询条件的数据时，系统自动给出警告信息。

时间设置窗口用来修改系统的时间。

2. 拨号模块

拨号模块采用 PPP2.4.1 软件包。PPP 是 Linux 下的一个拨号程序，为系统提供拨号上网功能，为数据的远程传输提供通道。交叉编译 PPP2.4.1 软件包，生成 chat 和 pppd 拨号软件。在配置文件 PPP-on 中设置好启动脚本的路径、串口名称以及波特率等。在拨号模块启动后，GPRS 会获得一个随机的 IP 地址。

3. 数据远程发送模块

在已获得临时 IP 的基础上，系统仅在有数据发送时与服务器建立连接，此设计既可以节省能量，也可节约 GPRS 通信费用。

数据远程发送模块采用多进程编程方法，它与远程服务器通过 Socket 函数簇建立连接，在通过身份验证后把采集到的数据上传到服务器[4]。此外它还有网络诊断功能，当网络连接正常时上传数据，反之将数据保存在本地的一个文件中。网络中断后还有自动拨号功能，待网络正常后再将数据上传至服务器。流程图如图 7.9 所示。

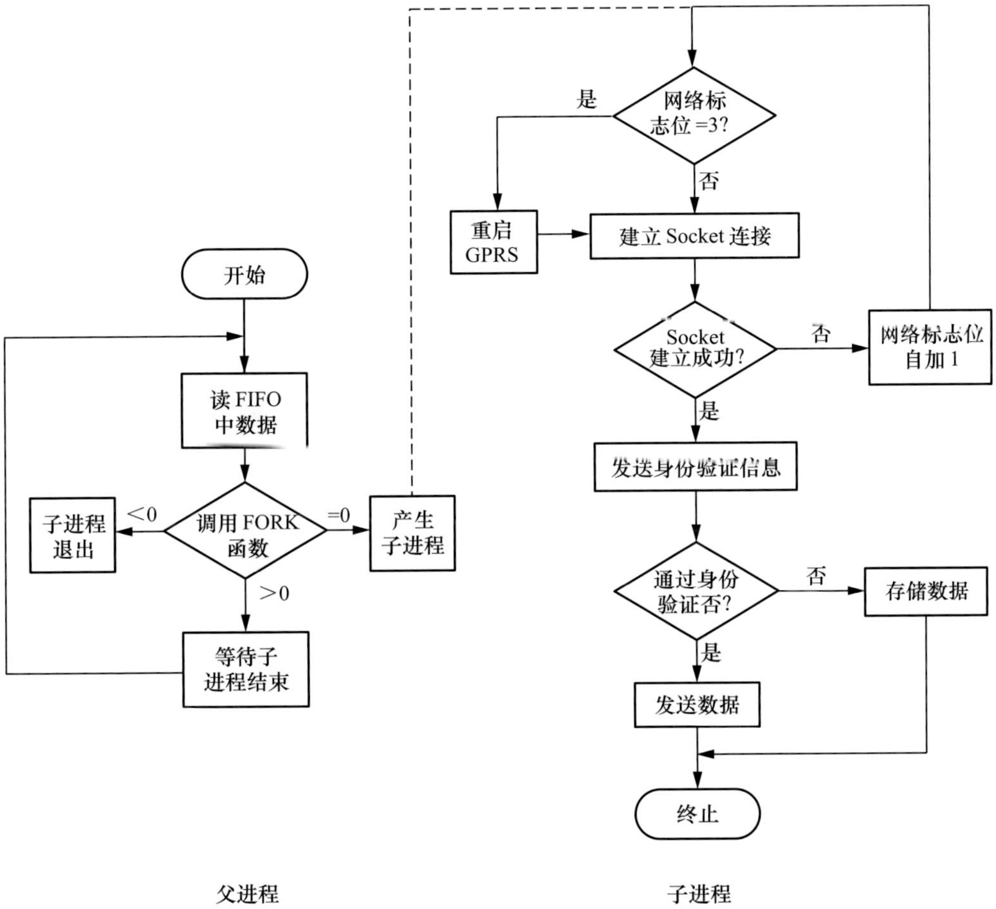

图 7.9 远程发送程序流程图

节的直径。对于无线传感器网络而言，通常假设各个节点是相似(homogeneous)的，因此，假设发射机和接收机的天线高度是相同的，即 $h_r=h_t=h$。天线高度对无线信道传播特性的影响是本研究的重点。如果天线架设得很高，保证在正常情况下射线能高出成熟期植株至少第一个费涅尔半径，即可以完全不考虑传播路径中障碍物对电波损耗的影响。然而，工程设计不能仅仅考虑单一的技术因素，设计人员必须同时兼顾通信质量、经济节约和工程实施可能性等基本原则。收发天线架设在过高的天线杆上，会带来一系列技术上和工程实施上的问题，价格也很昂贵。在无线电通信电路和移动通信网络的工程设计中，天线高度的正确设计是最重要和最关键的一项工作。在玉米茎叶最繁盛的时候，如果要保证视距路径的存在，天线高度应至少在 3.5 m 以上，同时考虑到外接传感器可能埋于地下，这种高度在实际无线传感器网络应用中很不现实。本研究试图找到一种合适的天线高度，既不需要太高，又能够提供良好的传输质量。

虽然用行宽 w 和株距 b 来表示植株密度更容易被直觉所接受，在实际农业应用上常用植株群体(plant population，POP)来表示，通常采用每公顷植株数或每英亩植株数。玉米植株群体的常见值在每公顷 54 300～84 000 株之间。当天线高度低于植株高度时，植株群体越大，传播损耗越大。植株群体会影响所有的传播机制，包括反射、绕射和散射。

叶面积指数(LAI)是表征植物冠层结构、叶片的数量和分布的一个综合指标。当传输路径中存在农作物植株时，叶面积指数的大小将直接影响由植株的茎和叶造成的绕射和散射损耗。对于玉米而言，叶面积指数的数值通常在 0～4.5 之间。玉米的叶面积指数在抽雄吐丝期达到最大值，然后趋于稳定，在成熟期略有下降。

植株群体、行距和株距在农作物生长过程中是基本保持恒定的，而植株高度、茎粗、叶面积指数是随着农作物的生长动态变化的。在不同的生长期，这些植被特征(vegetative characteristics)是不同的。从抽穗期到成熟期，植株的茎和叶片充分发展，传播环境是最恶劣的。天线高度、传输频率等则是在工程设计中应该考虑的主要因素，将直接影响无线传感器网络的性能。

7.1.3.1 玉米田试验

1. 天线高度的影响

玉米按行种植，一般 5～10 行为一个小区，小区之间有较宽的间隔，便于人行走动，小区间走道宽度一般在 1～1.5 m 之间。无线传感器网络节点的架设一般应沿着行或走道，并且，在网络拓扑方面，基于农田信息在时间和空间上的连续性，更多考虑线性组网，因此，测试主要沿行间和小区间走道进行，即传播路径与玉米行的夹角 $\varphi=0$。测试时节点发射功率为 0 dBm，处于行宽为 0.6 m、走道宽 1.2 m 的小区内，收、发节点紧靠植株，并不在行的中间；天线高度在 0(地面)～3.2 m 之间，取值间隔为 0.4 m。接收信号功率的大小用 RSSI(radio signal strength indicator)表示，单位为 dBm。在不同天线高度下，沿 0.6 m 宽的行与沿 1.2 m 宽的走道传播时接收信号 RSSI 随距离变化的情况分别如图 7.12 和图 7.13 所示，丢包率 PLR(packet loss rate)随距离变化的曲线如图 7.14 和图 7.15 所示。由 RSSI 和 PLR 曲线可得到沿 1.2 m 宽的走道和沿 0.6 m 宽的行传播时的传输半径(transmission radius)曲线，如图 7.16 所示。

从图 7.12、图 7.14 和图 7.16 可知，当信号在 0.6 m 宽的行间传播时，天线位于地面时 RSSI 衰减最快，传播损耗最大，传输半径最小，仅为 20 m；而天线高度在 3.2 m 时传输半径最

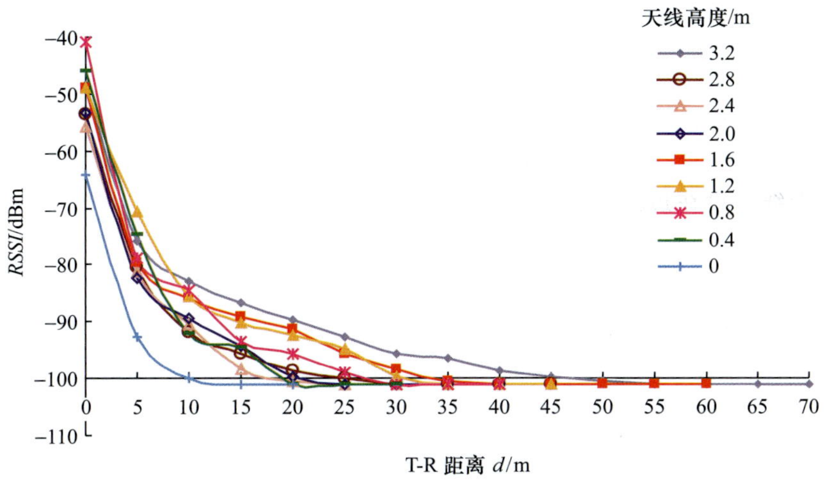

图 7.12 沿 0.6 m 行间传播时不同天线高度下 RSSI 随距离变化的情况

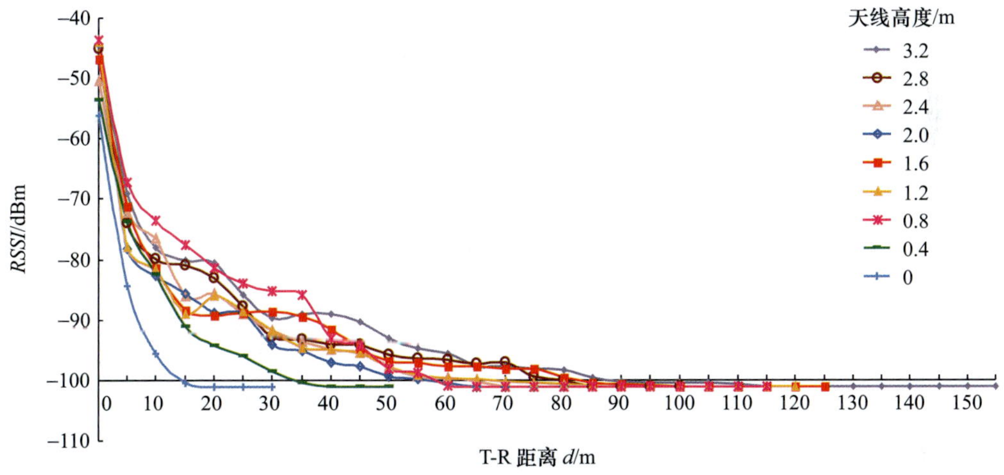

图 7.13 沿 1.2 m 走道传播时不同天线高度下 RSSI 随距离变化的情况

大，可长达 70 m。特别引起注意的是天线高度在 1.6 m 时的情况，传输半径 60 m，仅次于 3.2 m 时的情况。天线高度 1.2 和 0.8 m 时，无线信道质量劣于 1.6 m 时的情况，传输半径分别为 45 和 40 m。天线高度为 2.8、2.4 和 2.0 m 时的传输半径没有大的差异，但 2.0 m 时的无线信号衰减速度相对较慢。天线高度 0.4 m 时信号衰减曲线与 2.8 m 时很接近，说明这两种情况下无线信道的传播特性比较接近。

从图 7.13、图 7.15 和图 7.16 可知，当信号在 1.2 m 宽的走道间传播时，天线位于地面时无线信号的传输半径最小，约为 30 m；天线高度在 3.2 m 时无线信道质量最好，传输半径可达 155 m。同样，特别引起注意的是天线高度在 1.6 m 时的情况，传输半径 125 m，仅次于 3.2 m 时的情况。天线高度 1.2 和 0.8 m 时无线信道质量劣于 1.6 m 时的情况，节点的传输半径分别为 120 和 115 m。天线高度为 2.8、2.4 和 2.0 m 时无线信号的传输半径没有大的差异，均在 80～85 m 之间，但 2.8 m 时的无线信号衰减速度相对较慢，即在同一距离 d 处，接收信号的RSSI数值较大。天线高度0.4 m时的传输半径为40 m,远小于2.8 m时的情况(85 m)。

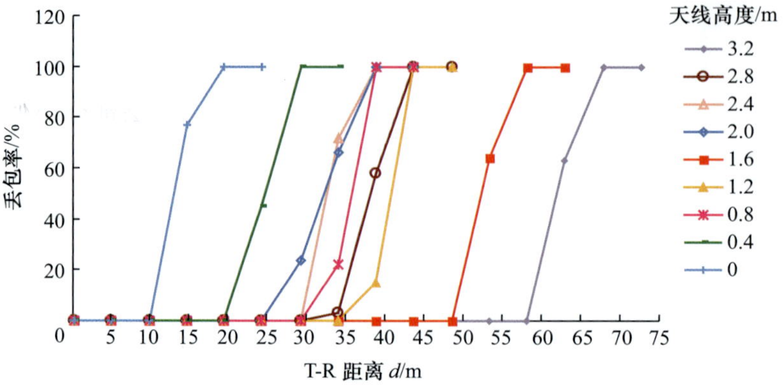

图 7.14 沿 0.6 m 行间传播时不同天线高度下 PLR 随距离变化的情况

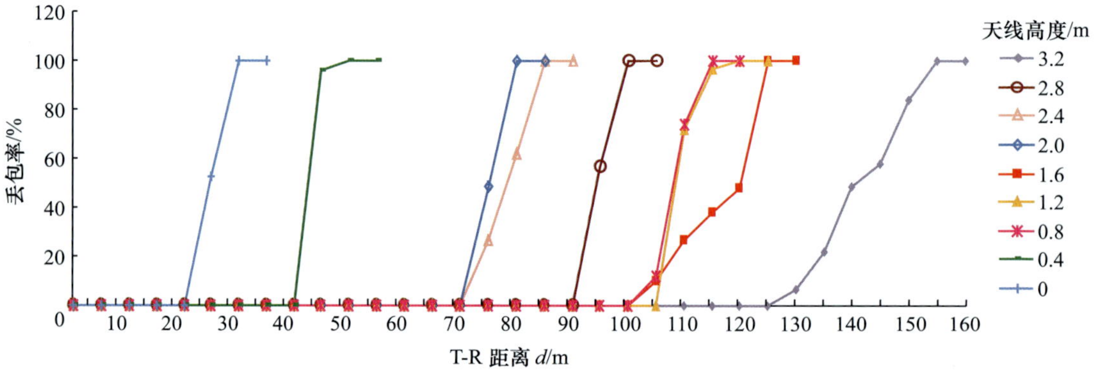

图 7.15 沿 1.2 m 走道传播时不同天线高度下 PLR 随距离变化的情况

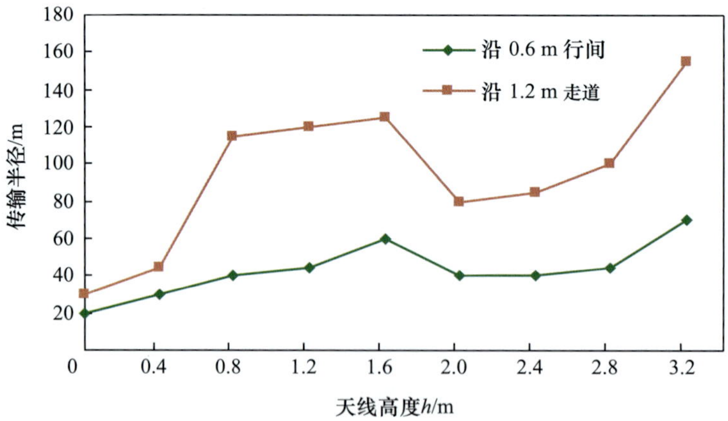

图 7.16 沿 0.6 m 行间与沿 1.2 m 走道传播时天线高度与传输范围的关系曲线

综上所述,天线高度3.2 m时传输质量最佳,因为在这种高度时,收、发节点之间接近于视距路径通信，植株的影响已经较弱。紧随其后的 1.6 m 为较佳的天线高度位置。不管是在行间或是在走道间传播，传输质量明显以天线高度 1.6 m 为分界线，当 $h \leqslant 1.6$ m 时，随着天线高度的增加，无线信道的质量逐渐变优，传输半径增大；当 $h > 1.6$ m 时，即当天线高度从 2.0 m 增加到 3.2 m 时，传输半径亦逐渐增大，但 $h = 1.6$ m 时的无线信道质量明显优于 $h = 2.0$ m 时。

对于沿 0.6 m 行间的无线信号传播，发育后期的玉米植株冠层部分类似于一个大的屏障，覆盖行间，冠层与地面形成了两个相平行的平面，而信号在两平面空间内传播，根据双线反射模型，距离反射面越近，衰减越剧烈，因此，在两平面的中间位置附近——1.4～1.6 m 处，会得出一个较佳的天线位置。虽然地面反射损耗会大于叶面反射损耗，但在植株的上端，叶片的绕射损耗与穗的散射损耗将大于植株的下端，综合起来，以 1.6 m 为分界，无线信号的传播呈现一定的对称性，天线高度 2.8 与 1.2 m 时传播特性相似，天线高度 2.4 与 0.8 m 时传播特性相似，图 7.16 中沿 0.6 m 行间传播时天线高度 1.6 m 前后的传输半径的曲线走势相似。

对于沿 1.2 m 走道传播的无线信号，植株冠层不能覆盖走道，两行玉米植株间有较大空隙，反射、绕射与散射损耗均小于沿 0.6 m 行间传播时，总传播损耗显著减小，传输半径显著增大。在同样天线高度下，沿 1.2 m 走道传播时的传输半径远超过沿 0.6 m 行间传播时的 2 倍。在这种情况下，冠层引起的反射损耗较地面反射小得多，但植株上端叶片与穗造成的绕射与散射明显大于植株下端。对于该时期的玉米植株而言，1.4～1.6 m 高度以上为叶与穗的主要生长区域，因此，传输质量也是以 1.6 m 为分界线，但天线高度为 0.8 和 1.2 m 时无线信道质量明显高于 2.0、2.4 和 2.8 m 时，传输半径也更大。

2. 信号传播方向的影响

传播路径与植株行的夹角 φ 不同时信号的衰减情况是否具有均匀性需要进一步验证。在发射功率 0 dBm、天线高度 1.6 m 的情况下，在行宽为 0.6 m 的小区内，不同传播方向时接收信号 RSSI 曲线如图 7.17 所示。该测试在玉米成熟期完成，并且在整个测试范围内没有 1.2 m 的走道，$\varphi = 0$ 意味着无线信号沿 0.6 m 的行间传播。成熟期植株茎叶完全覆盖了 0.6 m 行间，从而使无线信号的传播呈现出一种均匀性，无论信号的传播方向如何，信号的衰减趋势基本一致。

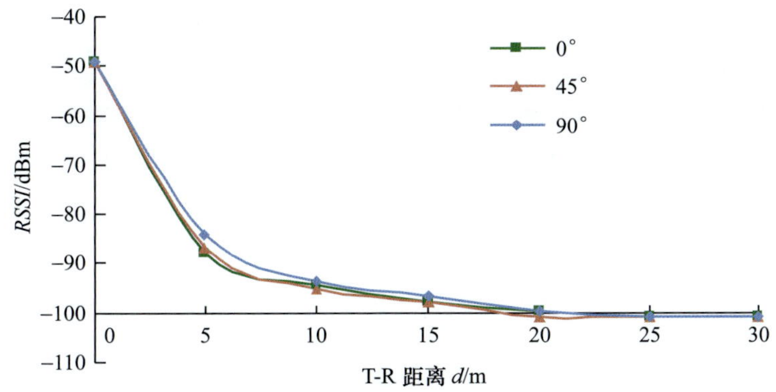

图 7.17　玉米田不同传播方向的衰减比较

3. 空气温湿度的影响

对于广域农田空间而言，空气温湿度的变化有可能影响无线信道的传播损耗。本研究中分别测试了 1.2 m 和 1.6 m 两种不同的天线高度下晴天与雨天时接收信号的衰减情况，其中晴天温度 30～35℃，相对湿度 58%～69%；雨天温度 23～26℃，相对湿度 87%～92.6%。在该测试中，发射功率为 0 dBm，无线信号沿 1.2 m 的走道传播。接收信号 RSSI 曲线分别如图 7.18 和图 7.19 所示。

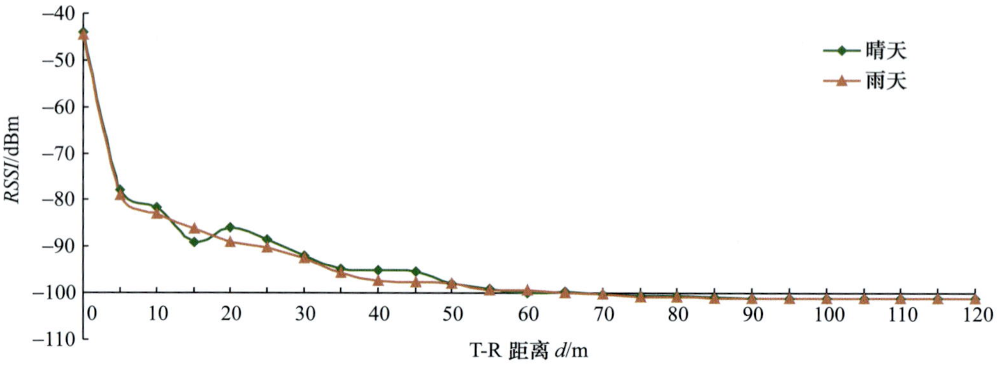

图 7.18　天线高度为 1.2 m 时晴天与雨天 RSSI 随距离变化的情况

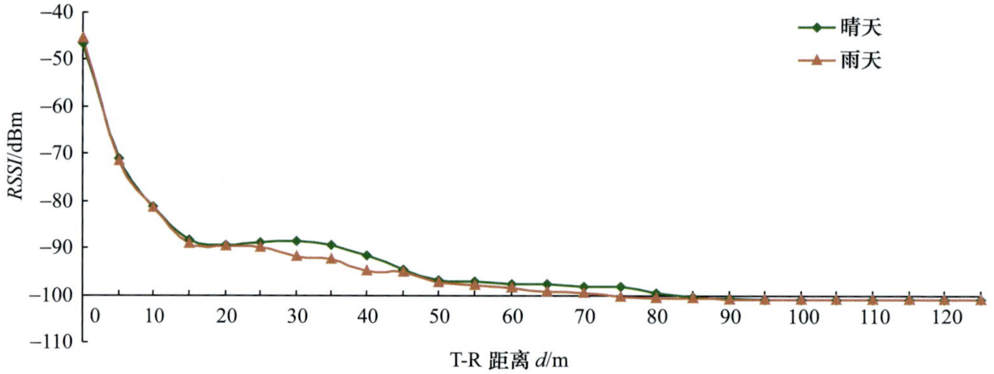

图 7.19　天线高度为 1.6 m 时晴天与雨天 RSSI 随距离的变化情况

从图 7.18 和图 7.19 中均可以看出，空气温湿度对无线信号的传播损耗并无显著的影响，无线信号的衰减情况基本相同。无线电波传播相关研究证明，降雨对 10 GHz 以下的无线电波以及对可见光波的散射效应都比较小，但是对于 10 GHz 以上的无线电波，雨散射是强烈的，而且是全方位的，而对于数十吉赫兹以上的无线电波，云、雾的衰减作用也变得显著。对于面向农田广域空间的无线传感器网络，传输频率远低于 10 GHz，因此，降雨与云雾对无线信道传播特性的影响可以忽略不计。

4. 发射功率的影响

根据无线电波传播原理，在同样的传播环境下，发射功率越大，则接收功率越大。因此，在无线电监管允许的条件下，通过增大发射功率来增大有效覆盖范围是一条有效途径。当然，对于无线传感器网络而言，还要考虑到功耗，发射功率越大则功耗越大，同样一块电池的使用寿命就越短。

图 7.20 给出了在 3 种发射功率下 RSSI 随距离变化的情况。从图中可以观察到,3 种发射功率分别为 −17、0 和 3.2 dBm,分别对应着 20、125、170 m 的传输半径。发射功率对传播范围的影响显而易见。

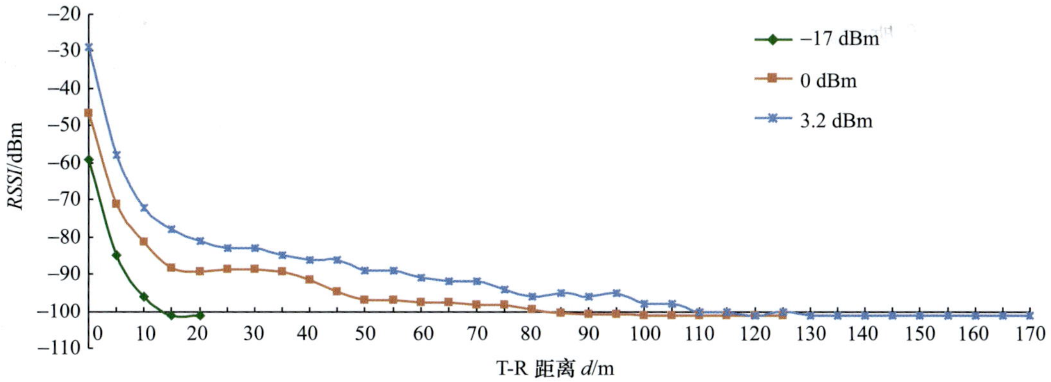

图 7.20 不同发射功率对传输半径的影响

7.1.3.2 小麦田试验

小麦田测试实验在北京市农林科学院小麦田里进行,研究选择了我国华北地区大田作物冬小麦作为试验对象。通常将小麦的生长划分为 12 个生育时期,即出苗、三叶、分蘖、越冬、返青、起身、拔节、孕穗、抽穗、开花、灌浆、成熟。华北地区冬小麦一般在 10 月上旬播种,生育期 230 d 左右,第二年春季返青,5 月下旬到 6 月初成熟。随着小麦的生长发育,植株的高度不断增加,枝叶逐渐茂盛,因此无线电信号的传播环境也随之发生改变,传播过程中损耗会明显增加。因此,针对小麦不同生育期的动态环境进行无线电信号的传播对比试验,有助于了解和分析小麦生长对短程无线电信号传播的影响,为合理设计基于无线传感器网络的小麦农田环境监测系统提供指导依据。通过实地测试,获取了在不同传输距离、不同天线高度、不同传输方向下无线信号的接收功率,和不同天线高度下的丢包率 PLR,并进一步得出无线信道传播损耗情况和节点的覆盖范围。分析研究这些测试结果,可以进一步确定低矮植株作物的农田环境中影响无线信道传播特性的主要因素,从而为无线传感器网络的组网提供指导和建议[6]。

选择了小麦生长结构存在显著差异的 3 个典型生育期——苗期、拔节期和抽穗期,如图 7.21 所示,进行无线传感器网络路径损耗试验。小麦按行种植,行距约 10～15 cm。苗期包括冬小麦从出苗到返青这 5 个生育时期,这段时间小麦露出地表的高度约 5 cm,此阶段小麦的生长历时较长,但小麦高度基本不变,从无线电信号传播角度分析,传输环境基本与裸地无异,作物对信号衰减的影响不大。在 4 月上旬左右,冬小麦的生长进入拔节期,从拔节期到抽穗前是小麦一生中生长最为迅速、生长量最大的时期,持续 25～30 d。在这一阶段,小麦茎、叶等器官同时并进,茎长度、叶面积及体积成倍增长,株高一般可达到 45～60 cm。试验在小麦拔节初期进行,此时株高普遍 30～35 cm。在 5 月上旬左右,冬小麦进入抽穗期,此后茎叶生长达到一生的最大值,麦穗也逐渐饱满,这一生育阶段持续 35～40 d,此阶段试验中的小麦株高普遍为 75～80 cm。

测试采用 Crossbow 公司生产的 IRIS 无线传感器节点,传输频率 2.4 GHz,节点的接收

(a)　　(b)　　(c)

图 7.21　小麦的 3 个典型生育期

(a) 苗期；(b) 拔节期；(c) 抽穗期

灵敏度－101 dBm，室外环境下的标称传播半径大于 300 m，室内环境下的标称传播半径大于 50 m。接收信号的 RSSI 数值由 Xsniffer 软件获取。

试验中发射机与接收机的天线高度 h 分别设置为 0、0.4、0.8 和 1.2 m 以及植株高度的一半处，在间隔 5 m 的不同收发距离(T-R 距离)d 处测量 100 个信号的接收功率，计算出该测量点处的本地平均功率，以获得此时无线电波的衰减情况，进而得出无线信道的路径损耗。试验中，IRIS 节点的发射功率固定为 $P_t=0$ dBm，发射机与接收机处于同一水平高度，且天线保持同向，以避免天线极性所导致的不必要损耗。

1. 天线高度的影响

小麦苗期沿植株行方向无线信号衰减的本地平均功率 RSSI 值随收发距离变化的曲线如图 7.22 所示，丢包率(PLR)随距离变化的情况如图 7.23 所示。从两图中可知：

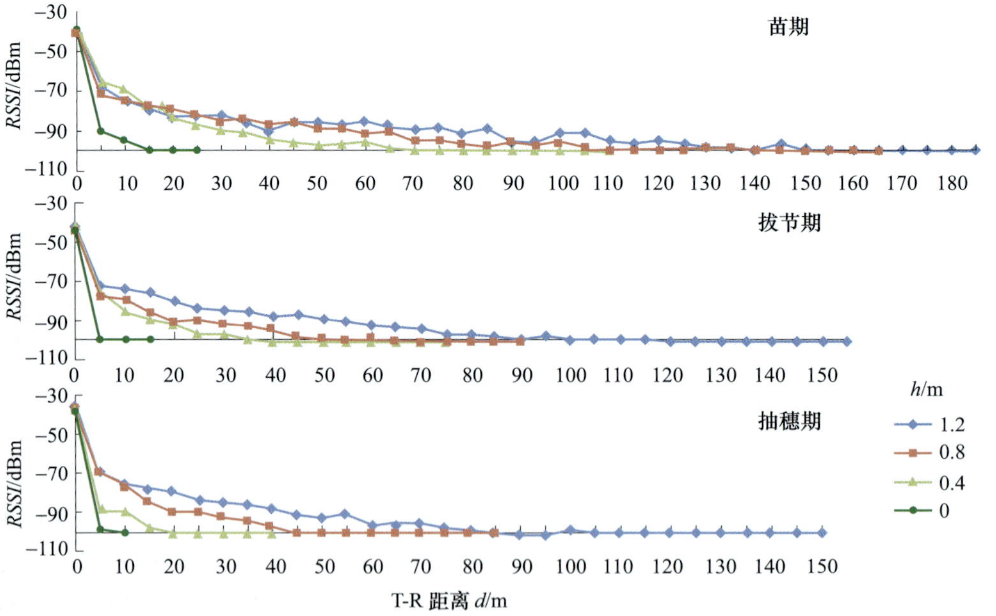

图 7.22　小麦各生育期无线信号的衰减情况

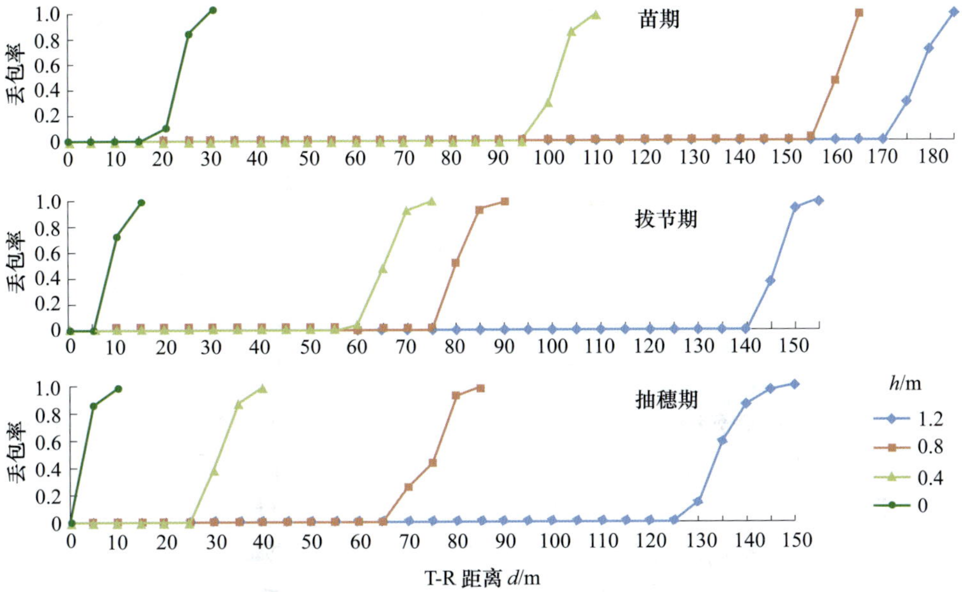

图 7.23 小麦各生育期丢包率 PLR 随距离的变化情况

(1) 随着 T-R 距离 d 的增加，接收信号强度指示值 RSSI 逐渐减小，直至接收机的接收灵敏度－101 dBm，此时表示信号已经微弱到接收机所不能感知的程度，从无线通信角度出发，认为此时数据包已经丢失。

(2) 当 T-R 距离 d 小于 10 m 时，RSSI 值衰减幅度较大；当 d 大于 10 m 时，RSSI 随 d 的衰减相对平缓。

(3) 不同的天线高度下，相同传输距离时 RSSI 值衰减的程度不同，天线位于地面时 RSSI 衰减最快，传播损耗最大，传输半径最小，约为 20～30 m，而天线高度在 1.2 m 时传输半径最大，可长达 160～180 m。天线架设越高，衰减越缓慢，这样的曲线走势基本符合地面双线反射模型中天线高度对接收功率的影响趋势。

(4) 当接收信号的强度高于接收机的灵敏度时，可达到可靠通信，此时丢包率为 0；当随着距离的增加，接收信号的强度初次等于接收灵敏度时，在临界点的较短距离附近仍可达到可靠通信；距离继续增加，发生信号丢失，且在较短的距离就完成丢包率从 0 至 1 的突变。这种现象与普通无线网络（如 Wi-Fi）相似。天线升高，则信号衰减的速度随天线高度的变化单调递减，因此，天线的较优位置应略高于成熟植株（1.2 m 左右），在此高度下无线信道的传播特性近似视距路径。

2. 信号传播方向的影响

小麦按行种植，行距 10～12 cm，行内密集种植。试验测量了各生育期发射机与接收机置于植株高度一半的位置时，3 个不同传播方向（$\varphi=0°$、$45°$、$90°$）的接收信号强度如图 7.24 所示。从图中可以看出，小麦各生育期 3 个不同传播方向的信号衰减情况基本一致。从无线电传播角度分析，苗期小麦植株高度约 5 cm，近似裸地的传播环境，而空气中无线信号传播理论表明，接收信号强度与传播方向无关，因此，可认为小麦苗期的农田环境近似于一种均匀的传输介质，故无线电信号在其中传播不受传播方向的影响；在小麦拔节初期和抽穗期，植株高度分别约 30～35 cm 和 75～80 cm，拔节期植株的高度迅速增加，到抽穗期达到最为茂盛，由于植株的影响，整个农田的传输环境与自由空间传播环境有所差异。当天线高度等于或高于植株高度时，可看做近视距路径或视距路径，此时可以认为与自由空间传播环境相似。但是当发射机与接收机的天线高度低于植株高度时，其传输环境明显与自由空间传播环境不同。当存在小麦这种密集种植的植株阻碍信号传播时，是否在各传播方向都具有相同程度的衰减情况呢？试验选择了植株高度的一半位置（分别取 0.15 和 0.4 m）作为发射机和接收机的天线高度，仍然从 3 个不同的传输方向上对无线电信号的衰减进行测试。从图中可以看出，天线在半植株高度时，亦即在非视距路径情况下，可认为无线电信号的传播具有一定的均匀性。从 3 个典型生育期的试验可以看出，由于小麦植株种植密度很大，在各生育期植株覆盖都比较均匀，无线信号的传播均具有一定的均匀性。

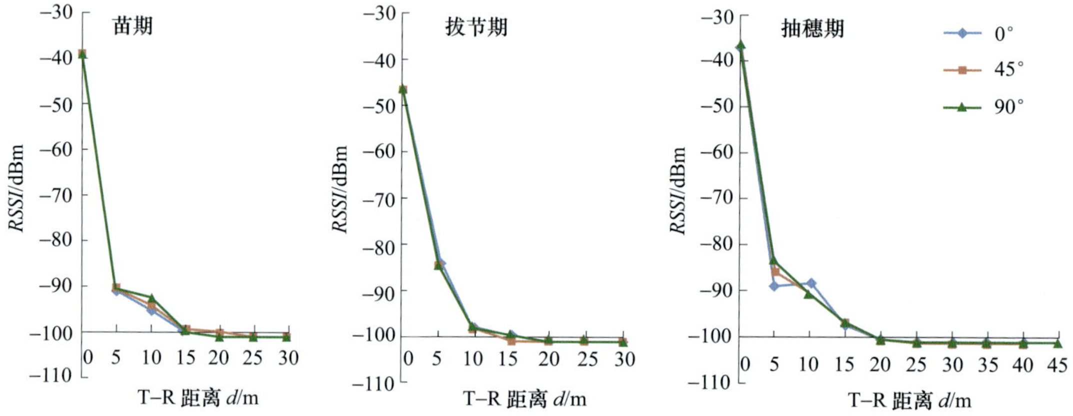

图 7.24　小麦各生育期不同传播方向的衰减比较

3. 各生育期节点覆盖范围

节点的覆盖范围（coverage），亦即传输半径 r（transmission radius）或传输范围（propagation range），在日常工作中也常被称为传输距离，是和信号的发射功率及信道的传播损耗密切相关的。当发射功率不变时，传播损耗越小，在同样距离处接收信号的功率越大，则有效传输半径越大。一般来说，随着接收机和发射机之间距离 d 的增大，传播损耗增大，接收功率逐渐减小，信噪比 SNR（signal-to-noise ratio）随之减小，误码率 BER（bit error rate）增大，系统的丢包率 PLR 也随之增大。因此，PLR 可以被认为是一个距离的函数，即 $PLR=f(d)$。在研究中，考虑到 T-R 距离测量中 5 m 的测量间隔，把第一次测到 $PLR=100\%$ 的距离 d 认定为传输半径。在工程实践中，无线链路预算（link budget）一般都留有余地，在广域空间的网络部署中，这种简化是可以接受的。由图 7.23 中的丢包率数据可以进一步得到节点的覆盖范围如图 7.25 所示。

从图 7.25 中可以看出，在小麦的各生育期，覆盖范围随天线高度变化的趋势都是单调递增的，均在 1.2 m 的天线高度达到最大的覆盖范围。综合考虑通信质量、工程实施及经济节约等因素，天线的较优位置应略高于成熟植株（1.2 m 左右），在此高度下无线信道的传播特性近似视距路径传输环境。

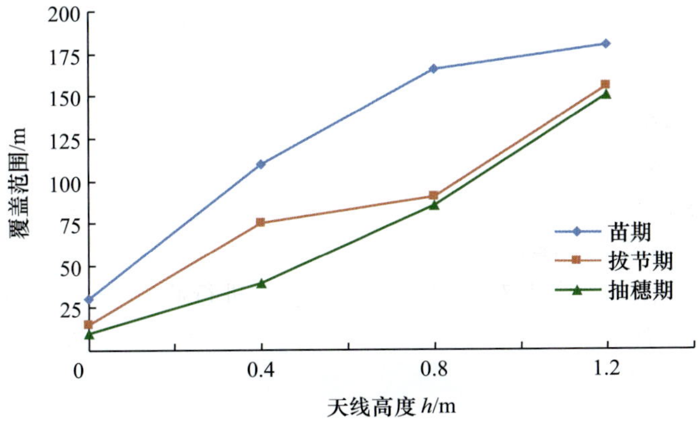

图 7.25 小麦各生育期节点覆盖范围

7.1.4 农田环境监测传感器节点部署方法研究

对于面向农田环境监测应用的传感器网络，需要同步监测多个环境变量，但是各个环境变量的空间分布差异特征和时间变化特征都不尽相同，因此在农田内部署传感器节点时，应尽量同时兼顾所有环境变量的时空变异特性。图 7.26 描述了基于环境变量时空变异特征的农田环境监测传感器节点部署模型，为了清楚描述模型，给出如下定义[1]。

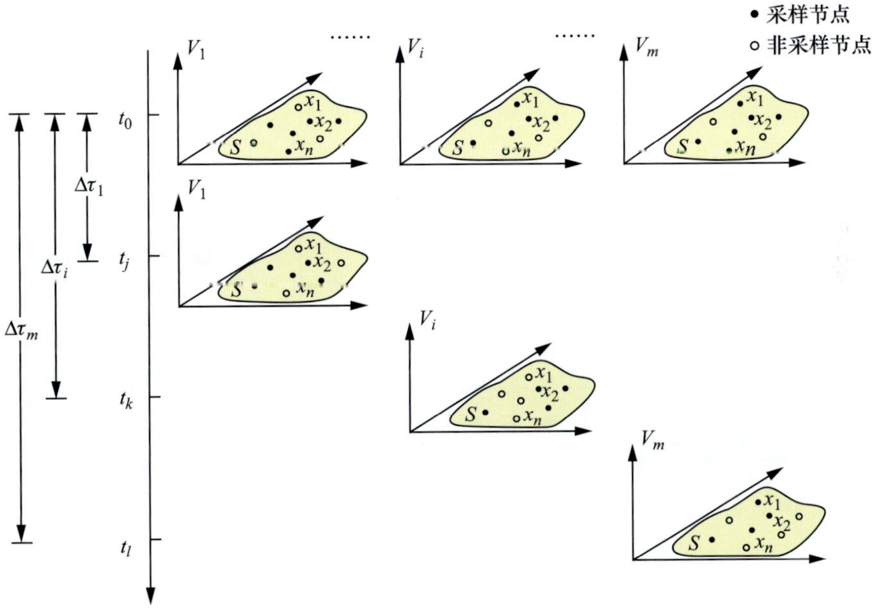

图 7.26 基于环境变量时空变异特征的农田环境监测传感器节点部署模型

定义 1：假设监测的农田区域为一个二维平面上的闭合多边形 S；

定义 2：农田监测区域 S 中部署 n 个传感器节点，节点所处的空间位置分别表示为 $x_1, \cdots, x_n$；

定义 3：传感器网络同步监测 m 个环境变量 $V_1, \cdots, V_m$；

定义 4：假设所有环境变量均具有空间相关性，变量 V_i 的采样间距为 r_s^i；

定义 5：所有节点具有相同的覆盖范围 r_c，任意两个工作节点间距离小于 r_c 时能够保证正常通信；

定义 6：τ_i 为环境变量 V_i 的空间分布发生显著变化时所对应的时间推移量。

通过建立农田环境监测无线传感器网络节点部署模型，传感器节点部署可以抽象为 3 个过程，如图 7.27 所示。

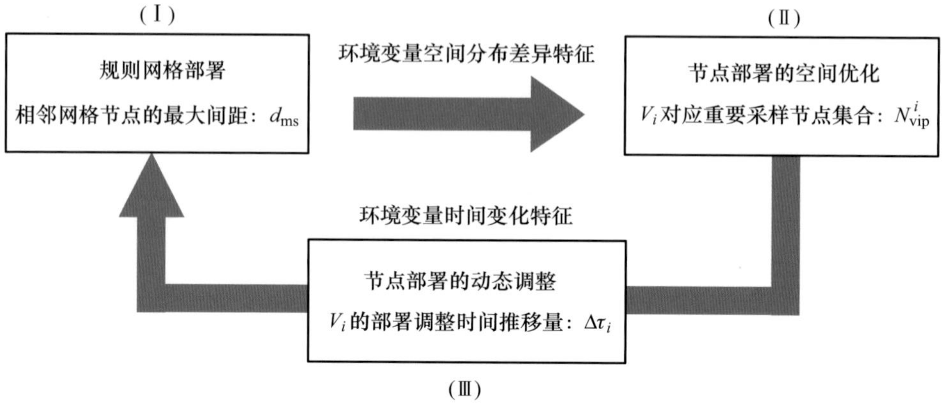

图 7.27　农田环境监测无线传感器节点部署方案

(1) 首先采用规则网格部署无线传感器节点，相邻网格最大间距应选取所有环境变量采样间距和节点通信范围之中的最小值，以保证网络连通性和每个监测环境变量的数据空间相关性，在农田信息采样中，系统采样法是最普遍易行的采样方式，通常采用等边三角形、正方形或正六边形等规则网格。对于规则网格，最有效的采样方案是将样本位置部署在每个网格中心，因此等边三角形、正方形和正六边形的节点规则网格部署方案如图 7.28 所示。

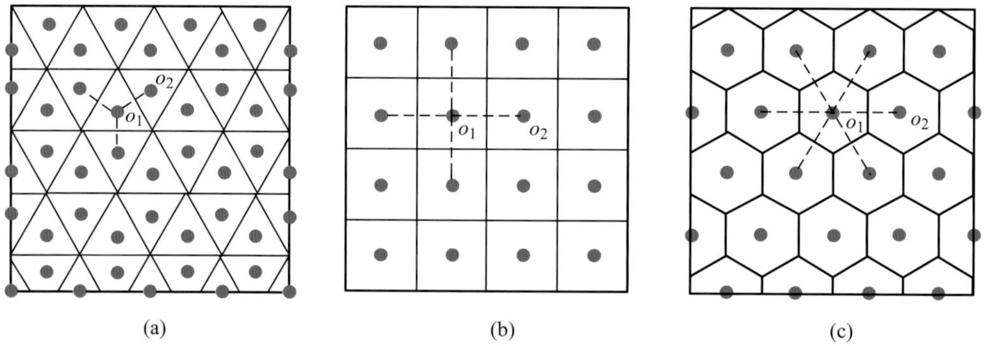

图 7.28　无线传感器节点规则网格部署方案

(a) 等边三角形网格；(b) 正方形网格；(c) 正六边形网格

为了反映监测变量在空间位置上的相互关联，采样设计中样本间距不能大于变量的变差距离，当变量 V_i 的采样间距为 r_s^i 满足一定的条件时，采样效果最佳。采样前监测量的变差距离是未知的，一般可以参照相关文献、历史数据和局部试验选取适合的样本间距。传感器网络的节点部署不同于单纯的常规采样，需要同时兼顾节点通信，以保证网络的连通性。因此相邻

网格节点最大间距为

$$d_{ms}=\min\{r_c,r_s^i\} \tag{7.1}$$

采用图 7.28 的 3 种规则网格对相同地块进行传感器节点的部署规划。在相同条件下，3 种规则网格部署方案部署成本、连通性、变异函数估计方向的比较见表 7.2。在实际应用中，应结合需求选择合理部署方案。

表 7.2 3 种规则网格部署方案比较

规则网格部署方案	部署成本	连通性	变异函数估计方向
等边三角形网格	低	至少 3 连通	3
正方形网格	中	至少 4 连通	2
正六边形网格	高	至少 6 连通	3

(2) 对规则网格部署中全部节点采集的环境变量数据进行经典统计分析和空间分布分析，得出监测每个变量所需的重要采样节点集合 N_{vip}。对于每个环境变量，仅保留这些重要空间位置上的采样节点 N_{vip} 继续监测，而非采样节点暂停监测。通过节点部署的空间优化，一部分网格节点需要监测全部环境变量，一部分网格节点只监测其中部分环境变量，而一些网格节点可能不监测任何环境变量，在不影响连通性的前提下，这些没有任何环境变量监测任务的节点可休眠或暂时关闭。

(3) 随着时间推移，环境变量的空间分布发生不同程度的变化，当环境变量的空间分布被认为发生明显变化时，就有必要对节点部署进行重新调整。最简单的方法是让所有规则网格节点重新恢复监测环境变量，随后再重复节点部署的空间优化过程，完成对节点部署的动态调整。节点部署动态调整过程针对每个环境变量，关键问题是确定什么时候需要实施调整，即上一轮“规则网格采样 节点部署空间优化”过程后，经过多长时间进行下一次“规则网格采样—节点部署空间优化”过程。图 7.29 为环境变量空间分布动态变异的示意图。

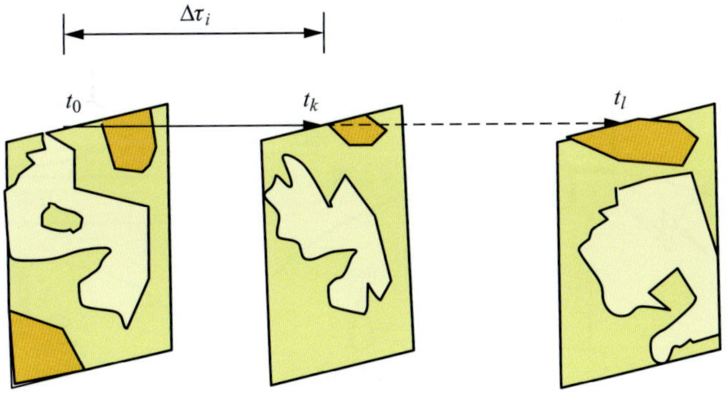

图 7.29 环境变量空间分布动态变异

构造监测等级分布指数 MCDI(monitoring classes distribution indicator)：

$$MCDI=\sum_{k=1}^{r}\bar{z}_k\cdot\frac{A_k}{A} \tag{7.2}$$

式中：A_k 为监测等级 k 的分布面积；$\bar{z}$ 为监测等级 k 对应数值范围的中值。显然，当某个等级所占的比重较大时,MCDI 的数值就更接近于此等级对应数值范围,因此监测等级分布指数能够在一定程度上反映监测量分布状况。通过 $\Delta MCDI$ 表征环境变量空间分布随时间的变异程度,设定阈值 $\Delta MCDI^*$,当 $\Delta MCDI \geqslant \Delta MCDI^*$ 时,恢复全部网格节点进行监测,然后再实施节点部署的空间优化过程,从而完成对节点部署的动态调整。

7.1.5 农田信息获取无线传感器网络应用示范

7.1.5.1 农田墒情监测无线传感器网络

在我国北方地区,旱灾时有发生,为防止冬春季节发生的气象干旱对冬小麦的生长造成危害,通过监测土壤墒情实施灌溉、抵抗旱灾是非常必要的。同时,我国水资源严重不足,还存在水资源利用率低、浪费严重等问题。在这种情况下,如何提高资源利用效率,对于我国发展现代农业具有特别重要的现实意义。通过采用先进适用的信息通讯及传感器技术,建立面向大田农业生产的农业水资源信息监测系统,可实现农业资源的动态精确监测,从而促进水资源的科学管理及合理利用。因此,本研究以山东省桓台县为试验示范基地,建立了基于无线传感器网络的土壤墒情监测系统。

土壤墒情监测系统采用固定监测与移动监测相结合的方案,选择两块农田(每块农田60~100 亩)建立土壤墒情监测系统。首先,在这两块农田采用固定检测方式,搭建无线传感器网络检测农田水分,设置 6~10 个监测节点。监测节点将采集的墒情信息汇聚到网关节点上,网关节点利用 GPRS 网络或互联网(视现场具体条件而定)将各节点上报的环境监测信息发送到桓台县墒情信息管理平台,实现墒情数据的远程采集和监视。其次,分别在两块农田安装了网络摄像头,用于监测大田现场。系统如图 7.30 所示。

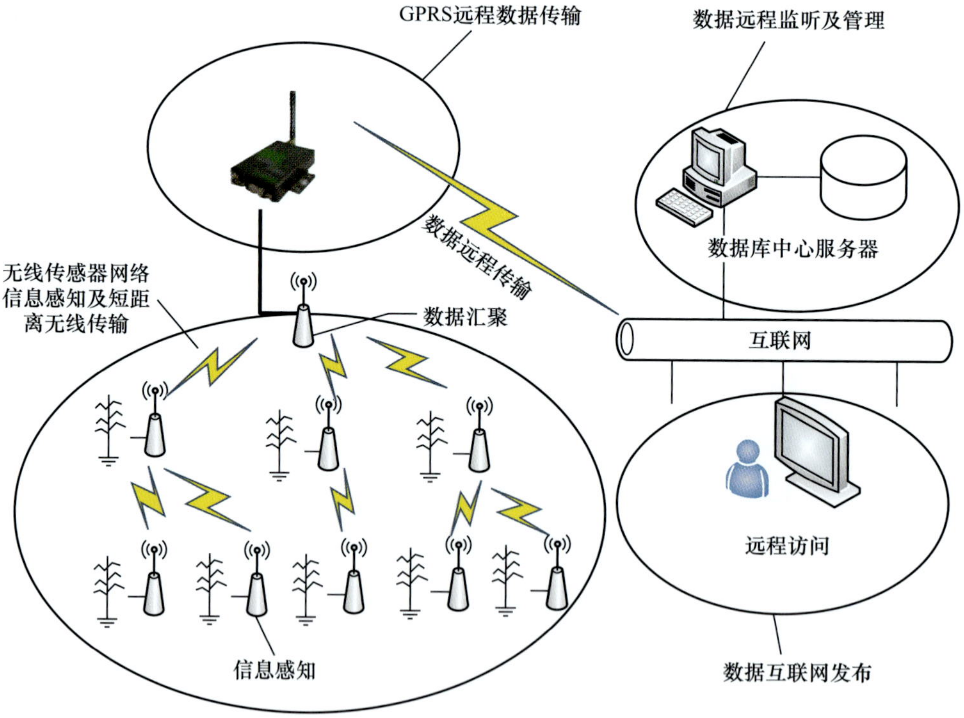

图 7.30 基于无线传感器网络的土壤墒情监测系统示意图

1. 传感器节点与网关节点

传感器节点如图 7.31 所示。此节点采用太阳能供电，负责环境信息的采集和短距离数据的发送。此节点最多可输入 4 路模拟/数字信号。在本系统中，只连接了 FDS 土壤水分传感器(见图 7.5)，工作电压为 5～12 V，工作电流为 35 mA。通过标定将传感器输出的电压信号转换为土壤容积含水率。

图 7.31 土壤墒情监测系统的传感器节点

网关节点外形与传感器节点相同，比传感器节点多了 GPRS DTU(data transfer unit)模块，外接 5 V 电源。网关节点负责将采集的传感器节点数据转换成串口数据发送给 GPRS DTU，再由 GPRS DTU 发送到服务器端。

2. 视频信息采集与传输

在此项目中，每块农田安装了一个网络摄像机，用于现场环境实时监测。摄像头采集的视频信息，通过一对无线网桥转发至试验站内的服务器。由于在大田中铺设高速宽带面临诸多问题，无线网桥可有效地替代有线宽带，实现视频信息从大田至服务器的高速传输。

摄像机使用的是 D-LINK 的高速球型网络摄像机，分辨率高，且具有高级背光补偿功能。此摄像机即使在照度条件不断变化的情况下，同样能拍摄出清晰的图像；同时配有双层防护外罩，内置一体化云台。通过云台控制程序，可远程控制进行 360°旋转与灵活的焦距调整。网桥为 Waveking 的无线室外网桥，工作在 5 GHz 频段内，内置 18 dBi 贴片定向天线和塑料外壳，支持 IEEE 802.11a 的特性功能和 IEEE 802.11a/n 标准。无线网桥集无线 AP(access point)、点对点、点对多点的多功能于一体，最高功率 23 dBm(200 mW)，可以实现单接入点连接、多接入点连接等工作模式。网络摄像机及无线网桥的安装如图 7.32 所示。摄像机与发送端的网桥安装在农田内机井房外墙的支架上，该网桥负责视频信息的采集与发送。接收端的网桥安装在试验站的外墙，采用有线方式与服务器相连。

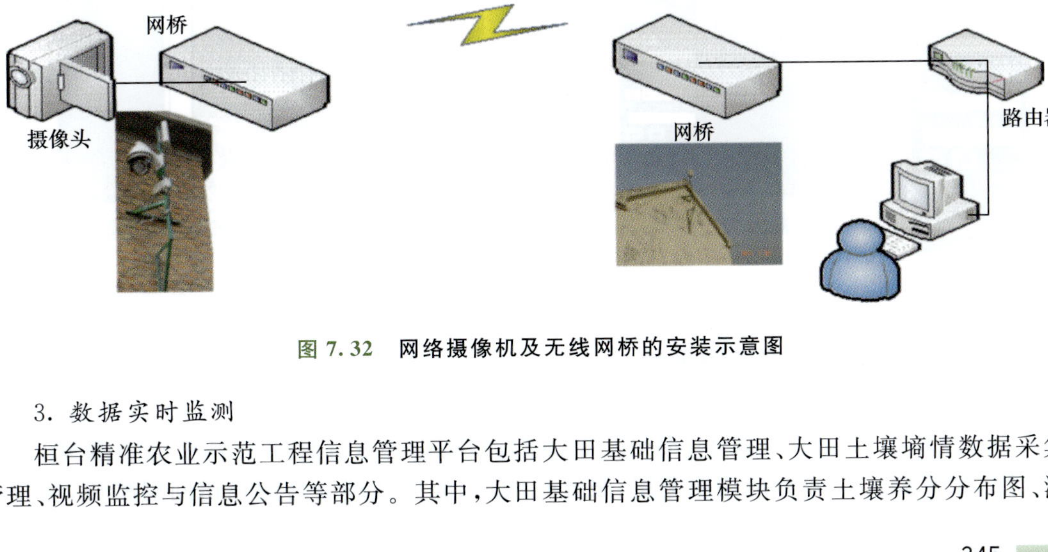

图 7.32 网络摄像机及无线网桥的安装示意图

3. 数据实时监测

桓台精准农业示范工程信息管理平台包括大田基础信息管理、大田土壤墒情数据采集与管理、视频监控与信息公告等部分。其中，大田基础信息管理模块负责土壤养分分布图、测土

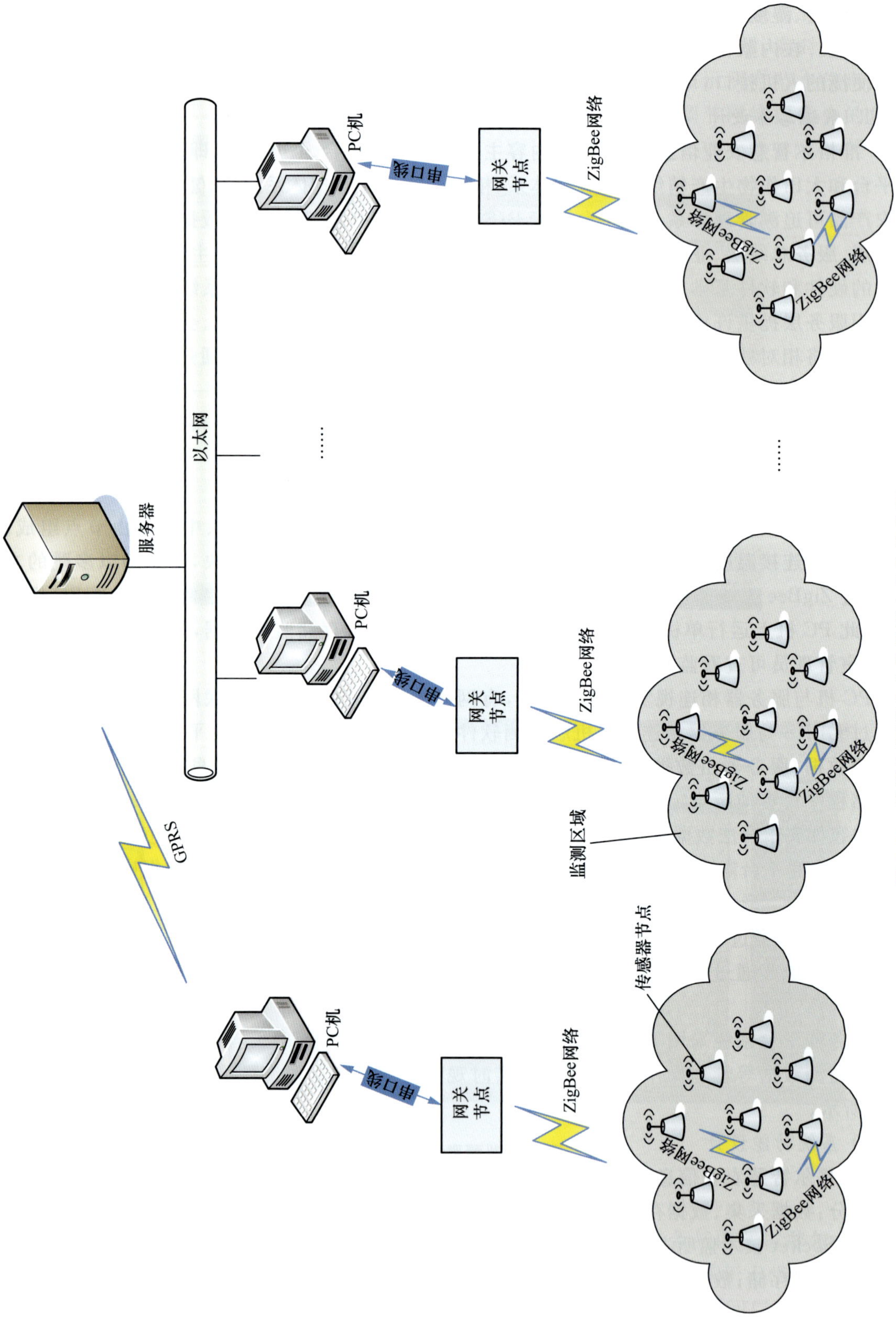

图 7.35 准格尔智慧农业信息平台总体结构图

据、基础信息及用户信息等,为平台详细形象的展示和管理维护提供依据;基础信息维护模块中,为保证用户看到最新信息,管理员随时更新维护基础信息,如随着季节和作物变化设置标准值,分配用户权限,更新温室信息等;数据分析模块可对上传的数据进行统计分析,并逻辑判断其是否超过监测上下限及进行数据的条件查询等;数据输出模块可对上传的数据进行实时显示,并根据逻辑判断输出报警记录。

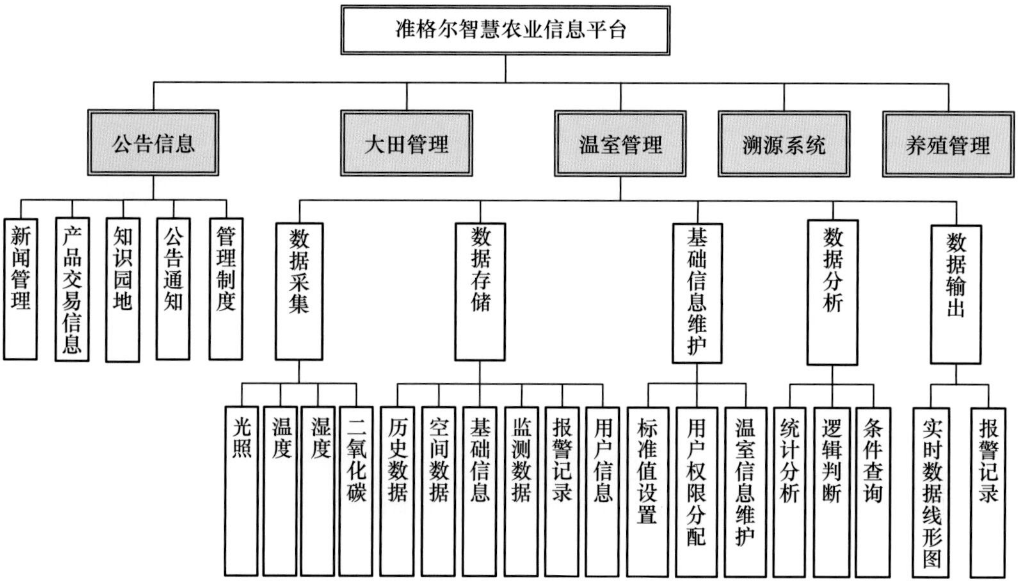

图 7.36 准格尔智慧农业信息平台功能图

2. 系统流程图及数据库设计

智慧农业信息平台设计主要包括业务流程、数据流程和数据库表格的设计。

1) 业务流程设计

授权用户登录后,可根据不同权限查看发布信息、监测信息、数据和报表等。不同温室管理员权限不同,经过管理员授权,可查看本人管辖温室的监测数据、报警记录等信息,如该温室有视频监测,则也可观看视频信息;一般用户只有权限浏览共享信息;管理员负责分配用户权限、发布信息以及对数据的更新。

2) 数据流程设计

以温室管理体系为例,第 1 层数据流程图,如图 7.37 所示,明确系统的功能划分及各功能之间的数据联系。

第 2 层数据流程图细化各模块功能的数据流程。以新闻管理为例,平台管理者对数据库中新闻信息表进行增加、删除、更改等操作,如增加多媒体库和文本信息表,然后发布,用户可以进行新闻浏览。

3) 数据库表格设计

考虑到随着采集频率的提高和时间的延长,数据量会变得很庞大,存储数据选用在安全性、并发控制能力、数据挖掘、联机操作等方面有优势的中型数据库——SQL。

由于信息平台功能包括 4 个体系,功能庞杂,所以数据库表的关系复杂。举例来说,温室

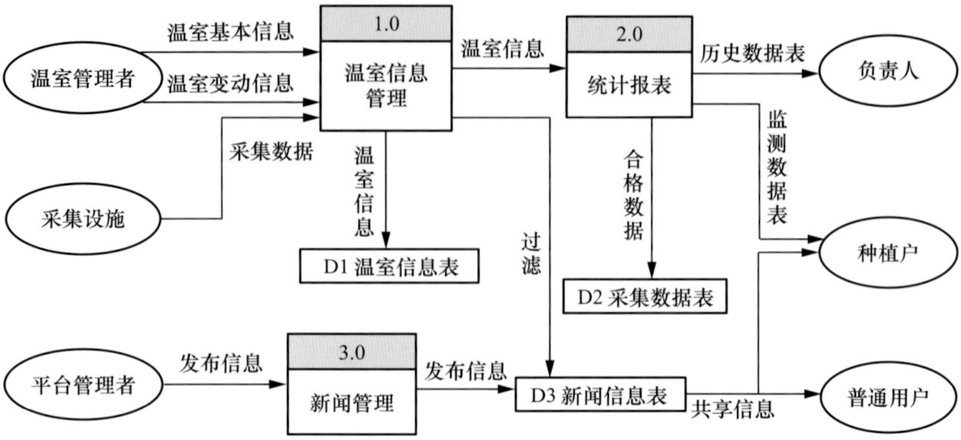

图 7.37 第 1 层数据流程图

体系的数据库包括权限管理、温室管理、实时监测三方面的关系表，以实时监测为例，其数据表关系如图 7.38 所示。这样的数据库表符合第三范式，消除了数据冗余、更新异常、插入异常和删除异常。

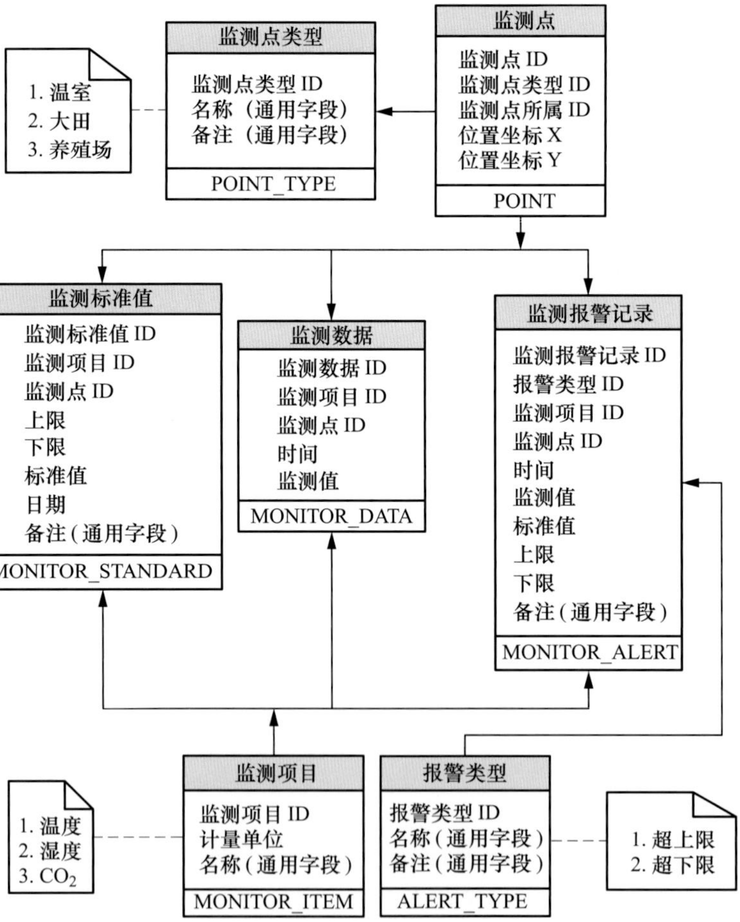

图 7.38 实时监测数据表关系

平台采用 ADO. NET 技术访问数据库来实现用户对数据库的查询、删除等操作，ADO. NET 是与数据源交互的 . NET 技术，允许与不同的数据源交流——取决于所使用的协议或者数据库。SqlConnection 对象管理与数据源的连接；SqlCommand 对象允许与数据源交流并发送命令给它；SqlDataReader 对象可以进行快速地只“向前”地读取数据；DataSet 和 SqlDataAdapter 对象实现对断开数据进行读取或者写入数据源。

3. 系统实现

服务器操作系统采用 Microsoft Windows Server 2003，PC 机操作系统为 Microsoft Windows XP Professional，数据库均为 SQL Server 2008，选用 Power Designer 进行数据库设计，生成脚本，在 SQL Server 2008 中生成实体。

1）界面设计

为方便用户学习及使用，信息平台采用友好的图形化界面设计。

2）数据存储与管理

采用 TCP Socket 技术接收单机版监测软件通过以太网或者 GPRS 上传的数据，并存储到 SQL2008 数据库，此外数据库还存储温室环境数据、监测标准值、报警信息、温室基础信息、用户注册信息、新闻信息等。系统将上传的温室环境监测数据与最新的监测标准值比较，超出上下限则生成报警信息填入报警信息表，其中温室监测标准值由用户按不同季节不同作物的最佳生长环境要求输入。

3）数据显示与查询

采用曲线形图和表格显示各温室节点实时监测数据；饼状图和柱状图显示温室种植信息和温室历年产量数据；表格显示温室档案、各温室不同时期的标准值、温室种植记录及土壤信息等。

4）试验与分析

为检验信息平台是否有稳定的功能性，目前在内蒙古鄂尔多斯市准格尔旗十二连城乡五家尧子村 22 个温室进行试验性应用。部署如下：22 个温室共分为 6 组温室群，每个温室中央分别部署 1 个节点，其中 16 个节点连接温度、湿度传感器，6 个节点连接温度、湿度、二氧化碳、光照传感器；6 组温室群分别配备 1 个网关节点和 1 个 PC 机，接收温室节点上传的环境监测数据。网关节点实现终端节点与 PC 机的互联。各个传感器以多跳的方式传至网关节点，网关节点对其进行简单处理后上传给 PC 机，6 组温室群中，5 组利用以太网向服务器上传实时数据，1 组利用 GPRS 向服务器上传实时数据。试运行过程中每 5 s 上传一组数据，实际应用中可以根据应用需要修改采集数据的频率。

图 7.39 为 2010 年 8 月 27 日 B 区温室 1 的监测线形图。其中监测对象的上、下限由管理员根据作物的不同生长阶段设定，如图 7.40 所示。

由于监测时间当天为 8 月 27 日，选择监测上、下限时则选择距离目前时间最近的设定值，所以 B 区温室 1 的温度上、下限分别为 38、18℃。其他监测项目以此类推。

从图 7.39 可以看出中午近 12:00 附近温室温度升高超过上限 38°，并且超过 40°。因为温室的环境接近全密闭形式，所以温室内的温度高出室外温度。另外还可以看出由于高温蒸腾作用，B 区温室 1 的湿度从上午 10:00 开始呈下降趋势，在下午 2:00 左右跌出下限。由于温室温度、湿度分别超过上限、下限，所以信息平台产生报警记录。授权用户通过互联网浏览器（如 IE、Firefox 等）访问服务器平台，实现数据的浏览分析，查看报警信息，以明确温室环境状

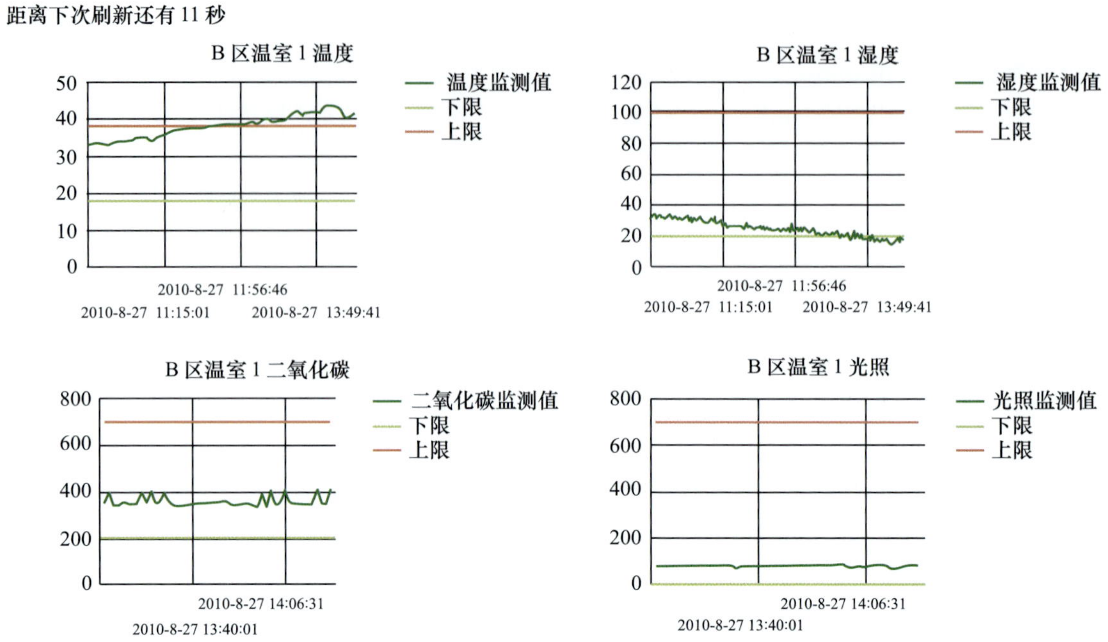

图 7.39　B 区温室 1 实时监测图

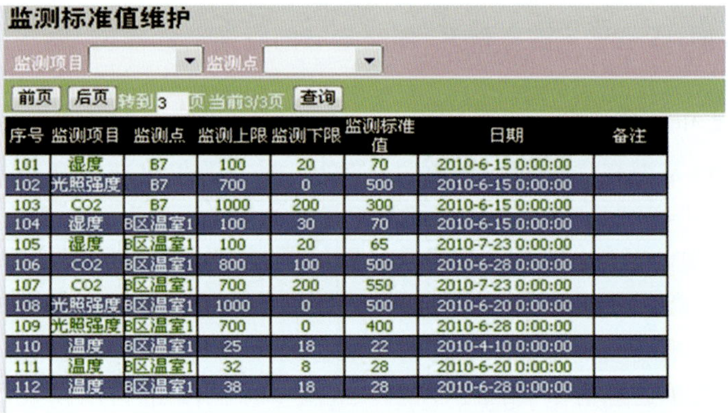

序号	监测项目	监测点	监测上限	监测下限	监测标准值	日期	备注
101	湿度	B7	100	20	70	2010-6-15 0:00:00	
102	光照强度	B7	700	0	500	2010-6-15 0:00:00	
103	CO2	B7	1000	200	300	2010-6-15 0:00:00	
104	湿度	B区温室1	100	30	70	2010-6-15 0:00:00	
105	湿度	B区温室1	100	20	65	2010-7-23 0:00:00	
106	CO2	B区温室1	800	100	500	2010-6-28 0:00:00	
107	CO2	B区温室1	700	200	550	2010-7-23 0:00:00	
108	光照强度	B区温室1	1000	0	500	2010-6-20 0:00:00	
109	光照强度	B区温室1	700	0	400	2010-6-28 0:00:00	
110	温度	B区温室1	25	18	22	2010-4-10 0:00:00	
111	温度	B区温室1	32	8	28	2010-6-20 0:00:00	
112	温度	B区温室1	38	18	28	2010-6-28 0:00:00	

图 7.40　温室监测标准值维护

态，做出相应改善措施，如通风、浇水等，为保证作物长势良好，进而为实现温室作物优质、高产做好基础维护工作。

7.2　温室信息获取无线传感器网络技术

我国的温室信息获取大多采用传统的有线通信方式。由于需要铺设大量的信号传输线和动力线，增加了更新、维护的复杂度，降低了系统的可靠性和空间灵活性，从而给温室信息获取带来了阻碍。采用无线传感器网络方案后，省去了通信设备之间的物理线路连接，方便了系统的维护，提高了监测装置的移动性，也使系统的扩展性大大增强。表 7.3 中对温室信息获取的传统有线方案和新型无线方案做了对比。

表 7.3 传统有线解决方案和无线解决方案的对比

类别	有线方案	无线方案
维护性	较为困难	方便维护
扩展性	较为复杂	容易扩展
实时性	较好	依赖环境
移动性	较差	灵活方便
抗扰性	相对较好	相对较差

将无线传感器网络技术引入到温室生产中，建立无线温室监测系统，实现了温室信息智能采集、节点自动部署、数据稳定上传和信息集中管理，对于大幅度提高温室作物的单位面积产量和资源产出率，实现稳产高产，维持温室作物生产可持续发展，具有重要的现实意义。

7.2.1 温室环境信息的采集要求

温室的环境信息采集包括多方面的内容，如温度、湿度、光照、CO_2 含量等，只有精确监测这些环境参数才能更好地控制作物的生长环境。温度对作物的影响是非常大的，作物只有在一定的温度范围内才能够生长，温度既可以通过影响光合、呼吸等代谢过程来影响作物生长，也可以通过影响有机物的合成、运输等过程来影响作物生长，土壤温度、空气温度还可以直接影响水分与肥料的吸收和输导来影响作物的生长。一般而言作物生长存在 3 个温度基点：最低温度、最合适温度和最高温度。表 7.4 为 5 种主要温室蔬菜生长温度指标，番茄生长的最低温度为 10℃，最适温度为 20～30℃，最高温度为 35℃，黄瓜生长的最低温度为 12℃，最适温度为 18～30℃，最高温度为 35℃，而且在作物生长的不同阶段，对温度的要求也有所不同。

表 7.4 主要温室蔬菜生长温度指标 ℃

蔬菜品种	最低温度	适宜生长温度	最高温度
番茄	10	20～30	35
茄子	10	22～30	35
甜椒	12	23～28	35
黄瓜	12	18～30	35
西瓜	13	23～28	35

湿度是影响作物生长的另一个重要因素。湿度主要分为土壤湿度和空气湿度。土壤湿度也就是土壤中水分的含量，水是一切作物生长的基本条件，与温度一样，会影响土壤中养分的分解，土壤水分的变化会使土壤中溶解的有机碳总量发生变化。当土壤水分含量过低时，土壤溶液中可溶性有机质的扩散受到妨碍，水分是影响作物对养分的吸收的重要因素。另外，菌类病害是影响作物生长的另一重要因素，大多数真菌及细菌病害其发病条件都要求较高的空气湿度(85％以上)和适宜的温度范围，若能把空气相对湿度降至 75％以下时，对茄果类蔬菜和瓜类作物生长发育都极为有利，在这样的空气湿度条件下，绝大多数真菌类病害和细菌类病害

都难以发生。

光是光合作用的能量来源，温室内光照的强弱和光照时间长短是决定光合产量高低的主要因素。最大限度地利用光能，既是植物提高光合产量的主要条件，又是温室在寒冷天气条件下的热量来源。

CO_2 是作物生长的营养来源，合理地控制好温室内的 CO_2 浓度有助于作物的快速生长。

针对不同测量环境需要选择不同类型和特点的传感器，对传感器测量范围精度要求也不同。结合温室环境测量的要求与自然天气情况，设计部分环境测量要求指标范围如表 7.5 所示。

表 7.5　温室环境测量指标

测量对象	测量范围	精度	转换时间
空气温度	−20～+50℃	±0.3℃	<3 s
空气相对湿度	0～100%	±3%	<3 s
地温	10～+50℃	±0.3℃	<3 s
土壤容积含水率	0～100%	±2%	<3 s
光照度	0～200 000 lx	±100 lx	<5 s
CO_2 浓度	0～2 000 ppm	±20 ppm	<60 s

在温室环境下，传感器会受到多种因素影响，包括天气、温度、湿度、外界无线电干扰以及温室内部的各种设备产生的干扰，比如执行电机、继电器等，这对于传感器的可靠性就提出了更高的要求，要在传感器设计时针对种种问题进行优化，可以从布局结构设计、防水防湿包装、线路布置以及软件功能上进行改进，以减少干扰导致的系统工作不稳定性。从经济方面考虑，温室作为实施现代化农业的手段，在构建时要考虑到成本的投入问题，采用成本低廉的传感器设计更易于推广应用。

7.2.2　温室无线传感器网络的适用性

7.2.2.1　网络容量大

当前温室生产的首要特点就是监控区域很大，普通单个连栋温室都有几千平方米，而一个园区温室群的面积可能会在 10 万 m^2 以上，因此需要大量的传感器节点构建传感器网络。无线传感器网络的特点就是通过部署在监测区域内大量的传感器节点协同工作，节点数量能达到成千上万。例如，Wi-Fi 网络容量是 256 个，ZigBee 网络的节点容量是 65 536 个。无线传感器网络容量大，具有如下优点：通过分布式处理大量的采集信息能够提高监测的精确度，降低对单个节点传感器的精度要求；冗余节点的存在，使得系统具有很强的容错性能；网络容量大能够增大覆盖的监测区域，减少盲区。

7.2.2.2　系统成本低

由于中国工业产品与农业产品之间长期以来存在的巨大剪刀差，导致在农业设施上的投资平衡点处于较苛刻的水平，成本稍高的技术与系统便无法产生净经济效益而得不到实际使用。因此，成本是温室信息获取的一个重要需求。随着无线技术的不断发展，各种无线芯片的成本不断降低，使得无线传感器网络中各设备的成本大大降低。除此以外，系统无需线缆连接也降低了一部分成本。

7.2.2.3 **安装、使用、维护简便**

温室中大量分散的监测点，可能随着作物的生长而需要不断调整位置；或者当温室内生产的果蔬作物更替时，相应的电子检测装置和执行机构的位置也常常需要调整；另外，温室的利用结构也会经常根据用户需要而不断改变。这就要求系统中各个节点能根据需要随意变换位置而不影响系统工作。采用无线通信技术代替传统的有线连接，使得信息获取系统的安装和维护非常简便。大量传感器节点采用板载电源，可任意布置在温室各个位置，可以满足温室监测点需要随意变动的需求。由于首先排除了线路故障，一旦出现问题，故障的检查、维修和节点的替换也都很方便。

7.2.2.4 **网络自组织和自恢复**

温室内湿度高、光照强、具有一定的酸性，这些都会导致电子设备的腐蚀、老化，从而降低系统的可靠性和抗干扰性。由于无线传感器网络具有自组织自恢复功能，当某条通信链路产生故障时，其他节点可以自动找到一条新的可用链路重新建立路由，确保可靠通信，避免了传统有线网络中由于线路故障而无法正常接收传感器数据和发送控制命令而导致信息获取系统瘫痪。另外，用户可以随时增加或移除节点，而不用关闭和重启整个系统，从而满足用户增减节点数目的需求。

7.2.3 温室信息获取传感器网络关键技术

温室信息获取传感器网络不同于传统的有线甚至普通的无线网络。由于无线传感器网络节点众多，它对节点有小型化、低功耗和低成本的要求；对通信协议来说，要求可靠性高、延时小等。下面针对温室信息获取传感器网络的几个关键技术进行分析。

(1) 无线传感器节点设计：节点设计时，应用要求起着决定作用，这些要求主要包括节点的尺寸、成本和能量消耗等。在温室应用中，节点的尺寸不是考虑的重点，但是，简便的电源和成本控制是关键。无线传感器节点须具有一定的扩展性和灵活性，需要定义统一、完整的外部接口，在需要添加新的硬件部件(如传感器或执行器驱动设备等)时可以在现有节点上直接添加，而不需要开发新的节点。同时，节点可以按照功能拆分成多个组件，组件之间通过标准接口自由组合。

另外，由于温室是一个高温高湿的环境，对节点的可靠性和稳定性也有较高的要求，保证节点各部件功能正常，能工作在各自量程范围内。不仅如此，节点的稳定性还需要在软件上得到保证。一方面软件模块要保证其逻辑上的正确性和完整性，另一方面在硬件出现问题的时候能够及时感知并采取积极的措施等。

(2) 能耗分析与能量管理：低功耗是无线传感器网络设计与实现的主要特点，所以研究无线传感器网络节点电源系统的设计就显得十分重要。与无线传感器网络节点有关的能量管理从概念上主要包括能量的提供与消耗两个方面。无线传感器节点因为要布置在温室的任意位置，如果采用电力网，就必须连接电源线，这就失去了作为无线传感器网络的优势，所以必须采用板载电源。这时必须严格计算传感器节点的功耗，采用合适的板载电源，同时应用高效的节能管理策略，延长节点寿命。

(3) 路由技术：路由协议负责将数据分组从源节点通过网络转发到目标节点，它主要包括两个方面的功能：寻找源节点和目标节点间的优化路径，将数据分组沿着最优路径正确转发。在现有无线路由协议的基础上，根据温室的特点针对温室信息获取传感器网络提出合理的路由方法。

（4）数据融合处理技术：通过运用一定的手段、方法和工具，在传输过程中对数据进行综合处理，得出更为准确完整、更符合用户需求的信息，即将来自不同节点的数据结合起来进行融合处理，达到提高数据精度或者减少网络数据传输的目的。分析温室信息获取传感器网络的存在的融合情况，建立融合模型并提出相应的融合处理方法。

除此以外，在无线传感器网络的应用过程中还有很多其他关键技术，例如安全技术、时间同步技术等。

7.2.4 基于 ZigBee 技术的温室信息监测系统

近几年来，天津的设施农业发展已经起步，特别是在蔬菜、瓜果、花卉的温室大棚栽培、果树温室育苗方面发展较快。在设施方面已先后建成各级蔬菜工厂化农业科技示范区 22 个，既有自行设计的新型节能日光温室，也有从国外引进或国内生产的连栋温室及智能温室。全市设施蔬菜栽培面积约 1.4 万 hm^2，其中日光温室 0.3 万 hm^2，大棚 0.55 万 hm^2，中小棚 0.55 万 hm^2，设施蔬菜总产量 15.46 亿 kg，总产值 23.19 亿元。但从整体而言，与目前发达国家的设施农业发展还有很大差距，其中温室信息的获取与远程监测是综合设施技术中的薄弱环节，对设施技术的进一步发展已构成约束。因此，为促进设施农业精细生产管理技术在天津市推广应用，针对天津近郊的某农业科技示范区设计和开发了温室信息监测系统。

7.2.4.1 系统需求分析

温室信息监测系统建立的最终目的是获取温室环境的数据信息，监控温室的正常运行，并通过分析数据得到作物生长与环境变化的规律。按照系统的结构和工作流程，对系统设计的需求分析如下：

（1）信息采集作为整个系统工作的第一步，显得尤为重要。能否采集到准确可靠的数据是监测工作能否顺利进行的关键。温室中需要采集的参数包括温度、湿度、光照度、CO_2 浓度，其中温度范围是 10～40℃，湿度的范围是 10%～100%RH，光照度的范围是 1 000～50 000 lx，CO_2 浓度的范围是 200～1 200 ppm，因此为了采集这些数据，必须选择尺寸合适、功耗较低、精度和范围合适的传感器。

（2）节点采集到数据后，需要将数据汇集到一起，网络内的节点通过无线网络进行通信。由于温室的占地面积和节点分布密度的影响，节点之间的距离相对较远，大约为上百米。无线传输信号在空气中传播是按照距离的指数关系衰减的，因此如果采用长距离的通信，数据收发模块会以较大的功耗工作。因此，必须选择一种效率较高的传输模式组建无线网络，提高系统的通信质量，减少节点功耗。

（3）数据采集的频率不高，每次采集间隔时间较长，节点对数据传输速率要求不高，只要保证 20 kbps 以上，就可以保证数据的稳定传输。为了缩短系统的开发周期，降低技术难度，应采用集成的数据收发芯片，而且要根据功耗、尺寸和数据收发速度综合地考虑芯片的选择。

（4）网络采用多跳的传输方式克服了长距离通信的弊端，但随之而来的是网络的路由和拓扑问题。在多跳网络中，常常会由于能量损耗、外界破坏、设备错误、移动物体的阻碍等因素使得网络拓扑发生改变。为了保证网络中的节点不丢失，保持网络连通性，需要采用合理的网络拓扑结构和有效的路由协议。

（5）当节点通过无线网络将数据汇集后，还需要通过互联网将数据发送至用于数据的管理和查询的远程服务器。因此，必须存在一个连接 WSN 与互联网的网关设备，通过解析、转换来自不同网络的不同格式的数据包，连接两种异构网络。

（6）为了实现系统的远程监测，在远程服务器上必须存在管理平台，用户通过登录该平台可实现对网络中节点的查询和设置，通过用户界面可以查询监测系统采集的数据，维护网络的正常运行。

（7）考虑到监测面积和节点部署密度的影响，温室监测系统中节点数可能为几十到几百，节点的价格直接影响了整个系统的建设成本。由于系统的建设成本是影响系统推广应用的重要因素，因此，在满足功能的基础上，设计时必须考虑节点的生产成本。

7.2.4.2 **系统模型建立**

根据前面对系统设计的需求分析，结合无线传感器网络技术的特点，建立了图 7.41 所示的系统模型。

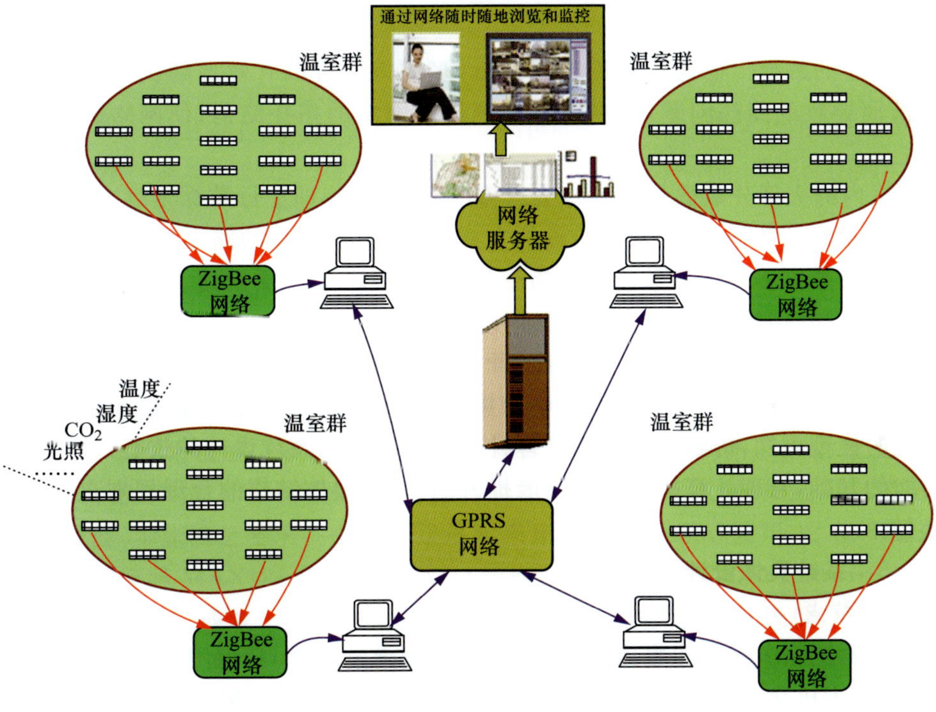

图 7.41 基于无线传感器网络的温室信息监测系统结构

大量的传感节点采用分散布置的方式摆放于温室群中，负责采集监测区域的环境信息，并通过多跳的传输方式将数据发送到汇聚节点，汇聚节点通过通信接口将数据上传至管理计算机；管理计算机既掌管各温室群中节点的管理调度，又要作为各无线监测局域网内的网关，实现无线网络与以太网的互联；远程用户通过存储历史数据的服务器浏览与访问整个系统中的传感器节点所采集的温室信息。系统中分布于不同温室群的节点，被划分到各子网中进行管

液晶显示单元选用北京青云科技生产的图形点阵液晶显示单元LCM12864ZK，其屏幕由128×64点构成，可显示4行、每行8个汉字。LCM12864ZK与ARM微处理器接口灵活，有并行、串行两种模式，其中并行模式又有8位/4位两种解法，串行模式又分3线/2线两种接法。系统传感器网络节点采用串行3线接法，可有效节省GPIO端口。

2. 管理计算机节点

管理计算机是现场温室监测系统的核心，负责包括传感器网络节点的搜索，数据上传指令的发出，无线数据的接收，环境数据与温室信息的综合管理，报警信息处理和经GPRS网络向Web服务器的数据库发送数据等工作，在整个系统中具有承上启下的关键作用，基本的监测管理流程如图7.43所示。

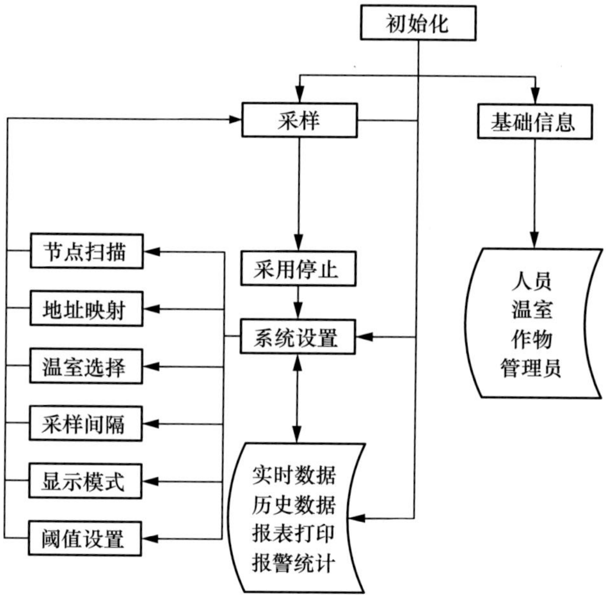

图7.43　温室信息监测系统监测管理流程

分布式管理中心数据监测软件以Visual Studio 2008环境下C++语言为工具，采用SQL Server 2008数据库开发，软件采用Dundas Chart结合数据库作为报表管理方案。管理计算机软件功能上包含无线通信控制、数据与信息管理、数据传输三大功能模块，其中无线通信控制模块负责管理汇聚节点，完成传感器网络节点指令和数据的收发；数据与信息管理模块负责完成对温室与节点关系映射、监测温室的选择、采样时间频率、后台数据库连接等设置，实现对温室职工、作物、种植记录、监测标准等基础信息的管理，以及对实时、历史和报警数据的采集、查询、图形显示和统计；数据传输模块负责将管理计算机所采集温室环境数据通过GPRS网络发送至Web服务器的数据库。采样设置与数据查询界面如图7.44所示。

3. 远程监测平台

远程监测平台是整个温室监测系统的核心和中枢。远程监测平台硬件上包括网络连接设备（路由器、交换机等）和服务器，软件包括Web服务程序和数据库，其中服务器需具有独立的公网IP，分布式管理层才能通过IP地址和服务端口与服务器建立网络连接。服务器操作系统采用Microsoft Windows Server 2003，数据库采用SQL Server 2008，为系统提供稳定的服

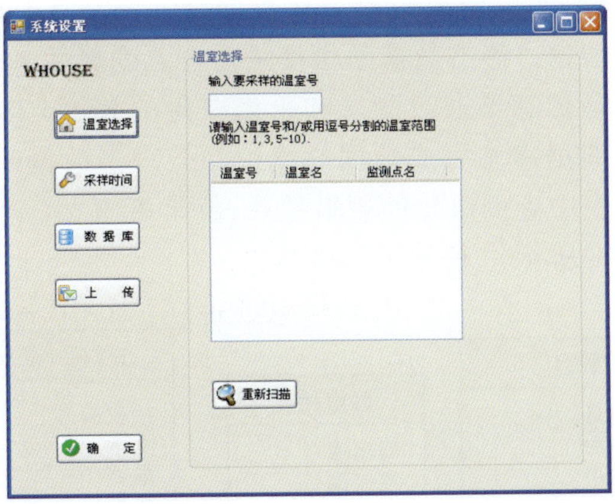

(a)

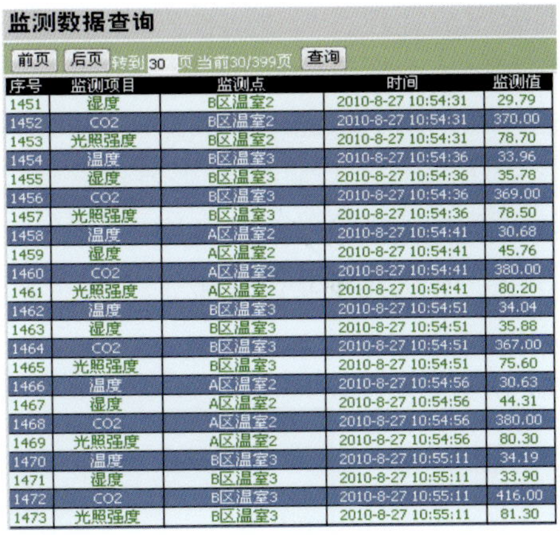

序号	监测项目	监测点	时间	监测值
1451	湿度	B区温室2	2010-8-27 10:54:31	29.79
1452	CO2	B区温室2	2010-8-27 10:54:31	370.00
1453	光照强度	B区温室2	2010-8-27 10:54:31	78.70
1454	温度	B区温室3	2010-8-27 10:54:36	33.96
1455	湿度	B区温室3	2010-8-27 10:54:36	35.78
1456	CO2	B区温室3	2010-8-27 10:54:36	369.00
1457	光照强度	B区温室3	2010-8-27 10:54:36	78.50
1458	温度	A区温室2	2010-8-27 10:54:41	30.68
1459	湿度	A区温室2	2010-8-27 10:54:41	45.76
1460	CO2	A区温室2	2010-8-27 10:54:41	380.00
1461	光照强度	A区温室2	2010-8-27 10:54:41	80.20
1462	温度	B区温室3	2010-8-27 10:54:51	34.04
1463	湿度	B区温室3	2010-8-27 10:54:51	35.88
1464	CO2	B区温室3	2010-8-27 10:54:51	367.00
1465	光照强度	B区温室3	2010-8-27 10:54:51	75.60
1466	温度	A区温室2	2010-8-27 10:54:56	30.63
1467	湿度	A区温室2	2010-8-27 10:54:56	44.31
1468	CO2	A区温室2	2010-8-27 10:54:56	380.00
1469	光照强度	A区温室2	2010-8-27 10:54:56	80.30
1470	温度	B区温室3	2010-8-27 10:55:11	34.19
1471	湿度	B区温室3	2010-8-27 10:55:11	33.90
1472	CO2	B区温室3	2010-8-27 10:55:11	416.00
1473	光照强度	B区温室3	2010-8-27 10:55:11	81.30

(b)

图 7.44 采样设置与数据查询界面

(a) 采样设置；(b) 数据查询

务支持。Web 服务器程序采用 MS-IIS(Microsoft Internet Information Server)技术，网络发布模块采用 ASP. NET 技术实现 B/S(Browser/Server)体系结构，开发语言使用 C＃。Web 服务器程序按具体功能可分为 4 个部分：基础信息维护、数据采集与存储、数据处理与查询、数据动态浏览。①基础信息维护：维护温室的基础数据(种植历史、作物种类、单位产量等)，管理温室空间分布地图数据，负责用户信息统计与权限分配；②数据采集与存储：采用监听并接收管理计算机上传的数据，并判断其是否符合预先设计的固定格式；③数据处理与查询：管理上传的数据，对数据进行统计分析，判断监测数据是否超限，提供数据查询与报表输出；④数据动态浏览：授权指定用户通过浏览器访问 Web 服务器程序，访问温室的动态数据曲线和统计数据。Web 服务程序主界面如图 7.45 所示。

图 7.45 远程监测平台的 Web 服务程序主界面

数据库的合理性和适用性直接决定了远程监测平台的效能。从数据管理的角度来讲,远程监测平台的数据分为两类:静态数据和动态数据。静态数据是指传感器节点的属性、网络自身的参数以及温室基础信息数据等;动态数据是传感器通过测量和采集获得的数据。庞大的动、静态数据量使得设计中有必要建立专门的数据库来完成数据的维护和管理。数据库结构的建立往往会影响编程的复杂度,为了简化程序中查询语句的逻辑关系,就需要建立合理的数据库结构。远程监测平台数据库关系如图 7.46 所示。

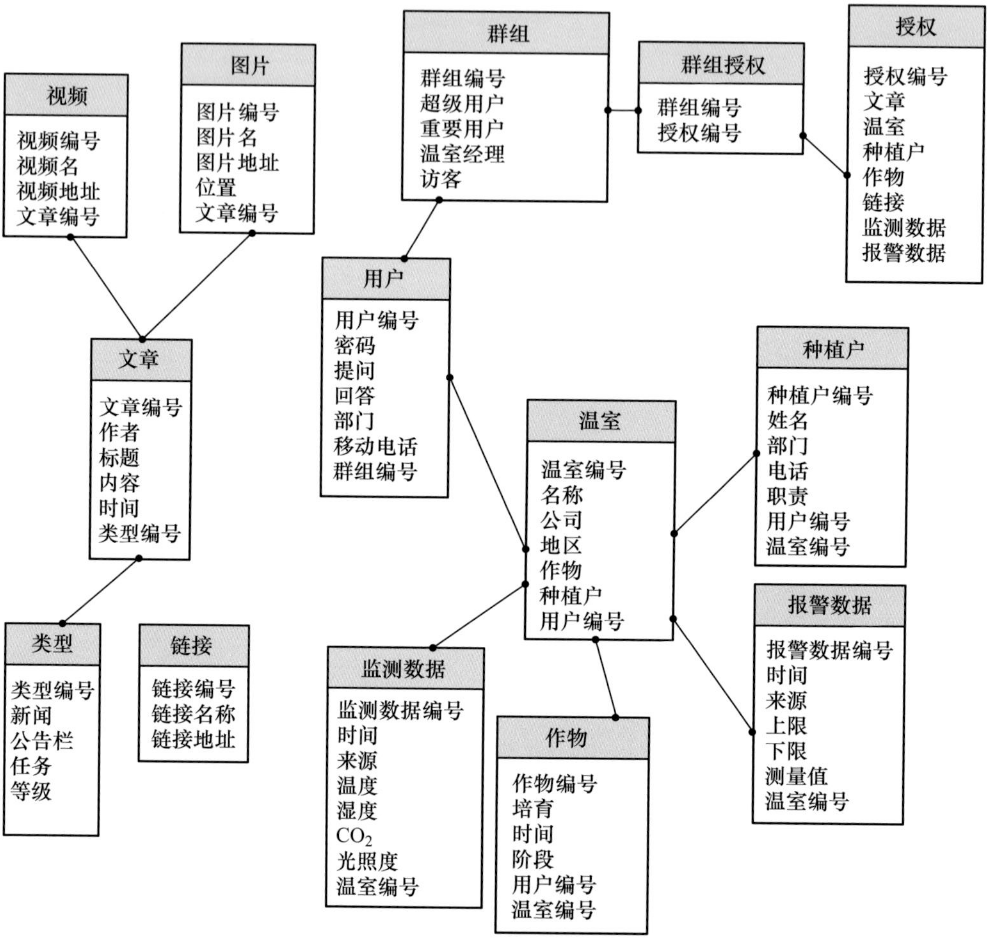

图 7.46 远程监测平台的数据库关系表

7.2.5 基于 TD-SCDMA 的温室信息监测系统

TD-SCDMA (time division-synchronous code division multiple access)是时分同步的码分多址技术的简称。TD-SCDMA 标准是由中国提出的、以我国知识产权为主、被国际上广泛接受和认可的无线通信国际标准。TD-SCDMA 是 ITU 正式发布的第三代移动通信空间接口技术规范之一,集 CDMA、TDMA、FDMA 技术优势于一体,系统容量大、频谱利用率高、抗干扰能力强。它采用了智能天线、联合检测、接力切换、同步 CDMA、软件无线电、多时隙、可变扩频系统、自适应功率调整等技术。随着 TD-SCDMA 技术在移动通信领域中的发展,目前此技术已经能够实际应用到许多需要无线数据传输的领域,也为温室信息的实时获取系统提供了一种新的数据传输方法。考虑到现阶段 TD-SCDMA 尚未实现完全覆盖、GSM 网络覆盖广泛的现状,采用 TD-SCDMA/GSM 双模通信模块,该模块在没有 TD-SCDMA 网络覆盖的环境下,可以自动切换到 GSM 网络,从而综合了 TD-SCDMA 速度快与 GSM 覆盖广的优点,提高了系统的适应性与数据传输速率。

温室分布范围大、作物类型复杂多样、环境较为恶劣,而 TD-SCDMA 以其覆盖广、速度快、费用低的特点,可以成为一种实现温室信息采集与传输的经济可靠方法。本系统通过传感器与嵌入式 TD-SCDMA 终端组成现场实时监控系统,采用 android 2.0 操作系统,通过 TD-SCDMA 无线模块实现与 TD-SCDMA 网络的连接,将现场采集数据和图像信息实时发送到 DSC(data service center,数据服务中心)。DSC 提供多种基于 Web 的数据查询服务,在客户端或 PC 机通过浏览器即可实时访问、浏览和下载所需要的数据。系统总体结构如图 7.47 所示。

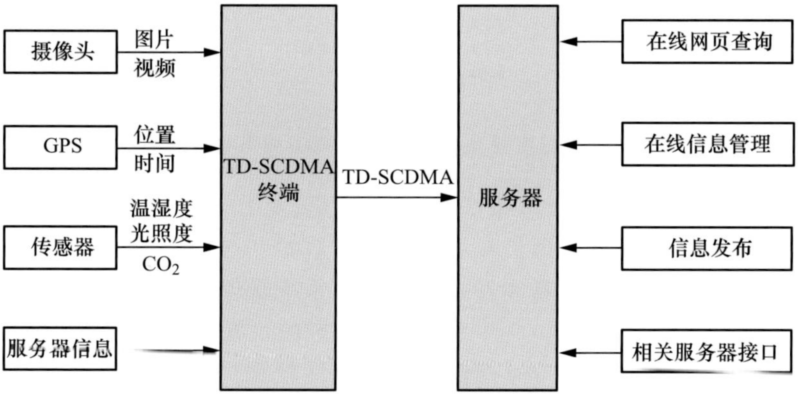

图 7.47 温室信息监测系统总体结构

基于 TD-SCDMA 的温室信息监测系统是运行在服务器的 Windows Server 系统下、基于 Visual Studio 2008 开发的平台式的监测系统。该系统可以实时监控 TD-SCDMA 终端采集的温室环境信息,即将温室环境信息(如温湿度、光照度、CO_2 等)与终端拍摄的图片、视频、音频信息通过 TD-SCDMA 通讯技术上传到服务器的平台上进行显示浏览、预测分析、管理查询,从而实现了多元信息的可视化显示与发布。该系统利用 Microsoft SQL Server 2008 存储数据和网站的基本信息,利用 ASP.NET 技术建立 B/S 模式的平台构架,由基础设施层、数据服务层、基础应用服务层、服务总线层、业务处理层与用户访问层 6 层构成。监测系统的 Web 服务程序界面如图 7.48 所示。

系统主要包括环境信息监控模块、综合信息查询模块、信息处理分析模块、农情信息浏览模块、注册模块、基础信息维护模块、新闻发布模块。其中,环境信息监测模块利用 TD-SCDMA 终端的摄像头进行视频图像监测,利用传感器进行温度、湿度、光照度、CO_2 数据的实时上传显示;综合信息查询模块主要进行监测数据的查询,知识库中农作物信息和监测地相关信息的查询;信息处理分析模块则实现了监测信息的图表显示与 GIS 地图显示;农情信息浏

图 7.48　温室信息监测系统的 Web 服务程序界面

览模块实现对三农动态、灾害常识、政策法规等网页信息的浏览查询；注册模块实现用户成为网站会员；基础信息维护模块即管理员对后台信息管理维护模块，主要包括知识库的管理、网站信息的管理和系统用户的管理；新闻发布模块实现系统管理员对时事新闻的发布管理。

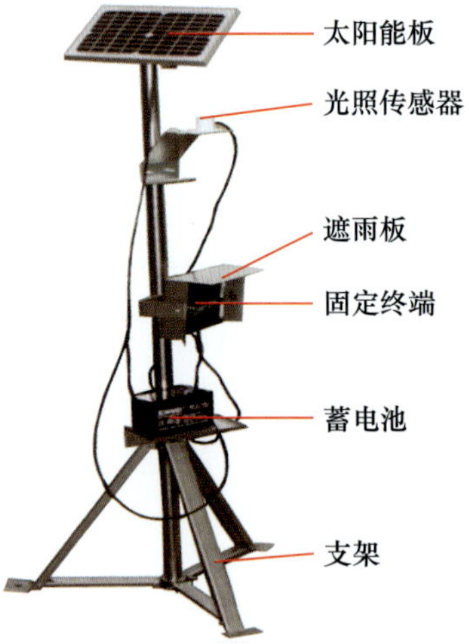

图 7.49　TD-SCDMA 温室信息监测终端

系统具有友好的可视化界面，功能强大，稳定性良好，可操作性及实用性较强。该系统采用数据库技术实现了数据信息的有效组织与管理；系统与传感器紧密配合，快速采集温室环境信息；与此同时，它与具有我国自主知识产权的 TD-SCDMA 第三代移动通信系统相结合，实现了低成本、广覆盖、高效率的信息服务特点，满足随时随地的温室环境信息的需求。TD-SCDMA 温室信息监测终端如图 7.49 所示。

使用时，将 TD-SCDMA 温室信息监测终端数据采集时间设置为 10 min，上传次数为 1，即每 10 min 上传一次数据至服务器端 ftp 文件夹。服务器端的数据接收界面如图 7.50 所示，可以看出服务器可以稳定连续地接收到终端上传的数据。

将终端图片定时采集时间设置为 30 min，上传次数为 1，即每 30 min 上传一次图片信息至服务器端 ftp 文件夹，图片接收界面如图 7.51(a)所示，录像功能通过短信发送指令实现，视频接收界面如图 7.51(b)所示。

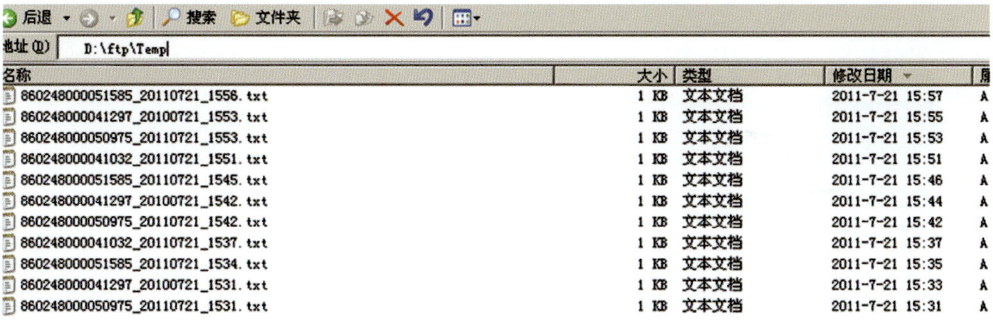

图 7.50　数据接收界面

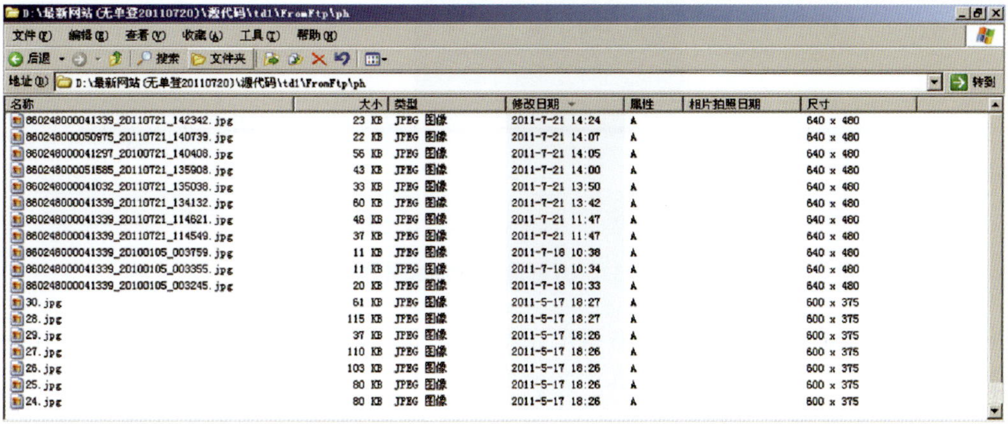

(a)

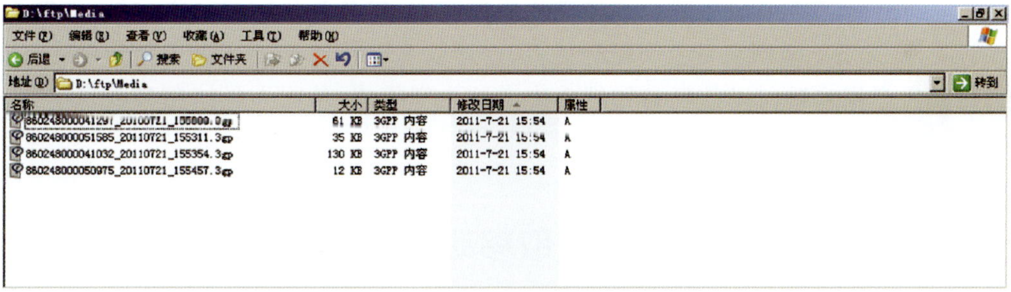

(b)

图 7.51　多媒体接收界面

(a) 图片接收界面；(b) 视频接收界面

终端的数据(图片、视频和传感器数据)等都通过终端的 ftp 客户端软件发送至服务器的 ftp 上。服务器端开启数据扫描程序，一旦 ftp 服务器端文件夹中有数据，首先判断文件类型，然后分别读取文件内容，将内容更新至数据库，供网站调用。终端数据上传至远端服务器的时间由当地的 TD-SCDMA 信号决定，当数据传至 ftp 后，扫描程序实时地更新数据库，并可通过浏览器访问。如图 7.52 所示为浏览最新图片信息界面。

图 7.52　浏览最新图片信息界面

无线传感器网络集传感器技术、微机电系统（MEMS）技术、无线通信技术、嵌入式计算技术和分布式信息处理技术于一体，因其广阔的应用前景而成为当今世界上备受关注的、多学科高度交叉的热点研究领域。在传统农业中，人们获取农田信息的方式都很有限，主要是通过人工测量，获取过程需要消耗大量的人力，而通过使用无线传感器网络可以有效降低人力消耗和对农田环境的影响，获取精确的作物环境和作物信息，分析各种传感器采集信息，帮助农民及时发现问题，并且准确地确定发生问题的位置，这样农业必将逐渐地从以人力为中心、依赖于孤立机械的生产模式转向以信息和软件为中心的生产模式，从而大量使用各种自动化、智能化、远程控制的生产设备。

7.3　农田信息获取移动通信与传感技术

农作物生长过程中综合信息的获取和田间现场管理，对提高农业管理的效率意义显著。在整个作物生长周期内，农田环境和作物生长信息持续地发生变化，如果仅获取少数几个时段的信息进行决策，则可能造成误判。农作物种植与管理（包括动物饲养），实际上是一个人与物（植物、动物）、人与田（农田环境、饲养环境）不断交互的过程，其过程中的变化信息至关重要。当前的技术侧重于室外信息采集和室内计算机辅助决策，轻视田间现场的交互管理。尽管现在的 GIS 管理可以真实反映农田环境和农作物的部分或者大部分信息，但与人眼观察到的农田环境和农作物长势实际信息相比，这些信息是不够的。因此，如何经济有效地获取农田环境和农作物关键时段的信息，同时兼顾其动态信息，既重视室内计算机辅助决策，又重视田间交互管理，是值得探讨的问题。

当前，掌上电脑(PDA)作为智能终端，其技术的发展日新月异。集成智能操作系统、GPS、摄像头、嵌入式 GIS、无线通信等组件和技术的 PDA 已成为行业主流。近几年来，国内外众多研究机构已广泛开展基于 PDA 的农业应用研究。大部分基于 PDA 的研究侧重于农田信息采集、专家辅助决策、无线数据传输，基本上作为计算机农业的延伸或终端。而能综合实现无线信息采集、基于位置的图像采集、辅助决策、无线数据传输，又能基于嵌入式 GIS 进行信息管理，应用于田间交互管理的研究并不多见。本研究基于智能移动终端，设计并实现了面向农业移动管理(田间现场管理)的技术框架，开发了相应的应用系统，推动了精细农业农田管理的移动化进程。

7.3.1 系统总体设计

本研究利用 ZigBee 无线技术构建的无线传感器网络，可以满足田间实时测量的要求；利用农田智能 PDA 能够实现农田无线传感器网络的管理、网络节点信息的采集和处理、接受上位机的管理并与上位机之间进行远程数据交换。当发出数据采集请求时，集成于农田 PDA 的协调器可快速将田间各个网络节点的监测信息上传至智能控制端，实现数据采集的自动化。用户则通过与农田 PDA 交互而实现对无线传感器网络的管理。仪器集成化程度高，农田智能 PDA 具有较好的可移动性和智能性，可以实现农田无线传感器快速组网、农田信息的高效采集以及与上位机的实时通讯，工作稳定、容错性好、采集数据准确可信、操作简单、携带方便并兼具手机的各项功能；无线传感器节点能够智能通断电源，节约功耗；节点小巧，测量参数能够快速定制；开发的嵌入式软件操作简单，使得用户很快即可进行无线传感器网络管理；成本低，安装便捷。

系统的总体结构如图 7.53 所示，可以分成 3 部分：无线传感器网络、PDA 移动终端设备、远程上位机。无线传感器节点采用 Mesh 拓扑结构组网，农田智能 PDA 中集成了无线网络协

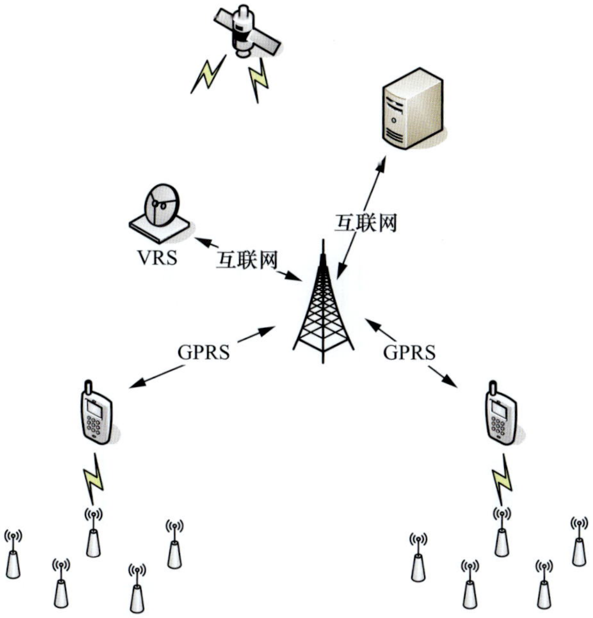

图 7.53 基于 ZigBee 的农田无线传感器网络系统的总体结构图

调器模块、GPS OEM 模块以及 GPRS 模块，构成移动智能终端，通过嵌入式 GIS 系统，能够实现无线传感器网络的管理、无线传感器网络信息的采集、将网络节点与 GPS 定位信息相连、农田数据可视化、将农田数据打包上传、下载上位机数据等功能。总体构成一个移动式无线传感器网络，不仅无线传感器网络本身能够按照农田信息采集的需要随时从一个地块搬离布设到另外任何一个地块，作为网关节点的农田智能 PDA 也能够随时移动到无线传感器网络的任何位置。可移动性使得本系统具有较高的灵活度和较强的实用性，可应用任何类型的农田信息采集和处理。

7.3.2 无线传感器网络设计

7.3.2.1 无线传感器网络硬件设计

PDA 和移动传感器节点均采用 JN5139 模块作为两者间的无线通信模块。它集成了 32 位 RISC 处理器和全兼容的 2.4 GHz IEEE802.15.4 收发器、192 kB ROM、96 kB RAM 以及各种模拟和数字外设。32 位数据操作对于协议栈和高端应用非常有用。由于 JN5139 集成了 32 位 RISC 处理器，使得指令能设置操作 8 位、16 位、32 位数据，这对于编程来说非常有效。相比于 CC2430 的 8 位 MCU、EM250 的 16 位 MCU 等小字长的处理器，它允许算法用更少的指令执行，这意味着执行同一算法需要更少的时钟周期。JN5139 支持硬件乘法，可有效地实现数字信号处理[8]。此外，JN5139 模块集成了 RF 元件，节省了开发时间和成本。

无线传感器的硬件分为协调器和路由节点，框图如图 7.54 所示。其中 ARM920T-PXA27X 为 PDA 的处理器芯片。路由节点部分的无线模块 JN5139 单独用 3.7 V 锂电池供电，而传感器由 7.4 V 锂电池供电。传感器电源通断由 JN5139 的一个 DIO 口进行控制，即由 JN5139 软件控制。数字传感器如土壤温度传感器和环境温湿度传感器通过 DIO 口和 JN5139 相连，而模拟传感器如土壤水分传感器和土壤电导率传感器通过 ADC 通道和 JN5139 相连。另外，为了测量传感器的供电电压，传感器的 3 V、5 V 供电电源也通过 ADC 通道和 JN5139 相连。于是整个传感器通信部分共占用 4 个 DIO 口(其中土壤温度传感器占用 JN5139

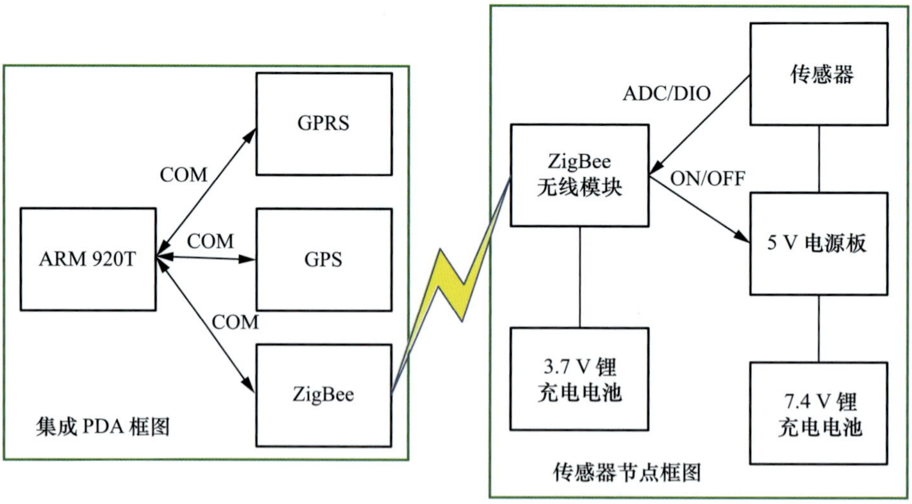

图 7.54 农田无线传感器网络硬件结构示意图

的一个 DIO 口，环境温湿度传感器占用两个 DIO 口，传感器供电电源控制部分占用一个 DIO 口)，5 个 ADC 通道(一个内部 ADC 测量 JN5139 模块供电电压，4 个外部 ADC 分别连接土壤水分传感器、土壤电导率传感器、传感器的 3 V 供电电源和 5 V 供电电源)[9]。

1. 无线 MCU 模块

无线传感器节点选用 JN5139 作为通讯模块，见图 7.55。其中，协调器为了节省空间以便集成在农田智能 PDA 上，可选用 JN5139-M00 陶瓷天线模块，但若为了保证通信距离则可选用 JN5139-M01 的 SMA 天线模块。路由节点选用 JN5139 作为 JN5139-M01 通讯模块，以保证通信距离。协调器节点和无线传感器路由节点通过嵌入软件实现无线传感器网络的组网、数据传输等功能。

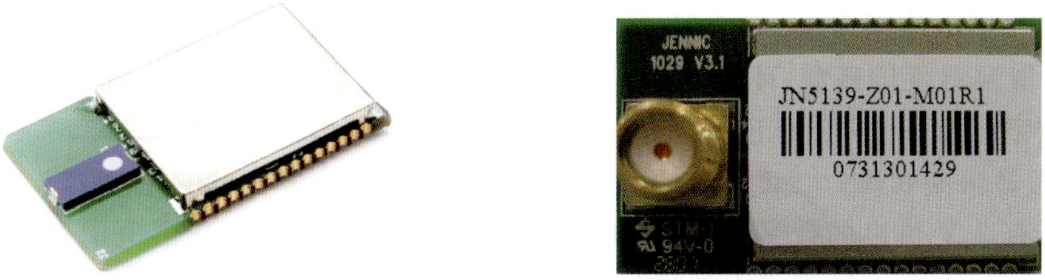

(a) (b)

图 7.55 无线传感器节点选用的模块

(a) 陶瓷天线的 JN5139-M00；(b) SMA 天线的 JN5139-M01

在 PCB 中协调器和路由节点电路设计中均设计了 3 个 LED 指示灯，分别是电源指示灯、组网指示灯和串口通信指示灯，如图 7.56 所示。在协调器中，3 个 LED 指示灯分别用来指示 ZigBee 模块电源通断，是否发起 ZigBee 网络，是否接收到串口传来的再次采集移动传感器节点信息的命令。在路由节点中功能类似。

(a) (b)

图 7.56 协调器和路由节点电路

(a) 协调器电路板；(b) 路由节点电路板

JOINED、JZS_EVENT_CONTEXT_RESTORED、JZS_EVENT_REMOVE_NODE。

可以只用 JZS_EVENT_NWK_STARTED 实现协调器的功能。

JZS_EVENT_NWK_STARTED 当协调器成功启动一个网络时产生。JZS_EVENT_FAILED_TO_START_NETWORK 当协调器因为已经有一个相同的 PAD ID 网络存在而导致启动网络失败时产生。JZS_EVENT_APS_DATA_CONFIRM 当使用 afdeDataRequest()函数把一个数据帧从应用层传到协议栈时产生，产生 8 位状态、16 位目的设备的网络地址、8 位目的设备的端点号地址、8 位源设备的端点号地址。需要注意的是如果接收到的状态为 APS_ENUM_SUCCESS，表示的是帧已经到达朝着目的地址的下一跳但并不确认它已经到达目的地址，除非它是个单跳的方式。JZS_EVENT_NEW_NODE_HAS_JOINED 当路由节点或协调器有一个子节点加入时产生，包含了子节点的信息：子节点的 16 位网络短地址、IEEE(MAC)地址指针、子节点的容量信息。JZS_EVENT_CONTEXT_RESTORED 当一个节点以 FLASH 存储器中的有效网络内容启动时产生，以替代启动或加入一个新的网络。JZS_EVENT_REMOVE_NODE 当子节点从路由节点或协调器中删除时产生，包括子节点的 IEEE(MAC)地址和状态信息。

3) 应用层上双向传输程序

这部分程序实现协调器接收远程节点传来的采集信息和发送 PDA 传来的命令给相应的节点的功能，即双向通信。

根据文献[12]，节点间的通信主要 3 种方式。

第一种，直接通过 KVP 或 MSG 帧格式和协调器通信。因为协调器的 16 位网络短地址总是 0x0000，所以路由节点和终端节点总可以设置目标设备的网络地址为 0x0000，协调器可以通过输入的 KVP 或 MSG 帧来提取源设备地址，以此向路由节点和终端节点发送帧。

第二种，设备发现通信。设备发现通信涉及一个需要其他节点服务的节点并接收应答。一个节点通过在整个网络中广播信息来发出请求。任何有这个需要的服务的节点单播应答给发出需要服务的节点。主要注意的是远程节点不会收到有关请求已收到或者响应已传输的指示。本地节点和远程节点的描述符要匹配，如本地节点的输入簇和远程节点的输出簇要对应。

第三种，协调器提供的绑定服务。通过协调器中的绑定路由表连接其他两个节点。可以实现一对一、一对多、多对一的绑定。

这里采用第一种通信方式中的 MSG 通信。主要原因是第二种方式服务请求采用广播方式，通信速度比较慢，发出服务请求的节点收到的应答不止一个。第三种方式中协调器是通信失败的一个关键所在，而且绑定节点有数量限制，受到端号的限制，一般不超过 32 个，不然绑定表特别大，所以也不选用第三种方式。采用第一种方式利于网络的扩展。MSG 是只包括数据和数据长度域的简单格式，使用较为灵活。

接收必须添加设备端点号的描述符，这里采用简单描述符。使用的函数见文献[13]。

添加简单描述符的函数原型为：

```
uint8 afmeAddSimpleDesc(uint8 u8Endpoint,          //描述符所涉及的端点号(0x00—0xF0)
                        uint16 u16ProfileID,       //端点号支持的 profile ID(0—0xFFFF)
                        uint16 u16DeviceID,        //端点号支持的设备描述 ID(0—0xFFFF)
                        uint8 u8DeviceVersion,     //设备版本(0—0xFF)
                        uint8 u8Flags,             //应用标记(0—0xFF)
```

```
uint8 u8InClusteCount,          //输入簇的数目
uint8 *pau8nClusterList,        //输入簇数组
uint8 u8OutClusterCount,        //输出簇的数目
uint8 *pau8OutClusterList);     //输出簇数组
```

这里，端口号设成 0x40，ProfileID 设成 0x123，DeviceID、DeviceVersion、Flags 这三个都设成 0，InClusteCount、OutClusterCount 设成 1，* pau8nClusterList 和 * pau8OutClusterList 设成 0x12。

而发送必须使用函数 afdeDataRequest( )，提交一个 AFDE 数据请求用以产生 KVP 或者 MSG 帧。使用的函数见文献[13]。

产生 MSG 帧函数原型为：

```
Stack_Status_e afdeDataRequest(APS_Addrmode_e eAddrMode,          //目标地址模式
                               uint16 u16AddrDst,                 //16 位目的设备的网络地址
                               uint8 u8DstEP,                     //目标设备的端点号
                               uint8 u8SrcEP,                     //源设备的端点号
                               uint16 u16ProfileId,               //端点号支持的 profile ID
                               uint8 u8ClusterId,                 //所采用的 cluster ID
                               AF_Frametype_e eFrameType,         //帧类型
                               uint8 u8TransCount,                //数据请求处理的数量
                               AF_Transaction_s *pauTransactions, //处理结构的指针
                               APS_TxOptions_e u8txOptions,       //细化请求的传输选项
                               NWK_DiscoverRoute_e eDiscoverRoute, //指定路由发送模式
                               uint8 u8RadiusCounter);            //传输跳数
```

这里，设置 eAddrMode 为 APS_ADDRMODE_SHORT，u16AddrDst 目的设备的网络地址设成从 PDA 传来的命令中提取的节点短地址，DstEP 目标设备端点号、SrcEP 源设备端点号分别设为 0x41、0x40，ProfileID 设成 0x123，ClusterId 设成 0x12，eFrameType 设成 0x02，即表示选用的帧类型是 MSG 帧，如果设成 0x01，则是 KVP 帧，u8TransCount 设成 1，* pauTransactions 设成 asTransaction。u8txOptions 有 4 种类型：APS_TXOPTION_NONE (0x00)，即没有任何选项；SECURITY_ENABLE_TRANSMISSION(0x01)，即使用加密；USE_NWK_KEY(0x02)，即使用 NWK 的 KEY；和 ACKNOWLEDGED_TRANSMISSION (0x04)，即使得 MAC 的 ACK 在 APS 层可以获得。这里设成 APS_TXOPTION_NONE (0x00)。eDiscoverRoute 可以指定 3 种路由发现模式，分别为 SUPPRESS_ROUTE_DISCOVERY (0x00)、ENABLE_ROUTE_DISCOVERY (0x01)和 FORCE_ROUTE_DISCOVERY (0x02)。这里选用 SUPPRESS_ROUTE_DISCOVERY(0x00)。RadiusCounter 这里设成 0，表示传输的跳数是网络最大深度的 2 倍。而在 nwk. h 文件中，定义 JHJdefine nwkcMaxDepth 8，所以 RadiusCounter 设成 0，表示传输的跳数能达 16 跳。

4) 网络参数保存

采用网络参数保存，主要是为了设备在掉电以后不用重新加入网络。这意味着对于协调器和路由节点来说，保存了射频通道、PAN ID 等参数外，还保存了子节点的短地址。而对于终端节点来说，当电池电压较低或者更换电池时，保存地址、父节点地址和射频通道以及

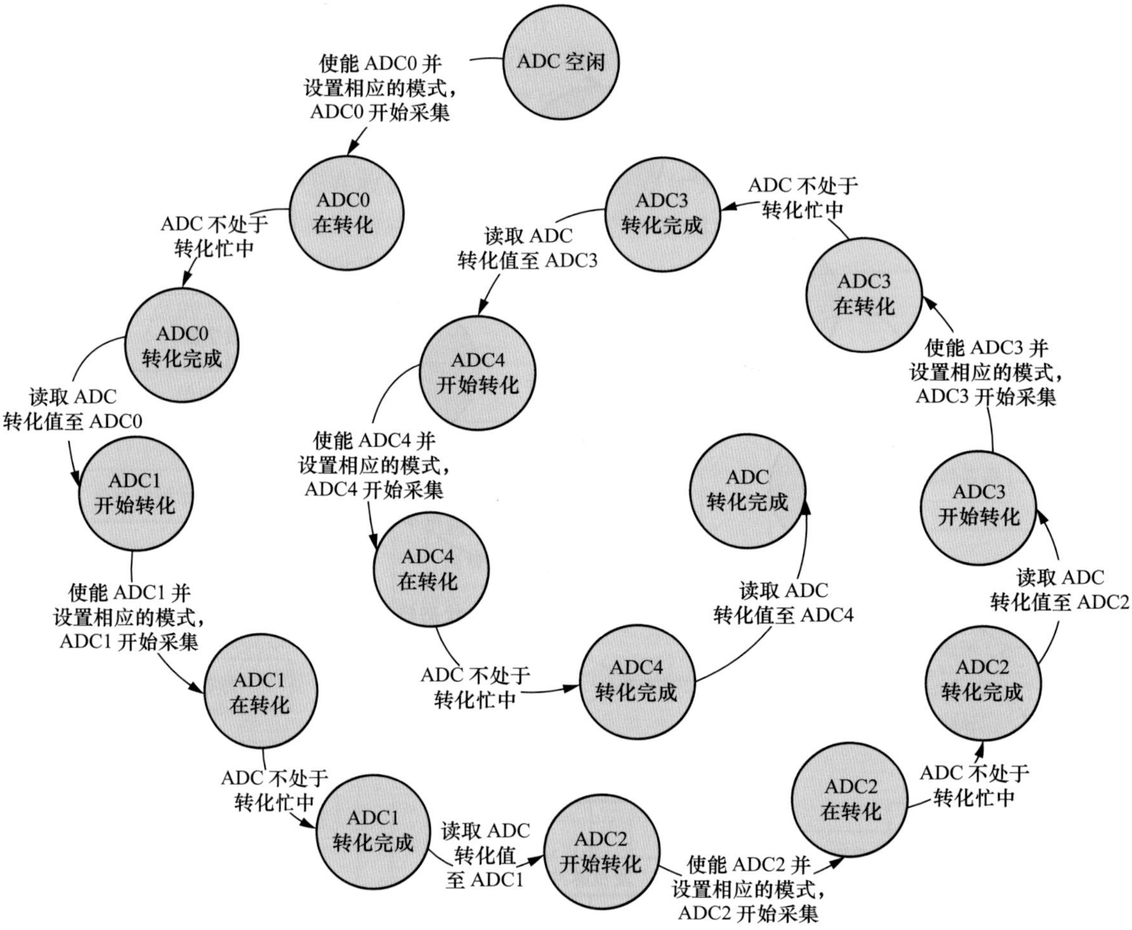

图 7.63　AD 采集状态转移图

2）数据发送接收模块

数据发送程序是路由节点程序的核心，它将土壤温度传感器、空气温湿度传感器、4 个 AD 通道转换后的信号值和 JN5139 模块供电电压传送到协调器。从路由节点向协调器传输数据采用的是 MSG 帧。由于 MSG 帧的数据载荷可变，程序调用 afdeDataRequest( )函数构造和发送 MSG 帧格式的数据，afdeDataRequest( )函数的参数包括目标节点网络地址(协调器网络短地址 0x0000)、源节点网络地址、帧类型、发送的数据、路由发现模式、安全模式、消息跳数等消息。创建 MSG 帧结构，数据发送模块类似协调器向传感器节点发送命令的那部分程序。只是把相应的协调器的目标设备的端点号和路由节点的源设备的端点号对应，协调器的源设备的端点号和路由节点的目标设备的端点号对应。

利用 bBosCreateTimer 启动一个 BOS 时钟，以实现数据的周期性采样。当采集并发送 10 次数据后停止 BOS 时钟，通过 DIO 控制传感器的 ON/OFF 端关断传感器电源。当该节点收到 PDA 传来的再次采集命令时，通过 DIO 开启传感器供电电源，延时一段时间然后重新启动 BOS 时钟，以实现数据的周期性采样。注意延时时间，因为软件控制传感器供电电源开启需要一定的时间，如果没有在传感器供电电压稳定后采集数据，得到的数据则不准确。

3）传感器供电电源控制模块

传感器供电电源芯片的ON/OFF端与JN5139相连，需要注意的是空气温湿度传感器在传感器电源重新开启时必须复位。

3. 农田无线传感器网络数据传输协议

1）协调器接收到的路由节点信息（ASCII码接收）

$＜1＞，＜2＞，＜3＞，＜4＞，＜5＞，＜6＞，＜7＞，＜8＞，＜9＞，＜CR＞＜LF＞

说明：每句语句以$开头，＜CR＞＜LF＞结束。

每个字段代表的分别是节点短地址（16进制）、JN5139供电电压（V）、农田参数1、农田参数2、农田参数3、农田参数4、农田参数5、3 V传感器供电电压（V）、5 V传感器供电电压（V）。每个逗号间都是4位的宽度。

2）协调器往PDA传输命令格式（16进制发送）

＜1＞＜2＞

说明： ＜1＞节点短地址，XXXX

＜2＞网络ID码，XX

协调器JN5139接收到的ARM920T的节点信息采用ASCII码，是为了能够在数据显示终端PDA上直观显示，存成txt文件，以方便后续操作的数据提取。而协调器往PDA传输的命令格式采用16进制发送，主要是为了JN5139上的编程简洁高效，无需进行编码格式转化。

7.3.3 PDA移动终端设备

7.3.3.1 PDA移动终端设备硬件集成

本研究集成开发了第一代和第二代PDA移动终端设备样机，完成了各个模块（包括基于VRS和GPRS的GPS接收模块，ZigBee协调器管理模块等）的集成开发工作。由于第一代样机串口数量少，从而导致了农田信息采样过程中布样和数据采集需要分步进行，降低了农田信息采集的效率；同时由于第一代样机只能运行Windows CE系统，不支持嵌入式GIS组件，使得GIS管理部分无法正常工作。目前集成开发了第二代样机，以解决第一代样机本身不能克服的问题。第二代样机带有两个串口，操作系统为Windows Mobile 6.0，能够为集成模块以及运行软件提供软硬件的支持。现以第二代样机为例对系统进一步进行说明。在本研究中选用只具备简单功能的商用PDA作为主体，再将该系统所要完成各功能的模块集成到定制的商用PDA主体内部。

移动式农田智能PDA的总体结构和工作原理如图7.64所示。系统以掌上电脑（PDA）为平台，将ZigBee协调器模块、GPS模块和GPRS模块集成于PDA中。其中，ZigBee协调器模块用于管理农田无线传感器网络，并通过农田无线传感器网络自动化采集农田信息。应用无线节点进行数据的采集，减少了农田布线的繁琐，使系统更加方便实用；GPS模块用于采集并管理各采样点的位置信息，并通过虚拟差分站VRS接收到GPS原始位置的差分信息，增加了GPS的定位精度，为各采样点的精确布点提供了方便，也增加了移动式农田智能PDA的定位精度；GPRS模块用于获取最终的地理位置精确信息，并与农田服务器进行通讯。移动式农田智能PDA可以方便管理农田无线传感器网络，实时采集农田信息，实时与上位机交换信息，并能够有效地对农田信息数据进行管理。

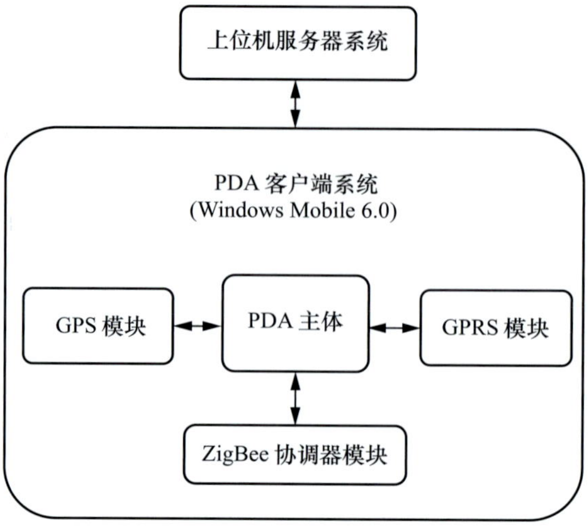

(a)

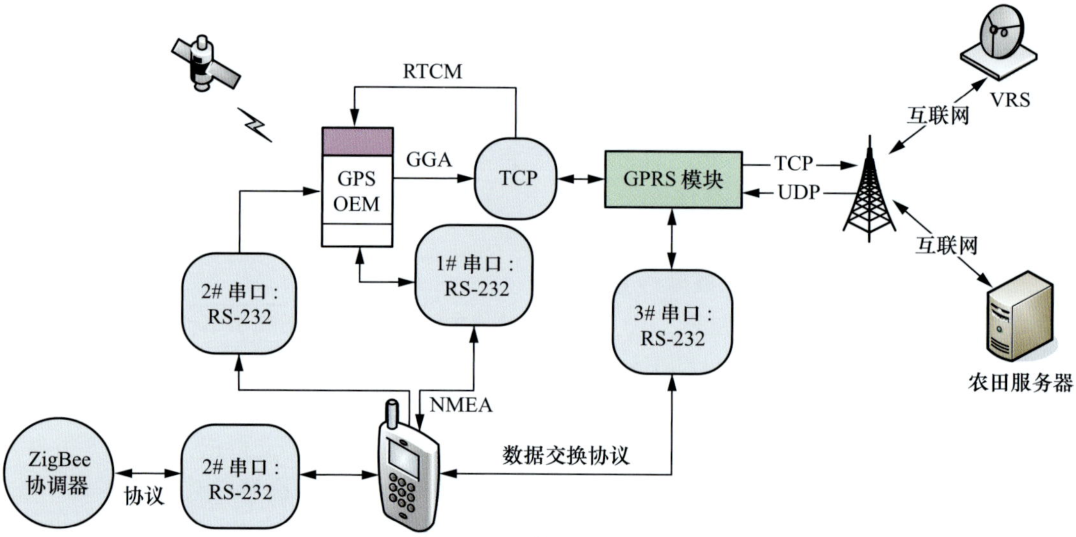

(b)

图 7.64　移动式农田智能 PDA 的总体结构及工作原理

(a) 总体结构框图；(b) 工作原理示意图[14]

1. PDA 主体

PDA 的主体采用的是工业级 PDA，外壳坚固，防水抗震，能够适应高低温环境，适于在野外等恶劣的作业环境中使用，具有大容量存储、超长使用时间等优点，它同时提供多种通讯及扩展接口。CPU 采用的是 ARM920T S3C2442A 处理器，工作主频 520 MHz，内存采用 FLASH 和 SDRAM 两种形式，保证了数据的大量存储。屏幕采用 3.5 英寸触摸屏，主操作系统是 Windows Mobile 6.0。

2. ZigBee 协调器模块集成

协调器的硬件可参见 7.3.2.1 中无线传感器网络硬件设计部分。

3. GPS 模块集成

本研究所选用的 GPS OEM 模块是 NovAtel 公司生产的 OEM1 板，具有体积小、功耗低等优点，适用于 PDA、手持机等掌上设备的集成。GPS OEM 模块有 20 针，便于使用者扩展所需硬件。GPS 定位是精细农业中的一项重要应用，尤其是差分后的定位信息，不仅增加了测量的准确度，也扩展了 GPS 在农业中的应用范围。GPS 模块扩展电路结构框图如图 7.65 所示[15]。

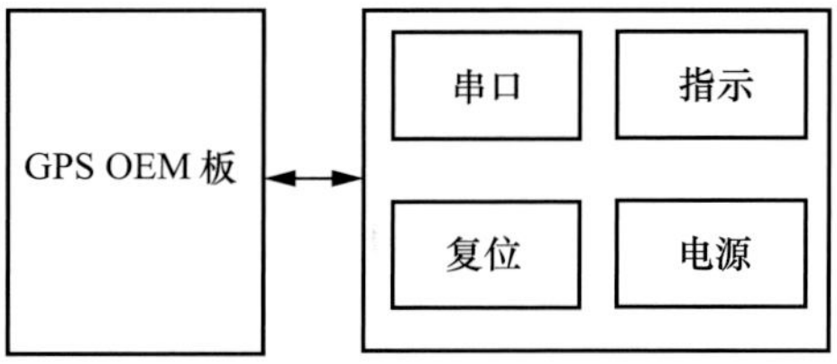

图 7.65 GPS OEM 模块扩展电路结构框图

鉴于模块集成到 PDA 主体的需要，硬件电路部分需要扩展两个 RS232 作为通讯接口，一个用于 PDA 主体向 GPS 模块发送指令，另一个用于 VRS 网络差分信息的申请和接收。为了防止 GPS 模块接到错误的指令或执行错误操作，用一个复位电路来提高电路的性能。而且内部也集成了信号指示部分，来提示用户 GPS 模块的工作状态和外界信号的接收情况。GPS 模块及其天线模块也由 PDA 主体供电，分别选用 3.3 V 和 5 V。

4. GPRS 模块集成

本研究集成的 GPRS 模块选用的是中兴通讯 MG3030 模块，尺寸为 38.0 mm×28.0 mm×2.3 mm，重量为 8 g。它具有体积小、面积小、功能全、易集成等优点。工作时所使用的频段是 EGSM900/DCS1800(MHz)，具有丰富的语音、短信和数据业务功能。模块是邮票孔连接方式，在手持终端、无线网卡、U 猫和跟踪器领域广泛应用。之所以采用 GPRS 网络，是因为它覆盖范围广，无空间和距离限制，在实现数据分组收发时用户能够永远在线，保证了数据传输的实时性。另外，GPRS 接入速度快，一般只需 1～3 s 即可以登录互联网。在与 PDA 主体集成时，只需按管脚定义接入 PDA 主机中，无需外围硬件电路的扩展，而是通过软控制进行管理。主要的硬件连接有电源接口、数据的输入输出接口、SIM 卡接口和控制接口，如图 7.66 所示。

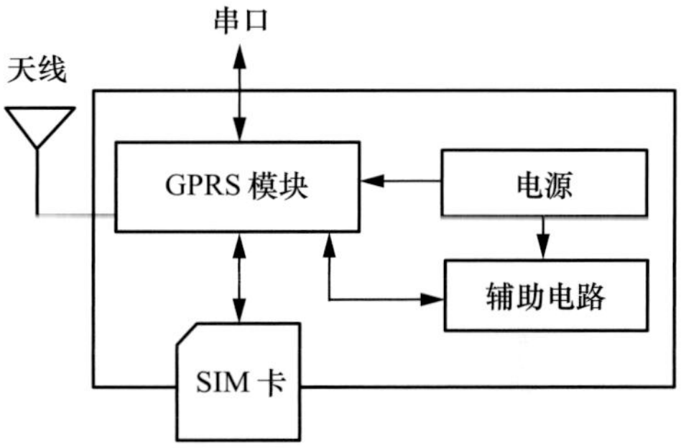

图 7.66 GPRS 模块接口示意图

图 7.67 为集成后的 PDA 实物图。PDA 所集成的 ZigBee 协调器选用的天线有两种，一种是陶瓷天线(JN5139-M00)，如图 7.67(a)所示；一种是 SMA 天线(JN5139-M01)，如图 7.67(b)所示。图 7.67(a)中 1 为 GPS OEM 模块与 ZigBee 协调器模块串口选择开关，2 为 GPS OEM 模块与 ZigBee 协调器模块电源选择开关，3 为 GPS OEM 模块天线接口，4 为硬件部分集成部位[16]。

图 7.67 中所示的 PDA 选用 NovAtel 公司 OEMV-1 型模块，它体积小、功耗低，适于集成到 PDA、手持机等掌上设备中。OEMV-1 模块接收来自 GPS 天线单元的卫星信号，通过变频、放大、滤波等处理过程，产生大量的数据信息，可以通过串口对 OEMV-1 模块输入命令，来获取当前位置信息。OEMV-1 在采用 NovAtel 的 RT-20 技术时能够提供 20 cm 实时定位精度，在采用 DGPS 的改正信息时可以提供亚米级的定位精度。但是因为所用的 GPS 天线较大，如图 7.68 白色“蘑菇头”所示，在使用中存在天线相对于整个 PDA 来说过于笨重的问题。

因此，在对定位精度要求不太高的场合下，可以使用内置天线的 GPS 模块。

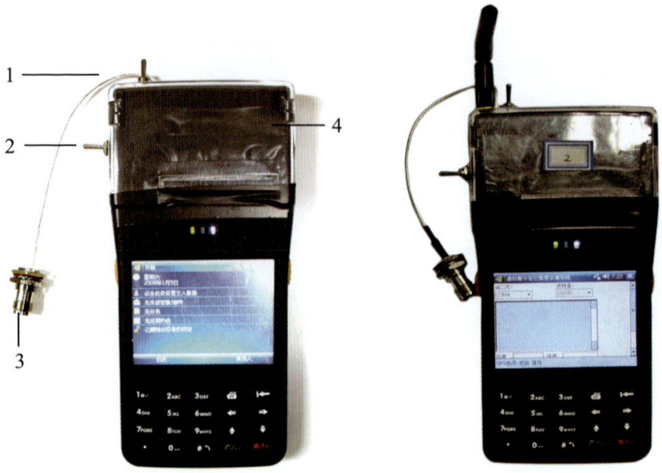

图 7.67　PDA 实物图

(a) 内嵌陶瓷天线 ZigBee 协调器模块；

(b) 内嵌 SMA 天线 ZigBee 协调器模块

图 7.68　GPS 天线

7.3.3.2　PDA 移动终端设备控制软件设计

PDA 移动终端设备软件设计总体包括 3 个部分。第一部分是 ZigBee 协调器和 PDA 的通信；第二部分是 GPS 模块的控制和 GPS 信息的接收与提取；第三部分是 GPRS 模块的控制和应用。

1. ZigBee 协调器调度软件

ZigBee 协调器模块通过自定义的协议与 PDA 进行通讯，用自编的嵌入式串口通信软件进行信息的接收和显示，PDA 上的串口以 16 进制数据格式发送数据，以 ASCII 码格式接收数据，并将采集到的无线传感器节点的数据以文本格式保存在临时文件夹中。其操作流程如图 7.69 所示。

2. GPS 模块调度软件

GPS 模块调度软件是基于串口通信软件编写而成，可以完成串口的设置，指令的发送以及信息的接收和筛选。其操作流程如图 7.70 所示。模块首先接收到未差分的原始 GPS 信息，然后申请 VRS 网站差分信息，在接收到差分后 GPS OEM 再计算的结果即为精度为亚米级的 GPS 定位信息。

3. GPRS 无线通信功能

GPRS 模块的通信功能不仅涉及移动式农田智能 PDA 与上位机进行数据交换，还涉及移动式农田智能 PDA 与 VRS 系统连接申请差分信息。此时，移动式农田智能 PDA 发送移动站身份、权限验证信息及自身概略位置给 VRS 数控中心并接收 VRS 差分改正信息；实现设备网络状态自检，并能在连接丢失的情况下重新与 VRS 网络建立连接。模块与 CPU 之间的通信波特率设置为 115 200 bps。初始化正确完成后，微处理器通过串口向模块发送 AT 命令，实现设备与 VRS 数控中心的连接。软件流程图如图 7.71 所示。系统在硬件上完成了移动式农田智能 PDA 所需功能模块的扩展和集成，在软件上使用 C# 开发并封装了移动式农田智能 PDA 所需的底层功能模块。底层功能模块由嵌入式 GIS 系统统一调度管理，以实现移动式农田智能 PDA 的各种功能。

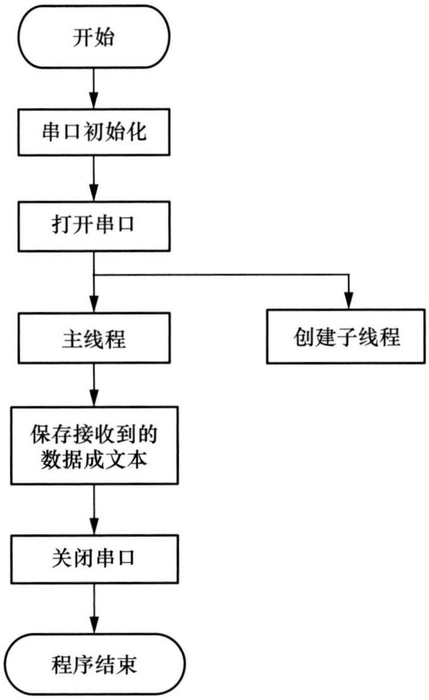

图 7.69 ZigBee 模块软件流程图

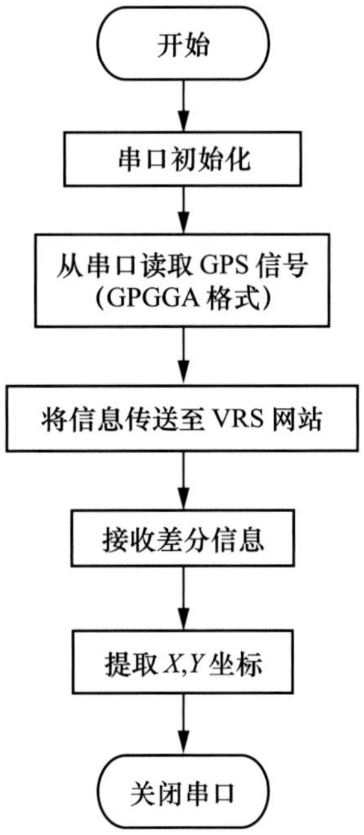

图 7.70 GPS 模块软件流程图

7.3.3.3 嵌入式农田 GIS 软件

嵌入式农田 GIS 系统基于 Window Mobile 6.0 操作系统和嵌入式 MapInfo MapX Mobile 软件，具备 ZigBee 网络数据收发管理、GPS 数据接收、GIS 分析、本地数据管理和远程数据传输管理等功能。

1. 农业移动终端系统及其无线传输协议

针对农业信息采集与传输的特点，基于 TCP/IP 协议，开发了移动式农业信息智能服务终端系统，设计了移动终端与上位机之间的计算机网络应用层无线数据传输协议，研究了数据传输形式、传输格式和传输内容。初步应用表明，该协议适用于移动式农业信息智能服务系统，并具有一定的通用性和扩展性。应用层协议标准化有利于实现农业信息的共享。

1）系统组成

农田信息的采集具有面积广、种类多、频度密等特点。随着精细农业技术的发展，对快速农田信息采集技术的要求越来越高。为了实现大面积、快速而准确地采集农田信息，设计了移动式农业信息智能服务系统。如图 7.72 所示，该系统由数字传感器、ZigBee 网络、农用 PDA、GPRS 无线网络及上位机组成。

PDA 通过 ZigBee 采集数字传感器网络获取的农田信息，在嵌入式 GIS 系统中处理、表达和分析。然后通过 GPRS 及互联网将农田数据发送至上位机，由上位机进行可视化表达、分

表 7.7 数据传输格式

&	消息类型	参数	\r\n(回车换行符)

格式中，所有消息均以 & 开始，以回车换行符结束。数据型消息类型名称由 4 个大写英文字符组成，其中，前两个字符为测量对象名简写，后两个字符为测量参数简写；命令型消息名称由大写英文字符组成，但字符数不固定。各数据域均以半角(西文)逗号隔开。各种消息类型的参数种类及数量根据具体应用需求而定。各参数格式需根据具体应用需求确定。

每条消息除包括需要传输的农业数据即消息类型和参数外，冗余数据仅为消息头、消息尾和分割数据域的逗号。冗余数据量占消息数据量的比例较少。所有消息均具有相同的消息头和消息尾，便于在同时传输多条消息时，根据消息头和消息尾区分各条消息并确定消息的完整性。由于各数据域均以半角逗号隔开，并且数据型消息位于数据头后的第一个数据域，而各参数紧随其后，容易解析出数据型消息和各个参数。

5) 数据传输内容

根据数据传输基本格式，结合移动式农业信息智能服务系统的通信需求，可以确定需要传输的消息类型及其相应参数，从而制定出应用于实际系统的具体协议。系统对数据传输的可靠性要求较高，因此传输层协议选择 TCP(传输控制协议)，而非 UDP(用户数据报协议)。传输过程主要包括以下两种：

(1) PDA 至上位机。PDA 与上位机基于移动通信网络建立 TCP 连接，PDA 向上位机发送开始数据传输命令(即数据类型为 BEGIN 的命令型消息)。PDA 将采集的农业数据传至上位机，上位机接收并存储数据。传输完毕时，PDA 向上位机发送结束数据传输命令(即数据类型为 END 的命令型消息)。该过程涉及的数据型消息详见表 7.8，上行命令型消息详见表 7.9。

(2) 上位机至 PDA。上位机与 PDA 基于移动通信网络建立 TCP 连接，上位机向 PDA 发送开始数据传输命令(即数据类型为 GET 的命令型消息)，以获取特定的农业数据。PDA 将上位机请求的特定农业数据传至上位机，上位机接收并存储数据。传输完毕时，PDA 向上位机发送结束数据传输命令(即数据类型为 END 的命令型消息)。下行命令型消息详见表 7.10。

表 7.8 数据型消息

消息类型全称	消息类型	参数
采样点属性	SPAT	采样点 ID、农场 ID、经度、纬度
土壤含水率	SWTC	采样点 ID、采样时间、数值
土壤温度	SLTM	采样点 ID、采样时间、数值
土壤电导率	SOEC	采样点 ID、采样时间、数值
环境湿度	ENHM	采样点 ID、采样时间、数值
⋮		

表 7.9 命令型消息(PDA 到上位机)

消息类型全称	消息类型	参数
开始发送	BEGIN	PDA ID
结束发送	END	PDA ID

表 7.10 命令型消息(上位机到 PDA)

消息类型全称	消息类型	参 数
请求发送数据	GET	消息类型(数据型消息)、采样点 ID、起始采样时间、终止采样时间

协议中,采样点与田间位置直接关联,农田信息与采样点进行关联,从而获得其田间的位置。初步应用表明,所定义的协议可以实现农业移动终端与上位机的快速、准确通信,并具有一定的通用性和较好的扩展性。

2. 农业信息移动采集系统

系统总体结构如图 7.74 所示。

1) GPS 管理模块

对 GPS OEM 板进行定位与数据传输管理,通过接入北京市 VRS 网络,获取亚米级的定位输出。管理模块如表 7.11 所示。

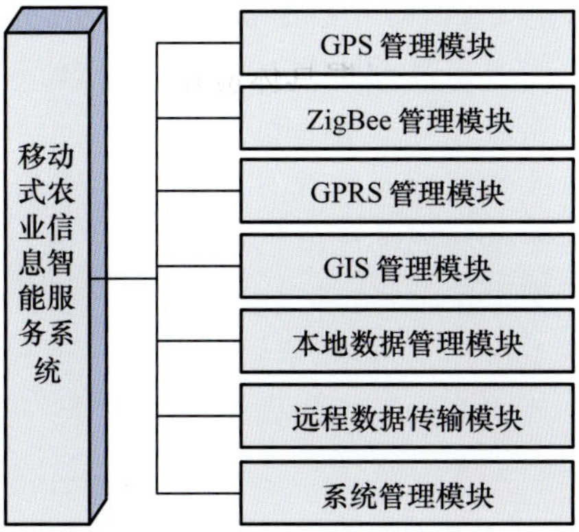

图 7.74 嵌入式 GIS 系统组成

表 7.11 GPS 管理模块功能分析

功能需求	需求描述	输入	输出	约束
管理 COM1	设置 COM1 的波特率、停止位、数据位、奇偶校验等参数,打开/关闭 COM1,从 COM1 读取 GGA 数据	波特率等参数和打开/关闭状态	COM1 打开/关闭	不能重复打开/关闭
管理 COM2	设置 COM2 的波特率、停止位、数据位、奇偶校验等参数,打开/关闭 COM2,向 COM2 写入 RTCM 数据	波特率等参数和打开/关闭状态	COM2 打开/关闭	不能重复打开/关闭
GPS 状态判断	根据 COM1 数据,判断 GPS 是否正常工作	GGA 数据	GPS 工作状态	GPS 打开
解析传输 GGA	从 COM1 获取 GGA 中的经度和纬度	COM1 的 GGA	经度、纬度	GPS 工作正常
调用 GPRS 模块	调用 GPRS 传输模块,启动 TCP 传输,向北京市 VRS 网络发送 GGA 中解析的经度和纬度			GPRS 连接正常
定位精度分析	通过计算 GPS 定位分布,估计当前定位精度	定位结果	精度估计	GPS 连续定位
定位信息采集	开启 GPS,接入 VRS,进行农场和田块的边界和兴趣点位置信息获取		NMEA 数据	
GPS 实时显示	实时显示当前位置	NMEA 数据	图层显示	
GPS 轨迹记录	实时记录 GPS 位置信息			

2）ZigBee 管理模块

ZigBee 的管理主要包括以下功能：

检测 ZigBee 的状态：通过 COM 口向 ZigBee 网络协调器发送指令，获取各 ZigBee 节点的电压值，以此判断 ZigBee 节点的工作状态，生成"ZigBee 工作状态表"，用不同颜色区分正常与异常的 ZigBee，并给出正常、异常的数量。如有异常，则提供用户重新检测的接口。

连通正常：ZigBee 的节点电压值正常。

连通异常：ZigBee 的节点电压值异常。

检测传感器的状态：通过 COM 口向 ZigBee 网络协调器发送指令，获取各 ZigBee 节点连接的传感器的电压值，以此判断传感器的工作状态，并按 ZigBee 节点统计正常和异常的数量。

工作正常：传感器的节点电压值正常。

工作异常：传感器的节点电压值异常。

系统中嵌入功能模块如表 7.12 所示。

表 7.12　ZigBee 管理模块功能分析

功能需求	需求描述	输入	输出	约束
ZigBee 连接	连接被读取数据的 ZigBee	ZigBee ID		
管理 COM3	设置 COM3 的波特率、停止位、数据位、奇偶校验等参数，打开/关闭 COM3，从 COM3 读取 GGA 数据	波特率等参数和打开/关闭状态	COM3 打开/关闭	不能重复打开/关闭
ZigBee 放样	根据 ZigBee 分布图，进行 ZigBee 放样			
ZigBee 放样更新	ZigBee 节点位置变更后，更新 ZigBee 数据表，记录新位置和更新时间、打标记	更新命令	新位置和时间	提示是否更新
ZigBee 位置获取	重新获取 ZigBee 节点位置信息	获取命令	新位置和时间	提示是否新建或更新
ZigBee 状态查询	查询 ZigBee 的连通状态，默认为群查，可单查	查询指令	连通状态	
传感器状态查询	查询传感器的工作状态，默认为群查，可单查	查询指令	工作状态	

3）GPRS 管理模块

建立 GPRS 连接，传输消息和文件。其功能组成如表 7.13 所示。

表 7.13　GPRS 管理模块功能分析

功能需求	需求描述	输入	输出	约束
建立 TCP 连接	配置参数，建立/断开 TCP 连接	连接请求	连接状态	
建立 TCP 连接	配置参数，建立/断开 TCP 连接	连接请求	连接状态	
GPRS 连接调用	调用 GPRS 连接，传输消息和文件		传输状态	

4）GIS 管理模块

（1）图层构成。系统图层构成如表 7.14 所示。

表 7.14 GIS 图层构成模块功能分析

功能需求	需求描述	输入	输出	约束
GPS 动态图层	显示当前用户位置			
农田电子地图	描述农场的边界、道路、渠灌、泵站、田块、作物等信息			
ZigBee 分布图	描述 ZigBee 节点在田间位置分布			
农田信息分布图	描述土壤水分、电导率、湿度与环境温度的空间分布			
农田管理处方图	描述农田决策信息空间分布			

(2) 地图浏览。地图浏览是对地图最基本的操作，包括放大、缩小、平移、测距、视图全景；针对不同的用户，可设置快捷按键以缩放至特定的视野范围。如表 7.15 所示。

表 7.15 GIS 地图浏览模块功能分析

功能需求	需求描述	输入	输出	约束
放大	放大地图	鼠标单击		
缩小	缩小地图	鼠标单击		
平移	移动地图	鼠标单击		
全图	全部显示当前地图	鼠标单击		
地图居中	地图集中心与地图控件中心重合	鼠标单击		
测距	测量多条线段的长度(总长)	2 次以上的鼠标单击		单位:km
测量面积	测量多条线段覆盖的区域的面积	3 次以上的鼠标单击		单位:km^2
点选	选择单个对象	鼠标单击	高亮显示	
矩选	选择矩形框内的图层中的对象	鼠标点击并拖动	高亮显示	
圆选	选择一定半径范围内图层中的对象	鼠标点击并拖动	高亮显示	

(3) 图层设置。图层设置是对图层一些简单操作的控制，包括可视、可选、标签显示、可编辑等。如表 7.16 所示。

表 7.16 GIS 图层设置模块功能分析

功能需求	需求描述	输入	输出	约束
图层开/关	决定图层是否可视	鼠标点击可视框		
图层可选	决定图层中对象是否可选择	鼠标点击可选框		
图层可编辑	决定图层是否可编辑	鼠标点击可编辑框		同时可选
标签显示	决定图层的标签是否显示	鼠标点击标签框		
图层排序	决定图层在地图集中的顺序	点击上下移动按钮		

(4) 定义图层。为方便用户更新地图，但又不至于影响系统图层，应允许用户自定义图层，并在其上添加对象和编辑属性。如要修改系统提供的图层，需由用户提供自定义图层，由软件开发方编辑、更新系统图层。用户编辑自定义图层时，为便于日后正式加入系统图层，除录入对象的属性外，尚需记录操作员本人的信息、录入时间等。自定义图层随系统启动自动调入，但用户可随时关闭和打开。自定义图层见表 7.17。

表 7.17 GIS 自定义图层编辑模块功能分析

功能需求	需求描述	输入	输出	约束
图层新建	新建空白自定义图层,并可编辑	图层名称	地图文件	
图层载入	系统启动自动载入自定义图层			
图层删除	从系统和文件夹中删除自定义图层			警告
图层另存	图层存到另一个文件夹或更名	图层新名称	新文件	

(5) 地图编辑。地图编辑包括点、线、面的添加、修改、删除、移动等。其他高级编辑功能通过专业软件进行,如 MapInfo 等。具体模块组成如表 7.18 所示。

表 7.18 GIS 地图编辑模块功能分析

功能需求	需求描述	输入	输出	约束
对象新建	点、线、面的新增	对象位置		
对象移动	移动选择的对象	对象新位置		
对象删除	删除选择的对象		对象消失	警告

(6) 节点分布图生成。节点分布图能够根据放样图进行实地放样,并生成、保存为新的布样图;同时能够查询到传感器的工作状态。其模块组成如表 7.19 所示。

表 7.19 GIS 节点分布图生成模块功能分析

功能需求	需求描述	输入	输出	约束
ZigBee 分布图生成	根据 ZigBee 位置数据,动态生成 ZigBee 分布图	ZigBee 位置数据	分布图	
ZigBee 分布图更新	根据上位机或 GPS 信息,更新 ZigBee 分布图	ZigBee 最新的位置数据	分布图	
ZigBee 连通状态图	调用“ZigBee 查询”模块,显示/关闭 ZigBee 连通状态	ZigBee 查询结果	连通状态	ZigBee 查询完成
传感器状态图	调用“传感器查询”模块,显示/关闭传感器工作状态	传感器查询结果	工作状态	传感器查询完成

(7) 专题图分析。专题图分析模块能够绘制不同土壤参数的专题图。其说明见表 7.20。

表 7.20 GIS 专题图分析模块功能分析

功能需求	需求描述	输入	输出	约束
专题数据获取	调用数据库访问接口,获取相应数据			
土壤水分分布专题图	调用插值模型,生成土壤水分分布图	土壤水分、插值模型	专题分布图	
土壤电导率分布专题图	调用插值模型,生成土壤电导率分布图	土壤电导率、插值模型	状态分布图	
土壤温度分布专题图	调用插值模型,生成土壤温度分布图	土壤温度、插值模型	状态分布图	
环境温度分布专题图	调用插值模型,生成环境温度分布图	环境温度、插值模型	状态分布图	
环境湿度分布专题图	调用插值模型,生成环境湿度分布图	环境湿度、插值模型	状态分布图	

3. PDA-GIS 数据管理

1) 数据获取

通过向连接 COM 口的 ZigBee 网络协调器发送指令，获取传感器数据，如表 7.21 所示。主要功能包括指令发送、数据接收和数据存储。

指令发送是向 ZigBee 网络协调器发送读取传感器数据的指令。

传感器选择：选取需获取数据的传感器；

指令编码：遵循“ZigBee 读写协议”，编写十六进制指令。

表 7.21 GIS 数据获取模块功能分析

功能需求	需求描述	输入	输出	约束
数据读取	指定读取的 ZigBee ID，从其读取农田信息	服务器指令		
数据存储	调用本地数据管理模块，存储 ZigBee 数据	ZigBee ID 和经纬度、时间信息、农田信息	数据行	

2) 数据分析

数据分析包括自动求均值、属性统计分析和属性异常分析。具体见表 7.22。

表 7.22 GIS 数据分析模块功能分析

功能需求	需求描述	输入	输出	约束
自动求均值	在某时段内，对传感器采集的数据进行自动求均值，可设定求均值次数	求均值次数	均值	
属性统计分析	对水分、温度、湿度和电导率进行统计分析，包括数量、最大值、最小值、平均值、方差、变异系数	水分、温度、湿度和电导率	水分统计表 温度统计表 湿度统计表 电导率统计表	日期、时段、农场、地块
属性异常分析	根据模型，分析异常值，判断是否需要重测	属性数值和模型	是否重测?	

GIS 软件由北京大学遥感实验室开发，使用时需要将软件部分集成到移动式手持设备 GIS 农场信息采集系统软件的流程中。软件开机界面如图 7.75 所示，开机后会出现“是否更新任务”对话框。如果服务器端有任务下达，选择是，会出现图 7.76(a)中所示界面，“采集”与“分析”两个功能会激活，可以完成农田无线传感器信息的采集；如果选择“否”，会出现图 7.76 中(b)所示界面，“采集”与“分析”两个功能不会激活，只能完成前次任务中已布农田无线传感器信息的查看和田间已布无线传感器信息数据的采集，不能进行新增无线传感器节点的布置。

7.3.4 远程上位机

上位机选用普通 PC 服务器，连接互联网，用于数据管理、GIS 高级分析、综合辅助决策、用户管理等。该软件基于 Visual Studio 2005 的 C++编写，使用面向对象的软件工程方法构建，系统具有良好的稳定性、可扩充性、鲁棒性以及可维护性。系统的工作流程如图 7.77

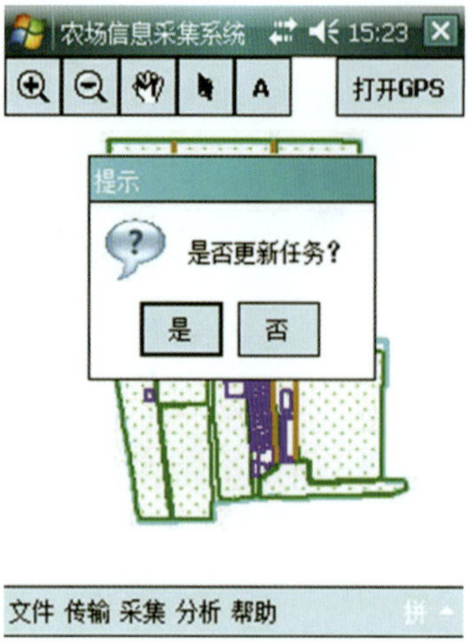

图 7.75　农场信息采集系统主界面

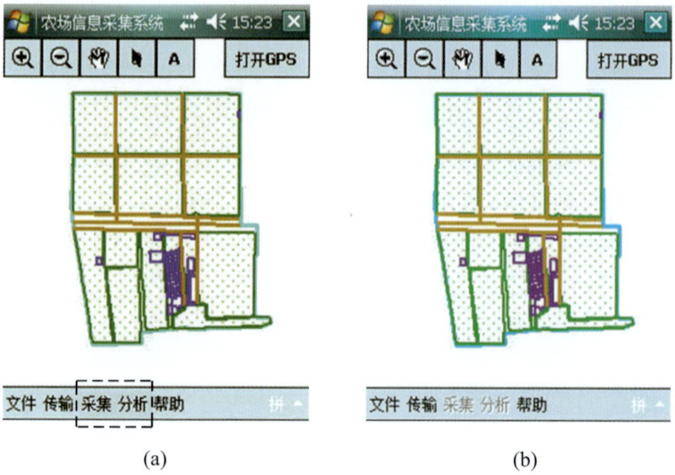

(a)　　(b)

图 7.76　农场信息采集系统主界面

(a) 有更新任务界面;(b) 没有更新任务界面

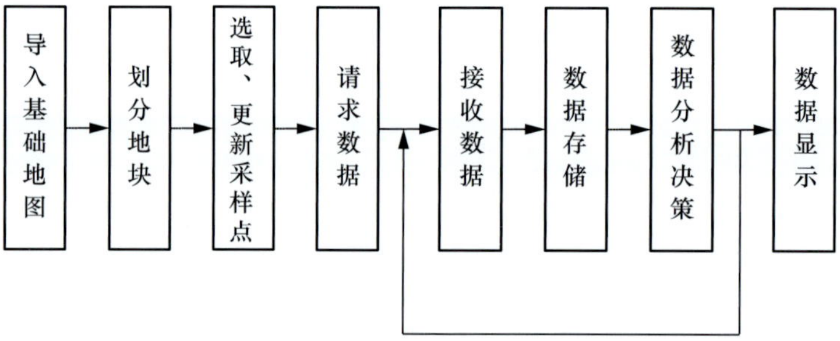

图 7.77　上位机数据处理系统工作流程[17]

所示。

基础地图:包括农场地图和农场设施。由 PDA 事先采集农场的位置信息和农场设施位置分布信息,以 .tab 文件格式提供给上位机,作为上位机地图处理的基础。

地块划分:针对某一个农场,将其划分为若干个地块。对每一个地块进行细化,依据所测农田基本数据的要求,确定地块细化的尺度。每次在一个地块中放置若干个采样点以获取农田信息。

选取、更新采样点:最初由上位机选取采样点作为 PDA 布置采样点,作为 PDA 放置采样点的基础。PDA 实际放置采样点后,返回最新采样点放置位置,用于更新上位机的采样点分布图。

请求数据:首先上位机向 PDA 发送请求数据的命令,然后 PDA 与上位机建立数据传输链路。建立数据传输链路后,随时监听来自 PDA 的数据,并接收和存储数据。

接收数据:接收由 PDA 传送过来的农田信息数据。

存储数据:将接收过来的农田信息数据存储到相应的数据库表中。

分析数据和决策:对接收过来的数据进行数学分析,并形成相应的决策。

显示数据:将分析结果和决策以图形显示。

根据以上设计要求构建了上位机农田数据处理系统，能够进行地图操作、网格划分、采样规划、任务下达、数据分析和处理、农田决策等。基于 GIS 的远程农田信息管理系统主界面如图 7.78 所示。

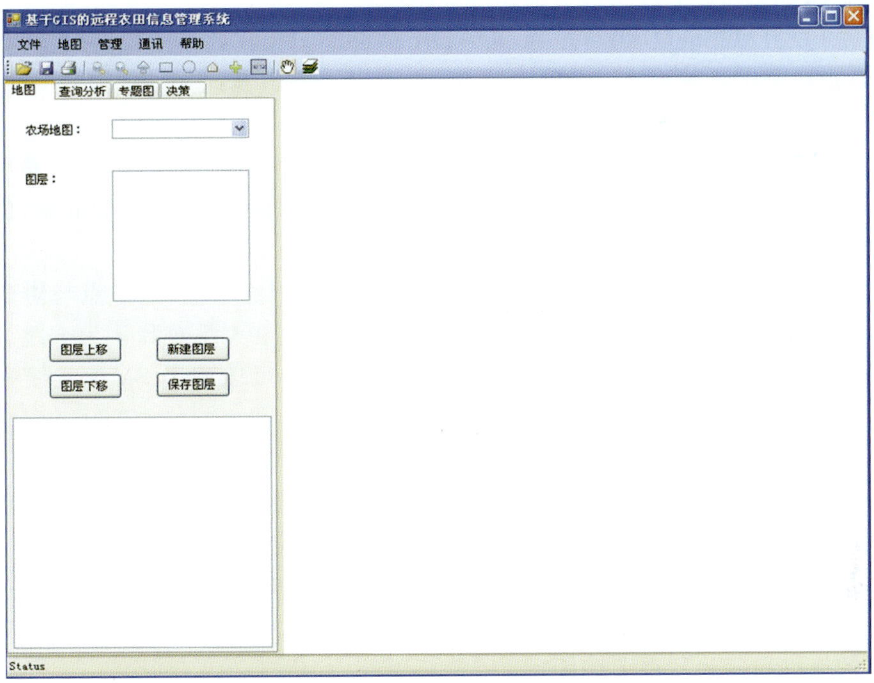

图 7.78　远程农田信息管理系统主界面

7.3.5　系统性能测试

7.3.5.1　ZigBee 移动性能测试

PDA 开机后，将 PDA 的开关和串口均拨到选择 ZigBee 模块工作状态处，ZigBee 模块硬件指示灯显示 ZigBee 模块正常工作并且开启网络进行组网。打开软件，选择农田信息采集功能，打开 ZigBee 后，ZigBee 模块硬件指示灯显示接收到信息，节点信息硬件指示灯闪烁，提示已发送数据。软件窗口有接收到的 ZigBee 节点信息，在发送命令窗口输入发送指令，点击发送按钮，节点硬件指示灯闪烁，显示开始发送数据，软件窗口有新数据收到，如图 7.79 所示。

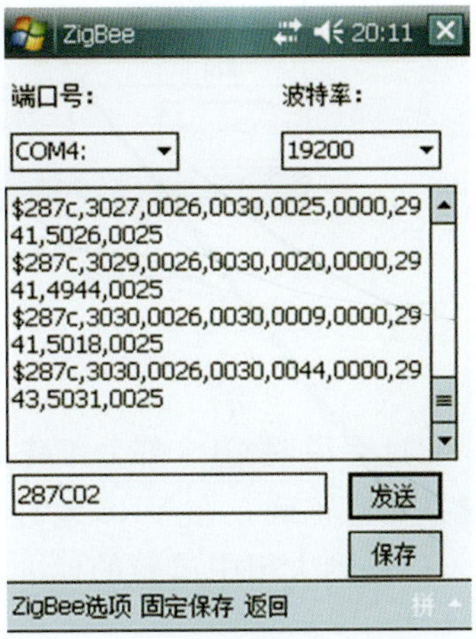

图 7.79　ZigBee 协调器工作状态

为了验证 PDA 是否能够移动采集传感器节点信息，在较为空旷的地方进行 ZigBee 移动性能测试。手持 PDA，为了方便书写，使其与地面保持水平，因而内置的协调器的陶瓷天线也与地面保持水平。路由节点的天线则与地面垂直。

试验步骤如下：

（1）开启 PDA 上协调器的电源；

（2）放置一个路由节点(J1)，并开启该节点的电源；

（3）手持 PDA，向远离 J1 节点方向走一段距离；

（4）通过 PDA 发命令给 J1 节点后，看 PDA 是否能实时收到该节点的信息，是则继续往前走，否则停止往前走并放置另一个路由节点(J2)并开启其电源；

（5）看 PDA 是否还能收到 J1 节点的信息，是则跳至步骤(3)。

试验中总共这样放置了 4 个路由节点(J1 至 J4)，这 4 个节点一字排开，由卷尺测得节点间的距离分别为 39.1、20、19.5 m。J4 节点和 PDA(协调器)的距离为 28.1 m 时，仍能收到 J1 节点传来的数据。

因此，此试验证明手持 PDA(协调器)移动采集传感器节点数据时，节点与协调器间的数据传输可以完成 4 跳。而程序中，可设置节点与协调器间的最大跳数默认为 8 跳。因陶瓷天线模块通信距离受外界干扰比较大，所以如果想加大距离，可以选用 SMA 天线模块作为协调器。

7.3.5.2 GPS 部分工作性能测试

PDA 开机后，将 PDA 的开关和串口均拨到选择 GPS 模块工作处，GPS 模块硬件指示灯显示 GPS 模块正常工作。打开软件，选择农田节点位置信息采集功能，打开 GPS 后，GPS 模块硬件指示灯显示接收到信息，如图 7.80(a)所示。软件窗口有接收到的 GPS 定位信息，申请差分后，定位质量指示位显示为 2，表示已接收到差分信息，如图 7.80(b)。GPS 部分可以完成差分信息的接收和显示且稳定性良好。

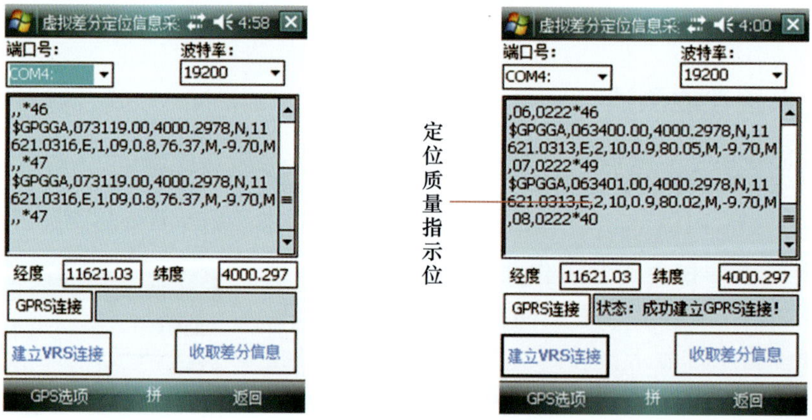

(a) (b)

图 7.80 GPS 工作状态

(a) GPS 未差分定位信息接收；(b) GPS 差分定位信息接收

此过程说明 GPS 部分工作和稳定性良好，在试验过程中，设备运行状态良好，且状态切换和键盘响应正确。在 VRS 差分模式下，设备能正常与 VRS 控制中心建立稳定可靠的数据连接，可以达到大田中试验的标准。

7.3.5.3 GPRS 部分工作性能测试

设置好 GPRS 上网连接，在软件系统中选择 GPRS 连接，可以看到 PDA 右上角显示正在连接状态(图 7.81)，拨号上网成功后，可以通过 IE 打开网页并可以完成北京 VRS 网站的连接。

图 7.81 GPRS 拨号上网状态显示

此过程说明 GPRS 部分工作和稳定性良好，可以满足拨号上网功能要求。

7.3.5.4 软件集成性能测试

本课题选用的 GIS 地图为中国农业大学上庄实验站地图，所以选择在上庄实验站测试整体软件性能。

2010 年 12 月 16 日在上庄进行试验，服务器端下达采样任务，以 5 个采样点为例，编号为 0001、287B、179C、3CB8 和 143E，在田间一字排开，保持手持设备 GPRS 已连接，启动农场信息采集系统软件，选择更新任务，手持移动设备端会自动从服务器端下载新地图和采样点任务，地图更新后，启动“打开 GPS”功能，进入农田节点定位功能，将 GPS 天线放置在已布好的 ZigBee 节点处。收取 GPS 差分信息后返回主界面，“打开 GPS”按钮会显示“已定位”，并且 GIS 地图上会有小大头针指示现在节点所布位置。如图 7.82 所示。

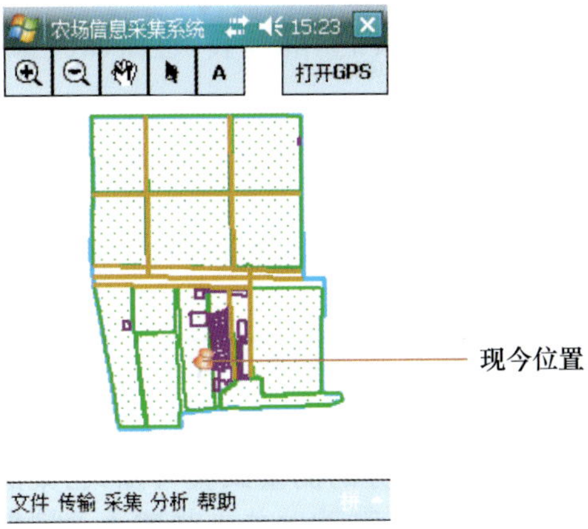

图 7.82 GPS 位置指示

选择“采集”功能，将已定位 ZigBee 节点传感器信息接收并保存。选择“分析”，此时手持设备软件会将刚刚接收到的所有传感器的所有信息取平均值，并与已定位的 GPS 信息进行绑定。选择“传输”功能，会将手持设备端分析后的田间传感器信息以文本形式传回服务器，格式如表 7.23 所示。

表 7.23 农田节点传感器信息

标识位节点编号	无线模块供电电压/mV	空气温度/℃	空气湿度/%	土壤水分传感器输出电压/mV	3 V 传感器供电电压/mV	5 V 传感器供电电压/mV	土壤温度/℃
$0001	2 994	0006	0010	0153	2 998	4 962	0001
$179c	2 992	0005	0012	0110	2 993	5 015	0004
$3cb8	2 983	0007	0008	0086	2 937	5 189	0001
$143e	3 052	0009	0008	0138	2 967	5 084	0002
$287b	3 024	0006	0008	0155	2 955	4 933	0003

GPS 位置信息和采样点编号绑定文件会以 *.tab 地图文件格式保存到服务器默认路径下，可用 MapInfo 软件将文件打开，将鼠标放置在某点上，会显示该节点编号，5 个节点编号分别是 0001、287B、179C、3CB8 和 143E，显示如图 7.83 所示。GPS 定位信息会以文本形式保存

由此可以看出，该系统能实时传送GPS信息以及相应的土壤水分信息至远程上位机。

7.3.7 小结

以上研究利用ZigBee无线技术构建的无线传感器网络，可以满足田间实时测量的要求；利用农田智能PDA能够实现农田无线传感器网络的管理、网络节点信息的采集和处理、接受上位机的管理并与上位机之间进行远程数据交换。当发起数据采集请求时，集成于农田PDA的协调器可快速将田间各个网络节点的监测信息上传至智能控制端，实现数据采集的自动化。用户则通过与农田PDA交互从而实现对无线传感器网络的管理。仪器集成化程度高，农田智能PDA具有较好的可移动性和智能性，可以实现农田无线传感器快速组网、农田信息的高效采集以及与上位机的实时通讯。其工作稳定、容错性好、采集数据准确可信、操作简单、携带方便并兼具手机的各项功能；无线传感器节点能够智能通断电源，节约功耗；节点小巧，测量参数能够快速定制；开发的嵌入式软件操作简单，使得用户很快即可进行无线传感器网络管理；成本低，安装便捷。该系统能够实现农田数据的快速、全面采集，配合PDA中嵌入式GIS系统和上位机远程农田管理系统使用，则能够实现科学的农田决策，节约灌溉用水和化肥投入。长远来看，有利于农田规模化和集约化管理，提升农田信息化水平。

参考文献

[1] 刘卉．基于无线传感器网络的农田环境监测关键技术研究：博士学位论文．北京：中国农业大学，2008.

[2] 姜建钊，张漫，李偲钰，等．无线传感器网络数据终端设计与开发．农业工程学报，2010，26(S2)：94-97.

[3] 陈立定，杨俊辉，肖力扬．三种通用嵌入式操作系统的分析与比较．微计算机信息，2009，25(4-2)：89-91.

[4] 郭东升，田秀华．Linux环境下基于Socket的网络通信．软件导刊，2009，8(1)：116-118.

[5] 谢益溪．无线电波传播——原理与应用．北京：人民邮电出版社，2008.

[6] 李偲钰，高红菊，姜建钊．小麦田中天线高度对2.4 GHz无线信道传播特性的影响．农业工程学报，2009(S2)：184-189.

[7] 刘春红，张漫，张帆，等．基于无线传感器网络的智慧农业信息平台开发．中国农业大学学报，2011，16(5)：151-156.

[8] JN-DS-JN513x-1v4. pdf，Jennic Ltd.，2007.

[9] 邓小蕾，郑立华，车艳双，等．一种基于ZigBee和PDA的农田信息无线传感器网络．农业工程学报，2010，26(增刊2)：103-108.

[10] 邓小蕾．一种基于ZigBee的田间信息无线传感器网络的研究与开发：硕士学位论文．北京：中国农业大学，2010.

[11] Jennic Ltd. JN-RM-2014-ZigBeeAppDevAPI-1v8. pdf. ，2008.

[12] Jennic Ltd. JN-RM-3045-Advanced-User-Guide-1v2. pdf.，2008.

[13] Jennic Ltd. JN-RM-2018-ZigBeeAppFramwork-1v6. pdf. ，2008.

[14] Zheng Lihua，Li Minzan，Wu Caicong，et al. Development of a smart mobile farming service system. Mathematical and Computer Modelling，2011，54(3-4)：1194-1203.

[15] 车艳双，李民赞，郑立华，等．基于 PDA 的农田无线通讯网络终端的开发．农业工程学报，2010，26 (S2)：109-114.

[16] 车艳双．基于 PDA 的智能农田信息采集器开发：硕士学位论文．北京：中国农业大学，2011.

[17] 冀荣华，吴才聪，李民赞，等．基于远程通讯的农田信息管理系统设计与实现．农业工程学报，2009，25(S2)：165-169.

[18] 刘卉，汪懋华，孟志军，等．农田环境中短程无线电传播性能试验．江苏大学学报(自然科学版)，2010，31(1)：1-5.

[19] 刘卉，汪懋华，王跃宣，等．基于无线传感器网络的农田土壤温湿度监测系统的设计与开发．吉林大学学报(工学版)，2008，38(3)：604-608.

[20] 李偲钰．农田环境中无线信道传播特性与路径损耗模型研究：硕士学位论文，北京：中国农业大学，2009.

第二篇

变量作业机械及智能农机装备

第8章

农用车辆自动导航技术

农用车辆导航技术的主要功能是根据各种导航传感器信息，引导农用车辆按照预定的作业路线精确跟踪行走，农用车辆自动导航是现代化智能农业机械的一个主要研究内容。农用车辆自动导航技术具有以下优点：一是可以使农机驾驶员从单调、重复、高强度的劳动中解放出来；二是可以提高作业精度，有关研究表明，最好的农机手在进行田间作业时能达到的精度在 10 cm 左右，但在经过长时间的劳作后，作业精度还会大大降低，而基于全球定位系统的自动导航农机作业精度可达到 3 cm，可以有效避免重播或漏播作业现象；三是可提高农业资源利用率，降低生产成本，提高投入产出比；四是有利于实现农田规模化生产；五是可以改善作业者的安全状况，降低环境污染。

自动导航技术是计算机技术、电子通信技术、控制技术等多学科技术的综合，在现代农业生产中的应用越来越多，逐渐成为农业工程技术的重要组成部分。实现农用车辆的自动导航需要解决两个关键问题：①定位，即精确测量车辆相对预定路径的位置、航向及运动状态，可以单独使用 GPS、视觉传感器以及惯性传感器或者其组合来实现。②控制，包括两个方面，一是根据车辆的位置、航向以及运动状态确定合适的控制量（如期望前轮偏角、行进速度等），二是跟踪执行操纵控制量，使农用车辆跟踪预定的导航路径。

“十一五”期间中国农业大学精细农业研究中心承担了 863 课题“农田作业机械智能导航控制技术与产品研发”，以农用车辆为控制对象，采用智能导航控制关键技术，针对施肥、播种、施药等不同作业机械的作业环境特点，将 GPS 和机器视觉作为主要的导航传感器，采用多传感器融合技术，并利用相应的智能控制技术，开发出满足不同田间作业精度需求的农田作业自动导航控制系统。

8.1 基于 GPS 的农用车辆定位检测技术

8.1.1 农用车辆定位检测传感器

根据所采用导航定位传感器的不同，车辆导航方法可大致分为 GPS 导航、机器视觉导航、地磁导航、惯性导航等，其中以GPS导航和机器视觉导航应用最为广泛。

目前国内外农用车辆自动导航系统基本上可分为两大类。一是基于绝对定位的自动导航系统，通常采用全球定位系统(Global Position System，GPS)作为导航传感器。GPS具有精度高、无限用户、全天候工作等特点，但是GPS定位精度会受到视野中卫星的几何分布状况(GDOP)、星历误差、时钟误差、传播误差、多路径误差以及接收机噪声等因素的影响，其抗干扰能力较差，在受到树木、房屋等阻挡时，有可能出现定位功能失效或者定位偏差较大的情况[1]。二是基于相对定位的自动导航系统，如采用视觉传感器(machine vision，MV)作为导航传感器的导航系统和基于航位推算法的惯性导航系统(inertial navigation system，INS)。机器视觉具有信息量丰富、检测精度高等优点，采用机器视觉可以完成路径识别、障碍物探测以及路径规划等功能。与GPS相比，视觉传感器价格更加便宜，而且机器视觉传感器信号丰富，在提供导航信息的同时，还能获得作物的生长情况，有利于变量作业的实现，在农业领域有着更加广阔的推广和应用前景。农用车辆视觉导航过程中，图像处理的计算量比较大，在保证作业路径检测精度的前提下，对算法的实时性要求比较高。因此，有必要对图像处理方法进行深入研究，以寻求一种速度更快、精度更高、鲁棒性更强的图像处理算法[2]。但是，视觉导航也具有一定局限性，图像会受到光照、背景环境等条件的影响，使导航精度和可靠性难以得到保证[3]。惯性导航系统是基于航位推算法(dead reckoning，DR)的一种导航定位方法，它是典型的独立导航方式，通常由里程计、加速度计、电子罗盘、陀螺仪等传感器组成。其优点是隐蔽性好，不受外界电磁干扰的影响，可以全天候工作在空中、地球表面甚至水下，产生的导航信息连续性好，且噪声低，短期精度稳定性好。航位推算是一个累积过程，所有的误差均会造成载体位姿误差的积累，它的误差主要源于初始位姿误差、模型的不确定性以及运动过程中的各种扰动。因此，这种导航方式长时间定位精度和可靠性较差。

其他导航定位传感器如超声波传感器、雷达传感器以及激光传感器等，由于其自身的特点，在农业车辆自动导航中使用较少。本节将重点介绍基于GPS和机器视觉这两种传感器的导航系统的研究进展。

8.1.2 GPS导航定位方法

目前各种导航方式中大多采用单一传感器检测导航信息(车辆位姿)，很难满足智能车辆导航系统所要求的精度和可靠性。一般来说，单个传感器都存在一些不可克服的缺陷。选择合适的定位方法实时地获取农机在行驶过程中的位置与姿态，是控制农机自动驾驶的必要条件。而正确的表征农机在行驶过程中相对期望路径的横向偏差与航向角偏差，是影响控制效果的重要因素。因此，在农业智能装备研究中，开发适用我国国情的、低成本的、基于多源信息(GPS、机器视觉、激光扫描等)融合的农业机械导航关键技术是一种发展趋势。

GPS导航要求具有较高的定位精度，而高精度GPS接收机的成本较高，影响了GPS在农业机械导航中的应用。在GPS导航技术中，更好的导航定位方式是采用以低成本GPS定位为主，融合多种导航传感器信息于一体的多传感器组合导航定位。根据这一理念研究了一种提高农用车辆导航定位精度的方法，对GPS天线晃动产生的误差进行了补偿，对RTD-GPS数据和电子罗盘、速度传感器数据进行卡尔曼滤波，并进行直线和曲线的导航试验[4]。

8.1.2.1 试验设备

试验以改装的电瓶车为导航车，导航系统包括主控计算机、操纵控制器、转向驱动机构、前轮偏角测量装置、电子罗盘、姿态传感器和速度传感器。操纵控制器采用 ARM7 微控制器 LPC 2119，转向驱动机构由北京和利时电机技术有限公司的减速器和步进电机组成，前轮偏角测量装置采用 WYT_AT-1 型角度传感器，电子罗盘采用北京星网宇达科技开发公司的 XWLP3300 三维固态电子罗盘，姿态传感器采用 MTi-28A33G35 以及 πW10Li 型速度传感器。由车载蓄电池提供电源。使用两种精度的 GPS 设备：一种是高精度 RTK-GPS，选用美国 Trimble 公司的 AgGPS332＋MS750；另一种是低精度 GPS，选用自主开发的基于 VRS 技术的 GPS 接收机作为 RTD-GPS。基于 VRS 技术的 GPS 接收机由单片机、AC12 GPS 模块、GSM 模块等组成，采用 VRS 差分后定位精度达到 1.25 m(95%)。

8.1.2.2 试验方法

在试验中，将高精度 RTK-GPS 和 RTD-GPS 天线同时安装在导航车顶部，两天线中心距为 20 cm。将 RTD-GPS 和电子罗盘采集的数据进行融合，为导航车提供位置信息，以高精度 RTK-GPS 数据作为参考，并与 RTD-GPS 融合后的数据进行比较。

8.1.2.3 天线位置补偿模型

在实际农田应用中，由于田间环境复杂，农用车辆在田间行走时道路颠簸较大，致使固定在农用车辆上的 GPS 天线有较大晃动，从而测得的 GPS 数据误差增加，定位精度下降。通过大量试验发现，天线杆长为 42 cm、横滚角为 15° 时，有 10.5 cm 的偏差，因此需要通过补偿来降低天线倾斜对定位精度的影响，以减少定位误差。GPS 天线倾斜校正如图 8.1 所示。

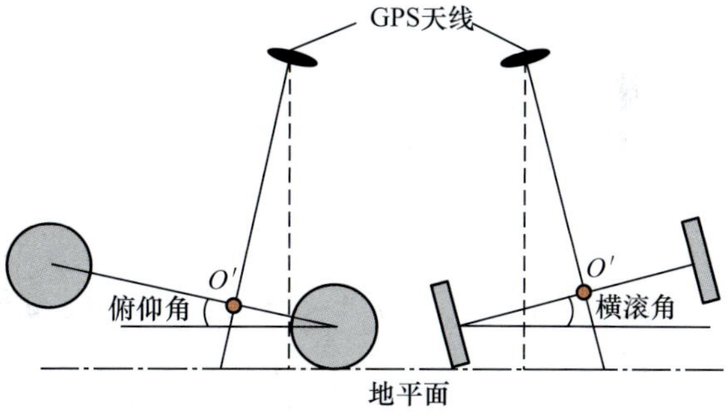

图 8.1 GPS 天线倾斜校正示意图

$$\begin{bmatrix} x \\ y \\ z \end{bmatrix} = \begin{bmatrix} X_\alpha \\ Y_\alpha \\ Z_\alpha \end{bmatrix} - \boldsymbol{E}^{-1}(\phi \quad \theta_p \quad \theta_r)\begin{bmatrix} a \\ b \\ h \end{bmatrix} \tag{8.1}$$

式中：x、y、z 为准确的天线位置；X_α、Y_α、Z_α 为测得的天线位置；ϕ 为航向角；θ_r 为横滚角；θ_p 为俯仰角；a、b、h 分别为天线倾斜角在 3 个方向的投影距天线中心的距离；

$$\begin{aligned} \boldsymbol{E}^{-1}(\phi \quad \theta_p \quad \theta_r) &= \boldsymbol{E}(-\phi \quad -\theta_p \quad -\theta_r) \\ &= \begin{bmatrix} \cos\theta_r\cos\phi+\sin\theta_r\sin\theta_p\sin\phi & \cos\theta_p\sin\phi & -\cos\theta_r\sin\theta_p\sin\phi+\sin\theta_r\cos\phi \\ -\cos\theta_r\sin\phi+\sin\theta_r\sin\theta_p\cos\phi & \cos\theta_p\cos\phi & -\cos\theta_r\sin\theta_p\cos\phi-\sin\theta_r\sin\phi \\ -\sin\theta_r\cos\theta_p & \sin\theta_p & \cos\theta_r\cos\theta_p \end{bmatrix} \end{aligned} \tag{8.2}$$

使用姿态传感器获得横滚角、俯仰角和航向角等信息，通过这些信息和 GPS 测得的天线位置信息，可以计算出天线的准确位置，从而对其进行补偿。

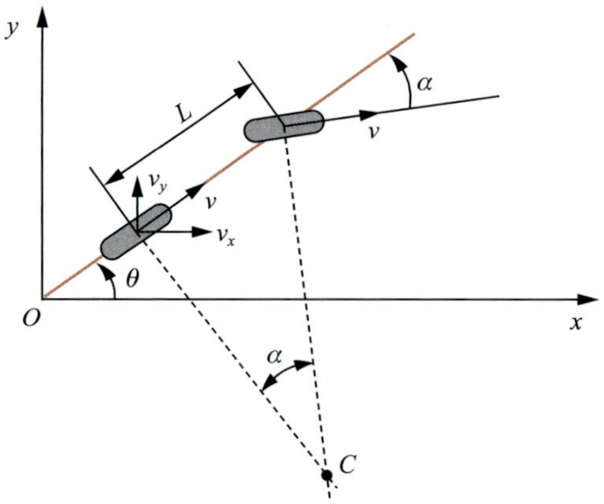

图 8.2　简化二轮车运动学模型

导航车外形长 278 cm，宽 114 cm，前后轮间距 131 cm[5-6]。在不考虑轮胎与地面的侧向滑动的前提下，将四轮车简化为二轮车模型进行运动学分析，简化二轮车运动学模型如图 8.2 所示。利用卡尔曼滤波技术，将电子罗盘和速度传感器信息进行融合，获得更高精度的位置信息。通过直线跟踪和曲线跟踪试验，证实了算法的有效性。

导航车沿操场跑道直线行驶，速度为 1 m/s。试验数据如表 8.1 所示。可以看出，融合后定位精度显著提高，平均提高 62.55%，定位精度在 0.6 m 左右。

表 8.1　直线偏差数据　　m

组别	项目	融合前	融合后
第一组	均值	1.434 9	0.558 1
	方差	0.259 8	0.158 7
第二组	均值	1.768 9	0.635 9
	方差	0.112 0	0.016 7

导航车沿操场弯道部分进行曲线跟踪，行驶速度为 1 m/s，试验数据如表 8.2 所示。可以看出，融合后定位精度明显提高，平均提高 59.65%。

表 8.2　曲线偏差数据　　m

组别	项目	融合前	融合后
第一组	均值	1.185 0	0.514 4
	方差	0.422 1	0.361 0
第二组	均值	1.231 9	0.457 8
	方差	0.539 1	0.290 6

由于拖拉机行进时遇到坡路或坑洼时机身发生偏移导致 GPS 天线的投影偏离中心线，需要对其进行补偿，以提高定位精度。采用卡尔曼滤波技术可以提高定位精度，但是，一方面，由于卡尔曼滤波只适用于线性系统，对于非线性系统，必须将其线性化，需要对非线性系统的状态方程求导，容易出现收敛速度慢和发散的现象。另一方面，卡尔曼滤波要求系统噪声和观测噪声必须是高斯白噪声，但实际上这些噪声往往是有色噪声。系统模型和观测模型建立过程中一般总会存在误差，有时可能会有一个或多个不可观测的状态变量。这些情况都会导致系统实际误差的产生。

8.1.3　基于虚拟参考站技术的 GPS 接收系统[7]

研制了基于厘米级精度 OEM 板的 RTK-GPS 接收机，完成了基于 VRS 技术的数传设备软硬件设计和样机制研制，并根据自主研制的设备分析了 GPS 接收机在固定状态、运动状态的精度，测试了不同的无线差分数据传输方式对于定位的影响等。

虚拟参考站 VRS(virtual reference station)的概念是由美国 Trimble 公司于 2000 年正式推出的，此后在德国、瑞士、日本、美国等国家被广泛应用于地籍测量、精细农业、交通管理、环境监测、气象等各个领域，我国从 2000 年 5 月开始深圳、东莞、北京、成都、天津、武汉、昆明等地也相继建成了 VRS 系统。VRS 技术的出现和迅速发展，将使 GPS 的应用领域极大地扩展。目前，Trimble 公司已经推出与 VRS 系统兼容的 Trimble 5700、Trimble 5800 等 GPS 接收机，但价格普遍很高；而价格相对较低的 GPS 接收机又不具备接收虚拟差分数据的能力。因此，设计并开发基于 VRS 技术的低价位 GPS 接收系统，是推动精细农业发展的迫切需要。

VRS 技术集最新型的计算机网络管理技术、互联网技术、无线通信技术和 GPS 定位技术于一身，应用了先进的多基站 RTK 算法，是 GPS 技术的突破。VRS 系统包括控制中心、参考站和用户部分(移动站)三部分，如图 8.3 所示。其中，控制中心是通信控制和数据处理中心；参考站是固定的 GPS 接收系统，一个 VRS 网络至少包括 3 个参考站，参考站的数据实时地传送到控制中心；用户部分由 GPS 接收机和无线通信的调制解调器等构成。工作时移动站通过无线网络(GSM、CDMA、GPRS 等)向控制中心发送自己的概略位置，控制中心根据该位置信息计算出 RTCM 差分信息返回至移动站，相当于在移动站附近生成一个虚拟参考站。这种为一个虚拟的、没有实际架设的参考站创建原始参考数据的技术，称为“虚拟参考站技术”。VRS 技术极大地扩展了参考站的作用范围，大幅度降低建 GPS 网和用户购买设备的费用，同时提高了定位的精度和可靠性。

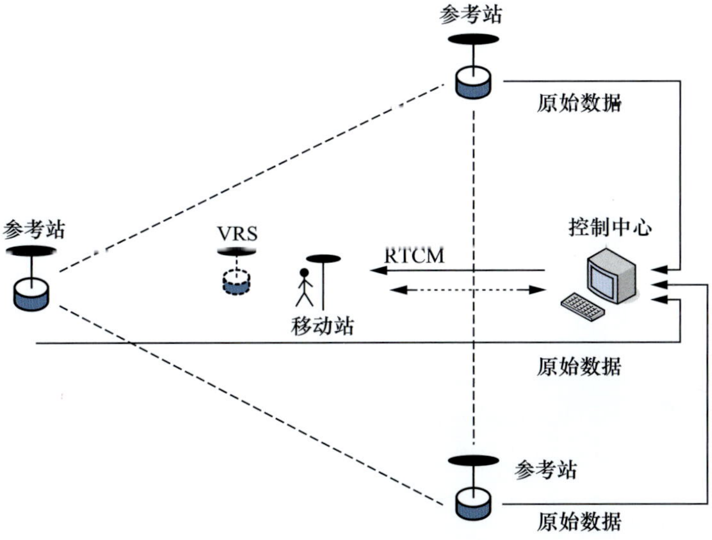

图 8.3 VRS 工作原理图

8.1.3.1 RTK-GPS 接收机及 VRS 数传设备软硬件设计

系统的硬件设计分为 RTK-GPS 接收机及 VRS 数传设备两部分。其设计结构如图 8.4 所示。

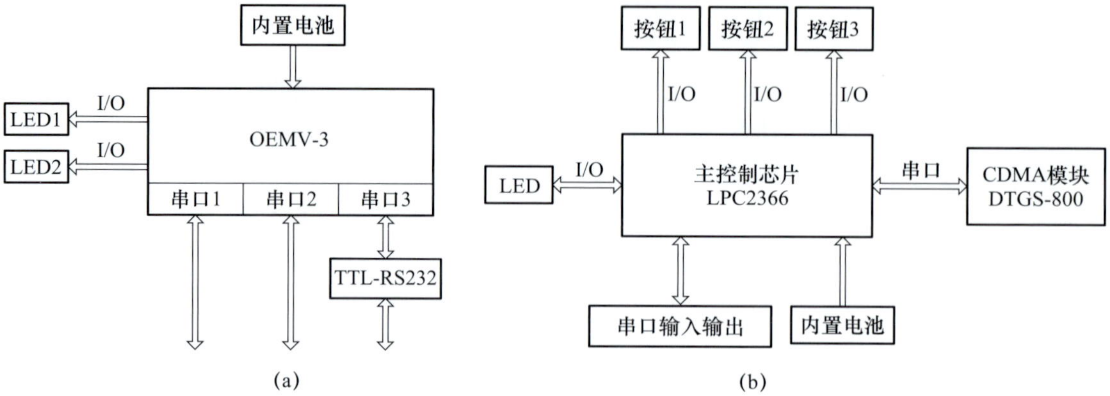

图 8.4 基于虚拟参考站技术的 GPS 接收系统硬件结构图

(a) RTK-GPS 接收机硬件结构图;(b) VRS 数传设备硬件结构图

1. RTK-GPS 接收机硬件设计

接收机包括 GPS OEM 板、系统工作 LED 指示灯、串口以及电源,接收机的实物如图 8.5 所示。

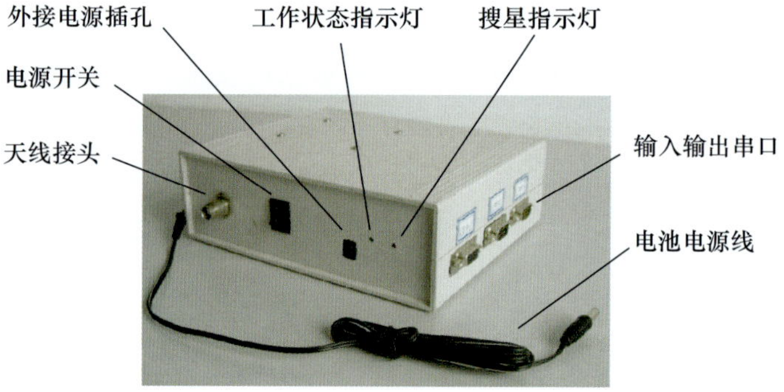

图 8.5 RTK-GPS 接收机实物图

GPS OEM 板选用 Novatel 公司 OEMV-3 型 OEM 板。它是一款双频双星板,允许宽电压输入;定位信息最高输出频率可以根据不同的需要有选择地开通;支持 RTCM 及 CMR 格式差分数据的输入与输出,既可做基准站又可做移动站;支持多串口输出及 CAN 总线功能,可根据需要对自己的接收机进行功能升级。

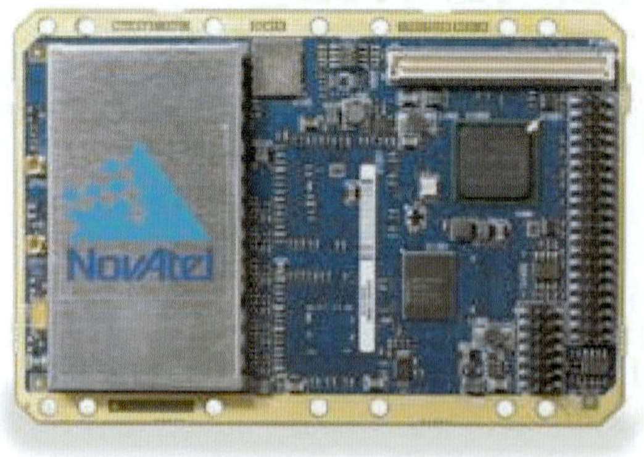

图 8.6 OEMV-3 实物图

图 8.6 为 OEMV-3 的实物外观图,根据本课题研究的需要开通了部分功能,其性能指标如下:

GPS L1 C/A 码和载波相位,L2C 码和载波相位;

GPS 14L1 卫星跟踪通道,14L2 卫星跟踪通道。

尺寸:85 mm×125 mm×13 mm;

输入电压：4.5～18 V(DC)；

功耗：2.1 W；

串口输入输出：2×RS232，1×TTL(其中 2 个 RS232 可分别配置成 RS422 和 TTL)；

工作温度：－40～85℃；

定位精度：DGPS——0.45 m(RMS)，RT-20——0.2 m(RMS)，RT-2——1 cm＋10^{-6} cm (RMS)；

定位数据最高输出频率：5 Hz。

2. VRS 数传设备硬件设计

VRS 数传设备包括 ARM7、无线通信模块、系统工作 LED 指示灯、功能按钮、串口以及电源。控制器选择 LPC2366 芯片，LPC2366 是一款基于 32 位 ARM7 的微控制器，十分适用于需要串行通信的场合。VRS 的无线通信单元选用 Anydata 公司生产的 DTGS-800 CDMA 模块。无线通信模块将 VRS 中心传来的差分改正信息通过串口发送至 RTK-GPS 接收机以实现差分定位。

图 8.7 为开发的 VRS 数传设备(以下简称 PAC-VRS)实物图，其中：

(1) 释放链接按钮键被按下时，该设备与 VRS 控制中心的链接被释放。

(2) 当与 VRS 控制中心建立链接时，链接状态指示灯亮；当无链接时，该灯熄灭。

(3) 输入输出串口用于 NMEA GGA 定位语句的输入和差分信息的输出。

(4) 电池电源线可用于给接收机供电或接至充电器对内置电池充电。

(5) 差分信息选择按钮 1 用于选择 RTD 或 RTK 差分数据的接收。

(6) 当差分信息选择按钮 1 选择为 RTK 差分数据时，按钮 2 选择差分信息的不同格式。

(7) 当 CDMA 模块正常工作时，CDMA 模块工作指示灯常亮；在 CDMA 模块启动时，该灯会有短时的熄灭状态。

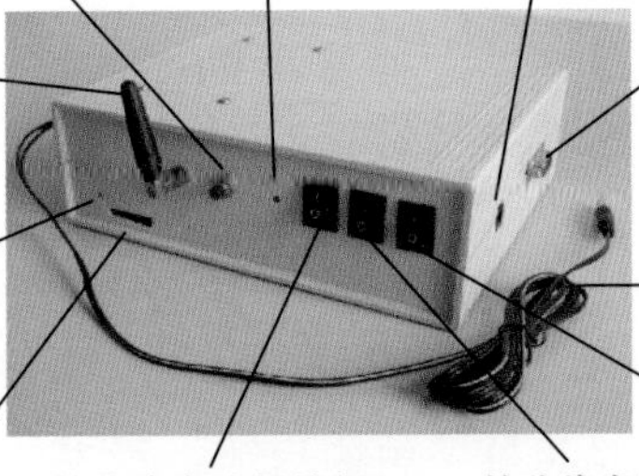

图 8.7 VRS 数传设备实物图

3. VRS 数传设备软件设计

PAC-VRS 主要用于为农田中 GPS 提供实时稳定可靠的 RTD 或是 RTK 差分信息，结合其硬件设计方案，PAC-VRS 的软件功能包括：

(1) CDMA 无线通信功能：实现 CDMA 模块的拨号上网，连接 VRS 控制中心，实时接收由 GPS 接收机发来的 NMEA-GGA 语句，下载差分信息并根据需要随时中断与控制中心的链接；

(2) 差分数据选择功能：可根据 PAC-VRS 上的功能选择按钮选择不同精度的差分数据及数据格式；

(3) 链接状态显示功能:实时显示当前是否已与 VRS 控制中心建立链接。

系统软件总体功能结构如图 8.8 所示。

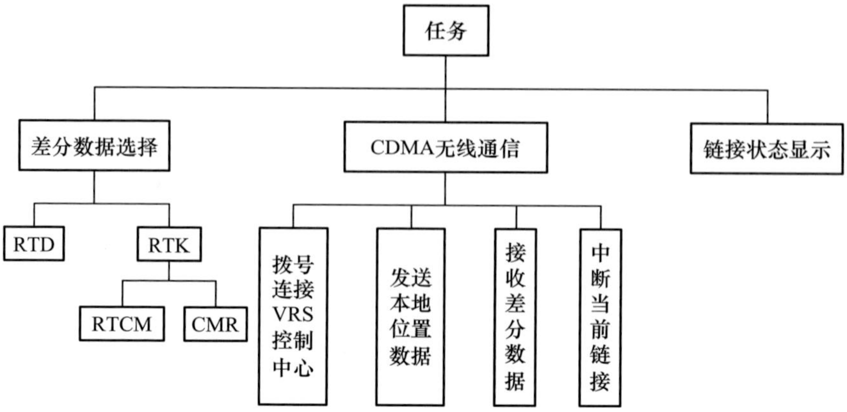

图 8.8 接收系统软件总体功能结构框图

8.1.3.2 系统试验与分析

1. OEMV3-GPS 自主差分与 VRS 差分试验

试验于 2009 年 7 月 30 日至 8 月 3 日进行。试验中主要用到的设备有 OEMV3-GPS、Trimble 公司 MS750 基站、Trimble 公司 AgGPS332 移动站、PDL4500 基站移动站数传电台各 1 套、笔记本电脑和 CDMA 无线上网卡。

(1) OEMV3-GPS 为基站、AgGPS332 为移动站,自主差分试验:安装好 OEMV3-GPS 的天线,通过命令配置为基站模式,串口 COM3 输出 CMR 格式的差分信息至 PDL4500 基站数传电台;将 AgGPS332 设置为 RTK 移动站模式,其接收机串口与 PDL4500 移动站数传电台相连接以接收基站的差分信息。

(2) OEMV3-GPS 为移动站、MS750 为基站,自主差分试验:安装好 MS750 基站天线,使其工作在基站模式并通过串口输出 CMR 格式的差分信息至 PDL4500 基站数传电台;将 OEMV3-GPS 接收机设置为 RTK 移动站模式,并把串口 COM1 与 PDL4500 移动站数传电台相连接以接收基站的差分信息。

(3) MS750 为基站、AgGPS332 为移动站,自主差分试验:安装好 MS750 基站天线,并设置 MS750 和 AgGPS332,使其分别工作在基站和 RTK 移动站模式,并通过 PDL4500 数传电台实现基站 CMR 格式的差分信息至移动站的传输。将 AgGPS332 的定位数据采集至笔记本电脑并进行保存。

根据以上设置,共采集 AgGPS332 静止状态下 GGA 格式定位数据 14 867 条。

(4) OEMV3-GPS 的 VRS 差分试验:安装好 OEMV3-GPS 天线,将其 COM1 和 COM2 口分别接到笔记本电脑的串口 A 和串口 B。COM1 口作为上传本地位置信息和接收差分信息用,COM2 口作为命令口,即采用 Novatel CDU 软件通过 COM2 口对接收机进行设置等操作。利用无线 CDMA 上网卡拨号上网并通过 GNSS internet radio 软件下载北京市测绘设计研究院的 CMR 格式的 VRS 差分信息。

根据以上设置,共采集 OEMV3-GPS 静止状态下 GGA 格式定位数据 14 498 条。

(5) 数据分析:将以上 4 次试验采集到的 GGA 语句通过 Excel 软件提取经纬度,并利用由中国农业大学现代精细农业系统集成研究教育部重点实验室开发的 Yeildmapper 软件将已提取的经纬度数据转换为平面坐标，利用 Arcview GIS 软件载入平面坐标数据就可以比较直观地看到 GPS 数据点的分布情况(图 8.9)。

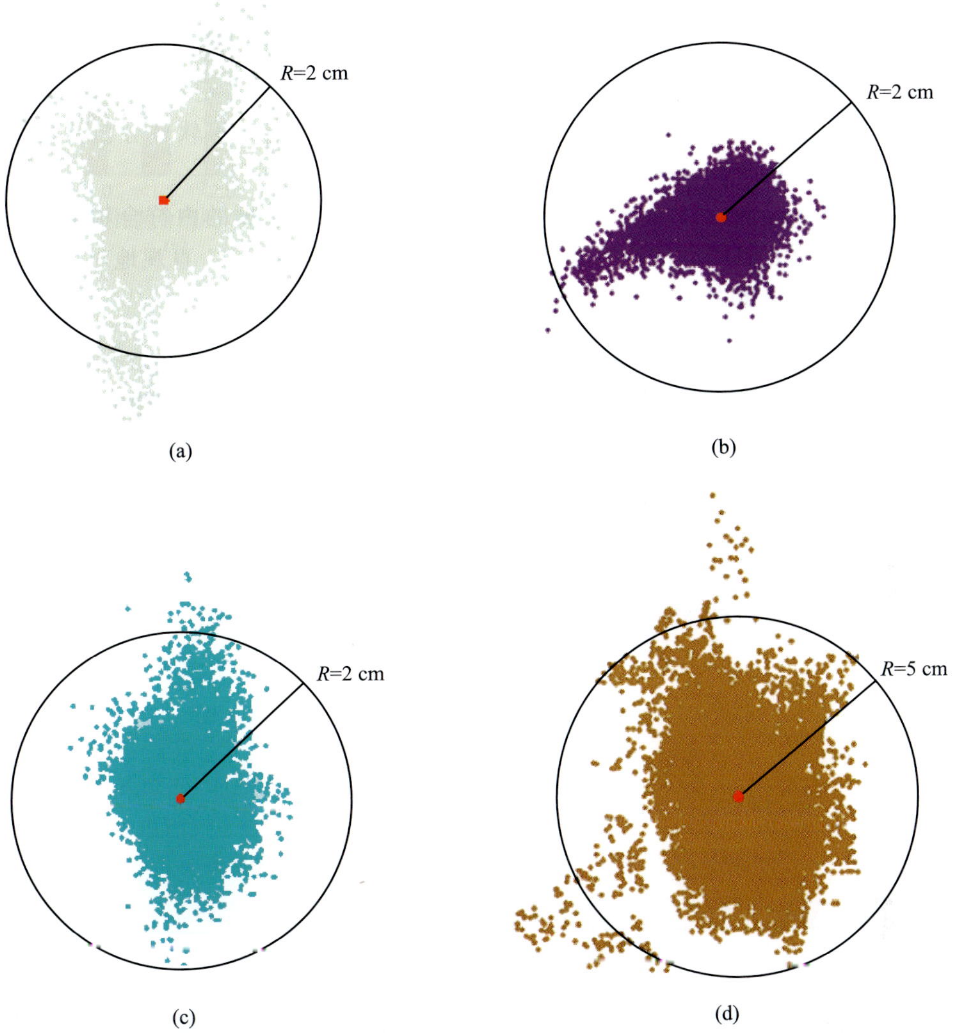

图 8.9　4 种差分方式 GPS 数据点分布图

(a) MS750 为基站，AgGPS332 为移动站，自主差分；(b) MS750 为基站，OEMV3-GPS 为移动站，自主差分；(c) OEMV3-GPS 为基站，AgGPS332 为移动站，自主差分；(d) OEMV3-GPS VRS 差分

以上 4 种差分方式的试验中，每种差分方式均测量 3～4 h，利用 Trimble 公司的 MS750 与 AgGPS332 的自主差分试验数据作为参考数据，与其他 3 种差分方式进行对比。从图 8.9 中可以看到，其他 3 种差分方式的内符合精度均可收敛到厘米级。

2. OEMV3-GPS VRS 差分快速测量试验

本试验分别于 2009 年 7 月 1 日和 7 月 6 日进行。

通过按钮选择 PAC-VRS 接收北京市信息化办公室(以下简称信息办)的 RTCM2.3 格式差分信息。将 OEMV3-GPS 天线安装于 C 级点位置，其 COM1 口接至 PAC-VRS 的串口用于上传本地位置信息并接收差分改正信息，COM2 口接至笔记本电脑串口用于接收 Novatel

试验将 OEMV3-GPS 在 VRS 差分状态下的 RTK 定位数据和 AgGPS332 自主差分的 RTK 定位数据转换成平面直角坐标，进而由 Arcview GIS 软件分析并比较两种方式下动态定位精度的差别。

图 8.12 中红色部分和蓝色部分分别为 AgGPS332 在 RTK 定位模式下和 OEMV3-GPS 在 VRS 定位模式下所采集的电瓶车运动轨迹。从图(a)和图(b)电瓶车整体运动轨迹的缩略图中可以看出，两条轨迹几乎处于重合状态。电瓶车以 1.7 m/s 的速度沿直线和曲线行驶时两条轨迹之间的距离在 20～25 cm 之间波动，以 0.6 m/s 的速度行驶时两条轨迹之间的距离在 22～25 cm。从局部轨迹图中可以看出，两条轨迹几乎处于平行状态。

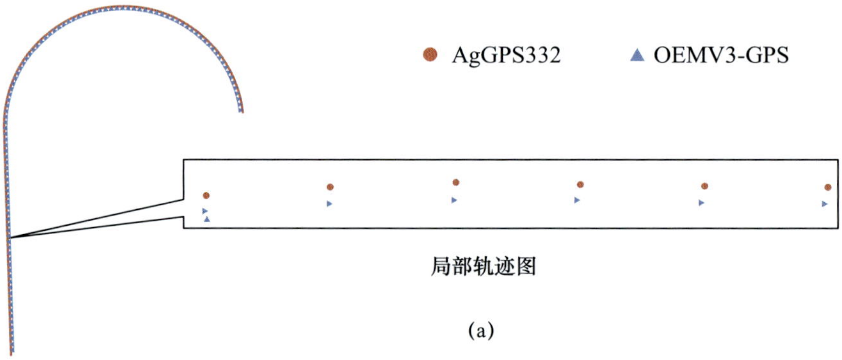

(a)

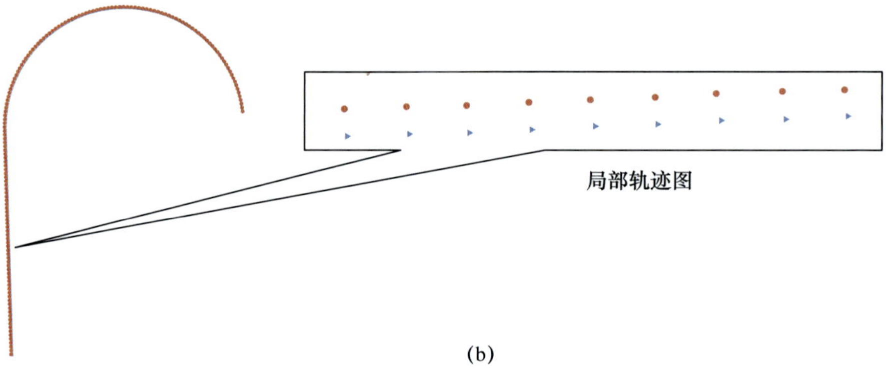

(b)

图 8.12　AgGPS332 RTK 定位与 OEMV3-GPS VRS 定位动态轨迹对比图

(a) 行驶速度 1.7 m/s；(b) 行驶速度 0.6 m/s

4. 长差分数据龄期静态定位试验

将 OEMV3-GPS 的天线安装于 C 级点位置并接至 PAC-VRS。通过按键选择 PAC-VRS 接收信息办 RTCM2.3 格式的差分信息，并通过 Novatel CDU 软件设置其工作在移动站 RTK 定位模式下。在本试验中，还需要设置接收机的 RTK 差分数据最大解算时间，此处设置为 60 s，这是该接收机允许设置的最大解算时间。首先使 OEMV3-GPS 实时接收 VRS 差分信息并工作在 RTK 定位状态下，记录此时的 GGA 格式定位数据约 5 min。然后按动 PAC-VRS 上的释放链接按钮，中止其差分数据的传送，此时 OEMV3-GPS 会根据最后一次收到的差分改正数进行当前实时位置的解算。记录在中止差分数据传送后 60 s 内 GGA 格式的定位数据。试验共重复 3 次。本试验将 GPS 定位数据转换成平面坐标进而由 Arcview GIS 和 Excel 等软件分析 OEMV3-GPS 在长差分龄期下的 RTK 定位精度。从图 8.13 和表 8.5 可以看出，第一次试验效果最好，差分数据中断后 60 s 内 GPS 定位数据与均值的最大偏差略大于 3 cm。第二次和第三次试验中，差分数据中断后 60 s 内 GPS 定位数据与均值的最大偏差小于 6 cm，且第三次试验中 D_1 与 D_3 基本一致。3 次试验中 D_2 均小于 5 cm。

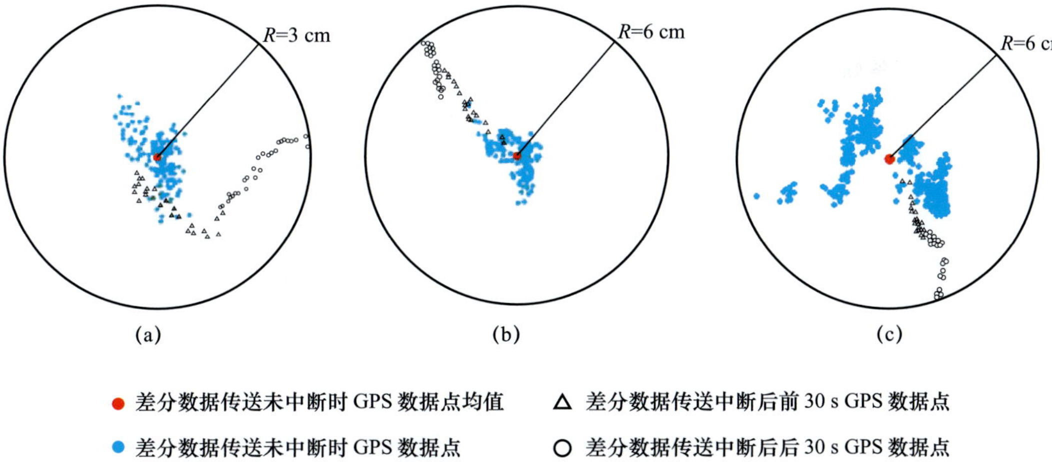

图 8.13 差分数据传送中断前后 GPS 数据点分布图

(a) 第一次试验；(b) 第二次试验；(c) 第三次试验

表 8.5 差分数据传送中断前后 GPS 数据点偏移程度分析 m

试验次数	D_1	D_2	D_3
第一次	0.015 0	0.020 5	0.031 2
第二次	0.024 8	0.047 9	0.055 7
第三次	0.052 9	0.034 3	0.057 4

注：D_1表示差分数据未中断时 GPS 数据点至均值点最大距离，D_2表示差分数据中断后前 30 s 的 GPS 数据点至均值点最大距离，D_3表示差分数据中断后后 30 s 的 GPS 数据点至均值点最大距离。

8.2 基于机器视觉的农用车辆导航技术

本研究利用 CCD 摄像机获得田间的图像信息，利用图像处理技术，根据农田景物图像的特点，对图像进行处理，提取出导航定位基准线，结合其他传感器得到导航车的基准线位置信息，研制出一套有效的实时的图像处理软件。

在确定的技术路线上，开发了基于工控机或笔记本电脑＋ARM7 及 ARM9＋DSP 两套视觉导航系统的试验平台，并且在改装的电瓶车和拖拉机上进行了大量的试验，验证了方案的可行性，从试验中积累了许多的经验，有利于进一步对系统的改进。

8.2.1 机器视觉导航方法

在导航信息获取方面，机器视觉以其获取信息量丰富、被动感知等优点成为一种重要的导航信息获取技术，当前研究重点侧重于提高算法的实时性和鲁棒性。

8.2.1.1 视觉导航系统的设计

视觉导航系统包括主控计算机、摄像机、操纵控制器、转向驱动机构、前轮偏角测量装置和导航车。主控计算机采用台湾 IEI 公司的 PPC-3710GS 型工控机，摄像机采用北京嘉恒中自图像技术有限公司的 OK-AC1310 摄像机，操纵控制器采用 ARM7 微控制器 LPC 2119，转向驱动机构由北京和利时电机技术有限公司的减速器和步进电机组成，前轮偏角测量装置采用 WYTAT-1 型角度传感器，导航车为改装的四轮电瓶车[8]。

系统工作原理如图 8.14 所示。摄像机实时采集路径的图像信息，经 USB 总线传输至主控计算机，主控计算机完成路径的识别和定位，计算出车辆相对目标路径的横向偏差和航向偏差，继而完成期望前轮偏角的决策，将决策结果经 RS232 总线传输至操纵控制器，操纵控制器将期望前轮偏角和来自角度传感器的实际前轮偏角相比较，通过输出一定频率的脉冲信号驱动步进电机旋转，完成前轮的转向。

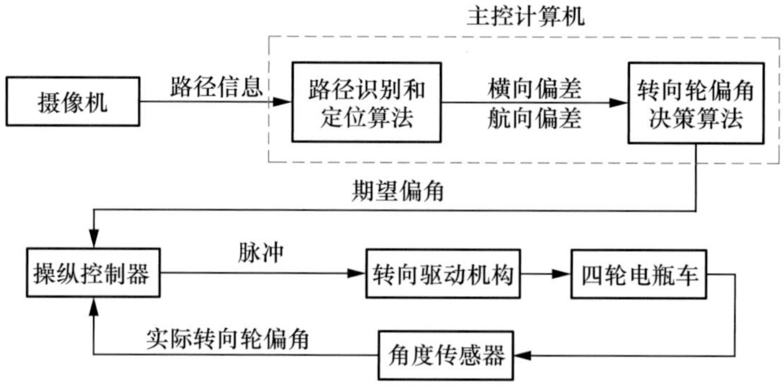

图 8.14 视觉导航系统框图

8.2.1.2 视觉导航算法研究

根据目标路径的特点，采用农田图像 RGB 彩色模型的颜色特征因子 2G-R-B 实现图像的灰度化(耗时 10 ms)，采用 Otsu 自动阈值法实现图像的二值化(耗时 10 ms)，采用基于垂直投影的窗口移动法获取代表导航基准线的定位点(耗时 57 ms)。原始图像和各步骤处理结果如图 8.15 所示。

为进一步提高导航基准线的检测速度，对随机霍夫变换(randomized Hough transform，RHT)进行改进，提出了基于已知点的 RHT 直线检测算法。算法原理如下：

(1) 计算所有定位点的分布中心作为已知点，并初始化动态链表为空；

(2) 从所有定位点中随机选择一点，计算该点与已知点的距离，如果小于给定的距离阈值，返回步骤(2)，否则，将该点从定位点中清除，转步骤(3)；

(3) 根据该点和已知点计算直线参数 θ，从链表中搜索与 θ 近似相等(差别非常小)的单元，如果找到，转步骤(5)，否则转步骤(4)；

(4) 赋予 θ 一个值为 1 的累加器，并追加到链表末尾；

(5) 将 θ 对应的累加器加 1，并判断累加器的值是否小于给定的阈值，如果成立，转步骤(2)，否则转步骤(6)；

(6) 根据 θ 和已知点计算直线参数 ρ，确定直线方程，并统计到该直线的距离小于给定距

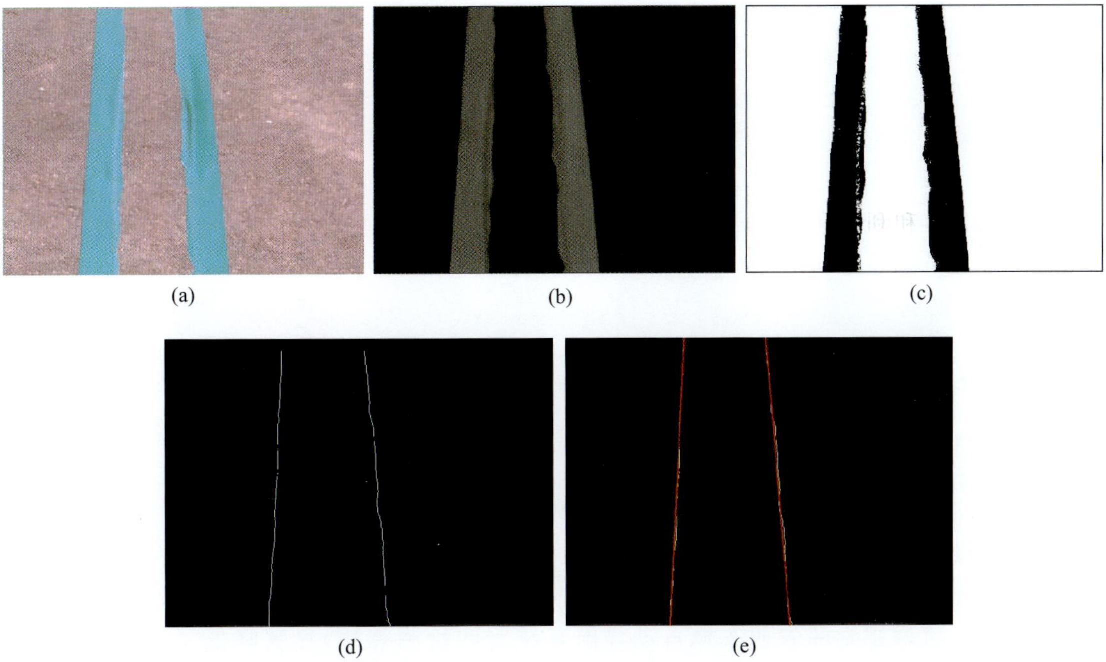

图 8.15 模拟农田作物行检测

(a) 原始图像；(b) 灰度图像；(c) 二值图像；(d) 特征点图像；(e) 路径检测

离阈值的点的个数，如果个数大于给定的阈值，则认为直线检测成功，否则将该随机点放回定位点空间，返回(2)。

该算法继承了传统 RHT 的随机抽样、收敛映射和动态链表 3 种机制，克服了传统 HT 计算量大、占用内存大、参数量化精度不易控制以及检测代表直线参数的峰值比较困难等缺点，而且与传统 RHT 相比，将二维累积参数(ρ,θ)降低为一维累积参数(θ)，进一步降低了内存需求。

在运算速度上，由于传统 RHT 确定候选直线两点都通过随机采样的方法选取，存在大量的无效采样和累积，降低了算法的性能，而本算法只需要随机采样一点，提高了检测直线的概率和速度。采用本算法对图 8.15(d)进行处理，耗时 1 ms 左右，而 HT 和 RHT 分别耗时 40 和 10 ms 左右。本算法的处理结果见图 8.16。

8.2.1.3 摄像机标定

根据导航基准线确定车辆相对目标路径的姿态，首先要完成摄像机的标定，确定摄像机的内外参数。采用张正友摄像机标定法。由于摄像机的畸变很小，可以忽略不计，所以直接采用针孔成像模型完成图像坐标系到世界坐标系的转换，世界坐标系的原点选择为摄像机光心在地面上的垂直投影点。车辆相对目标路径的位置关系如图 8.17 所示。图中 X_w 轴的负方向为车辆行驶方向，虚线为目标路径，车辆相对目标路径横向偏差的大小即为坐标系原点 O_w 到虚线 $y-kx-b=0$ 的距离，等于 $\frac{|b|}{\sqrt{1+k^2}}$。偏差正负号判断方法为：①原点在直线的上方，即 $-b>0$ 时，偏差为正；②原点在直线的下方，即 $-b<0$ 时，偏差为负。

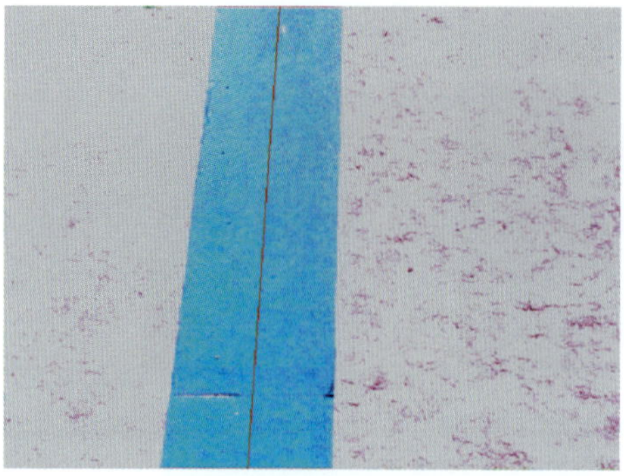

图 8.16 导航基准线检测结果

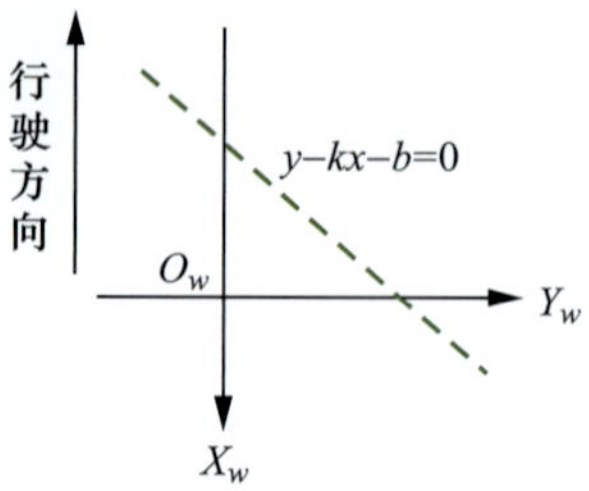

图 8.17 车辆相对目标路径的姿态

虚线与 X_w 轴的夹角即为航向偏差，即

$$\psi \in (-90°, 90°) \tag{8.3}$$

由于摄像机标定的原因，使得标定摄像机时所采用的世界坐标系与车体坐标系在 $X_wO_wY_w$ 平面上存在一个平移，经测量，平移向量为[−1 830，−100]。

这种基于机器视觉的农业车辆自动导航系统直线检测算法，显著降低了内存需求和时间消耗；系统以横向偏差和航向偏差作为输入量，构建二维模糊决策器，对期望前轮转角进行决策；构建了基于 PID 的转向控制器，实现前轮转向控制，并采用简化的两轮车运动学模型(图 8.2)进行了仿真。仿真和试验结果表明，当车速为 0.3 m/s 时，最大横向偏差不超过 5 cm，平均偏差不超过 2 cm；当速度为 0.6 m/s 时，最大横向偏差不超过 8 cm，平均偏差不超过 4 cm。

8.2.2 农用车辆导航线生成

导航定位方面，从农田景物图像的特点出发，研究出了一系列有效的图像处理算法，提取出导航定位基准线参数；摄像机标定后，通过图像坐标系统与世界坐标系统之间的转换关系，对电瓶车或拖拉机进行相对基准线的定位(图 8.18 和图 8.19)。提取导航基准线的算法主要包括以下几方面。

8.2.2.1 改进 HT(Hough transform)算法的研究

方法 1：为了快速有效地从农田作物景物图像中提取导航线，提出了基于已知点提取直线的随机算法。该算法不同于以往的基于参数空间投票的方法，它不需要代表参数空间的累加器。首先从具体的图像信息出发，获取一已知点，然后在图像边缘点构成的数据空间中随机选取另一个点，这两点决定一条直线。在一定的距离容忍度下，得到一个沿直线方向的条形区域，在此区域内搜索边缘点，最后根据阈值规则，判断该直线在数据空间中的真实性。试验结果表明，利用该算法提取出的导航线参数与 HT 算法相当；运算速度比 HT 算法快一个数量级，比 RHT 算法快 1 倍；同时有效地减少了存储空间。

方法 2：直线检测中，HT 是常用的直线检测算法，但 HT 采用一对多策略，建立二维参数空间，运算时间长，占用内存大。一个改进方向是采用多对一策略，提高运算速度，如 RHT；另一个改进方向是降低参数空间维数，如基于已知点 HT(HT based on one known point)，减少

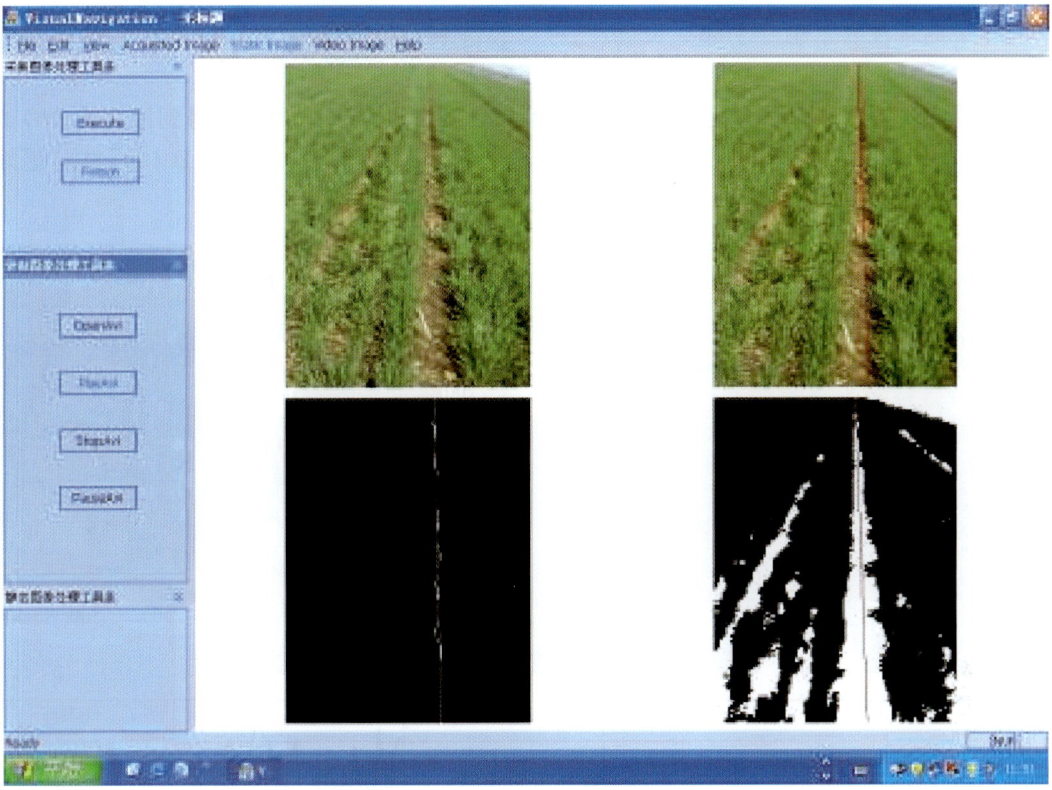

图 8.18 导航定位软件界面

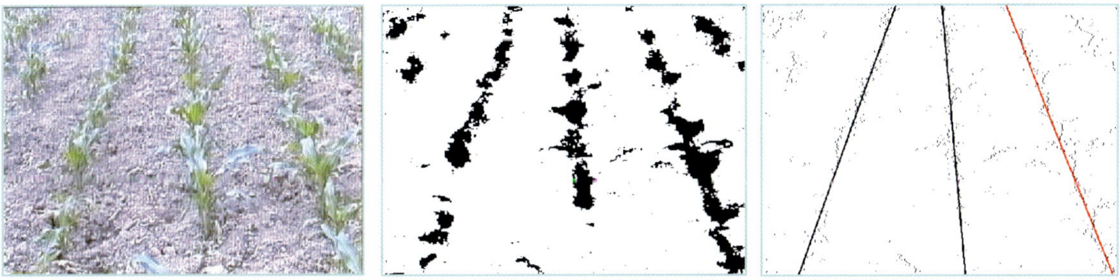

图 8.19 导航定位算法试验结果

占用内存的同时也提高了速度。在这两种算法的基础上，提出了一种新的改进 HT，在基于已知点 HT 中引入随机化方法，融合了基于已知点 HT 一维参数空间和 RHT 中随机选点的优势。试验结果证明，该方法可有效提高运算速度，比基于已知点 HT 和 RHT 要快，也可取得较好的精度。

8.2.2.2 基于相关分析的图像分割方法的研究

相关分析方法是描述两列数组之间的相关程度的一般方法，已经被有效地利用到图像分割和模式识别领域。相关分析方法可以应用于植物的识别，例如水稻的叶子像素之间存在非常高的相关性，而由于土壤是杂乱排列的，这种相似性就非常低。根据这个相似原理，用相关

(a)

(b)

(c)

图 8.23　导航图像采集及处理

(a) 小麦田原始图像；(b) 2G-R-B 灰度化图像；(c) Otsu 自动阈值二值化图像

图 8.24　HT 后提取导航基准线的示意图

8.3　农业车辆转向操纵控制方法和导航控制决策

8.3.1　农业车辆转向操纵控制方法研究

拖拉机本质上属于一种大延迟、大惯性和高度非线性的系统，而且农田地面状况复杂多变，这使得拖拉机在自动导航过程中容易受到建模误差、参数摄动以及外部干扰等不确定因素的影响。要实现拖拉机自动导航的高精度控制,必须要求导航控制算法具备良好的适应性和抗干扰能力。

农用车辆导航控制策略主要包括两部分:转向操纵控制和导航决策控制。对于农业车辆来说,转向操纵控制系统属于自动导航系统的执行机构。因此,转向操纵控制器能否准确快速地跟踪期望前轮偏角命令,对农业车辆自动导航系统具有决定性的作用,是研究中的关键技术之一。由于转向操纵系统呈非线性特征,而且农田作业环境复杂,地面起伏不平,拖拉机转向过程中,车轮与地面作用过程变异大,容易受到车速、车轮侧偏刚度以及其他未知因素的影响。这就要求转向操纵控制算法具有一定的鲁棒性和自适应性,以适应复杂多变的作业环境。

导航决策控制属于车辆自动导航系统的控制核心。导航决策控制器根据车辆的位置信息、航向信息以及运动状态计算出合适的期望前轮偏角,交由转向操纵控制器执行。期望前轮偏角的决策是否合理,直接影响后续的转向执行动作,进而影响整个导航系统的性能。

国内外常用的导航决策控制方法主要基于 3 种方法:线性模型控制方法、最优控制方法和模糊控制方法。其中线性模型控制方法和模糊控制方法基本上不涉及农业车辆运动学和动力学问题,控制参数仅通过经验或者试验结果离线调节,不具备自适应能力,而最优控制是一种典型的依赖系统模型的控制算法,当系统出现参数摄动以及外部干扰时,控制性能将受到影响。

目前较常用的导航转向控制方式有两种,一是采用直流电机或者步进电机结合齿轮机构传动实现前轮转向,二是采用电液控制系统实现前轮转向。随着现代农业的发展,电液控制转向已经成为自动导航拖拉机最普遍采用的转向方式。拖拉机电液控制转向的基本原理如图 8.25 所示。转向操纵控制器接收来自导航决策控制器的控制命令——期望前轮偏角,通过安装在前轮的角度传感器实时检测当前前轮偏角,并与期望前轮偏角相比较;转向操纵控制器以偏角之差作为输入,根据一定的控制算法,计算出合适的控制量并控制电控液压阀动作,通过驱动转向油缸实现拖拉机前轮的转向。

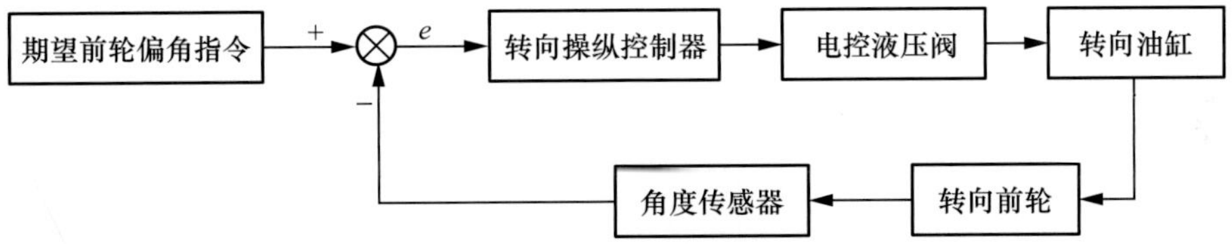

图 8.25 电液控制转向原理

电液转向操纵系统具有死区、不对称、时间滞后以及饱和等非线性特点。传统的 PID 控制对系统模型依赖较强,对参数变化比较敏感,鲁棒性比较差,难以获得满意的控制效果。

模糊控制具有不依赖精确的数学模型、鲁棒性好等特点。对于一个确定的模糊控制器,当被控对象受到参数摄动和外部干扰等不确定因素影响时,仍可以保证系统最终趋于稳定,但是会降低系统的控制品质,出现诸如振荡加剧、过渡时间过长等缺点。因此,有必要研究自适应模糊控制方法,在控制过程中的不同阶段,对模糊控制器进行自动调整。

本研究提出了一种基于遗传算法的自适应模糊控制算法,以 RTK-DGPS 为导航传感器,构建了拖拉机自动导航系统,并进行了拖拉机田间自动导航试验[10-11]。

8.3.1.1 拖拉机自动导航控制系统

研究平台为福田雷沃 FT704 拖拉机,前轮转向,后轮驱动。搭建的自动导航控制系统如

图 8.26 所示。

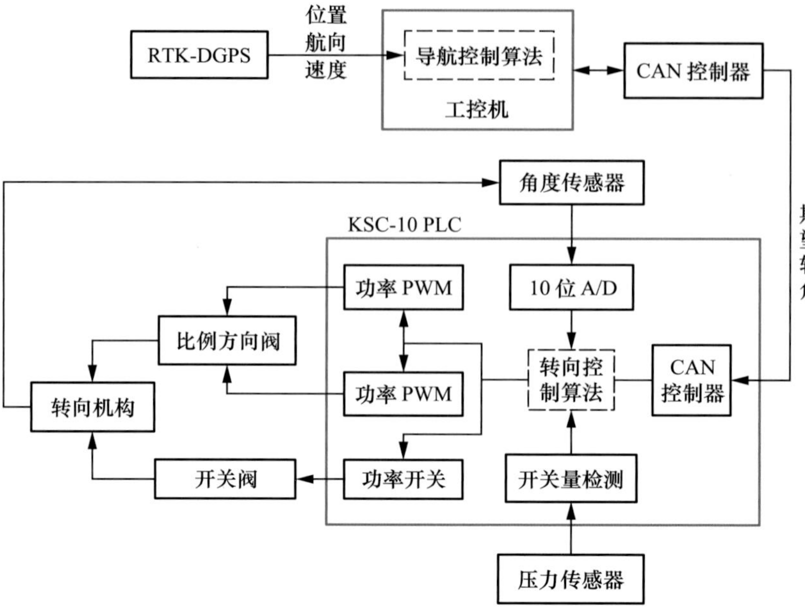

图 8.26　拖拉机自动导航控制系统

系统采用分层控制策略，两层之间通过 CAN 总线（ISO11783 协议标准）通信。PPC-3710GS 型工控机作为上层控制器，通过串口接收 RTK-DGPS 输出的 GGA 和 VTG 两种数据格式（输出频率 5 Hz），获取车辆的位置、航向和速度信息，经过导航控制算法输出期望前轮转角。KSC-10 PLC 作为下层控制器，实时采集角度传感器数据，获取当前前轮转角，与期望转角相比较，通过转向控制算法，输出功率 PWM 信号和功率开关信号，驱动开关阀和比例方向阀，实现前轮转向动作，并实时检测压力传感器的输出信号，实现自动驾驶模式和人工驾驶模式的自动切换。

8.3.1.2　基于遗传算法的自适应模糊导航控制器

简单模糊控制器具有设计简单、控制性能比较好的特点。但是这种控制器的模糊控制表由输入输出变量及其论域和模糊变量的赋值表决定，一旦模糊控制表确定之后，这种模糊控制器的控制规则就固定不变。对于不同的被控对象或者控制过程中的不同阶段，简单模糊控制器采用不变的控制规则就不能获得预期的控制效果。模糊控制器的性能很大程度上取决于模糊控制规则的确定及其可调整性。拖拉机本身是一个具有大延迟、高度非线性以及时变性和不确定性的复杂系统，而且农田地况较差，轮胎与地面作用过程复杂，常规的模糊控制器难以获得满意的控制效果。因此，本研究拟以模糊控制算法为基础，采用遗传算法对模糊控制的控制规则和输出比例因子进行在线整定，在控制过程中的不同阶段对模糊控制器进行自动调整，以实现拖拉机导航决策控制的自适应性。

采用拖拉机的横向偏差 E 和航向偏差 ψ 作为模糊控制器的输入，输出量为期望前轮转角 U。横向偏差 E 的基本论域选择为[−30 cm,30 cm]，量化因子为 $K_e=0.5$，航向偏差 ψ 的基本论域选择为[−15°,15°]，量化因子为 $K_\psi=1$，即两输入变量的模糊论域均为[−15,15]，同时令输出变量的模糊论域与输入相等。模糊控制器可以用解析式概括为

$$U=-[\alpha E+(1-\alpha)\psi] \tag{8.4}$$

式中：α 为规则修正因子，又称为加权因子。通过调整 α 值，可以调整控制规则。这种基于解析式的模糊控制器可以将变量的基本论域划分得很细，不仅有利于提高控制精度，而且易于计算机实现，避免了常规模糊控制器规则繁琐的缺点。

采用模拟生物进化过程的遗传算法（GA）对模糊控制的规则修正因子以及输出比例因子进行在线整定，以达到自适应控制。控制算法原理如图 8.27 所示。

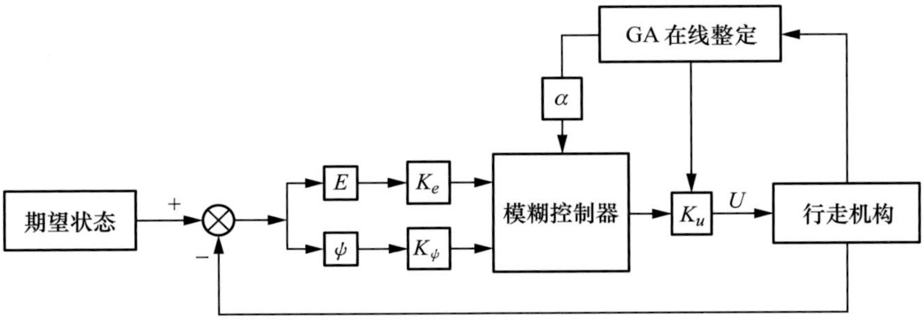

图 8.27　基于 GA 的导航控制原理图

遗传算法具有鲁棒性强、并行搜索和群体寻优等优点，是一种有效的参数优化手段。其基本操作主要包括编码、解码、选择、交叉和变异，分别设计如下。

1. 编码和解码

考虑到拖拉机前轮转向范围为[−25°，30°]，模糊控制器输出比例因子大小范围选择为 $K_u\in[0.2,1.67]$。编码方式采用搜索能力较强的二进制编码，染色体是长度为 10 位的二进制串，α 占 6 位，K_u 占 4 位。相应的解码方式为

$$\begin{cases}\alpha=\dfrac{binrep(\alpha)}{2^6-1}\\ K_u=0.2+\dfrac{binrep(K_u)\cdot(1.67-0.2)}{2^4-1}\end{cases} \tag{8.5}$$

式中：$binrep(\alpha)$ 为 6 位字符串所表示的二进制整数；$binrep(K_u)$ 为 4 位字符串所表示的二进制整数。

2. 适应度函数构造

适应度函数的选取直接影响 GA 的收敛速度以及能否找到最优解。由于根据 ITAE 指标设计的系统超调量小，阻尼适中，具有良好的动态特性，而且在农业车辆自动导航中，横向跟踪偏差是衡量控制效果的首要指标，故选择横向跟踪偏差的 ITAE 指标的倒数为适应度函数，即为

$$f=\frac{1}{\int_0^\infty t\mid y(t)\mid \mathrm{d}t} \tag{8.6}$$

式中：$y(t)$ 为 t 时刻的横向跟踪偏差，m。

在实际寻优中，为提高算法运算速度，保证控制的实时性，改进为

$$f=\frac{1}{\Delta t\sum_{k=1}^{N}t_k\mid y(k)\mid},\quad N=\mathrm{round}(v\times 20) \tag{8.7}$$

式中：Δt 为分段积分区间长度，等于 0.1 s；$y(k)$ 为 $k\times\Delta t$ 时刻的横向跟踪偏差，m；v 为拖拉机前进速度，m/s；round 表示对结果取整。

为计算适应度函数，采用简化的两轮车运动学模型推算 $y(k)$，这是因为，不考虑车辆离心力和侧滑的两轮车模型，虽然在实际过程中不能完全精确地描述车辆的运动状态，但是在很大程度上还是能够反映车辆真实运动变化趋势的。同时将液压转向系统简化为一阶惯性环节，以预定直线路径为横轴建立跟踪坐标系，前进方向为横轴正方向，跟踪起点的横坐标为零。

3. 选择策略

采用按适应度比例分配的轮盘赌选择法，即利用个体适应度比例的概率决定其后代留存的可能。若个体 i 的适应度为 f_i，则其被选中的概率为

$$P_i=\frac{f_i}{\sum f_i} \tag{8.8}$$

4. 遗传算子

主要包括交叉和变异两个遗传算子。交叉算子采用单点交叉方式，变异算子以变异概率对染色体的每个二进制位进行逻辑取反。遗传算法的流程如图 8.28 所示。

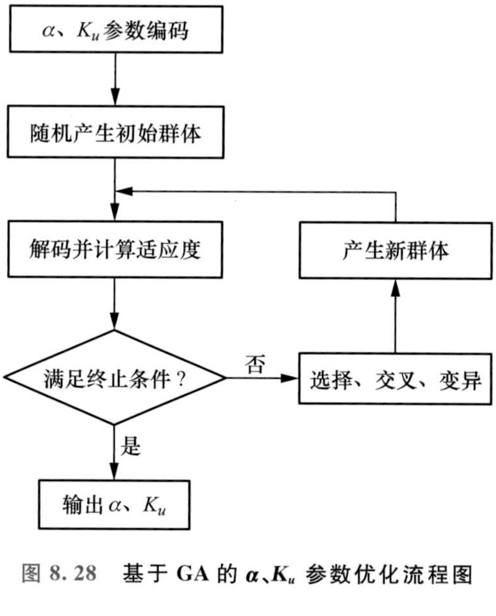

图 8.28 基于 GA 的 α、K_u 参数优化流程图

8.3.1.3 前轮转向控制器

由于 KSC-10 PLC 支持多任务运行模式，所以将下层控制器的任务划分为两个定时任务：任务一按照 ISO11783 规定的时间周期向导航控制器报告前轮转角，任务二负责前轮转向控制以及驾驶模式的切换和上报。任务一的优先级高于任务二。

前轮自动转向控制是通过转向控制算法输出一定的功率信号，控制比例阀门的开度，通过调节流量来调节前轮的转向速度，从而实现转角的控制。本研究采用位置式数字 PD 控制器

实现前轮转角控制，期望转角与当前转角之差作为控制器输入。转向控制原理如图 8.29 所示。

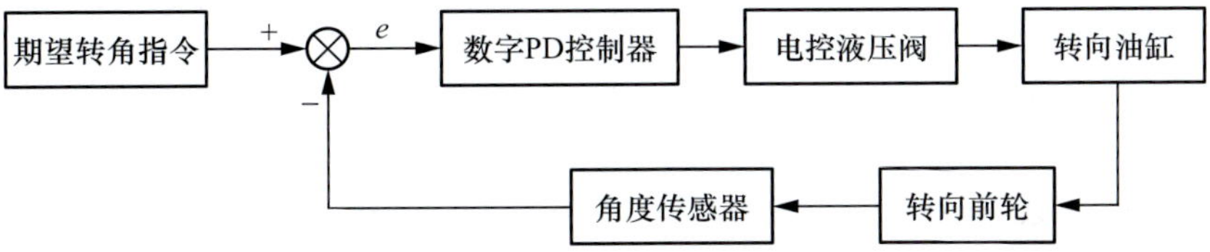

图 8.29 转向控制结构图

考虑到比例方向阀有两路 PWM 输入，而且有 700 mA 的电流死区，控制算法改进为

$$\begin{cases} I_{PD}=K_{P}e_{k}+K_{D}(e_{k}-e_{k-1}) \\ I_{out}=I_{PD}+\dfrac{I_{PD}}{|I_{PD}|}\times 700 \end{cases} \tag{8.9}$$

式中：I_{PD}为 PD 算法输出值；K_{P}为比例系数；K_{D}为微分系数；e_{k}为当前角度误差；e_{k-1}为前一次角度误差；I_{out}为控制器最终输出值。

I_{out}的正负极性分别代表左路和右路 PWM 输入，相应地代表前轮的两个转动方向。在转向过程中的某一时刻，必然有一路 PWM 输入需要置为 0。

8.3.1.4 前轮转向控制试验

为尽可能考虑农田地面状况对前轮转向控制的影响，在北京小汤山国家精准农业示范基地秋收后的玉米地进行转向控制试验。选择频率为 0.2 Hz、幅值为 15°的方波指令曲线和正弦指令曲线对转向控制器进行测试。经过多次调试得到，当 $K_{P}=250$，$K_{D}=20$ 时，转向控制效果较佳。测试结果如图 8.30 所示。

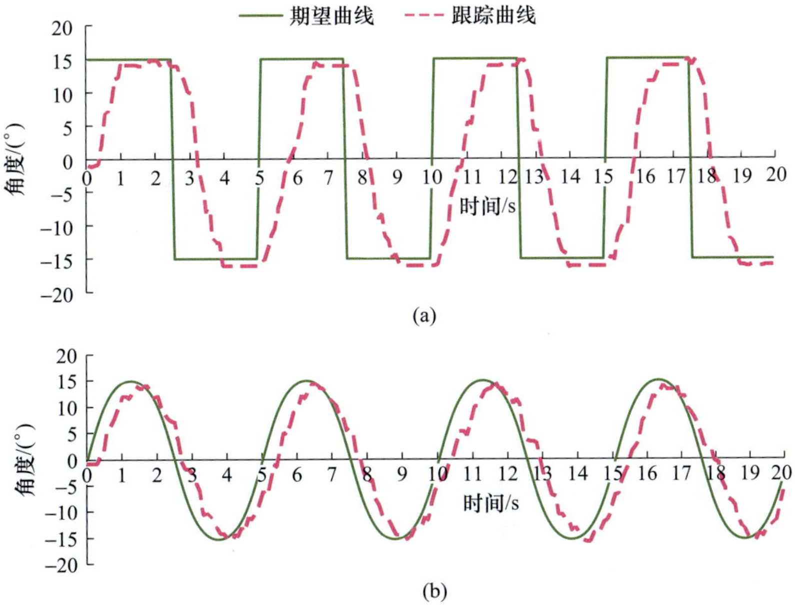

图 8.30 指令曲线跟踪

(a) 方波曲线跟踪；(b) 正弦曲线跟踪

可见，转向控制系统可以较好地完成信号跟踪任务。对于方波信号，跟踪一个30°的阶跃信号（从−15°到+15°或反之）大约需要1.2～1.4 s，对于正弦波，跟踪延迟约为0.2～0.4 s，可以满足实际自动导航的需求。另外，在正负峰值处，跟踪曲线并不完全对称，这是由于左、右转向时执行机构参数不同造成的。

8.3.1.5 **导航控制算法仿真**

首先在Matlab环境下，采用简化的两轮车模型，对设计的自适应导航控制算法进行仿真验证，仿真程序采用M语言编写。运动学参数如下：$v=2$ m/s，$L=2.3$ m，$\tau=0.1$ s。遗传算法的种群大小为40，进化代数为40代，交叉概率为0.6，变异概率为0.02。拖拉机初始状态为[3.5 m，0.4 rad，0.2 rad]，分别代表横向偏差、航向偏差和前轮转角，导航控制周期为200 ms。与之对比，常规模糊控制的规则因子选择为0.6，输出比例因子为1。仿真结果如图8.31所示。由图可见，基于GA的自适应模糊控制方法与常规模糊控制相比，消除误差的速度更快，几乎没有超调和振荡，具有良好的动态性能，在理论上是可行的。通过大量仿真发现，在GA每步优化中，基本不超过10代即可寻找到最优解，其中一步的进化过程如图8.32所示。

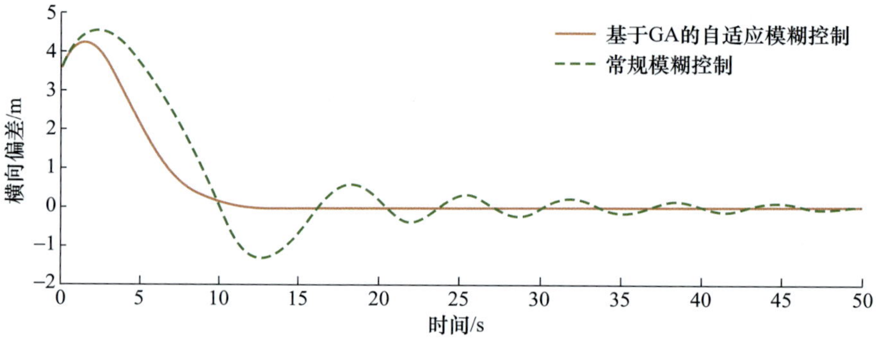

图8.31 直线跟踪仿真

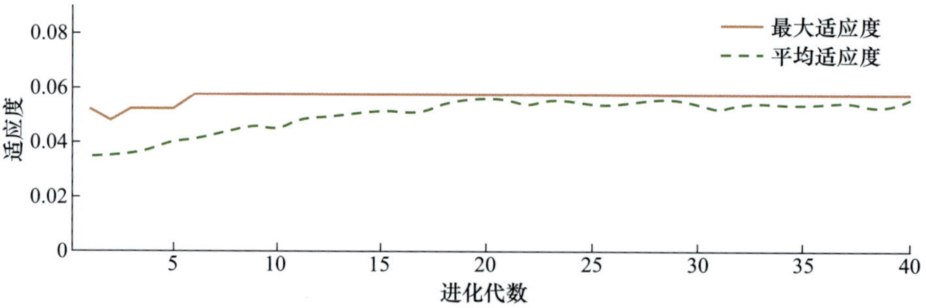

图8.32 适应度曲线

另外，在拖拉机自动导航过程中，导航控制算法的实时性问题是必须考虑的问题。将上述自适应控制方法在工控机的Visual C++6.0环境下进行验证，进化代数设置为10代，经统计发现，每步优化平均耗时10 ms左右，与200 ms的导航控制周期相比，其算法延时造成的影响可以忽略不计。

8.3.1.6 **田间自动导航试验**

自动导航试验地点选择在北京小汤山国家精准农业示范基地秋收后的玉米地进行，地面颠簸不平。转向控制器采用上述设计的数字 PD 控制器,拖拉机速度 2 m/s 左右,分别对常规模糊控制方法和基于 GA 的自适应模糊控制方法进行试验。试验结果如图 8.33 所示。由图可见,基于常规模糊控制的直线跟踪,存在一定的超调和振荡,稳态时最大偏差为 20 cm 左右,而基于自适应模糊控制的直线跟踪可以迅速消除横向偏差,超调较小,振荡也较小,稳态时最大横向偏差为 10 cm 左右,跟踪曲线变化相对平缓,具有良好的动态特性。考虑到地面颠簸不平对 GPS 天线造成一定定位误差情况下,这个跟踪精度是可以接受的。

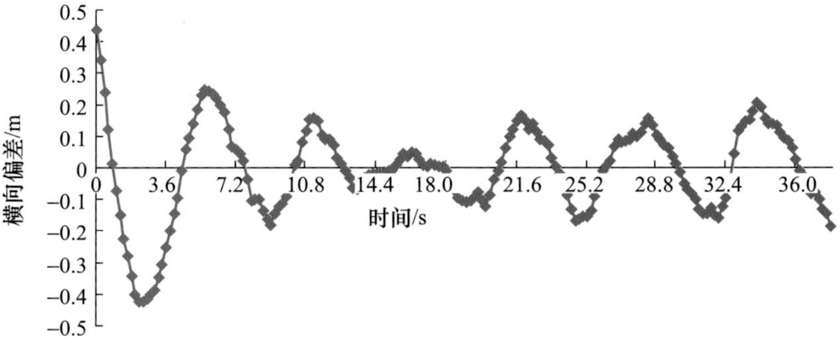

(a)

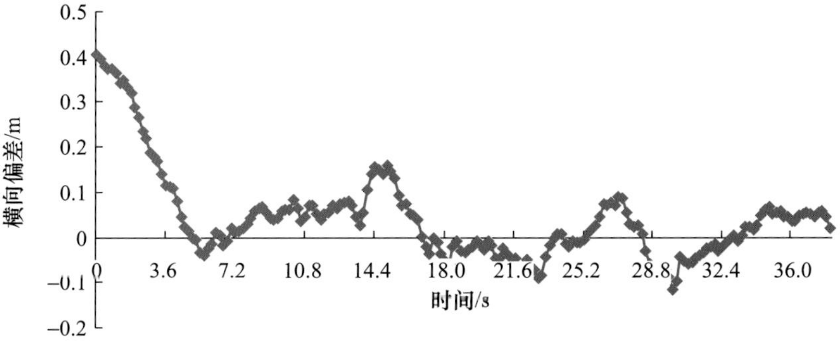

(b)

图 8.33 自动导航直线跟踪

(a) 常规模糊控制;(b) 基于 GA 的自适应模糊控制

8.3.2 农业车辆导航决策控制方法研究

农业车辆的导航决策控制是指根据车辆的位置、航向以及运动状态决策合适的控制量(通常是期望前轮偏角),以修正路径跟踪误差。导航决策控制是农业车辆自动导航系统的控制核心,期望前轮偏角的决策是否合理,直接影响后续的转向执行动作,进而影响整个导航系统的性能。拖拉机导航决策控制的基本原理如图 8.34 所示。

在目前常用的导航决策控制算法中,线性模型控制方法和模糊控制方法的控制参数仅通过经验或者试验结果离线调节,不具备自适应能力,而最优控制是一种典型的依赖系统模型的控制算法,当系统出现参数摄动以及外部干扰时,控制性能将受到影响。将模糊控制与遗传优化算法、滑模变结构控制等相结合,互补优缺,充分发挥各自算法的优点,实现拖拉机导航决策控制的自适应性和鲁棒性在理论上有一定的可行性。

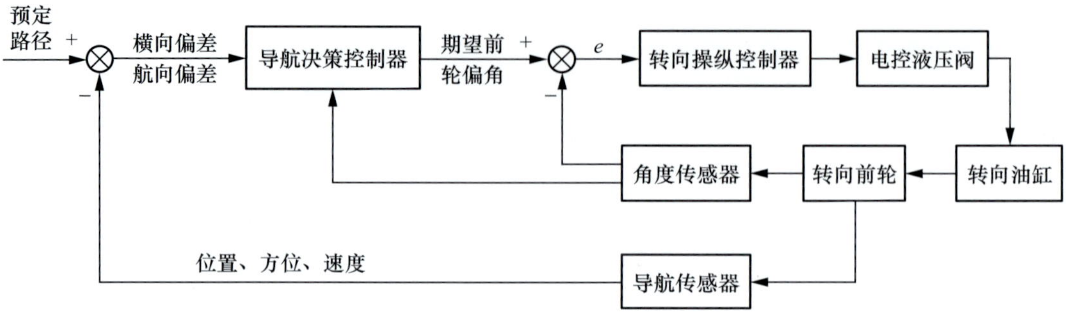

图 8.34　拖拉机导航决策控制原理

8.4　自动导航农用车辆平台

在改装的电瓶车、铁牛 654 拖拉机和 FT704 拖拉机以及插秧机试验平台上建立了多传感器信息融合的农用车辆自动导航系统，开展农业机械的自动导航技术的研究与开发。

（1）以电瓶车为试验平台，开发了导航控制软件，该软件可实现传感器数据的采集、预瞄点搜索、模糊控制等；分别进行了串口通信试验和 CAN 总线通信试验；采用模糊自适应控制方法，分别以 GPS、GPS 与电子罗盘以及机器视觉作为定位传感器，进行了曲线和直线跟踪导航试验。

（2）以铁牛 654L 拖拉机为试验平台，完成了拖拉机的主油路、选换挡和制动离合的改造工作；在不同速度下，分别采用 PID 控制方法和模糊自适应控制方法，进行了直线和曲线跟踪导航试验；直线跟踪试验横向偏差在 10 cm 以内。

（3）以福田雷沃 FT704 拖拉机为试验平台，完成了拖拉机液压转向系统的改造；增加了姿态校正模型，确定了智能导航系统的控制方案；分别在晒场和玉米地开展了导航试验，拖拉机行驶速度 2 m/s 左右，导航传感器采用高精度 RTK-GPS 和电子罗盘，在相对比较平整的晒场上，稳态最大跟踪误差不超过 5 cm；在玉米地，稳态最大跟踪误差不超过 15 cm。

（4）以 Kubota SPU-68 水稻插秧机为试验平台，采用 ITAE 准则，可对纯追踪模型的前视距离参数进行优化设计；纯追踪模型可以用于插秧机田间作业的直线行走导航；测试结果表明，当行进速度 0.6 m/s 时，直线跟踪最大误差小于 17 cm，平均误差小于 2 cm。

8.4.1　四轮电瓶车自动导航系统

为了方便室内、室外导航系统试验，检验不同的导航和控制方法的可行性，采用改装后的四轮电瓶车作为试验平台（图 8.35）。系统的总体构成如图 8.36 所示，该自动导航农用车辆平台由直流电机驱动，在方向盘的轴上安装了转向步进电机，在前轮连轫轴上安装了角度传感器，并且通过改装直流电机驱动器实现自动调节速度。在该平台上进行了一系列的试验研究[6]。图 8.37 至图 8.39 为相关设备图，图 8.40 为上下位机方式通信系统框图。

单 GPS 直线跟踪试验中，使用 RTK-GPS 作为导航的主要传感器，控制算法采用模糊控制算法和自适应模糊控制算法，两个输入是横向偏差和偏差变化率，输出是前轮期望角度。电瓶车行驶速度是 0.7 m/s 左右，融合导航的横向偏差最大为 7 cm，平均为 3.1 cm。横向偏差减小，说明单独使用高精度的厘米级 GPS 可以很好地提供定位信息，并能控制导航车自动行走，验证了自适应模糊控制算法控制效果比常规模糊控制效果有所提高。

图 8.35 基于改装电瓶车的自动导航农用车辆平台

单 GPS 曲线跟踪试验在操场跑道上进行，电瓶车行驶速度是 0.45～0.65 m/s，行驶距离 400 m。导航车在开始的 200 s 在南侧弯道自动行走，200～400 s 在东侧直道行走，400～600 s 在北侧弯道行走，600～800 s 在西侧直道行走。弯道部分最大偏差是 31 cm，平均偏差是 12.1 cm。分析原因可能有两个，一个是曲线跟踪模糊控制量的量化因子比直线跟踪小，另一个是由于预设路径是人工驾驶电瓶车采集得到的，直道也由一系列的点组成，预设路径中直道部分不是很直，存在误差。所以可以使用起点和终点生成直线路径方法代替，精度会更高。

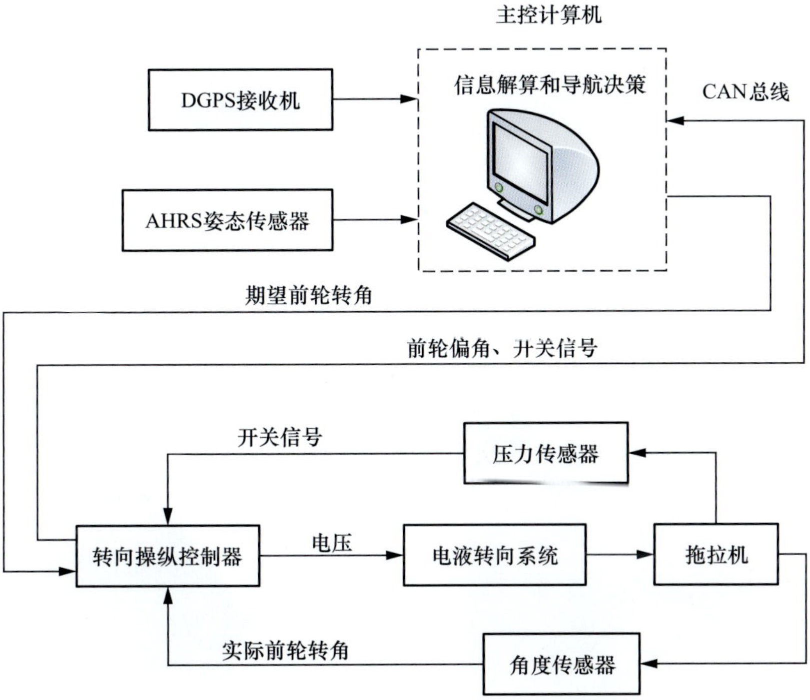

图 8.36 四轮电瓶车自动导航系统总体结构

与单使用 RTK-GPS 导航相比，使用电子罗盘和 DGPS 组合导航最大横向偏差为 13 cm，横向偏差的平均值为 4 cm，横向偏差的标准差为 3.5 cm。RTK-GPS 单独导航与电子罗盘和 RTK-GPS 导航横向偏差差不多，说明单独使用 RTK-GPS 就可以达到较高的精度，电子罗盘对导航精

(a) (b)

图 8.37 四轮电瓶车自动导航系统机器视觉使用的 OK AC1310 摄像机及其支架

(a) 摄像机;(b) 支架安装

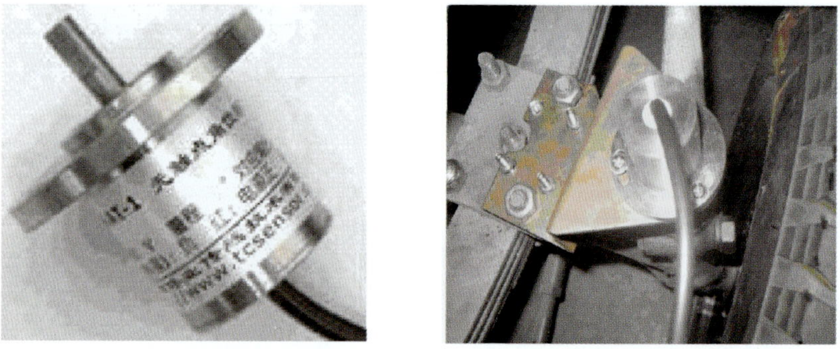

(a) (b)

图 8.38 四轮电瓶车自动导航系统的角度传感器及其安装支架

(a) 角度传感器;(b) 安装支架

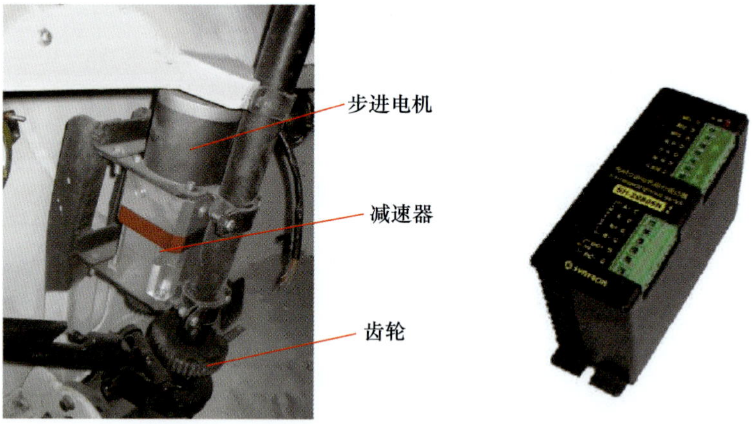

(a) (b)

图 8.39 四轮电瓶车自动导航系统转向机构

(a) 执行机构;(b) 步进电机驱动器

度影响不大。使用横向偏差和航向偏差作为模糊控制器的输入可以达到较好的控制效果。

用亚米级 GPS(差分 Ag GPS 132)、电子罗盘、速度传感器模糊自适应卡尔曼滤波器融合实

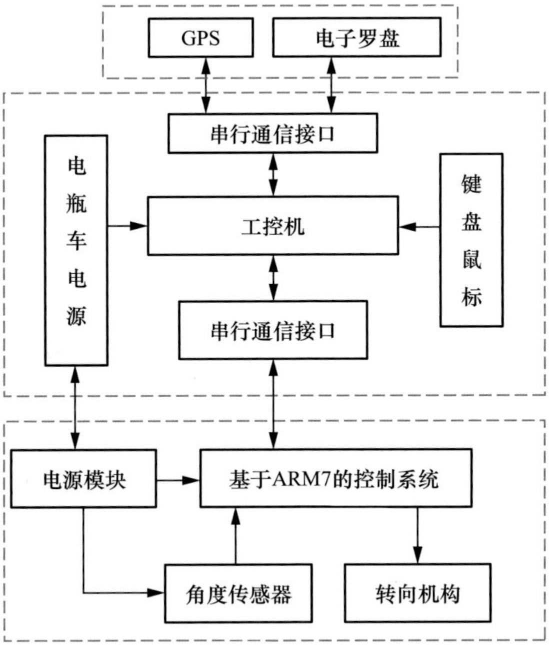

图 8.40 四轮电瓶车自动导航系统上下位机方式通信系统框架图

现定位，横向偏差和横向偏差的变化率作为模糊控制的输入来实现期望转角的计算，PID 控制实现自动转向，目的是试验多传感器融合的导航精度。电瓶车行驶速度是 0.5 m/s 左右，最大偏差为 22 cm 左右，横向偏差较使用 RTK-GPS 导航大一些，但也能满足一般农田作业的要求，这样成本会降低很多，RTK-GPS 成本在 20 万元左右，亚米级 GPS 成本就会降低一半。这也是实现农用车辆自动导航示范应用的一个重要因素。图 8.41 为多传感器融合直线导航试验结果。

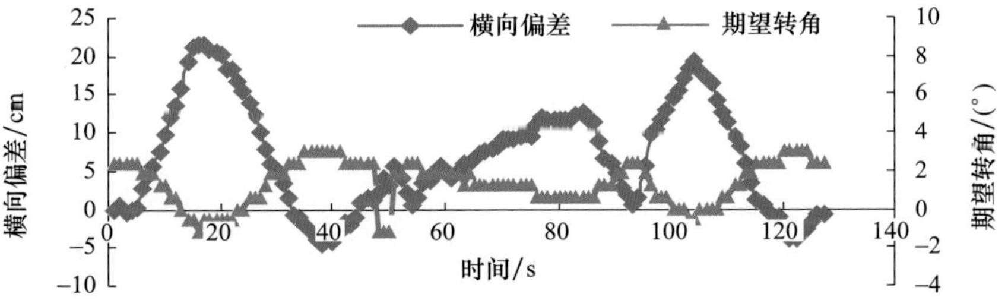

图 8.41 多传感器融合直线导航试验结果

8.4.2 铁牛 654L 拖拉机自动导航系统

对铁牛 654L 拖拉机进行了自动驾驶转向控制系统的改造，改造过程基于步进电机与全液压转向器的电控液压动力转向控制系统。改造原理是在原转向系统上并联一台全液压转向器，由步进电机直接驱动全液压转向器的转动实现转向控制。系统构成包括全液压转向器、步进电机、驱动器和两位三通电磁阀等。本试验平台主要用于非农田的模拟导航试验。

建立的拖拉机自动导航系统如图 8.42 和图 8.43 所示，其输入为拖拉机的位置信息，输出为拖拉机自动转向控制系统的相关控制参数。通过获取拖拉机当前时刻的位置信息，进一步计算得到拖拉机的控制参数，包括拖拉机的横向偏差和航向角偏差，然后以一定的控制算法来控制自动转向系统实现拖拉机的自动驾驶。

图 8.42 铁牛 654L 拖拉机自动导航系统侧视图

图 8.43 铁牛 654L 拖拉机自动导航系统前视图

该系统的工作原理为：定位系统（包括 GPS、IMU、电子罗盘）获取实时定位信息；利用信息融合算法融合多源定位信息，处理数据冗余，得出较为精确可靠的位置信息，包括拖拉机位置坐标和航向角；进一步计算得出拖拉机偏离期望路径（已规划）的横向偏差和航向角偏差；控制算法根据横向偏差与航向角偏差信息推算出沿期望路径行驶所需要的期望前轮转角的数值；自动转向系统控制转向轮达到期望前轮转角的大小。这一不断的实施过程就是拖拉机自动导航系统的工作过程。拖拉机自动导航系统工作流程图如图 8.44 所示，整个控制系统的控制结构图如图 8.45 所示。

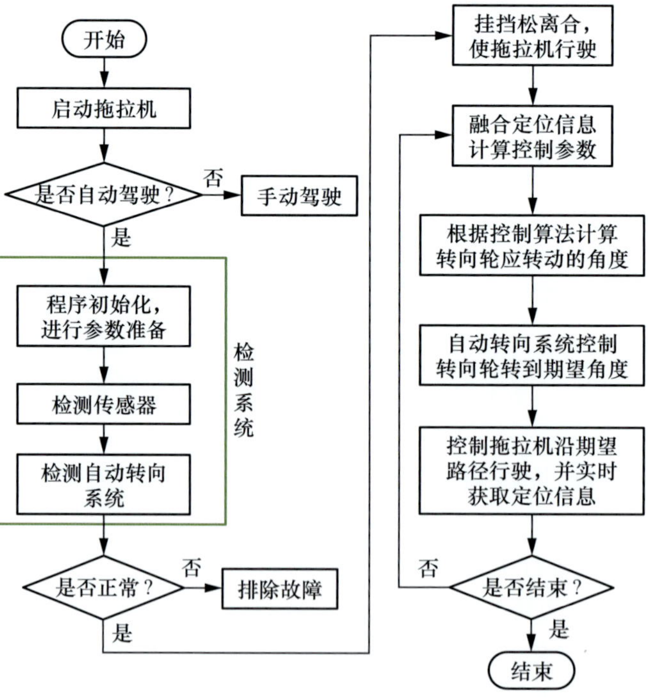

图 8.44 铁牛 654L 拖拉机自动导航系统工作流程图

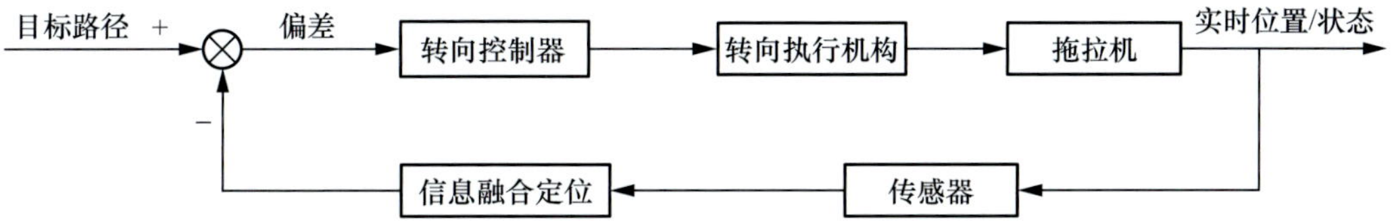

图 8.45　铁牛 654L 拖拉机自动导航控制系统结构图

拖拉机行驶速度为 0.5 m/s 时，跟踪的横向偏差分布如图 8.46 所示，横向偏差的最大值 −0.071 m，平均值为 −0.005 m，均方根值为 0.033 m。

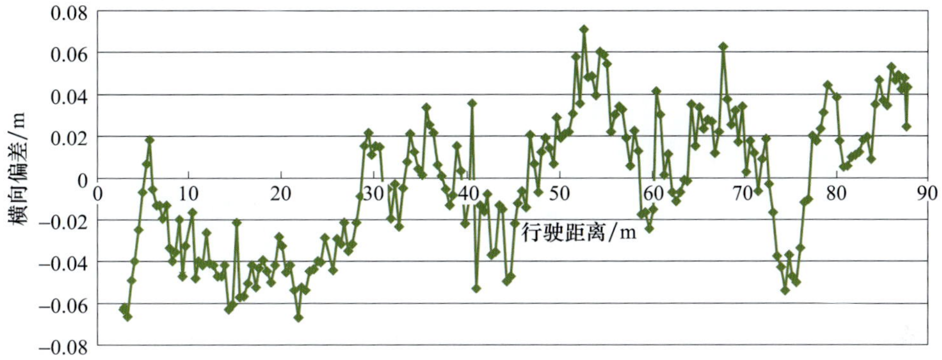

图 8.46　拖拉机行驶速度为 0.5 m/s 时的横向偏差分布图

拖拉机行驶速度为 1.0 m/s 时，跟踪的横向偏差分布如图 8.47 所示，横向偏差的最大值 0.413 m，平均值为 −0.097 m，均方根值为 0.153 m。

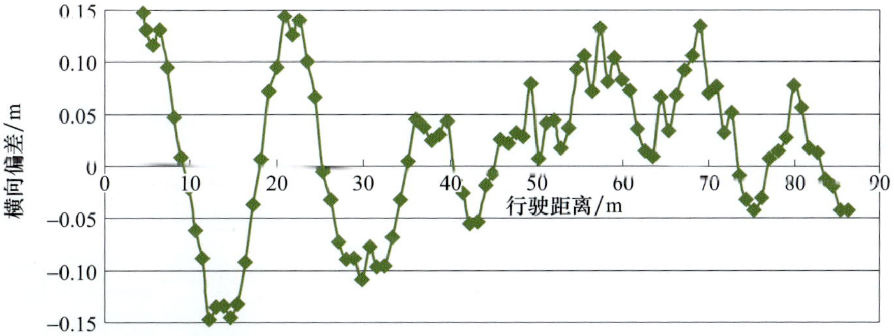

图 8.47　拖拉机行驶速度为 1.0 m/s 时的横向偏差分布图

研制的基于多传感器信息融合的智能导航系统直线路径跟踪中，行驶速度不超过 1.0 m/s 时的导航精度均小于 1.0 m。还进行了地头转向路径跟踪试验，选择拖拉机行驶速度为 0.5 m/s，航位推算的距离间隔为 0.25 m。图 8.48 为一组跟踪试验结果，图 8.49 为横向偏差和航向角偏差分布图。其中：横向偏差的最大值为 −0.282 m，平均偏差为 −0.084 m，均方差为 0.149 m；航向角偏差的最大值为 −7.18°，平均偏差为 −0.50°，均方差为 2.42°。

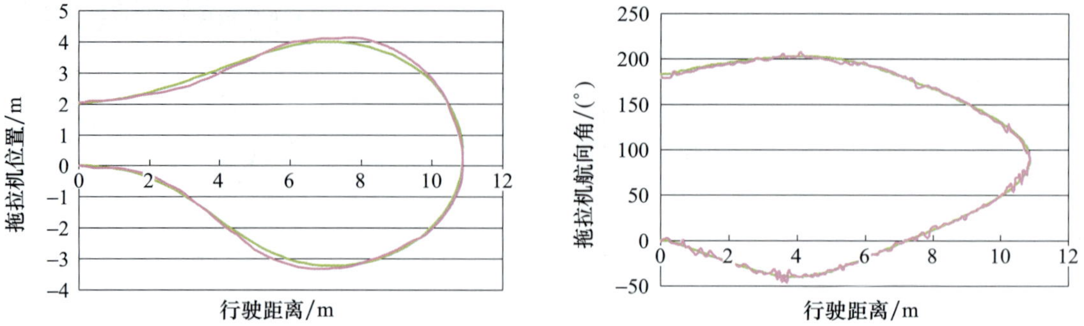

图 8.48　地头转向路径跟踪结果

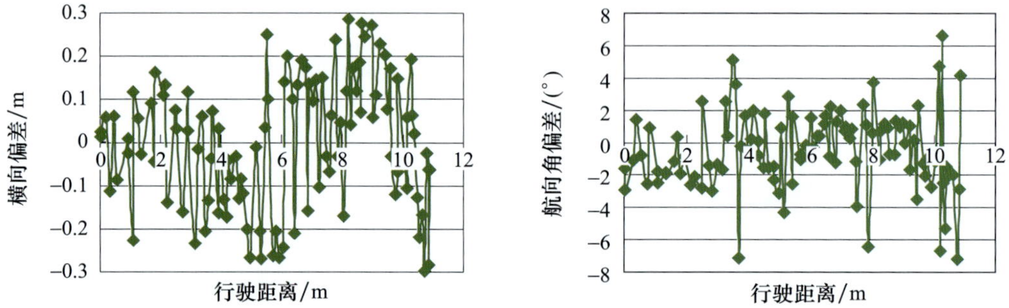

图 8.49　地头转向路径跟踪误差分布图

8.4.3　福田雷沃 FT704 拖拉机自动导航系统[11]

图 8.50　福田雷沃 FT704 拖拉机

根据 FT704 拖拉机的转向机构，提出了拖拉机液压转向系统改造方案，完成了拖拉机电控改造和安装工作；设计了电液转向系统的控制方案，建立了系统数字仿真模型并初步确定 PID 控制参数。并安装了 PLC 控制器作为试验的控制平台，此平台主要配合变量施肥、除草等作业机具，进行北方旱田导航试验。图 8.50 为福田雷沃 FT704 拖拉机，图 8.51 和图 8.52 为电液转向系统和角度传感器。

根据智能导航控制要求提出了基于定位系统、姿态传感器技术等技术的农机作业智能导航控制方案，如图 8.53 所示。该方案采用 RTK-GPS 和惯性导航组合系统作为系统主要信号采集传感器，采用卡尔曼滤波方法对惯性导航和 GPS 信号进行融合处理，以提高系统定位和作业机械姿态信息的精度，并将粒子群算法和粒子滤波方法引入融合算法中。试验表明，该方法能够提高导航定位精度。

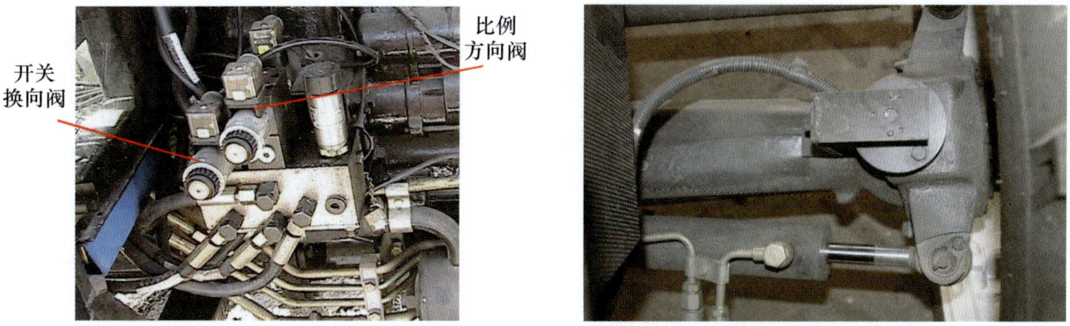

(a) (b)

图 8.51 福田雷沃 FT704 拖拉机自动导航系统电液转向系统

(a) 液压开关阀、比例阀；(b) 转向油缸

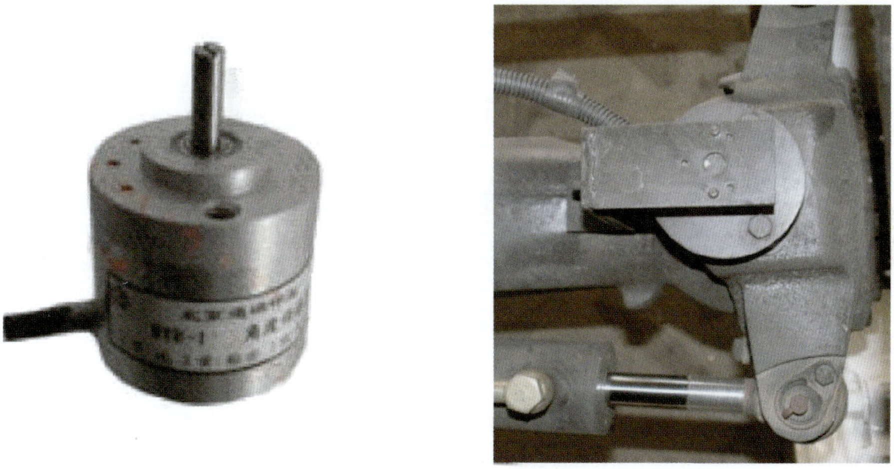

(a) (b)

图 8.52 福田雷沃 FT704 拖拉机自动导航系统角度传感器及其安装支架

(a) 角度传感器；(b) 安装支架

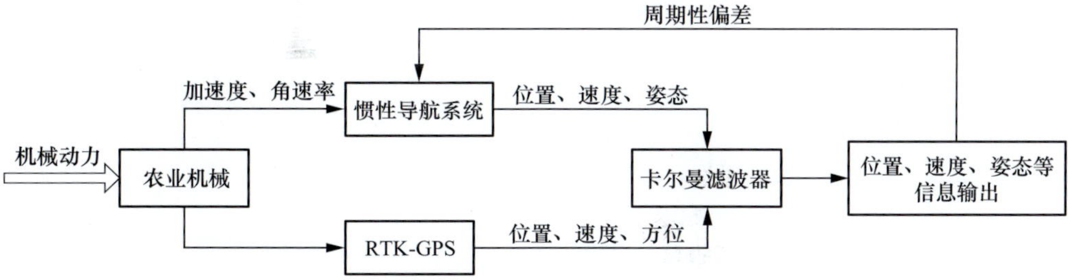

图 8.53 基于 GPS 和姿态传感器的导航信息融合方法

导航控制流程如下：下位机（控制器）根据拖拉机导向轮转角传感器检测到的转角信号计算拖拉机导向轮偏转角度信息，使用 ISO 11783 协议通过 CAN 总线把导向轮转角信息发送给上位机（田间作业计算机），上位机接收 RTK-GPS、惯性导航传感器或电子罗盘信息进行信息融合，根据融合信息和导向轮转角信息通过智能控制算法计算出导向轮的目标转角；目标转角同样使用 ISO 11783 协议通过 CAN 总线发送到下位机；下位机使用智能控制算法通过 PWM

控制电液比例方向阀控转向液压缸来控制导向轮偏角，使导向轮偏角满足要求。

FT704 拖拉机的转向机构采用液压转向，通过 PLC 实现转向控制。采用自适应模糊控制方法进行导航控制试验，根据横向偏差的大小自适应调节模糊规则因子，在北京小汤山国家精准农业示范基地进行了直线导航试验。试验场地为晒场和玉米地，拖拉机行驶速度 2 m/s 左右，导航传感器采用高精度 RTK-GPS 和电子罗盘。试验结果如图 8.54 所示。

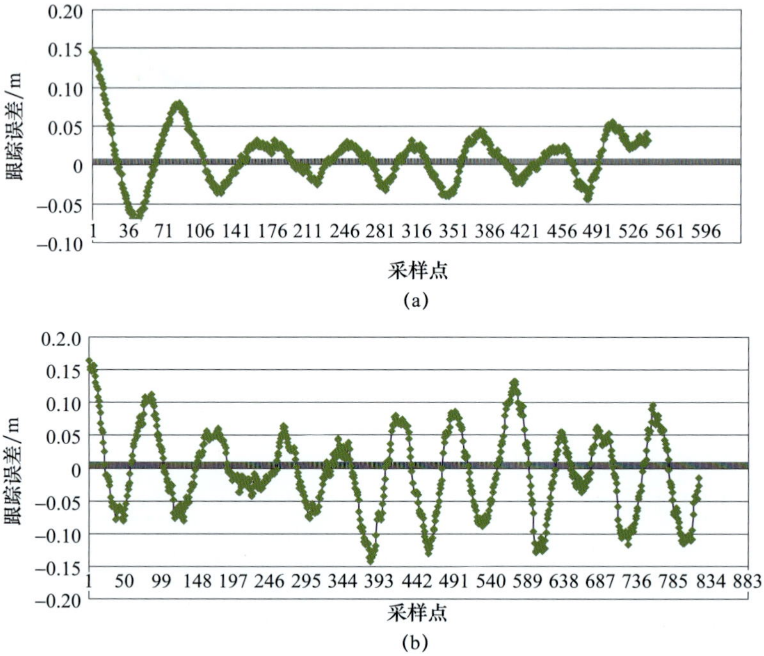

图 8.54　福田雷沃 FT704 拖拉机直线导航试验结果

(a) 晒场试验结果；(b) 玉米地试验结果

在相对比较平整的晒场上，稳态最大跟踪误差不超过 5 cm；在玉米地，稳态最大跟踪误差不超过 15 cm。导航软件试验截图如图 8.55 所示。

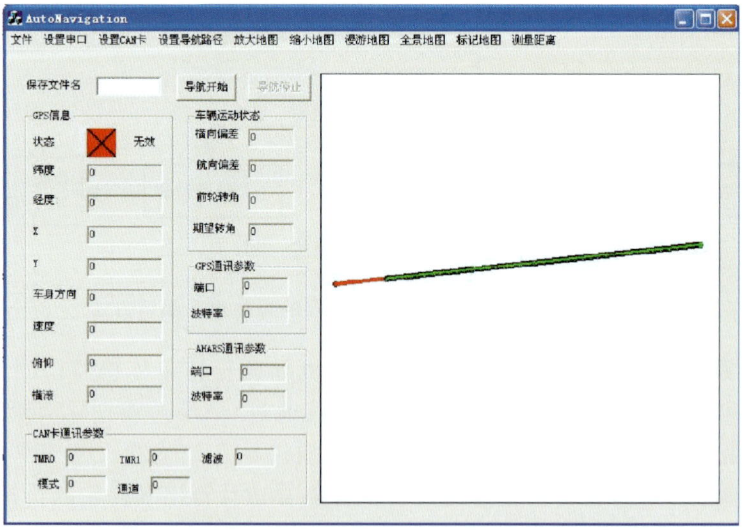

图 8.55　福田雷沃 FT704 拖拉机自动导航系统导航软件

8.4.4 Kubota SPU-68 水稻插秧机自动导航系统

以水田插秧机(图 8.56)为试验平台,以 RTK-DGPS 为主要导航方式,辅以航向姿态参考系统 AHRS500GA-227,旨在研究提高农业机械导航控制精度的方法。在导航参数处理方面,重点是对 GPS 倾斜误差的校正。在此基础上,设计了常速度卡尔曼滤波器对定位数据进行平滑处理,同时实现磁航向传感器偏移误差的在线辨识与航向校正。在导航控制方法上,采用纯追踪模型实现农业机械直线跟踪控制,基于 ITAE 优化准则,仿真研究了最佳前视距离的确定方法[12]。

图 8.56 Kubota SPU-68 水稻插秧机

使用 GPS 定位设备和 AHRS 航向姿态参考系统实现农业机械导航参数的测量。GPS 设备采用 Trimble 公司的 5700 型 GPS 接收机系统,包括 GPS 天线、基准站接收机、流动站接收机和 PDL 数传电台。该系统支持 RTK-DGPS 定位,水平定位精度可达 $2\ \text{cm}+1\times10^{-6}\ \text{cm}$,垂直定位精度可达 $3\ \text{cm}+2\times10^{-6}\ \text{cm}$,输出频率可达 20 Hz,动态延迟小于 20 ms。GPS 天线架设在农业机械质心位置正上方,天线对地面高度为 2 m。AHRS 姿态航向参考系统采用 Crossbow 公司的 AHRS500GA-227 型姿态航向参考系统,该系统可测量运动载体的航向角度、横滚角度、俯仰角度、三轴角速度和三轴加速度等 9 个参数,其中航向角度测试精度为±2°,横滚和俯仰角度测试精度为±2.5°,输出频率可达 100 Hz。该系统安装在农业机械质心正上方,其参考坐标系的 x、y 轴与车体坐标轴重合,z 轴与车体坐标系平面垂直向下为正。测试平台插秧机外形以及 GPS 设备和 AHRS 系统在农业机械上的安装位置见图 8.56。

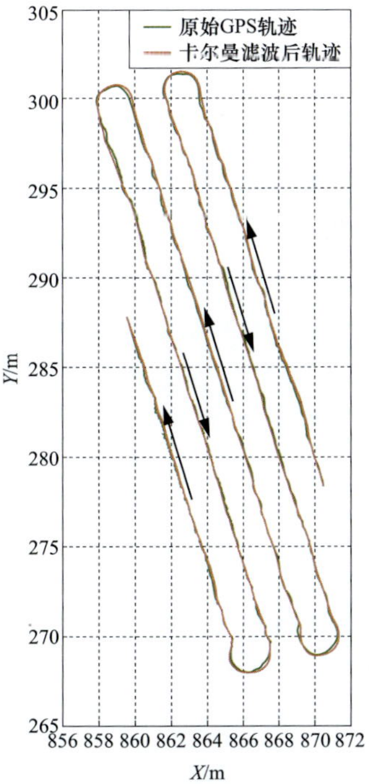

图 8.57 卡尔曼滤波效果图

田间试验在华南农业大学农场水稻田进行,测试卡尔曼滤波器性能时,人工驾驶插秧机在田间按图 8.57 所示轨迹行走。导航控制计算机以 10 Hz 采样频率,同步采集 RTK-DGPS 原始定位数据和姿态航向参考系统 AHRS500GA-227 的状态参数。同步采样的第一组有效位置、姿态和航向数据供卡尔曼滤波器初始化,随后,卡尔曼滤波器开始工作,滤波器输出频率也是 10 Hz。轨迹跟踪的测试结果见图 8.57。从图中可以看出,原始 GPS 轨迹存在较大波动,主要是由水田硬底层起伏变化引起;滤波后的插秧机运动轨迹较原始 GPS 轨迹平滑许多,有效实现了 GPS 定位倾斜校正和随机噪声滤波的功能,滤波后的曲线可以更真实地反映插秧机水田实际运动轨迹。

使用卡尔曼滤波器的偏移误差在线辨识结果，对AHRS原始航向角度数据进行校正，可得到滤波校正后的航向角度，校正效果见图8.58。从图中可以看出，AHRS原始航向角度与GPS航向角度相比存在着一定的偏移误差，滤波校正后的航向角度有效消除了这一偏移误差。滤波校正后的航向角度即保持了AHRS原始航向角度的变化趋势（这一变化趋势还是很精确的），同时较AHRS原始航向角度更接近参照的GPS航向角度。

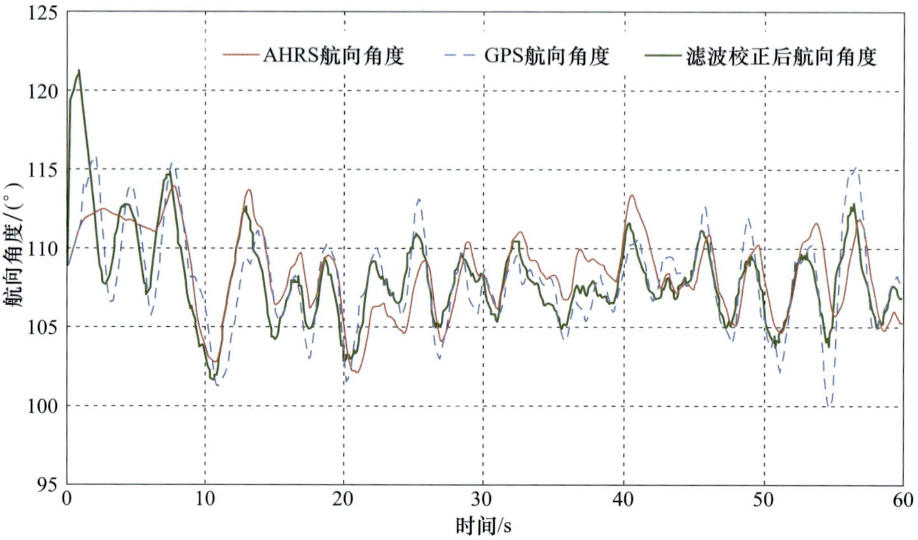

图8.58 AHRS航向角度校正效果图

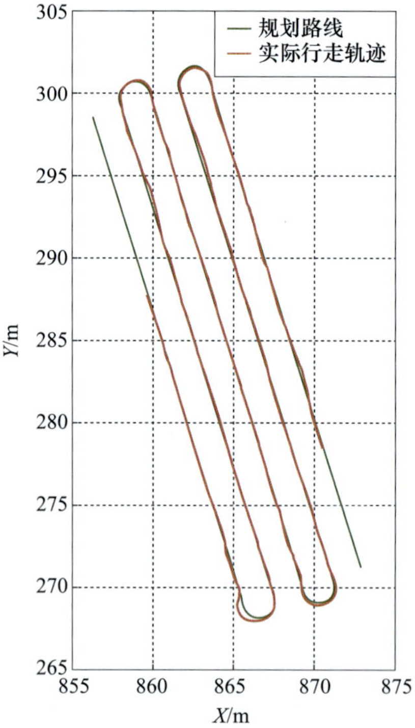

图8.59 插秧机水田直线跟踪效果图

进行纯追踪算法试验，设定前视距离 $L=2$ m，插秧机前进速度0.6 m/s，对插秧机实际行走轨迹的横向跟踪误差进行统计。从统计结果可以看出：所有行的平均跟踪误差均小于0.02 m，标准差小于0.06 m。这表明，所设计的纯追踪直线导航算法具有良好的控制精度和稳定性。除第3行以外，其他作业行的最大跟踪误差均有1处超过0.1 m，这4处最大跟踪误差均出现在作业行的起始位置，极有可能是由地头转向结束后产生的对行误差引起的。在地头转向和直线跟踪的衔接处，尚需要一个平顺的过渡方法。实际跟踪效果如图8.59所示。

研究表明：

（1）设计的卡尔曼滤波器可以实现对GPS定位数据的倾斜校正和平滑处理，可以实现对磁航向传感器的偏移误差估计，试验效果良好。

（2）采用ITAE准则，可对纯追踪模型的前视距离参数进行优化设计。

（3）纯追踪模型可以用于插秧机田间作业的直

线行走导航。测试结果表明,当行进速度为 0.6 m/s 时,直线跟踪最大误差小于 0.17 m,平均误差小于 0.02 m。

参考文献

[1] 姜国权 . 农田作业机械视觉导航定位技术研究:博士学位论文. 北京:中国农业大学,2009.

[2] 籍颖 . 农业机械导航系统定位方法研究:博士学位论文. 北京:中国农业大学,2011.

[3] 陈艳 . 基于 UKF 的 GPS-MV 组合导航定位方法研究:硕士学位论文. 北京:中国农业大学,2010.

[4] 籍颖,刘兆祥,刘刚,等 . 基于 Kalman 滤波农用车辆导航定位方法. 农业机械学报,2009,40(S1):13-17.

[5] 周建军, 张漫, 汪懋华, 等 . 基于模糊控制的农用车辆路线跟踪. 农业机械学报,2009,40(4):151-156.

[6] 周建军 . 车辆自动导航定位与控制方法研究:博士学位论文. 北京:中国农业大学,2009.

[7] 曹旻罡 . 基于 VRS 技术和 CDMA 通信方式的 RTK-GPS 接收机的研制:硕士学位论文. 北京:中国农业大学,2010.

[8] 刘兆祥,陈艳,籍颖,等 . 基于机器视觉的农业车辆路径跟踪. 农业机械学报,2009,40(S1):18-22.

[9] 籍颖,刘刚,申巍 . 基于机器视觉技术获取导航基准线的方法. 光学学报, 2009, 29(12): 3362-3366.

[10] 刘兆祥,刘刚,籍颖,等 . 基于自适应模糊控制的拖拉机自动导航系统. 农业机械学报,2010,41(11):148-152.

[11] 刘兆祥 . 农业车辆自动导航控制算法及导航路径识别算法研究:博士学位论文. 北京:中国农业大学,2011.

[12] 张智刚,罗锡文,赵祚喜,等 . 基于 Kalman 滤波和纯追踪模型的农业机械导航控制 . 农业机械学报,2009,40(S1):6-12.

第9章

农业机器人

农业机器人是用于农业生产的特种机器人，是一种新型多功能农业机械。农业机器人的问世，是现代农业机械发展的结果，是机器人技术和自动化技术发展的产物。农业机器人在作物播种、收获、嫁接、品质分级、田间管理等方面的应用，改变了传统的农业劳动方式，促进了现代农业的发展。

早在1968年，一些学者开始研究基于机器视觉技术的果蔬收获机器人，美国学者Schertz和Brown首次提出了利用光测信号对果实进行检测的思想[1]，此后，随着计算机技术和传感器技术的发展，国内外的研究人员对此进行了多种探索。自1983年第一台番茄采摘机器人在美国问世以来，果蔬采摘机器人研究已经取得了长足的进展。目前，日本、荷兰、法国、美国、意大利、英国、韩国、西班牙等国都展开了果蔬采摘机器人方面的研究工作，涉及的研究对象主要有番茄、黄瓜、结球甘蓝、柑橘、葡萄、西瓜、樱桃番茄、猕猴桃、青椒、草莓、蘑菇等。

蔬菜幼苗的嫁接是提高果菜类蔬菜如西瓜、黄瓜、甜瓜、茄子、番茄、青椒等的抗重茬病害、抗低温能力的有效措施，同时可大幅提高产量，是实现绿色农业生产的重要措施。我国目前每年有上千亿株蔬菜幼苗靠手工嫁接，蔬菜嫁接机器人的应用可大幅度提高嫁接速度、降低劳动强度、提高嫁接成活率，被视为嫁接育苗的革命性技术。

近年来导航技术的逐步成熟及其在农业生产中的广泛应用，为农业机器人的现场应用提供了重要的技术支持，对实现农业机器人的田间自动作业起了重要作用。

本章将以苹果和菠萝水果收获机器人及蔬菜嫁接机器人的研究为例，介绍农业机器人的关键技术，并介绍了果园自动收获机器人的导航技术，为实现农业机器人系统的应用提供支持。

9.1 苹果采摘机器人关键技术

机器视觉是农业机器人外部传感器最大的信息源。在一般的工业机器人中不带机器视觉的情况很常见，但是，以形状不一的农作物及其各种各样的产品为对象的农业机器人，为了识别同类产品中微妙的颜色、形状和大小等方面的差异，多数情况下需要机器视觉。多种多样的作业对象以及变化的环境，对农业机器人的机器视觉提出了很高的要求。由于机器人在采摘果实时外部环境是不可知的，因此需要机器人具有较好的自动识别的能力，但现在仍然没有较好的传感器解决这类问题。所以还需要在传感器信息融合技术、图像获取和图像处理的算法等方面进行研究[2]。

采摘机器人采摘目标时，首先要利用视觉系统获取目标的具体位置信息，然后将机械臂移动到采摘的最佳位置，最后再进行采摘。因此准确地获取目标的三维位置信息是水果采摘机器人视觉系统的主要工作。目前的采摘机器人视觉系统在环境比较规则的情况下能取得比较好的效果，但在自然环境下的应用仍然需要进一步的研究。这需要研究出合适、有效、快速的算法，将果实分辨出来[2]。"十一五"期间，中国农业大学现代精细农业系统集成研究教育部重点实验室研发出苹果采摘机器人原型机一台，并在北京市昌平区的不同果园进行了实地采摘试验(图 9.1)。该采摘机器人主要由行走部分、视觉系统、末端执行器(机械手)、机械臂等部分组成。以下章节将主要介绍苹果采摘机器人的关键技术，主要包括视觉系统的关键技术以及末端执行器、关节和机械臂等机械部件的关键技术。

9.1.1 苹果采摘机器人的识别与定位技术[3]

9.1.1.1 苹果采摘机器人的系统构成

所研究的采摘机器人主要由行走部分、视觉系统、末端执行器(机械手)、机械臂等部分组成。其中视觉系统主要由两台彩色摄像机组成。

视觉系统由北京微视公司的两台 CMOS 彩色摄像头(型号 MVC1000SAC-GE30)和宾得(PENTAX)公司的 H612A 镜头组成的摄像机及笔记本电脑组成。由 MVC1000SAM-GE30 构成的数字摄像机以摄像机链路(Camera Link)传输图像，无需采集卡，直接连接到台式机/笔记本电脑千兆网口，节省成本。在采摘作业时，拍摄距离一般在 0.5～2 m 之内，选择镜头焦距为 6 mm。

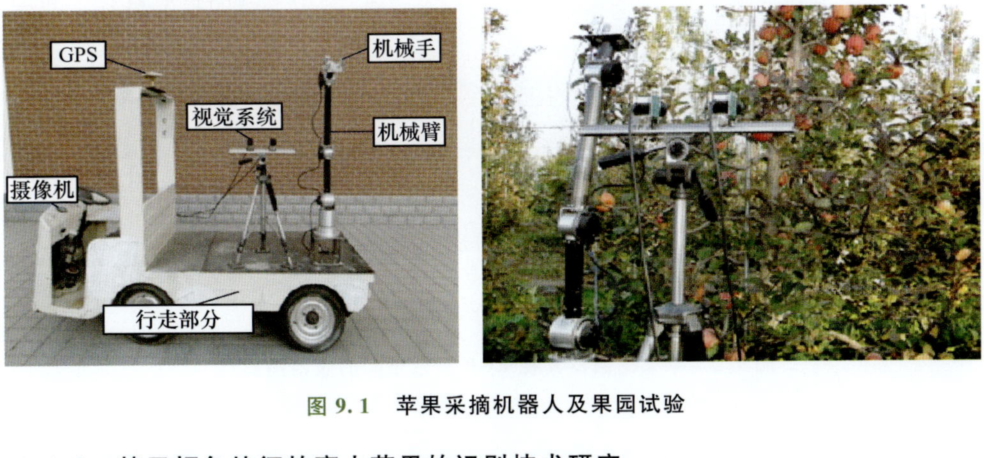

图 9.1 苹果采摘机器人及果园试验

9.1.1.2 基于颜色特征的富士苹果的识别技术研究

苹果生长在复杂的自然环境下，和工业机器人的环境相比，采摘机器人的果实目标识别主要有以下几个难点：

（1）变化的太阳光线的影响。晴天和阴天（不同天气），早晨、中午和傍晚（不同时刻），逆光和顺光，太阳光强都会发生很大的变化，早晨到傍晚，阳光的照射强度变化约为 100 000 lx。此外，苹果位置的不同也造成了较大的光照变化，在相同的天气条件下，光线直接照射下的果实亮度比树荫中的果实亮度高 4 倍[4]。有些研究中采取了人工光源的办法缓解此问题，但在苹果树生长的户外环境中，采用人工光源的方法不太现实。在光线变化如此剧烈的环境中准确地识别果实目标，对识别算法提出了很高的要求。

（2）背景中相似颜色物体的影响。在复杂背景下，受光照的影响，土壤、天空、树干等其他物体很可能产生和果实类似的颜色特征或亮度分布，为采用颜色特征进行果实识别增加了难度。

在双目立体视觉技术中，果实的识别采用图像分割的方法，即根据富士苹果的颜色和背景有明显区别，在图像中将果实和背景进行分割，在此过程中，最大限度地减小自然光、裸露土壤等外界干扰。

图 9.2(a)是自然光照下的富士苹果图像，图像中的果实含有因光照强烈形成的光斑、因遮挡形成的阴影，背景中包含枝叶、天空等，具有一定的代表性。图 9.2(b)是图 9.2(a)中黄色线在 RGB 颜色空间的线剖图，其横坐标为剖面线的像素序号，纵坐标为像素在 RGB 空间各分量上的值。在图 9.2(a)中，黄色剖线穿过果实、枝叶和天空。

(a)

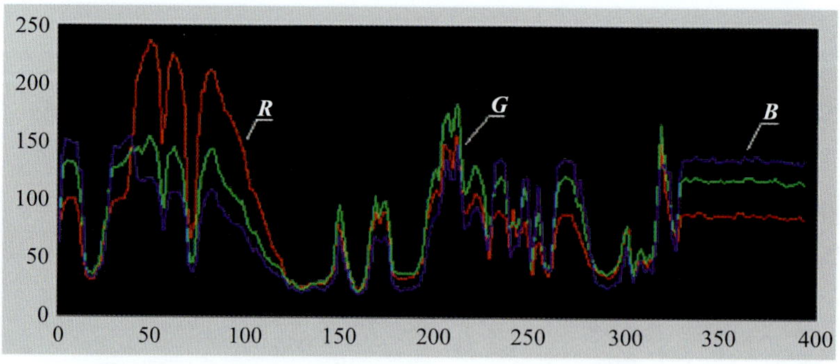

(b)

图 9.2　苹果图像及其在 RGB 颜色空间的线剖图曲线

(a) 苹果图像原图；(b) RGB 颜色空间的线剖图

在图 9.2(b)中，和土壤部分相比，曲线 R 和曲线 G 在果实部分相差较大且较平滑，和光照较强的果实部分相比，曲线 R 和 G 的差值在果实阴影部分变小。R 和 G 包含了外界光强信息，为减少外界光强信息的影响，对 R 和 G 的差值进行归一化处理，用归一化的红绿色差（NRGD）分割苹果与背景[5]。

$$NRGD=\frac{R-G}{R+G} \tag{9.1}$$

式中：R、G 分别为像素在 R、G 通道的灰度值。对 RGB 图像所有像素进行上述计算，其结果构成元素取值范围在 $-1\sim1$ 之间的矩阵 $\boldsymbol{M}$。为显示此矩阵，对矩阵元素进行下述转换：

$$f(x,y)=[M(x,y)+1]/2 \tag{9.2}$$

式中：$M(x,y)$ 为矩阵 x 行 y 列处元素值；$f(x,y)$ 为所得图像中坐标为 (x,y) 处像素的灰度值。不妨将所得图像称为 NRGD 图像。采用上述方法对苹果图像[图 9.3(a)]进行处理，得到图 9.3(b)所示 NRGD 图像。

(a)　　(b)　　(c)

图 9.3　对比度增强前苹果的 NRGD 图像及其直方图

(a) 苹果图像原图；(b) NRGD 图像；(c) 直方图

图 9.3(b)的 NRGD 图像对比度较小，果实目标比较模糊。图 9.3(c)中，在像素分布上，直方图“宽度”较窄，在直方图的左、右两侧有部分背景像素数量较少，但灰度范围分布较广，这部分像素约占总体像素数量的 2%，即左、右两侧各占 1%，采用下式进行对比度增强：

$$g(x,y)=\begin{cases}\dfrac{f(x,y)-f_{\min}}{f_{\max}-f_{\min}}\times255 & a\leqslant f(x,y)\leqslant b\\ f(x,y) & \text{其他}\end{cases} \tag{9.3}$$

式中：$f_{\min}$、$f_{\max}$ 分别为 NRGD 图像中最小和最大灰度值。a 和 b 由下式确定：

$$\begin{cases}\sum\limits_{0}^{a}p(f(x,y))=1\%\\ \sum\limits_{b}^{1}p(f(x,y))=1\%\end{cases} \tag{9.4}$$

式中：$p(f(x,y))$ 为灰度值 $f(x,y)$ 出现的频率。利用上述方法对图 9.3(b)进行对比度增强，得到对比度增强后的 NRGD 图像，并对其进行线剖图分析，如图 9.4 所示。

从线剖图可以看出，果实的图像的灰度值大部分高于 0.67，有部分土壤等背景的灰度值高于 0.67，但可以采用后续处理消除。从图 9.4(a)及图 9.4(b)中可以看出，在果实受到强光照射的时候，果实的颜色接近白色，而在增强的 NRGD 灰度图上，果实受强光照射区域和枝叶等背景区域灰度接近，该区域灰度值低于选取的灰度阈值，表明该方法在果实受到强光照射时分割效果会受到影响。

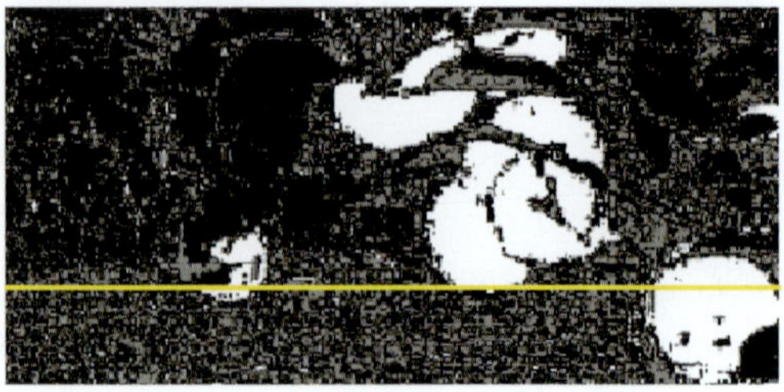

(a)

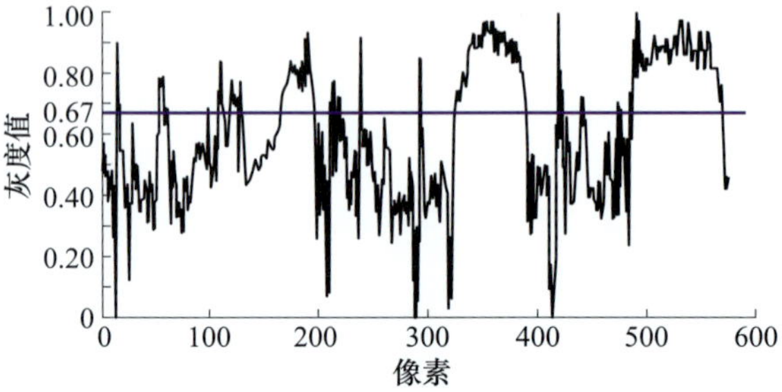

(b)

图 9.4 图像增强后的 NRGD 图像及其线剖图

(a) 对比度增强后的 NRGD 图像;(b) 对比度增强后的 NRGD 图像的线剖图

NRGD 法只利用了 RGB 空间中曲线 R、G 的关系,没有利用曲线 B。图 9.5 为利用苹果在 RGB 空间 3 个分量上的颜色特征对果实图像进行的线剖图分析。[6]

(a)

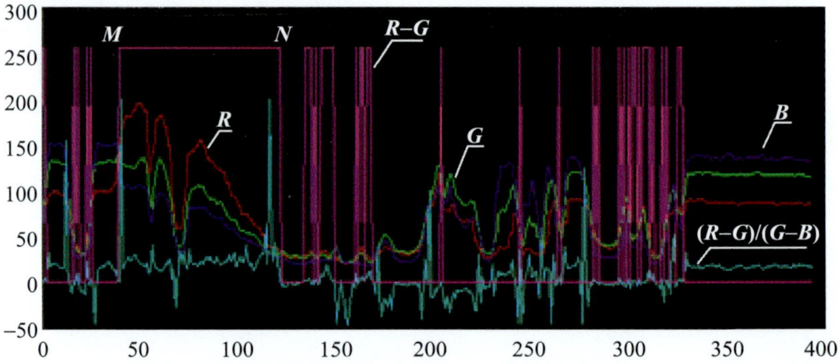

(b)

图 9.5 RGB 空间详细线剖图分析

(a) 苹果图像原图;(b) RGB 空间线剖图分析

对 RGB 空间的果实图像的线剖图进一步分析。图 9.5(a)中剖面线上 MN 间像素点为苹果,其余点属于背景,包括树枝、树叶和天空。观察剖面图曲线,容易看出 MN 区域苹果的 R 值大于 G 值,而其余部分背景的 R 值小于 G 值。尝试采用 $R-G$ 色差法进行分割,对 $R-G$ 的差值进行二值化处理(如果 $R-G>0$,则 $R-G=255$,否则 $R-G=0$),得到图 9.5(b)中曲线 $R-G$。$R-G$ 可以较完整地识别出苹果[图 9.5(b)中 MN 段,值为 255],但在部分枝、叶等背景区域出现了错误识别。因此,简单采用 R-G 色差法进行分割将会有较多噪声,需要结合图像的其他颜色特征共同进行识别。

观察曲线 R、G 和 B 之间的关系。在果实区域曲线 R 与曲线 G 之间距离明显大于曲线 G 与曲线 B 之间的距离，而在利用 $R-G$ 分割出现错误的区域，即 $R-G$ 值为 255 的背景区域，曲线 R 与曲线 G 之间距离与曲线 G 与曲线 B 之间的距离差别不明显。可以将此作为第二颜色特征，与第一个颜色特征即果实部分 R 分量大于 G 分量相结合进行图像分割。具体来说，枝、叶等错误识别部分的色差比 $(R-G)/(G-B)$ 和苹果的 $(R-G)/(G-B)$ 有较大差异，二者分界值约为 1（为便于显示，图中色差比的值为原值 10 倍）。所以可以采用色差 $R-G$ 和色差比 $(R-G)/(G-B)$ 相结合的方法进行苹果和背景分割，如果一个像素点满足 $R-G>0$ 且色差比 $(R-G)/(G-B)>1$，则认为该像素点为苹果，否则认为该像素点为背景。以下称此法为色差与色差比法。

对于果实图像的分割，目前采用最多的是对果实的 RGB 图像进行线性组合，通过颜色特征因子 $2R-G-B$[4]，突出果实的红色特征，得到新的灰度图像，然后利用 Otsu 法进行自适应阈值分割，以下称此方法为 2R-G-B 法。日本学者 Bulanon[7] 等对 RGB 空间的三个分量的灰度图像进行线性加权后获得亮度图像 $Y=0.3R+0.6G+0.1B$，进一步获得红色差分图像 $C_R=R-Y$，对该灰度图像进行 Ostu 法自动阈值分割，识别果实，以下称此方法为 Bulanon 法。图 9.6 和图 9.7 为在不同光照条件下采用 NRGD 法、色差与色差比法、2R-G-B 法和 Bulanon 法进行果实图像分割的效果对比图。

图 9.6　理想光照条件下不同方法分割效果对比

(a) 理想光照下原始图像；(b) Bulanon 法；(c) 2R-G-B 法；(d) NRGD 法；(e) 色差与色差比法

图 9.6 为理想光照下各分割算法的效果对比，NRGD 法较好地实现了果实与背景的分割，受阴影影响较小，但背景中少部分枝叶被错误识别。色差与色差比法的分割结果中枝叶、天空背景部分识别较好，但果实中阴影较重的部分被错误分割。

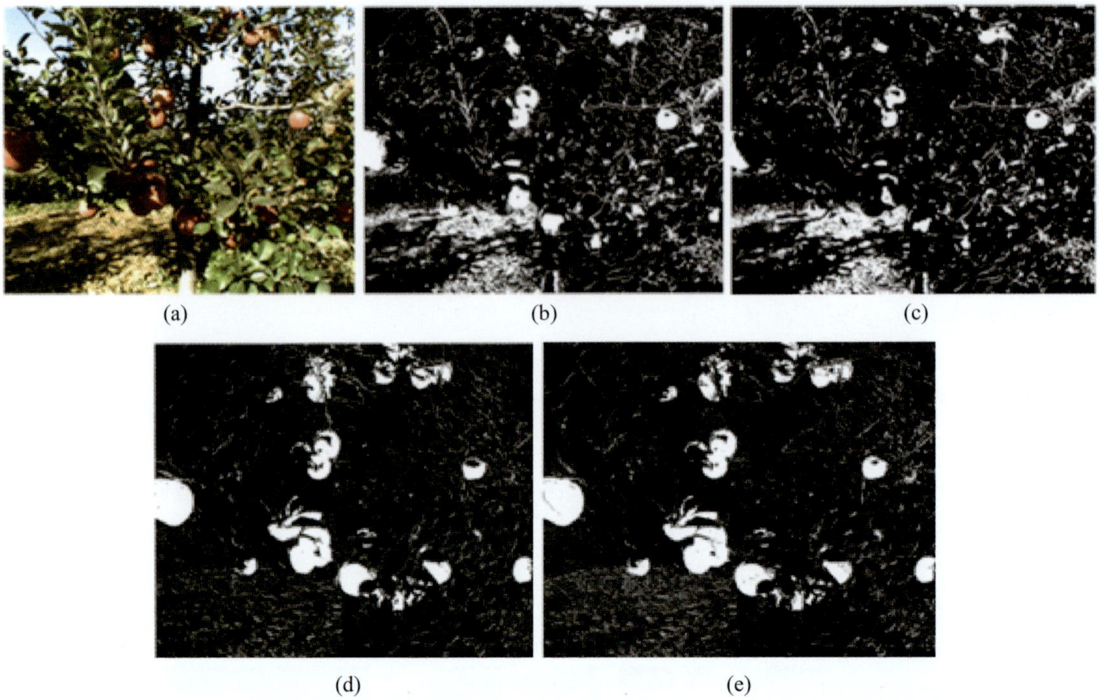

图 9.7 复杂光照条件下不同方法分割效果对比

(a) 非理想光照下原始图像；(b) Bulanon 法；(c) 2R-G-B 法；(d) NRGD 法；(e) 色差与色差比法

图 9.7 为非理想光照下各分割算法的效果对比。和图 9.6(a)相比，图 9.7(a)中不但光照情况较为复杂，同时包含红色分量较多的裸露土壤。Bulanon 法和 2R-G-B 法都不能正确区别裸露土壤和果实，误将土壤作为果实目标进行了分割。同时，从最左侧的果实分割结果可看出，Bulanon 法和 2R-G-B 法都不同程度地受到阴影的影响，其中 2R-G-B 法受阴影影响较大。NRGD 法和色差与色差比法对果实和背景的分割效果较好，果实中有阴影的部分也实现了成功分割，尽管有极少量土壤和枝叶被作为果实目标误分割，和果实相比，其面积很小，利用后期处理算法很容易清除。

为统计不同分割算法的正确识别率，采集了不同天气情况下不同光照下的苹果图像 160 幅，其中阴天情况下采集 60 幅，晴天顺光、逆光图像各 50 幅，160 幅图像中共含苹果 1 292 个，其中阴天的 60 幅中含果实 372 个，晴天顺光的 50 幅中含果实 473 个，晴天逆光的 50 幅含果实 447 个。统计果实时，当果实被遮挡或因其他原因缺损 3/4 以上面积时不予统计，图像格式为 bmp，对上述图像分别采用 4 种不同的分割算法进行分割，果实的正确识别率如表 9.1 所示。在图像分割过程中，部分图像中的土壤、树干等被误识别为果实，误识别的面积大小不一，难以统计误分割的数量，这里只对出现误分割的图像进行统计。分割后的有些较小的误识别区域通过后期的图像预处理可以消除，不影响后期的特征提取和定位计算，因此，这里存在误识别的图像是指经图像的预处理后依然存在误识别区域的图像。表 9.1 中的图像误识别率是指存在误识别区域的图像数量占测试图像总数量的百分比。例如，在晴天顺光的情况下，采用色差与色差比法图像分割且预处理后，有 4 张图像存在误识别区域，图像误识别率为 8%。

表 9.1 不同分割算法分割效果对比 %

分割算法	果实正确识别率				图像误识别率		
	阴天	晴天顺光	晴天逆光	总识别率	阴天	晴天顺光	晴天逆光
2R-G-B 法	96.0	92.0	91.0	92.8	0	16	18
Bulanon 法	94.1	93.0	87.9	91.6	0	20	24
NRGD 法	97.0	93.7	91.5	93.9	0	10	14
色差与色差比	98.1	97.0	96.0	97.0	0	8	10

在多数情况下，NRGD 法都能较好地实现果实与背景的分割，在临近黄昏出现晚霞时，由于光照中长波的红色光较多，NRGD 法分割效果较差，而色差与色差比法受的影响较小，图 9.8 为在黄昏光照中红色光较多时两种方法的分割效果对比。

由图 9.8 可看出，在黄昏时外界环境红色光较多情况下，NRGD 法在部分枝叶、树干处产生了误分割，而色差与色差比法的分割效果要优于 NRGD 法。

综上所述，在不同的光照条件下，NRGD 法和色差与色差比法都能较好地实现果实与背景的分割。在阴影非常严重的情况下，NRGD 法分割效果优于色差与色差比法，而在黄昏时外界红光成分较多时，色差与色差比法效果优于 NRGD 法。对于色差与色差比法，阴影中的果实只有阴影很严重时出现误分割，即将部分果实作为背景，而多数情况下能利用色差与色差比法实现果实的成功分割，因此，从总体分析，色差与色差比法的鲁棒性优于 NRGD 法。

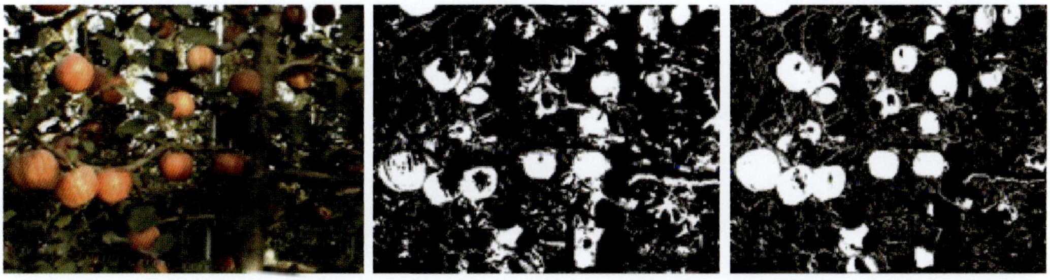

(a) (b) (c)

图 9.8 黄昏时 NRGD 和色差与色差比法分割效果对比

(a) 黄昏时的苹果图像；(b) NRGD 法分割效果；(c) 色差与色差比法分割效果

9.1.1.3 基于遗传算法的圆提取技术

在采摘机器人的立体视觉技术中，识别果实并提取果实的点、线等形状特征，是特征匹配以及实现定位的关键步骤，其中果实识别是进行果实形状特征提取的基础，相关文献采用多种方法对此进行了研究。苹果属于球形果实，反映在二维数字图像中为圆形，因此，对苹果果实的形状特征提取可简化为果实图像圆心、半径的提取。

Stajnko 等通过热成像技术识别苹果，并根据苹果图像的最长片段数及像素长度比例求得苹果直径，计算精度较低[8]。Jiménez[9,10] 等采用霍夫变换（HT）的方法提取橘子的直径。王雅琴等[4] 采用随机霍夫变换（RHT）的方法提取果实形状特征信息。采用 HT 的缺陷是计算量大，速度慢，并且在果实出现邻接或边缘缺失较多等情况时，拟合效果不好。RHT 能够一定程度上提高运算速度，但图像存在噪声时速度仍然较慢。上述文献主要介绍相互分离果实图像的圆心、半径的特征提取，对采摘中常见的果实图像邻接、重叠情况研究较少。对于果实图像邻接、重叠问题，尹建军等提出了基于形态重建的受控标记分水岭算法来搜索番茄图像重叠的分界线。其缺陷是当图像边缘锐化效果不好以及较大光照变化等因素影响时，会使前景和分水岭线标记失效，影响算法可靠性[11]。赵晓霞提出了基于圆的几何性质和统计聚类的算法，对有邻接、重叠的桃子图像进行分离，并提取圆心半径特征。当发生重叠的果实图像轮廓较完整时，该算法效果较好，否则会出现漏检现象[12]。蔡健荣等采用 HT 提取出柑橘图像圆心和半径，并能对多果重叠图像进行较好分割，但对遮挡超过 1/2 的情况，错误率较高[13]。

果实轮廓有遮挡、轮廓不是标准圆形、果实轮廓发生邻接等情况的存在，使得精确且可靠地提取果实的圆心、半径依然没有理想的解决办法，为解决上述问题，本研究提出了采用遗传算法提取果实圆心、半径特征的方法。

提取果实形状特征前，需要对图像进行消除噪声、提取边缘等预处理。苹果被识别出来后，会有小部分枝叶、土壤等被错误识别，形成噪声点。部分被遮挡过多的苹果，难以进行特征提取，并影响处理速度，应予去除。首先对去噪声点后的图像进行区域标记，并计算各个区域面积，然后去除面积小于最大面积 1/8 的区域。

图 9.9 为图像预处理过程，其中图 9.9(a)为原始图像，图 9.9(b)为对果实和背景进行分割的图像。采用 3×3 的正方形结构元素，进行形态学开运算、闭运算各一次，可有效去除图 9.9(b)中的背景噪声点，得到图 9.9(c)。

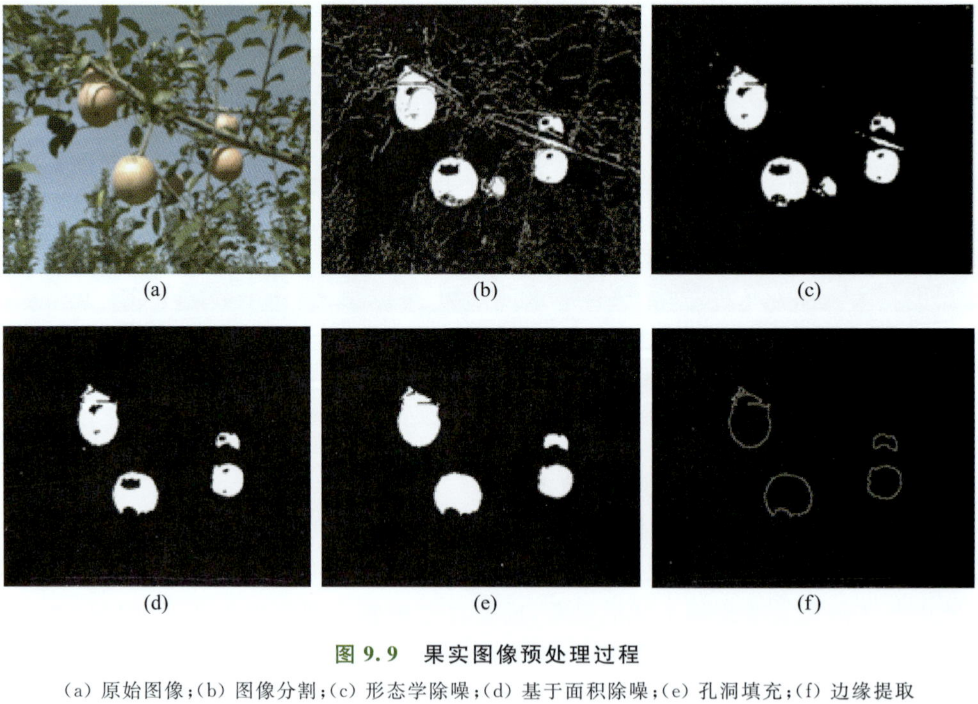

图 9.9　果实图像预处理过程

(a) 原始图像；(b) 图像分割；(c) 形态学除噪；(d) 基于面积除噪；(e) 孔洞填充；(f) 边缘提取

图 9.9(b)中的噪声绝大部分通过数学形态学的方法可以清除。一些被误识别的枝干、遮挡过多的果实等，难以进行形状特征提取，并且影响后期处理速度，可视为噪声。和大部分果实相比，这些噪声的面积较小，可根据面积特征进行进一步除噪。对去噪声点后的图像[图 9.9(c)]进行区域标记，并计算各个区域面积，去除面积小于最大面积 1/8 的区域，得到图 9.9(d)。

由于反光的作用,识别后的果实图像内部常出现孔洞,为便于进一步的图像处理,采用种子填充法进行区域填充[14]。种子填充法是图形学中的算法,是轮廓提取算法的逆过程,目前已有漫水法、边界填充算法、扫描线种子填充算法等各种成熟的实现方法。对于一帧计算机待处理图像,如果将灰度的大小视为地面的高低,那么,依照点距均匀撒种子,可用来模拟雨点落在地面的过程;而每个种子生长的方式,则可用来模拟积水的过程。最终按照漫水结束条件结束漫水过程,就可以得到分水岭处理结果[15]。漫水法的具体方法为:首先在区域内测试一点(x,y)的像素值,看其是否具有原始给定的值,也就是判定该点是否在区域内未被填充过。如果是,则改变其颜色或亮度值,然后再在其8个方向上扩展,继续测试;通过反复调用,实现区域填充。经漫水法种子填充后,得到图9.9(e)。对图9.9(e)进行边缘检测,得到图9.9(f)所示的果实轮廓图像。

在相关研究中,针对苹果、柑橘、桃等球形水果图像,一般采用HT提取果实的圆心坐标、半径等形状特征,但有研究表明,HT在处理果实图像有部分轮廓缺损、多个果实邻接、重叠等情况时效果较差[16]。苹果的边缘近似为圆形或缺损的圆形,特点是都包含有一定的圆弧,因此,苹果的形状特征提取可以转化为几何基元识别与提取问题。几何基元的识别与提取实质上是参数优化问题,遗传算法是有效解决办法[16,17]。

如果已知圆心,求得圆心到边缘各点的距离,通过统计的方法,将容易求得果实半径。因此,可以将问题简化为采用GA求取果实圆心坐标,再求取半径。[6]

首先针对相互分离的果实,研究基于GA的单个果实圆心、半径提取。

GA综合了定向搜索和随机搜索的优点,在问题的解空间内自组织、自适应地进行搜索,直到满足优化准则,得到最优解或近似最优解。其基本操作主要包括编码、选择、交叉和变异,分别设计如下。

1. 编码

算法的搜索能力是影响本问题解决的重要因素。相对于浮点数编码,二进制编码的搜索能力更强,因此采用二进制编码。根据图像尺寸,圆心坐标x、y都定义为9位二进制码,染色体是长度为18的二进制串。

2. 适应度函数的构造

GA在进化搜索中仅以适应度函数为依据,利用种群个体的适应度值进行搜索。因此,适应度函数的选取直接影响算法的收敛速度以及能否找到最优解。完整苹果图像或被遮挡苹果图像中,圆心点的共同特征是统计该点到边缘各点的距离,其等距点最多,但以此等距点数作为适应度函数导向性差,难以得到最优解。果树的株距和行距是一定的,一般为2.5～4.5 m。在机器人采摘过程中,摄像机拍摄距离在1/2行距至树冠半径的范围内,即1～3 m间,因此,图像上的苹果半径在一定范围内。本试验中摄像机在上述拍摄距离(1～3 m)内进行拍摄,获得的图像中的苹果半径在30～60像素之间,因此,定义此范围内的距离为约束半径。圆心点的特征是该点到各边缘点的约束半径数最多,且这些约束半径的方差最小,以此构造适应度函数为

$$f=\frac{n}{kV_{\mathrm{ar}}} \tag{9.5}$$

式中:n为约束半径个数;V_{ar}为约束半径的方差;k为调整系数。

如果f在取值分布上差别很大,由此得到的平均适应度将不利于体现种群的优劣,影响算法性能,因此,对系数k进行调整。

3. 选择策略

采用按适应度比例分配的轮盘赌选择法，即利用个体的适应度比例的概率决定其后代的存留可能性。若个体 i 的适应度为 f_i，则其被选中的概率 P_i 为

$$P_i = \frac{f_i}{\sum f_i} \tag{9.6}$$

式中：$\sum f_i$ 为种群中所有个体的适应度之和。显然，概率 P_i 越大，其基因结构被遗传到下一代的可能性就越大。

4. 交叉和变异

交叉算子采用单点交叉方式，变异算子采用对染色体二进制位逻辑取反的方式。交叉概率 P_c 和变异概率 P_m 是影响 GA 性能的关键参数，直接影响算法的收敛性。Srinivas 提出了一种自适应遗传算法，P_c 和 P_m 随适应度自动改变，取得了比基本遗传算法（P_c 和 P_m 为定值）更好的效果，但缺陷是容易使进化走向局部最优而非全局最优[18]。为此，对其进行改进，改进后的 P_c 和 P_m 计算式为

$$P_c = \begin{cases} \dfrac{(P_{c\max} - P_{c\min})(f_{\max} - f')}{f_{\max} - f_{avg}} + P_{c\min} & f' \geqslant f_{avg} \\ P_{c\max} & f' < f_{avg} \end{cases} \tag{9.7}$$

$$P_m = \begin{cases} \dfrac{(P_{m\max} - P_{m\min})(f_{\max} - f)}{f_{\max} - f_{avg}} + P_{m\min} & f \geqslant f_{avg} \\ P_{m\max} & f < f_{avg} \end{cases} \tag{9.8}$$

式中：$f_{\max}$ 为种群中最大适应度值；f_{avg} 为每代种群的平均适应度值；f' 为参与交叉的个体中较大的适应度值；f 为参与变异的个体适应度值；$P_{c\max}$、$P_{c\min}$ 分别为交叉概率的上限、下限；$P_{m\max}$、$P_{m\min}$ 分别为变异概率的上限、下限。

5. 搜索范围设定

为提高算法运行速度，对搜索范围进行限制。对求得的边缘图像进行区域标记，对各个区域在如下范围内进行圆心坐标 (x,y) 的搜索：

$$x \in [X_1 - R_{\min}, X_2 + R_{\min}],\ y \in [Y_2 - R_{\min}, Y_1 + R_{\min}] \tag{9.9}$$

式中：(X_1,Y_1)、(X_2,Y_2) 分别为果实边缘图像外接矩形左上角与右下角的坐标；$R_{\min}$ 为约束半径下限。如果上述搜索范围的计算值超出图像边界，则取图像边界。

按上述 GA 设计求取出果实图像圆心坐标后，将该点到边缘各点距离取整，得到若干个整数距离值 L_i，统计每个距离值与其他距离值差值在 2 个像素以内的个数，记为 M_i。求 M_i 的最大值，其对应的距离值 L_i 作为半径值。如表 9.2 所示，与 43 差值在两个像素以内的 L_i 个数最多（42 个），取 43 为半径。根据此方法，按区域标号顺序依次求取所有果实圆心坐标及半径。

表 9.2 圆心与边缘像点距离统计

L_i	39	40	41	43	44	45	47	48	50
此 L_i 的个数	2	6	10	15	12	5	7	7	2
M_i	18	18	33	42	32	39	19	16	9

在 Visual C++6.0 编程环境下，对图 9.10(b)中边缘图像 A 进行基于 GA 的圆心、半径提取，其中 GA 参数选择为：种群规模为 50，进化代数为 60，交叉概率上、下限分别为 0.2 和 0.1，变异概率上、下限分别为 0.02 和 0.01，适应度函数调整系数 k 为 10。图 9.11 为求解圆心的进化过程。

图 9.10 果实图像的 GA 圆检测

(a) 原始图像；(b) 边缘图像；(c) 重叠图像消去前；(d) 重叠图像消去后；(e) 拟合效果图

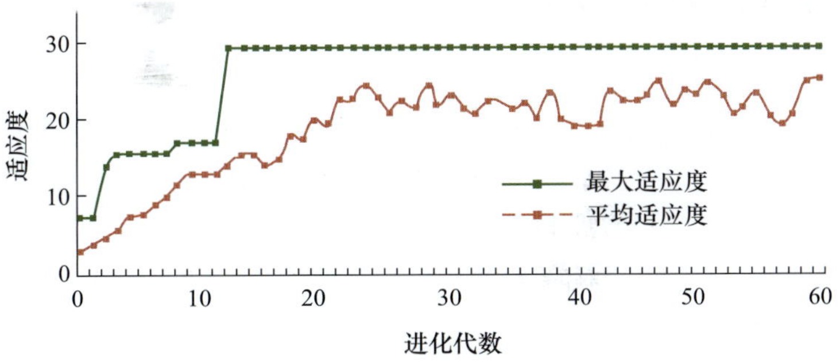

图 9.11 适应度曲线

上述算法假定果实图像之间相互分离，但自然状态下经常发生多个果实生长在一起的情况，在图像上表现为果实图像邻接、重叠。考虑到这种情况，需要对上述算法进行补充。采取了多次运行 GA 并依次转换目标轮廓点为背景点的方法处理果实图像邻接、重叠情况，具体算法如下：

(1) 求得果实轮廓图像后，对边缘图像进行区域标记。设定各个区域的搜索范围。

(2) 在选定的搜索范围内对相同标记号的果实边缘图像实施 GA 算法，提取出圆心和半径。

(3) 设提取出的半径为 R，则以提取出的圆心为圆心，以 $1.1R$ 为半径画圆，将该圆范围内边缘点(白色)转换为背景色(黑色)，将已经识别的目标边缘点消去，实现重叠果实的分割。

(4) 在该搜索范围内根据剩余图像边缘点进行判断，设剩余同标号边缘点外接矩形的长边为 a，如果 $a>R_{\min}$，则认为该搜索范围内还有其他果实，返回步骤(2)继续执行，否则认为该搜索范围内无其他果实，选择下一区域，从步骤(2)开始执行。

图 9.10(b)为图 9.10(a)的边缘图像，利用 GA 对边缘图像进行圆检测，其中 GA 参数选择为：种群规模为 50，进化代数为 60，交叉概率上、下限分别为 0.2 和 0.1，变异概率上、下限分别为 0.02 和 0.01，适应度函数调整系数 k 为 10，搜索范围为将外接矩形向外扩展，扩展到 128×128 像素，终止条件为最大进化代数 60。图 9.10(c)、(d)为邻接果实边缘的处理过程，图 9.10(e)为最终拟合效果图。

9.1.1.4 匹配算法及测距试验

目前，对采摘机器人目标定位的研究中，众多文献都将重点放在如何提高果实的识别率上，而对识别后的果实如何进行匹配及定位研究较少。当采用双目视觉系统的三维定位系统时，根据已经识别出的果实图像及已提取的果实形状特征，找出左、右图像中的共轭对，利用立体视觉技术可以确定出果实的三维坐标。

图 9.12 苹果采摘机器人的双目立体视觉系统

图 9.12 为本研究中的双目立体视觉系统，其组成部分主要有两个 CMOS 彩色摄像头、笔记本电脑、Camera Link 接口与千兆网卡转换盒、滑道、三脚架等，其中摄像头型号为 MVC1000SAM-GE30，焦距选择为 6 mm。MVC1000SAM-GE30 以 Camera Link 传输图像信号，可直接连接到台式机/笔记本电脑千兆网口。笔记本电脑的配置为 Intel 酷睿 2 双核，主频 1.2 GHz，内存 0.97 GB。通过千兆以太网接口的形式，可以大幅度提高传输速度，同时避免了其他接口传输距离的限制。系统软件环境采用 Microsoft Windows XP 作为开发平台，采用 Visual C++ 6.0 为开发工具。两个摄像头安装于滑块上，滑块可以在滑道上滑动，并有固定装置。图 9.12 中，两个摄像头之间的位置关系为平行关系，即两个摄像机的轴线平行，其模型类似于人眼模型，计算简单，是目前普遍采用的双目视觉模型。

根据视差理论，确定三维景物的深度需要在立体像对上确定相应基元，即立体匹配。在两幅图像之间的匹配基元建立对应关系的过程，即双目立体匹配算法。根据匹配基元的不同，立体匹配算法可分为三大类：区域匹配、特征匹配和相位匹配。这三类算法判断对应点匹配的理论依据因匹配基元的不同而有所不同，同时匹配基元的稳定性、致密性和歧义性程度直接决定了各类算法的基本特性。

总体来说，基于区域的匹配存在以下不足[19]：

(1) 基于区域的图像匹配是直接利用图像中的像素灰度值进行匹配，对于图像的旋转以及光强和对比度变化等非常敏感。

(2) 当左、右图像中存在重复结构的纹理特征或相关像素邻域内存在遮挡现象时，常常会引起匹配的混淆，给出错误的匹配结果。

(3) 采用极线约束等约束条件可以在一定程度上减少基于区域的图像匹配的计算量，但总体上计算复杂性高。

由于上述原因，在全自动的图像匹配中很少采用基于区域的匹配方法。与区域匹配和相位匹配相比，基于特征的匹配对光照变化、遮挡等具有较好的适应能力，因此，本研究采用特征匹配方法。

基于图像特征的匹配方法利用图像的内部特征进行匹配。在图像中选取表示某些特征的像素点，提取的图像特征包括特征点、目标边缘、地形特征线等。基于图像特征的匹配方法在实际中的应用越来越广泛。图像的特征只考虑图像的局部信息，大大地减少了匹配过程的计算量，从而提高了匹配的速度；同时，特征点的匹配度量值对位置的变化比较敏感，可以提高匹配的精确度。

特征匹配的优点可简单概括为计算量小、速度快、抗干扰性强。特征匹配的缺点是由于特征的非连续性，最终只能获得稀疏的视察场，要获得稠密的视察场必须辅以插值过程。

果实的颜色和纹理相似，不适合作为匹配特征。在识别后的二值图像中，不同果实的形状由于遮挡、邻接等原因有较大区别，而同一果实在左、右图像中有相似的几何属性，以下首先讨论特征的选取。

目前尚没有一种普遍适用的理论可运用于匹配特征的提取，导致了立体视觉研究中匹配特征选取的多样性。良好的匹配特征应具有可区分性、不变性、稳定性、唯一性以及有效解决歧义匹配的能力。图像特征的选择直接影响图像匹配的精度。常用到的几何属性有面积、周长、质心坐标等。

两台摄像机水平放置且光轴平行，根据极线约束原理，在左、右图像中，同一果实在同一高度范围内，即搜索范围可缩小为与被匹配果实等高的矩形区域。具体方法为：分别检测左、右图像中与被匹配果实等高的矩形区域内的果实数目 N_l 和 N_r，将左侧图像中的每个果实依次和右侧图像中 N_r 个果实进行面积相减，都得到 N_r 个面积差，取最小值，并标记对应关系(即该最小值所对应的两个果实在两个图像中的次序)。对左侧图像中所有果实进行上述处理，得到 N_l 个最小值。根据 N_l 个最小值及对应关系进行匹配。

经极线约束，误匹配可能性减小，但同一搜索区域内仍有可能出现多个面积相似的果实。图 9.13 中，和图 9.13(c)中果实 P 等高的区域内有 P′和 Q′两个果实，需要其他信息或约束进行进一步判别，以便得到唯一的准确匹配。根据图像匹配的顺序一致性约束，即左、右图像极线上的系列点有相同的顺序，可以判断两个果实的对应关系。然而在实际作业过程中，由于拍摄位置的不同，某些果实在另外的图像中没有对应图像，如果实 G 和果实 K，难以直接利用顺序一致性约束进行匹配。

图 9.13(c)相当于将图 9.13(d)向右平移一定距离得到的图像，在图 9.13(c)中可找到一条基准线，基准线的右侧的果实和图 9.13(d)中果实排列次序相同，进而可以利用顺序一致性约束对面积相似的果实进行匹配。为求得该基准线，对二值图像进行垂直投影，将图像中像素的灰度值在垂直方向进行累加，即

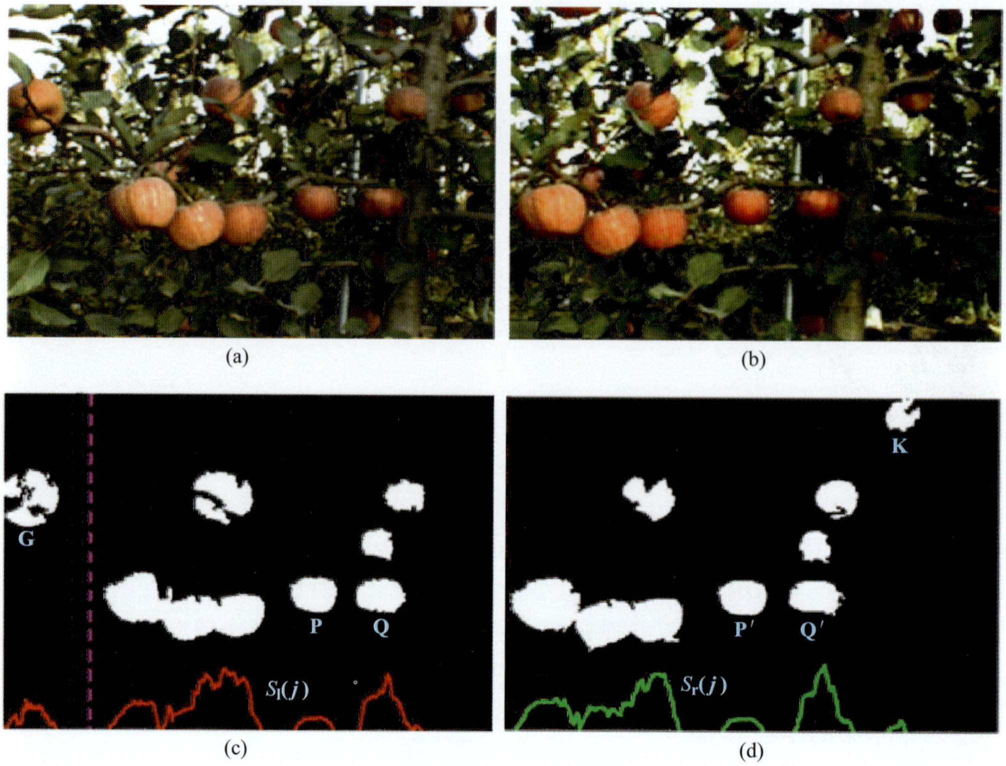

图 9.13　图像匹配基准线

(a) 左图像原图；(b) 右图像原图；(c) 左图像二值图；(d) 右图像二值图

$$S(j)=\sum_{i=1}^{h}I(i,j)\qquad j=1,2,\cdots,M \tag{9.10}$$

式中：$I(i,j)$为点(i,j)处的灰度值(0 或 1)。对左、右二值图像分别进行上述计算，得到曲线 $S_l(j)$和 $S_r(j)$如图 9.13(c)、(d)所示。左、右图像内容相差不大，因而，两条曲线相似，可以通过互相关函数法求得基准线。互相关函数 $R(n)$为

$$R(n)=\frac{1}{M}\sum_{j=1}^{M}S_r(j)\cdot S_l(j+n)\qquad n=1,2,\cdots,M \tag{9.11}$$

设 $j=j_{max}$时 R 取得最大值，则直线 $j=j_{max}$为所求基准线。图 9.13(c)中的虚线为按上述方法求得的基准线。搜索区域出现面积相似情况时，如果左图像中果实在基准线左侧，则不进行匹配，否则，按果实在基准线右侧的次序及右图像中次序，根据顺序一致性约束进行匹配。

对 90 幅图像(左、右图像各 45 幅)进行了匹配试验，其中左、右图像中都出现的果实 323 个，正确匹配 307 个，正确匹配率为 95%。在上述匹配中，出现果实邻接的情况时，首先将邻接区域整体进行匹配，然后提取圆心、半径后进行单个果实的匹配。分析匹配不成功的果实，主要原因是在一幅图像中果实没有邻接，而在另外一幅图像中与其他果实发生了邻接。

为检测定位精度，在室内和室外自然光条件下，用立体摄像机对果实进行测距试验。在 50～150 cm 范围内，每隔约 10 cm 对果实进行测距试验，在室内进行了 5 组测量，其中完整果实测量 3 组数据，有遮挡果实测量 1 组数据，邻接果实情况测量 1 组数据；在室外进行了 2 组

测量，其中顺光和逆光情况各测量1组数据。进行测量时，将苹果悬挂于三脚架上，通过移动三脚架变化果树至摄像机的距离，室内试验采用模拟苹果树作为背景，在室外试验时，采用真实苹果树作为背景。试验测距用仪器为德国 Hilti 公司 PD4 型激光测距仪。室内测量环境如图9.14所示，室外试验时间为2010年5月14日上午至中午。

(a) (b) (c)

图 9.14 室内测距三种试验情况

(a) 单个果实，无遮挡；(b) 单个果实，部分遮挡；(c) 两个果实邻接

试验中，实测值为采用激光测距仪的测量值，计算值为立体视觉算法的计算结果。实测值为摄像机光心到苹果表面的距离，而计算值为摄像机光心到苹果质心的距离，二者之间的差距为苹果半径。采用游标卡尺在苹果周径最大处分别测量4次，取均值作为苹果半径，经测定，试验中的两个苹果的半径均为3.7 cm。为保证结果的稳定性，每组实测值和计算值都测量和计算3次，取其平均值作为最终结果，并计算误差。根据室内和室外的测距试验数据制作误差曲线图，如图9.15所示。

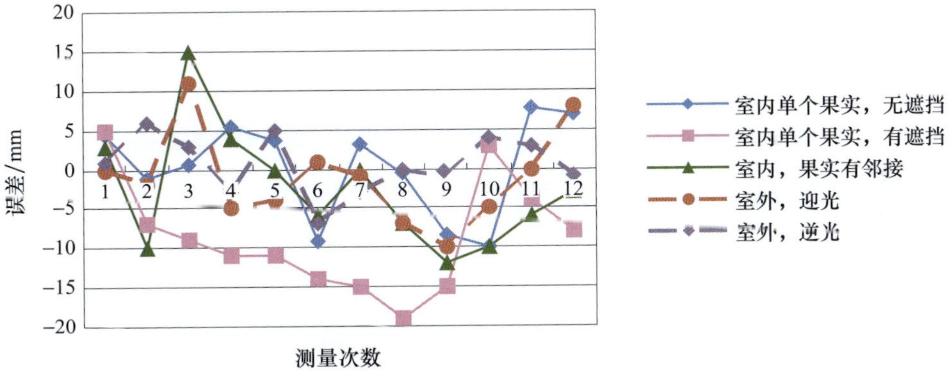

图 9.15 测距试验误差曲线

从上述数据可看出，室内、室外、顺光和逆光等不同光照条件对测距精确度的影响较小，说明果实识别算法受光照影响较小，稳定性较好。上述各种数据中，最大误差产生在有遮挡情况下的测量试验中，说树叶等对果实的遮挡情况影响了果实半径、圆心的提取精确度，对果实的测距影响较大。

从图9.15中可看出，在50～150 cm的距离范围内，测量误差变化具有随机性，试验最大误差在2 cm以内。受机械臂长度的限制，在采摘作业过程中，摄像机距离果实一般为50～150 cm。采摘机械手采用气动柔性末端执行器(见9.1.2节)，根据需要设计指间距和指长，其最大抓取物为半径8.5 cm的球体，采摘作业对象为矮化苹果树，果实半径一般小于5.5 cm，最大果实半径与最大定位误差之和小于气动末端执行器设计抓取物半径，定位精度可以满足采摘作业的需要。

2009 年 10 月，采用上文双目立体视觉系统进行了采摘试验，在精度、可靠性和实时性方面可以满足苹果采摘机器人的需要。但是，在采摘试验中也出现了一些实际问题，比如，采摘作业中，只是对果实的位置进行定位，而没有对整个果树（包括枝干、果实等）的位置信息进行三维重建，造成机械臂和机械手与枝干发生触碰，难免对机械手及果树造成损害。因此，后续研究中，需要解决枝干、果实的同时定位问题。

9.1.1.5 基于主动成像方式的三维视觉传感器[20]

与被动成像方式相比，主动成像方式在果实识别和定位方面更具有优势。首先，由于采用了调制光，可以消除外界光线给图像数据造成的干扰，获取的图像质量更高；其次，由于果实与背景要么在光谱反射特性上存在差异，要么在立体形状上存在差异，这些差异使得三维模拟图像能提供更多被测物信息，有利于复杂情况下果实识别；最后，定位方法相对直接和简单，避免了复杂的立体匹配过程，而且不受外界环境的影响，定位精度较高。目前基于主动成像方式的果实识别和定位研究相对较少，而且都是在可控温室环境下。

苹果树的各个部分的光谱反射特性是不同的（图 9.16），根据苹果树各个部分不同的光谱反射特性，可以设计基于主动成像的光谱反射三维视觉传感器。

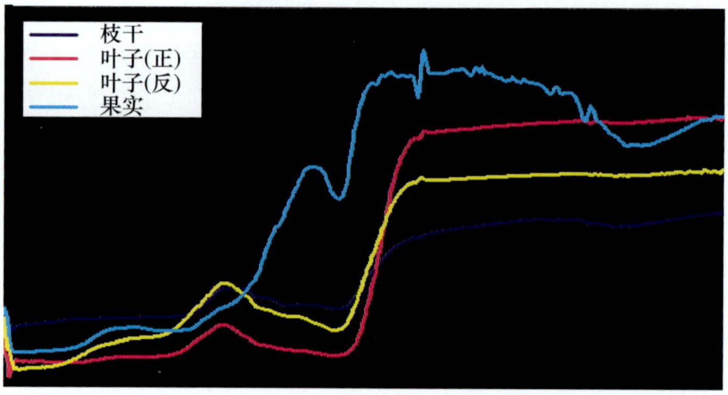

图 9.16 苹果树各部分的光谱反射曲线

基于上述原因，为了降低自然光变化以及去除复杂的立体匹配过程给被动成像系统带来的影响，中国农业大学精细农业研究中心在研究双目立体视觉系统的基础上，对主动成像方式的激光三维视觉传感器进行了研究，通过发射主动光源、接收反射信号实现苹果的识别和定位信息获取。以下主要介绍苹果采摘机器人激光三维视觉传感器的工作原理、系统总体结构设计以及测距精度试验。

基于光谱反射特性和光学三角定位原理研制的激光三维视觉传感器系统主要由激光发射单元、信号接收单元、信号采集与控制单元三大部分构成，如图 9.17 所示。激光发射单元向待测果实发射两束不同波长的激光。信号接收单元接收经待测果实反射后的光线，进行光电转换并输出电信号。信号采集与控制单元将信号接收单元输出的信号解调为两束激光产生的电信号并将电信号进行模数转换；同时该单元对整个系统进行控制，根据处理结果对待测果实进行识别，并获得果实与传感器的距离。果实识别结果与距离信息通过 RS232 总线传输至计算机。图 9.18 和图 9.19 分别为视觉传感器的机械结构图与实物图。

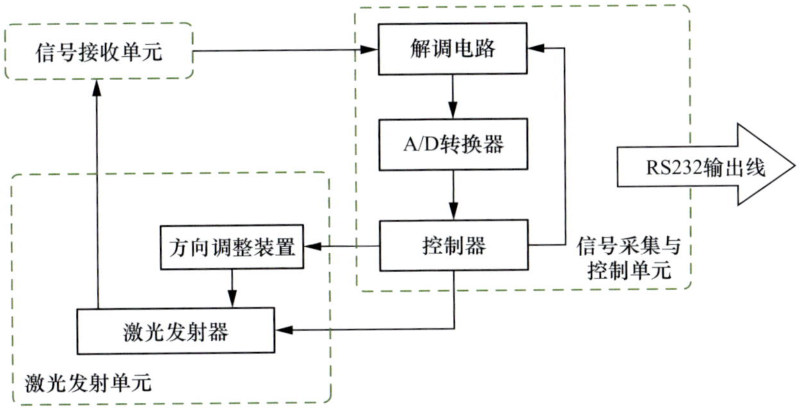

图 9.17 视觉传感器结构框图

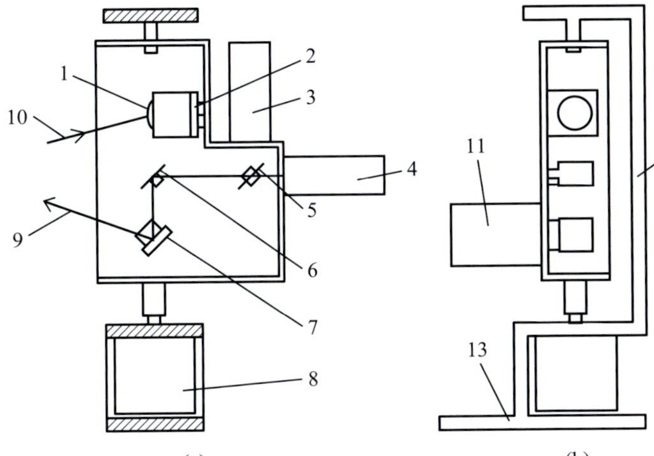

图 9.18 视觉传感器机械结构图

(a) 主视剖面图;(b) 左视图

1. 凸透镜; 2. PSD 传感器; 3. 830 nm 激光器;4. 685 nm 激光器;
5. 冷反射镜; 6. 平面反射镜;7. 摆动平面反射镜;
8. 水平扫描步进电动机;9. 发射光束;10. 反射光束;
11. 垂直扫描步进电动机; 12. 水平旋转支架; 13. 底座

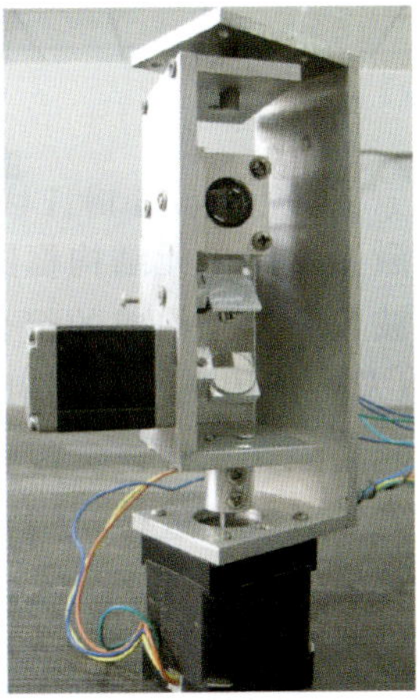

图 9.19 视觉传感器实物图

激光三维视觉传感器工作原理如图 9.20 所示。控制器向激光发射单元发出不同的控制信号,两个激光发射器 A、B 接到控制信号后发出给定频率的激光束,两个激光发射器的发射光处于同一平面内且在冷反射镜的轴心处相交,通过冷反射镜后两路光束汇聚成一路光束,该光束经过全反射镜的反射后,再经过摆动镜的反射,射向果实及其周围环境。组合光线照射到苹果的表面后产生漫反射,漫反射的部分光线经透镜的汇聚后聚焦于光电位置敏感传感器 PSD 上的某一点。PSD 输出两路与入射光位置相关的电流,再经过电流-电压转换、放大、滤波和解调等处理,电压信号通过 A/D 转换器被采集到控制器中,控制器利用光学三角测距原理,对采集到的数据进行处理,计算出目标苹果与视觉传感器的距离,同时根据两个波长的激光分别在 PSD 所产生的电信号对苹果成熟度进行判别。控制器最终将处理完成的结果传送至上位机。

范围传感器无法正常工作；同时考虑机械臂采摘距离的限制，因此测距试验的范围在 300～800 mm。具体内容如下所述。

为了验证基于主动成像的三维视觉传感器的室内定位精度，进行了室内测距试验，试验环境为光线变化较小、背景较简单的室内环境。试验中，利用卡槽将红富士苹果固定在三维视觉传感器正前方，在 300～800 mm 的范围内，每隔 50 mm 设一个测量点，每个点测量 100 次。实际测距使用仪器为德国 Hilti 公司 PD4 型激光测距仪。基于 Visual C++开发设计的三维模拟图像处理软件通过 RS232 总线向信号采集与控制单元发送数据采集命令，并接收来自信号采集与控制单元的测量数据，对数据进行处理后保存在 txt 文件中。试验环境如图 9.23 所示。

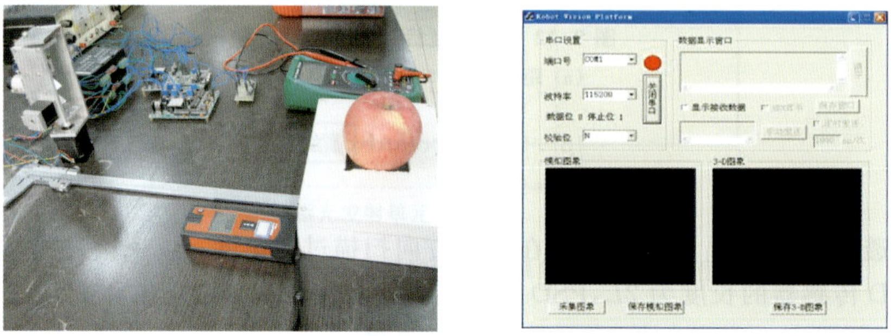

(a) (b)

图 9.23 视觉传感器室内测距试验

(a) 测距试验；(b) 上位机软件

试验结果见表 9.3，实测值为激光测距仪的测量值，计算值为根据三角测距原理对苹果表面到传感器摆动平面反射镜距离的计算结果(即测量距离)，为保证结果的稳定性，实测值采用 3 次测量的平均值，计算值是对每个点测量 100 次的平均值；误差是实测值与测量距离之差，相对误差是误差与实测值之比。

表 9.3 视觉传感器室内距离测量试验结果

测量点序号	实测值/mm	计算值/mm	误差/mm	相对误差/%
1	300	292	8	2.67
2	350	347	3	0.86
3	400	410	−10	−2.5
4	450	452	−2	−0.44
5	500	500	0	0
6	550	555	−5	−0.91
7	600	596	4	0.67
8	650	648	2	0.31
9	700	703	−3	−0.43
10	750	752	−2	−0.27
11	800	806	−6	−0.75

将表 9.3 中的误差用图表示，如图 9.24 所示。其中横坐标为测量点序号，纵坐标为距离误差，单位为 mm。

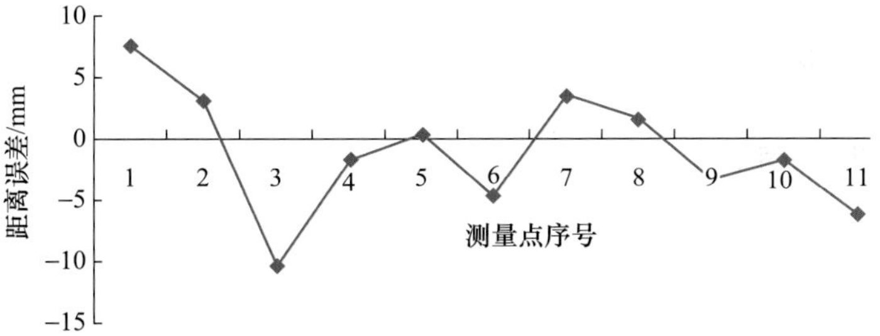

图 9.24 视觉传感器室内测距误差曲线

结合图 9.24 和表 9.3 可以看出：在各测量点处，传感器的输出信号比较平稳，基本稳定在平均值附近，波动较小。由误差可见，最大距离偏差 10 mm，92%的点的误差在 10 mm 内。对比计算值与实测值可得，在试验范围内，测量距离与实际距离线性度良好。传感器不仅可以有效地消除背景光和暗电流带来的误差以及步进电动机带来的电磁干扰，而且能有效剔除同种频率漫反射光所造成的干扰，具备较高的定位精度。

9.1.2 苹果采摘机器人的执行机构设计

末端执行器作为机器人与外界环境相互作用的最后执行部件，对机器人智能化水平和作业水平的提高具有十分重要的作用，一直受到研究人员的极大关注。浙江工业大学研究团队对苹果采摘机器人进行了多年的研究，设计了基于气动柔性驱动器（flexible pneumatic actuator，FPA）的末端执行器及其集成控制系统。[22-25]

9.1.2.1 末端执行器的控制

根据所需的苹果采摘功能，确定机器人机械系统的运动控制方案，在本研究中，采用上位机与下位机联合的二级控制方式。在上位机中，建立控制界面，通过双目视觉系统对苹果图像进行采集，并对采集到的苹果图像进行分割，从而实现成熟苹果的目标识别，同时，上位机对图像进行处理后，转化为空间坐标，指挥机械臂工作，到达目标位置；最后，末端执行器工作，对目标物体苹果进行采摘。本研究中搭建了试验平台对末端执行器进行控制研究。

1. 试验平台

根据抓持模式的理论分析，末端执行器在抓握模式下有更大的输出力，能更好更稳定地抓取苹果，在此基础上，对末端执行器的控制系统进行设计规划，进行了仿真与试验。电气控制原理如图 9.25 所示，其中电气比例阀为 ITV0050-3BS（日本 SMC）。电磁阀采用的是 SY5320-5LZD-01F-F2 三位五通阀（日本 SMC），其采用中封式结构在通电状态下可有效保持密封性。由于两侧关节的力输出要求不一致，采用了两个电气比例阀对其进行控制。继电器采用 HHG1-0/032F-20 固态继电器（欣灵电气股份有限公司），它的输入电压是 5～32 V，输出电压是 12～250 V，其输出端与电磁阀相连并直接连接到 DC 24 V 电源。

输入端连接到系统总线，由工控机对其进行控制。当苹果靠近末端执行器时，苹果会压迫微动开关（海立 HIGHLY），使其闭合，开关信号传回工控机，再从工控机发出信号使得继电器

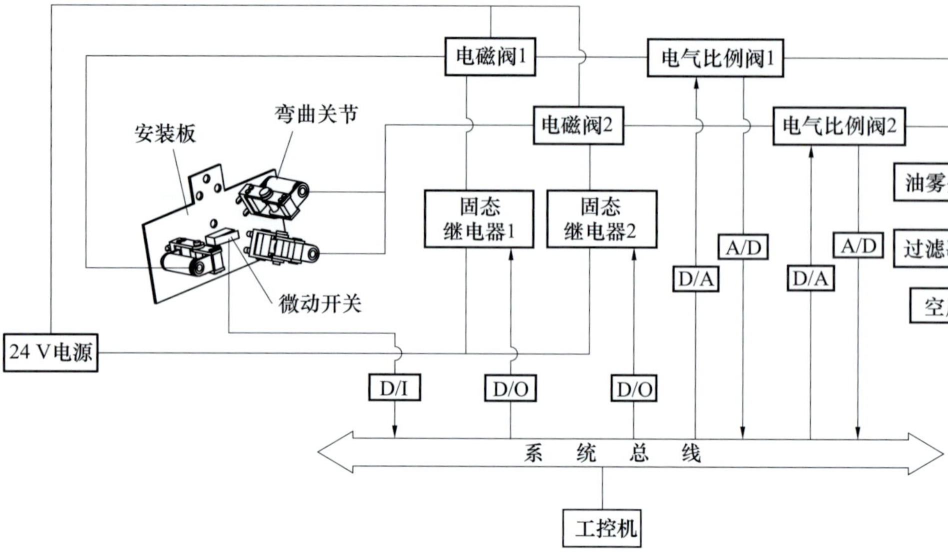

图 9.25 苹果采摘机器人末端执行器电气控制原理图

通电，使得电磁阀左位，弯曲关节充气，最后抓持苹果，如图 9.26 所示。

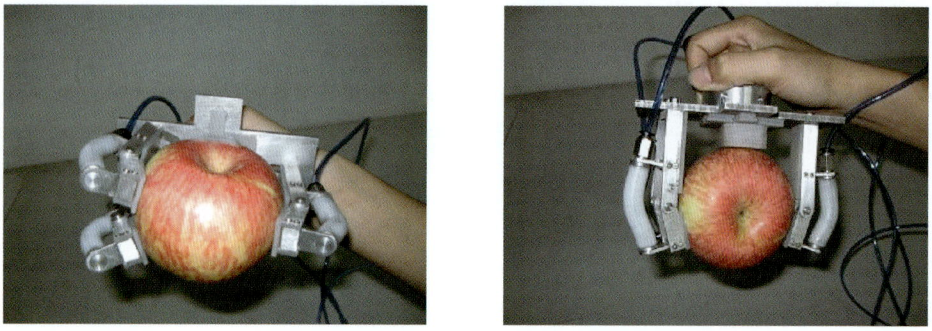

图 9.26 末端执行器苹果抓持实物图

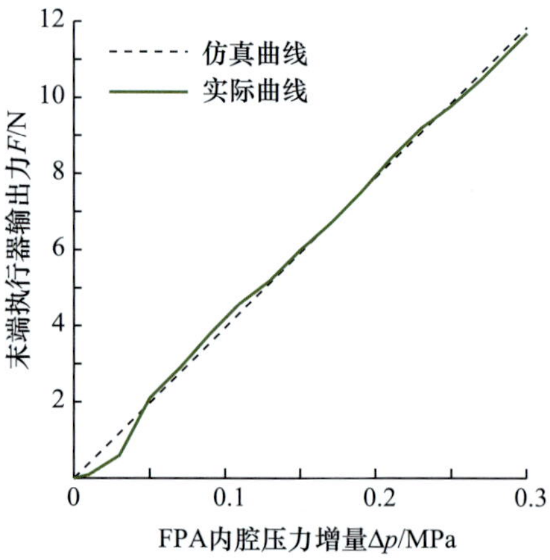

图 9.27 末端执行器输出力试验与仿真曲线

当末端执行器抓持苹果时，由于其金属构造可能会伤及苹果表皮组织，所以在弯曲关节与苹果相接触的表面铺一层硅胶，可以有效地保护水果表皮组织，使其不受损伤。

末端执行器输出力随 FPA 内腔压力变化曲线如图 9.27 所示。从图中可知，末端执行器实际输出力围绕仿真曲线小范围上下波动，且吻合良好，说明试验结果和模型基本一致，末端执行器在控制好输入气压的前提下，不会对苹果造成损伤。

对一组苹果进行抓取试验，试验苹果品种为红富士，试验结果如表 9.4 所示。

表 9.4 末端执行器苹果抓持试验结果

苹果编号	苹果直径/mm	苹果质量/g	接触时输出气压 p/MPa	抓紧时输入气压 $p+\Delta p$/MPa
1	76.1	196.6	0.20	0.24
2	79.1	220.8	0.18	0.24
3	80.9	231.5	0.16	0.24
4	81.2	235.5	0.16	0.24
5	83.0	255.3	0.12	0.22

通过工控机调节电气比例阀的输入电压来调整气压输出，弯曲关节承受的气压输入上限是 0.4 MPa。在苹果外径相似的条件下，接触气压会有不同，从弯曲关节接触苹果表面(此时电气比例阀输出气压是 p)——3 个弯曲关节表面内侧安装的小型力传感器 FSS1500NST(上海允申自动化科技有限公司)是一种接触式传感器，当苹果表面与 3 个传感器中的任意两个发生接触，即时信号反馈为表面接触基准，继续往弯曲关节加压，直到末端执行器紧抓苹果——末端执行器提至空间任一位置时苹果不掉落为准，此时输入气压为 $p+\Delta p$。苹果质量相似的条件下，Δp 也会有明显差异，其原因是：①苹果外形不规则，弯曲关节不可能贴合得很完全；②弯曲关节本身的刚性结构有一定的支撑作用，从而导致了接触气压 p 不同，在相同加载气压 Δp 的条件下，能抓持的苹果的质量会发生改变。

试验结果表明，所研制的末端执行器能稳定地抓持苹果，并具有较好的柔顺性，用于果实采摘，可以很好地保护果实表皮组织，使其不受损伤，具有较好的实际应用前景。

2. 末端执行器集成控制系统

根据苹果采摘作业的要求，本研究设计了以 dsPIC30F4012 数字信号控制器(Microchip 公司)为核心的控制器，其整体硬件如图 9.28 所示。上位机硬件电路主要由电源模块、CAN 模块、串口模块和光耦模块组成。电源模块实现对整个上位机电路的供电，CAN 模块用于和末端执行器各关节的通信，串口模块实现与视觉系统的通信，而光耦模块用于末端执行器的控制。

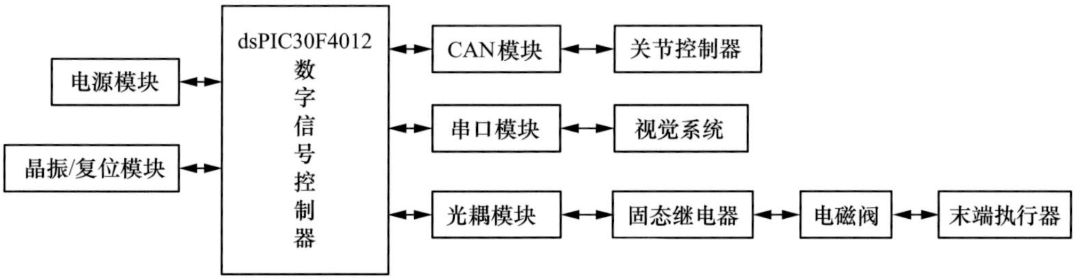

图 9.28 上位机运动规划控制器硬件框图

末端执行器的控制包括对柔性手指关节和果枝分离机构的控制，其中，手指通过一个两位三通电磁阀 AIRTAC4A210 来进行充气和放气，而气缸则用一个三位五通电磁阀 SY5320 控制气缸的正反转，因此，2 个电磁阀共需 3 个开关控制量，本研究利用 DSC 的 IO 口通过固态继电器(SSR)来实现末端执行器的控制。本研究中采用国晶科技 SSR-2FD 直流固态继电器，输入电压范围为 3～32 V,输出负载为 3 A、50 V。末端执行器控制电路见图 9.29。

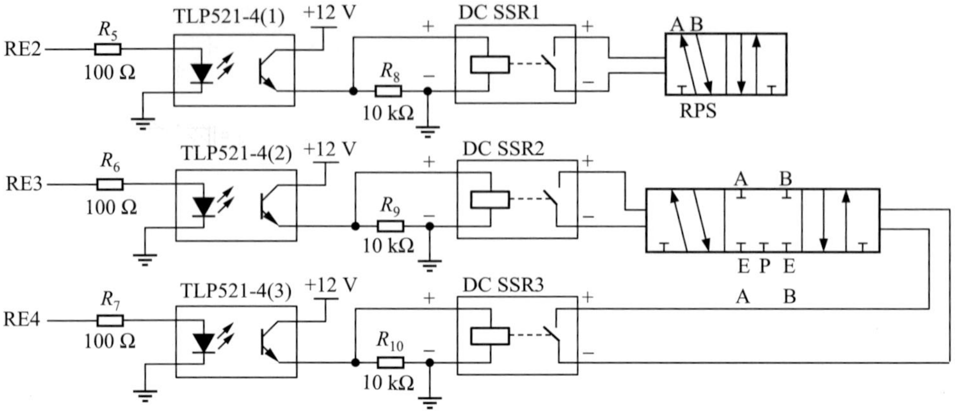

图 9.29　苹果采摘机器人末端执行器控制电路简图

末端执行器的控制流程为：当末端执行器到达目标采摘点时，上位机 DSC 首先将 RE2 引脚置位，通过固态继电器 1 使两位三通电磁阀上电，由 PA 气路给手指供气，使手指抓持目标苹果；然后再将 RE3 置位，通过三位五通电磁阀的 PA 气路使气缸正转带动刀片切割苹果果柄；切割动作完毕后，将 RE3 引脚清零，同时置位 RE4，通过 PB 气路使气缸反转带动刀片回复原位；最后当末端执行器到达苹果放置点后，将 RE2 引脚清零，使电磁阀排气，从而控制手指松开，使苹果落入盛果盘中。

9.1.2.2　**机器人智能关节研制**

为了解决农业采摘机器人上安装空间狭小、放置一个体积相对较大的机械臂控制柜较为困难的问题，应用嵌入式技术，将控制和驱动电路直接安装在机器人驱动关节上，与机械结构有机地结合成一个整体，开发了智能关节，其中包括机械结构设计、控制及驱动系统硬件设计、控制及驱动系统软件设计。

1. 智能关节机械结构设计

选用谐波减速机、扁平直流力矩电机，设计了质量小、扭矩大、结构紧凑的机器人驱动关节，其结构如图 9.30 所示。整个关节由主轴、外筒、直流力矩电机、电机固定架、减速机、套筒、端盖、轴承等组成。外筒与电机固定架之间有一层减摩材料形成滑动轴承，减速机输出柔轮与外筒连接，驱动外筒转动。根据具体的驱动能力要求，力矩电机和谐波减速机可以选择不同的型号，以满足机器人关节不同的驱动力矩和转动速度的要求。

2. 智能关节控制及驱动系统硬件设计

在智能关节所具有的功能要求中，最基本的是位置和速度控制，这种功能要求在关节上设置位置检测传感器。本研究选择了 AS5045 磁旋转编码器作为关节转角位置反馈器件。这种传感器体积小、精度高，在实现智能关节控制系统嵌入化、微型化方面起到了重要作用，使关节的轴向尺寸得以缩减。微处理器是关节控制电路的核心，选用了 dsPIC30F4012，内含有电机专用 PWM 控制器，这一特性简化了产生 PWM 波形的控制软件和外部硬件；同时集成有 CAN 总线控制器，能提供现场总线通讯能力。最终设计的伺服驱动器实物如图 9.31 所示。

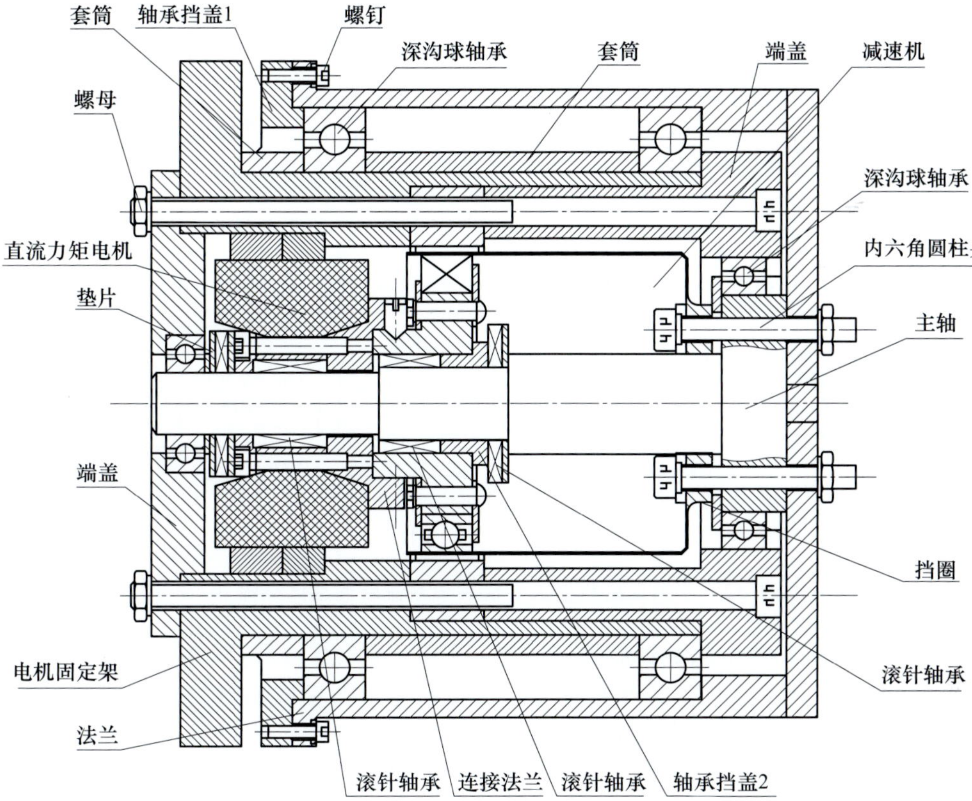

图 9.30 苹果采摘机器人智能关节结构图

图 9.31 苹果采摘机器人智能关节控制器外观图

3. 智能关节控制及驱动系统软件设计

在下位机软件编程过程中采用模块化设计思想，主要采用 C 语言编写，运算速度快、编译效率高，具有良好的可移植性。系统软件主要包括程序初始化、电流环调节模块、定时器中断模块、输入捕捉程序、CAN 通信模块、A/D 采样中断服务程序、位置环控制器、转速调节模块，总体结构如图 9.32 所示。

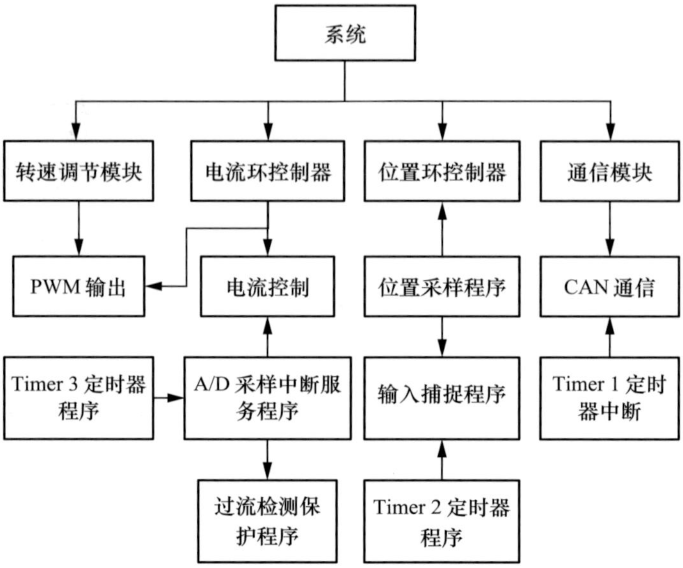

图 9.32　苹果采摘机器人智能关节系统软件总体框图

软件主程序部分负责整个关节控制器的管理，当关节系统复位后，首先根据系统的要求对其进行初始化，主要涉及各控制寄存器的配置。在初始化工作完成后，关节控制器处于 CAN 总线接收状态，在接收到上位机发送来的数据后开始工作。确定电机启动、运行的方向、最大运行速度以及关节目标位置，并开启定时器。启动程序使电机以较低的开环速度运转，同时电流环控制器、转速调节程序、位置环控制器开始工作，直至电机到达目标位置。程序流程如图 9.33 所示。

9.1.2.3　**机械臂的设计与开发**

智能关节能够通过现场总线接受来自总控制器的任务指令，在机械结构上具有较小的体积和质量，具有较好的机械连接性；在电气接线上具有简单的接口，只有 2 条电源线和 2 条通信线，有较好的电气互连性。采用这种具有开放式机械、电气和控制结构的智能关节，能很容易地组成具有各种自由度形式的机械臂结构，其逻辑结构如图 9.34 所示。本研究构建了 4 自由度苹果采摘机械臂，并对其进行了结构参数的优化、关节空间轨迹规划、位置重复性精度试验。

1. 机械臂的结构参数优化

根据苹果的目标采摘区域，对苹果采摘机械臂的结构参数进行优化，使机械手能达到目标区域的任何采摘点，不存在漏失区域。

2. 机械臂关节空间轨迹规划

按照苹果采摘的作业要求，规划出适合于苹果采摘的无碰运动路径，并采用基于摆线运动的关节空间规划方法实现点到点之间的轨迹规划，使机械手能平稳快速地到达目标采摘点。摆线运动能在有限区间的端点产生零速度和零加速度，适用于点到点的关节空间轨迹规划。在正则形式下，其运动方程可描述为

$$s(\tau)=\tau-\frac{1}{2\pi}\sin 2\pi\tau \tag{9.17}$$

其一阶导数和二阶导数分别为

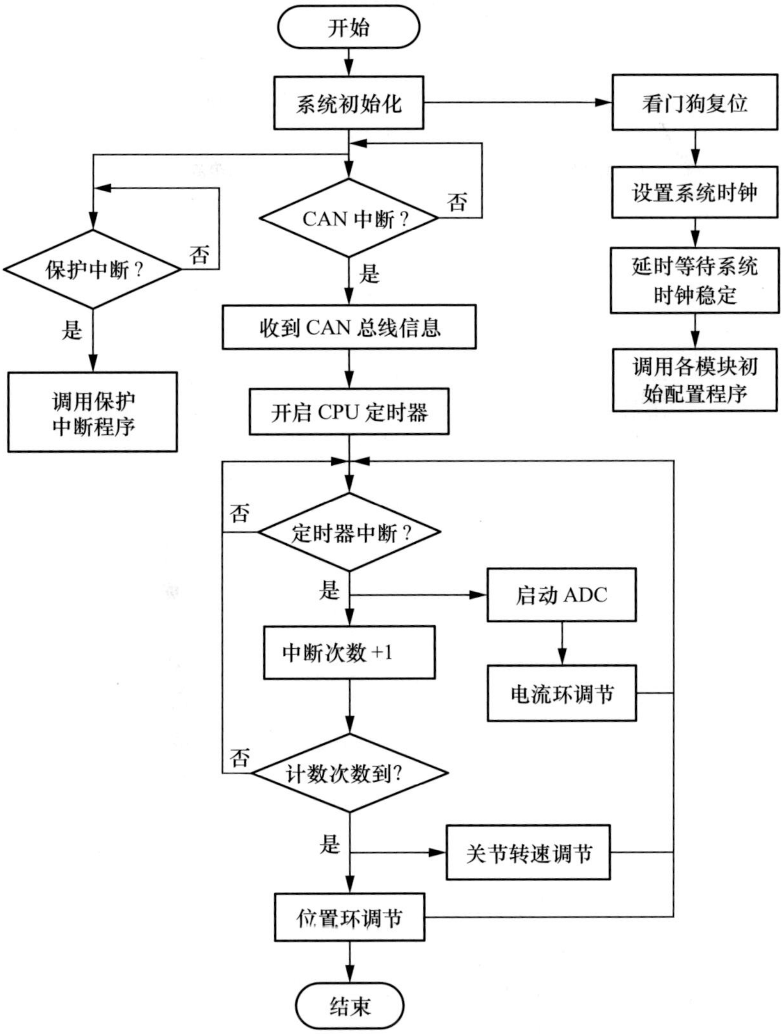

图 9.33 苹果采摘机器人智能关节系统软件流程图

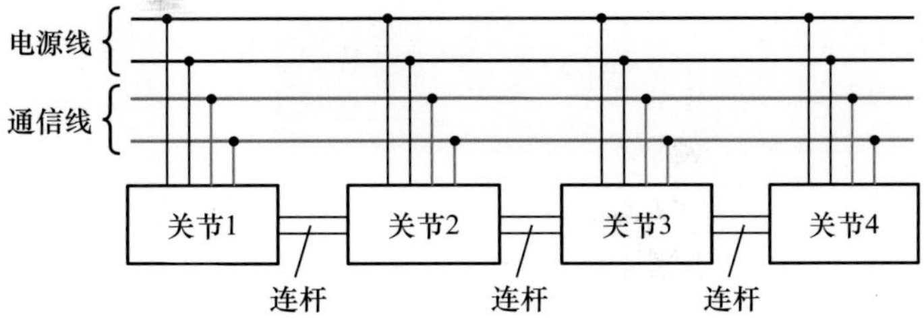

图 9.34 苹果采摘机器人机械臂逻辑结构

$$s'(\tau)=1-\cos 2\pi\tau \tag{9.18}$$

$$s''(\tau)=2\pi\sin 2\pi\tau \tag{9.19}$$

τ 是归一化时间，

$$\tau=\frac{t}{T}=\frac{t}{t_f-t_0} \tag{9.20}$$

式中：t、t_0、t_f 分别为时间、起点时间和终点时间。

摆线运动和它的前两阶导数在正则区间(−1,1)的曲线如图 9.35 所示，摆线运动曲线光滑；速度和加速度曲线连续，且在定义域的两端点处为零。表明机器人末端执行器不会产生振动，保证了机器人系统工作中运动的平稳性。

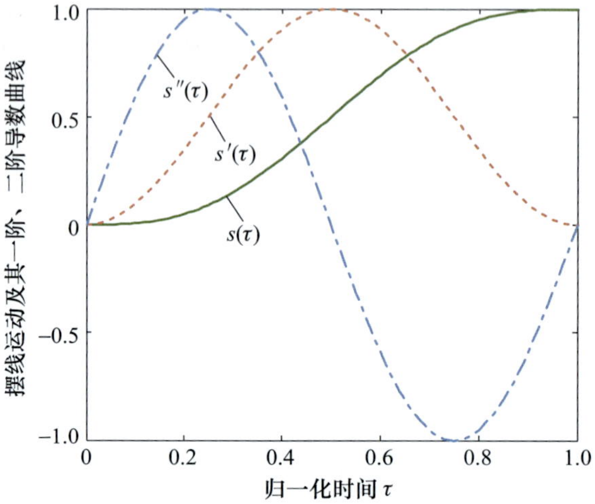

图 9.35　正则化的摆线运动和它的导数曲线

运动规划程序通过上位机(ARM 板)实现，并将规划出的位置控制量，通过 CAN 总线定时发送到下位机各关节控制器。

3. 机械臂位置重复性定位精度试验

采用美国法如公司的三坐标测量仪 Platinum FaroArm 对苹果采摘机械手进行标定，并进行了两组位置重复性定位精度试验，每组测量 8 次，试验数据如表 9.5 所示，重复性定位精度在 1 mm 以内。图 9.36 为机械臂和末端执行器。

表 9.5　苹果采摘机械手位置重复性定位精度试验测量值

测量次数	理论位置	
	第一组 (754.8,0,439.6)	第二组 (783.0,−200.0,178.0)
1	(760.4,−4.2,439.8)	(789.8,−205.9,194.3)
2	(760.4,−4.2,439.7)	(790.1,−205.9,194.3)
3	(760.2,−4.0,440.3)	(789.8,−205.7,194.2)
4	(760.3,−4.3,439.4)	(789.9,−206.2,194.6)
5	(760.2,−3.4,440.9)	(790.1,−205.6,194.1)
6	(760.2,−3.3,441.8)	(789.9,−206.0,194.0)
7	(760.3,−3.7,440.0)	(790.0,−206.2,194.0)
8	(760.0,−4.1,440.8)	(789.8,−205.6,194.6)

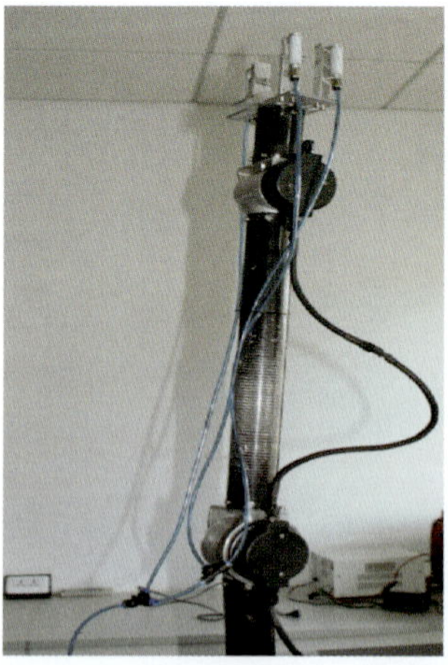

图 9.36　苹果采摘机器人的采摘机械臂及末端执行器(机械手)

9.2 菠萝采摘机器人关键技术

菠萝广泛种植于热带、亚热带地区，中国是菠萝十大主产国之一，目前栽培主要集中在台湾、海南、广东、广西、福建等南方地区[26]。菠萝收获一般在5—7月份，阳光暴晒，天气炎热。成熟菠萝果实每只重约1 kg，每亩(667 m^2)可生产约3 500 kg，收获期短，果农的劳动量极大；菠萝叶片带有尖锐的毛刺，进田采摘时，果农必须穿着厚实的衣服进行作业，劳动环境恶劣；此外，随着农村劳动力向第二、三产业转移，用于收获菠萝的劳动力日趋紧张，劳动成本逐年升高。研究与设计田间菠萝采收机械成为一种迫切的需要。

图9.37是成熟的菠萝及收获现场。目前，国内外已经对智能采收机械装备有了一些研究，但一直处于试验室试验阶段，并未真正实现田间的应用，主要和采收对象及工作环境等有关。相对于其他研究对象，菠萝果实比较大，个体不太重，成熟时颜色呈现黄色，单子叶植物，果实遮挡不严重，种植比较规范，适合用视觉等技术进行识别与定位，然后通过智能控制系统，驱动机械手进行果实采收，所以，菠萝的果实采收最有可能率先实现智能机械采收。

图9.37 成熟的菠萝及收获现场

通过对菠萝田间生长状况的实地调研以及国内外相关果蔬采摘机器人的资料查找，并考虑到农业工程应用实际，提出了采用低成本双目摄像头作为视觉传感器，运用计算机视觉和生物模式识别技术，研究田间菠萝快速识别和定位算法，寻找待摘菠萝的三维坐标，传送至电子控制系统，控制菠萝采摘机械手，根据果农的最优采摘方式实现菠萝自动采摘的技术路线。总体设计思路如图9.38所示。本节主要介绍田间菠萝的快速识别与定位算法、机械手的设计等关键技术及装置。

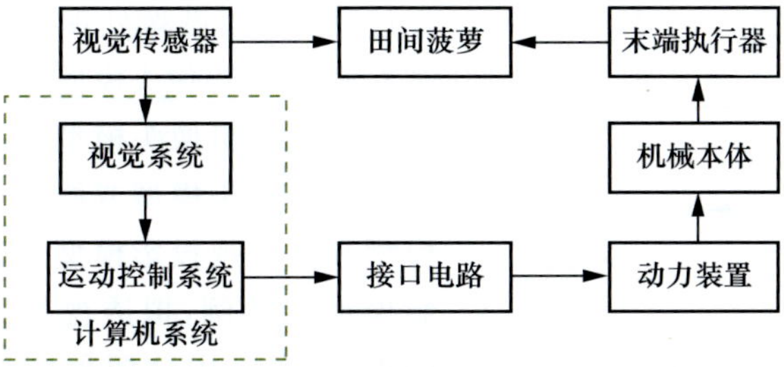

图9.38 菠萝采摘机器人总体设计思路

设左摄像头坐标系 $oxyz$ 位于世界坐标系的原点处且无旋转，图像坐标系为 $O_lX_lY_l$，有效焦距为 f_l；右摄像头坐标系为 $o_rx_ry_rz_r$，图像坐标系为 $O_rX_rY_r$，有效焦距为 f_r。由摄像头透视模型有

$$\boldsymbol{s}_l\begin{bmatrix}X_l\\Y_l\\1\end{bmatrix}=\begin{bmatrix}f_l&0&0\\0&f_l&0\\0&0&1\end{bmatrix}\begin{bmatrix}x\\y\\z\end{bmatrix}\tag{9.22}$$

$$\boldsymbol{s}_r\begin{bmatrix}X_r\\Y_r\\1\end{bmatrix}=\begin{bmatrix}f_r&0&0\\0&f_r&0\\0&0&1\end{bmatrix}\begin{bmatrix}x_r\\y_r\\z_r\end{bmatrix}\tag{9.23}$$

而 $oxyz$ 坐标系与 $o_rx_ry_rz_r$ 坐标系之间的相互位置关系可通过空间转换矩阵 $\boldsymbol{M}_{lr}$ 表示为

$$\begin{bmatrix}x_r\\y_r\\z_r\end{bmatrix}=\boldsymbol{M}_{lr}\begin{bmatrix}x\\y\\z\\1\end{bmatrix},\ \boldsymbol{M}_{lr}=[\boldsymbol{R}|\boldsymbol{T}]\tag{9.24}$$

式中：$\boldsymbol{R}$、$\boldsymbol{T}$ 分别为 $oxyz$ 坐标系和 $o_rx_ry_rz_r$ 坐标系之间的旋转矩阵和原点之间的平移变换矢量。

由以上公式可知，对于 $oxyz$ 坐标系中的空间点，两摄像头像面点之间的对应关系为

$$\boldsymbol{\rho}_r\begin{bmatrix}X_r\\Y_r\\1\end{bmatrix}=\begin{bmatrix}f_rr_1&f_rr_2&f_rr_3&f_rt_x\\f_rr_4&f_rr_5&f_rr_6&f_rt_y\\r_7&r_8&r_9&t_z\end{bmatrix}\begin{bmatrix}zX_l/f_l\\zY_l/f_l\\z\\1\end{bmatrix}\tag{9.25}$$

于是，空间点三维坐标可以表示为

$$\begin{cases}x=zX_l/f\\y=zY_l/f\\z=\dfrac{f_l(f_rt_x-X_rt_z)}{X_r(r_7X_l+r_8Y_l+f_lr_9)-f_r(r_1X_l+r_2Y_l+f_lr_3)}\\\quad=\dfrac{f_l(f_rt_y-Y_rt_z)}{X_r(r_7X_l+r_8Y_l+f_lr_9)-f_r(r_4X_l+r_5Y_l+f_lr_6)}\end{cases}\tag{9.26}$$

式中：f_l、f_r、t_x、t_y、t_z、r_1、r_2、r_3、r_4、r_5、r_6、r_7、r_8、r_9 分别为摄像头的内外参数。f_l、f_r 为两个摄像头的焦距，约定两摄像头的焦距近似相等，实际计算中可以取两者的平均值；t_x、t_y、t_z 分别为右摄像头相对于左摄像头在 X、Y、Z 方向上的平移量；r_1、r_2、r_3、r_4、r_5、r_6、r_7、r_8、r_9 分别为右摄像头相对于左摄像头的旋转矩阵中的 9 个数值。

因此，已知焦距 f_l、f_r 和空间点在左右摄像头中的图像坐标，只要求出旋转矩阵 $\boldsymbol{R}$ 和平移矢量 $\boldsymbol{T}$ 就可以得到被测物体点的三维空间坐标。

设两个摄像头 C_1、C_2 的外参数分别为 $\boldsymbol{R}_1$、$\boldsymbol{T}_1$ 和 $\boldsymbol{R}_2$、$\boldsymbol{T}_2$，它们分别表示了两摄像头与世界坐标系之间的相对位置。那么，对于空间任意一点 P，在世界坐标系下 C_1 和 C_2 满足

$$\boldsymbol{X}_{C1}=\boldsymbol{R}_1\boldsymbol{X}_w+\boldsymbol{T}_1$$
$$\boldsymbol{X}_{C2}=\boldsymbol{R}_2\boldsymbol{X}_w+\boldsymbol{T}_2$$

消去 $\boldsymbol{X}_w$，可得两个摄像头之间的几何位置关系，用 $\boldsymbol{R}$、$\boldsymbol{T}$ 表示为

$$\boldsymbol{R}=\boldsymbol{R}_1\boldsymbol{R}_2^{-1},\ \boldsymbol{T}=\boldsymbol{T}_1-\boldsymbol{R}_1\boldsymbol{R}_2^{-1}\boldsymbol{T}_2 \tag{9.27}$$

于是，借助于以上公式，可以得到空间点的三维坐标。

9.2.1.2 视觉平台的搭建及标定研究

采用双目立体视觉，用两个摄像头来模拟人的两只眼睛，从侧面拍摄菠萝图像，建立数学模型，借鉴计算机视觉和生物模式识别技术，对田间的菠萝进行识别与定位，获取空间三维信息及菠萝的倾角。主要进行了以下方面的研究。

1. 视觉传感器的选型及平台的搭建

考虑到一方面农民是使用群体，应尽可能地选用成本低的产品，为农民节省开支；另一方面菠萝表面特征较清晰，摄像机分辨率不必很高。目前视觉传感器主要有 CCD 和 CMOS 两种，它们在 20 年前几乎是同时起步的。由于 CCD 器件有光照灵敏度高、噪声低、像素小等优点，在过去 15 年里它一直主宰着图像传感器市场。与之相反，CMOS 图像传感器过去存在着像素大、信噪比小、分辨率低、暗电流较大等缺点，一直无法和 CCD 技术抗衡。但是随着大规模集成电路技术的不断发展，过去 CMOS 图像传感器制造工艺中不易解决的技术问题现在都能找到相应的解决办法，从而大大改善了 CMOS 图像传感器的图像质量，并且，CMOS 图像传感器有着 CCD 器件无可比拟的低成本、低价位优势。本系统选用奥尼公司的 ANC Windows V6 系列 CMOS 摄像头，如图 9.43 所示，它具有 130 万像素，每秒 30 帧图像，可以满足实际的拍摄需要。同时，选购了用于固定摄像头的三脚架和双目云台以及计算机（P4 2.93 G 主频、1.21 G 内存、Windows XP 系统）一起搭建试验平台。

图 9.43 奥尼 V6 摄像头

2. 摄像头标定

实现由空间坐标系到图像坐标系的变换，需要进行摄像头的标定，主要包括摄像头内、外参数的求取。标定流程如图 9.44 所示。考虑到采摘机械的使用者是农民，而非计算机专家，因此，在田间作业的情况下，操作灵活简单，可靠性强，鲁棒性好，运行稳定，同时兼顾经济性、效率等需首先考虑。

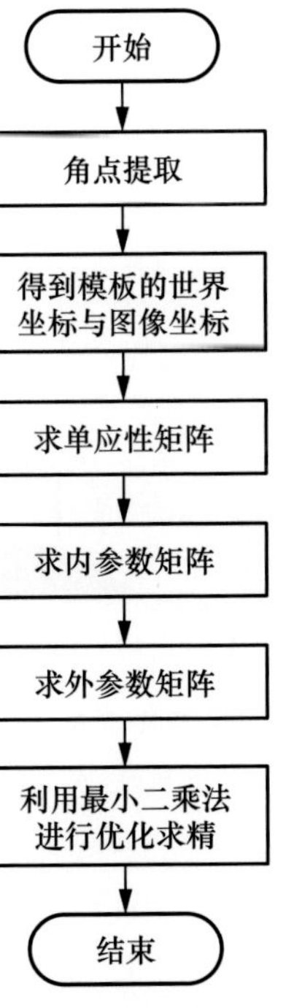

图 9.44 菠萝采摘机器人摄像头标定流程

经过大量文献的阅读发现，张正友标定法采用针孔成像模型，是存在于复杂自标定和摄像测量标定之间的一种比较稳定的方法，优势明显，比较适合菠萝采摘的摄像头标定。

在标定时，对制作的棋盘格，分别采用了基于 OpenCV 的自动标定方法［图 9.45(a)］和 Matlab 标定工具箱［图 9.45(b)］两种方法进行了试验。在多次理论分析和试验结果分析时发现，基于 OpenCV 的自动标定方法对于 CMOS 摄像头拍摄的图片有很大的标定误差，明显劣于 Matlab 标定工具箱的

标定。因此，采用了 Matlab 标定工具箱对双目摄像头进行标定[29]。

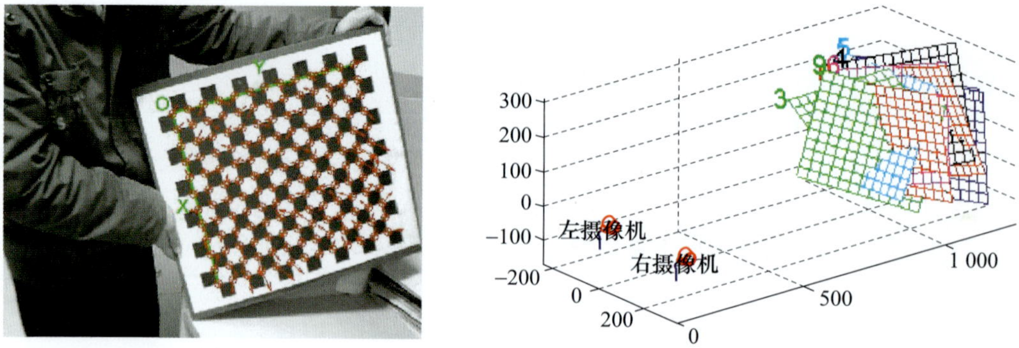

(a) (b)

图 9.45 菠萝采摘机器人摄像头标定过程

(a) 基于 OpenCV 的自动标定方法；(b) Matlab 标定工具箱方法

9.2.1.3 立体视觉识别算法研究

1. 田间图像采集平台

1) 侧面图像采集平台

为了进行侧面的图像采集，搭建了如图 9.46 所示的图像采集平台。通过计算机编程控制双目摄像头，实时采集当前的视野图片。在打开摄像头采集图像时，程序会对两个摄像头进行参数设置，包括帧率、像素、曝光、亮度补偿等。然后对两个摄像头采集到的菠萝图像进行计算机图像处理[30]。

2) 顶部图像采集平台

为了进行顶芽的图像采集，搭建了如图 9.47 所示的图像采集平台。通过计算机编程控制单目摄像头，实时采集当前的视野图片。在打开摄像头采集图像时，程序会对摄像头进行参数设置，包括帧率、像素、曝光、亮度补偿等。然后对摄像头采集到的菠萝图像进行计算机图像处理，用于提取重要特征信息。

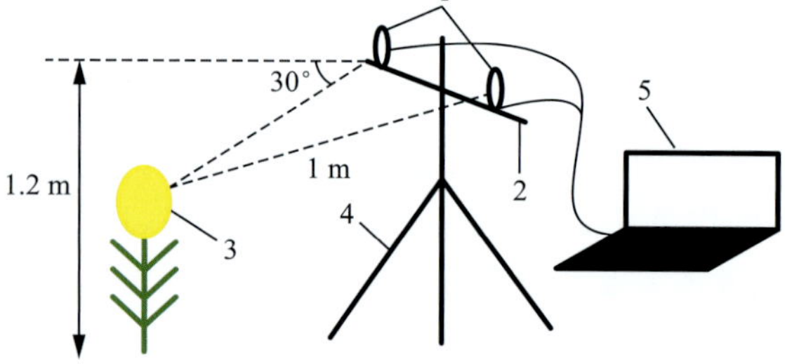

图 9.46 双目立体视觉平台

1. CMOS 视觉传感器；2. 双目云台；3. 菠萝；4. 三脚架；5. 计算机

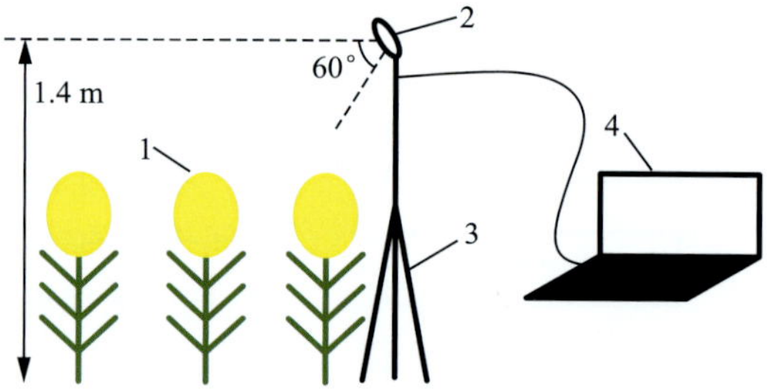

图 9.47 顶部图像采集平台

1. 菠萝；2. 视觉传感器；3. 三脚架；4. 计算机

2. 识别算法

1) 侧面识别青色成熟菠萝

对用于加工罐头或者远途运输后鲜食的青色菠萝，在田间条件下单目采集图像，引入图像处理技术、数学形态学方法，提取果眼的中心点信息，并运用层次聚类等方法，进行中心点集的分割。然后，通过计算提取最大点集的中心坐标，作为菠萝区域的近似形心，实现田间复杂环境下的有效识别。这一过程综合运用到了计算机视觉和模式识别知识，识别过程如图 9.48 所示。

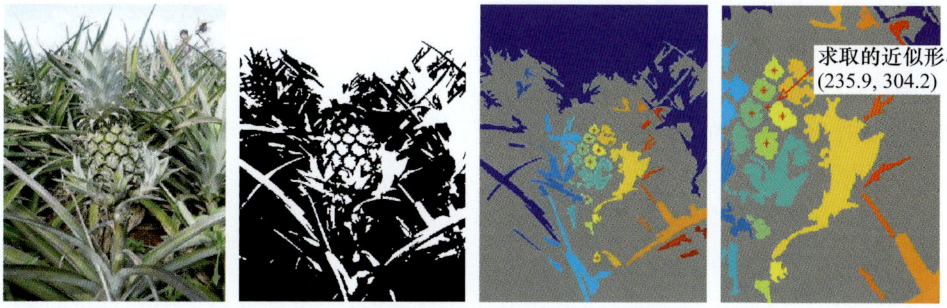

图 9.48 青色菠萝图像的分割

2）侧面识别黄色成熟菠萝

通过计算机编程控制双目摄像头，实时采集当前的视野图片。在打开摄像头采集图像时，程序会对两个摄像头进行参数设置，包括帧率、像素、曝光、亮度补偿等。然后对两个摄像头采集到的菠萝图像进行预处理，这里的预处理包括对菠萝图像进行中值滤波、腐蚀等运算，以消除图像噪声。在菠萝图像的分割过程中，考虑到方案的可行性，从菠萝侧面进行了图像的采集与分割，并在侧面的分割中，对于鲜食用黄色成熟果实图像的分割以及用于加工罐头的青色菠萝图像的分割，进行了以下的研究。

借助标记的菠萝果实，求取该区域的颜色平均值，与已知成熟度的菠萝颜色平均值作比较，即可知道该菠萝的成熟度[31]。识别过程如图 9.49 所示。

图 9.49 黄色成熟菠萝图像的分割

(a) 田间菠萝图像及特征提取线；(b) 菠萝果实提取及形心标示；(c) 不同区域的 R、G、B 值及果实区域

在田间环境下拍摄成熟菠萝图像，如图 9.49(a)所示。通过观察发现，菠萝果实区域的颜色与其他环境背景的颜色存在一定差异。于是，选择一条特征提取线，使其通过土壤区域、叶片区域、果实区域等不同的区域，成熟菠萝为黄颜色，在颜色上与青叶、土地等背景色有很大的区别，根据成熟菠萝颜色与背景颜色的区别找到适用于突出成熟菠萝图像，抑制背景区域的 R、G、B 分量曲线的公式 $H(i,j)=10\times[R(i,j)-G(i,j)]/B(i,j)$，并设置阈值 $H(i,j)>5$ 和 $H(i,j)<40$ 实现对成熟菠萝的成功提取，然后进行二值化标示，获得菠萝果实区域。图 9.49(c)所示为不同区域的 R、G、B 归一化曲线及特征提取曲线 H。通过形心公式的计算，得到菠萝果实的形心位置，为下一步的机械手采摘提供参数，如图 9.49(b)所示。

3）菠萝顶芽的识别与导航线的提取

鉴于菠萝侧面遮挡现象较为严重，识别起来存在较大的误差，也考虑了从顶部进行识别的方法，如图 9.50 所示。因为菠萝顶芽的颜色及花冠、花絮存在较为明显的特征，于是考虑了利用这些特征以区别于其他背景，实现顶芽的分割。而后，由于菠萝是按行种植的，采收的时候最好也是按行进行，相邻或相近的同行植株顶芽的连线，正好也为采收机械提供了导航线。

图 9.50 成熟菠萝顶芽图像的分割研究

(a) 菠萝顶部图像及特征提取线；(b) 菠萝顶芽提取及形心标示；(c) 不同区域的 H、I、S 值及顶芽区域

通过研究菠萝本身的生长特性发现，每个菠萝顶部都有一簇顶芽。在田间环境下，从菠萝的顶部采集成熟菠萝的顶部图像，用于计算机视觉分割研究，如图 9.50(a)所示。通过观察发现，菠萝顶芽的颜色深浅与其他环境背景的深浅存在一定的差异，对应 HIS 颜色空间。选择一条特征提取线，使其通过土壤区域、成熟叶片区域、果实顶芽区域等不同的区域，分别绘制这些像素点在 HIS 颜色空间的数值，并标示出果实顶芽区域，如图 9.50(c)所示。将各区域的 HIS 数值叠加，使果实顶芽区域与其他背景区域呈现明显差异，从而实现果实顶芽区域的分

割。然后进行二值化标示，获得菠萝果实顶芽区域，通过形心公式的计算，得到了菠萝果实顶芽的形心位置。识别结果如图 9.50(b)所示。

通过上述方法提取的顶芽区域分割图像，其形心位置就可大致代表下方果实的水平平面位置，根据顶芽与实际果实形心在垂直方向上的距离统计值，可找到相应菠萝果实的大致位置，为下一步的机械手采摘提供参数。

对同一行的顶芽进行识别后，机器人的采摘导航线也得到了有效的识别，如图 9.51 所示。

根据以上顶芽识别果实分割的算法，可以成功实现菠萝果实顶芽的 HIS 识别与分割，不但可以提取菠萝果实的位置信息，还可以将同行菠萝顶芽位置连线作为菠萝采收机器人导航的参考线。图 9.51(a)为田间拍摄的同行菠萝侧上方视觉图像，图 9.51(b)为同行菠萝顶芽的 HIS 颜色模型识别及运用偏最小二乘法进行的采收导航线提取。

(a) (b)

图 9.51 菠萝采收机器人导航线的提取

(a) 同行菠萝侧上方视角图像；(b) 同行菠萝顶芽识别及导航线提取

9.2.1.4 共轭图像的快速匹配方法研究

在左、右摄像头的图像进行匹配时，对共轭图像分别进行灰度运算，实现了图像兴趣点的快速提取、兴趣点周围区域的描述以及根据这些特征进行快速的匹配：

- 运用兴趣点检测方法，进行菠萝图像的兴趣点检测；
- 对检测出的兴趣点，进行兴趣点附近区域的描述；
- 对特征进行遍历搜索，寻找匹配区域，进而找到形心匹配点。

采用 SURF(speeded up Robust features)算法。该算法基于尺度不变性和旋转不变性的特点，匹配效果优，速度快，可实现实时匹配。

同时，本研究对共轭图像的匹配进行了改进，采用了左图识别后的菠萝区域与右图的匹配，避免了两个整幅图像的匹配，有效地利用了图像识别中的运算结果，缩短了匹配时间，提高了实时性。匹配过程如图 9.52 所示。

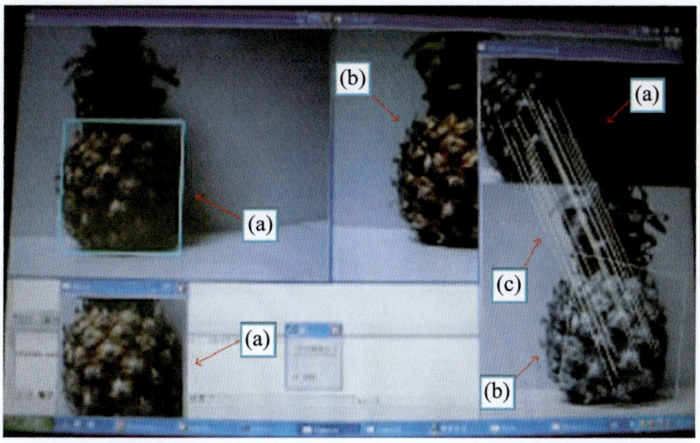

图 9.52 左、右摄像头图像的快速匹配

(a) 共轭左图识别后的图像；(b) 共轭右图；(c) 匹配线

9.2.1.5　试验误差校正方法的选择与研究

由于误差一般是积累误差,很难每一步做到非常精确。在田间情况下,1 m 的距离大概有 4～6 cm 的误差。为此,引入人工神经网络进行训练与校正,实现高度的非线性预测:针对多次通过三角测距原理获得的待采菠萝果实形心坐标的计算值,分别现场测距获取相应的待采菠萝果实形心坐标的实际值,然后通过人工神经网络进行训练,得到一个用来校正误差的预测关系,确定权值。这样,每得到一个成熟菠萝果实形心坐标的计算值,便可根据预测关系对该计算值进行校正,得到比较准确的待采菠萝果实形心坐标的校正值,实现了误差校正。识别与定位流程如图 9.53 所示。

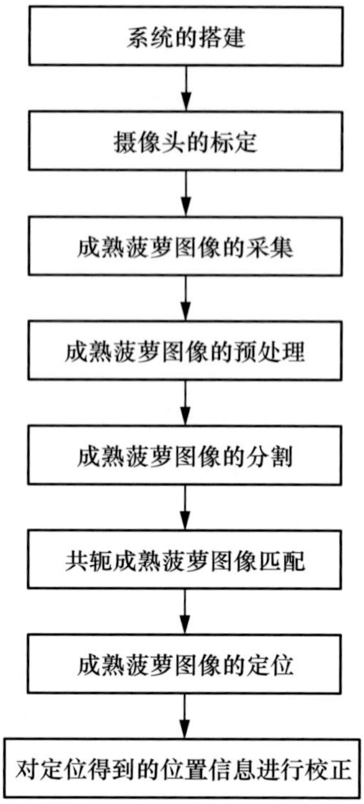

图 9.53　菠萝果实形心的识别与定位流程图

9.2.1.6　光强衰减装置的研究与设计

CMOS 视觉传感器在室内环境下受光线影响较小,但是在室外较强的自然光条件下,由于其不具备自动调节光圈的功能,光线完全通过镜头入射到传感器内部,而无法获取拍摄的景物图像。

针对以上问题,通过对滤光片的滤波特性的研究,设计了一种低成本 CMOS 摄像头的滤光装置,达到了衰减入射光强的效果,如图 9.54 所示。该装置曾在光照很强的广东湛江田间进行图像采集试验,效果良好,为低价 CMOS 视觉传感器在自然强光下的使用提供了可行方案。

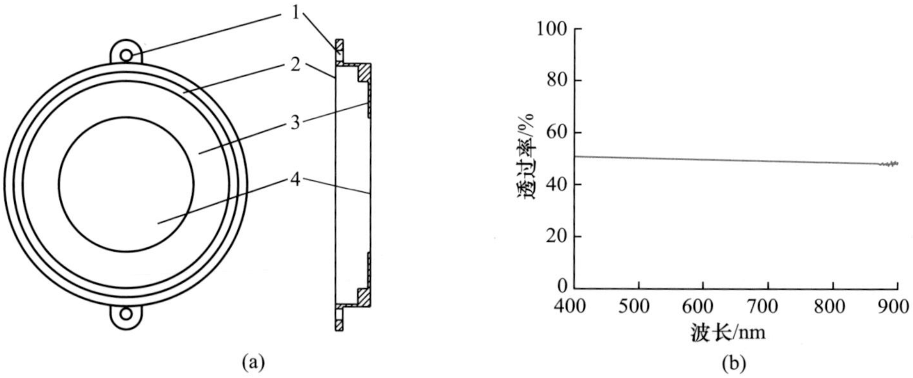

图 9.54　滤镜装置图

(a) 滤镜结构图;(b)镜片光谱衰减图

滤镜装置由阶梯孔 2、3、4 以及若干滤镜片组成。孔 4 为自然光入射孔,孔 3 是滤光镜安装孔,CMOS 摄像头前端抵住孔 2 的前端边缘,同时挡住滤镜防止滤镜向后滑动。螺孔 1 通过螺钉与摄像头紧固连接,防止滤镜装置松动。

滤镜的镀层为 Ni-Cr 合金,根据镀层 Ni、Cr 比例的不同,实现不同程度的衰减。一般同时加载 2 个镜片,通过二者的组合,达到比较好的衰减效果。

9.2.2　菠萝采摘机器人机械手爪的设计

9.2.2.1　整体方案设计[32]

菠萝是单株单果实生长植物，果实位于植株顶端，果实顶部有顶芽。顶芽长度与果实长度基本相等。果柄处比较脆，稍微用力即可将果实掰下。菠萝行距为 60～80 cm，株距为 40～60 cm，叶幅比较大。

根据菠萝的生长特点，设计具有自动识别功能的菠萝采摘机器人实现对菠萝的逐个摘取。在摘取菠萝的时候通常要保留菠萝顶芽，一是为了美观，更容易让购买者接受；二是为了防止菠萝水分的蒸发，具有一定的保鲜作用。

基于以上要求，菠萝的采摘须采用从侧面抓取的方案。本研究设计的菠萝的抓取方案为：首先手爪从水平方向合抱菠萝，将其抓稳，然后通过手爪的旋转，将菠萝掰断。

9.2.2.2　机械手爪的设计

1. 手爪类型的选择

菠萝果实个体较大，要求手爪具有良好的稳定性，而且对于菠萝采摘机器人而言，手爪的总体尺寸不能太大，通过比较滑槽杠杆式和连杆杠杆式两种手爪的优缺点，决定采用滑槽杠杆式手爪机构形式。

滑槽杠杆式手爪的设计参数主要有：①两回转支点之间的距离；②手柄的长度；③手指的形状；④滑槽的长度。其中参数①和②决定着手爪抓取菠萝的误差，参数③决定着手爪抓取菠萝的稳定性及准确性，参数④决定着手爪张开和闭合的幅度。

1）两回转支点之间的距离及手柄长度的确定

双支点回转型手爪的基本参数如图 9.55 所示。其中，2θ 是 V 形槽夹角，β 是偏转角，$2a$ 是两回转支点间距离，手指长为 l_{AB}，菠萝中心到手指顶角的距离为 l_{BC}。此处假设菠萝最大直径处为一圆形截面。菠萝轴心位置 C 到手指两回转支点连线的垂直距离 CD 以 X 表示。

70%的菠萝最大直径在 110～125 mm 之间，即其半径范围为 55～62.5 mm，确定 $a=60$ mm，$l_{AB}=90$ mm，此时偏转角 $\beta=84.08°$。

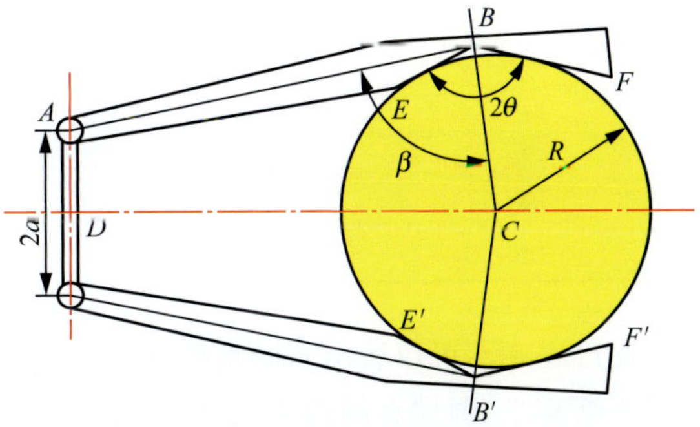

图 9.55　双支点回转型手爪参数示意图

2）V 形手指的设计

一对 V 形手指合抱物体的时候能够根据物体的大小实现自定位。因此，为了保证对不同大小菠萝的稳定抓取，菠萝机械手爪的手指采用 V 形手指。

假设菠萝横截面近似为圆形。两个 V 形手指合抱菠萝，与菠萝有 4 个接触点。单侧手指合抱范围为果实的 1/4 时，抓取稳定。手爪抓取位置为菠萝的最大直径处，设手爪的对称轴线与最大直径的截面重合。菠萝采摘手爪手指抓取最大直径菠萝的 1/4 时，其手指长度最大。

通过作图法，分别对 V 形角度为 100°、110°、120°、130°和 140°的手爪进行分析，不同的角度下手指长度和菠萝接触点间的距离分别为 AA'、BB'、CC'、DD'、EE'，如图 9.56 所示。

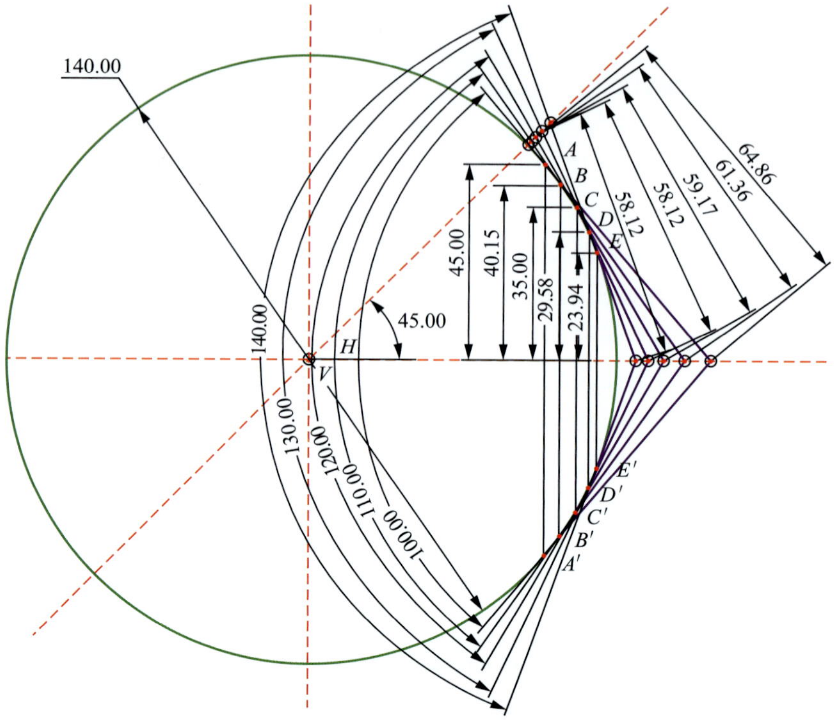

图 9.56　不同角度时手爪抓取情况图(单侧)

表 9.6　不同角度下手指长度和两切点间的距离

角度/(°)	手指长度/mm	两切点间的距离/mm
100	64.86	90.00
110	61.36	80.30
120	59.17	70.00
130	58.12	59.16
140	58.12	47.88

通过表 9.6 可以看出不同角度下手指长度和两切点间的距离关系，随着角度的增加，手指长度逐渐减小，两切点间的距离也会减小，意味着手爪合抱菠萝范围逐渐减小。抓取范围太小，容易造成抓取不稳，菠萝脱落等现象；抓取范围过大，当抓取小直径菠萝时，可能会出现两手指干涉，从而抓不到菠萝的现象。通过比较，选取 V 形角为 120°。此时，手指长度为 59.17 mm，取整为 60 mm。手爪形状如图 9.57 中实线所示，此时，$BE=BF=B'E'=B'F'=$ 60 mm。

由计算得到菠萝质心到最大直径的距离为 3.9～40.5 mm，设计手指的宽度为 60 mm，以保证在抓取菠萝时，合抱范围能够包括质心。

通过作图法对最小直径的菠萝进行验证(图 9.57 中虚线)，当菠萝最小直径 $\phi=100$ mm 时，两手指没有发生干涉。

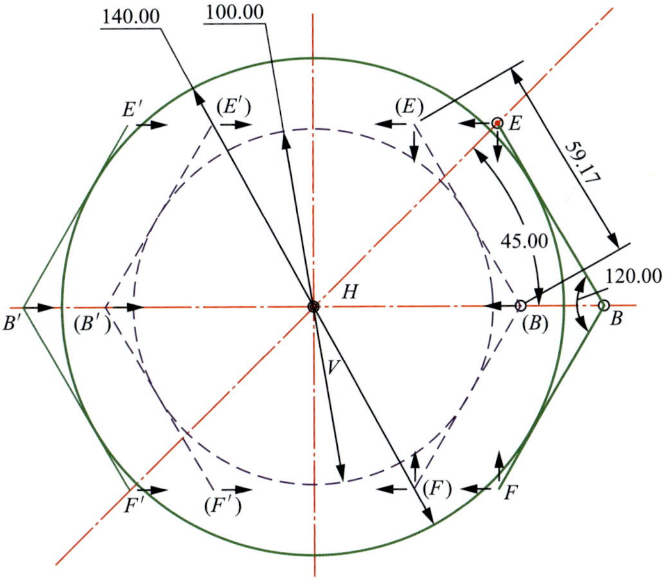

图 9.57 V形角为120°时的抓取情况

3）手柄滑槽长度的设计

手柄滑槽的长度决定着V形手指前端张开和闭合的距离。图 9.58 和图 9.59 分别描述了手爪闭合和张开时的运动轨迹。菠萝的平均直径约为 120 mm，即 R_{cp}＝60 mm，β＝84.08°时为手爪的初始状态。销在沿滑槽方向移动的距离为 $OK-OA''$＝78.28－60.04＝18.24(mm)。

手爪结构设计三维结构如图 9.60 所示。

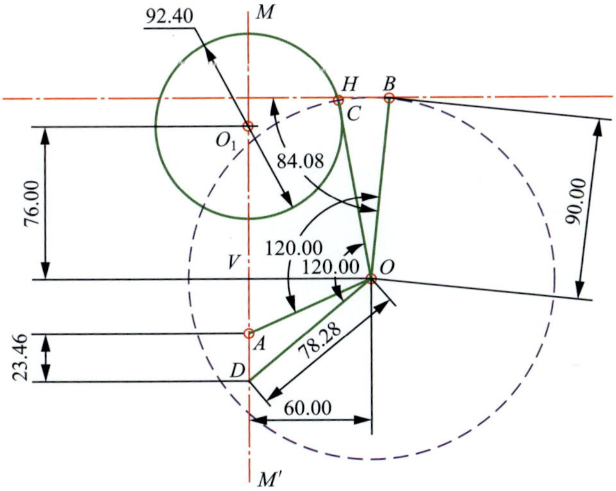

图 9.58 手爪闭合时的运动轨迹图

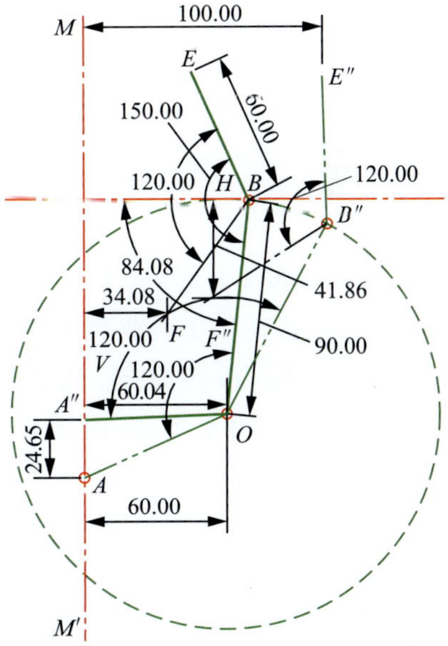

图 9.59 手爪张开时的运动轨迹图

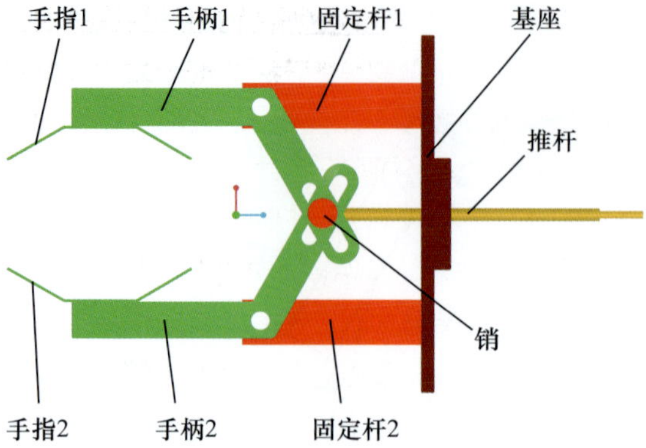

图 9.60　手爪结构设计三维图

2. 滑槽杠杆式手爪推力的计算

图 9.61(a)为常见的滑槽杠杆式爪部机构。在推杆作用下销轴向下的推力为 P，并通过销轴中心点 O，两手柄的滑槽对销轴的反作用力为 P_1、P_2，其力的方向垂直于滑槽中心线 OO_1 和 OO_2 并指向 O 点，P_1 和 P_2 的延长线交 OO_2 于 A 及 B[图 9.61(b)]，由于 $\triangle O_1OB$ 和 $\triangle O_2OA$ 均为直角三角形，故 $\angle AOC = \angle BOC = \alpha$。根据销轴的力平衡条件，即

$$\sum F_x = 0, P_1 = P_2;\ \sum F_y = 0 \tag{9.28}$$

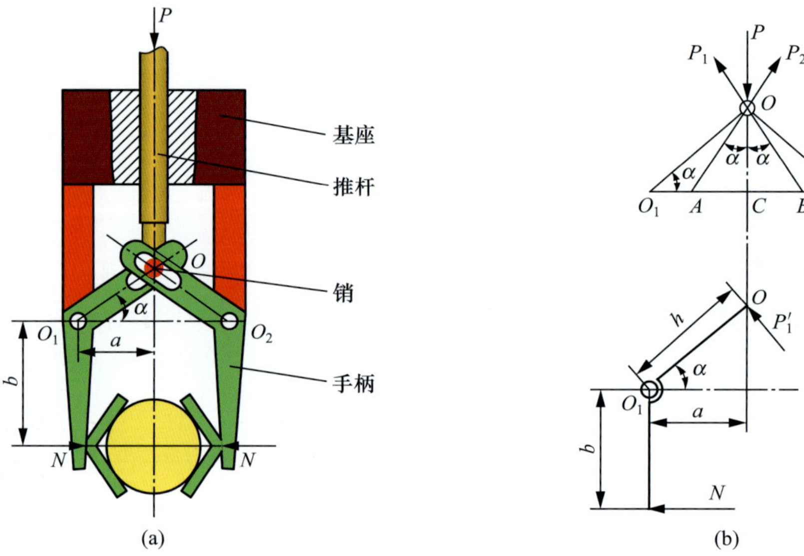

图 9.61　滑槽杠杆式手爪受力分析

(a) 滑槽杠杆式手爪机构；(b) 手爪受力分析

两手指握紧菠萝时，菠萝处于静力平衡状态。单个手指作用于菠萝时，其受力情况如图 9.62 所示，手指作用于菠萝产生 F_1 和 F_2 两个正压力，假设 F_1 和 F_2 相等。正压力作用于菠萝，使手指与菠萝间有了摩擦力 f_1 和 f_2，f_1 和 f_2 的合力与重力的共同作用使得菠萝处于静止平衡状态。

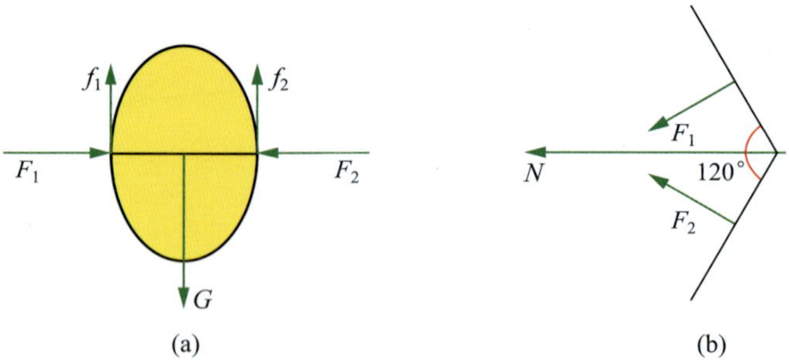

图 9.62　菠萝静力平衡

(a) 单个手指的作用力；(b) 菠萝受力分析

经过计算知，手指所需的最大推力为 38.7 N。

3. 手爪驱动机构设计

根据总体方案设计，手爪的驱

动机构应包括两部分，一是驱动手爪张开和闭合的驱动机构，二是使手爪转动的旋转机构。

菠萝采摘手爪的驱动过程不需要很大的力，而且研究目标是完成采摘任务的同时，尽量使成本较低，方便推广使用。选用了电力传动，动力器件选用混合式步进电机。采用丝杠滑块机构驱动手爪。图 9.63 为丝杠滑块机构。

4. 旋转机构设计

带动手爪旋转运动的机构采用直齿齿轮传动，该旋转机构主要包括步进电机、主动轮、从动轮、输入轴、输出轴、轴承和箱体等。电机带动主动轮转动，从动轮在主动轮的带动下，带动输出轴转动，手爪固定在输出轴上，从而随着输出轴一起转动。图 9.64 为旋转部分的三维图。齿轮的传动比取为 1，即采用两个相同的齿轮。

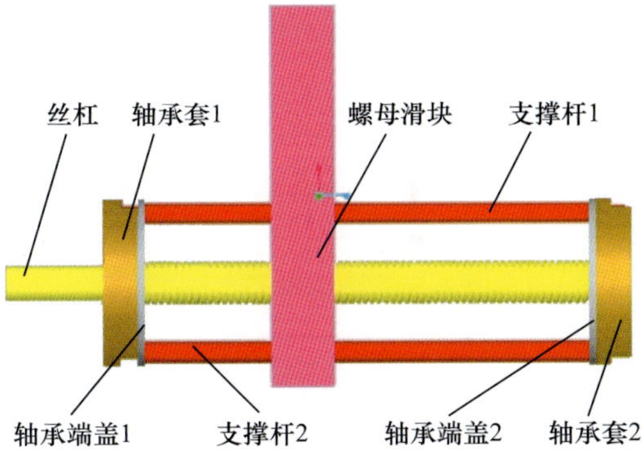

图 9.63 丝杠滑块机构

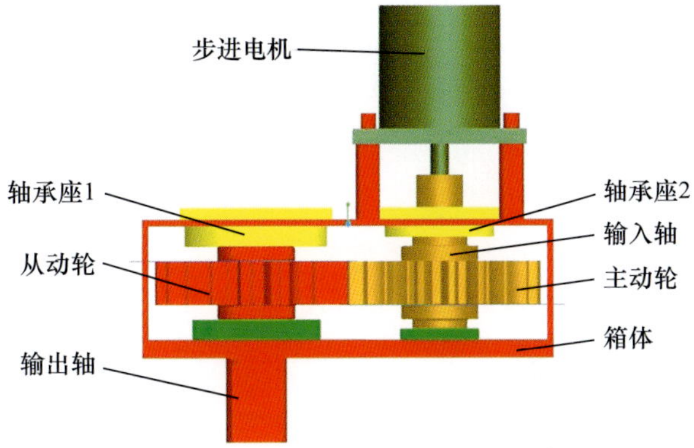

图 9.64 手爪旋转机构三维图

5. 电机的选择

采用步进电机完成对手爪的驱动和旋转。丝杠滑块机构选用常州宝来电器有限公司生产的 57BYGH001，两相四线混合，步距角为 1.8°/0.9°。旋转需要的力矩比较大，旋转机构也选用常州宝来电器有限公司生产的 57BYGH001，两相八线混合，步距角为 1.8°/0.9°，扭矩是两相四线的 2 倍。

6. 手爪的 ADAMS 运动学仿真

对设计的手爪在 Pro/e 中建模，将其导入 ADAMS 中进行运动学分析，验证所设计手爪参数的合理性。其验证曲线如图 9.65 所示。

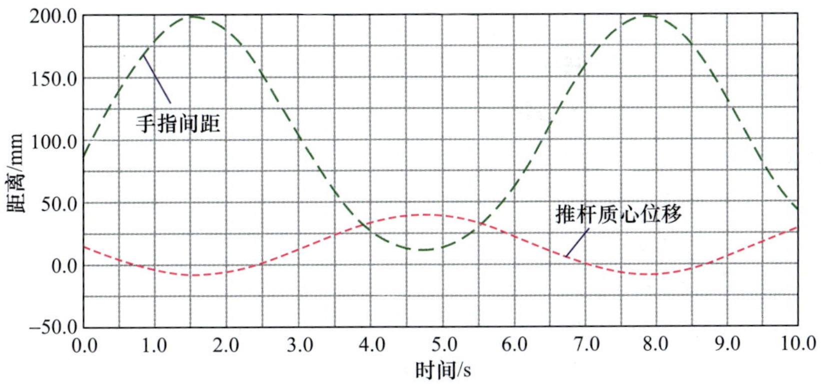

图 9.65 手爪的 ADAMS 运动学仿真结果

运动开始时，两V形表手指之间的距离为89.5 mm，销距原点的距离为15.84 mm。运行曲线显示，当销处于谷值即在−8.16 mm处时，质心离开始时的相对位移为24 mm，此时对应的手指之间的距离达到最大，其值为198.5 mm；当销位于峰值即为39.8 mm时，相对于初始位置的位移为23.96 mm，手指之间的距离为11 mm，没有发生干涉。

结果分析与上述设计的手指长度和滑槽长度吻合。

9.2.2.3 控制装置的研究与设计

根据菠萝的采摘方案以及机械手爪的设计，可以确定，采摘手爪的控制系统要实现对机构部分中两个步进电机的控制。

1. 控制硬件的选择

采用以单片机为核心的控制系统，控制两个电机的转动。其中步进电机1的控制输入信号是由外部力传感器传送的信号。由于经力传感器的信号比较弱，因此使用了信号放大电路，信号经放大后，经过模数转换器进入单片机。控制框图如9.66所示。

选用AT89C51作为本控制系统的核心元件。控制系统电路的芯片端口定义如表9.7所示。

2. 控制电路的软件设计

根据抓取方案，手爪初始位置位于张开度最大处，且是水平方向。程序流程图如图9.67所示。

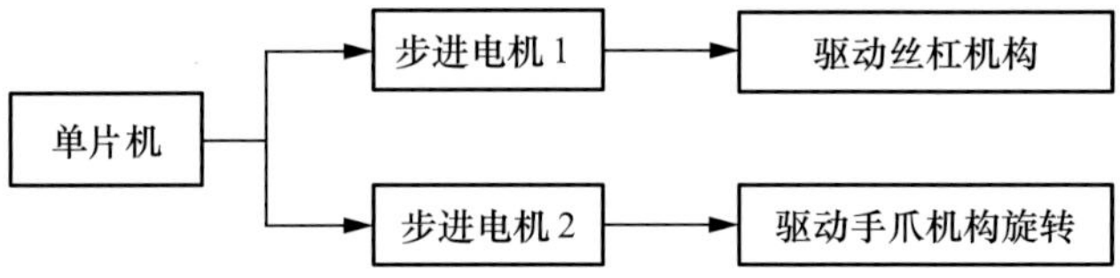

图9.66 步进电机控制框图

表9.7 单片机端口含义

端口	含 义
P0	力信号输入端口
P1.0	步进电机1方向信号
P1.1	步进电机1脉冲信号
P1.2	步进电机2方向信号
P1.3	步进电机2脉冲信号
P3.2	中断信号

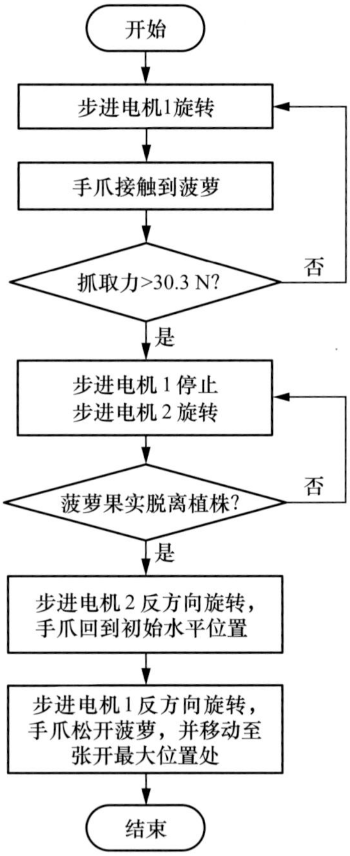

图9.67 控制系统程序流程图

以上菠萝采摘机器人关键部件的研究，包括基于低成本双目视觉的菠萝识别与定位技术和菠萝采摘机械手爪的部件研究，为菠萝采摘机器人的研究与开发提供了一种面向应用的解决方案。田间菠萝采摘机器人可采用四轮架式结构，根据待采摘成熟菠萝植株高度，确定采摘骨架高度。在骨架作业前端顶部安装双目视觉识别与定位系统，用于对菠萝顶芽的识别与导航;在骨架前端与菠萝果实重心点水平方向,加装采摘机械手爪,用于对菠萝的采收。采摘后的菠萝通过骨架一侧的传送装置送到采摘机器人后端储物仓内,实现菠萝的实时运输。

9.3 蔬菜嫁接机器人

我国目前每年有上千亿株蔬菜幼苗靠手工嫁接(图 9.68),嫁接劳动强度大、效率低制约着我国现代化农业的高效发展。蔬菜嫁接机器人技术是集机械、自动控制与设施园艺技术于一体的高新技术,它的应用对农业生产有着重要的意义[33-41]。

(a) (b) (c)

图 9.68 温室中的育苗、嫁接

(a) 日光温室嫁接育苗;(b) 日光温室内的人工嫁接作业;(c) 现代化温室中的人工嫁接作业

中国农业大学结合我国农业生产实际,率先在我国开展了蔬菜嫁接机器人的研究工作,解决了蔬菜幼苗的柔嫩性、易损性和生长不一致性等难题,研制成功了具有我国自主知识产权的蔬菜嫁接机器人系列机型,能够完成蔬菜幼苗嫁接的精确定位、快速抓取、良好切削与接合固定,实现了从砧木、穗木(接穗)幼苗抓取到接合固定等作业过程的自动化,填补了我国嫁接机器人技术领域的空白[42-55]。研制的蔬菜嫁接机器人可应用于黄瓜、西瓜、甜瓜等瓜菜苗和番茄、茄子、辣椒等茄科蔬菜幼苗的自动嫁接,操作方便、作业可靠,机器性能达到国际先进水平,已开始应用于我国农业生产。

9.3.1 穴盘苗嫁接机器人

9.3.1.1 2JSZ-600 型蔬菜嫁接机器人

2JSZ-600 型蔬菜嫁接机器人(图 9.69)采用贴接法,适用于黄瓜、西瓜、甜瓜等瓜菜苗的嫁接,可断根嫁接,也可直接带根或土团作业,适用范围广,能自动实现嫁接苗的搬送、切削、接合、固定、排苗等嫁接过程,其嫁接速度、嫁接成功率、嫁接成活率等各项性能指标都达到国际先进水平。

图 9.69 2JSZ-600 型蔬菜嫁接机器人

1. 2JSZ-600 型蔬菜嫁接机器人的系统构成

2JSZ-600 型蔬菜嫁接机器人主要由机械结构、气动执行机构和控制系统三部分组成。控制系统通过程序控制电磁换向阀按一定的时序吸合和断开，电磁换向阀控制气动执行机构运动，由气动执行机构(气缸、气爪、旋转电机等)驱动机械结构按预定的时序工作，从而自动完成整个嫁接过程(图 9.70)。

从功能结构分，2JSZ-600 型蔬菜嫁接机器人主要由砧木供苗机构、穗木供苗机构、砧木自动搬运机构、穗木自动搬运机构、砧穗木切削机构、自动送夹机构和排苗机构等 7 部分组成(图 9.71)。

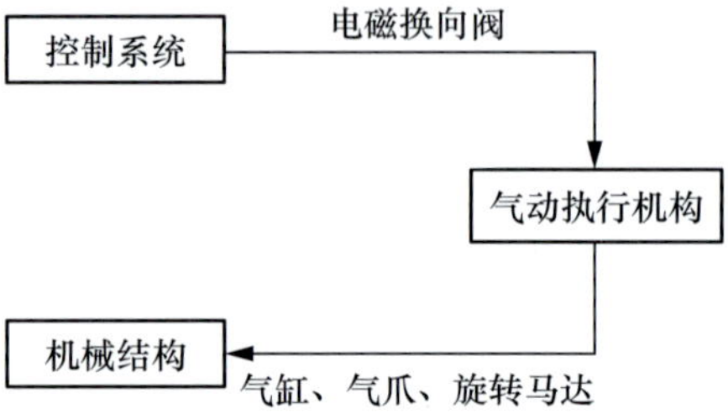

图 9.70　2JSZ-600 型嫁接机器人总体构成

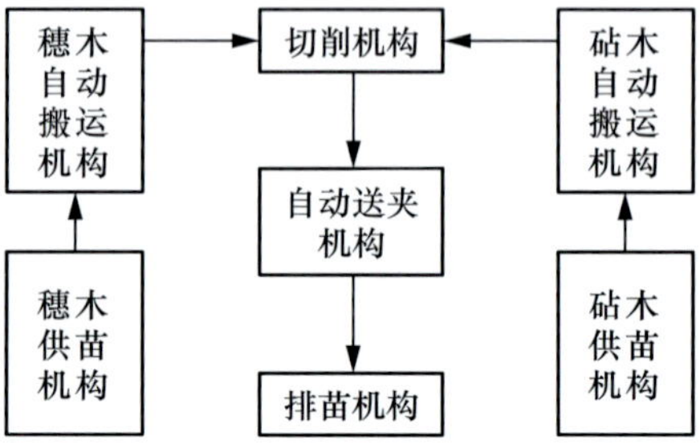

图 9.71　2JSZ-600 型蔬菜嫁接机器人的结构框图

1) 砧木供苗机构

砧木供苗机构(台)如图 9.72 所示，由定位板、夹持爪、传感器等构成。嫁接时，人工将砧木苗放置在定位板的卡槽内，砧木苗生长点刚好紧贴上定位板的上表面，当苗株茎秆接触并压迫传感器接通后，砧木搬运机械手前来抓取砧木幼苗。

图 9.72　砧木供苗机构

2) 穗木供苗机构

穗木供苗机构(台)如图 9.73(a)所示，嫁接时，人工将穗木苗放置在上、下各有一豁口的卡板上，即穗木两片子叶刚好贴在上豁口卡苗板的上表面，穗木茎秆的下部卡在下豁口卡苗板上，穗木搬运机械手将从上、下豁口卡苗板的中间将穗木夹住取走。

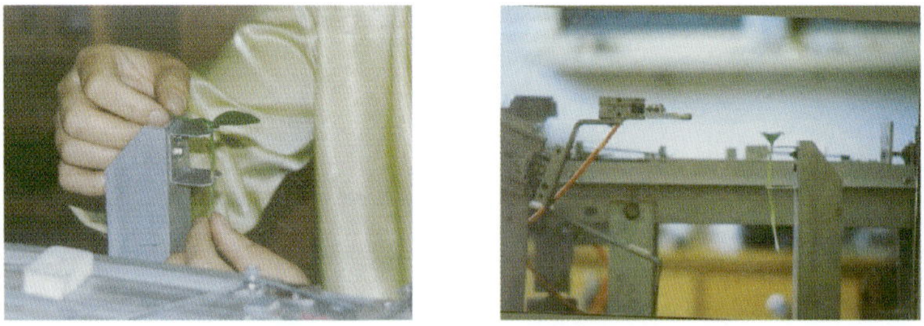

(a)　(b)

图 9.73　穗木供苗与取苗

(a) 穗木供苗机构；(b) 穗木取苗

3) 砧、穗木苗搬运机构

砧木苗搬运机构如图 9.74 所示，由底座 1、旋转气缸 2、连接夹块 3、直动气缸连接板 4、机械手 5、取苗机械气爪 6、气爪连接板 7、直动气缸 8 等构成。工作时，直动气缸伸出，使机械手爪刚好到达砧木供苗机构定位板的下面，取苗机械气爪闭合，距生长点下方一定距离夹持住砧木苗茎秆，然后，直动气缸缩回，旋转气缸旋转 90°，将砧木苗搬运到切削位置。当砧木苗被切掉生长点和一片子叶以后，直动气缸伸出至嫁接位置与穗木苗贴合嫁接。当送夹机构送出嫁接夹并将砧木和穗木苗夹持固定在一起后，机械手爪张开，让嫁接完成苗自由落下，然后直动气缸缩回，旋转气缸反向旋转 90°，回到初始位置，开始下一次取苗。穗木苗搬运机构（图 9.75）的结构、工作原理和工作顺序与砧木苗搬运机构类似。

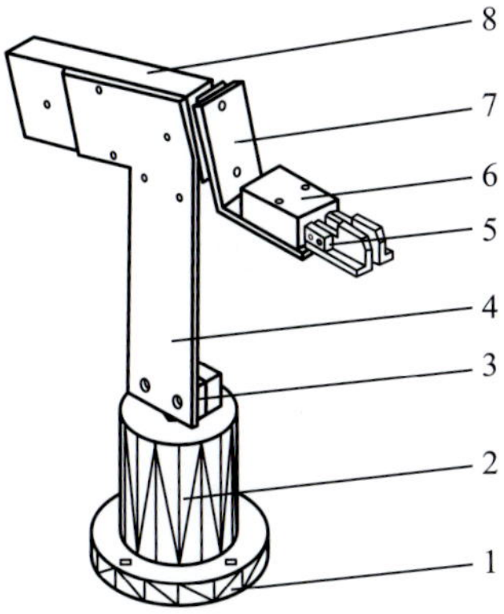

图 9.74 砧木苗搬运机构

图 9.75 穗木苗搬运机械手爪

4）砧、穗木切削机构

砧、穗木切削机构如图 9.76 所示，由旋转切削马达、刀杆、砧木切刀、穗木切刀、砧木切削支点、穗木切削支点等构成。工作时，旋转切削马达带动刀杆作顺时针旋转，刀杆两端的砧木切刀和穗木切刀将砧木苗的生长点及一片子叶及和穗木茎秆同时切掉。砧木生长点和穗木茎秆的切削必须准确、无误、干净，才能保证砧木和穗木有良好的贴合，这是实现较高嫁接成功率的关键，因此在砧木和穗木苗的切削点处都设置有切削支点，以保证实现良好的切削。

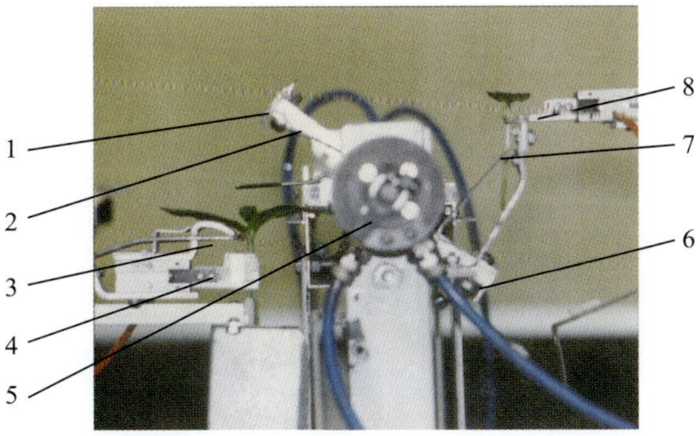

1. 穗木切刀
2. 刀杆
3. 砧木切削支点
4. 砧木机械手爪
5. 旋转切削马达
6. 砧木切刀
7. 穗木切削支点
8. 穗木机械手爪

图 9.76 砧、穗木切削机构

5）自动送夹机构

自动送夹机构如图 9.77 所示，由滑块、滑块挡板、携夹推杆导槽板、滑块推杆导向板、携夹推杆、滑块推杆、携夹推杆导向板、送夹气缸等构成，其功能是将嫁接夹从放夹筒中推出并以张开状态至砧木与穗木贴合嫁接位置，然后闭合，在砧木与穗木贴合处将两棵苗夹紧、固定住。鉴于嫁接苗比较幼嫩，所以用来夹合嫁接苗的塑料夹从张开的状态到闭合夹持固定砧、穗木苗需要轻缓,以避免伤苗。这就需要设计的机械装置具有以下特点:塑料夹在被推出至穗木与砧木贴合位置的过程中处于张开状态,并在贴合嫁接位置张开角度最大,夹子夹合嫁接苗的过程中有缓冲,以减轻对苗产生的冲击。

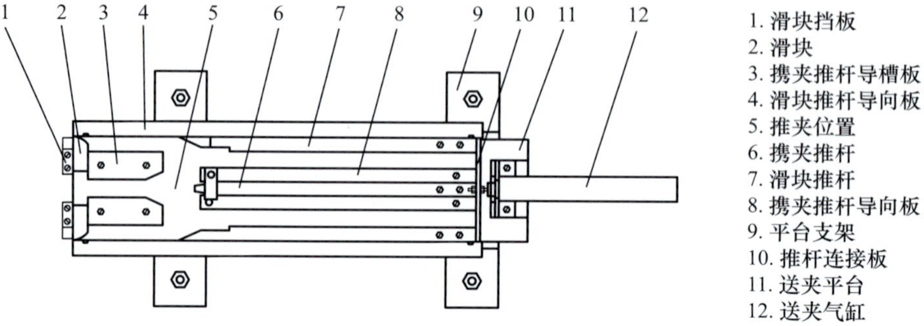

图 9.77　自动送夹机构

图 9.77 所示的自动送夹机构就是针对上述要求进行设计的,其工作过程是:携夹推杆由送夹气缸驱动,将夹子从推夹位置推出,在推出过程中,携夹推杆导槽板迫使夹子张开,当夹子从携夹推杆导槽板中出来时,位于导槽板前端两侧的滑块被滑块推杆以垂直推夹方向向内挤压,当夹子从携夹推杆导槽板中推出时,滑块内端面恰巧与导槽板内端面基本处于一个端面,使夹子能继续平稳地行进,当滑块继续向内挤压夹子尾端,夹子张角变大,待滑块向内移动至极限位置,夹子张角也达到最大,并保持该张角直至嫁接苗位于夹子张开的夹口当中(图 9.78),然后携夹推杆和滑块推杆缩回,夹子闭合,滑块复位;由于夹子在闭合时受到滑块的阻力,夹合的冲击力得到缓冲,嫁接苗被轻轻夹住。至此,完成自动送夹和夹苗固定的一个全过程。

图 9.78　砧、穗木苗贴合夹持

6) 排苗装置

排苗装置如图 9.79 所示,由落苗孔、落苗滑板、输送带构成。嫁接苗从夹合部位垂直落下,经过工作台面上的落苗孔落到落苗滑板上,然后经落苗滑板的斜面滑落到输送带上,再由输送带送出。嫁接完成的苗如图 9.80 所示。

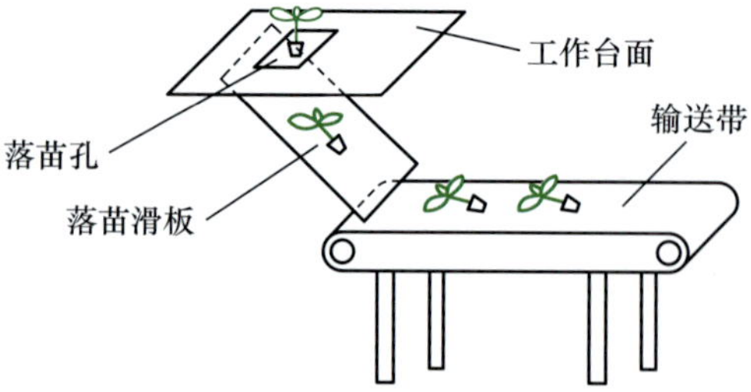

图 9.79　排苗装置

图 9.80　嫁接完成苗

2. 2JSZ-600 型蔬菜嫁接机器人的工作过程

2JSZ-600 型蔬菜嫁接机器人的工作过程如下：

（1）人工将砧木苗和穗木苗分别放在砧木供苗台和穗木供苗台上；

（2）当砧木供苗台和穗木供苗台上的传感器检测到砧木苗和穗木苗都送到位以后，砧木自动搬运机构上的砧木搬运机械手和穗木自动搬运机构上的穗木搬运机械手同时伸出，将砧木供苗台上的砧木苗和穗木供苗台上的穗木苗同时夹持住；

（3）砧木搬运机械手和穗木搬运机械手分别夹持着砧木苗和穗木苗缩回，然后水平旋转90°，砧木苗和穗木苗到达切削位置；

（4）幼苗切削机构做旋转运动，刀架两端的切刀将砧木苗的生长点和一片子叶、穗木苗下端的茎秆同时切掉；

（5）砧木搬运机械手和穗木搬运机械手同时伸出，将砧木苗和穗木苗的切削面对接在一起。

（6）自动送夹机构送出嫁接夹，在砧木苗和穗木苗的贴合处将两者夹持在一起。

（7）砧木搬运机械手和穗木搬运机械手松开夹持，嫁接苗落在排苗机构上，排苗装置将嫁接苗送出，一个嫁接循环完成。

目前 2JSZ-600 型蔬菜嫁接机器人已在我国育苗生产中应用示范和推广（图 9.81）。

图 9.81　2JSZ-600 型蔬菜嫁接机器人在育苗生产中应用

9.3.1.2　双向高速蔬菜嫁接机器人

双向高速蔬菜嫁接机器人是在 2JSZ-600 型蔬菜嫁接机器人的基础上，研制开发的一种低成本、高效率的蔬菜嫁接机（图 9.82）。它增加了一个砧木搬运机械手和一个穗木搬运机械手，与原来的两个砧木、穗木搬送机械手成对称反向分布；通过机械手在嫁接过程中轮换工位与复合作业及作业时间的重叠，达到提高嫁接速度的目的。

1. 双向高速蔬菜嫁接机器人的系统构成

双向高速蔬菜嫁接机器人由砧穗木供苗机构、搬运机构、切削机构以及送夹机构、排苗机构等构成（图 9.83），其中供苗机构、切削机构、送夹机构、排苗机构与 2JSZ-600 型蔬菜嫁接机器人基本类似。双向高速蔬菜嫁接机器人最大的特点在于其砧、穗木搬运机构采用对称分布、

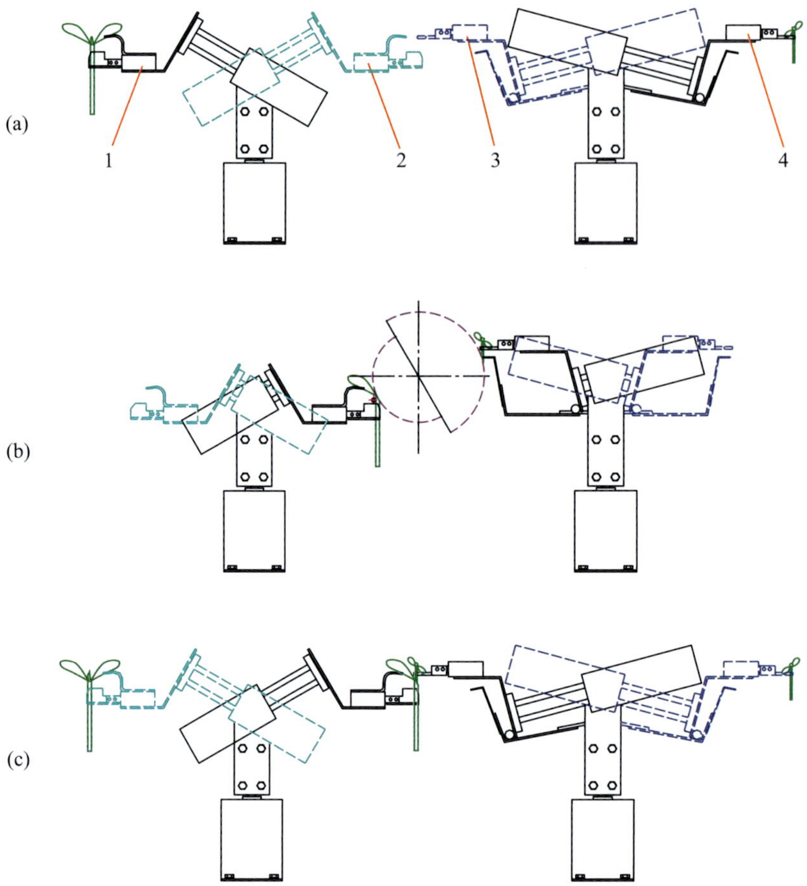

图 9.85　嫁接作业过程示意图

(a) 取苗过程；(b) 切削过程；(c) 手臂 1 贴合同时手臂 2 取苗过程

1. 砧木手臂 1；2. 砧木手臂 2；3. 穗木手臂 2；4. 穗木手臂 1

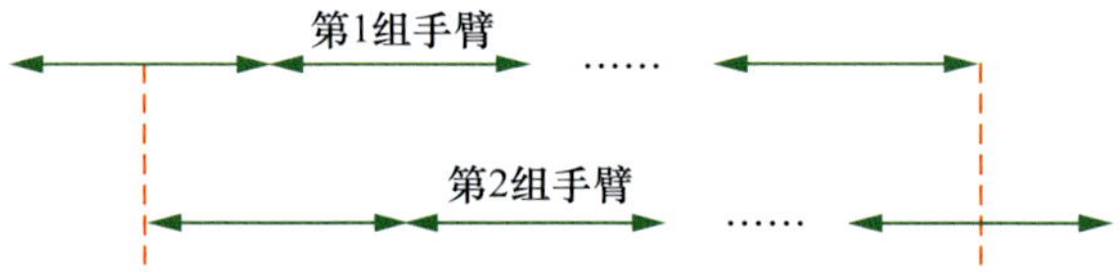

图 9.86　双向高速蔬菜嫁接机器人作业效率示意图

下面通过计算得出双向高速嫁接机器人的理论嫁接速度，并与 2JSZ-600 型单臂嫁接机器人进行比较。设单臂嫁接机器人嫁接 1 株苗所需的时间为 t，双向高速嫁接机器人由于其两组手臂共用供苗台、切削机构和送夹机构，因此两组手臂在工作过程中有相互等待的部分，根据嫁接步骤，在嫁接 2 株苗的过程中，等待时间约为总嫁接时间的 1/4。当嫁接苗的总数为 n 时，单臂嫁接机器人所需的嫁接时间

$$T_1 = t \cdot n \tag{9.29}$$

双向高速嫁接机器人所需的嫁接时间（假定两组机械臂起始任务的时间相差为 $t/2$）

$$T_2 = \frac{t}{2} + \frac{\frac{n-1}{2}t}{1-1/4} + \frac{t}{2} = \frac{2n+1}{3}t \tag{9.30}$$

两种嫁接机的嫁接速度之比

$$\frac{V_2}{V_1}=\frac{T_1}{T_2}=\frac{3n}{2n+1} \tag{9.31}$$

则有

$$\lim_{n\to\infty}\frac{V_2}{V_1}=1.5 \tag{9.32}$$

因此，当嫁接任务很大时，双向高速嫁接机器人在理论上能够使工作效率提高 50%。

实际试验结果表明，与 2JSZ-600 型单臂嫁接机器人相比，双向高速嫁接机器人的嫁接速度提高了 42.3%，与理论计算值基本相当。

9.3.2 营养钵苗嫁接机器人

我国嫁接育苗方式有 3 种：①地面散播育苗，即把种子撒播到土壤中，待幼苗冒土长到合适程度后将砧木和穗木一株一株拔出进行嫁接；②穴盘育苗，即把砧木和穗木种子分别播种在穴盘中，待幼苗冒土长到合适程度后，或将砧木和穗木一株一株拔出进行嫁接，或将穴盘中的穗木幼苗切断后直接嫁接到穴盘中的砧木上；③将砧木种子直接播种到营养钵中，穗木种子播种到穴盘或撒播到土壤中，待砧木幼苗出土长到合适程度，将穴盘或土壤中的穗木幼苗嫁接到营养钵中的砧木幼苗上。营养钵苗嫁接机器人就是针对第三种嫁接育苗方式研发的机械自动嫁接技术。

所研发的营养钵苗嫁接机器人可以用云南黑籽南瓜苗或瓠瓜苗作为砧木，采用营养钵育苗方式；以黄瓜、西瓜、甜瓜等瓜类幼苗为穗木，采用穴盘式育苗方式。嫁接方法为单子叶切除法（图 9.87），砧木要在生长点处切除一片子叶且不伤害另一片子叶，切削过程要保证砧木和穗木的切削角度基本相同，从而使两棵幼苗接合密实。该机器人能够在自动识别砧木生长点的基础上准确迅速地对生长点高度和子叶方向作出判别。

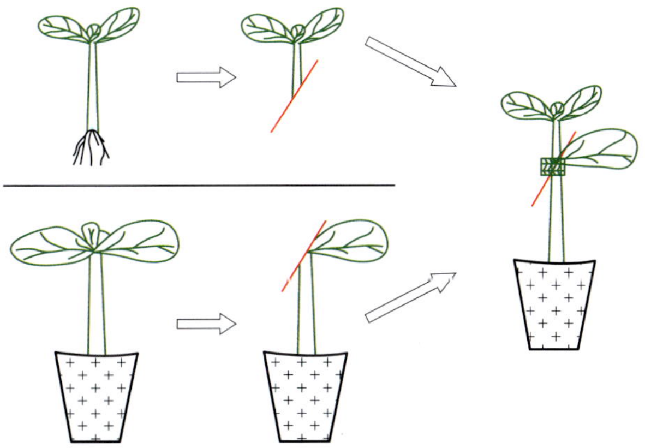

图 9.87 营养钵苗嫁接机器人工作原理图

9.3.2.1 营养钵苗嫁接机器人的系统构成

1. 机器人整体结构

该营养钵苗嫁接机器人的整体结构如图 9.88 所示：砧木用传送带装置来输送，砧木营养钵沿着输送带到达识别台附近，用一机械手将钵苗推送到识别台上；砧木识别台与切削方向的位置，以及穗木供苗台与切削方向的位置之间各相差 90°，这样就可以用两个旋转角为 90°的旋转马达来分别实现砧木和穗木的搬运；而砧木和穗木的切削点安置在同一圆的一条直径的两个端点上，当旋转切削刀旋转时可以同时完成砧木和穗木的切削，同时可以保证砧木和穗木

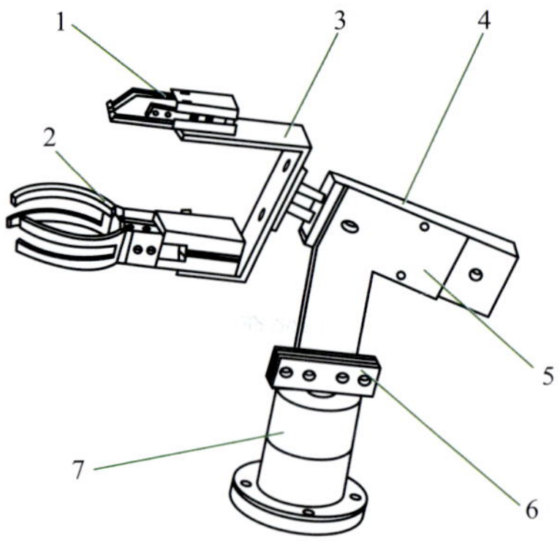

1. 夹苗手爪
2. 夹钵手爪
3. 手爪支撑架
4. 伸缩气缸
5. 气缸支撑架
6. 夹块
7. 旋转气缸

图 9.92 砧木搬运机械手

3）砧、穗木搬运、切削装置

砧木搬运装置将砧木由识别位置搬运到切削位置，而且在切削过程中还要能够起到切削支撑的作用。其具体结构如图 9.92 所示。由于识别位置与切削位置相差 90°，故采用一个 90°的旋转气缸 7 来完成搬运作业。鉴于营养钵育苗的特点，砧木苗和营养钵各用一个机械手（分别为手爪 1 和手爪 2）来夹持。另外，由于伸缩气缸是倾斜安装的，所以在伸缩过程中为了不拉伤苗，还要保证两机械手的相对间距不变。为了解决这一问题，采用了将两个机械手安装在一个伸缩气缸上的方法，这样既保证了高作业精度，又节省了所使用气缸的数量，降低了生产成本。上述方案需要有一个特殊的机械手爪支撑架 3，其上的两个夹取手爪 1 和 2 由同一个电磁阀控制，可以确保动作的一致性。

穗木搬运机构和送夹装置与前述 2JSZ-600 型和双向高速嫁接机器人的结构基本相同，不再赘述。

4）落苗排苗装置

落苗装置的作用是将嫁接完成后的苗平稳地落到排苗机构上，然后由排苗机构将嫁接成苗排出机体外。嫁接完成时的位置即落苗操作的初始位置，落苗机构要完成以上动作，首先需要将嫁接成苗从砧木搬运机械手中接过来。

由于苗生长的高度不同，营养钵到排苗传送带的距离也不相同，所以落苗机构必须能够适应不同高度苗的营养钵位置，将其轻轻放到传送带上而不产生振动。根据上述分析，设计了两个相互啮合的机械手（图 9.93）。在砧木与穗木苗接合的过程中，落苗机械手 1 闭合，然后砧木搬运机械手 2 松开，这样嫁接成苗就由机械手 2 中平稳地转给了机械手 1。根据时序，当送夹操作完成后，落苗气缸缩回，机械手 1 开始下行（图 9.94），当营养钵即将要接触到传送带时，由落苗传感器发出检测信号，机械手 1 收到信号后马上张开，由于此时二者的距离很短，所以苗能够比较平稳地落到传送带上。

1. 落苗机械手
2. 砧木搬运机械手
3. 营养钵

图 9.93 嫁接机器人落苗前的状态

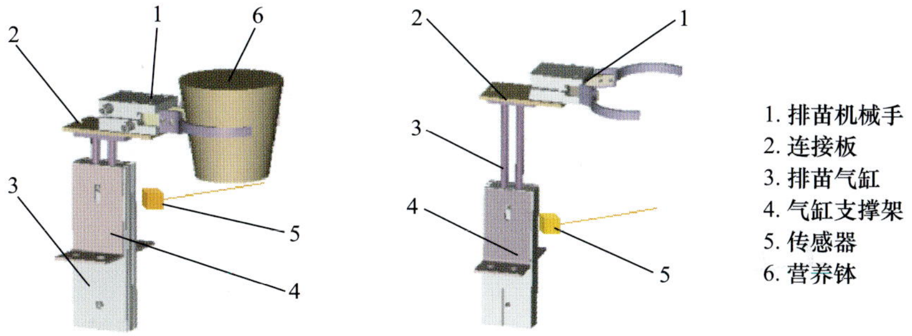

图 9.94 自动放钵装置工作原理图

5）控制系统

营养钵苗嫁接机器人的控制部分采用的是双 CPU 的控制系统，实现了多个动作同时进行并相互协调的并行操作，在保证作业质量的前提下，尽可能地缩短了作业时间，从而使嫁接速度得到提高，嫁接速度可达 360～480 棵/h。

9.3.2.2 营养钵苗嫁接机器人的工作流程

按照作业规范，将一个完整的嫁接过程按作业顺序进行详细划分，各部分之间的动作需相互协调、相互衔接，根据作业要求设计的工作流程如图 9.95 所示。

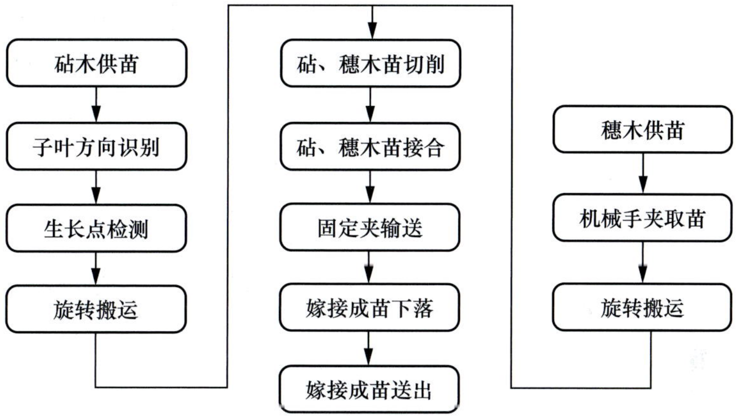

图 9.95 营养钵苗嫁接机器人工作流程

9.4 面向自主行走收获机器人的果园导航关键技术[20]

基于机器视觉的农业机器人导航系统中，路径规划是需要完成的重要任务，即要设计出处理速度快、鲁棒性高的图像识别算法，获取高精度导航线是导航系统作业稳定和可靠的重要保证。移动机构根据系统所规划路径进行相应操作，因此导航线的提取在机器人导航系统研究中显得尤为重要。

农业机器人导航系统需要解决的一个最基本问题是视觉信息的处理，利用机器视觉系统中的摄像机采集获取果园环境场景中的图像，通过导航特征的抽取、识别和理解，提取导航线。

但果园环境复杂多变，图像成像条件差，同时易受自然光照影响，极大地增加果园环境中导航线的生成算法的研究难度。

采摘机器人在复杂的果园环境中进行自主导航，对行走路径识别的准确性和可靠性，将直接影响到导航系统对车体位姿的判断及航向的控制。机器人导航系统中导航路径提取的实质是图像分割，图像分割是图像分析的关键步骤，这是因为图像的分割、目标的分离、特征的提取等将原始图像转化为更抽象更紧凑的形式，使得高层的分析和理解成为可能[56]。

由于果园环境具有非结构性的特点，环境复杂多样，背景多元叠加，易受自然光照、温度等影响，果树大小、形态各异，具有不确定性，这就对实时生成果园导航线提出了较高的要求。因此，本节介绍果园环境中自主行走收获机器人的导航关键技术。

9.4.1 关键目标区域的识别与提取方法

9.4.1.1 果园自主行走机器人导航平台

本研究中的采摘机器人导航系统以电瓶车为机器人移动平台的行走机构，系统的硬件部分主要有 CMOS 彩色摄像机（北京微视公司生产，型号为 MVC1000SAC-GE30）、镜头、转换盒、固定板以及一台笔记本电脑（Intel 酷睿 2 双核，主频 1.2 GHz，内存 1 Gb）。CMOS 摄像机、镜头以及转换盒用来采集数字图像；固定板用来固定摄像机角度；笔记本电脑用于处理图像。固定板置于电瓶车车头正前方，摄像机安装其上。固定板具有弧线凹槽，可灵活调节摄像机高度和拍摄角度。如图 9.96 所示。

图 9.96　苹果采摘机器人导航系统

为了研究方便，前期仿真试验所用图像由上述果园导航视觉系统于不同时间地点、不同天气情况（晴天、阴天）及不同光照条件下（顺光、逆光）采集获取。试验图像采集时间地点分别为：

(1) 2009 年 10 月及 2010 年 6 月，北京市昌平区桃林村苹果园，采集图片格式为 BMP，图像大小为 640×480。

(2) 2010 年 4 月，山西省沁水县南郎村苹果园，采集图片格式为 JPG，图片大小为640×480。

果树根据主干高度分为乔化型和矮化型两种，如图 9.97 所示，左侧为乔化型苹果树，右侧为矮化型苹果树。乔化型果树植株高大，主干高度一般在 50～80 cm，在视野中可以较明显地区分主干与背景；矮化型果树主干高度只有 40～50 cm，无法明显区分主干与背景。根据以上特点，针对乔化型果树可采用突出主树干区域方式，寻找其与地面的交界点作为导航特征，从而生成导航路径的方法。

图 9.97 两种不同类型的苹果树

9.4.1.2 树干区域识别方法

根据果园环境的特点，采用颜色特征因子对果园图像进行分割。应用形态学方法、水平投影法动态检测等方法获得主干区域与导航特征点，最后利用最小二乘法检测左、右两条交界线，通过提取交界线上各行中心点生成机器人行走的导航路径。

在实际应用中，对目标对象的分割一般采用能突出其颜色特征的灰度图像，随后对灰度图像进行分割，从而实现对目标对象的识别。

目前虽有多种颜色空间用于彩色图像处理，但由于无论哪一种都无法替代其他的颜色空间而适用于所有彩色图像处理，故选择最佳的颜色空间是彩色图像分割的一个难题。由上述可知，果园环境复杂多变，背景多元叠加，树干较为挺拔，但并非为严格的直线，同时由于光线影响，致使地面出现影子，而影子部分的灰度往往与树干底部背阴面的较为相近，树干底部朝阳面的灰度又往往与地面土壤灰度近似，增加了图像分割的难度。仅使用灰度处理的方法难以实现理想的分割效果。

针对本研究的果园环境进行分析，苹果树多采用密植方式进行栽培，但不同的品种具有不同的生长形态，山西省沁水县南郎村苹果园嘎啦和富士品种混栽，果树具有乔化树的特点，树主干高 70～80 cm，基于这一特点，将树干的主干区域作为研究的目标对象，突出“主干”这一主体，忽略细小树枝部分等次要特征。为了寻找适合的分割因子，研究树干与背景区域的颜色特征，通过剖线图法进行分析，如图 9.98 所示。

对直线 L 所在行的所有像素作线剖图，其中红色曲线和蓝色曲线分别为像素在 R 和 B 分量上的灰度值。黄色曲线代表 $R-B$ 的值。从图 9.98(b)中容易发现，图像树干区域的红色分量 R 和蓝色分量 B 差别不大，而土壤部分明显可看出 R 分量大于 B 分量。$R-B$ 可以较好地分割树干区域和果园背景。通过黄色曲线可看出，$R-B$ 分量在树干区域明显呈现峰谷状，而在土壤等主要背景区域较为缓和。虽然该颜色因子对树叶的检测不敏感，但树叶大部分位于主干之上，通过后续算法不会影响识别精度。同时，果园剪枝修整时掉落在土壤中的枝条会在分割过程中产生少量噪声，可以通过后期算法进行消除。

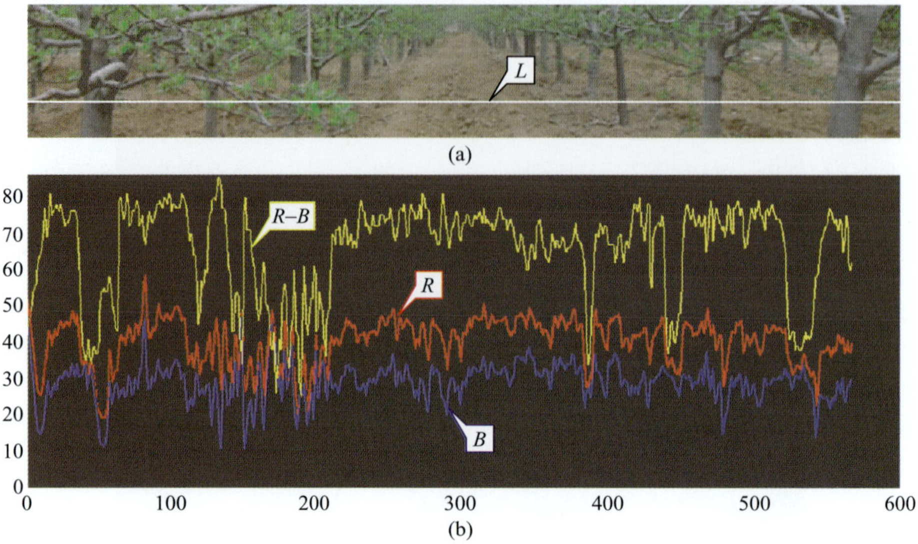

图 9.98　果园图像线剖图

(a) 果园图像；(b) 颜色分量 R、B 及颜色因子 $R-B$ 线剖图

采用 $R-B$ 颜色因子对原始图像灰度化后，利用二维 Otsu 算法[57]获取最优分割阈值并对灰度图像进行二值化，实现树干区域的提取。该算法既利用图像像素点间的灰度分布信息，又考虑了像素点间的空间相关信息，分割效果优于一维 Otsu 算法，如图 9.99 所示。

图 9.99　果园图像二值化

(a) 原始图像；(b) 灰度化图像；(c) 一维 Otsu 算法分割效果；(d) 二维 Otsu 算法分割效果

9.4.1.3 主干区域检测及特征点提取技术

由于土壤中存在少量枯枝、杂草等，进行图像分割后被误识别产生少量噪声，同时细小树枝也易形成噪声点。为避免噪声对主干特征点提取的影响，在获取主干区域前，需对图像进行适当的预处理。

数学形态学是指以形态为基础对图像进行分析的一种图像处理方法。其基本思想是利用具有形态的结构元素，去度量和提取图像中的对应形状，以达到对图像分析和识别的目的[58]。数学形态学在图像中的主要应用是改善图像质量和分析图像几何特征。膨胀和腐蚀是形态学图像处理的基础。

腐蚀在数学形态学中的作用是消除物体边界点、使边界向内收缩的过程，可以将图像中小于结构元素值的较小噪声去除。

设给定二值图像 X 和结构元素 B，其中 B 可以由任何一种形状图形构成且其内元素值为 0 或 1。使用符号 $\otimes$ 表示腐蚀运算，则其定义如下：

$$S=X\otimes B=\{x,y\mid B_{xy}\subseteq X\} \tag{9.33}$$

式(9.33)中 S 表示腐蚀后的二值图像的集合。这一运算过程的含义是用 B 来腐蚀 X 得到集合 S，就是拖动结构元素 B 在图像域 X 中移动，如果结构元素完全被包含在目标图像 X 中，则保留目标图像中对应于中心点的像素值，否则删除像素点。

膨胀的作用与腐蚀正好相反，它是对二值化物体边界点进行扩充的过程。使用符号 $\oplus$ 表示膨胀运算，则其定义如下：

$$S=X\oplus B=\{x,y\mid B_{xy}\cap X\neq\varnothing\} \tag{9.34}$$

同样的，式(9.34)中的 S 表示膨胀后的二值图像的集合。这一运算过程的含义是用 B 来膨胀 X 得到集合 S，就是拖动结构元素 B 在图像域 X 中移动，在每个位置上，若结构元素 B 与目标图像 X 至少有一个像素相交，则保留目标图像中对应于中心的像素点，从而达到使物体边界向外扩张的效果。

针对本研究处理的果园二值分割图像，如图 9.99(d) 所示，背景中存在大量由枯枝、落叶、杂草等形成的噪声点，因此考虑使用膨胀、腐蚀的方法来消除这些噪声的影响。为了寻找适合的结构元素，结合果园图像的特点，选用 3×3 像素和 3×1 像素结构元素进行腐蚀试验。图 9.100 为腐蚀结构元素，图 9.101 为腐蚀试验结果。

1	1	1
1	1	1
1	1	1

(a)

1
1
1

(b)

图 9.100 图像腐蚀结构元素

(a) 3×3 像素；(b) 3×1 像素

(a) (b) (c)

图 9.101 果园二值图像腐蚀效果

(a) 果园二值分割图像；(b) 3×3 像素腐蚀效果；(c) 3×1 像素腐蚀效果

从试验结果可看出，通过腐蚀，土壤中的噪声得到了一定程度上的抑制。使用 3×3 像素结构元素的腐蚀具有明显降噪效果，但主干部分被严重细化，甚至有部分主干出现被“切分”的情况，而使用 3×1 像素结构元素的腐蚀图像较好地起到降噪与突出主干信息的作用，不足之处在于加大了树干内部的孔洞。

1	1	1				
1	1	1		1	1	1
1	1	1				
(a)				(b)		

图 9.102　图像膨胀结构元素

(a) 3×3 像素；(b) 1×3 像素

为了进一步凸显主干部分，有效填充孔洞，采用 3×3 像素和 1×3 像素结构元素进行膨胀试验。图 9.102 为膨胀结构元素，图 9.103 为膨胀试验结果。

(a)　(b)　(c)

图 9.103　果园二值图像膨胀效果

(a) 果园二值分割图像；(b) 3×3 像素膨胀效果；(c) 1×3 像素膨胀效果

从试验效果中可以看出，通过膨胀，主干部分变粗，同时树干内部的孔洞得到了较好的填充。使用 1×3 像素结构元素的效果明显优于 3×3 像素结构元素，原因在于经过 3×3 像素结构元素膨胀后，土壤噪声严重增加。

通过对上述膨胀和腐蚀试验分析可知，单一选取结构元素进行膨胀或腐蚀运算，不能满足算法要求，考虑采用开运算和闭运算对图像进行处理。开运算是指先腐蚀后膨胀的过程，闭运算则是先膨胀后腐蚀的过程。下面采用 3×1 像素结构元素与 1×3 像素结构元素对图像进行两次开、闭运算，试验效果如图 9.104 所示。

(a)　(b)　(c)

图 9.104　果园二值图像开、闭运算效果

(a) 果园二值分割图像；(b) 开运算效果；(c) 闭运算效果

从图 9.104 可看出，与单一的膨胀或者腐蚀运算相比，通过开或闭运算，不仅能有效地突出主干信息，同时还能去除噪声，效果要优于前二者。通过开运算，先腐蚀以有效去除细小树枝、枯枝等影响，外部噪声得以较好抑制；同时沿主干生长方向膨胀可以明显突出主干并消除空洞。

综上所述，在果园图像形态学处理步骤中，选择先腐蚀后膨胀的开运算进行处理，并选用

3×1 像素结构元素与 1×3 像素结构元素。

经上述数学形态学处理后的二值图像中，仍有部分噪声点的存在，容易造成后续特征点提取的误判，应予以去除。和树干区域相比，这些噪声的面积较小，可根据面积特征进行除噪。

设二值图像中区域 A 的面积为区域 A 中所包含的像素点数，则去除噪声的算法步骤如下：

(1) 通过对二值图像中的每个区域进行标记操作(标号)，求得区域的数目；

(2) 计算每个区域的面积(所包含的像素个数)；

(3) 去除二值图像中面积小于最大面积 1/15 的区域。

图 9.105(a)为去除噪声后的果园二值图像效果图。可以看出，主树干底部与地面的交接点大都集中于图像的下半部，主树干区域呈渐远渐小变化的趋势，而图像上半部分为细小的枝干与天空等背景。为了实现凸显主树干区域这一目标，进而舍弃果树的局部特征，采用水平投影法实现主干区域的提取。实现步骤如下：

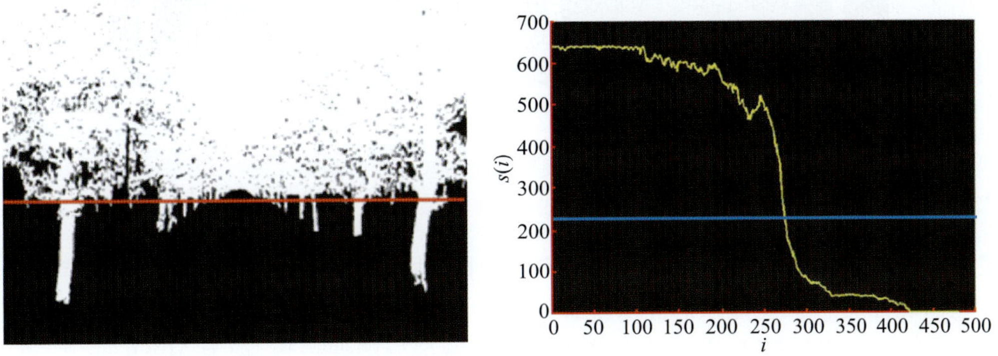

(a) (b)

图 9.105 利用水平投影法检测主树干区域

(a) 去除噪声后的果园二值图像；(b) 各行水平投影值分布图

设图像分辨率为 $M \times N$，$I(i,j)$为图像上点(i,j)处的灰度值。对二值图像进行逐行扫描，计算每一行的水平投影值 $s(i)$，即

$$s(i) = \sum_{j=1}^{M} I(i,j) \qquad i = 1,2,\cdots,N \tag{9.35}$$

选取合适的阈值 T，若 $s(i) > T$，认为该行不是主树干区域；否则认为是。

图 9.105(b)黄色曲线代表各行水平投影值的分布，从图中容易看出，图像中下部区域中出现行水平投影值急剧下降处，该处即为主干区域与细小枝干、天空背景等分界处。由于该水平投影曲线在图像中下部表现变化剧烈，其他部分虽有小范围波动，但变化不明显，因此通过计算水平投影曲线一阶导数最大值，获取阈值 T。

图 9.105(b)中，横坐标表示行数 i，其值范围为 $1 \sim N$，纵坐标表示每一行的水平投影值 $s(i)$，其值范围为 $1 \sim M$。阈值 T 求取公式为

$$T = \max[s(k) - s(k-1)] \qquad k = 2,\cdots,N \tag{9.36}$$

在实际处理中，通过计算确定阈值 T 后，当水平投影值小于等于该阈值时，则记录该处行

值大小。将该行以下的像素值保留，实现对主干区域的提取。若在图像 $N-h$ 处水平投影值小于设定阈值，则提取主干区域部分图像，后续处理分析图像分辨率为 $M\times h$。

对图 9.105(a)利用水平投影法检测后，根据阈值求取公式获得阈值 T 为 265，如图 9.105(b)中蓝色直线所示。此蓝色直线与黄色曲线交点的纵坐标 210，即为主干区域与其余背景区域的临界，图 9.105(a)中用红色直线将其进行区分。

根据乔化树种主干明显、易于区分、树干直立的特点，可以将主干与地面的交点作为特征点来表示果树，以减少计算量。由于细小枝干的影响，提取主干后的图像中仍存在极少数小面积的噪声，故仍采用面积阈值的方法，去除面积小于最大面积 1/80 的区域，这样获得主干区域明显的二值图像，如图 9.106 所示。图 9.106(a)中，上半部分非主干区域的树枝经上述方法检测后仍存在部分残留，图 9.106(b)为经过面积去噪后的效果，细小枝干已有效被去除。

图 9.106 去噪后的主干区域二值图像

(a) 主干区域二值图像；(b) 面积去噪后的效果

经过水平投影法检测及二次去噪后，获得主干区域较为明显的主干区域二值图像。以各主干与地面交点为特征点提取的算法步骤如下：

(1) 设置一个空矩阵 $\boldsymbol{P}$，其大小与提取主干区域部分图像一致，记为 $\boldsymbol{M}\times\boldsymbol{h}$。

(2) 对去除噪声的图像进行区域标记，并按各个区域逐一进行扫描，认为每个区域代表每一个具有主干特征的果树。设图像中存在 n 个区域。

(3) 对于已标记的某一区域 k，按 h 行逐行扫描，设当前所在行是第 i 行，则按 $\boldsymbol{M}$ 列的顺序逐一进行检测，若当前检测点(i,j)的像素值为 k，同时满足点$(i,j-1)$处的像素值及点$(i+1,j)$处的像素值皆为 0 时，则认为该检测点符合主干与地面交点的特征(简称为候选点)。其中 $i=1,2,\cdots,h-1,j=2,3,\cdots,M,k=1,2,\cdots,n$。

(4) 将某一区域 k 中所有符合条件的候选点的对应坐标值存入空矩阵 $\boldsymbol{P}$ 中，再次检测，搜索横坐标值最大的点，即寻找满足条件点中最接近地面的点来代表果树，并将其余点转换为背景点。

(5) 如果检测区域 $k=n$ 时，则不再继续搜索。否则，返回(3)继续执行。

图 9.107 所示为利用上述方法对图 9.106(b)进行特征点提取后的效果图，红色点表示算

图 9.107 特征点检测效果图

法检测到的特征点。由图可知，用上述方法选取的特征点，满足一个良好的特征具备的可区别性、可靠性、独立性、数量少等基本要求。

9.4.2 导航线提取方法

通过 9.4.1 中的方法步骤进行特征点扫描检测后，每个果树区域内都会产生一个唯一特征点来表示果树。通过对比拍摄于相近位置、不同时间、不同地区苹果园的 60 幅照片发现，两旁的果树即树干底部与地面的交点依概率分布于图像两侧。因此，对特征点进行分类时，首先采用以图像垂直中线（即图像总列数的 1/2 处）为基准线对特征点进行分类，当特征点位于图像左侧时，则将其对应坐标值存入数组 Q_1；反之，当特征点位于图像右侧时，则对应坐标值存入数组 Q_2。

和农作物类似，果树自然形成的行基本上为直线，同样的，相对于移动机器人前进方向局部范围内近似呈直线，因此一般可以使用直线路径模型进行研究[3]。目前最常用的检测直线的方法有最小二乘法、霍夫变换及其他的一些变换形式。本研究提取果树底部与地面的交点作为特征点，在视野范围内特征点数不多且杂点较少，因此采用检测速度快、精度高的最小二乘法检测左、右两条交界线。

最小二乘法是一种较为精确和常用的曲线拟合方法，其应用原理是：在忽略自变量 x_i 测量误差的前提下，对等精度测量得到的因变量 y_i，拟合曲线 $y=f(x)$ 使得与 x_i 相应的测量值 y_i 与曲线上 $x=x_i$ 对应的点 $f(x_i)$ 之差 $y_i-f(x_i)$（残差）的平方和最小，即 $S=\sum[y_i-f(x_i)]^2\rightarrow\min$ 时，所得拟合公式为最佳经验公式[59]。

设直线函数 $f(x)$ 的表达式为 $f(x)=kx+b$，利用最小二乘法拟合直线计算过程如下。

当 $S=\sum[y_i-f(x_i)]^2\rightarrow\min$，有

$$\begin{cases}\dfrac{\partial S}{\partial k}=-2\sum(y_i-b-kx_i)x_i=0\\ \dfrac{\partial S}{\partial b}=-2\sum(y_i-b-kx_i)=0\end{cases}\tag{9.37}$$

由此可推得拟合直线斜率 k 与截距 b：

$$\begin{cases}k=\dfrac{\sum x_i\sum y_i-n\sum x_iy_i}{(\sum x_i)^2-n\sum x_i^2}\\ b=\dfrac{\sum x_iy_i\sum x_i-\sum y_i\sum x_i^2}{(\sum x_i)^2-n\sum x_i^2}\end{cases}\tag{9.38}$$

本研究中，利用最小二乘法将代表果树的特征点拟合出左、右交界线，最终通过提取交界线上各行中心点生成机器人的果园导航路径，如图 9.108 所示。图 9.108(c)中，黄点表示由识别算法检测所得的果树树干底部与地面的交点，两条蓝色直线分别表示特征点拟合生成的左、右交界线，红色直线表示果园导航线。

干扰有较强的抑制。

分析导航线提取失败的8幅图像(均为在北京市昌平区桃林村苹果园拍摄),失败的主要原因是果园背景过于复杂,果树旁搭有铁杆,易造成分割后主干区域的邻接,减少了特征点,造成检测错误。其次是由于光照影响,树上存在较多阴影区域,导致树枝干和树叶颜色接近,造成图像误分割。如图9.111所示,图9.111(a)和(b)中左侧为乔化型苹果树,右侧为矮化型苹果树,利用算法对该果园图像提取导航路径时左侧交线检测准确,右侧交线向下偏移,最终导致生成的导航线向左偏移。由于右侧矮化型苹果树主干部分不明显,分割时造成大片区域相连,造成了误识别,减少了有效特征点数,从而使生成右交线有较大的误差。由此可知,本研究提出的果园路径导航算法不适用于矮化树型、地面杂草较多且环境极其复杂的果园。

(a) (b)

图9.111 两种不同类型的苹果树导航路径识别

(a)分割及特征点提取效果图;(b)导航线生成效果图

为了验证该导航路径识别算法的可靠性,采用同一图像人工拟合理想最佳导航线的方法,与仿真结果对比。取两种果园环境的图片各4幅,利用Matlab人工获得理想最佳导航线角度,以此为基准,分析算法生成的导航角度与理想最佳导航角度的差异,如表9.9所示。可知仿真生成导航线与理想最佳导航线的平均相对偏差率在1.86%。

表9.9 仿真试验与人工识别结果对比

果园环境	图片序号	仿真生成导航线角度/(°)	理想导航线角度/(°)	偏差/(°)	偏差率/%
北京市昌平区桃林村(图9.109等)	1	113.2	110.6	2.6	2.35
	2	106.9	103.6	3.3	3.19
	3	94.1	97.2	3.1	3.19
	4	80.7	83.8	3.1	3.70
山西省沁水县南郎村(图9.110等)	5	82.5	83.9	0.6	0.72
	6	86.1	85.7	0.3	0.35
	7	93.8	92.6	1.2	1.30
	8	87.5	86.8	0.7	0.81

以上仿真结果表明,该算法在非结构化的果园环境中能通过检测树干底部与地面的交点,有效地利用最小二乘法进行直线检测,提取路径导航线,所生成的导航线符合人眼判断规律。

参考文献

[1] Schertz C E, Brown G K. Basic considerations in mechanizing citrus harvest. Transactions of the ASAE, 1968,11(2):343-346.

[2] 姜丽萍,陈树人. 果实采摘机器人的研究综述. 农业装备技术, 2006,32(1):8-10.

[3] 司永胜. 苹果采摘机器人果实识别与定位技术研究:博士学位论文. 北京:中国农业大学,2010.

[4] 王雅琴,高华. 自然环境下水果图像分割与定位研究. 计算机工程,2004,30(13):128-129.

[5] 司永胜,乔军,刘刚. 基于机器视觉的苹果采摘机器人果实识别与定位方法. 农业机械学报,2010,41(9):148-153.

[6] 司永胜,乔军,刘刚,等. 基于机器视觉的苹果识别和形状特征提取. 农业机械学报,2009,40(8):161-165.

[7] Bulanon D M, Kataokab T, Ota Y, et al. A segmentation algorithm for the automatic recognition of Fuji apples at harvest. Biosystems Engineering, 2002, 83(4):405-412.

[8] Stajnko D, Lakotaa M, Ho E M. Estimation of number and diameter of apple fruits in an orchard during the growing season by thermal imaging. Computers and Electronics in Agriculture,2004,42(1):31-42.

[9] Jiménez A R, Ceres R, Pons J L. A survey of computer vision methods for locating fruit on trees. Transactions of the ASAE,2000,43(6):1911-1920.

[10] Jiménez A R, Ceres R, Pons J L. A vision system based on a laser range-finder applied to robotic fruit harvesting. Machine Vision and Applications,2000,11(6):321-329.

[11] 尹建军,毛罕平,王新忠,等. 不同生长状态下多目标番茄图像的自动分割方法. 农业工程学报,2006,22(10):149-153.

[12] 赵晓霞. 桃子果实图像算法研究:博士学位论文. 北京:中国农业大学,2008.

[13] 蔡健荣,周小军,李玉良,等. 基于机器视觉自然场景下成熟柑橘识别. 农业工程学报,2008,24(1):175-178.

[14] 赵杰文,刘木华,杨国彬. 基于HSI颜色特征的田间成熟番茄识别技术. 农业机械学报,2004,35(5):122-124.

[15] 吴越,赵宇明,朱锴. 一种分阶段的形态学图像分割算法. 红外与激光工程,2004,33(6):607-610.

[16] Alessio Plebe, Giorgio Grasso. Localization of spherical fruits for robotic harvesting. Machine Vision and Applications, 2001,13(2):70-79.

[17] Paulo F U Gotardo, Olga R P Bellon, Luciano Silva. Range image segmentation by surface extraction using an improved robust estimator. Proceedings of the 2003 IEEE Computer Society Conference on Computer Vision and Pattern Recognition, 2003:33-38.

[18] 王小平. 遗传算法——理论、应用与软件实现. 西安:西安交通大学出版社,2002.

[19] 李弼程. 智能图像处理技术. 北京:电子工业出版社, 2004.

[20] 何蓓. 苹果采摘机器人视觉传感器与果园导航路径识别技术研究:硕士学位论文. 北京:中国农业大学,2011.

[21] 刘兆祥,刘刚,乔军,等. 苹果采摘机器人三维视觉传感器设计. 农业机械学报,2010,41(2):171-175.

[22] 张立彬,王志恒,杨庆华,等. 气动柔性五自由度手指运动分析及控制. 中国机械工程,2008,22: 2661-2665.

[23] 金寅德. 基于 FPA 的气动柔性苹果采摘末端执行器研究:硕士学位论文. 杭州:浙江工业大学,2010.

[24] 杨庆华,金寅德,钱少明,等. 基于气动柔性驱动器的苹果采摘末端执行器研究. 农业机械学报,2010,41(9):154-158.

[25] 寿华梁. 农业采摘机械臂关节伺服控制系统研究:硕士学位论文. 杭州:浙江工业大学,2009.

[26] http://bbs. shuiguobang. com/forum. php? mod=viewthread&tid=46640.

[27] 李斌, Wang Ning, 汪懋华,等. 基于单目视觉的田间菠萝果实识别. 农业工程学报,2010,26(10):345-349.

[28] 马颂德. 计算机视觉:计算理论与算法基础. 北京:科学出版社,2003.

[29] 陈胜勇. 基于 OpenCV 的计算机视觉技术实现. 北京:科学出版社,2008.

[30] Li Bin, Wang Maohua, Li Li. A real-time pineapple matching method based on speeded-up robust features. The 2010 Computational Intelligence and Security Annual International Meeting (Presentation delivered),2010.

[31] Li Bin, Wang Ning, Wang Maohua. Development of a real-time fruit recognition system for pineapple harvesting robots. The 2010 American Society of Agricultural and Biological Engineers Annual International Meeting, Pittsburgh, Pennsylvania, June 20-23, 2010.

[32] 中国农业大学. 一种菠萝采摘机械手爪:中国,CN200920246396. 2. 2010-6-16.

[33] 小林研,小野田明彦,铃木正肚,等. ウリ科野菜用接ぎ木装置の开发(第 4 报) ——实证试验と实用机の普及. 农业机械学会誌, 1996,58(3): 59-68.

[34] 张品端. 日本的蔬菜嫁接机器人. 机器人技术与应用, 1997, 2(5): 11-14.

[35] 三代满. 自动接ぎ木装置. 农业机械学会誌, 1997, 59(2): 113-114.

[36] 西浦芳史, 穗波信雄, 等. 接き木苗生产机械化に关すゐ研究(第 4 报)——接き木操作の自动机械化. 农业机械学会誌, 1999, 61(6): 103-112.

[37] 张铁中, 徐丽明. 大有前景的蔬菜自动嫁接机器人技术. 机器人技术与应用, 2001, 6(2):14-15.

[38] 森川信也, 西浦芳史, 藤浦建史. 果菜类用简易接ぎ木装置に关する研究(第 1 报)——割り接ぎ用台木切断器具の试作. 农业机械学会誌, 2004, 66(1): 82-89.

[39] 森川信也, 西浦芳史, 藤浦建史. 果菜类用简易接ぎ木装置に关する研究(第 2 报)——割り接ぎ用穗木切断装置の试作. 农业机械学会誌, 2004, 66(2): 105-111.

[40] 辜松. 2JC2350 型蔬菜插接式自动嫁接机的研究. 农业工程学报，2006,22(12)：103-106.

[41] 李明，戴思慧，汤楚宙，等. 苗木嫁接机器人切削机构模拟试验. 农业工程学报，2008，24(6)：129-132.

[42] 张铁中. 蔬菜自动嫁接技术研究Ⅰ：嫁接苗特性试验与机械设计方案选择. 中国农业大学学报，1996，1(6)：26-29.

[43] 张铁中. 蔬菜自动嫁接技术研究Ⅱ：嫁接装置的机构设计与试验. 中国农业大学学报，1996，1(6)：30-33.

[44] 张铁中，徐丽明，方贤法. 蔬菜自动嫁接技术研究Ⅲ：生长点切除机构的优化设计. 中国农业大学学报，1997，2(6)：63-65.

[45] 罗辉. 双臂嫁接机及其仿真系统的研究：硕士学位论文. 北京：中国农业大学，2003.

[46] 闫俊杰，张铁中. 基于双 CPU 的营养钵苗嫁接机器人控制系统. 中国农业大学学报，2004,9(5)：59-61.

[47] 谭妮克，张铁中，杨丽. 蔬菜嫁接机器人砧、穗木套管式接合装置的设计. 中国农业大学学报，2005,10(5)：85-88.

[48] 杨丽，张铁中. 组培苗移植机器人的运动学求解. 农业机械学报，2007，38(7)：94-98.

[49] 赵颖，孙群，张铁中. 营养钵茄苗嫁接机器人机械系统设计与试验. 农业机械学报，2007，38(9)：94-97，93.

[50] 赵颖，孙群，张铁中. 营养钵茄苗嫁接机器人控制系统设计. 农业机械学报，2007，38(12)，225-228.

[51] 赵燕平，张铁中，杨丽. 条接条嫁接砧木苗切削阻力试验研究. 农机化研究，2008(7)：146-148.

[52] 杨丽，张铁中，张凯良. 组培苗移植机器人移苗作业轨迹规划. 农业机械学报，2008，39(9)：112-117.

[53] 赵燕平，张铁中，王红英. 树苗自动嫁接机砧木切削机构研究. 农业工程学报，2008，24(9)：79-83.

[54] 杨丽，张铁中. 西红柿嫁接机控制系统的设计. 农机化研究，2008(12)：79-82.

[55] 杨丽，刘长青，张铁中. 双臂蔬菜嫁接机设计与试验. 农业机械学报，2009，40(9)：175-181.

[56] 章毓晋. 图像工程(中册). 北京：清华大学出版社，2006.

[57] Otsu N. A threshold selection method from gray-level histogram. IEEE Trans SMC，1979,9(1)：62-66.

[58] Serra J. Image Analysis and Mathematical Morphology. New York：Academic Press. 1982.

[59] 党兴菊，吴文良. 最小二乘法拟合直线公式的初等推导. 重庆科技学院学报(自然科学版)，2010,12(4)：185-187.

第10章

精细喷药技术与装备

10.1 自动对靶喷雾技术与机具

我国是个发展中的农业大国，人口众多，耕地资源少，人均耕地面积不足世界平均数的1/7，且农作物病虫草害发生频繁，直接和间接损失非常巨大。因此，加强植物保护工作，提高农产品产量和质量，是保证农业丰产、增收，发展农村经济的关键之一[1]。

使用农药(各种杀虫剂、杀菌剂、除草剂等)进行化学防治在世界各国一直占主导地位，它投资较少，防治迅速，特别是当大面积、暴发性病虫害发生时，只有化学防治才能取得较好的效果，为国家挽回巨大的粮食和经济损失[2]。

果树是病虫害发生次数和防治次数最多的作物之一，如苹果、桃等果树，每年需要喷洒各类农药十余次。由于缺乏适用于果园的喷雾机械，目前采用的人工、大容量连续喷洒方式，不仅劳动强度大，作业效率低，更严重的是农药有效利用率低，污染了环境。国内外专家对果树施药技术的研究表明，目前这种“雨淋式”的喷洒方式，由于喷雾量太大，雾滴粗，难以沉积在作物表面，真正附着在果树上的药液量不到喷洒总量的20%，绝大部分药液流淌到地面，造成了大量的农药浪费，加剧了对农业生态环境的污染[3,4]。

目前在我国植保机械中占主导地位的手动喷雾器作业效率极低，喷洒效果差，喷施过程中农药分布不均匀度高达46.56%，已经越来越不适应果业病虫草害规模化防治的要求[5]。

环境保护和可持续发展是21世纪农业发展的主要任务。因此，开展果树高效施药技术和机具研究开发，采用果树自动对靶、静电喷雾等先进技术，研制作业效率高、适合果树病虫草害规模化防治的施药机械，对于增强我国农业抗御病虫草害的能力，提高农药有效利用率，减少农药用量，改善农业生态环境，提高农产品安全性，缩小与国外先进水平之间的差距，促进农业的持续、稳定发展和农村劳动力的进一步解放，都具有重要的意义[6]。

10.1.1 国内外自动对靶喷雾技术研究现状

20 世纪 70 年代美国和前苏联等国就已开始自动对靶喷药的试验研究。美国于 1981 年试制了间歇喷雾机。其目标探测技术采用光电传感探测技术，可以根据目标物的有无实现喷雾控制，达到对靶喷雾的目的。与连续喷雾相比，可以节省药液 24%～51%，省药率与作物种植形态有关。1983 年前苏联研制成功间歇式风送喷雾机，其目标探测技术采用超声传感探测技术，而且利用的是双向超声传感器。该间歇喷雾机对树冠不连的果树可实现对靶喷雾，节省用药量可达 50%。1990 年美国对原有的光电探测式间歇喷雾机加以改进，用于自动喷洒除草剂，亦取得了较好的省药效果，这一研究工作一直延续到 90 年代后期，并有了新的发展，1997 年美国把图像处理与喷雾技术相结合，根据作物的形态的图像特征来优化喷洒控制，进一步提高了喷洒效率。日本也于 1994 年研制了自走式间歇风送喷雾机，用于果园喷雾，采用的目标探测技术是光电传感探测技术。国内中国农业大学、江苏大学等从 90 年代中期就开始了对靶喷雾的相关研究，1997 年研制成功采用超声波与红外线探测技术的对靶喷雾试验台，还涉及图像处理等技术；吉林工业大学 1999 年也开展了棉田病虫害的图像识别处理研究工作[7-12]。

概括而言，自动对靶喷雾技术就是目标物探测与喷雾技术和自动控制技术的结合。可用于植株目标探测的探测器有光电传感器、超声传感器、微波传感器和图像处理器等多种。其中图像处理所能获取的信息量最大，可以达到识别作物形态、种类和作物部位的要求，能为精确定位和精确控制提供控制信息。但目前图像处理技术的实际应用尚仅仅限于固定空间场合的作物病虫害监测，而没有实际用于田间移动式自动施药机械，这也是目前发达的欧美国家正在研究的技术课题。主要原因在于把图像处理技术实用于自动施药机械尚存在三大难题：一是图像获取器件价格昂贵，使用经济性较差；二是图像获取器件的镜面容易沾上灰尘、水珠和药滴等，这会严重影响处理与使用效果；三是目前的图像信息处理速度还不能满足实时控制的要求，尽管采用图像处理芯片在技术上可以提高处理速度，但经济性较差，没有市场前景。所以图像处理技术和识别技术用于对靶喷雾目前还处在研究阶段。微波探测技术由于受到通信等限制，加上控制技术复杂、使用经济性较差，尚不宜用于农业生产。超声、光电探测技术特别是红外探测技术的复杂性上要低于其他探测技术，且受云雾、雨水与飞尘等的影响小，而且可以简化控制电路，有商品化应用前景[13-16]。

10.1.2 自动对靶喷雾机系统体系结构和组成

果园自动对靶静电喷雾机采用的是红外对靶喷雾控制技术。考虑到在果园中作业的灵活性与经济性，确定果园自动对靶喷雾机整机结构为悬挂式，与具有后置动力输出轴的中小马力拖拉机悬挂连接，标准转速动力输出驱动增速器，增速器增速后驱动风机并通过皮带与液泵连接。果园自动对靶喷雾机主要由机架、药箱、液泵、风机、低量喷头和静电系统、对靶系统和喷雾控制系统等部分组成，其整体结构如图 10.1 所示，药箱容积 250 L，整机外形尺寸为 1 500 mm×1 000 mm×1 200 mm。

液泵采用隔膜泵，这种泵工作时药液不与精密运动件接触，使用可靠性好，且具备可以短时间脱水运转的优点。

为使果树叶片充分翻动，提高雾滴在果树树膛内的穿透性，需要风机提供足够的风量和风速，为此选用风量大、质量较轻的轴流风机。风机出风口的上、下导流板角度可调，以适应不同的果树高度。为保证操作者安全，风机的进风口和出风口均安装安全防护网。

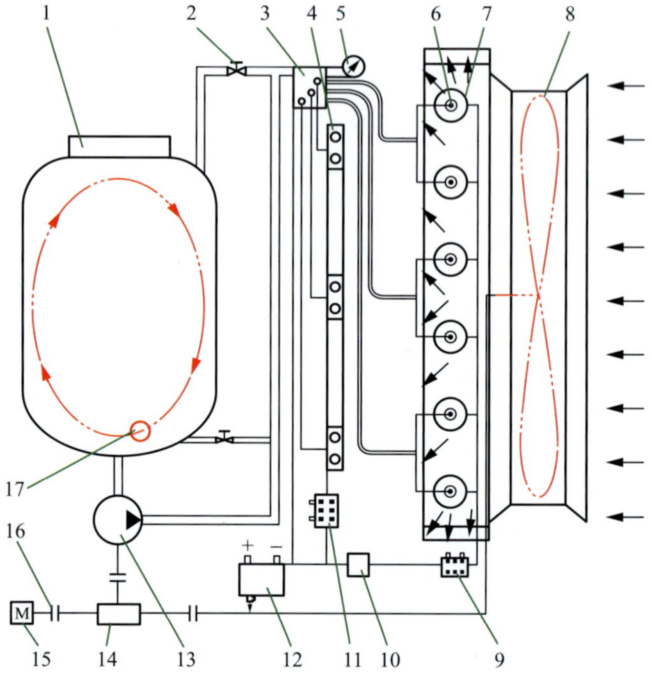

图 10.1　果园自动对靶喷雾机整体结构

1. 药箱；2. 调压阀；3. 电磁阀；4. 探测器；5. 压力表；6. 喷头；7. 电晕环；8. 风机；9. 静电喷雾控制装置；10. 静电高压电源；11. 探测器控制装置；12. 蓄电池；13. 液泵；14. 变速箱；15. 驱动动力；16. 动力输出轴；17. 搅拌装置

轴流风机的设计转速为 2 000 r/min，而拖拉机动力输出轴的转速是 540 r/min，因此需要用增速箱增速，增速箱主动轴上安装一个皮带轮，取出一部分动力驱动隔膜泵。增速箱从动轴与轴流风机之间采用胶带传动。

药箱选用容积为 250 L 的塑料箱，具有良好的耐腐蚀性能。

靶标自动探测系统采用反应灵敏、价格较便宜的红外线探测器，根据果树行距的不同，其探测有效距离可调。考虑到果树形状为中部较宽，上、下较窄，为提高对靶喷雾的精确性，靶标探测器共分为 6 组，在喷雾机两侧各 3 组，分别控制每侧果树的上、中、下 3 个位置。靶标探测器的角度可调，以适应不同果树高度的要求。探测器发出的信号经放大电路放大后控制喷雾管路中的电磁阀，实现喷雾或停喷的实时控制。

静电系统由静电电源(高压发生器)、屏蔽电缆和高压电极等组成。高压电极采用针状电极与圆环形导线相组合的结构形式，圆环形导线嵌入绝缘体内，针状电极安装在喷头外侧，将喷头雾化形成的雾流极化，使雾流带电，提高雾滴在靶标上的沉积率。

靶标自动探测系统、静电系统及喷雾控制系统所需的电力由拖拉机本身的发电机提供，25 PS(约 18.39 kW)拖拉机的发电机功率为 200 W，为此确定电气元件总的电力消耗不超过

150 W，以保证拖拉机电瓶充电不受影响。

喷洒部件采用组合式防滴喷头，安装在风机出风口两侧，每侧各 3 组，每组各 2 个，分别受靶标探测器及电磁阀控制。喷头安装角度可调，以适应不同果树高度的需求，根据果树形状及施药量的要求，每组喷头可安装不同喷雾量的喷嘴。

喷雾管路系统共设置 3 级过滤，以保证液泵、阀门及喷头不被脏物堵塞。液泵排出的液流，一部分经调压阀调压后供喷头喷雾，另一部分流回药箱，起搅拌药液的作用。

果园自动对靶喷雾机整机性能参数如表 10.1 所示。

表 10.1　果园自动对靶喷雾机整机性能参数

序号	项　　目		单位	测定数据
1	外形尺寸 (长×宽×高)	工作状态	m	1.5×1.0×1.2
		运输状态		1.5×1.0×1.6
2	整机质量		kg	176
3	靶标识别间距		m	≤0.3
4	靶标识别距离		m	≥2.0
5	作业最小通过间距		m	≤3.0
6	喷头	形式		圆锥雾
		数量	个	12
7	药箱容积		L	250
8	配套动力		kW	18.4
9	液泵 (额定状态)	流量	L/min	40
		压力	MPa	0.2～0.5
10	动力输出轴转速		r/min	540
11	风机出口(喷头处)速度		m/s	20
12	风机风量		m^3/h	24 000
13	防滴性能	常用工作压力下，关闭截留阀 20 s 后 1 min 内喷头没有滴漏		

1. 喷雾装置

果园自动对靶喷雾机共有 12 个喷头，每个喷头的喷雾量为 0.5～2 L/min(0.5 MPa 压力下)，总喷雾量为 6～24 L/min。为减少加药加水次数，提高作业工效，采用的是可调式低量喷头。在出风口两边各安装 6 个不同喷雾量的低量喷头(上、中、下位置喷雾量不同)，左右对称，低量喷头的最小流量为 1.27 L/min (0.8 MPa 压力下)，每个喷头均与一个电晕荷电装置配合安装在喷头体上(见图 10.1)。

考虑到药箱内药液搅拌的需要，一般搅拌流量为药箱容量的 5%～10%。由于所选的药箱底部形状为圆形，有利于搅拌，因此确定搅拌流量为药箱容积的 5%。药箱容积为 250 L，所需的搅拌流量为 12.5 L/min。

按照上述两部分流量的要求，所需隔膜泵排量是 18.5～36.5 L/min，因此选用额定排量为 40 L/min 的双缸活塞式隔膜泵。

2. 风机及风送系统

根据果树树冠茂密的特点，选用轴流风机为喷雾系统送风。轴流风机风量大，有利于吹动树叶，提高气流的穿透性，改善雾滴附着效果。采用轴向进风、径向出风的方式，出风口左右对

图 10.2　正在准备进行田间作业的果园自动对靶静电喷雾机

称布置，出口角度可调，以适应不同高度的果树；喷头位于出风口内，有利于将喷头喷出的雾滴及时向作物吹送。如图 10.2 所示。

按照喷雾机总风量要求，确定风机采用风量大、体积小、质量轻的轴流风机。根据拖拉机配套动力、喷杆外形尺寸及质量指标等因素综合考虑，选定风机的叶轮直径为 630 mm，叶片安装角 35°，转速 1 450 r/min，风量为 17 426 m^3/h，风压（全压）为 260.7 Pa，轴功率为 1.777 kW。为适当增加风量和风压，提高雾滴的穿透性，在叶轮强度满足要求的情况下，适当提高叶轮转速至 2 000 r/min，此时风量为 24 036 m^3/h。

3. 喷雾控制系统

喷雾控制系统由放大电路和电磁阀组成，每个靶标自动探测器产生的靶标信号，经放大电路放大后分别控制一组喷雾管路中的电磁阀开闭，实现该组管路中喷头的喷雾或停喷的实时控制。电磁阀共有 6 个，为选用耐腐蚀材料制造的先导式电磁阀，以减小功率消耗。电磁阀使用的电源是 12 V 直流电，每个功率为 10 W，共 60 W。

靶标自动探测系统、静电系统和喷雾控制系统总的功率消耗是 120 W，小于 150 W 的设计指标，表明电气系统的功率消耗不超过拖拉机发电机的功率，不会对电瓶的充电产生影响。

喷雾控制系统采用中央控制电磁阀装置，在接收到对靶系统的信号后迅速作出判断，决定上、中、下 3 段的喷头同时喷雾还是分别喷雾，以达到节省农药的目的。

4. 静电系统

静电喷雾技术应用高压静电（电晕荷电方式）使雾滴带电，带电的细雾滴作定向运动趋向植株靶标，最后吸附在靶标上，其沉积率显著提高，在靶标上附着量增大，覆盖均匀，沉降速度增快，尤其是提高了在靶标叶片的背面的沉积量，减少了漂移和流失。为保证雾滴有足够的穿透和有效附着，利用风机产生的辅助气流使雾滴有效地穿透果树冠层，使果树枝叶振动，荷电的雾滴则可在靶标枝叶的正反两面有效、均匀地沉积。工作时，由于电磁阀动作快，静电喷头和探测器存在一种最佳相位配合，静电系统如图 10.3 所示。

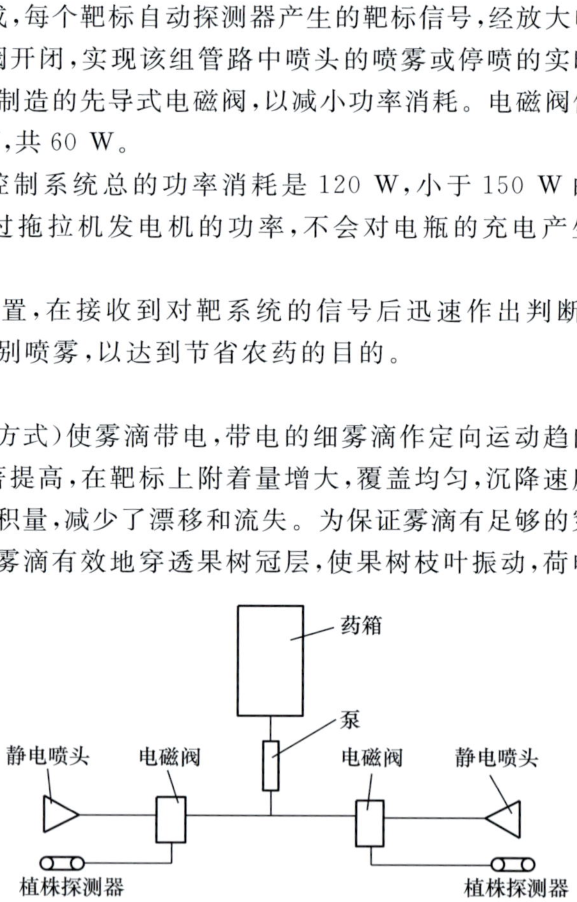

图 10.3　静电对靶喷雾系统

静电系统由静电电源（高压发生器）、屏蔽电缆和高压电极等组成，其中静电电源是该系统的核心。

传统的静电高压电源根据输出功率大小，常采用变压器直接升压整流方式或电容倍压方式来实现，功率输出大者选用前者，输出较小者选用后者。随着电力电子技术的发展，新一代功率电子器件如 MOSFET、IGBT 等投入应用，高频逆变技术越来越成熟，各种不同类型和特点的电路广泛地应用于直流-直流变换、直流-交流逆变等场合，并使用户系统总体的体积减小，重量减轻，系统的效率也将得到一定程度的提高。

本系统静电高压电源的结构如图 10.4 所示。电源的主要工作部分是逆变器。这是一个他激式的变换器，由振荡器电路提供一定功率的振荡脉冲，保证交换器工作于开关状态，从而将来自主电源的直流能量转换成较高频率的脉冲能量，再通过倍压整流输送给负载。

主电源采用可控硅整流，用一块 555 定时器产生多谐振荡来控制可控硅的导通角，从而控制主电源输出直流电压的大小。这里元件参数的选择使得振荡频率可在几百赫兹至数千赫兹范围内变化。

振荡器的任务是为逆变器提供一定功率的激励脉冲，使变换器可靠地工作于开关状态，脉冲频率与宽度可调，使变换器输出的功率、效率性能较优。这里采用 555 定时器芯片集成块作为多谐振荡器，产生频率约 20 kHz 的振荡，振荡频率与占空比（或脉宽）可调，以产生一定的功率去推动开关管。

逆变器主要部分如图 10.5 所示，B3 为脉冲变压器。从前级振荡器输出的频率约为 20 kHz、脉冲宽度可调的矩形脉冲，加于晶体管 T4 的基极，使 T4 工作于开关状态。

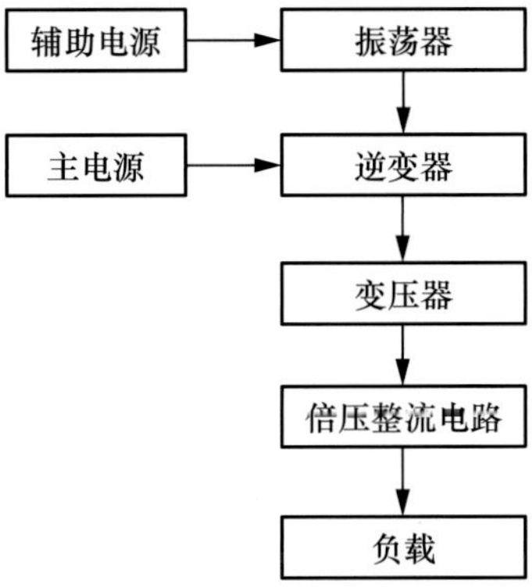

图 10.4 静电高压电源结构图

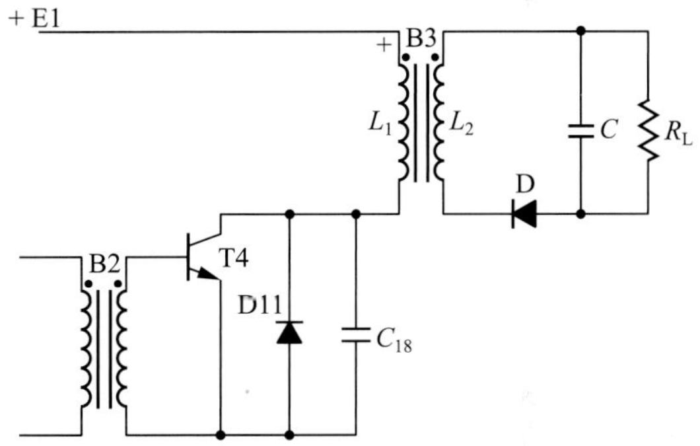

图 10.5 逆变器工作原理图

倍压整流电路图如图 10.6 所示。为获得几十千伏的直流高压，又希望体积较小、质量较轻、便于携带，采用了串级直流电路，它由多个电压较低的电容器（$C_1 \sim C_8$）和整流硅堆（D1～D8）组成，这样变压器的电压也较低，其高压绕组还可一点接地。采用这种电路可大大减小试验电源的体积和质量。

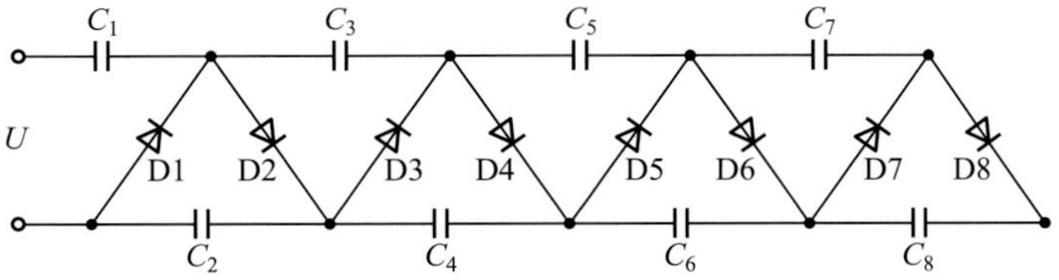

图 10.6 倍压整流电路

变压器为高频变压器。高频变压器和普通变压器的工作状态不同，普通变压器出现偏磁饱和现象的可能性很小，而高频变压器容易出现偏磁饱和的现象，并且当变压器饱和时，变压器的原边将出现过电流，由于变压器原边的电流也流过开关管，所以对逆变器的工作不利。

设计的高压电源的频率在 20 kHz 左右，选择 MXO-2000 型铁氧体，其磁导率为 2 000 H/m，磁芯具有漏感小、耦合性能好、绕制方便等优点。对 20～80 W 的小功率电源，采用 E-12 型磁芯，磁芯的有效截面积为 1.44 cm^2，饱和磁通密度 400 mT，使用时为防止出现磁饱和，实取磁通密度为 250 mT。

静电高压电源的输入为 12 V 直流电，输出为 30 kV 的高压静电，功率消耗为 45 W。

高压电极采用针状电极与圆环形导线相组合的结构形式，圆环形导线嵌入绝缘体内，多根针状电极安装在喷头外侧，以提高雾滴的电晕效果。

5. 自动对靶系统

靶标自动探测系统的核心是红外光电探测器，它是由发射和接收系统共同工作的，其系统构成如图 10.7 所示。

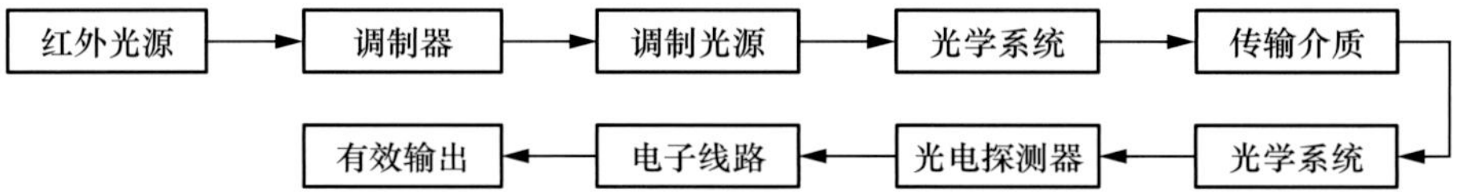

图 10.7　自动对靶系统构成

红外系统的特点是：尺寸小，质量轻；白天和黑夜都能工作；对辅助装置要求少。对红外系统性能的限制主要来自大气条件的影响，其中潮湿大气、雾和云是主要的限制因素。为减少这些因素对系统的影响，采用近红外主值波长 940 nm 光源，通过调制光源，把信息载到光波上，通过发射系统发射调制光，利用目标的反射，由接收系统进行检测，来驱动执行机构工作。

选用 940 nm 为主值的发射波长，处于近红外波段。这一波段处于大气窗口中，大气对此能量的衰减较小，这样的系统作用距离远；这一波段的探测器的量子效率高，系统设计调试较方便。

目标探测对靶部分选用红外探测器，光波段为近红外线段，分为上、中、下 3 段探测控制，通过对不同果树形态进行准确的探测和判断，把信号提供给喷雾控制系统。

本探测器为反射型，在设计上采用了红外线调制和解调技术，它主要由红外线发射电路、红外线接收电路和输出电路 3 部分组成。发射电路为红外线调制和发射电路，它发射经过调制的红外线信号；接收电路为红外线接收和解调电路，它只接收来自发射电路的经过调制的红外线信号而排除其他红外线的干扰；输出电路由继电器构成。

本探测器原理如图 10.8 所示。当开关 K1 闭合时，由 BA5104(IC1)的脚 12 和 13 所接 455 kHz 晶振器及电容 C_2、C_3 组成的振荡电路起振工作，经电路内部整形分频产生 38 kHz 载频。IC1 将脚 3(K1)及 IC1 的用户编码输入端脚 1(C1)、脚 2(C2)输入的数据进行编码，由 IC1 的脚 15(DO)串行输出，经三极管 Q1 和 Q2 复合放大后驱动红外发射管 IR1 和 IR2，发送出红外线脉冲信号。红外发射管 IR1 和 IR2 发射出的红外线脉冲编码信号经过靶标反射，被红外接收头接收，从 IC3 的脚 1 输出低电平，信号经 BA5204(IC2)内部进行比较、解码后由 IC2 的脚 3(HP1)输出相应的控制信号。HP1 输出导通，使 K3 吸合，喷头开始喷雾；当 K3 断

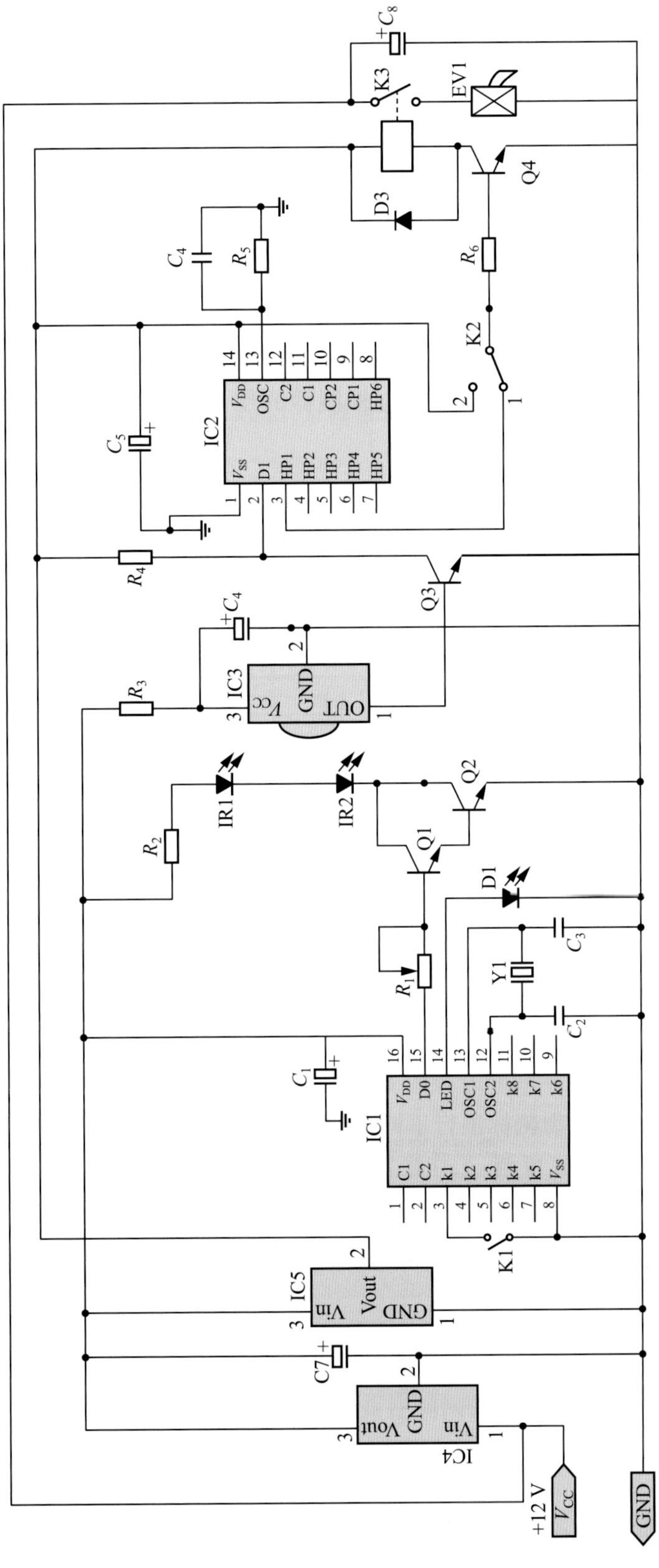

图 10.8　红外探测器的原理电路

统包括液泵、分配阀、竖直喷杆、管路等部件;药液回收系统包括壁面罩盖、端面罩盖、顶部弹性遮挡、作业宽度调节油缸、药液回收器等部件。壁面罩盖、端面罩盖与顶部弹性遮挡形成一个隧道式的"Π"型罩盖,喷雾系统的竖直喷杆固定在壁面罩盖内部,喷雾作业时"Π"型罩盖骑跨在篱架型作物上,形成一个封闭空间,喷雾作业在这个封闭空间中进行[21-24]。"Π"型罩盖宽度可以根据冠层尺寸进行调节,壁面罩盖由两个竖直壁面组成,靠近机身一侧的壁面固定,另一侧与作业宽度调节油缸一端连接,通过控制作业宽度调节油缸达到调整"Π"型罩盖开度的目的。端面罩盖安装在壁面罩盖两端,用于遮挡"Π"型壁面与篱架型作物冠层之间的空隙,壁面罩盖顶部安装弹性遮挡,能够防止雾滴从"Π"型罩盖顶部逃逸。"Π"型罩盖拦截脱离靶标区的雾滴,收集在承液槽中,然后药液回收器吸取承液槽中的药液回收至药箱。承液槽为漏斗状,固定在壁面罩盖底部,药液回收器吸液管安装在承液槽最底部,承液槽上端开口处安装有滤网,防止树叶等杂物堵塞药液回收器。药液回收器应用文丘里原理,利用负压吸取承液槽中的回收药液。为了防止药液倒流,在药液回收器吸液管底端安装有单向阀。

"Π"型循环喷雾机液路系统如图 10.14 所示,药液从药箱流出,经液泵加压供液,一部分药液经过节流阀进入药液回收器主管路,产生负压,使药液回收器吸入承液槽中的回收药液,重新回到药箱,回流部分回到药箱对药液进行搅拌;另一部分药液通过分配阀调压分流,调压后的药液进入喷杆喷雾。喷雾管路系统在药箱加药口、液泵进口前、喷头前设置 3 级过滤,以保证液泵、阀门及喷头不被堵塞[25,26]。

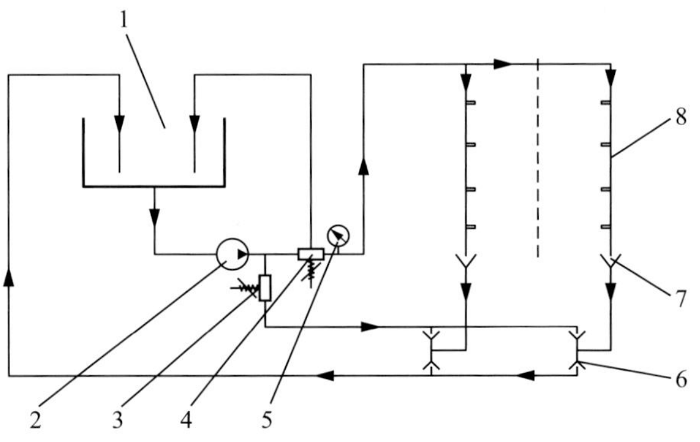

图 10.14　循环喷雾机液路系统示意图

1. 药箱;2. 液泵;3. 节流阀;4. 分配阀;5. 压力表;
6. 药液回收器;7. 承液槽;8. 竖直喷杆

10.2.2　循环喷雾机防飘性能研究

循环喷雾机最大的优点是能够大量减少药液飘失,所以防飘效果是衡量循环喷雾机性能的最重要的指标之一,通过测试药液飘失可以确定飘失距离,为确定缓冲区范围提供数据[27,28]。对本循环喷雾机进行了防飘性能试验,与其作对照的是一台采用轴流风机风送的传统果园风送喷雾机,试验设备如图 10.15 所示。

(a)

(b)

图 10.15 防飘性能试验用机具

(a) 循环喷雾机;(b) 传统果园风送喷雾机

试验在葡萄园进行。葡萄行距 3 m,叶片大部分脱落,透风性好,试验地块长 50 m。测试方法参照 ISO22866 进行,试验布置见图 10.16。循环喷雾机喷头为德国 LECHLER 公司的 ST110-03,喷雾压力 0.5 MPa,罩盖宽度 1.5 m,机组前进速度 0.8 m/s,喷量 845 L/hm^2。果园风送喷雾机喷头为空心圆锥雾喷头 TR80-03,喷雾压力 0.5 MPa,机组前进速度 1.2 m/s,喷量 845 L/hm^2。试验时为了消除不稳定风速对飘失的影响,果园风送喷雾机和"Π"型循环喷雾机同时进行测试,两个测试区域间隔 30 m 以消除相互间干扰。测试同时记录风速、风向、温度、湿度等气象条件。使用浓度为 0.1%的 BSF 荧光溶液代替农药喷雾,待雾滴收集器和滤纸干后收集,用含酒精 6%的去离子水洗脱,然后用荧光仪测试溶液中的 BSF 含量。按照标准规定,测试单行喷雾,喷雾机行进方式与取样布点分别如图 10.17 和图 10.18 所示。

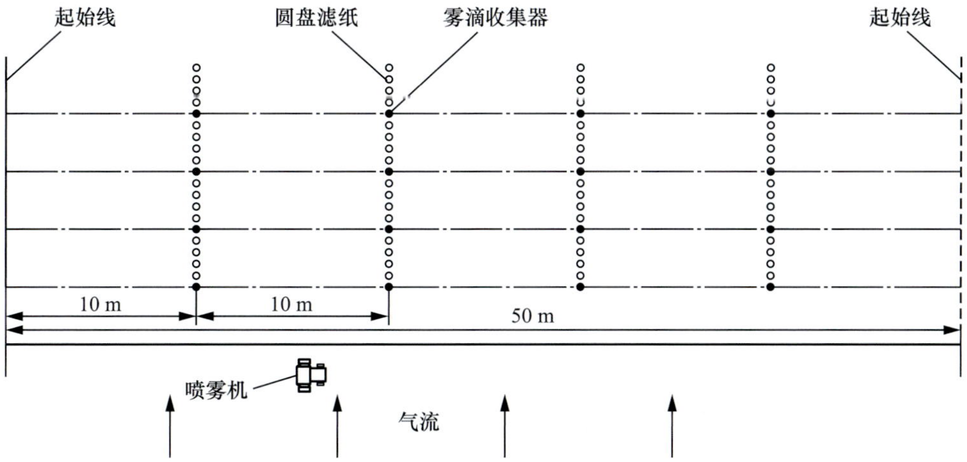

图 10.16 防飘性能试验布置示意图

选择一行作为作业行,在作业行下风向选择 4 行悬挂雾滴收集器收集空中飘失的雾滴,从喷雾机起始线间距 10 m 处开始布置,共布置 4 处,每处间距 10 m。在每个悬挂点

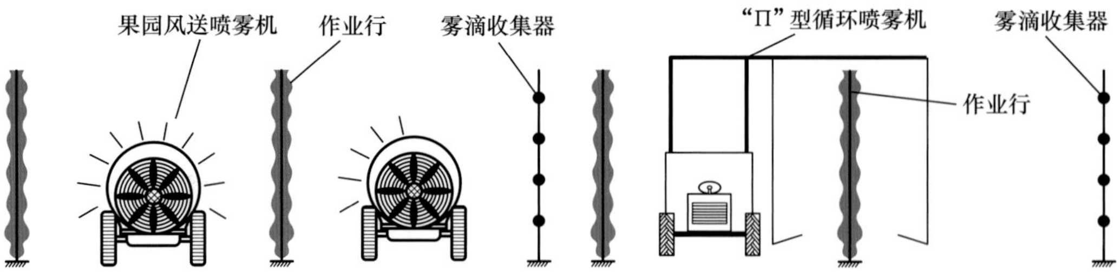

图 10.17 防飘试验测试机具行进方式

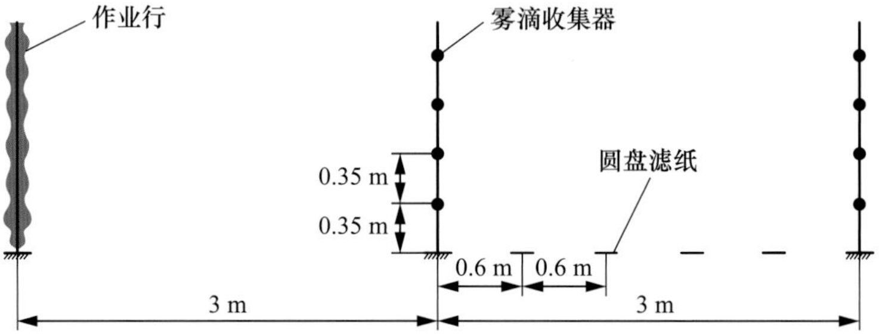

图 10.18 防飘试验布点示意图

悬挂 4 个直径 0.1 m 的雾滴收集器，每个收集器高度间隔 0.35 m，最底端一个距离地面 0.35 m。在两行中间间距 0.6 m 布置 4 片直径 12.5 cm 的圆盘滤纸收集沉积到地面的药液。从作业行开始计算，飘失收集区域长 50 m，宽 15 m，共布置雾滴收集器 64 个，圆盘滤纸 64 个。

10.2.2.1 农药雾滴空中飘失研究

测试时风向风速稳定，风速 2 m/s，温度 18℃，相对湿度 51%，果园风送喷雾机和循环喷雾机分别作业时在空中雾滴收集器中收集 BSF 荧光溶液。由于两种作业机具喷量一致，喷施药液浓度相同，雾滴收集器都是直径为 0.1 m 的丝球，所以能够用 BSF 含量来描述飘失的药液量。比较果园风送喷雾机和循环喷雾机的空中飘失结果发现，循环喷雾机空中飘失的药液量要远远小于果园风送喷雾机。在距离作业行 3 m 处循环喷雾机飘失的药液只有传统喷雾机的 1.7%。

空中飘失测试能够衡量人畜吸入飘失药液的危险程度。假设喷雾机飘失药液能够飘失 12 m，当进行全面积作业时，距离边界作业行下风向 3 m 处飘失的药液为前面 4 行飘失量的叠加总和。高度 1.4 m 大约是人口鼻所在位置，此处收集到的药液相当于在此位置人体吸入的药液量。如果进行全面积喷洒，使用传统果园风送喷雾机，在最后一行下风向 3 m 处的人将吸入 0.7 mL 的药液，而使用循环喷雾机在相同位置的人吸入药液量仅为 0.014 8 mL（表 10.7）。假设身高 170 cm 的成年人正面投影面积为 4 800 cm^2，通过计算单位面积 BSF 含量就能够估算出在距离作业行下风向 3 m 处的一个人体被污染的药液量。数据显示，使用果园风送喷雾机全面积作业时人体被 41.6 mL 的药液污染，而使用循环喷雾机的人仅被 1 mL 的药液污染，较传统果园风送喷雾机减少了 97.6%。

表 10.7 全面积作业下风向不同位置处农药飘失量与人体污染药液量 μg/cm²

喷雾机	收集器悬挂高度/m	下风向距离/m				合计
		3	6	9	12	
传统果园风送喷雾机	1.40	496.45	109.95	65.15	40.30	713.25
	1.05	368.45	116.25	66.85	42.50	
	0.70	579.90	107.20	57.50	35.15	
	0.35	422.00	124.80	43.10	44.30	
	平均	466.70	114.55	58.15	40.56	
	单位面积 BSF 含量	5.942	1.458	0.740	0.516	
	人体污染药液量/mL	28.5	7.0	3.6	2.5	41.6
循环喷雾机	1.40	4.50	3.65	2.70	2.55	14.8
	1.05	9.70	4.40	2.90	2.25	
	0.70	9.15	2.45	3.95	1.90	
	0.35	8.75	3.85	3.15	0.90	
	均值	8.025	3.587 5	3.175	1.90	
	单位面积 BSF 含量	0.102	0.046	0.040	0.024	
	人体污染药液量/mL	0.5	0.2	0.2	0.1	1.0

10.2.2.2 农药雾滴地面沉积研究

按照 ISO 22866 中规定的方法计算使用果园风送喷雾机和循环喷雾机时的飘失距离 x_{90}。首先对数据进行拟合，数据和拟合曲线见图 10.19，其参数见表 10.8。

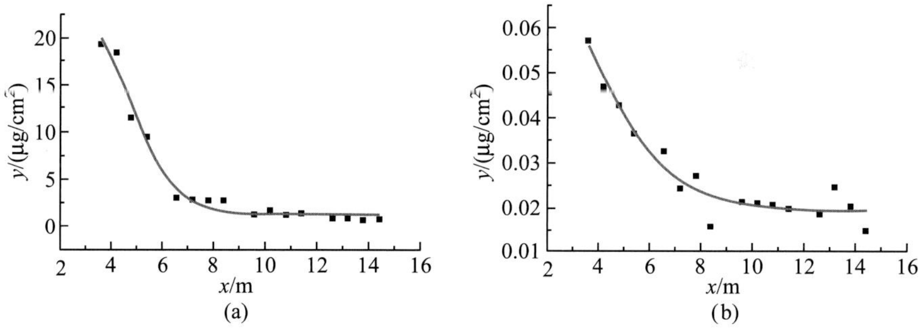

图 10.19 下风向不同距离处地面药液沉积量

(a) 果园风送喷雾机；(b) 循环喷雾机

表 10.8 飘失距离与飘失量

喷　雾　机	x_{90}/m	飘失量/%
果园风送喷雾机	9.84	41.0
"Π"型循环喷雾机	12.89	0.26

循环喷雾机在飘失距离内的飘失量比果园风送喷雾机减少了99.3%，证明循环喷雾机具有良好的防飘效果。

10.2.3 结论

针对农药喷施利用率低、污染大等问题，借鉴国外的研究成果和我国在药械与施药技术方面的研究基础，对循环喷雾机进行了研究。测试了研制的循环喷雾机的防飘特性。结果显示循环喷雾机能够大大减少作业时对下风向人体的污染，减少人畜中毒状况，与果园风送喷雾机相比，防飘效果优良。

10.3 防飘喷雾技术与机具

农药飘失是指在喷雾作业过程中，农药雾滴或颗粒被气流携带向非靶标区域的物理运动，是造成农药危害的主要途径之一。农药飘失包括蒸发飘失和随风飘失。蒸发飘失是药液雾滴的活性物质从植物、土壤或其他表面蒸发变成烟雾颗粒，悬浮在大气中作无规则扩散或顺风运动，有时甚至会笼罩大片区域，直至降雨淋落而沉积到地面[19, 29, 30]。蒸发飘失在喷雾中和喷雾后都会发生，主要受环境因素如温度、农药的挥发性影响[20, 31]。随风飘失主要与环境因素如自然风速、农药使用方法和使用技术参数有关。随风飘失的农药雾滴可能仅仅飘移到离喷雾设备数十米的非预定目标，但是小的农药雾滴在沉降到非预定目标之前可能要飞行更远的距离。农药飘失不仅影响防治效果、降低农药的利用率，而且严重影响非靶标区敏感作物的生长，污染生态环境，甚至引发人畜中毒[32-34]。国外很早就认识到飘失带来的危害，并开始相应的研究。EPA(美国环境保护署)认为农药飘失影响人类健康及生存环境，会对农场工人、户外活动的人员及野生植物带来危害，污染菜园或农作物，导致杀虫剂残留超标。为此，自20世纪40年代以来，西方发达国家把植保机械以及减少飘失技术的研究作为重要的课题之一，并制定出一系列的法律法规[35-37]。近年来在我国，随着施药量的不断增加及人们对食品安全、生态环境等的关注，对农药飘失产生的影响越来越重视，很多研究者也开始对飘失产生的各种影响因素及防止飘失产生的方法进行了深入研究。因此，开展对农药飘失问题的深入研究和防飘喷雾技术与机具的研发，对于提高我国农药使用水平、解决因施用化学农药过程中造成的环境问题和提高整个环境的质量具有十分重要的科学和实际意义。

10.3.1 防飘喷雾机的结构与组成

作为一种新型防飘喷雾机，同传统大田喷雾机相比，挡板导流式喷雾机应具有独特的符合农艺要求的设计：

(1) 由挡板的防飘机理可知，需要在喷头的上风向加装挡板，并由一个平行四边形机构来连接挡板、喷杆和喷头，而其位姿参数直接影响着喷雾机的防飘效果，必须进行最优作业参数的确定，以实现最好的防飘效果；

(2) 由于挡板导流式喷雾机的挡板要接触作物并要拨开作物冠层，首先挡板的倾角和作业高度即挡板最下边缘在冠层中的深度要保证对作物冠层没有损伤，在保证没有损伤的基础上最大限度地拨开冠层，因此需要确定其临界深度；

(3) 由于喷幅为 6 m，为了方便在运输状态下行走，需要设计操作简单方便的折叠机构；

(4) 不同时期不同的作物其冠层特性不同，由于受挡板在冠层中临界深度的限制，需要根据不同的作业情况，调节作业高度。

为了避免喷施农药对操作者造成的危害，方便其看到田间状况和仪表显示情况，选择了手拉式的方案。机架上固定药箱和泵，机架的后方有高度调节机构，并由此连接喷雾系统，即由平行四边形机构连接挡板、喷杆、喷头，该平行四边形可调，由此来变换挡板倾角、喷头释放角，从而满足试验要求。试验机具结构如图 10.20 所示，样机如图 10.21 所示。

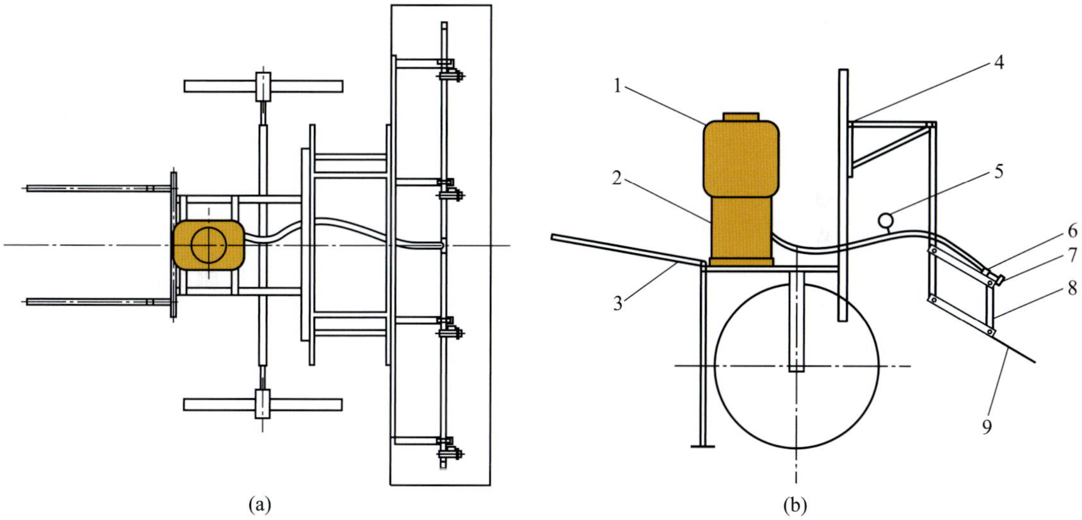

图 10.20 试验机具结构简图

(a) 俯视图；(b) 侧视图

1. 药液箱；2. 液泵；3. 拉杆；4 高度调节机构；5. 压力表和调压阀；

6. 喷杆；7. 喷头；8. 平行四边形机构；9. 挡板

挡板导流式喷雾机由机架、液泵、药液箱、管路系统、喷雾系统等主要部分组成，为保证喷雾机在作业过程中稳定，采用拖拉机牵引式作业方式。在对试验机具研究的基础上，将喷幅增加为 6 m，在运输状态下可将挡板折叠为 2 m 宽，以便于运输。药箱容量为 350 L，配套动力为 12 PS(约 8.83 kW)以上拖拉机。液泵安装在拖拉机后部，通过侧动力输出轴皮带传输动力。

喷雾机共有 12 个喷头，每个喷头的喷雾量为 0.5～2.48 L/min(0.5 MPa 压力下)，总喷雾量为 6～30 L/min。考虑到药箱内药液搅拌的需要，一般搅拌流量为药箱容量的 5%～10%。由于所选的药箱底部为方形，不利于搅拌，因此确定搅拌流量为药箱容积的 10%。药箱容积为 350 L，所需的搅拌流量为 35 L/min。按照上述两部分流量的要求，所需隔膜泵排量是 36～60 L/min，因此选用额定排量为 80 L/min 的双缸活塞式隔膜泵。

连接后部喷雾系统的机架可以整体进行高度调节，根据作业情况调节高度，在试验的基础上调节至最佳作业参数固定不变。研制的 3WFP-350 挡板导流式防飘喷雾机如图 10.21 所示。

图 10.21 挡板导流式防飘喷雾机

10.3.2 挡板导流式喷雾机的防飘性能研究

10.3.2.1 防飘性能的风洞试验

风洞模拟外界条件，其优越性在于能够方便地控制风速和风向，避免因外界条件的不确定造成评估比较的困难[38,39]。因此在完成的试验装置以及测定的最佳作业参数的基础上，在较理想状态下，在不同风速下进行了挡板导流式喷雾机防飘性能的风洞试验，并与常规喷雾进行了比较。

试验在中国农业大学药械与施药技术中心的风洞中进行，其尺寸为 1 m×1 m×3 m（图 10.22）。风洞的进风口有梳风栅引导风向，另一端是一个直径为 0.7 m 的轴流风机，由变频器控制可形成 0～8 m/s 的风速。为了防止雾滴飞溅，在风洞底面上铺盖了人造仿草地毯。由于风洞的密封和紊流等问题，在风洞整个长度上各个点的风速略有不同，需要确定气流稳定的工作区。试验采用 TESTO 环境测试仪对距离进风口 35、85、135、185、235 cm 处的截面上各均匀设置 9 个测试点，利用支架固定探头并移动位置（图 10.23），在 2、4、6、8 m/s 风速下进行测量，间隔 10 s 读取 20 次数据，取平均值，试验结果如图 10.24 所示。

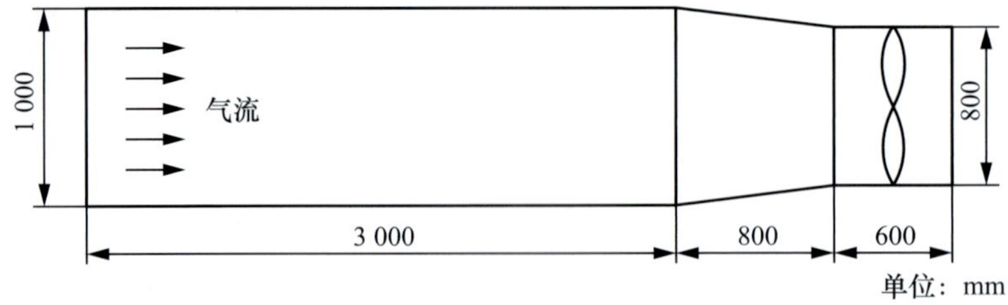

图 10.22 风洞尺寸

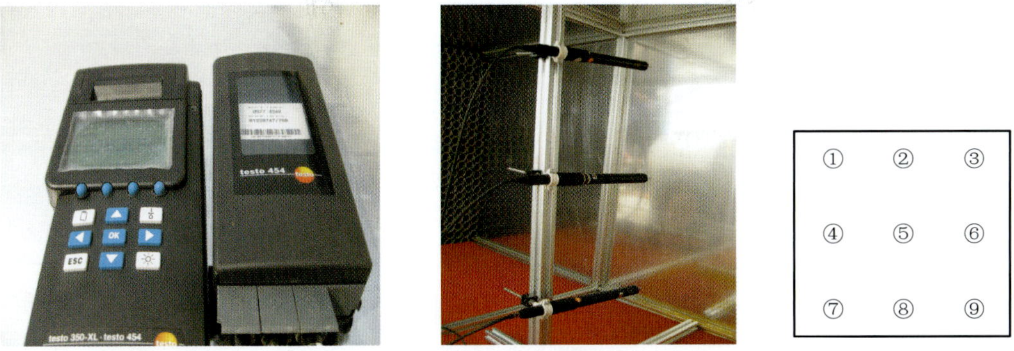

(a) (b) (c)

图 10.23 风洞试验测试仪器及测试点的布置

(a) TESTO 环境测试仪;(b) 探头的布置;(c) 测试点的布置

在 4 种风速条件下,在距进风口 35 cm 处的截面上,由于风机产生的流场不稳定,风速在该截面上的波动比较大。随着距进风口距离的增加,风速会略微减小,在 85 cm 的截面处尤为明显,在之后的 135、185、235 cm 处风速趋于稳定,所以选择距离进风口 1～2.5 m 为风洞试验工作区。

在距进风口 1 m 处安装试验装置,喷头离地面高度为 0.5 m,在喷头和挡板的后方设置环境测试仪,用 3 个探头同时测量风速,以此调节试验所需的风速,并记录环境条件。在距喷头下风向 1.5 m 处悬挂球形雾滴收集器,布置 4 层,距地面高度分别为 0.2、0.4、0.6、0.8 m,每个尼龙球间隔 0.2 m(图 10.25)。在 2、4 m/s 风速下,用 LECHLOR 公司的 ST110-015 和 ST110-03 喷头,工作压力为 0.3 MPa,用 1‰BSF 水溶液代替农药进行喷雾试验。开动风机,运转 2 min,待风洞内的风速稳定后,喷雾 30 s,1 min 后关闭风机,收集雾滴收集器,分别装自封袋并标记,每组试验重复 3 次。把雾滴收集器用含 3%酒精的蒸馏水洗脱,振荡,用 LS-2 型荧光仪测定洗脱溶液的荧光值浓度,记录数据,其结果如图 10.26 所示。

环境条件为:温度 14～16℃,相对湿度 35%～40%。

如图 10.26 所示,在(a)、(b)两图中可以看出,在常规作业风速 2 m/s 时,使用两种喷头在两种作业方式下都是在距地面高度 60、80 cm 处的雾滴收集器收集的雾滴量较少,使用防飘喷雾机的要略小于常规喷雾,而且小雾滴相对于大雾滴飘失量要多。在距地面高度 20、40 cm 处收集的雾滴量明显增多,可见雾滴在喷头下风向 1.5 m 内的运动轨迹集中于距地面 40 cm 左右的范围内,雾滴的飘失也集中在此范围内,防飘喷雾机的挡板改变了雾滴的运动轨迹,使其利于在此范围内沉积,所以收集的雾滴飘失量要小于常规喷雾。在(c)、(d)两图中,在喷雾作业极限风速 4 m/s 时,从收集的雾滴飘失量来看,其规律和 2 m/s 时的一致,但是飘失量明显增加,尤其是小雾滴的易飘失性受风速影响更大。

综上所述,在不同风速、不同类型喷头条件下,不同高度收集的雾滴飘失量都是防飘喷雾机小于常规喷雾,可见在风洞模拟的理想作业条件下,挡板的导流作用明显。

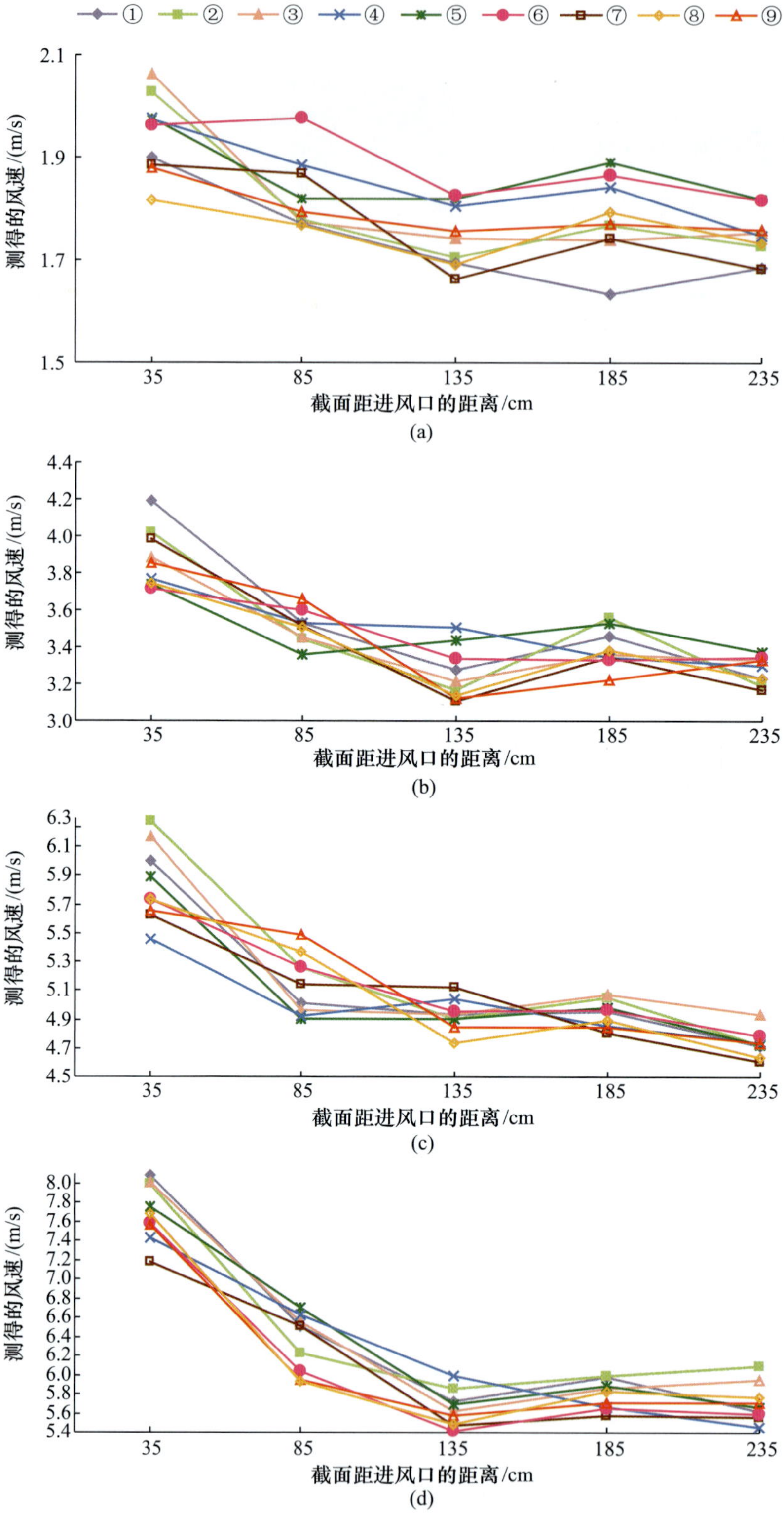

图 10.24　4 种风速下不同截面处 9 个测试点测得的风速

(a) 2 m/s 风速下;(b) 4 m/s 风速下;(c) 6 m/s 风速下;(d) 8 m/s 风速下

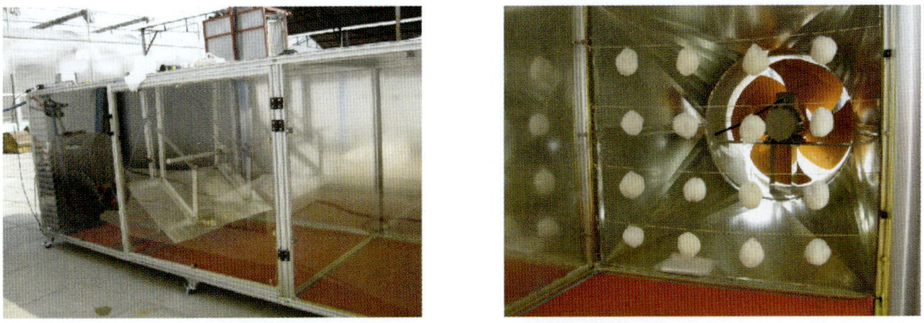

图 10.25 风洞试验雾滴收集器布置

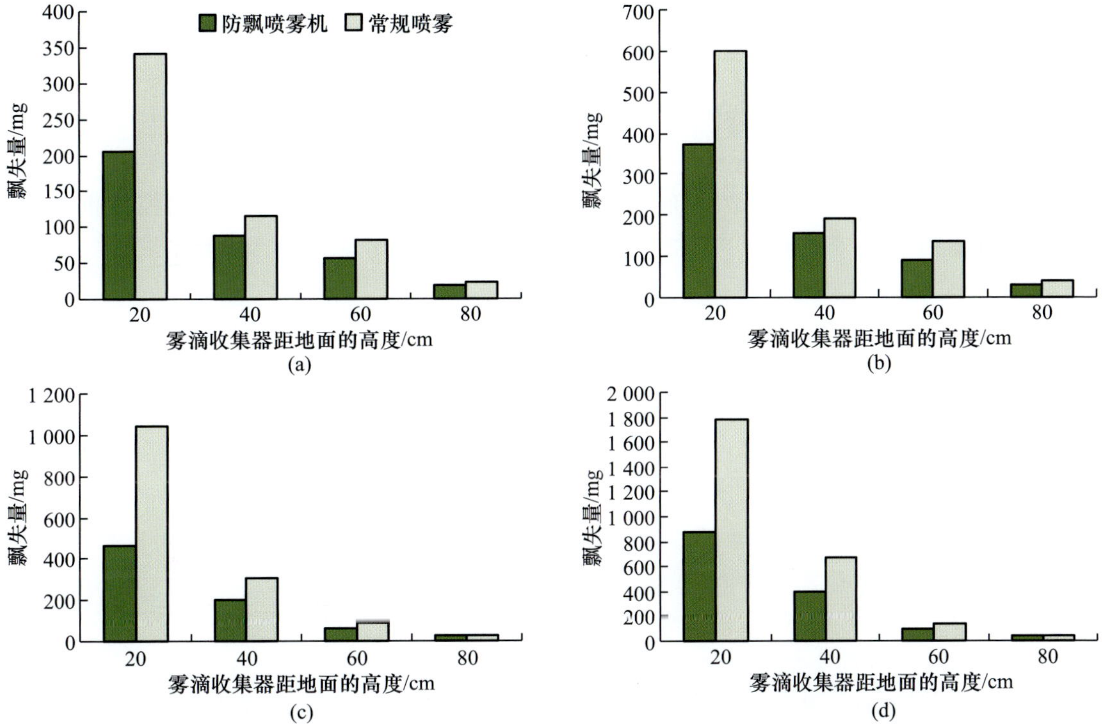

图 10.26 不同风速和喷头条件下飘失量对比

(a) 2 m/s 风速下,0.3 MPa,ST110-015 喷头;(b) 2 m/s 风速下,0.3 MPa,ST110-03 喷头;
(c) 4 m/s 风速下,0.3 MPa,ST110-015 喷头;(d) 4 m/s 风速下,0.3 MPa,ST110-03 喷头

10.3.2.2 防飘性能的田间试验

由于风洞试验是在较理想状态下完成的,并不足以表明大田实际作业中侧向风与作物冠层对雾滴沉积、飘失的影响,因此有必要针对完成的样机进行大田试验[40, 41]。本试验选择小麦作为喷雾靶标。由于小麦于 4 月初的起身期要喷施除草剂、5 月初的抽穗期要喷施杀虫剂,所以选择这两个时期在小麦田进行大田试验。在试验中,防飘喷雾机的挡板宽度、挡板倾角和喷头释放角按照最佳工作参数设置,通过比较防飘喷雾机与常规喷雾作业下的沉积量以及侧

下风向的飘失量来测试该喷雾机的防飘性能，并使用 ST110-015 喷头和 ST110-03 喷头分别进行了对比试验。在收获小麦免耕播种玉米后，对使用该喷雾机喷施封土除草剂的防治效果进行了对比试验。全部试验均在中国农业大学东北旺试验田完成。

1. 冬小麦起身期的田间试验

1）试验条件

环境条件：温度为 13～16℃，相对湿度为 21%～27%，平均风速为 2 m/s。

作业条件：工作压力为 0.3 MPa，拖拉机行驶速度为 1.25 m/s。

田间试验条件：小麦株高 20 cm，叶面积指数为 0.77，试验田面积足够大，随机选取其中一块生长良好、株距均匀、行列整齐、适宜喷雾机作业的小区作为试验小区。

2）试验材料及设备

试验材料：用来代替药液的 1 g/L 的 BSF 荧光溶液。

试验设备：TESTO 环境测试仪、1 cm×5 cm 滤纸片、尼龙球、大头针、曲别针、天平、量杯、水桶、自封带、记号笔等。

3）试验准备

配制溶液：配制 1 g/L 的 BSF 溶液 150 L（绝对误差≤1%）。

准备滤纸：用剪刀自制 1 cm×5 cm 滤纸片。

调试喷雾装置：喷雾机进入大田前，先进行前期调试工作，确认动力部分的拖拉机状况良好，保证喷头端的压力输出稳定，各个喷头能正常喷雾，没有阻塞、滴漏等现象。

4）测定沉积量的步骤

①布点：根据小麦的生长情况，决定在小麦离地表 10 cm 处布点。选取 3 m×3 m 的小麦地块，以 4×4 的方式均匀布下 16 个点，每个点上都在指定位置用大头针将滤纸片固定于小麦叶片表面，并且尽量保证滤纸片在叶片的上方。

②喷药：喷药前换上 ST110-015 喷头。用 1 g/L 的 BSF 溶液代替药液喷雾，喷药时，工作压力为 0.3 MPa 行进速度为 1.25 m/s，行进过程中尽量保持匀速。

③取样：喷药完成后，等待滤纸片干燥后回收滤纸片，每片滤纸片单独装入自封带中，标记，备用。

④重复以上步骤 3 次，收集好滤纸并记录。

⑤将 ST110-015 喷头更换为 ST110-03 喷头，重复步骤①～③3 次。

⑥拆掉喷雾机挡板，并且将喷头释放角调整为垂直于地面，模拟常规喷雾机的情况，重复步骤①～⑤，作为 2 种喷头各自的对照组数据来记录。

⑦在每个装滤纸片的自封袋中加入 25 mL 蒸馏水（含有少量酒精），充分振荡，用荧光分析仪分析 BSF 含量。

5）测定飘失量的步骤

①布点：根据喷雾机工作时的风向，在离喷杆末端喷头侧下风向 2 m 处布置接收飘失的尼龙球，在与地面垂直的平面上布长 3 m、高 2 m 的尼龙球阵列，分别于高 50、100、150、200 cm 处布置 4 层，每层 7 个尼龙球，并且保持层与层之间的尼龙球位置相同。

②喷药：喷药前换上 ST110-015 喷头。用 1 g/L 的 BSF 溶液代替药液喷雾，工作压力为 0.3 MPa，喷雾机静止作业 1 min。

③取样：喷药完成后，稍等片刻收集尼龙球，每个尼龙球单独装入自封带中，标记。

④重复以上步骤3次,收集好尼龙球并记录。

⑤将ST110-015喷头更换为ST110-03喷头,重复步骤①～③3次。

⑥拆掉喷雾机挡板,并且将喷头释放角调整为垂直于地面,模拟常规喷雾机的情况,重复步骤①～⑤,作为2种喷头各自的对照组数据来记录。

⑦在每个装滤纸片的自封袋中加入25 mL蒸馏水(含有少量酒精),充分振荡,用荧光分析仪分析BSF含量。

6) 试验结果

从图10.27中可知:当使用ST110-015喷头时,用防飘喷雾机作业比常规喷雾药液沉积总量增加了35.1%;使用ST110-03喷头时,用防飘喷雾机作业比常规喷雾药液沉积总量增加了24.37%。当使用小号喷头时,防飘喷雾机的沉积量增加更加明显。

从图10.28中可知:当使用ST110-015喷头时,用防飘喷雾机作业比常规喷雾药液飘失量减少了36.1%,;使用ST110-03喷头时,用防飘喷雾机作业比常规喷雾药液飘失量减少了26.51%。依然表明,使用小号喷头的时候,防飘喷雾机的防飘性能更强。

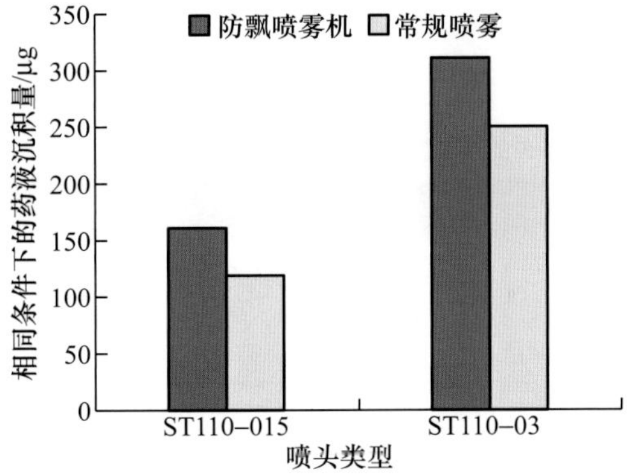

图10.27 冬小麦起身期沉积性能试验结果

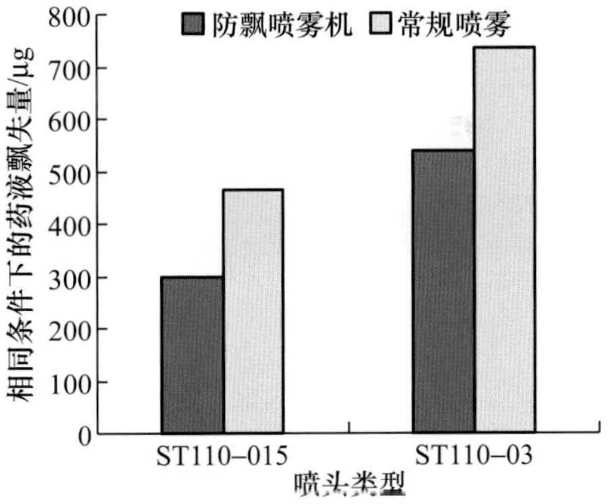

图10.28 冬小麦起身期防飘性能试验结果

2. 冬小麦抽穗期的田间试验

1) 试验条件

环境条件:温度为18～21℃,相对湿度为33%～42%,平均风速为2 m/s。

作业条件:工作压力为0.3 MPa,拖拉机行驶速度为1.25 m/s。

田间试验条件:小麦株高60 cm,叶面积指数为3.46,试验田面积足够大,随机选取其中一块生长良好、株距均匀、行列整齐、适宜喷雾机作业的小区作为试验小区。

2) 试验材料与设备

试验中所使用材料与设备和起身期试验相同。

3) 测定沉积量的步骤

①布点:根据小麦的生长情况,决定在小麦植株15、30、45 cm高处(分别代表冠层下、中、上层)以及地表布点。选取2 m×2 m的小麦地块,以3×6的方式均匀布下18个点,每个点上都在指定位置用大头针将滤纸片固定于小麦叶片表面,并且尽量保证滤纸片在叶片的上方。

②～⑦均与起身期试验相同。

4）测定飘失量的步骤

①布点：根据喷雾机工作时的风向，在离喷杆末端喷头侧下风向 2 m 处布置接收飘失的尼龙球，在与地面垂直的平面上布长 3 m、高 2 m 的尼龙球阵列，分别于高 60、120、180 cm 处布置 3 层，每层 7 个尼龙球，并且保持层与层之间的尼龙球位置相同。

②～⑦均与起身期试验相同。

5）试验结果

比较表 10.9 与表 10.10 可知：不管使用 ST110-015 喷头还是 ST110-03 喷头，都会导致小麦冠层上层沉积量比常规喷雾有所减少，但是都大大地增加了中、下层的药液沉积量，下层的沉积量增加得最多。从整体上看，无论哪种喷头，防飘喷雾机作业时小麦冠层药液沉积量的增加都比较明显。

表 10.9　冬小麦抽穗期 ST110-015 喷头在不同作业方式下的沉积量比较　μg

作业方式	上层	中层	下层	地表	总量
防飘喷雾机	280.100	211.375	138.525	43.375	673.375
常规喷雾	316.900	109.550	63.375	26.375	516.200
增加百分比/%	−11.62	92.95	118.58	64.45	30.45

表 10.10　冬小麦抽穗期 ST110-03 喷头在不同作业方式下的沉积量比较　μg

作业方式	上层	中层	下层	地表	总量
防飘喷雾机	381.925	292.300	204.525	68.325	947.075
常规喷雾	406.900	173.425	115.425	47.800	743.550
增加百分比/%	−6.14	68.55	77.19	42.94	27.37

从图 10.29 中可知：当使用 ST110-015 喷头时，用防飘喷雾机作业比常规喷雾药液飘失量减少了 44.66%；使用 ST110-03 喷头时，用防飘喷雾机作业比常规喷雾药液飘失量减少了 31.72%。证明了防飘喷雾机与常规喷雾机相比其防飘性能有很大的提高。

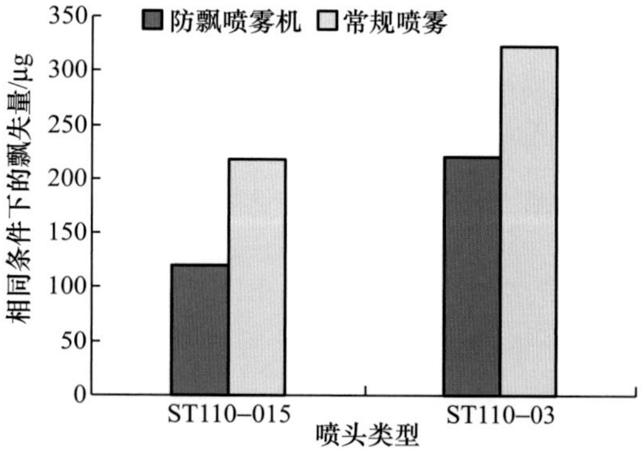

图 10.29　冬小麦抽穗期防飘失性能试验结果

10.3.3　喷施除草剂药效对比试验

由于风洞试验和田间试验都是用 BSF 溶液代替农药喷施作业，其沉积飘失结果从客观上并不能完全表明其防治效果，因此有必要进行在防飘喷雾机和常规喷雾两种作业方式下喷施药液药效对比的田间试验。本试验在中国农业大学东北旺试验田进行，选择了收获小麦免耕播种玉米大田作为靶标区，喷施苗前封土除草剂。

1. 试验条件与方法

在试验田选择 3 块 200 m×50 m 的小区，分别作为空白对照区、防飘喷雾机作业区、常规喷雾作业区。作业条件：风速为 1.2～1.8 m/s，温度为 24～25℃，相对湿度为 79%～83%，麦茬高为 30～40 cm，作业压力为 0.3 MPa。除草剂和用量：草甘膦，7.5 L/hm²；去莠津，3.0 L/hm²；乙草胺，2.1 L/hm²。在两种作业方式下进行常量喷雾。施药后在小区对角线随机取 5 点，每点在 0.25 m² 内取样。在施药后 7、14、30 d 进行观察，记录杂草种类和株数后，全部拔除，称取地上部鲜重，计算株数防除效果和鲜重防除效果[35,38]。计算公式如下：

株数防除效果＝(对照区杂草株数－处理区杂草株数)/对照区杂草株数×100%

鲜重防除效果＝(对照区杂草鲜重－处理区杂草鲜重)/对照区杂草鲜重×100%

2. 试验结果与分析

试验区的杂草主要有小旋花、马齿苋、落藜、苘麻、葎草。各时期的株数防除效果、鲜重防除效果如表 10.11 所示。

表 10.11　两种作业方式下除草剂的株数防除效果和鲜重防除效果 %

时　期	常规喷雾		防飘喷雾机	
	株数防除效果	鲜重防除效果	株数防除效果	鲜重防除效果
施药 7 d 后	79.7	17.1	87.9	99.8
施药 14 d 后	22.2	78.4	92.2	99.8
施药 30 d 后	13.6	72.7	96.9	97.5

从表 10.11 可以看出，在施药 7 d 后，由于时间较短，两种作业方式的株数防除效果相差不大，分别达到了 79.7%、87.9%，鲜重防除效果相差明显，分别为 17.1%、99.8%；在作业 14、30 d 后，两种作业方式的株数防除效果和鲜重防除效果有明显的差异，表明防飘喷雾机减少了麦茬对雾滴的拦截，增强了雾滴的穿透性，到达地面的药液量较多，使其抑制杂草出苗的效果明显。

10.3.4 结论

针对我国目前常用的大田喷杆喷雾机在施药过程中农药飘失严重、雾滴在冠层中的穿透性较差、雾滴分布不均匀等问题，借鉴国内外先进技术研发了挡板导流式防飘喷雾机。

(1) 通过对雾滴的尺寸分布、运动特性、气流流场对雾滴运动的影响的分析，确定雾流中易飘失区域为雾流末端、喷雾扇面横向边缘、喷雾扇面迎风面外边缘，为导流挡板的设计提供了理论依据[42]。通过对冠层结构和雾滴在冠层中的分布规律的分析，得知冠层上部对雾滴的拦截作用明显，从而需要利用挡板来减少冠层上部对雾滴的拦截，使雾滴更好地在冠层中穿透，来增加雾滴在冠层中的沉积量，从而减少飘失。

(2) 在对影响雾滴飘失的因素分析的基础上，提出了在喷头的上风向处安装倾斜的挡板来实现导流的作用，通过仿真模拟试验验证了该方案，试验结果表明挡板改变雾滴的运动轨迹和气流流场，使流场对易飘失区的雾滴导流作用明显，有利于雾滴快速地在靶标区沉降，从而有效地减少飘失；另一方面，挡板可以减少冠层上部对雾滴的拦截。

(3) 通过茎秆力学模型确定了挡板在小麦冠层中的最大深度为 0.3 m，以保证在不损伤作物冠层的前提下最大限度地拨开冠层，使雾滴有最好的穿透性和沉积均匀性。分析了喷雾机结构参数挡板宽度、挡板倾角和喷头释放角对流场及雾滴飘失的影响，并通过仿真试验和田间试验确定了喷雾机的最佳结构参数，即挡板宽度为 45 cm、挡板倾角为 50°、喷头释放角为

meteorological conditions. Transactions of the ASAE,1996,39(1):17-22.

[39] Gohlich H. Assessment of spray drift in sloping vineyards. Crop Protection,1983,2(1):37-49.

[40] Miller D R,Stoughton T E,et al. Atmospheric stability effects on pesticide drift from an irrigated orchard. Transactions of the ASAE,2000,43(5):1057-1066.

[41] Salyani M,Cromwell R P. Spray drift from ground and aerial applications. Transactions of the ASAE,1992,35(4):1113-1120.

[42] 何雄奎.高效施药技术与机具.北京:中国农业大学出版社,2012.

第11章

激光控制平地技术与装备

随着水资源供需矛盾的突出，改进地面灌溉技术、提高农田平整程度已成为现代节水农业技术的重要组成部分。平整土地可以起到提高田间地面灌溉效率和灌水均匀度的作用，是改进地面灌溉方法的重要技术要素之一。常用的土地平整方法有常规平整法和激光控制平地法。常规土地平整中采用的平地设备一般由推土机、铲运机和刮平机组成，具有土方运移量大、平地费用相对较低的特点，可以用于改变农田的宏观地形，但受到机械自身精度和操作人员水平影响，当平地效果达到一定平整程度后很难再有所提高，无法满足精细灌溉的要求。激光控制平地技术是综合了光学、电子学、机械学等多学科新技术的一种适用于土地精细平整的方法，能够较好地改善农田表面微地形，提高灌溉效率和质量。

11.1 激光控制平地技术概述

激光控制平地技术是目前世界上最先进的土地平整技术，可有效改善土壤表面平整程度和种床条件，提高农田灌溉水分布的均匀程度，有利于控制杂草和虫害，降低化肥使用量，减少环境污染。与传统的农田平整方法相比，激光平地技术具有高效率和高精度的特点。实验表明有些地区利用激光控制平地技术平整的土地灌溉效率能够提高30%以上，作物产量提高20%～30%，节水30%～50%，同时也减少了田间杂草和肥料的流失。

20世纪90年代后期，我国黑龙江、吉林、新疆等省区的大规模农场开始从美国等发达国家引进激光控制平地技术和设备，其中以美国Trimble公司的产品为代表，虽然效果比较理想，但功率大，价格高，且使用过程中的维修、故障处理及零配件供应都受到极大制约，在很大程度上阻碍了该项技术在我国农田平整作业中的广泛应用。

中国农业大学在国际合作项目和国家“863”节水农业重大专项的支持下，2002年就已经与菲律宾国际水稻研究所(IRRI)共同研制了适合我国旱田应用的平地铲，如图11.1所示。随后研发了具有自主知识产权的激光接收器、控制器和液压控制系统，并集成国产激光发射器，构建了激光控制平地系统。

图 11.1　中国农业大学与 IRRI 合作研制的平地铲[1]

为了满足农田灌溉的需求，有时需要将田块平整成具有一定坡度的斜面，为此中国农业大学研制了激光发射器云台，如图 11.2 所示，集成国产 JP3 激光发射器，即可扫射形成具有一定倾角的激光面。

发射器云台主要包括云台机械结构、步进电机、电机驱动器、云台控制器和电源转换模块等部分。云台机械结构采用金属材料设计而成。发射器安装在三脚架上进行工作，因此选用了质地比较轻而硬度和强度又比较大的铝合金材料设计平台主结构。采用强度较大的钢材料制作轴，轴和其配套的轴承、轴承座组合并安装在铝合金平台上。在轴的一端设计了一个同轴心的孔，同轴孔与步进电机的转轴通过间隙配合到一起，步进电机通过法兰盘安装在平台上，步进电机的转动角度直接反映到转动轴上，并带动转动平台的旋转，激光发射器就安装在转动平台上。如图 11.3 所示。

图 11.2　激光发射器云台[2]

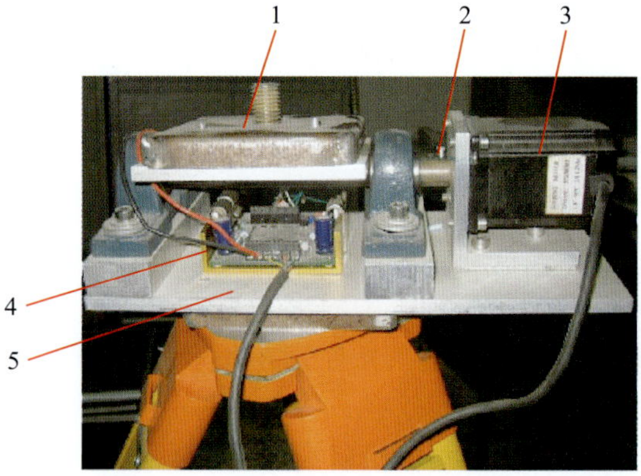

图 11.3　激光发射器云台结构图[2]

1. 转动平台；2. 转动轴承；3. 步进电机；
4. 步进电机控制器；5. 铝合金平台

土地平整作业中，三维地形信息是土地平整工程设计和平整效果评价的依据。在激光控制平地作业前，需要按照适宜的网格间距对作业地块进行三维地形信息获取，计算出平均标高和土方量，在此基础上拟定合理的平地工程设计与施工方案，给出平地后预期达到的田块地形设计平面。平整作业后，通过三维地形信息计算出平整之后效果，为平地的整体效果评价提供数据。

中国农业大学精细农业研究中心在土地三维信息获取的研究中，开发了适合在我国推广应用、性能良好、成本较低、精度较高、具有自主知识产权和面向农田土地平整作业的农田三维地形测量系统，为大规模土地平整工程的施工测量提供了有力的技术手段，显著节省了大面积地面高程测量工作的人力消耗，提高了土地平整作业的效率。开发的装备包括便携式三维地形采集器、车载式三维地形自动测量系统、基于 GPS 与姿态传感器校正技术的三维地形测量系统。

(1) 便携式三维地形采集器：使用高性价比的 GPS OEM 板自行开发的便携式三维地形采集器，成本低，精度高，易操作，便于携带，能实时采集、显示、存储农田三维地形信息。

(2) 车载式三维地形自动测量系统：以 GPS 技术和激光控制技术为核心，消化吸收国外激光平地产品技术，采用功能模块化和集成化的设计理念，开发激光接收与测量设备以及激光控制与数据采集设备，具有激光控制平地功能和准确、稳定、快速获取农田相对高程信息的功能。

(3) 基于 GPS 与姿态传感器校正技术的三维地形测量系统：利用高精度 GPS 获取平面坐标和高程信息，并通过姿态传感器校正机械行驶过程中因天线倾斜引起的 GPS 平面及高程误差，从而获取准确的农田三维地形信息。

以上 3 种测量系统在试验中均能够较好地得到试验农田表面三维信息，为土地平整前规划和平整后评价提供技术与数据支持。

11.2 激光控制平地系统[3]

激光控制平地技术是利用激光束扫射形成参照平面作为非视觉操作控制手段，代替常规平地设备操作人员的目测判断来自动控制液压平地机具刀口的升降，从而能够大幅度提高农田土地的平整精度，其感应系统的灵敏性至少比人工视觉判断和拖拉机操作人员的手动液压控制系统精确 10～50 倍。

11.2.1 系统组成

激光控制平地系统集光学、机械、电子及液压器件于一体，主要由激光发射器、激光接收器、控制器、液压系统和平地铲等 5 部分组成，其中分立式液压系统包括齿轮泵、液压调节器、油箱和液压油缸等。图 11.4 所示为激光控制平地系统的构成图。

平地作业时，激光发射器在农田上方产生一个激光水平面，作为平整土地作业的参考基准面，安装于平地铲桅杆上方的激光接收器接收到激光信号后，判定农田地势的相对高低，将其转换为相应的电信号，并将电信号传递给控制器。控制器对来自激光接收器的信号进行分析与处理，输出相应的控制信号给液压调节器，再由液压调节器驱动液压油缸，控制平地铲的升降动作，并随着拖拉机的行进连续地动作，进行平地作业。

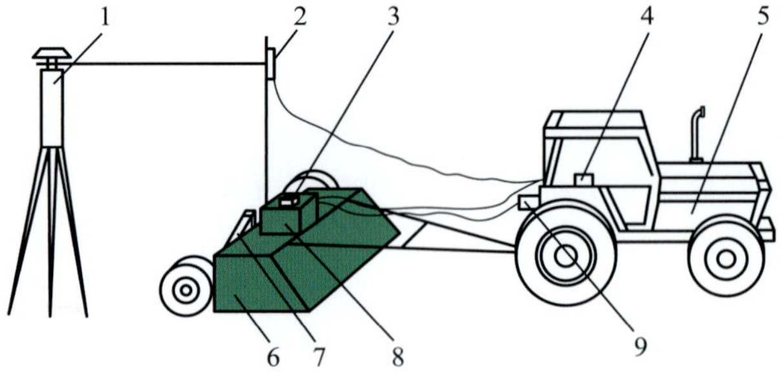

图 11.4　激光控制平地系统构成

1. 激光发射器;2. 激光接收器;3. 液压调节器;4. 控制器;5. 拖拉机;
6. 平地铲;7. 液压油缸;8. 油箱;9. 齿轮泵

11.2.2　激光发射器

激光发射器用于提供激光控制平地作业时的作业参考基准面,在与国外激光发射器进行对比的基础上,选取福田 FRE201 型激光扫平仪(图 11.5)作为激光源。该发射器激光波长 635 nm,工作直径 500 m,旋转速度 600 r/min。该扫平仪可以自动设置坡度,无需另外设计激光发射云台。室内和田间试验表明,FRE201 能很好地应用于激光控制平地作业。

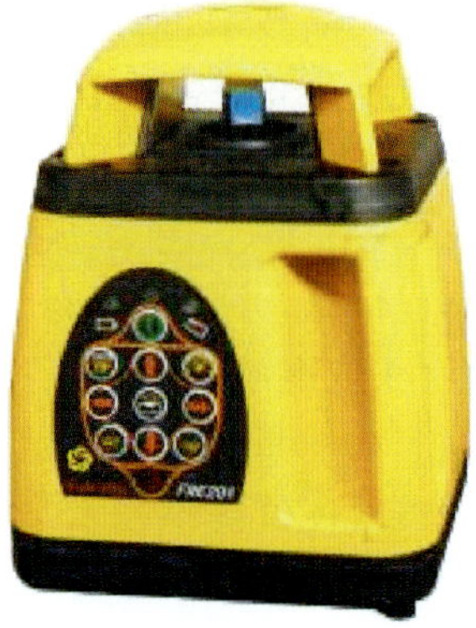

图 11.5　FRE201 型激光扫平仪

11.2.3　激光接收器

激光接收器是由具有中心控制点的一系列垂直对称分布的光电传感器构成的信号接收装置。平地作业过程中,激光接收器垂直安装在平地铲设备的桅杆上,作为一座连接激光发射器和控制器的桥梁,实时接收来自激光发射器的激光信号,从而确定此时激光参照平面与中心控制点间瞬间的位置偏差,并向控制器发出修正信号,由控制器控制平地机具的升降,使接收器中心控制点位于激光参照平面之内。

11.2.3.1　总体设计

激光接收器主要由光学系统、光电探测器、低噪声放大器、整形和展宽电路等组成,其综合技术指标主要由探测器和放大器的性能指标所决定。

激光接收器的工作原理如图 11.6 所示。首先,入射光经过组合滤光装置滤除激光工作波长以外的背景光,以提高信噪比;然后,经光电转换将光信号转换为微弱的电信号,再通过低噪声的前置放大器和主放大器实现对微弱信号的放大;最后,通过整形和展宽电路将脉冲信号转换为 TTL 数字信号传送给控制器。

11.2.3.2　硬件设计与实现

1. 组合滤光设计

激光控制平地系统在田间作业时,其工作半径通常在 150 m 以上,激光发射器扫射的激

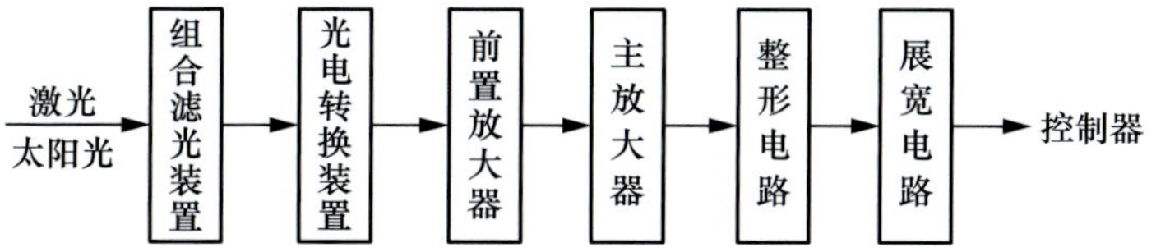

图 11.6 激光控制平地系统中激光接收器的工作原理框图

光束经大气衰减后到达接收器时入射功率很微弱，不到 1 mW/cm²，而背景太阳光辐射功率相对较强，经过大气衰减后达到地球表面的辐射功率仍有 1 000 mW/cm² 以上，所以由激光信号和太阳光所组成的入射光的信噪比非常低。同时，光电探测器在入射光强较大的情况下容易达到饱和，从而大幅度降低了光电传感器的灵敏度。因此，在进行光电转换之前，需采取合理的滤光措施。

利用系统所使用的激光具有单色性好的特点，本研究在激光接收光学系统中采用了组合滤光的方法，即首先在激光接收器外壳的透光窗口上安装红色有机玻璃进行初次滤光，然后在光电探测器上加入滤光片进行二次滤光，来滤除红色激光工作波长以外的背景光，以提高接收系统入射光的信噪比，从而提高激光接收器的探测能力，实现更准确地检测激光信号。

2. 光电转换设计

入射光经过组合滤光后，需要通过光电探测器将光信号转换为电信号，才能被后续电路处理。适用于激光接收的光电探测器主要有光电二极管、光电三极管及光电池等。光电二极管具有一般二极管的特性，具有反向截止功能，工作原理较简单，转换的速度也快，但光电二极管单管的面积较小，一般不到 5 mm×5 mm。光电三极管的原理与光电二极管相类似，仅相当于光电二极管增加了一级放大电路，且本身的受光面积也比较小，也不适用于该系统。因此，本研究采用了国产 2CR93 硅光电池作为光电探测器，尺寸为 20 mm×5 mm，其受光面积大，具有良好的响应特性。

图 11.7(a)为 2CR93 硅光电池的光照特性曲线。开路电压 V_{OC} 与入射光强近似成对数关系，而短路电流 I_{SC} 在较大范围内都与入射光强呈线性关系，故本设计中将硅光电池作为电流

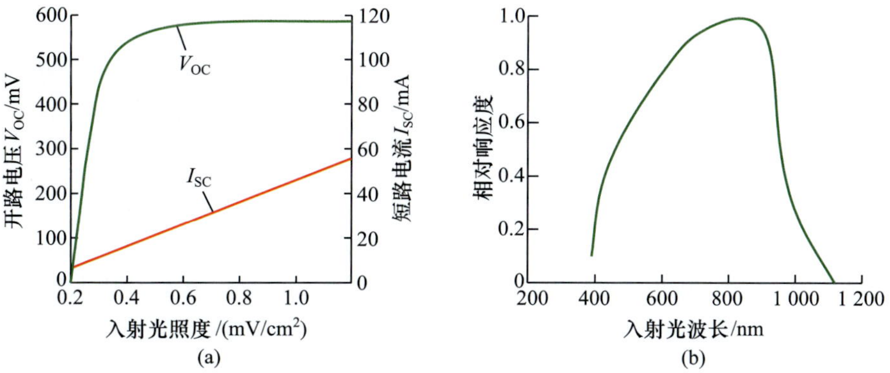

图 11.7 2CR93 硅光电池光照特性曲线和光谱响应特性曲线

(a) 光照特性曲线；(b) 光谱响应特性曲线

源使用。图 11.7(b)为 2CR93 硅光电池的光谱响应特性曲线。硅光电池的响应波长为 400～1 100 nm,波峰为 800 nm 左右。在本系统采用的激光波段(635 nm)处,其相对响应度为 0.8 以上,有较好的透光度,能较好地满足系统的需求。

3. 前置放大电路设计

前置放大器最主要的功能是放大来自光电探测器的信号,并尽可能降低附加噪声。对应于不同类型的探测器有不同的前置放大器与之相匹配,激光接收器中采用的光电探测器是硅光电池,其对应的前置放大器的设计在系统中起着关键的作用,同时,整个系统的信噪比的大小也主要取决于前置放大部分的设计。

前置放大器可以采用三极管或场效应管等分立元件构成的放大电路,也可以使用集成运算放大器。在前期的研究中采用的是三极管构成的放大电路,其电路的稳定工作点不易调整,导致接收器工作不太稳定,因此,本研究采用低噪声的集成运算放大器设计前置放大电路,原理如图 11.8 所示。

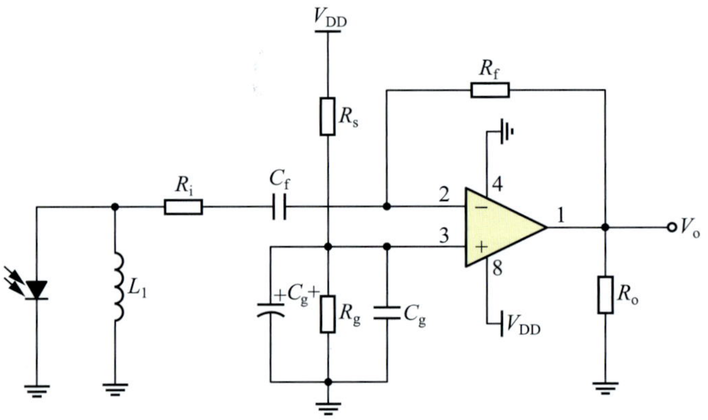

图 11.8　前置放大电路

该电路中的运算放大器采用单电源供电,由 R_S、R_g 组成 $\frac{1}{2}V_{DD}$ 偏压。经光电转换后的电流信号进入前置放大电路之前首先经过电感 L_1 的滤波,以滤除太阳光中红光波段直流信号的干扰,进一步提高输入信号的信噪比。R_f 为反馈电阻,由 R_f 和 R_i 决定了前置放大器的增益。C_f 与 R_f 组成了一个高通滤波电路,其低频截止频率为 $1/2\pi R_f C_f$, R_f、C_f 越大通频带越小,但电路的通频带不能太小,否则输出信号会产生频率失真。另外,C_f 不能太大,C_f 太大会造成系统响应过慢。

4. 主放大电路设计

为了尽量减小电路中的噪声,提高电路的信噪比,在前置放大器中限制了增益不能太大,但为了使信号放大后的电平能达到后续电路处理的水平,还需设计主放大器,使得激光接收器在远距离工作时能将信号放大到 1～2 V。主放大器的原理与前置放大器基本类似,如图 11.9 所示。同时,在主放大电路中加入了高通滤波电路,以限制其带宽,抑制噪声和干扰,从而提高电路的整体性能。

5. 脉冲整形和展宽电路设计

经过两级放大后的信号为脉冲波形,而与激光接收器相连的控制器所需的输入信号为

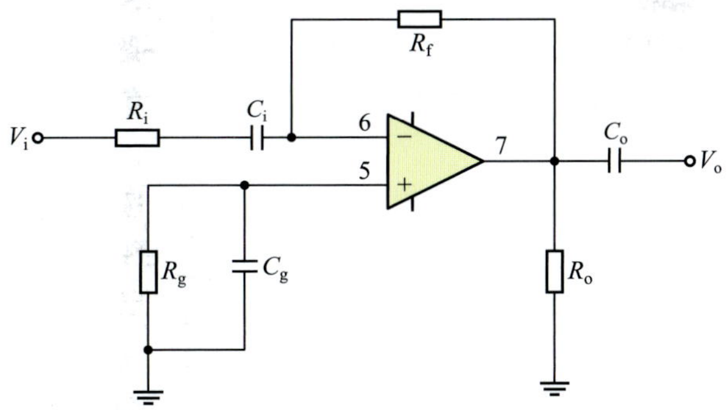

图 11.9 主放大电路

TTL 数字信号,所以需将放大后的信号进行整形。本研究采用比较器将放大后的脉冲信号转换为数字信号,但转换后的数字信号频率过高,且脉冲宽度较窄,不利于控制器中微处理器的处理,所以还需将数字信号进行展宽,因此,采用了单稳态触发器对数字信号进行脉冲展宽,使得最终 TTL 数字信号的频率为 10 Hz 左右,以供后续电路处理。脉冲整形和展宽电路如图 11.10 所示。

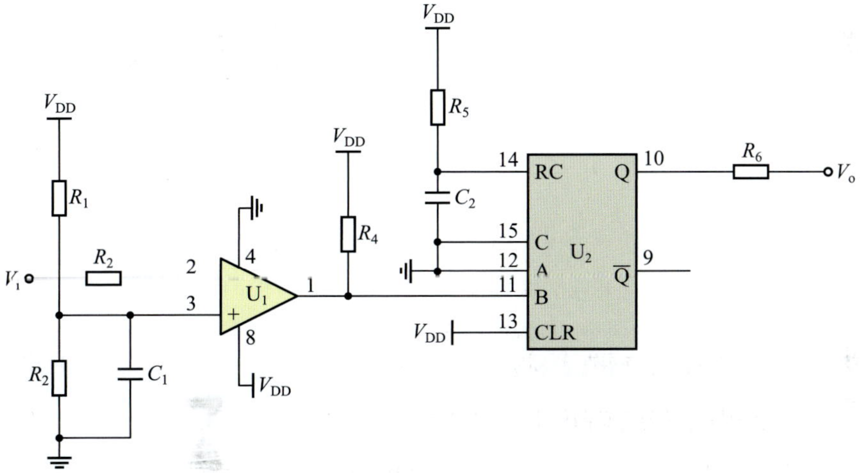

图 11.10 脉冲整形和展宽电路

图 11.10 中 U_1 为比较器,采用了反向输入比较的方式,比较阈值电压由 R_1、R_2 分压确定,若输入信号幅值大于比较阈值,输出端输出一个反向高电平信号,信号电平宽度由输入信号确定;若输入信号幅值小于比较阈值,输出端则输出低电平。U_2 为单稳态触发器,本研究中采用了下降沿触发方式,即 A 端接地,信号由 B 端输入,当 B 端有下降沿时,Q 端就输出一个脉冲宽度为 T 的正脉冲,其中 $T=R_5C_2$。经过展宽电路输出的信号,其电平值为 8 V,而控制器的输入信号要求为 TTL 电平,即其幅值为 5 V,因此,还需通过简单的电平转换。

6. 电源模块设计

激光接收器的供电电源是拖拉机的 12 V 蓄电池,而接收器的硬件电路中各芯片所需的供电电压为+8 V,同时接收器处理后的信号传向控制器必须是标准的 TTL 信号,因此电路中也需要+5 V 电源。

电源模块电路如图 11.11 所示。电源芯片采用的是 78 系列三端稳压电路,它能提供多种固定输出电压,如本系统所需的+8 V、+5 V 电压,同时,该系列芯片还内含过流、过热和过载保护电路,为系统的正常工作提供了可靠保障。

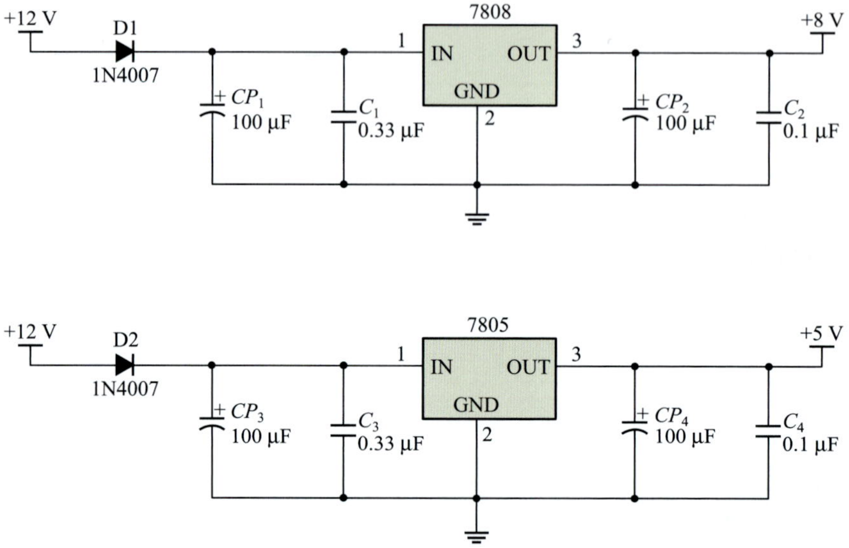

图 11.11 电源模块电路

7. 结构设计

激光控制平地系统工作时,激光发射器的位置是固定的,而激光接收器在不停地移动。为了使激光接收器能够 360°全方位接收激光信号,同时使其具有一定的垂直工作范围,需要合理设计硅光电池的空间布局。本研究设计的激光接收器共采用 52 片硅光电池,分成 13 层 4 列。水平方向上,每个接收层中相邻的硅光电池两两垂直安装在金属剪板的同一高度,4 个金属剪板制作合成"口"字形,使激光接收器的有效接收角度达到 360°,如图 11.12 所示。

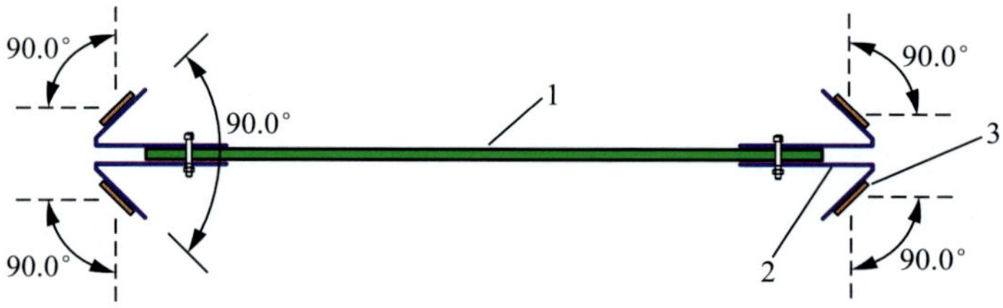

图 11.12 硅光电池水平空间分布

1. 电路板;2. 金属剪板;3. 硅光电池

处于同一列的 9 片光电池布局如图 11.13 所示。在垂直方向上,相邻两片光电池的距离为 1.5 mm,激光接收器的垂直接收范围为 22 cm。每一列光电池含有 5 路信号,分别代表太高、高、适中、低和太低。当激光扫射到中间的光电池时,表示此处的地面高程与参考地面高程一致；当激光信号扫射到上半部分的光电池时，表示此处的地面高程低于参考地面，需要使平地铲抬升卸土。当激光信号扫射到下半部分的光电池时，表示此处的地面高程高于参考地面，需要平地铲下降挖土。

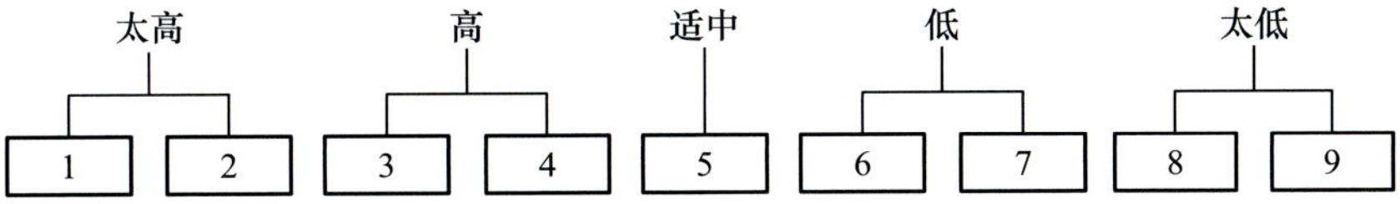

图 11.13 硅光电池垂直空间分布

8. 外壳设计

激光接收器外壳的优化设计，一方面有利于核心电路板在其内部的固定，增强其抗震性，提高其工作性能；另一方面有利于增强接收器在平地铲桅杆上固定的稳固性，以免由于固定不牢导致跌落，损坏接收器，尤其是在水田工作时，跌落可能使接收器进水造成电路板短路，影响系统的工作。本研究设计的激光接收器外壳，主体部分采用上下对扣方式，卡具采用铰合方式，其实物如图 11.14 所示。

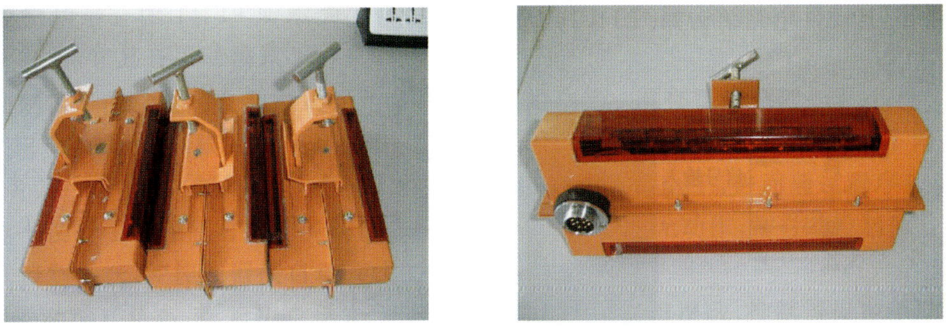

图 11.14 激光接收器外壳实物图

11.2.4 控制器

控制器是整个激光控制平地系统的控制中枢，对整个系统的平稳高效运行起着关键作用。主要对来自激光接收器的位置偏差信号进行分析与处理，并输出相应的控制信号给液压系统电磁阀，再由液压调节部分驱动液压油缸，使平地铲上下动作，并随着拖拉机的行进完成激光控制平地作业。

11.2.4.1 总体设计

控制器的基本工作原理如图 11.15 所示，主控电路根据来自激光接收器的 5 路信号，判断激光接收器相对基准参考平面的偏差位置，在控制器面板上实时显示相对高低，并发送相应的控制信号给液压控制系统实现反馈控制平地铲的升降，直至激光接收器中心位置的光电池位于激光参考平面内。液压控制线路有手动和自动两种模式，在手动模式下，只能实现手控平地铲的升降；在自动模式下，可以由位置偏差信号自动控制平地铲升降，也可以实现手控。

4. 电磁阀驱动电路

控制器采用数字电路来实现对液压系统电磁阀的控制，电磁阀的工作电压和工作电流比较大，为使其能够正常工作，必须设计相应的驱动电路来提高控制电路的输出电流和带负载能力。图 11.20 所示为采用固态继电器构成的电磁阀驱动电路。为了防止输入电压超过额定

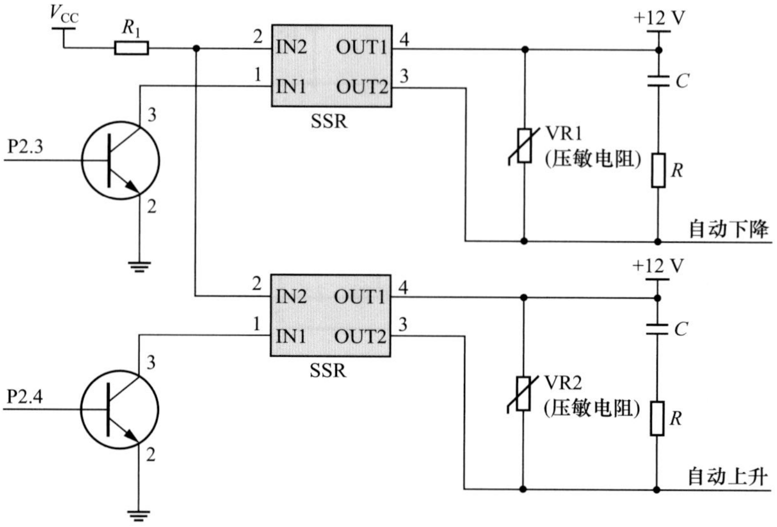

图 11.20 电磁阀驱动电路

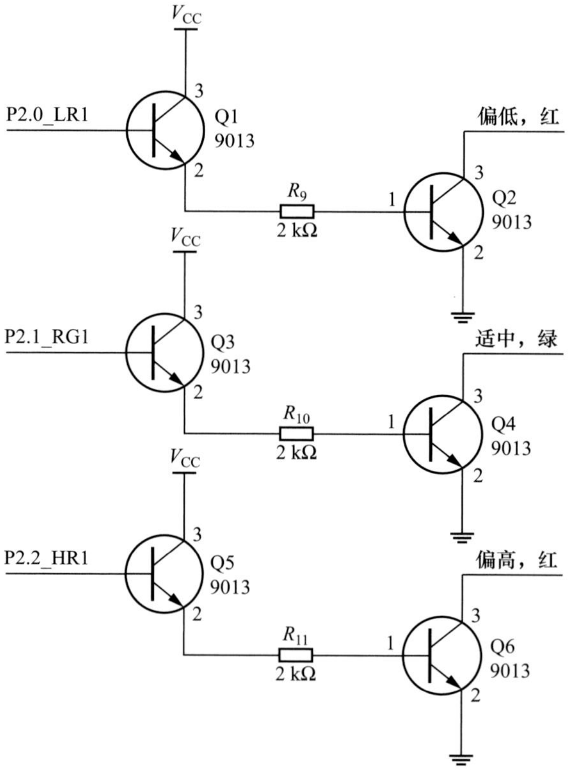

图 11.21 指示灯驱动电路

值，在输入端设置了一个限流电阻 R_1；通常固态继电器均设计为“常开”状态，即无控制信号输入时，输出端是开路的，因此在输入端外接了一个简单的三极管控制开关的电路；为保护继电器，在输出回路还增加了一个瞬态抑制电路，即在输出端加装了一个 RC 吸收回路，它可以有效地抑制加至继电器的瞬态电压和电压指数上升率，同时在输出端接入了具有特定钳位电压的压敏电阻器件。

5. 指示灯驱动电路

在控制器上设置指示灯是为了实时显示激光接收器的位置偏差信息，以方便操作者实时掌握系统工作情况，并在适当的时候根据指示灯状态信息对液压系统进行手动干预。位置偏差信息指示灯一共设置有 3 个，分别指示激光接收器相对于激光参照平面的偏高、适中和偏低。图 11.21 所示即为指示

灯的驱动电路，单片机的 P2.0、P2.1、P2.2 口通过控制三极管的导通与关闭来分别控制 3 个指示灯的点亮与熄灭。

6. 外壳设计

控制器安装在驾驶室内，由驾驶员进行操作。如图 11.22 所示，(a) 为控制器操作面板，(b) 为控制器金属外壳。其操作面板主要包含 3 部分：

(1) 电源：操作面板右侧下方的开关为电源开关(标号 8)，由它来控制整个系统的开启与关闭；电源开关上方的红色指示灯为电源指示灯(标号 7)，由它来指示系统的运行状态；电源指示灯的左侧为保险管(标号 6)，安装保险管的主要目的是保护内部硬件电路。

(2) 液压系统控制开关：操作面板中部的两个开关用于对液压系统进行控制，上方为手动/自动模式切换开关(标号 4)，用于选择液压系统控制模式；下方的双复位开关用于实现平地铲的手动上升/下降控制(标号 5)。

(3) 信号指示灯：操作面板的左侧为 3 个位置偏差信号指示灯，用于实时显示平地铲相对于平地基准面的位置偏差状态，即偏高、适中和偏低[上方红灯(标号 1)指示偏高、中部绿灯(标号 2)指示适中、下部红灯(标号 3)指示偏低]，给操作者提供直观的信息，方便操作者在适当的时候给予手动干预控制。

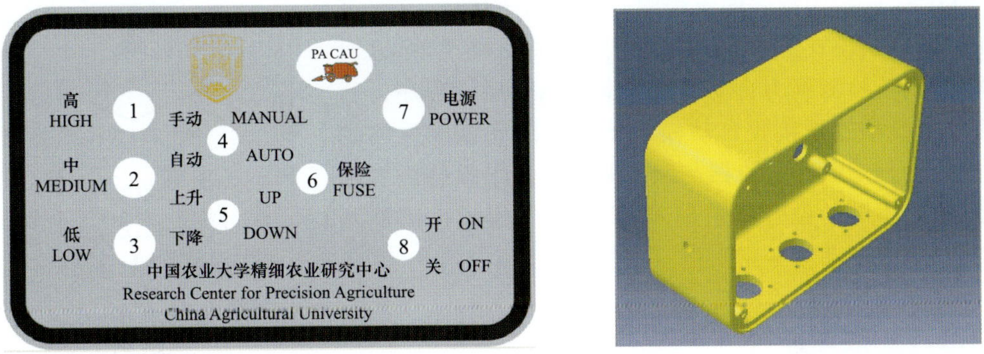

(a) (b)

图 11.22 控制器面板和外壳

(a) 控制器操作面板；(b) 控制器金属外壳

11.2.4.3 软件设计与实现

控制器软件的功能主要有两个，一个是配合逻辑判断电路判定液压系统工作模式，另一个是读取来自激光接收器的端口信号，判定激光接收器的位置偏差状态，从而控制指示灯的显示状态并向电磁阀发出相应的控制信号。

1. 端口信号状态

激光接收器的 36 片光电池分成 4 列，每一列由 9 片光电池组成，共分成 5 组。来自激光接收器的 5 组信号输入分别接至单片机的 P1.0～P1.4，程序通过读取 P1 口的状态值来判定激光接收器的位置偏差状态。

由于激光束的直径大于光电池之间的安装间距(2 mm)而小于光电池的长度(20 mm)，所以在任一时刻至多有两片光电池同时接收到激光信号，因此 5 组信号输入共组成 9 种有效端口状态，如表 11.1 所示，表中未列出的端口状态组合为无效信号。无论是有效信号组合还是无效信号组合，在控制器软件中均给出了相应的处理方案。

表 11.1　端口信号状态

编号	端口状态 P1.0～P1.4	控制器输出信号	
		脉宽/ms	占空比/%
1	01111	100	100
2	00111	90	90
3	10111	70	70
4	10011	50	50
5	11011	0	0
6	11001	50	50
7	11101	60	60
8	11100	70	70
9	11110	80	80

2. 软件流程图

图 11.23 所示为程序的流程图。系统初始化后，首先进行液压系统控制模式的检测，若检测到为手动模式，则返回循环检测，直至检测到为自动模式才继续执行后续程序。后续程序的主要功能是接收自动模式下来自激光接收器的端口信号状态，判定激光接收器与激光基准参照平面的位置偏差状态，根据不同的位置偏差信号，给出基于模糊控制规则的控制信号，并驱动信号指示灯。

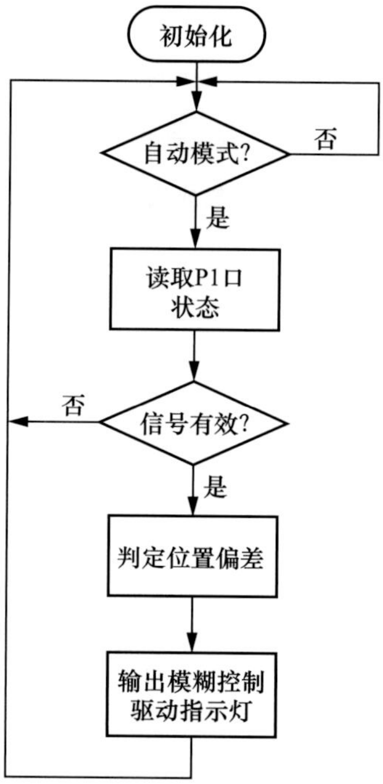

图 11.23　控制器程序流程图

11.2.5　液压系统

液压系统的主要功能是通过驱动液压油缸的伸缩使平地铲运设备升降，将控制器产生的电信号转换为机械控制，实现高精度的土地平整，其性能在很大程度上决定了激光控制平地设备的平整精度。

针对拖拉机自身是否配备液压输出系统，激光控制平地系统中的液压系统可以采用两种方式，即内置式和外置式液压系统。

1. 内置式液压系统

所谓内置式液压系统，是指针对配备液压输出的拖拉机，直接利用拖拉机本身自带的液压输出系统作为激光控制平地系统的动力来源，并在此基础上增加一个集成式的液压控制阀用来控制液流的压力、流量及流动方向，图 11.24 所示即为本系统所采用的一种进口的集成式液压控制阀。

工作过程中，当平地铲低于基准平面时，举升电磁控制阀 1 通电，下降电磁控制阀 5 断电，此时,拖拉机液压泵输出液压油,经举升电磁控制阀1、举升速度调节阀2、单向阀3、出油口进入平地铲控制液压缸,推动平地铲上升。当平地铲与基准平面一致时,举升电磁控制阀1断电、下降电磁控制阀5通电,平地铲液压缸的液压油经过下降速度调节阀4、下降电磁控制阀5、电磁换向阀8回油箱,平地铲在重力作用下下降。当平地铲锁紧和下降时,卸荷阀9在控制油液压差的作用下处于导通状态,拖拉机液压泵输出的液压油经卸荷阀9回油箱,实现卸荷。当平地铲上升时,卸荷阀9两侧控制油液的压力相同,在弹簧力的作用下阀芯处于封闭状态。如图11.25所示。

图11.24 集成式液压控制阀

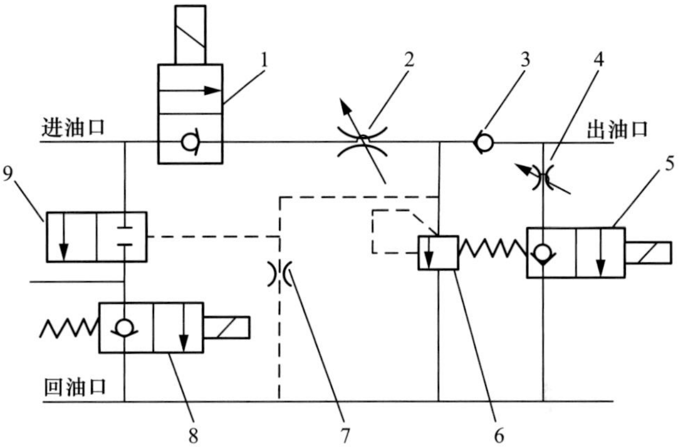

图11.25 液压控制阀油路示意图

1. 举升电磁控制阀;2. 举升速度调节阀;3. 单向阀;
4. 下降速度调节阀;5. 下降电磁控制阀;6. 安全阀;
7. 节流阀;8 电磁换向阀;9. 卸荷阀

2. 外置式液压系统

所谓外置式液压系统,是指针对没有配备液压输出的拖拉机,通过增加齿轮泵,利用拖拉机后动力输出轴经齿轮泵向激光控制平地铲运设备提供动力,并增加一些附属组件设计的一套独立于拖拉机的外置液压系统。

图11.26所示即为中国农业大学设计的一种外置式液压系统,其主要由液压油缸、电磁换向阀、溢流阀、齿轮泵和油箱等组成。在工作过程中,当平地铲低于参考基准平面时,电磁换向阀左侧的电磁铁1DT通电,来自齿轮泵的液压油进入液压油缸,推动平地铲上升。当平地铲高于参考基准平面时,电磁换向阀右侧的电磁铁2DT通电,液压油缸的液压油回油箱,平地铲在重力作用下下降。当平地铲处于参考基准平面时,电磁换向阀处于中位卸荷状态,平地铲保持原位置。

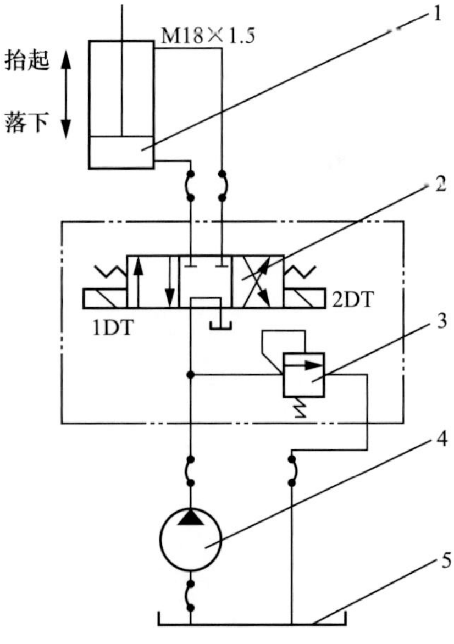

图11.26 外置式液压系统原理图

1. 液压油缸;2. 电磁换向阀;3. 溢流阀;
4. 齿轮泵;5. 油箱

11.2.6 平地铲运设备

平地铲运设备是通过液压系统进行反馈控制的，主要用于完成土方的切削、推移、混合、回填及铺平等操作。根据实际农田作业情况的不同，平地铲分为旱田平地铲和水田平地铲两种。

1. 旱田平地铲运设备

旱田平地铲主要用于旱田平整作业。平地铲由牵引架、铲斗、双向调节螺杆和支撑轮组成。其机构示意图如图 11.27 所示。其中，铲斗包括矩形框架、后侧与两侧挡板，后侧挡板板身为弧形，与两侧挡板相连接固定于矩形框架后端。铲斗通过牵引架与拖拉机相连，矩形框架上固定有激光接收器桅杆，用来安装激光接收器。后侧挡板与支撑轮架的一端连接，支撑轮架的另一端通过连接轴连接着支撑轮。支撑轮中间的连接轴与油缸相连接，通过液压控制油缸的进油和出油能够控制平地铲的升降，实现刮土、削平、卸土和填充等功能。具有合理入土角度及形状的平地铲能够提高平地作业的效率和平整精度。

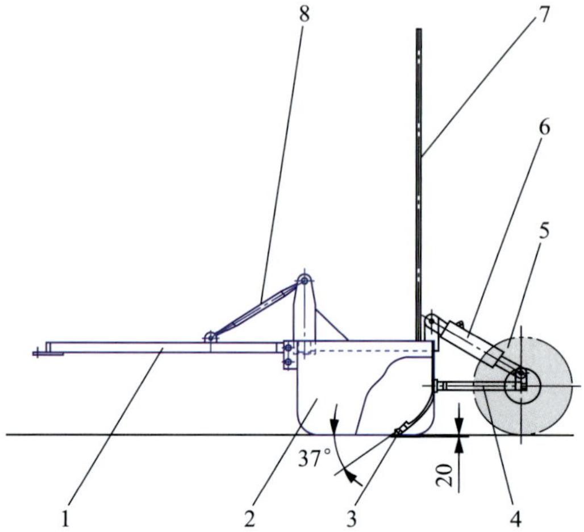

图 11.27 旱田平地铲运设备结构示意图[4]

1. 牵引架；2. 铲斗；3. 铲刀；4. 支撑轮架；5. 支撑轮；6. 液压油缸；7. 激光接收器桅杆；8. 双向调节螺杆

2. 水田平地铲运设备

水田平地铲适用于南方的水田平地作业。平地铲通过三点悬挂的方式与拖拉机相连接，利用两个双作用的油缸代替三点悬挂装置中的两个提升杆。控制器对激光接收器和角度传感器的信号进行处理，通过两个双作用的油缸实现平地铲的升降控制和平衡控制，从而保证平地作业过程中，平地铲的铲刀始终与参考平面保持平行，提高平地作业精度。与旱田平地铲相比，水田平地铲的铲斗较小，但长度较旱田平地铲长，平地作业时刮土面积比旱田平地铲大。图 11.28 为华南农业大学研制的水田平地铲。

图 11.28 水田平地铲[5]

11.2.7 系统实验与分析

该激光控制平地系统在北京、湖南、宁夏和广东等地进行了多次激光控制平地试验，取得了较好的效果。如图 11.29 所示。

(a)

(b)

图 11.29 激光控制平地试验场景图

(a) 湖南省新田县土地整理项目区；(b) 北京上庄试验田

11.2.7.1 试验方法及步骤

激光控制平地是一种精细土地平整方式，为充分发挥其优势、降低能耗，在进行平地作业前，应先用推土机、铲运机或刮平机等常规机械进行粗平，使田面达到一定平整度后，再应用激光控制平地技术。具体的作业实施步骤如下。

1）建立激光源

首先，放置激光发射器，要确保激光平面高于待平农田内的任何物体，以便平地铲桅杆上固定的激光接收器能有效地接收激光信号。

其次，激光发射器的安放位置要根据农田面积大小来确定。一般，如果场地跨度超过 300 m，要将激光发射器放置于场地中间；反之，则可放置于场地周边。

最后，当激光发射器的位置及高度确定后，支撑三脚架安装激光发射器并根据平地需求设定扫描模式为激光水平面或斜平面。

2）测量农田相对高程

地形测量可以采取两种方案，一是采用便携式三维地形测量系统按网格状人工完成田间地形测量，网格间距一般选取为 5～10 m；二是利用车载式三维地形测量系统自动完成田间地形测量。两种方案均可以获得田块内各测点处的相对高程。

3）确定平地参考基准面

依据三维地形测量系统获取的农田三维地形信息，利用激光控制平地辅助决策支持系统设计平地方案，原则是通过设计适当的平地参考基准面，使得平地作业中的挖土方量与填土方量基本相等。

4）确定平地铲刀口的起始位置点

根据设计的平地参考基准面，在田块内确定平地铲刀口的起始位置点。然后，按下控制器的手动模式按键，手动降低平地铲，使刀口落地后，上下调节安装在平地铲桅杆上的激光接收器的高度，当激光接收器中心控制点与激光参照面同位时，即控制器的绿色指示灯闪亮时，固

(3) 智能化设计:系统应尽可能地自动完成一些程序性的工作,以提高工作效率,如根据测量点的信息自动求出高程的最大值、最小值及平均值等。

(4) 低成本设计:系统要大面积推广,必须同时具备高效能、低成本的特点,系统本身的成本要低,系统使用的成本也要低,才能体现系统自身的优越性。

11.3.1.1 **系统硬件设计**

根据功能的要求,便携式三维地形数据采集器的硬件设计主要以 ARM9 微处理器为核心,配合相应的外围设备,实现三维数据的实时采集、处理、显示和存储等功能。系统硬件包括:ARM9 微处理器 S3C2440,NAND Flash 和 SDRAM 存储器,电源转换及复位电路,LCD 液晶显示,矩阵键盘电路,RS232 或 TTL 串行通信接口,JTAG 仿真调试接口,USB 存储模块组成。

图 11.33 是系统的硬件系统结构框图,采集系统以 ARM9 微处理器 S3C2440 为主控芯片,除最小系统所需电路外,还扩展了 LCD、USB 读写模块、AHRS 姿态传感器、GPS 及键盘接口电路。

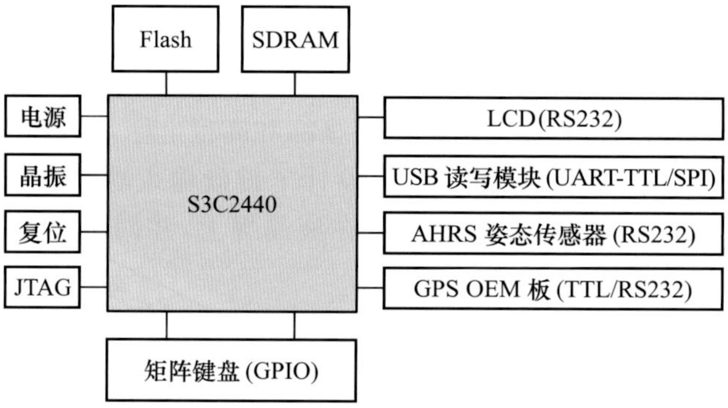

图 11.33 便携式三维地形数据采集器硬件系统结构框图

1. S3C2440 微处理器

S3C2440 是三星公司的一款 32 位 RISC 处理器,为手持设备和一般类型应用提供了低功耗、低价格、高性能微处理器的解决方案。S3C2440 使用 ARM920T 内核,采用 MMU、AMBA(高性能微控制器总线结构)和哈佛高速缓冲体系结构,同时还提供了丰富的内部设备。

系统选用 S3C2440 微处理器的原因在于:

(1) 130 个通用 I/O 口和 24 个外部中断源可以满足系统控制外部设备的需求;

(2) 3 个标准串口可分别用来连接 GPS 及 AHRS;

(3) JTAG 仿真调试接口用于非操作系统下的外围资源测试和引导下载加载程序;

(4) LCD 和键盘可以满足系统人机交互的需要。

2. NAND Flash 与 SDRAM 储存器

S3C2440 支持从 NAND Flash 启动,NAND Flash 具有容量大、价格低、写入和擦除速度快等特点,便携式三维地形数据采集器采用三星公司的 K9F1208UOC-P 芯片作为程序和数据存储器,K9F1208UOC-P 的工作电压 3.3 V,单片存储容量为 64 MB(512 字节/页×32 页×4 096 块),8 位总线宽度;同时,系统采用两片 K4S561662J-U175 芯片作为 SDRAM 处理器,存储容量共 64 MB(2 片×4 Banks×4 M×16 位),32 位总线宽度。NAND Flash 与 SDRAM

的组合可以获得很高的性价比。

3. 电源转换电路

系统电源输入范围为 6.5～25 V，由 5 V 电压经 LT1913IDD＃PBF 转换实现。LT1913 系列开关稳压电路内部集成有固定振荡器，只需极少外围器件便可构成高效稳压电路，大大减少散热片的体积，且内部有完善的保护电路，包括电流限制及热断电路等。5 V 电压再经 IL1117-3.3 和 LM1117 分别转换为 3.3 V 和 1.3 V，系统多数芯片在 3.3 V 电压下工作，1.3 V 专门供给 S3C2440 内核使用。IL1117 系列是低压差三端可调或固定输出 1.8 V、2.5 V、3.3 V、5 V 的正稳压集成电路，最大输入电压 12 V，可提供 1 A 输出电流，输出端采用钽电容来改善瞬时响应和稳定性。

4. 复位电路

由于 S3C2440 芯片具有高速、低功耗、低工作电压的特点，也导致其噪声容限较低，对电源纹波、瞬态响应性能、时钟稳定性、电源监控可靠性等方面提出了更高的要求。加之系统工作环境比较恶劣，可能造成系统不能正常工作。因此，系统采用 MAX811T 以实现电源监控和复位功能，以满足系统在恶劣环境下的正常运行。

5. LCD 液晶模块与 SB 读写模块

系统采用北京蓝海微芯科技发展有限公司的液晶显示屏 LJD-ZU035，该显示屏的分辨率为 320×240，3.5 寸高清晰真彩屏，并带一路标准 232 接口，可以以简单的方式受控于 S3C2440，接收并反馈 S3C2440 各种信息。同时，系统采用西安达泰电子有限公司生产的 USB118AD 型 U 盘作为存储器，它具有携带方便、存储量大、掉电数据不丢失、即插即用等优点。

6. GPS 模块与串行接口模块

系统选用星网宇达公司的 XW GPS1010-1020 型 GPS OEM 板进行开发，它是一款面向 RTK 专业市场的 OEM 板卡(XW-GPS1010 OEM 基站板、XW-GPS1020 OEM 移动站板)，采用单频 GPS 载波测量技术，具有性能优越、价格低廉的特点，适用于距离 2 km 以内的各类静态、低成本、高精度控制测量、地形测量、工程放样。

GPS 模块采用 RS232 或 TTL 串行接口与 ARM9 进行通信，不同的 GPS 模块或接收机与数据采集系统通信接口电平不一致，若采用 TTL 电平，可与采集器直接相连；若采用 RS232 电平，则需要进行电平转换。系统采用 MAX3232 芯片完成双向电平转换。

11.3.1.2 系统软件设计

便携式三维地形数据采集器主要由软件驱动支持实现 GPS 数据的获取和高程信息的输入，完成农田三维地形信息的快速测量，并将采集的数据进行可靠存储和实时显示。系统主程序流程图如图 11.34 所示。具体功能如下：

(1) 键盘控制功能：输入控制命令；

(2) GPS 数据采集功能：接收并处理符合 NMEA-0183 标准的 GPS 数据；

(3) 液晶显示功能：实时显示 GPS 的经纬度、高程信息、差分状态、卫星数目以及键盘输入的控制命令，以供用户了解自身位置和系统工作的情况；

(4) 数据存储功能：将采集到的 GPS 数据和高程信息进行处理，存储到 U 盘中。

(5) AHRS 校正功能：校正因天线晃动引起的测量误差。

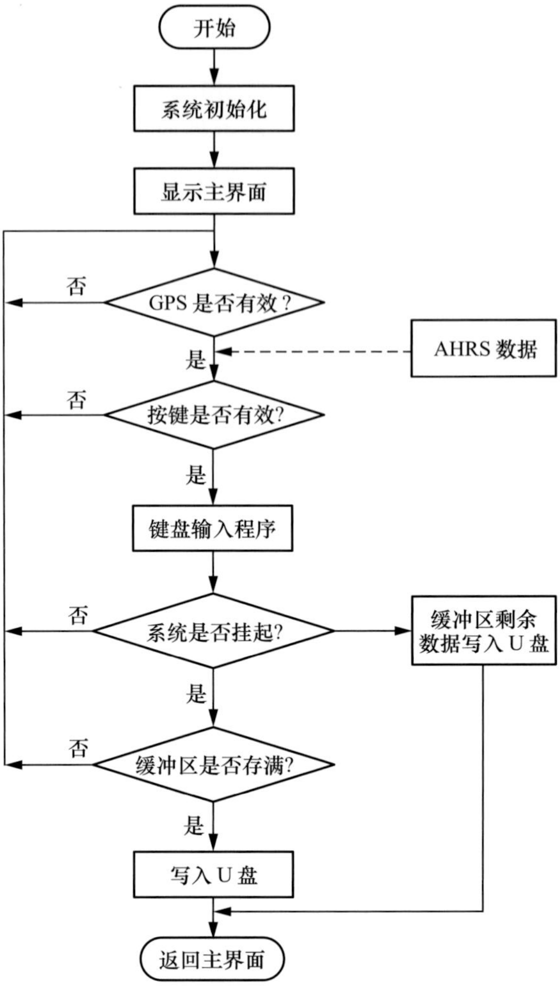

图 11.34 便携式三维地形数据采集器主程序流程图

1. 键盘输入子程序

本系统的4×4矩阵式键盘工作方式采用查询方式，即只有在键盘有键按下时，才执行键盘扫描并执行该键功能程序。若无键按下，将执行其他功能程序。

子程序使用软件延时的方法消除按键抖动影响，并依次将列线置为低电平，即在置某根列线为低电平时，其余列线为高电平。在确定某根列线置为低电平后，再逐行检测各行线的状态以确定闭合键的位置，得到闭合键对应的键码以后，继续延时并判断按键状态，直到闭合的按键被释放，再根据键码转到相应的按键处理子程序中。

2. GPS数据采集子程序

GPS数据采集子程序主要实现对GPS数据的接收与解析。通过串口获取GPS定位数据，解析GPS定位数据标准语句格式NMEA-0183，并将有效信息提取出来，实时显示给用户。

3. 液晶显示与U盘存储子程序

系统的液晶模块与ARM9之间采用串口进行数据传输。液晶模块提供了丰富的操作命令，利用这些指令可以实现各个显示功能。同时，系统采用了U盘文件读写模块。在使用U

盘文件读写模块之前，需根据其与微处理器的接口来选择具体的配置。在功能配置状态下，只要用 USB 对连线连接计算机的 USB 端口和模块的 USB 端口，就可以对模块进行在线程序升级和功能配置。

便携式三维地形数据采集器在价格上和质量上有着突出的优势，能较好地完成三维地形测量的任务，节省大面积地面高程测量工作的人力消耗，提高土地平整作业的效率。

11.3.2　车载式三维地形自动测量系统[6]

便携式三维地形数据采集器适用于小面积、较高精度的测量，但对于大面积地块来说，将会耗费大量的时间和人力，效率明显降低。针对便携式三维地形数据采集器在大规模农田地形测量时存在的不足与缺陷，开发了车载式三维地形自动测量系统，旨在提供一种农田地形自动测量的有效解决方案。

车载式三维地形自动测量系统结构如图 11.35 所示，在便携式三维地形数据采集器和激光控制平地系统的研究基础上，采用功能模块化和集成化的设计理念，分为 4 个独立的部分：控制器、GPS 接收系统、激光测量系统以及液压控制系统。激光测量系统将接收到的激光信号进行处理与编码后传送给控制器；控制器作为系统的控制终端和信息处理平台，负责将采集到的 GPS 信息和高程信息融合后进行显示与存储，并根据接收器传输的偏差信号控制液压系统的动作；而液压控制系统根据控制器的输出信号控制平地铲的升降实现平地作业。

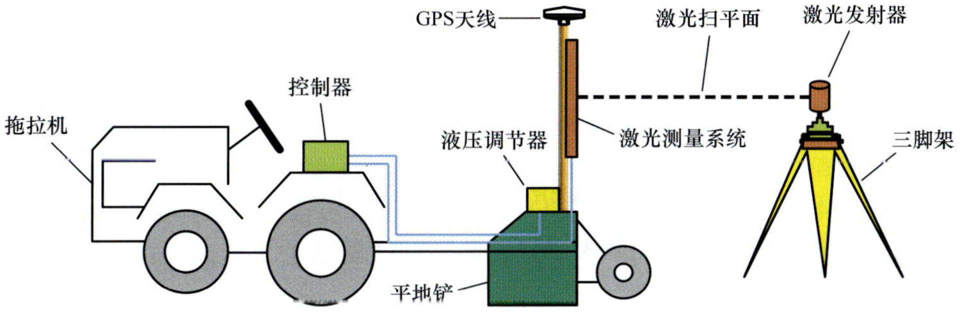

图 11.35　车载式三维地形测量系统结构示意图

11.3.2.1　激光测量接收系统

激光测量接收系统是整个系统的重要组成部分。激光发射器在作业面上方扫射激光束形成一个水平激光束基准面，激光接收器实时接收微弱低频的激光束信号，经过处理，传送信号给信号编码器。

本系统中的激光接收器是在激光控制平地系统的激光接收器的基础上进行改进与优化设计得到的，其结构如图 11.36 所示。最外层采用红色有机玻璃作为透光窗口；利用干涉型滤光片对光信号进行滤波，滤除波长在红光波长以外的光信号；采用硅光电池作为光电信号转换的传感器，将激光信号有效地转换成电信号；后续的放大部分实现对微弱信号的放大；在脉冲整形部分采用比较器和触发器实现脉冲信号到数字 TTL 信号的转换，以及频率较高的信号转换成频率相对较低的方波信号，最后传送给信号编码器。

11.3.2.3 控制器

控制器是系统的监控与操作中心，根据系统的需求，控制器应具备测量与平地两种工作模式。测量模式下，系统接收并解析 GPS 数据、接收信号编码器的输出信号并计算出相对高度、液晶显示三维信息、U 盘存储数据、LED 指示激光接收器相对位置；平地模式下，系统根据激光接收器输出信号控制液压系统来实现平地铲的升降、LED 指示激光接收器相对位置、实现手动/自动模式的切换。

1. 控制器硬件电路

控制器在激光控制平地系统中所用的控制器基础上进行了功能的扩展，硬件电路结构如图 11.39 所示。考虑到车载移动对 GPS 测量精度的影响，本研究将 GPS 模块接口设置为标准的串行 RS232 接口，用户可以根据要求连接不同精度的 GPS 接收机（GPS4700 或者 132 等），也可以连接低成本的 GPS OEM 板，但需注意接口的电平类型。

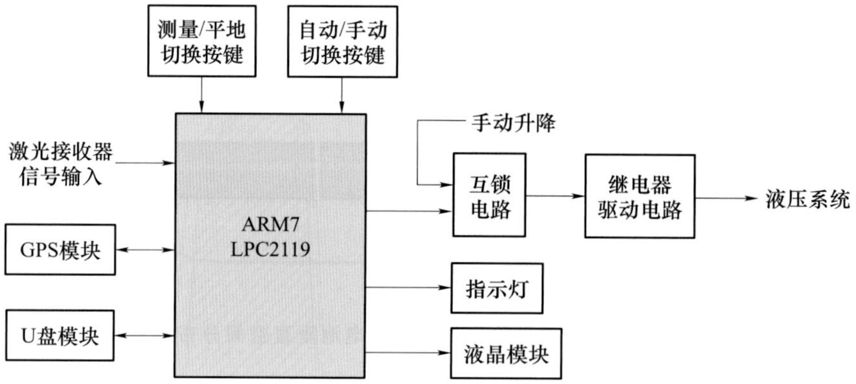

图 11.39　车载式三维地形测量系统控制器硬件电路结构图

其中，当采用平地模式时，对平地过程中的某些异常情况需要手动控制。例如当平地铲中土量过多超出液压系统能力时，需要强制卸载，这时接收器输入信号将失去作用。因此系统中设计了手动/自动控制切换按键。系统共有两路输出信号控制液压系统，分别控制平地铲的上升与下降，为了保护液压系统，需要对输出信号进行互锁，即每一瞬间只有一路输出信号有效。同时，手动/自动选择信号也需要进行互锁，即手动控制时屏蔽自动控制信号，而自动控制时手动控制信号不起作用，以防止液压系统的误操作。在对输出信号进行软件互锁的同时，系统中设计了互锁电路，互锁电路由 74LS04（非门）、74LS08（与门）和 74LS32（或门）组成，该电路可以防止输出电路发生冲突现象，如图 11.40 所示。

2. 控制器软件系统的总体结构

控制器软件主要完成 GPS 数据的接收与处理、高程信息的实时处理、LCD 和 LED 的实时显示、数据存储和液压控制系统的控制等 5 项任务。系统主程序流程图如图 11.41 所示。其中，高程数据的处理是控制器软件设计的关键。由于激光束直径小于硅光电池的长度，因此在任意时刻 32 路激光信号只可能出现以下几种情况：①某一路信号出现高电平，同时其他路信号为低电平；②某两路相邻的信号同时出现高电平。根据以上特征，表 11.5 给出了编码和高度的映射表，通过读取信号编码器的 12 路输入信息，就可以获取对应的高度值。

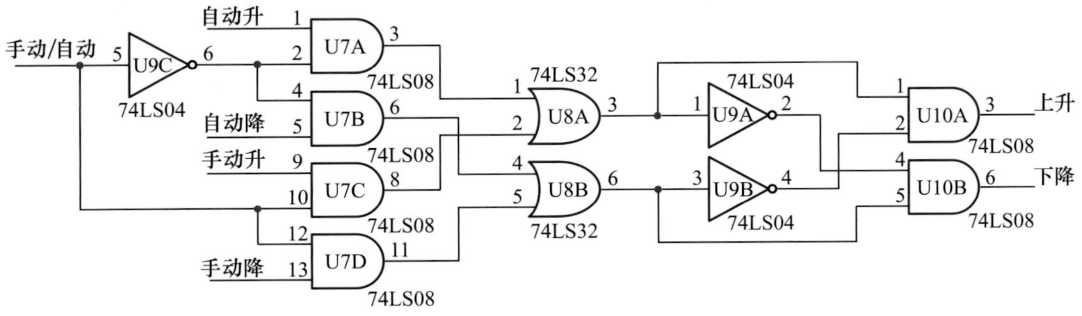

图 11.40　互锁电路

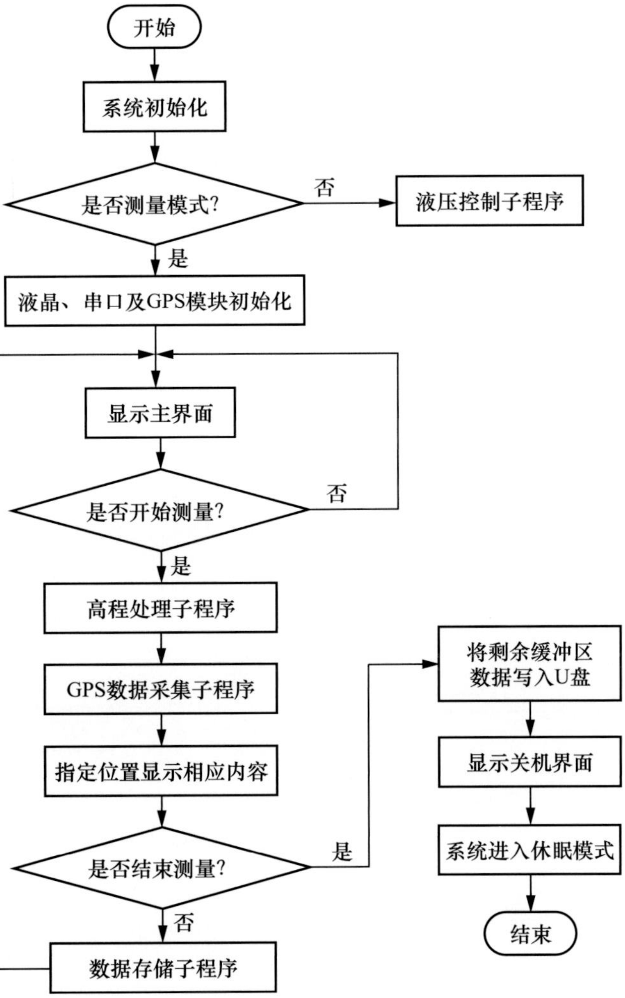

图 11.41　车载式三维地形测量系统主程序流程图

表 11.5　编码和高度映射表

编码(hex)	高度/cm	编码(hex)	高度/cm	编码(hex)	高度/cm	编码(hex)	高度/cm
0 或者其他	0	381	117.5	681	135.1	C81	152.7
101	101.0	201	118.6	401	136.2	801	153.8
103	102.1	203	119.7	403	137.3	803	154.9
102	103.2	202	120.8	402	138.4	802	156.0
106	104.3	206	121.9	406	139.5	806	157.1
104	105.4	204	123.0	404	140.6	804	158.2
10C	106.5	20C	124.1	40C	141.7	80C	159.3
108	107.6	208	125.2	408	142.8	808	160.4
118	108.7	218	126.3	418	143.9	818	161.5
110	109.8	210	127.4	410	145.0	810	162.6
130	110.9	230	128.5	430	146.1	830	163.7
120	112.0	220	129.6	420	147.2	820	164.8
160	113.1	260	130.7	460	148.3	860	165.9
140	114.2	240	131.8	440	149.4	840	167.0
1C0	115.3	2C0	132.9	4C0	150.5	8C0	168.1
180	116.4	280	134.0	480	151.6	880	169.2

注：编码为 12 路信号，其格式为 $I_3I_2I_1I_0O_8O_7O_6O_5O_4O_3O_2O_1$（$I_i$ 为第 i 个激光接收器的工作状态，1—有效，0—无效；O_j 为第 j 路信号，1—有效，0—无效）。

液压系统是控制器的最终执行机构，当系统工作于平地模式时，控制器根据接收到的信号编码器信号判断出激光接收器基准标高位置偏离激光束的大小和方向，将修正信号输送给液压阀，用来驱动平地铲上升或下降，使得激光测量接收系统的基准标高位置维持在正确的标高位置。

图 11.42 所示为液压驱动子程序流程图。系统初始化后实时检测是否有信号输入，当有信号输入时，首先判断输入信号是否有效。如果无效，重新读取输入信号，否则进行查表，输出相应的控制信号，并通过指示灯显示激光接收器基准标高位置偏离激光束的大小和方向。

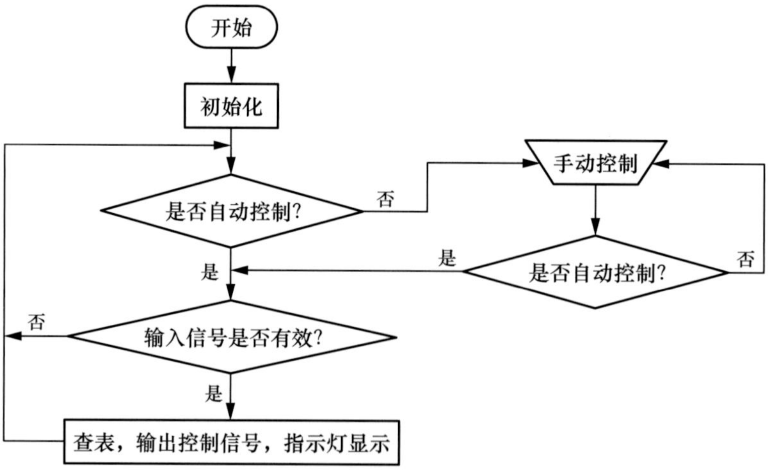

图 11.42　液压驱动子程序流程图

11.3.3 基于GPS与姿态传感器校正技术的三维地形测量系统

基于GPS与姿态传感器校正技术的三维地形测量系统主要包括两大部分：数据采集和数据处理。数据采集即利用GPS接收机或GPS OEM板获得水平坐标及高程数据，并用AHRS获取车辆行进时的俯仰角和横滚角参数，将采集到的数据传回计算机或数据采集终端，这是三维地形测量系统的基础。数据处理即从采集到的数据中，按校正公式对获得的数据进行分析处理，得到输出结果，这是三维地形测量系统的关键。三维地形测量就是依据采集到的GPS和AHRS数据，经过分析处理，从中提取得到准确的三维地形信息。

系统主要由GPS接收系统、AHRS姿态传感器和计算终端三部分组成。测量作业时，GPS接收系统提供平面坐标及高程坐标(X,Y,Z)，AHRS姿态传感器提供横滚角、俯仰角和航向角，系统将GPS接收系统和AHRS姿态传感器传回的数据进行分析处理，经计算后显示并存储。

11.3.3.1 GPS接收系统及AHRS姿态传感器

GPS接收机输出的定位信息是标准的NMEA-0183语句格式，采用异步串行传送方式。根据串行通信协议，通信参数的设置标准为8个数据位、1个起始位、1个停止位，无奇偶校验，可根据需要选择波特率。输出采用ASCII字符码，主要语句格式达十多种，包括GGA、GSA、GSV、RMC、RMT和VTG等。这些语句不仅给出了位置、速度、时间等信息，而且可以指出当地的卫星接收情况。其中GGA定位数据语句最为常用，其数据结构如下：

$GPGGA,151924,3723.454444,N,12202.269777,W,2,09,1.9,−17.49,M,−25.67,M,1,0000*57

在GPS定位中，通常采用的坐标系统为地球坐标系。地球坐标系是固连在地球上的，随地球一起转动，故又称为地固坐标系，对表述点的位置和处理GPS观测成果十分方便。地固坐标系有多种表达形式，对GPS测量来说，最基本的是以地球质心为原点的地心坐标系，如WGS-84坐标系。

GPS接收机输出的坐标是WGS-84地心大地坐标经纬度，该坐标反映了地球表面各点的空间分布，以度为单位，不方便直接用于地面导航。为使GPS定位数据能够用于导航控制系统，一般要将椭球面上各点的大地坐标，按照一定的数学规律投影到平面上，并以相应的平面直角坐标表示。目前，世界各国通常采用高斯投影变换。高斯投影是一种横轴、椭圆柱面、等角投影。椭圆柱面与地球椭球在某一子午线上相切，该子午线叫做投影的轴子午线，也就是平面直角坐标系的纵轴，赤道面与椭圆柱面相交，成一直线，这条直线与轴子午线正交，就是平面直角坐标系的横轴。把椭圆柱面展开，就可得出平面直角坐标系。

同时，在实际农田应用中，由于田间环境复杂，农用车辆在田间行走时道路颠簸较大，致使固定在农用机械上的GPS天线有较大晃动，从而测得的GPS数据误差增加，定位精度下降。因此，需要通过补偿来降低天线倾斜对定位精度的影响，以减少定位误差。使用AHRS姿态传感器获得横滚角、俯仰角和航向角等信息，通过这些信息和GPS测得的天线位置信息，可以计算出天线的准确位置，从而对其进行补偿。

11.3.3.2 软件系统的总体结构

在测量地形过程中，数据的采集、定位信息的提供等功能均需通过软件系统来实现，软件系统是整个自动导航系统的核心，其设计要求具有实用性、易用性和可靠性的特点，不仅要为用户提供友好的操作界面，更要满足实际的需要，保证系统稳定、可靠地运行。软件系统的总体结构设计主要围绕测量系统的功能展开，在前述章节所介绍的测量方法、校正方法的基础上，设计了如图 11.43 所示的软件系统。

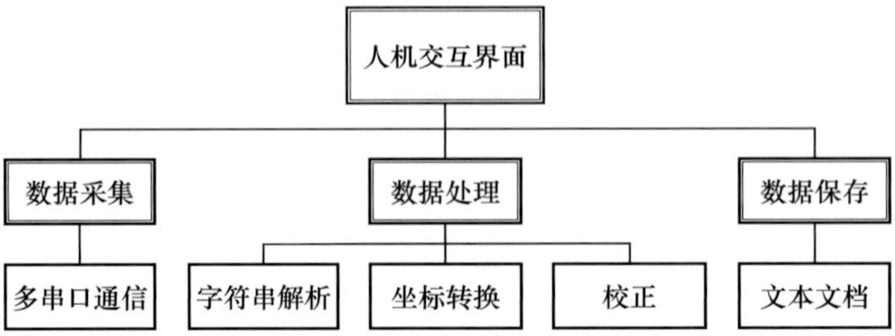

图 11.43　基于 GPS 与姿态传感器校正技术的三维地形测量系统软件系统的总体结构

通过友好的人机交互界面，可实现采集并存储地形数据、查询存储历史数据、实时显示测量信息等功能。数据采集包括 GPS 接收机和 AHRS 的信息采集，通过多串口获取车辆水平位置信息、高程信息、航向角、横滚角、俯仰角。

1. 软件系统的数据通信

三维地形测量系统需同时处理的任务较多，数据量较大，系统所使用的传感器包括 GPS 接收机和 AHRS。GPS 接收机和 AHRS 与工控机通过具有 RS-232C 标准的串行通信接口进行连接，工控机通讯主要通过 RS-232C 异步串行通信方式解决，由于系统所要求的实时性较高，因此，在软件系统设计时采用多串口通信方式。为避免串口接收之间的冲突，采用不同的串口完成接收功能，以保证所传递数据的准确性。整个三维地形测量系统涉及 2 个串口，一个与 GPS 接收机相连，主要获得车辆的位置信息和高程信息；一个与 AHRS 相连，主要采集车辆的航向角、横滚角、俯仰角。GPS 及 AHRS 输出信息均具有特定格式，因此需通过解析提取有用信息。

GPS 数据的采集采用异步串行传送方式，所使用的串行通信参数为：数据传输率 9 600 bit/s，数据位 8 bit，停止位 1 bit，无奇偶校验。GPS 接收机输出的语句遵循 NMEA0183 协议，用十进制 ASCII 码表示，输出频率为 1 Hz。根据系统功能，不需要使用语句的全部内容，仅从语句中提取出定位数据，即经纬度信息，然后将经纬度坐标转换到高斯平面坐标系下，便于坐标系的统一。

AHRS 提供 3 种格式的方向角输出，分别是四元、矩阵和欧拉角度。根据需要，选择欧拉角度作为输出，横滚角(roll)在[－180°，180°]，俯仰角(pitch)在[－90°，90°]，航向角(yaw)在[－180°，180°]。设置相应的语句格式，使 DATA 数据中的数据为欧拉角度，其数据格式为

Roll	Pitch	Yaw	TS

TS(time stamp)为时间标志。按顺序将 roll、pitch、yaw 值取出，其值为度而不是弧度。

系统采用RS232串口接收AHRS数据，并按照数据格式解析出所需的姿态信息。在解析过程中，内部获得数据并进行积分，最多需要6.43 ms，传输数据的时间最多是0.41 ms，因此，通过姿态传感器获取信息最多需要6.84 ms。通过以上分析可以看出，系统可灵活控制数据的采集和指令的输出。

系统的工作流程如图11.44所示。

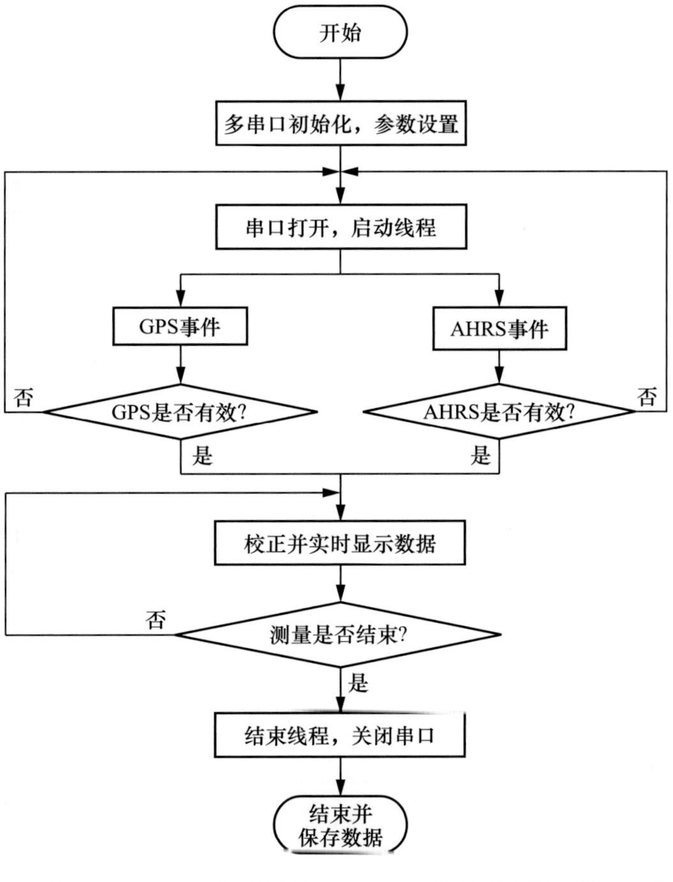

图11.44 基于GPS和姿态传感器校正技术的三维地形测量系统的工作流程图

2. 测量数据的保存与显示

地形测量系统中包括多种传感器，在测量的过程中需要采集大量数据信息。为方便进行试验结果的分析，验证理论及算法的可行性，需要保存各种实时接收的数据和采用不同方法时每一步的试验结果。系统需要保存的数据包括车辆水平位置信息、高程信息、航向角、横滚角、俯仰角以及校正后的水平位置、高程信息。由于系统要求较高的实时性，数据的存取速度将直接影响到系统的控制性能，因此，选择操作简单、存储快速的文本文件进行数据的保存；数据的显示方面，该地形测量系统的软件界面能够实时显示系统状态信息，显示的内容主要包括原始经纬度、高程信息，车辆航向角、横滚角、俯仰角，实际经纬度、高程信息。信息保存与显示界面如图11.45所示。

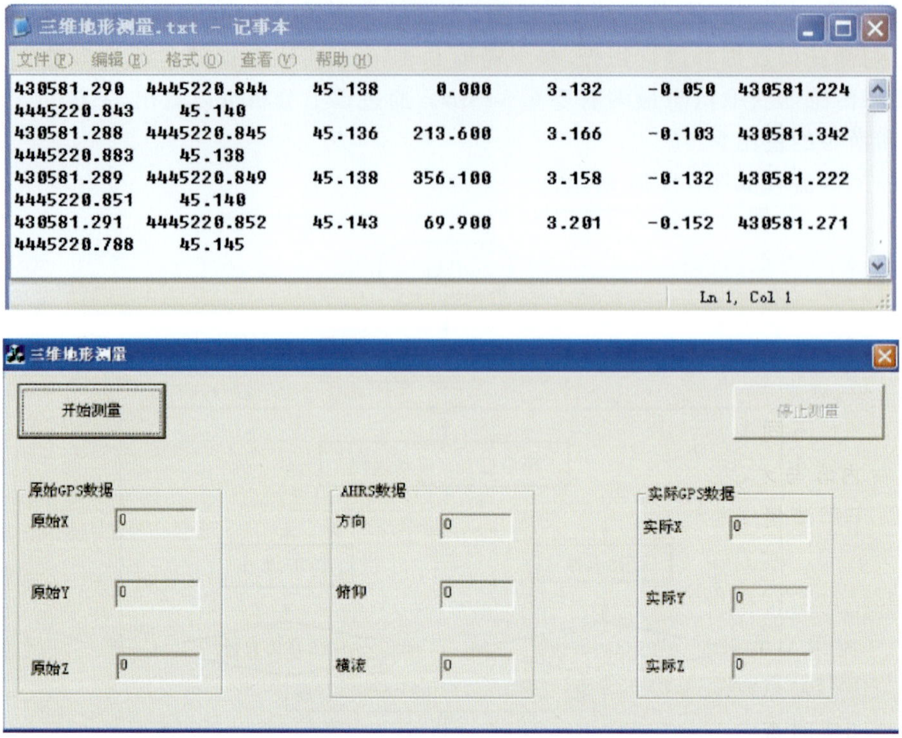

图 11.45　基于 GPS 和姿态传感器校正技术的三维地形测量系统的测量界面

11.3.4　试验与分析

以车载式三维地形自动测量系统的试验为例。影响车载式三维地形自动测量系统测量精度的因素主要有激光接收器的灵敏度、GPS 设备的定位精度以及车载速度等，本研究对以上各因素分别进行了针对性的试验。

11.3.4.1　激光接收器的性能测试

1. 试验内容与方法

对激光接收器主要是测试其有效的接收距离范围及灵敏度，为此选择了一个晴天的中午，在中国农业大学校园内一条长约 250 m 的马路上进行测试。把激光发射器放在马路一端的三脚架上，打开发射器并让其自动调整发射出激光束，在接收器的 8 路信号输出端有发光二极管作为指示灯，当具体某一路接收到激光信号时，对应的发光二极管就会闪烁。分别在距离发射器 0.1、0.2、0.3、0.4、1、50、100、150、200、220、225、230 m 处进行测试，上下移动接收器分别测试接收器同一列的 8 块硅光电池是否都能够有信号输出，同时将激光接收器转动 360°，检测接收器接收信号是否存在死角。

2. 试验结果与分析

在试验过程中发现，当激光接收器距离激光发射器 0.1～0.3 m 时，接收器在大部分角度都能够接收到激光信号，但是当接收器转动时，在某些角度不能接收到激光信号。通过分析发现距离激光发射器太近，会出现激光光束与硅光电池平行或是接收器不透光部分阻挡到激光入射的现象。

当激光接收器距离激光发射器 0.4～220 m 时，接收器在每个角度都能很好地接收到激光信号，同一列的每一组光电池也都能够接收到信号，这表明，接收器在这一距离范围内能正常地工作。

当接收器距离发射器 225 m 时激光接收器接收信号不够稳定，时常接收不到信号，在更远一些的 230 m 处也是同样的情况，距离再远一些的地方就无法接收到激光信号了。

在测试过程中，当距离 150 m 以后能够观察到，随着激光接收器与激光发射器距离的增加，相邻两组硅光电池都接收到信号的几率逐渐增加。通过分析发现，这是由于激光发射器发出的激光束并不是理想的点光源，激光束会有微小的发散角，当距离增大时，激光光斑的直径就会增大，同时由于滤光片制作工艺的限制，滤光片边缘透射率低，也影响了接收器的灵敏度。通过试验验证，接收器的实际灵敏度约为 3 mm。

11.3.4.2 不同车载速度下测量精度的试验

1. 试验内容与方法

为测试车载测量系统整体性能以及车载速度对测量精度的影响，于 2008 年 11 月 17 日在中国农业大学上庄实验站采用东方红 754 拖拉机，分别在 20 和 40 km/h 两种车载速度下按设计的直线距离进行往复式的自动测量。试验地块为一已经粗平的地块，长度为 70 m，宽度为 60 m。试验选用了 AgGPS132 作为 GPS 接收设备，并使用本研究开发的便携式三维地形数据采集器进行定点测量以进行对比。车载自动测量时，将 GPS 移动站和控制器置于驾驶室内以便操作和实时查看信息，利用磁性吸盘将 GPS 天线和电台天线固定在平地铲上，同时将激光接收器和信号编码器固定在平地铲上的桅杆上。图 11.46 和图 11.47 分别为试验所用设备和试验场景。

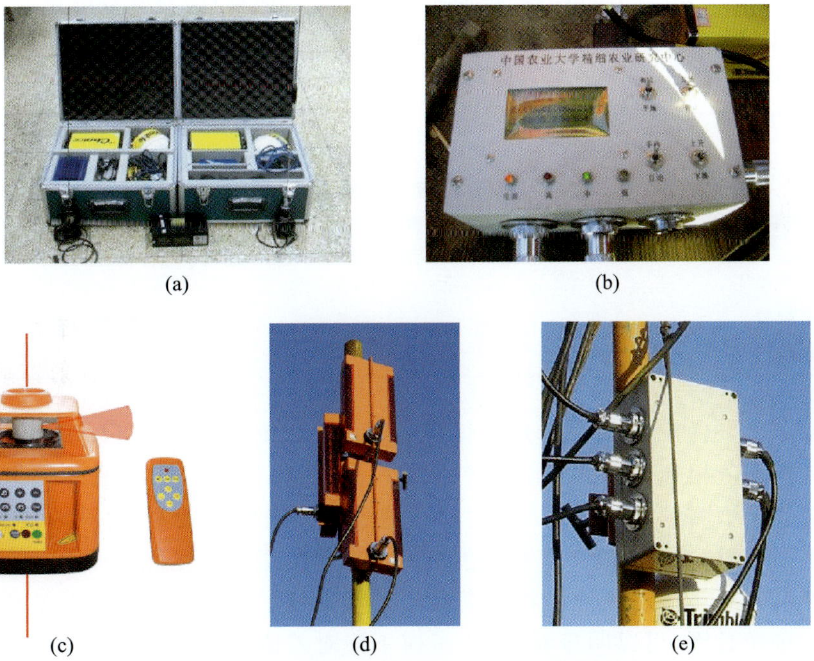

图 11.46 不同车载速度下测量精度试验所用设备

(a) AgGPS 132；(b) 控制器；(c) 激光发射器；(d) 激光接收器；(e) 信号编码器

图 11.47　不同车载速度下测量精度试验场景

2. 数据分析

对于车载自动测量得到的数据进行分析主要针对地面高程信息而言。假定以便携式三维地形数据采集器的测量结果为真值，在对不同车速下得到的数据进行统计分析的基础上，通过相对高程的最大值、最小值、平均值和标准偏差值等统计特征值的对比，分析评价不同车速下的测量结果及精度。

表 11.6 给出了两种车载速度下得到的地面相对高程的统计特征值。与定点测量结果相比，快(40 km/h)、慢(20 km/h)两种车速下的地面相对高程最大值分别相差 3.7 和 1.5 cm，最小值分别相差 1.6 和 0.5 cm，平均值分别偏差 0.6 和 0.5 cm，标准偏差值则偏差不大。由于测点数量的差异和测点位置的不对应性，很难在同点共位状态下对定点和车载测量得到的测量数据进行严格的统计分析比较，但就地块整体地貌而言，两者在标准偏差上存在的较小差异还是能从图 11.48 显示的三维地形图中得到反映。其中沿地块边缘出现的高程差异起因主要在于车载移动条件下拖拉机在该处行驶时易出现较大的颠簸和起伏，导致激光信号超出了激光接收器的范围，丢掉了测点。

表 11.6　不同车载移动速度下测量的地面相对高程统计特征值

项　目	最大值/cm	最小值/cm	平均值/cm	标准偏差 S_d/cm
人工定点测量	138.0	106.0	117.7	4.67
车载慢速测量	139.5	106.5	118.2	4.57
车载快速测量	141.7	107.6	118.3	4.51

从表 11.6 给出的两种车载速度下得到的地面高程统计特征值可以看出，两种速度下的地面相对高程最大值相差 2.2 cm，最小值相差 1.1 cm，平均值和标准偏差则非常接近，这意味着不同车载速度下测量对反映地面起伏状况的极值影响较为显著，而对地块整体地貌特征值的影响似乎不明显。尽管如此，车载速度对测量结果的影响还是能从图 11.49 中显示出来，该图为两种车载速度下测得的地块相对高程与定点测量结果的绝对差值>2 cm 的测点占总测点的百分比的统计图，可以明显看出，快车速下绝对差值>2 cm 的测点所占百分比明显大于慢车速下的结果，这表明快车速下得到的测量结果具有更大的离散性，慢车速下的测量精度要高于快车速下的相应结果。

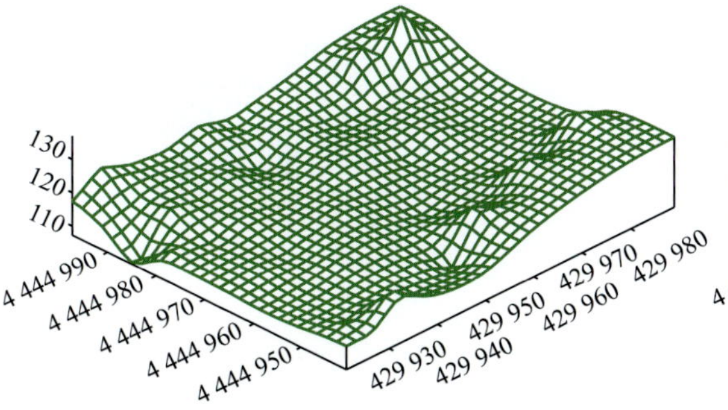

(a)

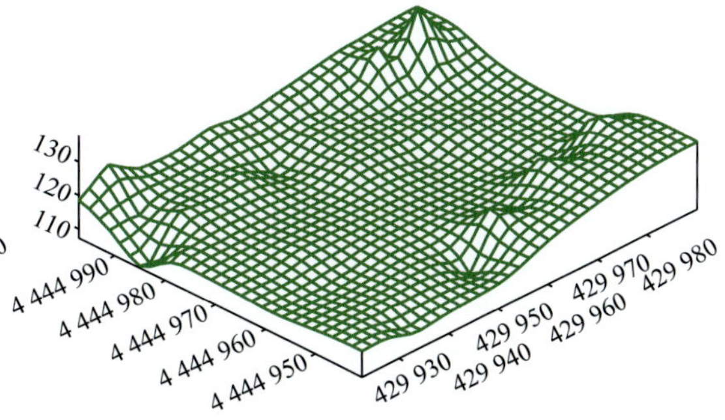

(b)

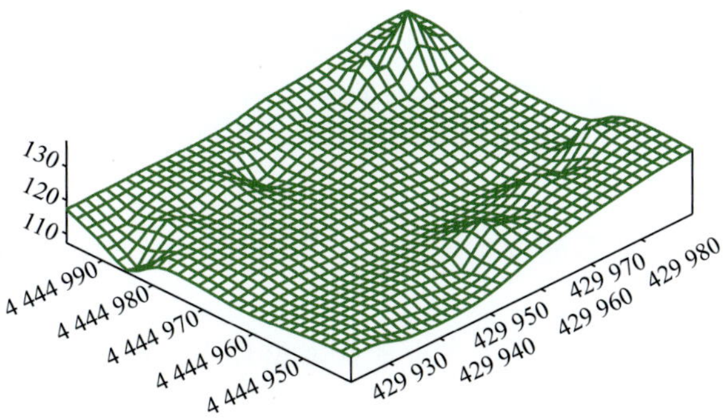

(c)

图 11.48　定点测量与车载自动测量下的三维地形图比较

(a) 定点测量；(b) 车载慢速测量；(c) 车载快速测量

3. 结果讨论

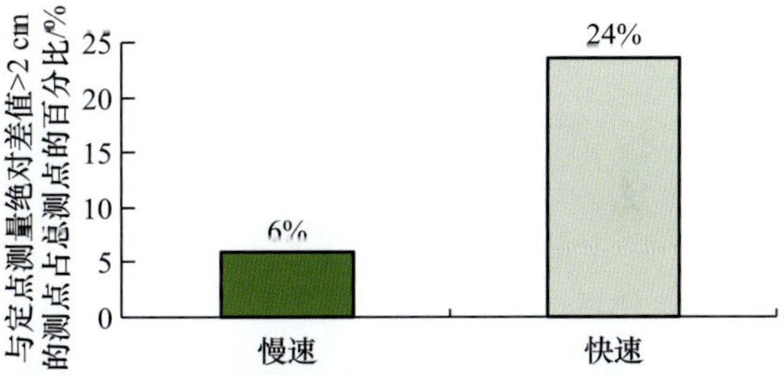

图 11.49　与定点测量结果的绝对差值＞2 cm 的测点占总测点的百分比的统计图

利用车载自动测量系统进行地面高程测量作业时，地块起伏不平易使拖拉机在行进过程中产生剧烈颠簸，进而影响GPS接收机的工作状态，同时易造成超出激光接收器接收范围的情况。此外在不同车速下，车辆在地块内的行驶路线差异以及测点数量上的差别也是导致两种车速下的测量结果之间出现偏差的原因。车载自动测量过程中，驾驶员的行驶技术和对行驶路线的选择对保障测量数据的准确性非常重要，尤其在车辆转弯或地块边缘处的测量更是如此，测量数据中的极值点差异往往出现在地块边缘处，因此，在利用车载移动方案开展地形测量时，应根据地面起伏状况采用不同的车速进行高程测量。地面起伏状况较为严重时，应降低车速，低速且匀速的车辆行驶应是确保车载自动测量精度的重要措施，有关车载行驶速度对测量精度的影响尚需做进一步深入研究。

参考文献

[1] 林建涵．激光控制平地系统接收和控制装置的研究与开发:硕士学位论文．北京:中国农业大学,2004.

[2] 吕庆飞.激光控制平地系统的改进设计与试验研究:硕士学位论文.北京:中国农业大学,2007.

[3] 刘刚,林建涵,司永胜,等．激光控制平地系统设计与试验分析．农业机械学报,2006,37(1):71-74.

[4] 刘艳峰,刘刚,林建涵,等.激光控制平地系统铲运设备的开发与研究//中国农业工程学会2005年学术年会论文集.广州,2005:121-124.

[5] 李庆,王在满,李就好,等．水田激光平地铲的研究与应用．现代农业装备,2006(6):40-41.

[6] 郎晓哲．机载式农田三维地形测量系统的改进与实验:硕士学位论文．北京:中国农业大学,2010.

[7] 贾文涛,刘刚,汪懋华．激光平地技术在土地开发整理中大有可为//2007中国科协年会论文集(二)．武汉,2007:770-776.

[8] 李益农,许迪,李福祥,等．农田土地激光平整技术应用及初步评价．农业工程学报,1999,15(2):79-84.

[9] 王建民．激光技术在农田平整中的应用．河北农机,2003(4):22-22.

[10] 司永胜,刘刚,杨政,等．激光平地系统的开发与试验．江苏大学学报,2009,30(5):441-445.

[11] 邓蕴岳．激光接收装置的设计考虑．激光杂志,1984,15(1):49-54.

[12] 侯明亮．拖挂式激光平地机液压控制系统的研究:硕士学位论文．北京:中国农业大学,2005.

[13] 刘志春．支持激光控制平地作业的智能三维地形测量系统的开发研究:硕士学位论文．北京:中国农业大学,2005.

[14] 杨政．基于GPS与激光技术的农田三维地形测量系统的研究与开发:硕士学位论文．北京:中国农业大学,2008.

[15] 郭明明．基于GPS与姿态传感器校正技术的三维地形测量系统的研究开发:硕士学位论文．北京:中国农业大学,2011.

[16] 周建军．车辆自动导航定位与控制算法研究:博士学位论文．北京:中国农业大学,2009.